DIANQI KONGZHI
YU JIEDIAN XITONG SHEJI

电气控制
与节电系统设计

刘利军 编著

中国电力出版社
CHINA ELECTRIC POWER PRESS

内 容 提 要

本书作为《节电技术及其工程应用》的姊妹篇，较为系统全面地介绍了现代节电控制技术中所关联的先进技术基础和基本理论概念，进一步拓宽了节电控制技术的设计思路和应用领域，内容丰富、涉及面广、实用性和可读性强。

本书共分八章，主要内容包括低压电器基本知识、自动控制基本知识、PLC技术基础、集散控制系统（DCS）技术基础、嵌入式一体化触摸屏、节电控制系统研发步骤及方法、节电控制系统设计、抗干扰和电磁兼容技术等。

本书可供从事节电工作的工程技术人员、管理人员及电子产品、节电产品研发设计人员学习使用，也可作为各类高等院校、职业学院和技师学院工业自动化、电气工程及其自动化、计算机应用、机电一体化、机械电子工程等相关专业学生的教学用书或参考书，以及中、高级电工和技师的培训教材。

图书在版编目（CIP）数据

电气控制与节电系统设计 / 刘利军编著. —北京：中国电力出版社，2012. 3

ISBN 978-7-5123-2848-8

Ⅰ. ①电… Ⅱ. ①刘… Ⅲ. ①电气控制②节电-系统设计 Ⅳ. ①TM571. 2②TK01

中国版本图书馆CIP数据核字（2012）第052148号

中国电力出版社出版、发行
（北京市东城区北京站西街19号 100005 http：//www. cepp. sgcc. com. cn）
北京丰源印刷厂印刷
各地新华书店经售
*
2013年1月第一版 2013年1月北京第一次印刷
787毫米×1092毫米 16开本 26.125印张 614千字
印数0001—3000册 定价**55.00**元

前言

降低能源消耗是我国的基本国策。“十二五”期间，中国仍处于工业化加速发展阶段，能源资源和环境约束更趋强化，工业转型升级和绿色发展的任务繁重，各行业节能的任务比“十一五”更重。为此，深入贯彻落实科学发展观，坚持降低能源消耗强度、推动技术进步、强化工程措施、大幅度提高能源利用效率，推进节能减排工作，确保实现“十二五”节能减排约束性目标，加快建设资源节约型、环境友好型社会是我国政府对“十二五”期间提出的节能减排总体要求。在《国务院节能减排综合性工作方案》中做出了“十二五”期间能耗下降的主要目标“到2015年，全国万元国内生产总值能耗下降到0.869t标准煤（按2005年价格计算），比2010年的1.034t标准煤下降16%，比2005年的1.276t标准煤下降32%；‘十二五’期间，实现节约能源6.7亿t标准煤。2015年，全国化学需氧量和二氧化硫排放总量分别控制在2347.6万、2086.4万t，比2010年的2551.7万、2267.8万t分别下降8%；全国氨氮和氮氧化物排放总量分别控制在238.0万、2046.2万t，比2010年的264.4万、2273.6万t分别下降10%。”由此可见，“十二五”时期节能减排形势仍然十分严峻，任务十分艰巨。

电力是国民经济发展的基础资源，节能减排的重要内容之一就是节约电力资源，也就是节电。我国的电力生产主要靠火力发电，而火力发电的原料主要是煤，它是一种不可再生的能源。因此，节约电力资源就意味着节约大量的煤炭，降低二氧化碳的排放量，减轻对生态环境的损害。

为响应国家号召，加快建设资源节约型、环境友好型社会，节能减排发展绿色低碳经济，进一步提高节电工程人员、设计人员以及相关专业人员的节电控制技术和设计水平，提升应用现代先进技术的技能，作者在《节电技术及其工程应用》一书的基础上，进一步扩展了节电控制技术的知识面，供广大读者深入学习和参考。

节电技术不是一门独立的学科，它是集强电、弱电、微电并整合过去和现在的先进技术为一体的控制技术。因此，全面系统地学习了解和掌握这些技术基础知识，奠定良好的理论基础，对于节电技术的应用和设计者及其他电气工程技术人员都是十分必要的。

本书从实用出发，深入浅出、图文并茂、通俗易懂，凭借作者多年的教学经验和长期从事科研管理、产品的研发设计经验，较为全面系统地阐述了与节电控制技术相关联的常用电器、自动控制、可编程序控制器 PLC、集散控制系统 DCS、触摸屏组态软件、抗干扰和电磁兼容技术的基本概念、工作原理、基本结构。简要介绍了控制系统的研发步骤和方法以及系统的应用实例，讲述了一个完整的节电控制系统的全部设计过程等内容。

本书在编写过程中，山东省节能办公室郑晓光主任给予了深切关心和支持，还得到了山东瑞斯高创股份有限公司刘黎明董事长、北京国电四维电力技术有限公司樊军董事长（教授）及多家生产厂商的鼎力支持和帮助。车伟等同志为全书的图、表绘制、排版又一次付出了辛勤的劳动，在此一并表示衷心的感谢。本书参考了国内外相关控制理论、节电技术领域的许多文献，在此谨向相关作者深表谢意。

限于作者水平和时间，书中难免存在不足之处，恳请读者批评指正。

编　者

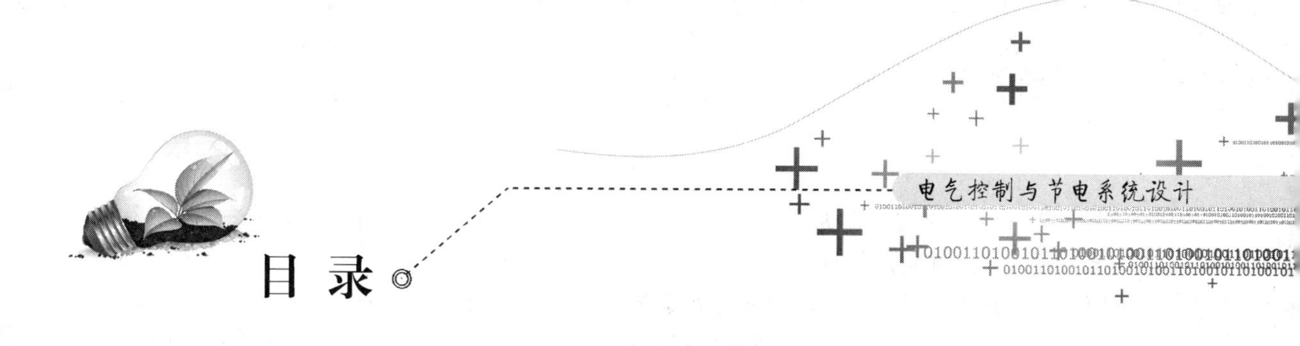

目 录

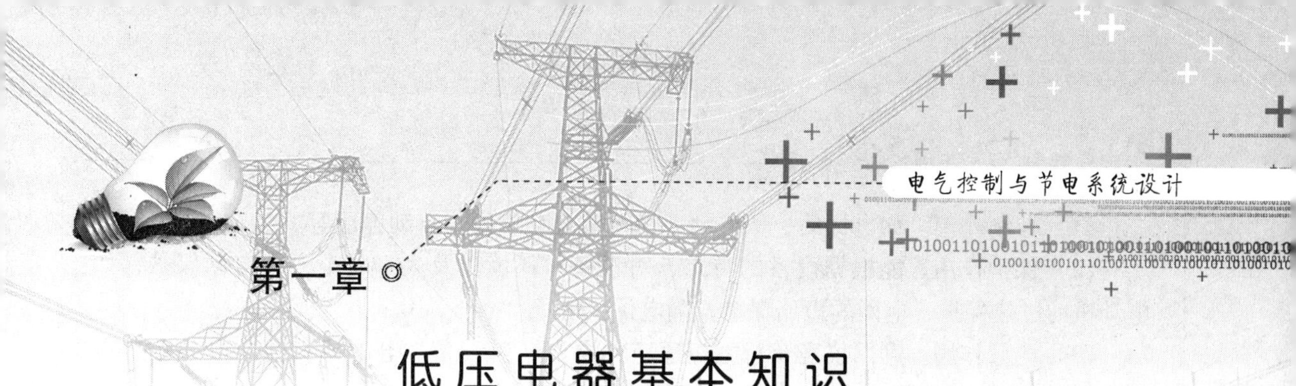

第一章 低压电器基本知识

第一节 概　　述

低压电器是构成节电控制系统及节电控制电路中最常用的器件，了解它的分类、作用和用途，对设计、分析和维护节电控制系统，扩充和深入掌握节电技术都是十分必要的。

概括地说，凡是根据外界指定的信号或要求，自动或手动接通、断开电路，断续或连续地实现对电路或非电对象转换、控制、保护和调节的电工器械都属于电器的范围。

一、电器分类

电器的用途广泛，结构各异，工作原理也各有不同。一般按用途可分为以下5类：

（1）配电电器。配电电器主要用于供、配电系统中，进行电能输送和分配。这类电器有刀开关、自动开关、隔离开关、转换开关及熔断器等。对这类电器的主要技术要求是分断能力强，限流效果好，动稳定及热稳定性能好。

（2）控制电器。控制电器主要用于各种控制电路和控制系统。这类电器有接触器、继电器、转换开关、电磁阀等。对这类电器的主要技术要求是有一定的通断能力，操作频率要高，电器和机械寿命要长。

（3）主令电器。主令电器主要用于发送控制指令。这类电器有按钮、主令开关、位置开关和万能转换开关等。对这类电器的主要技术要求是操作频率要高，抗冲击，电器和机械寿命要长。

（4）保护电器。保护电器主要用于对电路和电气设备进行安全保护。这类低压电器有熔断器、热继电器、安全继电器、电压继电器、电流继电器和避雷器等。对这类电器的主要技术要求是有一定的通断能力，反应要灵敏，可靠性要高。

（5）执行电器。执行电器主要用于执行某种动作和传动功能。这类低压电器有电磁铁、电磁离合器等。

此外，电器按工作电压的等级可分为高压电器和低压电器；按动作原理可分为手动电器和自动电器；按工作原理可分为电磁式电器和非电量控制电器。

随着电子技术和计算机技术的进步，近几年又出现了利用集成电路或电子元件构成的电子式电器，利用单片机构成的智能化电器，以及可直接与现场总线连接的具有通信功能的电器。

二、电器的作用

电器是构成节电控制系统的最基本元件，它的性能将直接影响控制系统能否正常工作。电器能够依据操作信号或外界现场信号的要求，自动或手动地改变系统的状态、参数，实现对电路或被控对象的控制、保护、测量、指示、调节。它将一些电量信号或非电量信号转变为非通即断的开关信号或随信号变化的模拟量信号，实现对被控对象的控制。电器的主要作用如下：

(1) 控制作用。如电梯的上下移动、快慢速自动切换与自动停层等。

(2) 保护作用。能根据设备的特点，对设备、环境以及人身安全实行自动保护，如电动机的过热保护、电网的短路保护、漏电保护等。

(3) 测量作用。利用仪表及与之相适应的电器，对设备、电网或其他非电参数进行测量，如电流、电压、功率、转速、温度、压力等。

(4) 调节作用。低压电器可对一些电量和非电量进行调整，以满足用户的要求，如电动机节电系统对速度的调节、柴油机油门的调整、房间温度和湿度的调节、光照度的节电自动调节等。

(5) 指示作用。利用电器的控制、保护等功能，显示检测出的设备运行状况与电气电路工作情况。

(6) 转换作用。在用电设备之间转换或对低压电器、控制电路分时投入运行，以实现功能切换，如被控装置操作的手动与自动的转换、供电系统的市电与自备电源的切换、路灯节电系统中时间段节电挡位的转换等。

当然，电器的作用远不止这些，随着科学技术的发展，新功能、新设备会不断出现。这里着重对控制电路的电压在交流1000V及以下、直流1200V及以下的低压电器作如下内容简述。

第二节　常　用　开　关

开关设备中有刀开关、转换开关及低压断路器（或称自动空气开关）。

一、刀开关

刀开关又称闸刀开关，是低压电器中结构比较简单、应用较广的一类手动电器，主要用于隔离电源，也可用来非频繁地接通和分断容量较小的低压配电电器。刀开关的种类很多，这里介绍2种带有熔断器的刀开关。

1. 瓷底胶盖刀开关（又称开启式负荷开关）

HK系列瓷底胶盖刀开关是由刀开关的熔断体组合而成的一种电器，瓷底板上装有进线座、静触头、熔丝、出线座及3个刀片式的动触头，上面覆有胶盖以保证用电安全，其结构和图形文字符号如图1－1所示。

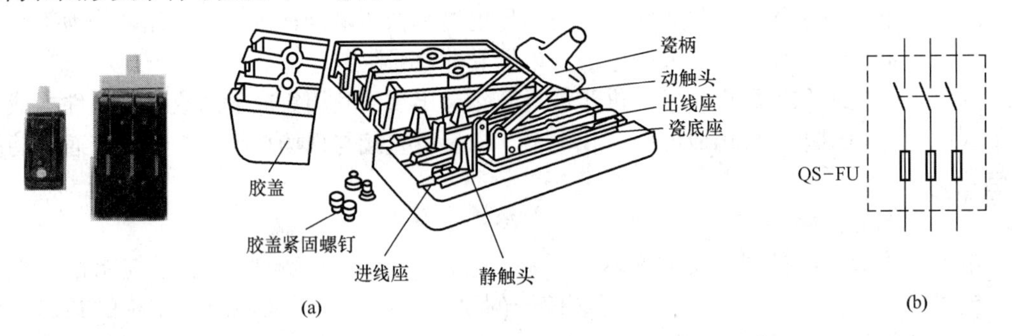

图1－1　HK系列瓷底胶盖刀开关

(a) 结构外形；(b) 符号

HK 系列瓷底胶盖刀开关没有专门的灭弧设备，用胶木盖来防止电弧灼伤人手，拉闸、合闸时应动作迅速，使电弧较快地熄灭，可以减轻电弧对刀片和触座的灼伤。

安装刀开关时，合上开关时手柄在上方，不得倒装或平装。倒装时手柄有可能因自重下滑而引起误合闸，造成安全事故。接线时，将电源线接在熔丝上端，负荷线接在熔丝下端，拉闸后刀开关与电源隔离，便于更换熔丝。

刀开关易被电弧烧坏，引起接触不良等故障，因此不宜用于经常分合的电路。但因其价格便宜，在一般的照明电路和功率小于 5.5kW 的电动机控制电路中仍常采用。用于照明电路时可选用额定电压为 250V、额定电流等于或大于电路最大工作电流的二极开关；用于电动机的直接启动时，可选用额定电压为 380V 或 500V、额定电流等于或大于电动机额定电流 3 倍的三极开关。

型号意义如下：

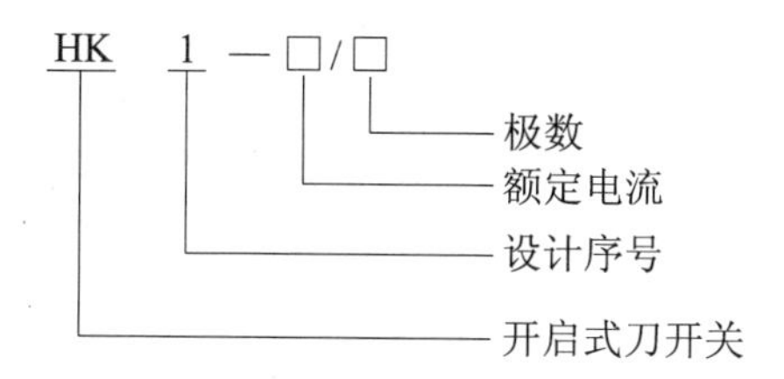

HK1 系列瓷底胶盖刀开关基本技术参数见表 1－1。

表 1－1　　HK1 系列瓷底胶盖刀开关基本技术参数

型号	极数	额定电流值（A）	额定电压值（V）	可控制电动机最大容量值（kW）		配用熔丝规格			
				220V	380V	熔丝成分 铅	锡	锑	熔丝线径 φ（mm）
HK1－15/2	2	15	220	—	—	98%	1%	1%	1.45～1.59
HK1－30/2	2	30	220	—	—				2.30～2.52
HK1－60/2	2	60	220	—	—				3.36～4.00
HK1－15/3	3	15	380	1.5	2.2				1.45～1.59
HK1－30/3	3	30	380	3.0	4.0				2.30～2.52
HK1－60/3	3	60	380	4.5	5.5				3.36～4.00

2. 铁壳开关（又称封闭式负荷开关）

常用 HH 系列铁壳开关的外形及结构如图 1－2 所示，图形文字符号与图 1－1（b）相同，这种刀开关装有速断弹簧。容量较大的刀开关在断开电路时，闸刀与夹座之间的电压很高，将产生很大的电弧，如不将电弧迅速熄灭，将烧坏刀刃。因此，在铁壳开关的手柄转轴与底座之间装有 1 个速断弹簧，用钩子扣在转轴上，当扳动手柄分闸或合闸时，开始阶段 U 形双刀片并不移动，只拉伸弹簧存储能量，当转轴转到一定角度时，弹簧力使

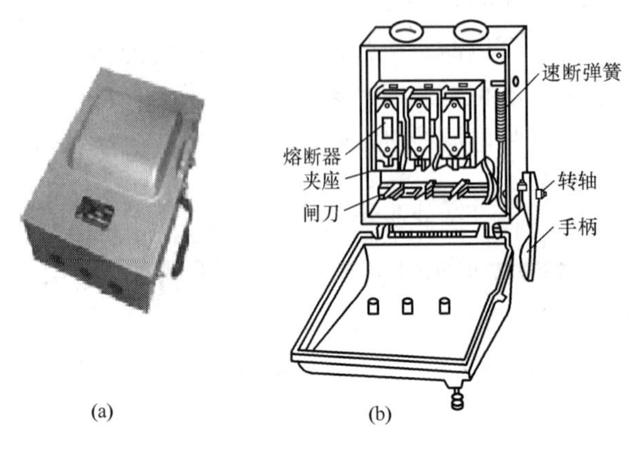

图 1－2　HH 系列铁壳开关
（a）外形；（b）结构

U 形双刀片快速从夹座拉开或将刀片迅速嵌入夹座，电弧被很快熄灭。

这种刀开关的外壳为铁壳，故称为铁壳开关。铁壳开关内装有熔断器，作短路保护用。

为了保证用电安全，铁壳上装有机械联锁装置，当箱盖打开时，不能合闸；闸刀合闸后，箱盖不能打开。

HH 系列铁壳开关要根据电源种类、电压等级和电动机的额定功率来选择。

型号意义如下：

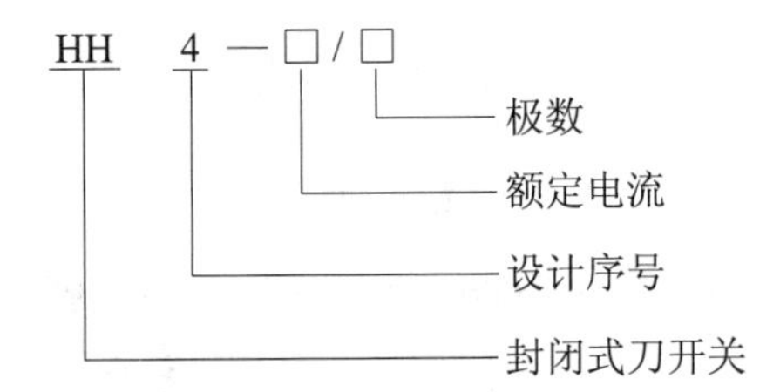

二、转换开关（又称组合开关）

HZ 系列转换开关有 HZ1、HZ2、HZ3、HZ4、HZ10 等系列产品，其中 HZ10 系列转换开关具有寿命长、使用可靠、结构简单等优点，适用于 50Hz、交流 380V 及以下及直流 220V 及以下的电源引入，5kW 以下小容量电动机的直接启动，电动机的正、反转控制及机床照明控制电路中，但每小时的转接次数不宜超过 15～20 次。

HZ10－10/3 型转换开关外形、内部结构及符号如图 1－3 所示。它由多节触头组合而成，故又称组合开关。图中所示的转换开关有 3 对静触头，分别装在 3 层绝缘垫板上，并附有接线柱伸出盒外，以便和电源、用电设备相接，3 个动触头是由 2 个磷铜片或硬紫铜片和消弧性能良好的绝缘钢纸板铆合而成的，和绝缘垫板一起套在附有手柄的绝缘杆上，手柄每次转动 90°角，带动 3 个动触头分别与 3 对静触头接通和断开，顶盖部分由凸轮、弹簧及手柄等零件构成操动机构，这个机构采用了弹簧储能使开关快速闭合及分断。

在控制电动机正反转时，一定要使电动机先经过完全停止的位置，然后才能接通反向旋转电路。

HZ10 系列转换开关根据电源种类、电压等级、所需触头数、电动机的容量进行选用。开关的额定电流一般取电动机额定电流的 1.5～2.5 倍。

HZ10 系列转换开关额定电压及额定电流见表 1－2。

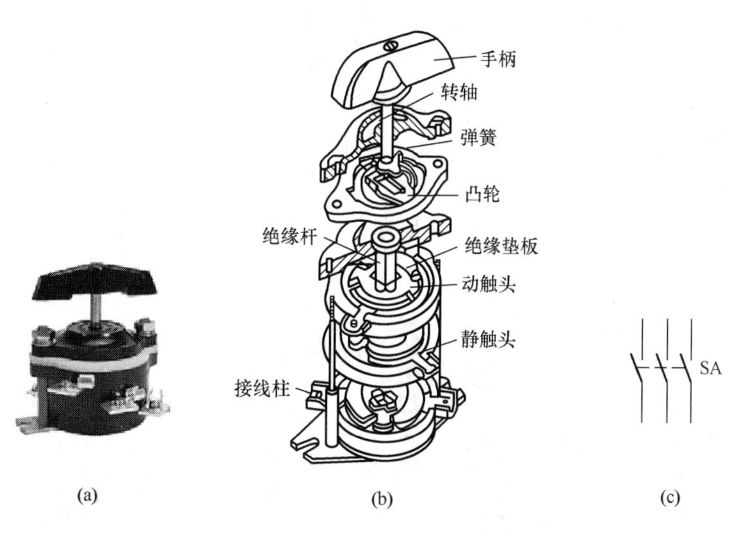

图 1－3　HZ10－10/3 型转换开关

（a）外形；（b）结构；（c）符号

表 1－2　　HZ10 系列转换开关额定电压及额定电流

型　　号	极　　数	额定电流（A）	额　定　电　压（V）	
HZ10－10	2、3	6、10	直流 220	交流 380
HZ10－25	2、3	25		
HZ10－60	2、3	60		
HZ10－100	2、3	100		

HZ 系列转换开关型号意义如下：

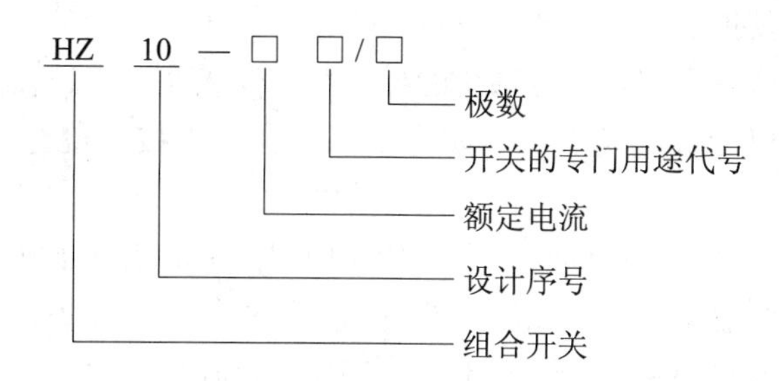

三、低压断路器

低压断路器又称自动空气断路器或自动空气开关。在工厂中，额定电流在几百安培以下的断路器，常称为空开，额定电流在几百安培以上的断路器，常称为断路器。但一般都统称为断路器。

低压断路器是一种可以自动切断线路故障的保护电器。当电路中发生短路、过负荷、失压等不正常现象时，能自动切断电路（俗称自动跳闸），或在正常情况下用于不太频繁的切换电路。

低压断路器的品种较多，常见的有塑壳式（又称装置式）和框架式（又称万能式）2种，其系列产品有CDM1、CDM10、DW15、DW16、CW、DZ15、DZ20、DZ25等。低压断路器按操作方式分为手动操作、电动操作和弹簧储能机械操作，按极数分为单极式、两极式、三级式和四级式，按安装方式分为固定式、插入式、抽屉式和嵌入式。它们的容量范围较大，额定电流一般在1～5000A。

部分低压断路器产品外形如图1－4所示。

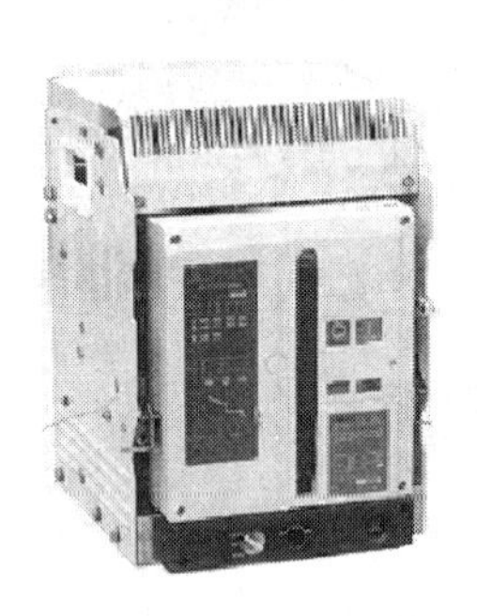

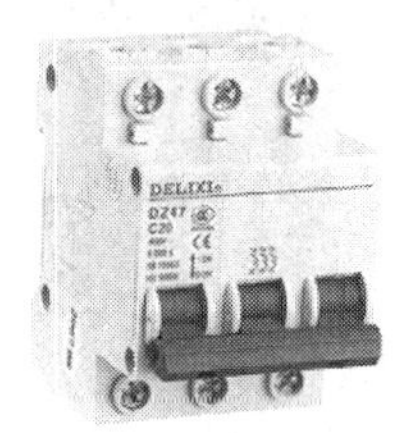

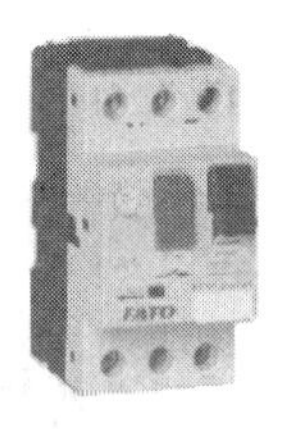

图1－4　部分低压断路器产品外形

1．低压断路器的基本结构及特点

低压断路器的主要部件除了动触头、静触头、灭弧室和操动机构外，还包括电磁脱扣器、热脱扣器、手动脱扣操动机构以及外壳等部分，有的还带有欠电压脱扣器。电磁脱扣器是一个电磁铁，它的电磁线圈串联在主电路中，当电路出现短路时，它就吸合衔铁，使操动机构动作，将主触头断开，可作短路保护用。电磁脱扣器带有调节螺钉，以便调节瞬时脱扣整定电流。热脱扣器是一个双金属片热继电器，发热元件串接在主电路中，当电路过负荷时，过负荷电流流过发热元件，使金属片受热弯曲，操动机构动作，断开主触头，可作过负荷保护用，其顶端也带有调节螺钉，用以调整各极的同步。手动脱扣器操动机构采用连杆机构，通过尼龙支架与接触系统的导电部分连接在一起，在操动机构上有过负荷脱扣电流调节盘，用以调节整定电流。如需手动脱扣，则按下红色按钮，使操动机构动作，断开主触头。

低压断路器的特点是：在相同容量下，与使用刀开关和熔断器相比，占空间小、安装方便、操作安全。电路短路时，电磁脱扣器自动脱扣进行短路保护，故障排除后可重复使用，不像熔断器短路保护要更换新的熔体。使用低压断路器来实现短路保护比熔断器要好，因为三相电路短路时，很可能只有一相熔断器熔断，造成缺相运行。对于低压断路器来说，只要造成短路就会使开关跳闸，将三相同时切断，因而可避免电动机的断相运行。所以低压断路器在机床、动力设备以及自动控制中被广泛应用。低压断路器还有其他自动保护作用，性能优越，但其结构复杂、操作频率低、价格高，因此适用于要求较高的场合。

2．低压断路器的类型

（1）万能式低压断路器又称开启式低压断路器，其容量较大，具有较高的短路分断能力和动稳定性，适合在交流50Hz、额定电压380V的配电网中作为配电干线的主保护用。

主要有 DW10 和 DW15 2 个系列。

（2）装置式低压断路器又称塑料外壳式低压断路器，内装触头系统、灭弧室及脱扣器等，有手动和电动合闸，适用于配电网的保护和作为电动机、照明电路及电热器等的控制开关。主要有 DZ5、DZ10、DZ20 等系列。

（3）快速断路器具有快速电磁铁和强有力的灭弧装置，最快动作时间可在 0.02s 以内，用于半导体整流元件和整流装置的保护。主要有 DS 系列。

（4）限流断路器利用短路电流产生的巨大吸力，使触头迅速断开，能在交流短路电流尚未达到峰值之前把故障电路切断，用于短路电流较大（高达 70kA）的电路中。主要有 DWX15 和 DZX10 2 种系列。

（5）智能化断路器。目前国产的智能化断路器有框架式和塑料外壳式 2 种。前者主要用作智能化自动配电系统中的主断路器，后者主要用于配电网中分配电能和作为电路及电源设备的控制和保护用。智能化断路器的控制核心采用了微处理器或单片机技术，不仅具有普通断路器的保护功能，同时还具有实时显示电路中的电气参数（电流、电压、功率、功率因数等）、对电路进行在线监视、自动调节、测量、试验、自诊断和通信等功能，能够对各种保护功能的动作参数进行显示、设定和修改，能够存储保护电路动作时的故障参数以便查询。

3. 低压断路器的工作原理

低压断路器的工作原理示意如图 1－5（a）所示，在电气原理图中的图形符号如图 1－5（b）所示。

低压断路器的主触头 2 靠手动操作或自动合闸。主触头 2 闭合后，自由脱扣机构 3、4、5 将主触头锁在合闸位置上。当线路正常工作时，电磁脱扣器 6 的线圈所产生的吸力不能将它的衔铁 8 吸合，如果线路发生短路和产生很大的过电流时，电磁脱扣器的吸力增加，将衔铁 8 吸合，并撞击杠杆 7，把搭钩 4 顶上去，切断主触头 2 断开主电路。如果线路上电压下降或失去电压时，欠电压脱扣器 11 的吸力减小或失去吸力，衔铁 10 被弹簧 9 拉开，撞击杠杆 7，把搭钩 4 顶开，切断触头 2 断开主电路。

线路发生过负荷时，过负荷电流流过发热元件 13 使双金属片 12 受热弯曲，将杠杆 7 顶开，切断主触头 2 断开主电路。

另外，有些断路器还安装有分励脱扣器，可作为远距离控制用。在正常工作时，其线圈是断电的；在需要远距离控制时，按下启动按钮，使线

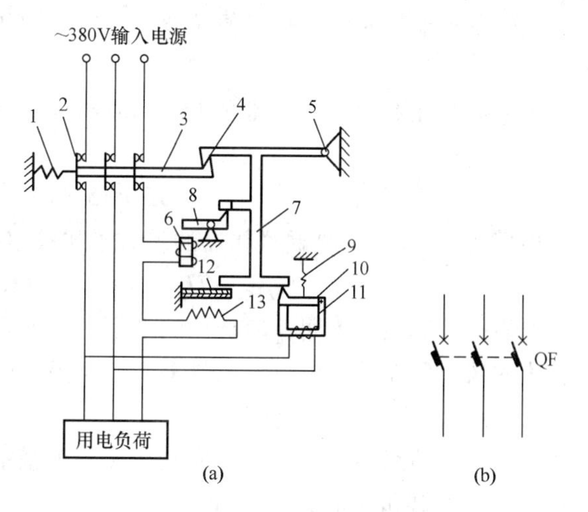

图 1－5　低压断路器动作原理图及符号

（a）原理图；（b）符号

1—主弹簧；2—主触头 3 副；3—锁链；4—搭钩；5—轴；6—电磁脱扣器；7—杠杆；8—电磁脱扣器衔铁；9—弹簧；10—欠压脱扣器衔铁；11—欠压脱扣器；12—双金属片；13—热元件

圈得电，衔铁带动自由脱扣机构动作，使主触头断开。

4. 低压断路器的选择

选择低压断路器时可按以下条件选用：

(1) 低压断路器的额定电压和额定电流应大于或等于线路、设备的正常工作电压和工作电流。

(2) 低压断路器的极限分断能力应大于或等于电路最大短路电流。

(3) 欠电压脱扣器的额定电压等于线路的额定电压。

(4) 过电流脱扣器（热脱扣器）的整定电流应与所控制的电动机的额定电流或线路负荷额定电流相一致。

(5) 电磁脱扣器的瞬时脱扣整定电流应大于负荷电路正常工作时的尖峰电流。对于电动机，电磁脱扣器的瞬时脱扣整定电流值 I_z 可按下式计算

$$I_z \geqslant KI_q \tag{1-1}$$

式中 K——安全系数，可取 1.7；

I_q——电动机的启动电流。

【例 1-1】 某机床的电动机额定功率为 5.5kW，电压为 380V，电流为 11.25A，启动电流为额定电流的 7 倍，试求：低压断路器过电流脱扣器的额定电流及电磁脱扣器的瞬时动作整定电流。

解 (1) 确定过电流脱扣器的额定电流。

根据电动机的额定电流 11.259A，选用过电流脱扣器额定电流为 15A、相应整定电流调节范围为 10~15A 的低压断路器，以便满足要求。

(2) 电磁脱扣器的瞬时动作整定电流。

电磁脱扣器瞬时动作整定值一般为过电流脱扣器额定电流的 8~12 倍（出厂时整定于 10 倍）。

过电流脱扣器的额定电流是 15A，取出厂时整定值的 10 倍，则电磁脱扣器的瞬时动作整定电流为

$$10 \times 15 = 150 \text{ (A)}$$

根据式 (1-1)，电磁脱扣器的瞬时脱扣整定电流值 I_z 应满足

$$I_z \geqslant 1.7I_q = 1.7 \times 7 \times 11.25 = 134 \text{ (A)}$$

上面的计算结果表明，应选用的低压断路器电磁脱扣器的瞬时动作整定电流为 150A，计算出的瞬时脱扣整定电流值 I_z 是 134A，此值小于 150A，可满足要求。

5. 使用低压断路器的注意事项

(1) 低压断路器投入使用时应先按照要求整定热脱扣器的动作电流，以后就不应随意旋动相关的螺钉和弹簧。

(2) 在安装低压断路器时，应注意把来自电源的母线接到低压断路器灭弧罩一侧的端子上，来自电气设备（负荷）的母线接到另一侧的端子上。

(3) 在正常情况下，每 6 个月应对低压断路器进行 1 次检修，清除灰尘。

(4) 发生断路、短路事故的动作后，应立即对低压断路器触头进行清理，检查有无熔坏，清除金属熔粒、粉尘，特别要把散落在绝缘体上的金属粉尘清除掉。

第三节　熔　断　器

熔断器是低压配电线路及动力设备控制电路中用作过负荷和短路保护的电器，它串联在线路中，当电路或电气设备发生短路或过负荷时，熔断器中的熔体首先熔断，使线路或电气设备脱离电源，起到保护作用。它具有结构简单，价格便宜，使用、维护方便，体积小，质量轻等优点，故得到广泛的应用。

熔断器主要由熔体和安装熔体的熔管（或熔座）2 部分组成。熔体是熔断器的主要部分，常做成片状或丝状；熔管是熔体的保护外壳，在熔体熔断时兼有灭弧作用。

熔体的材料有 2 种：一种是低熔点材料，如铅、锡等合金制成的不同直径的圆丝（俗称熔丝），由于熔点低、不易熄弧，对熔断器各部分的温度影响小，一般用在小电流电路中；另一种是高熔点材料，如银、铜等，用在大电流电路中，熄弧较容易，但会引起熔断器过热，对过负荷时的保护作用较差。

每一种规格的熔体都有额定电流和熔断电流 2 个参数。通过熔体（丝）的电流小于其额定电流时，熔体不会熔断，只有在超过其额定电流并达到熔断电流时，熔体才会发热熔断。通过熔体的电流越大，熔体熔断越快。一般规定：熔体通过的电流为额定电流的 1.3 倍时，应在 1h 以上熔断；通过额定电流的 1.6 倍时，应在 1h 内熔断；电流达到 2 倍额定电流时，熔丝在 30 ~ 40s 后熔断；达到 8 ~ 10 倍额定电流时，熔体应瞬间熔断。熔断器在过负荷时动作不灵敏，当设备轻度过负荷时，熔断时间延迟很长，甚至不熔断。因此，熔断器不宜作为过负荷保护用，它主要作为短路保护用。

熔断电流一般是熔体额定电流的 2 倍。

熔管有额定工作电压、额定电流和断流能力 3 个参数。

若熔管的工作电压大于其额定工作电压，则当熔体熔断时有可能出现电弧不能熄灭的危险，熔管内所装熔体的额定电流必须小于或等于熔管的额定电流；断流能力表示熔管断开线路故障时所能切断的最大电流。

一、熔断器常用系列产品

1. 瓷插式熔断器

瓷插式熔断器由瓷盖、瓷底、动触头、静触头及熔丝 5 部分组成，常用的 RC1A 系列瓷插式熔断器的外形及结构如图 1－6 所示。

瓷盖和瓷底均用电工瓷制成，电源线及负荷线可分别接在瓷底两端的静触头上。瓷底座中间有一空腔，与瓷盖突出部分构成灭弧室。容量较大的熔断器在灭弧室中还垫有熄弧用的编织石棉。

RC1A 系列瓷插式熔断器的额定电压为 380V，额定电流有 5、10、15、30、60、100A 及 200A 等。常用熔断器的型号和规格见表 1－3。

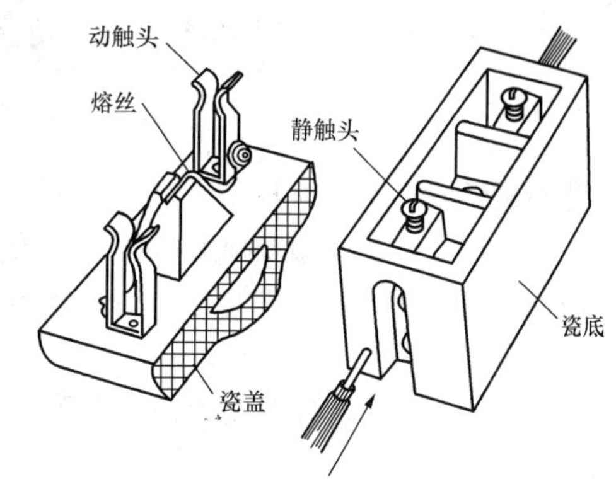

图 1－6　瓷插式熔断器的外形及结构

表 1－3　常用低压熔断器的型号和规格

类　别	型号	额定电压（V）	额定电流（A）	熔体额定电流（A）
插入式熔断器	RC1A	380	5	2、4、5
			10	2、4、6、10
			15	6、10、15
			30	15、20、25、30
			60	30、40、50、60
			100	60、80、100
			200	100、120、150、200
螺旋式熔断器	RL1	500	15	2、4、5、6、10、15
			60	20、25、30、35、40、50、60
			100	60、80、100
			200	100、125、150、200
	RL2	500	25	2、4、6、10、15、20、25
			60	25、35、50、60
			100	80、100

型号意义如下：

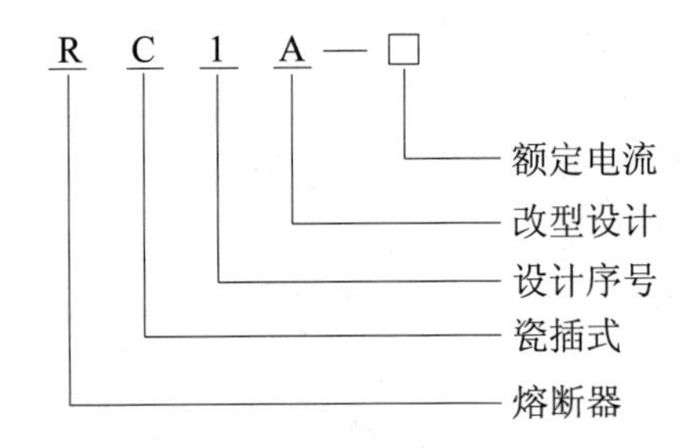

RC1A 系列瓷插式熔断器价格便宜，更换方便，广泛用作照明和小容量电动机的短路保护。

2. 螺旋式熔断器

螺旋式熔断器主要由瓷帽、熔断管（芯子）、瓷套、上接线端、下接线端及瓷座 6 部分组成。常用 RL1 系列螺旋式熔断器的外形及结构如图 1－7 所示。

RL1 系列螺旋式熔断器的熔断管内装有熔丝，在熔丝周围填满石英砂作为熄灭电弧用。熔断管的一端有一小红点，熔丝熔断后红点自动脱落，显示熔丝已熔断。使用时将熔断管有红点的一端插入瓷帽，瓷帽上有螺纹，将螺帽连同熔管一起拧进瓷底座，熔丝便接通电路。

在装接时，用电设备的连接线接到连接金属螺纹壳的上接线端，电源线接到瓷座的下

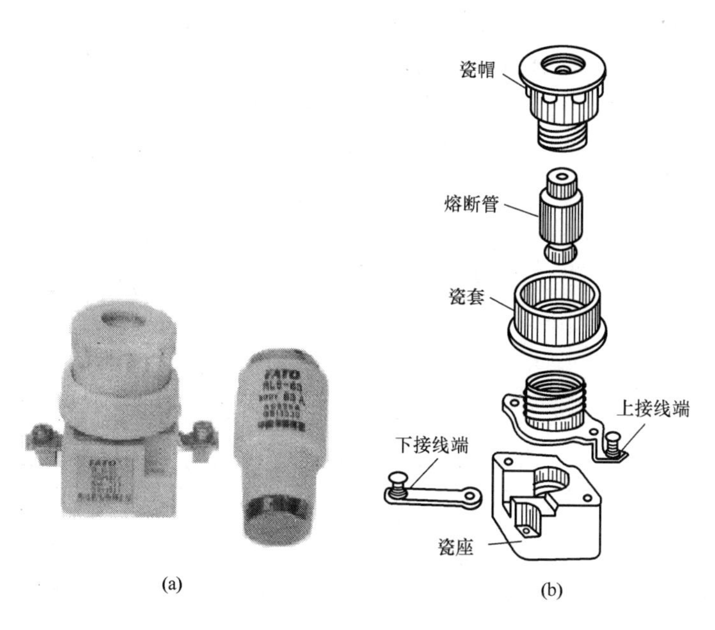

图 1－7 螺旋式熔断器

（a）外形；（b）结构

接线端，这样在更换熔丝时，旋出瓷帽后螺纹壳上不会带电，保证了安全。

RL1 系列螺旋式熔断器的额定电压为 500V，额定电流有 15、60、100、200A 等。RL1 螺旋式熔断器的断流能力大、体积小、安装面积小、更换熔丝方便、安全可靠、熔丝熔断后有显示。在额定电压为 500V、额定电流为 200A 及以下的交流电路或电动机控制电路中作为过负荷或短路保护用。

3. 无填料封闭管式熔断器

RM10 系列为无填料封闭管式熔断器，其外形及结构如图 1－8 所示。

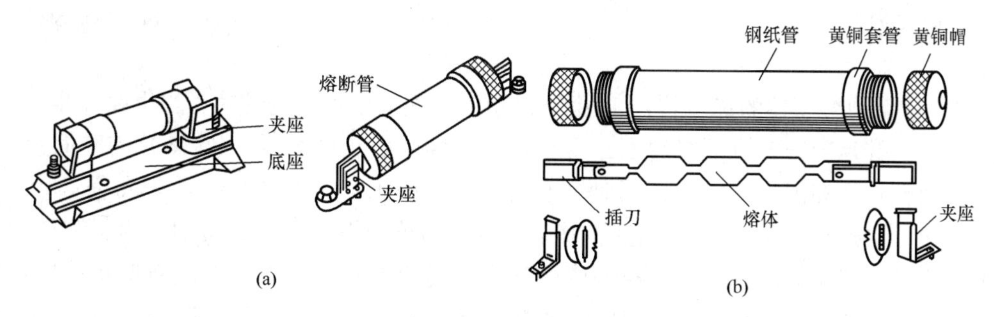

图 1－8 无填料封闭管式熔断器

（a）外形；（b）结构

图 1－8（a）左侧是 15A 和 60A 熔断器外形，右侧是熔断管为 100A 和 100A 以上的熔断器外形，图 1－8（b）是熔断管为 100A 和 100A 以上的熔断器结构。它由钢纸管、两端紧套黄铜套管用两排铆钉固定，防止熔断时钢纸管爆破，套管上旋有黄铜帽用来固定熔

体，熔片在装入钢纸管前用螺钉固定在插刀上。使用时将插刀插进夹座。熔断器的熔体用锌片制成，锌片冲成有宽有窄的不同截面，宽处电阻小、窄处电阻大。当有大电流通过时，窄处温度上升较宽处快，首先达到熔化温度而熔断。

额定电流为15A和60A的熔断器不用插刀，电流经由黄铜帽流过熔体。

型号意义如下：

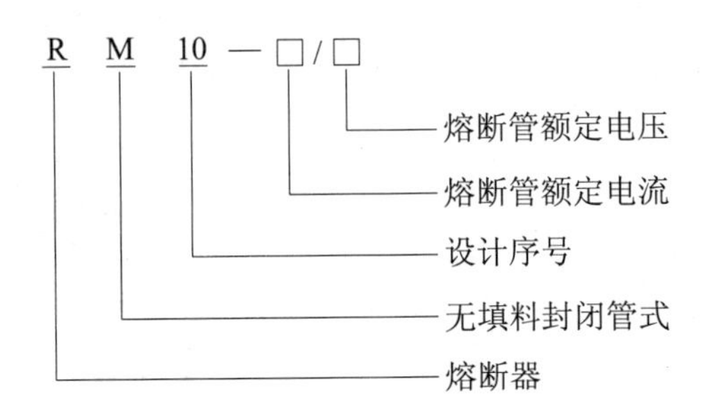

为保证能可靠动作，规定RM10系列熔断器在切断过3次相当于断流能力的电流后必须更换新的熔体。

RM10系列无填料封闭管式熔断器规格见表1-4。

表1-4　　RM10系列无填料封闭管式熔断器规格

型　　号	熔断器额定电压（V）	熔断器额定电流（A）	熔片额定电流（A）
RM10-15	交流220、380、500，直流220、440	15	6、10、15
RM10-60		60	15、20、25、35、45、60
RM10-100		100	60、80、100
RM10-200		200	100、125、160、200
RM10-350		350	200、225、260、300、350
RM10-600		600	350、430、500、600

RM10系列熔断器的优点是：① 由于采用了截面宽窄不同的锌片，当电路发生过负荷或短路时，锌片狭窄部位同时熔断，形成很大间隙，故灭弧容易；② 熔片熔断时没有熔化的金属颗粒及高温气体喷出，同时也看不到电弧的闪光，对操作人员较安全；③ 更换熔片方便。缺点是：① 材料消耗多，其中黄铜套和黄铜帽需用大量黄铜，为了节约铜材，目前推广采用三聚氰胺绝缘材料压制成熔管并采用塑料套管和帽子做成新型塑料熔断器；② 价格较贵，RM10系列无填料封闭管式熔断器常用于电气设备的短路保护及电缆过负荷保护。

4. 有填料封闭管式熔断器

随着低压电网容量的增大，当线路发生短路故障时，短路电流有时高达25～50kA。上面3种系列的熔断器都不能分断这么大的短路电流，必须采用RT0系列有填料封闭管式熔断器。

型号意义如下：

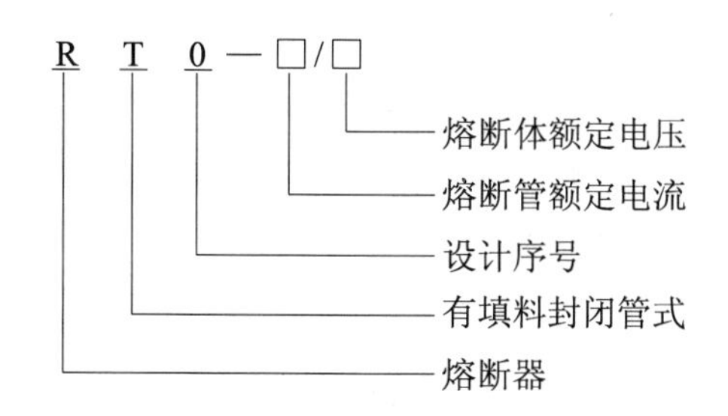

RT0 系列熔断器的外形及结构如图 1 -9 所示。

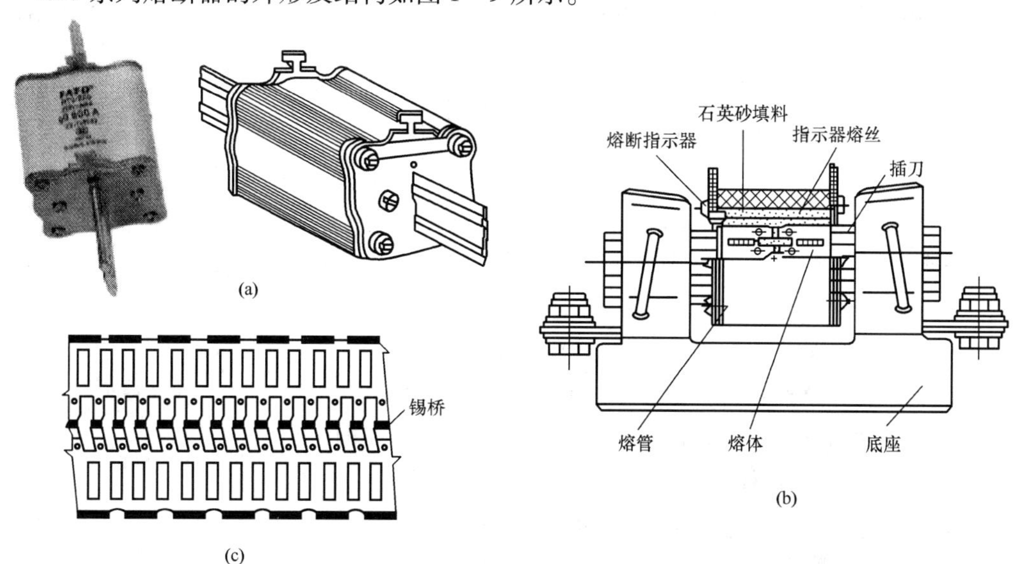

图 1 -9　有填料封闭管式熔断器

（a）外形；（b）结构；（c）锡桥

图 1 -9 中熔管采用高频陶瓷制成，具有耐热性强、机械强度高、外表面光洁美观等优点。熔体是 2 片网状紫铜片，中间用锡将其焊接起来，这个部分称为锡桥，如图 1 -10（c）所示。熔管内填满石英砂，在切断电流时起迅速灭弧作用；熔断指示器为一机械信号装置，指示器有与熔体并联的康铜熔丝，能在熔体断开后立即烧断，弹出红色醒目的指示件表示熔断信号；熔断器的插刀插在底座的插座内。

RT0 系列有填料封闭管式熔断器常用规格见表 1 -5。

表 1 -5　　RT0 系列有填料封闭管式熔断器常用规格

型号	熔断器额定电压（V）	熔断器额定电流（A）	熔体额定电流（A）	极限断流能力（kA）	功率因数
RT0 -100	交流 380，直流 400	100	30、40、50、60、100	交流 50，直流 25	>0.3
RT0 -200		200	120、150、200、250		
RT0 -400		400	300、350、400、450		
RT0 -600		600	500、550、600		

RT0 熔断器的优点是极限断流能力大，可达 50kA，用于具有较大短路电流的电力输配电系统中；缺点是熔体熔断后不易拆换，制造工艺较复杂。

5. 快速熔断器

自 20 世纪 50 年代以来，硅半导体元件已广泛地用于工业电力变换和电力拖动装置中，但是由于 PN 结热容量低，硅半导体元件过负荷能力差，只能在极短的时间内承受过负荷电流，否则半导体元件将迅速被烧坏，因此必须采用一种在过负荷时能迅速动作的快速熔断器。

目前，快速熔断器主要有 RLS、RS0 及 RS3 3 个系列。RLS 系列是螺旋式快速熔断器，用于小容量硅整流元件的短路保护和某些过负荷保护；RS0 系列用于大容量硅整流元件；RS3 用于晶闸管元件的短路保护和某些过负荷保护。

快速熔断器的结构和有填料封闭式熔断器基本相同，但熔体材料和形状不同，快速熔断器采用的是由银片冲制的有 V 形深槽的变截面熔体。

6. 自复熔断器

自复熔断器采用在常温下具有高电导率的金属钠作熔体，当电路发生短路故障时，短路电流产生的高温使钠迅速汽化，汽态钠呈现高阻态，从而限制了短路电流。当短路电流消失后，温度下降，金属钠恢复原来的良好导电性能。自复熔断器只能限制短路电流，不能真正分断电路。其优点是不必更换熔体，能重复使用。

二、熔断器的选择

熔体和熔断器只有经过正确的选择才能起到应有的保护作用。

1. 熔体额定电流的选择

（1）对电炉、照明等阻性负荷电路的短路保护，熔体的额定电流应稍大于线路负荷的额定电流。

（2）对单台电动机负荷的短路保护，熔丝的额定电流 I_{RN} 应大于或等于 1.5～2.5 倍电机额定电流 I_N，即

$$I_{RN} \geqslant (1.5 \sim 2.5) I_N \tag{1-2}$$

（3）对多台电动机同时保护，熔丝的额定电流应大于或等于其中最大容量的一台电动机的额定电流 I_{Nmax} 的 1.5～2.5 倍加上其余电动机额定电流的总和 $\sum I_N$ 即

$$I_{RN} \geqslant (1.5 \sim 2.5) I_{Nmax} + \sum I_N \tag{1-3}$$

在电动机功率较大而实际负荷较小时，熔丝额定电流可适当选小些，小到以启动时熔丝不断为宜。

（4）熔断器级间的配合。为防止发生越级熔断，上、下级（即供电干、支线）的熔断器之间应有良好的配合。选用时，应使上级（供电干线）熔断器的熔体额定电流比下级（供电支线）的大 1～2 个级差。

2. 熔断器的选择

（1）熔断器的额定电压必须大于或等于线路的工作电压。

（2）熔断器的额定电流必须大于或等于所装熔丝的额定电流。

第四节　接　触　器

接触器是一种遥控电器，在机床电气自动控制中，用它来接通或断开正常工作状态下的主电路和控制电路。它的作用和刀开关类似，具有低电压释放保护性能、控制容量大、能远距离控制等优点，在自动控制系统中应用非常广泛。

接触器是利用电磁吸力及弹簧反作用力配合动作，使触点闭合与断开的一种电器。按其触点通过电流的种类不同可分为交流接触器和直流接触器。

一、交流接触器

常用的交流接触器有 CJ0、CJ10、CJ20、CJX1、CJX2 等系列产品，部分国产交流接触器的产品外形如图 1－10 所示。

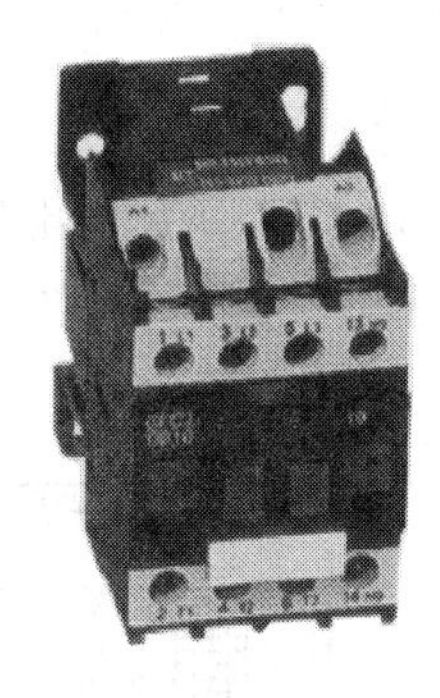
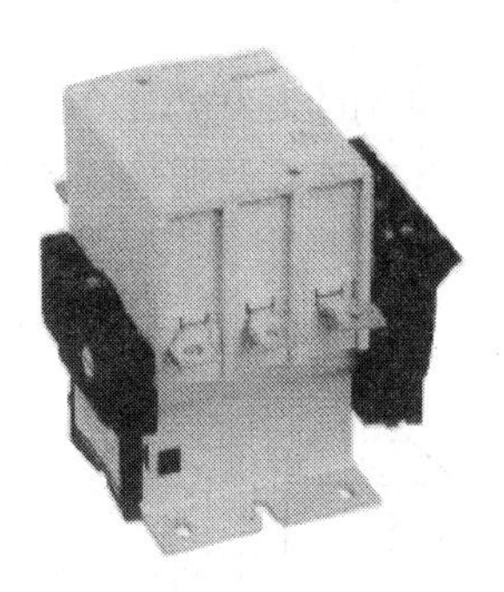

图 1－10　部分交流接触器的产品外形

交流接触器的结构及符号如图 1－11 所示。

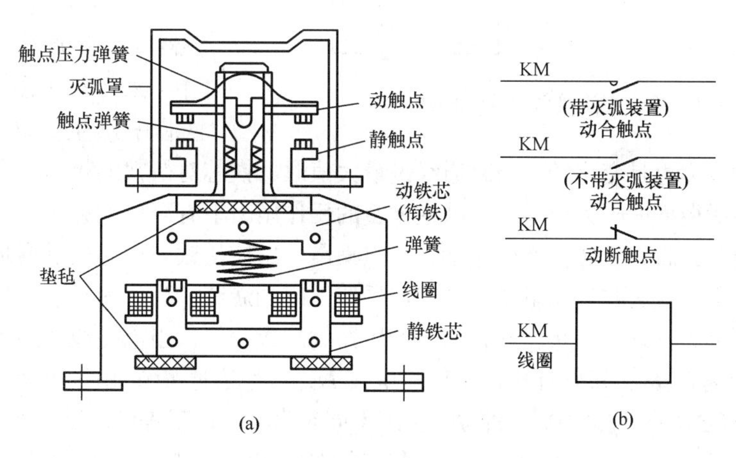

图 1－11　交流接触器的结构及符号
（a）结构；（b）符号

1. 交流接触器的结构

交流接触器主要由电磁系统、触点系统、灭弧装置等部分组成。

电磁系统包括线圈、动铁芯（衔铁）和静铁芯。接触器的电磁系统根据结构形式与衔铁运动的方式可分成衔铁绕棱角转动的拍合式、衔铁绕轴转动的拍合式和衔铁作直线运动的螺管式 3 种基本形式，如图 1－12 所示。

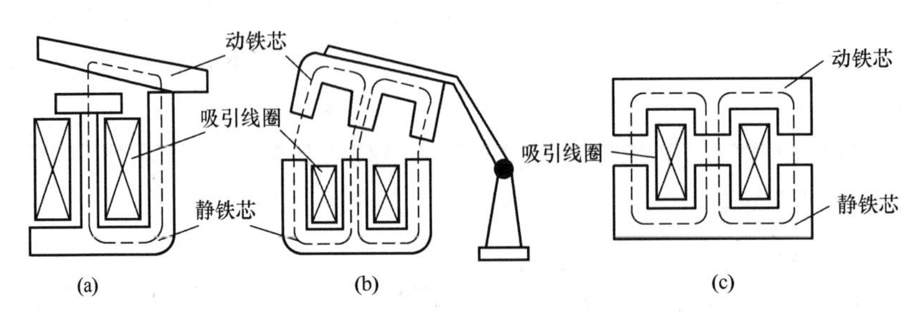

图 1－12　接触器电磁系统结构图

（a）衔铁绕棱角转动拍合式；（b）衔铁绕轴转动拍合式；（c）衔铁作直线运动螺管式

常用的 CJ0、CJ10、CJ20 系列交流接触器大都采用图 1－12（c）所示的电磁系统；CJ12B 交流接触器采用图 1－12（b）所示的电磁系统；在直流接触器中主要采用图 1－12（a）所示的电磁系统。

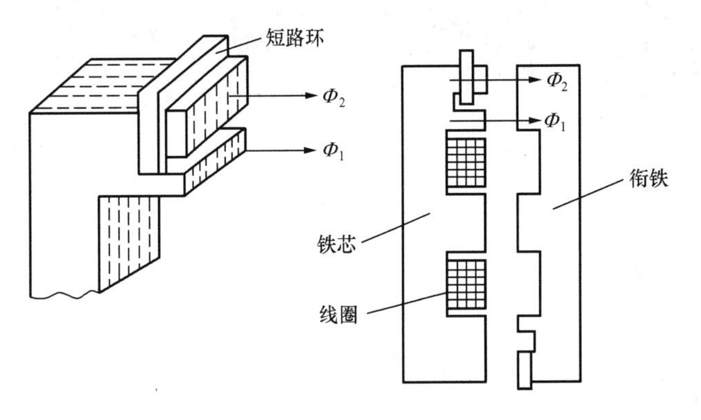

图 1－13　交流接触器铁芯的短路环

交流接触器的铁芯一般用硅钢片叠压铆成，以减少交变磁场在铁芯中产生的涡流及磁滞损耗，避免铁芯过热。

交流接触器的铁芯上装有 1 个短路环，又称减振环，如图 1－13 所示。

短路环的作用是减少交流接触器吸合时产生的振动和噪声。当电磁线圈中通有交流电时，在铁芯中产生的磁通是交变的磁通，对衔铁的吸力也是变化的。当磁通经过最大值时，铁芯对衔铁的吸力最大；当磁通经过零值时，铁芯对衔铁的吸力为零，衔铁在弹簧的反作用力下有释放的趋势。这样，衔铁不能被铁芯紧紧吸牢，就在铁芯上产生振动，发出噪声。这使衔铁与铁芯极易磨损，并造成触点接触不良，产生电弧火花灼伤触点，且噪声易使人感到疲劳，为了消除这一现象，在铁芯柱端面上嵌装 1 个短路环。此短路环相当于变压器的二次绕组，当电磁线圈通入交流电后，线圈电流 I_1 产生磁通 Φ_1，短路环中产生感应电流 I_2，产生磁通 Φ_2；由于电流 I_1 与 I_2 的相位不同，所以 Φ_1 与 Φ_2 的相位也不同，即 Φ_1 与 Φ_2 不同时为零。也就是说，磁通 Φ_1 经过零时 Φ_2 不为零而产生吸力，吸住衔铁，使衔铁始终被铁芯吸牢，振动和噪声会显著减小，且气隙越小，短路环的作用越大，振动和噪声越小。短路环一般用铜、康铜或镍铬合金等材料制成。

为了增加铁芯的散热面积，交流接触器的线圈一般采用粗而短的圆筒形电压线圈，且与铁芯之间有一定间隙，以避免线圈与铁芯直接接触而受热烧坏。

（1）触点系统。交流接触器的触点一般采用双断点桥式触点，如图 1－14 所示。

触点用紫铜片制成，由于银的接触电阻小，且银的黑色氧化物对接触电阻影响不大，故在接触点部分镶上银块。接触器的触点系统分为主触点和辅助触点，主触点用以通断电流较大的主电路，体积较大，一般由3对动合触点组成；辅助触点用以通断小电流的控制电路，体积较小，有动合和动断2种触点。所谓动合、动断是指电磁系统未通电动作前触点的状态。也就是说，动合触点是指线圈未通电时，其动、静触点处于断开的状态，线圈通电后就闭合。动断触点是指线圈未通电时，其动、静触点处于闭合的状态，线圈通电后断开。动合和动断触点是一起动作的，当线圈通电时，动断触点先断开，动合触点随即闭合；线圈断电时，动合触点先恢复断开，随即动断触点恢复原来的闭合状态。大部分的交流接触器如CJ0－20系列交流接触器，都有3对动合主触点、2对动合辅助触点和2对动断辅助触点。

（2）灭弧装置。交流接触器在断开大电流电路或高电压电路时，在动、静触点之间会产生很强的电弧。电弧是触点间气体在强电场作用下产生的放电现象，发光发热，会灼伤触点，并使电路切断时间延迟，影响接触器正常工作。为此对容量较大的交流接触器（20A以上）一般均采用有灭弧栅的装置，其结构及原理如图1－14所示。图中动触点与静触点处于分断的状态，触点间产生了电弧，灭弧栅由镀铜的薄铁片组成，薄铁片插在由陶土或石棉水泥材料压制成的灭弧罩中，各片之间是相互绝缘的。

当动触点与静触点分开时，触点间产生电弧，在电弧的周围产生磁场。由于薄铁片的磁阻比空气小得多，因此电弧上部的磁通容易通过灭弧栅形成闭合磁路，电弧上部的磁通非常稀疏，而电弧下部的磁通却非常稠密，这种上稀下密的磁通产生向上运动的力，把电弧拉到灭弧栅片当中去，栅片将电弧分割成若干短弧，每个栅片就成为短电弧的电极；栅片间的电弧电压低于燃弧电压，同时栅片将电弧的热量散发，促使电弧熄灭。容量较小的接触器（如CJ0－10），可采用双断口触点灭弧和电动力灭弧的方法。这种方法是将整个电弧分割成2段，同时利用触点回路本身的电动力 F 把电弧拉长，使电弧热量在拉长过程中散发冷却而熄灭，如图1－15所示。

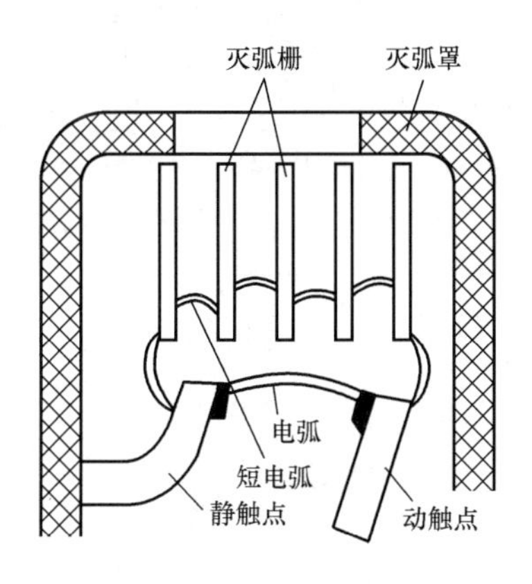

图1－14　栅片灭弧结构及原理

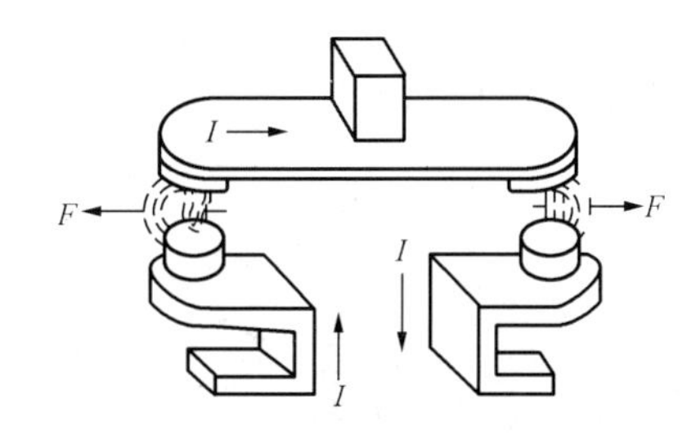

图1－15　双端点桥式触点及电动力灭弧原理图

（3）其他部分。交流接触器的其他部分包括反作用弹簧、缓冲弹簧、触点压力弹簧片、传动机构和接线柱等。

反作用弹簧的作用是当线圈断电时，使主触点复位分断。缓冲弹簧是安装在静铁芯与胶木底座之间的一个刚性较强的弹簧，它的作用是缓冲动铁芯在吸合时对静铁芯的冲击力。保护胶木外壳免受冲击，不易损坏。触点压力弹簧片的作用是增加动、静触点之间的压力从而增大接触面积，以减小接触电阻；否则，由于动、静触点之间的压力不够，使动、静触点之间的接触面积小，接触电阻增大，会使触点因过热而损伤。

2. 交流接触器的工作原理

交流接触器的工作原理如图 1－11（a）所示，电磁线圈接通电源后，线圈电流产生磁场，使静铁芯产生足够的吸力克服反作用弹簧力，将动铁芯向下吸合，3 对动合主触点闭合，2 对动合辅助触点同时闭合，2 对动断辅助触点同时断开。当接触器线圈断电时，静铁芯吸力消失，动铁芯在反作用弹簧力的作用下复位，各触点也一起复位。

接触器在电气原理中的图形及文字符号如图 1－11（b）所示。

常用交流接触器的技术数据见表 1－6。

表 1－6　　CJ0 和 CJ10 系列交流接触器的技术数据

型号	主触点			辅助触点			线圈		可控制三相异步电动机的最大功率（kW）		额定操作频率（次/h）
	对数	额定电流（A）	额定电压（V）	对数	额定电流（A）	额定电压（V）	电压（V）	功率（VA）	220V	380V	
CJ0－10	3	10	380	均为 2 对动合、2 对动断	5	380	可为 36、110（127）、220、380	14	2.5	4	≤600
CJ0－20	3	20						33	5.5	10	
CJ0－40	3	40						33	11	20	
CJ0－75	3	75						55	22	40	
CJ10－10	3	10						11	2.2	4	
CJ10－20	3	20						22	5.5	10	
CJ10－40	3	40						32	11	20	
CJ10－60	3	60						70	17	30	

型号意义如下：

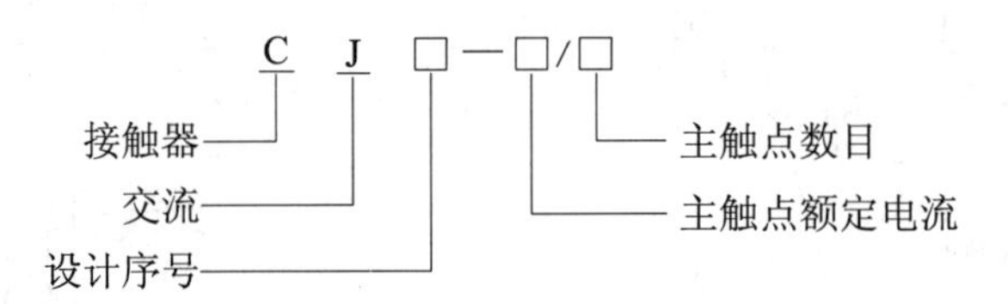

如 CJ0－40/3 为 CJ0 系列接触器，额定电流为 40A，主触点为 3 对。

二、直流接触器

直流接触器主要用以控制直流用电设备，它的结构及工作原理与交流接触器基本相同，但也有区别，它的结构原理如图 1－16 所示。

直流接触器主要由电磁系统、触点、灭弧装置3个部分组成。

1. 电磁系统

直流接触器的电磁系统由线圈、静铁芯和动铁芯组成。

直流接触器的铁芯与交流接触器不同，因为线圈中通的是直流电，铁芯中不会产生涡流，故铁芯可用整块铸钢或铸铁制成。铁芯没有涡流故不会发热，而线圈匝数较多、电阻大、铜损大，所以线圈本身发热是主要的。为使线圈散热良好，通常将线圈做成长而薄的圆筒状。为了保证动铁芯的可靠释放，常在磁路中夹有非磁性垫片，以减小剩磁的影响。

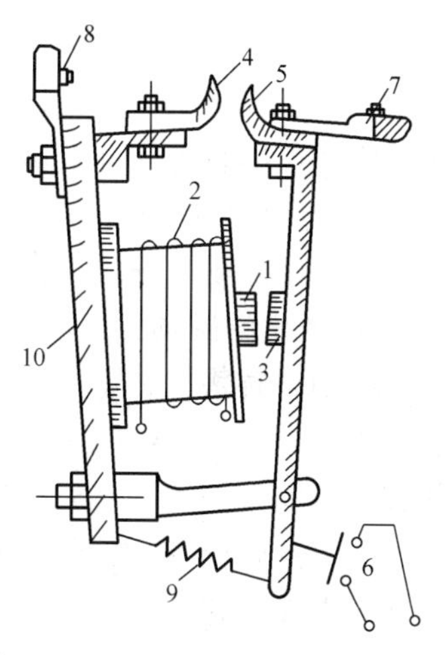

图1－16　直流接触器的结构原理图

1—铁芯；2—线圈；3—衔铁；4—静触点；5—动触点；6—辅助触点；7、8—接线柱；9—反作用弹簧；10—安装接触器的底板

2. 触点系统

直流接触器有主触点和辅助触点之分，主触点由于通断电流大，故采用滚动接触的指形触点，如图1－17（a）所示；辅助触点通断电流较小，常采用点接触的桥式触点，如图1－17（b）所示。

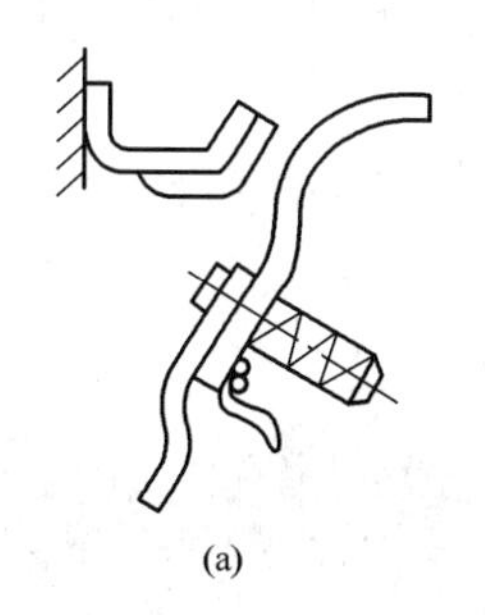

(a)

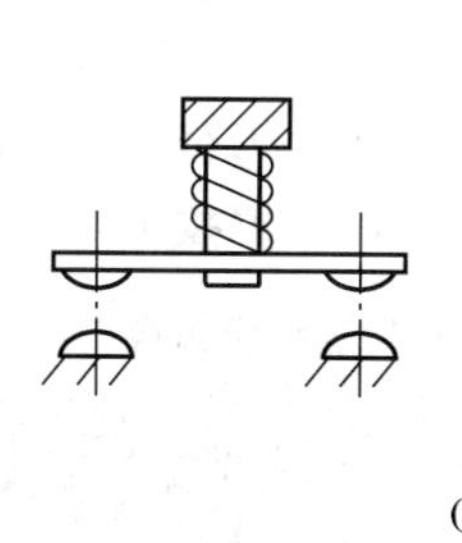

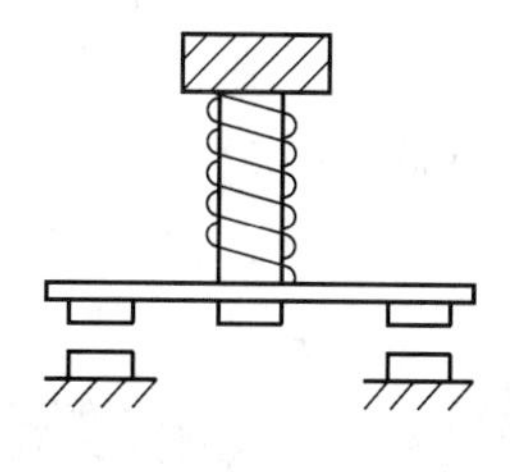

(b)

图1－17　接触器的触点结构

（a）滚动接触指型触点；（b）点接触桥式触点

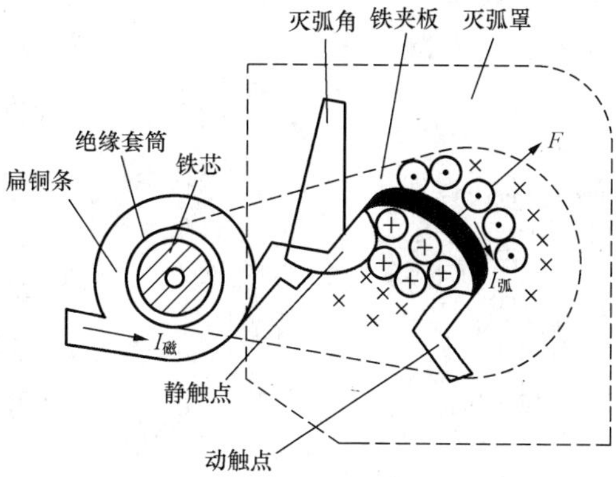

图1－18　磁吹式灭弧装置

3. 灭弧装置

直流接触器的主触点在断开电路电流时，若电流较大，会产生强烈的电弧，故装有磁吹灭弧装置，其结构如图1－18所示。

磁吹灭弧装置由磁吹线圈、灭弧罩和灭弧角组成。

磁吹线圈由扁铜条弯成，中间装有铁芯，它们之间隔有绝缘套筒，铁芯的两端装有2片铁夹板，夹持在灭弧罩的两边，放在灭弧罩内的触点就处在铁夹板之间。

灭弧罩由石棉水泥板或陶土制成，它把动触点和静触点罩住，触点就在灭弧罩内闭合和分断。图1－18中表示动、静触点已分断，并已形成电弧（图中用粗黑线表示弧柱）。磁吹线圈是和主触点串联的（即与电弧串联），因此流过触点的电流也就是流过磁吹线圈的电流$I_{磁}$。电流$I_{磁}$的方向如图中箭头所示。当动、静触点断开产生电弧时，电弧电流$I_{弧}$在电弧四周形成一个磁场，磁场的方向可用右手螺旋定则确定，在电弧周围还有一个由磁吹线圈电流$I_{磁}$所产生的磁场，在铁芯中产生磁通，从一块夹板穿过夹板间的空隙进入另一块夹板，形成闭合磁路，磁场方向可根据右手螺旋定则确定。可见，在电弧的上方，磁吹线圈电流与电弧电流所产生的两个磁通方向相反（相减），相互削弱，在电弧的下方，两个磁通的方向相同（叠加），磁通增加，电弧将从磁场强的一边拉向弱的一边（弧柱下方的磁场强于上方的磁场），在下方磁场作用下，电弧受力的方向为F所指的方向，于是电弧向上运动。灭弧角和静触点相连接，它的作用是引导电弧向上运动。电弧随着自下向上地运动而迅速拉长，和空气产生了相对运动，使电弧温度降低而熄灭；同时电弧被吹进灭弧罩上部的时候，电弧的热量传给灭弧罩后被散发，降低了电弧的温度，促使电弧熄灭。另外，电弧在向上运动的过程中，在静触点上的弧根将逐渐转移到灭弧角上，弧根向上移动就会使电弧继续拉长，当电源电压不足以维持电弧燃烧时，它就熄灭了。由此可见，磁吹灭弧装置的灭弧是靠磁吹力的作用，使电弧拉长，在空气中很快冷却，从而使电弧迅速熄灭。

直流接触器通的是直流电，没有冲击的启动电流，不会产生铁芯猛烈撞击的现象，因而它的寿命长，适宜用于频繁启动的场合。

直流接触器有CZ0、CZ1、CZ2、CZ3、CZ5－11等系列产品。CZ5－11为联锁接触器，适用于控制电路中。CZ0系列直流接触器技术参数见表1－7。

表1－7　　CZ0系列直流接触器技术参数

型号	额定电压值（V）	额定电流值（A）	额定操作频率（次/h）	主触点极数		最大分断电流值（A）	辅助触点形式及数目		吸引电压值（V）	吸引线圈消耗功率值（W）
				动合	动断		动合	动断		
CZ0－40/20	440	40	1200	2	0	160	2	2	24、48、110、220	22
CZ0－40/02		40	600	0	2	100	2	2		24
CZ0－100/10		100	1200	1	0	400	2	2		24
CZ0－100/01		100	600	0	1	250	2	1		24
CZ0－100/20		100	1200	2	0	400	2	2		30
CZ0－150/10		150	1200	1	0	600	2	2		30
CZ0－150/01		150	600	0	1	375	2	1		25
CZ0－150/20		150	1200	2	0	600	2	2		40
CZ0－250/10		250	600	1	0	1000	5 其中1对为固定动合，另外4对可任意组合成动合或动断			31
CZ0－250/20		250	600	2	0	1000				40
CZ0－400/10		400	600	1	0	1600				28
CZ0－400/20		400	600	2	0	1600				43
CZ0－600/10		600	600	1	0	2400				50

直流接触器的线圈及触点在电气原理图中的图形及符号与交流接触器相同。

型号意义如下：

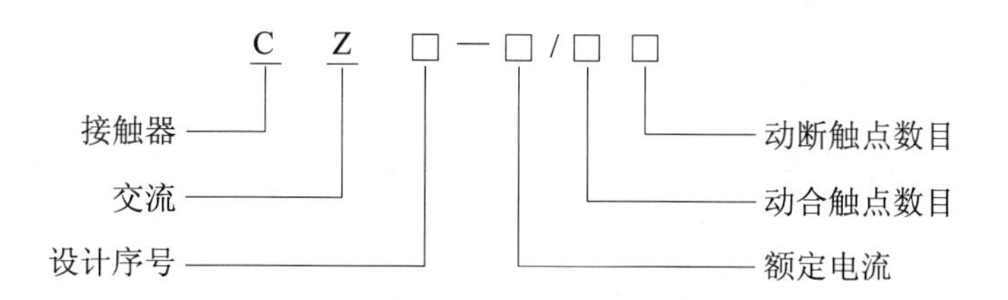

如 CZ0 - 100/20 为 CZ0 系列直流接触器，额定电流为 100A，有 2 对动合触点。

三、接触器的选择

应根据控制线路的技术要求正确选用接触器。

1. 选择接触器的类型

根据所控制的负荷电流类型来选择接触器的类型，即交流负荷使用交流接触器，直流负荷使用直流接触器；如果控制系统中主要是交流电动机，而直流电动机或直流负荷的容量比较小时，也可全用交流接触器进行控制，但是触点的额定电流应适当选用大些。一般场合选用电磁式接触器，易燃易爆场合应选用防爆型及真空接触器。

2. 选择接触器触点的额定电压

通常选择接触器触点的额定电压大于或等于负荷回路的额定电压。

3. 选择接触器主触点的额定电流

对 CJ0、CJ10 系列接触器主触点电流可按下列经验公式计算

$$I_C = \frac{P_N \times 10^3}{KU_N}(A) \qquad (1-4)$$

式中 K——经验常数，一般取 1～1.4；

P_N——被控制电动机（或负荷的总和）额定功率，kW；

U_N——电动机（或负荷）的额定线电压，V；

I_C——接触器主触点电流。

选用接触器主触点的额定电流应大于或等于由式（1-4）所得的数值，也可参照表 1-6 中可控制电动机的最大功率进行选择。如额定电压为 380V、额定功率为 10kW 的电动机，查表 1-6 可知应选用 CJ0-20 型接触器。

接触器如使用在频繁启动、制动和正反转的场合时，一般将接触器主触点的额定电流降低一个等级或将表 1-6 中可控制电动机的最大功率减半选用。如上面举例的 10kW 电动机，一般场合下应选用 CJ0-20 型接触器，在频繁启动、制动和正反转的场合时，就要选用 CJ0-40 型接触器。

4. 选择接触器吸引线圈的电压

接触器吸引线圈电压一般从人身和设备安全角度考虑，可选择低一些，如 127V，但当控制线路简单，用电不多时，为了节省变压器则选用 380V。

5. 接触器的触点数量、种类等

接触器的触点数量、种类等应满足控制线路的要求。

第五节 继 电 器

继电器是根据一定的信号，如电流、电压、时间、温度和速度等，来接通或断开小电流电路和电器的控制元件，在自动控制系统中应用得相当广泛。

继电器一般不直接用来控制主电路，而是通过接触器或其他电器对主电路进行控制。因此，同接触器相比较，继电器的触点断流容量要小得多，一般不需灭弧装置，结构简单、体积小、重量轻，但对继电器动作的准确性则要求较高。

继电器的种类很多，按照它在电力拖动和自动控制系统中的作用可分为控制继电器、保护继电器、速度继电器和中间继电器等，一般作为控制继电器；而过电流继电器、过电压继电器、欠电压继电器和热继电器等均作为保护继电器。下面分别介绍几种常用的继电器。

一、热继电器

很多工作机械因操作频繁及过负荷等原因，会引起用电设备如电动机定子绕组的电流增大，绕组温度升高等现象。若电机过负荷不大，时间较短，只要电机绕组不超过容许的温升，这种过负荷是允许的。若过负荷时间过长或电流过大，使绕组温升超过了容许值时，将会损坏绕组的绝缘，缩短电动机的使用寿命，严重时甚至烧毁电动机绕组。电路中虽有熔断器，但熔丝的额定电流为电动机额定电流的 1.5 ~ 2.5 倍，不能可靠地起过负荷保护作用，为此要采用热继电器作为电动机的过负荷保护。

1. 热继电器的外形及结构

图 1 – 19 所示的为我国统一设计的 RJ15 系列典型产品的外形及结构示意图，它主要

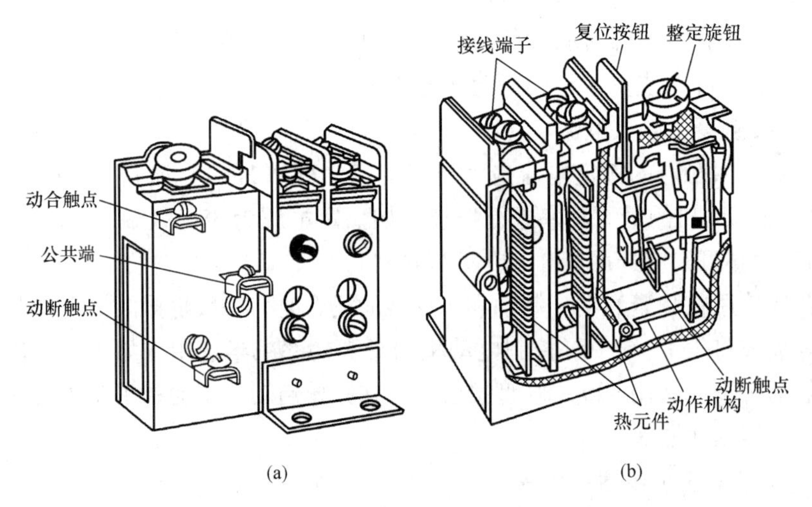

图 1 – 19 热继电器

(a) 外形；(b) 结构

由热元件、触点、动作机构、复位按钮、整定电流装置、温升补偿元件等部分组成。其基本结构原理示意如图 1－20（a）所示，热继电器在电气原理图中的文字及符号如图 1－20（b）所示。

（1）热元件是热继电器的主要部分，共有 2 块，由双金属片及围绕在双金属片外面的电阻丝组成。双金属片由两种热膨胀系数不同的金属片焊合而成，如铁镍铬合金和铁镍合金。电阻丝一般用康铜、镍铬合金等材料做成，使用时将电阻丝直接串联在异步电动机的两相主电路（或称主回路）上，如图 1－20（a）中的 1、1′及 2、2′。

（2）触点有 2 对，由图 1－19（a）中的 1 个动合触点 33 和 1 个动断触点 32 组成的，触点 31 为公共端。

（3）动作机构由导板 6、补偿双金属片 7（补偿环境温度的影响）、推杆 10、杠杆 12 及拉簧 15 等组成。

（4）复位按钮 16 是继电器动作后进行手动复位的按钮。

（5）整定电流装置是通过旋钮 18 和偏心轮 17 来调节整定电流值的。

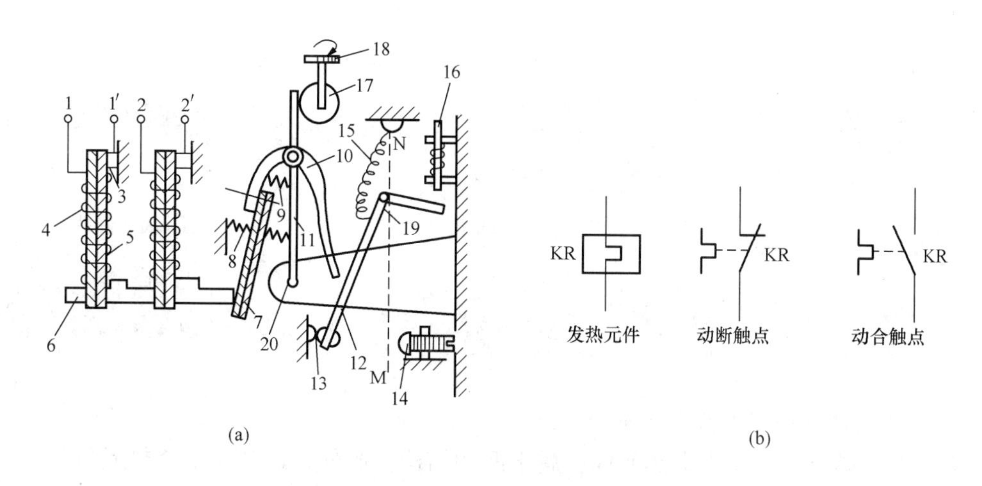

图 1－20　热继电器的原理图及符号

（a）原理图；（b）符号

1、1′、2、2′—热元件；3—支架；4—电阻丝；5—双金属片；6—导板；7—补偿双金属片；8—弹簧；9—弹簧；10—推杆；11—支撑杆；12—杠杆；13—动断触点；14—动合触点；15—弹簧；16—复位按钮；17—偏心轮；18—旋钮；19—轴；20—交点

2. 热继电器的工作原理

当电动机过负荷时，过负荷电流通过串联在定子电路中的电阻丝，使之发热过量，双金属片受热膨胀，因左边一片的膨胀系数较大，所以下面一端便向右弯曲，通过导板推动补偿双金属片使推杆绕轴转动，这又推动了杠杆使其绕轴 19 转动，于是将热继电器的动断触点断开；在控制电路中，动断触点是串联在接触器的线圈电路里的，当动断触点断开时，接触器的线圈断电使主触点分断，电动机便脱离电源受到保护。

热继电器动作后有手动复位和自动复位2种方式：

（1）手动复位。当推杆推动杠杆绕轴转动，在弹簧的拉力作用下，使杠杆上的动合触点闭合，此时杠杆超过NM轴线。在这种情况下，动断触点无法再闭合，因此必须按下复位按钮，使杠杆向左转过NM轴线后，在弹簧的作用下，使动断触点重新闭合，这就称为手动复位。

（2）自动复位。旋动螺杆，使它越过NM轴线，当热继电器因电动机过负荷动作后，经一段时间双金属片冷却复原，在弹簧的作用下，补偿双金属片连同推杆复原，杠杆在弹簧的作用下，使动断触点复位闭合，这就称为自动复位。

3. 热继电器的整定电流

热继电器的整定电流是指热继电器长期不动作的最大电流，超过此值即动作。热继电器的整定旋钮上刻有整定电流值的标尺，旋动旋钮时，偏心轮压迫支撑杆绕交点左右移动，支撑杆向左移动时，推杆与杠杆的间隙增大，热继电器的热元件动作电流就增大。反之，动作电流减小。

当过负荷电流超过整定电流的1.2倍时，热继电器便要动作，过负荷电流的大小与动作时间见表1－8。

表1－8　一般型不带有断相运转保护装置的热继电器动作特性

整定电流倍数	动作时间	起始状态
1.0	长期不动作	
1.2	小于20min	从热态开始
1.5	小于2min	从热态开始
6	大于5s	从冷态开始

4. 三相结构及带断相保护的热继电器

上述的热继电器只有2个热元件，属于两相结构。此外，还装有3个热元件的三相结构热继电器，其外形结构及动作原理与两相结构的热继电器类似。

在一般情况下，应用两相结构的热继电器已能对电动机的过负荷进行保护。由于电源的三相电压均衡，电动机的绝缘良好，电动机的三相线电流也必将相等。但当三相电源严重不平衡时，以及当电动机的绕组内部发生短路故障时，就有可能使电动机的某一相线电流比其他两相线电流高。若该相线路中没有热元件，就不能可靠地起到保护作用。因此，考虑到这种情况，就必须选用三相结构的热继电器。

热继电器所保护的电动机，如果是Y接法的，当线路上发生一相断路，如一相熔断器熔丝熔断时，另外两相发生过负荷，此时，流过热元件的电流也就是电动机绕组的电流（线电流等于相电流），因此用普通的两相或三相结构的热继电器都可以起到保护作用。如果电动机是△接法（4kW及以上的鼠笼式异步电动机大都是△接法），若电动机的某一相发生断相时，就会在三相中发生局部过负荷，而使得线电流大于相电流，故用普通的两相或三相结构的热继电器不能起到可靠的保护作用，因此，必须采用三相结构带断相保护的热继电器，如 JR16 系列热继电器，它不仅具有一般热继电器的保护性能，而且当三相电动机的一相断路或三相电流严重不平衡时，它能及时动作起到保护作用（即断相保护特性）。

热继电器可作为轻负荷启动、长期工作或间断工作的电动机的过负荷保护用，对频繁和重负荷启动时，可能会造成误动作使电机停转，不能起到真正的保护作用。另外，也不能作短路保护，因双金属片受热膨胀需要一定的时间，当电动机发生短路时，电流很大，热继电器还来不及动作，供电线路和电源设备就可能已受损坏，因此，短路保护必须由熔断器来完成。

5. 热继电器的型号及选用

常用热继电器有 JR0 系列和 JR16 系列 2 种，其技术数据见表 1－9。

型号意义如下：

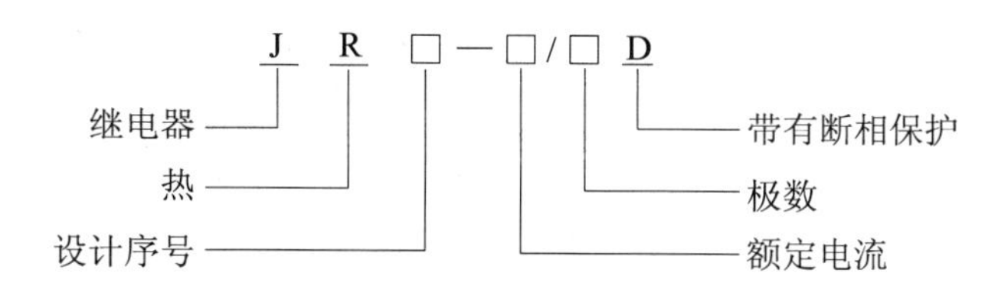

如 JR16－20/3D 表示额定电流为 20A 的带有断相保护的三相结构热继电器。

热继电器的型号及热元件的电流等级主要根据电动机额定电流、电动机工作形式、工作环境、启动情况及负荷情况等因素确定。

（1）原则上热继电器的额定电流应按电动机的额定电流选择。对于过负荷能力较差的电动机，其配用的热继电器（主要是发热元件）的额定电流可适当小些。通常，选取热继电器的额定电流（实际上是选取发热元件的额定电流）为电动机额定电流的 60% ~80% 。

（2）在不频繁启动场合，要保证热继电器在电动机的启动过程中不产生误动作。通常，当电动机启动电流为其额定电流 6 倍以及启动时间不超过 6s 时，若很少连续启动，就可按电动机的额定电流选取热继电器。在一般情况下，热继电器的整定电流通常与电动机的额定电流相等或额定电流的 0. 95 ~1. 05 倍。

（3）当电动机为重复短时工作时，首先注意确定热继电器的允许操作频率。因为热继电器的操作频率是很有限的，如果用它保护操作频率较高的电动机，效果很不理想，有时甚至不能使用。

（4）在三相异步电动机电路中，对定子绕组为Y连接的电动机应选用两相或三相结构的热继电器；定子绕组为△连接的电动机必须采用带断相保护的热继电器。

［**例 1－2**］某机床的电动机额定电流为 14. 6A，额定电压 380V，试选择热继电器的型号。

解 电动机的额定电流为 14. 6A，由表 1－9 可知，应选用额定电流为 16A 的热元件，它的整定电流调节范围为 10 ~16A，可将其电流整定在 14. 6A，热继电器的型号为 JR0－20/3。

表 1－9　　JR0、JR16 系列热继电器的型号、规格及技术数据

型　号	额定电流（A）	热元件等级		主 要 用 途
		额定电流（A）	刻度电流调节范围（A）	
JR0－20/3 JR0－20/3D JR16－20/3 JR16－20/3D	20	0.35	0.25～0.3～0.35	供交流 500V 以下的电气回路中作为电动机的过负荷保护用
		0.5	0.32～0.4～0.5	
		0.72	0.45～0.6～0.72	
		1.1	0.68～0.9～1.1	
		1.6	1.0～1.3～1.6	
		2.4	1.5～2.0～2.4	
		3.5	2.2～2.8～3.5	
		5.0	3.2～4.0～5.0	
		7.2	4.5～6.0～7.2	
		11	6.8～9.0～11.0	
		16	10.0～13.0～16.0	
		22	14.0～18.0～22.0	
JR0－40/3 JR16－40/3D	40	0.64	0.4～0.64	
		1.0	0.64～1.0	
		1.6	1～1.6	
		2.5	1.6～2.5	
		4.0	2.5～4.0	
		6.4	4.0～6.4	
		10	6.4～10	
		16	10～16	
		25	16～25	
		40	25～40	

注　D 表示带有断相装置。

二、时间继电器

时间继电器是一种利用电磁原理或机械动作原理来延迟触点闭合或断开的自动控制电器，它有电磁式、电动式、空气阻尼式（又称气囊式）、晶体管式等，其中电动式时间继电器的延时精确度高且延时时间可以调得很长（由几分钟到几小时），但价格较贵；电磁式时间继电器的结构简单，价格也较便宜，但延时较短（由 0.3～1.6s）且只能用于直流断电时的延时动作，而体积和重量又较大；目前在交流电路中应用较广泛的是空气阻尼式时间继电器，它结构简单，延时范围较大（0.4～180s），更换一只线圈便可用于直流电路。下面介绍常用的空气阻尼式时间继电器。

JS7－A 系列时间继电器是利用气囊中空气通过小孔节流的原理来获得延时动作的，根据触点的延时特点，可分为通电延时动作（如 JS7－2A 型）与断电延时复位（如 JS7－4A 型）2 种。JS7－A 系列的产品外形及结构如图 1－21 所示。

1. JS7－A 系列时间继电器的结构

JS7－A 系列空气式时间继电器由电磁系统、工作触点、气室及传动机构 4 部分组成。

（1）电磁系统。主要由线圈、衔铁和铁芯组成，还有反力弹簧和弹簧片。

(a)

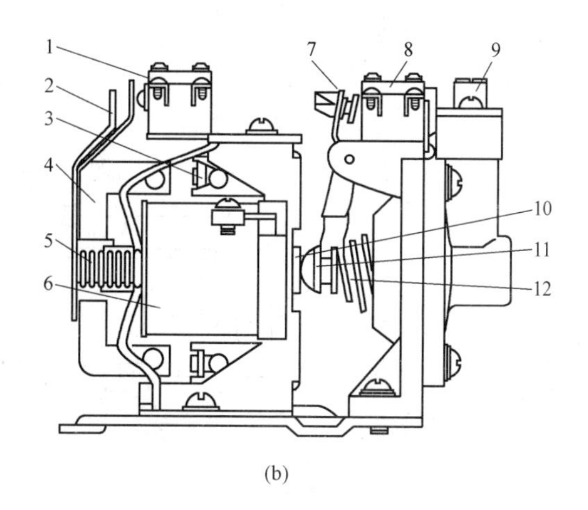

(b)

图 1－21 JS7－A 系列时间继电器外形及结构图

(a) 外形；(b) 结构

1—瞬时触点；2—弹簧片；3—铁芯；4—衔铁；5—反力弹簧；6—线圈；7—杠杆；8—延时触点；9—调节螺钉；10—推板；11—推杆；12—宝塔弹簧

(2) 工作触点。由 2 对瞬时触点（1 对瞬时闭合、1 对瞬时断开）及 2 对延时触点组成。

(3) 气室。气室内有 1 块橡皮薄膜，随空气量的增减而移动。气室上面的调节螺钉可调节延时的长短。

(4) 传动机构。由推板、推杆、杠杆及宝塔弹簧组成。

2. JS7－A 系列时间继电器的动作原理

JS7－A 系列时间继电器分为通电延时和断电延时 2 种类型，其组成元件是通用的，只是电磁系统的安装位置不同。

(1) 通电延时的时间继电器。通电延时的时间继电器动作原理示意如图 1－22 所示。当线圈通电后，衔铁克服反力弹簧的阻力与铁芯吸合；活塞杆在宝塔弹簧的作用下向上移动，移动的速度要视进气口的节流程度而定，可通过螺钉和螺旋加以调节；经过一定的延迟时间后，活塞才移到最上端，这时通过杠杆将微动开关 XK_4压动，使延时断开动断触点 XK_4-1、XK_4-2 延时断开，延时闭合动合触点 XK_4-3、XK_4-4 延时闭合，起到通电延时作用。微动开关 XK_3是在衔铁吸合后通过推板立即动作的，XK_3-1、XK_3-2 称为瞬时断开动断触点，XK_3-3、XK_3-4 称为瞬时闭合动合触点。

当线圈断电时，衔铁在弹簧的作用下，通过活塞杆将活塞推向最下端。这时橡皮膜下方气室内空气通过橡皮膜、弱弹簧和活塞的肩部所形成的单向阀从橡皮膜上方的气室缝隙中排掉。此时，微动开关 XK_4的动断触点瞬时闭合，动合触点瞬时断开。

(2) 断电延时的时间继电器。将电磁铁翻转 180°安装后，可得图 1－23 所示的断电延时时间继电器，其动作原理与断电延时时间继电器基本类似，这里不再赘述，可自行分析。

JS7－A 系列空气式时间继电器技术数据见表 1－10。

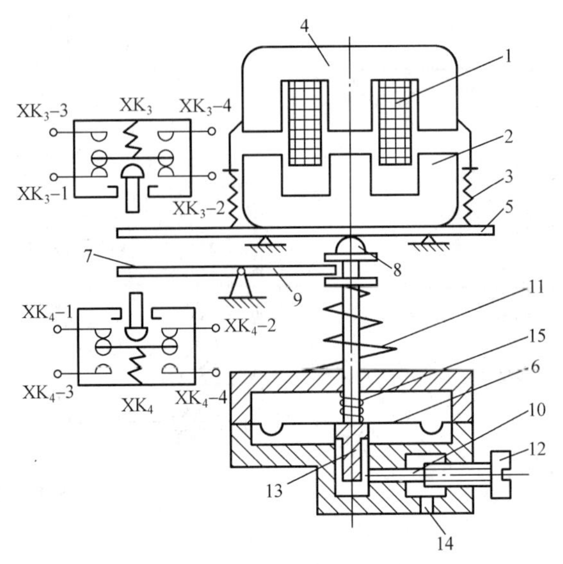

图 1-22　SJ7-A 系列通电延时的时间继电器动作原理

1—线圈；2—衔铁；3—反力弹簧；4—铁芯；5—推板；6—橡皮膜；7—杠杆；
8—活塞杆；9—杠杆；10—螺旋；11—宝塔弹簧；12—螺钉；
13—活塞；14—进气口；15—弹簧；
XK_3-1、2—瞬时断开动断触点；XK_3-3、4—瞬时闭合动合触点；
XK_4-1、2—延时断开动断触点；XK_4-3、4—延时闭合动合触点

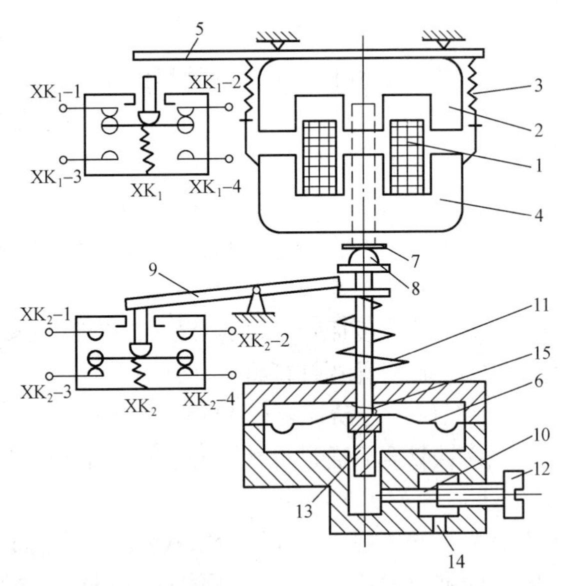

图 1-23　SJ7-A 系列断电延时的时间继电器动作原理

1—线圈；2—衔铁；3—反力弹簧；4—铁芯；5—推板；6—橡皮膜；7—杠杆；
8—活塞杆；9—杠杆；10—螺旋；11—宝塔弹簧；12—螺钉；
13—活塞；14—进气口；15—弹簧；
XK_1-1、2—瞬时断开动断触点；XK_1-3、4—瞬时闭合动合触点；
XK_2-1、2—延时闭合动合触点；XK_2-3、4—延时断开动断触点

表 1－10　　JS7－A 系列空气式时间继电器技术数据

型号	瞬时动作触点数量		有延时的触点数量				触点额定电压（V）	触点额定电流（A）	线圈电压（种类，V）	延时范围（s）	额定操作频率（次/h）
			通电延时		断电延时						
	动合	动断	动合	动断	动合	动断					
JS7－1A	—	—	1	1	—	—	380	5	24、36、110、127、220、380、420	0.4～60 及 0.4～180	600
JS7－2A	1	1	1	1	—	—					
JS7－3A	—	—	—	—	1	1					
JS7－4A	1	1	—	—	1	1					

时间继电器在电气原理图中的符号如图 1－24 所示。

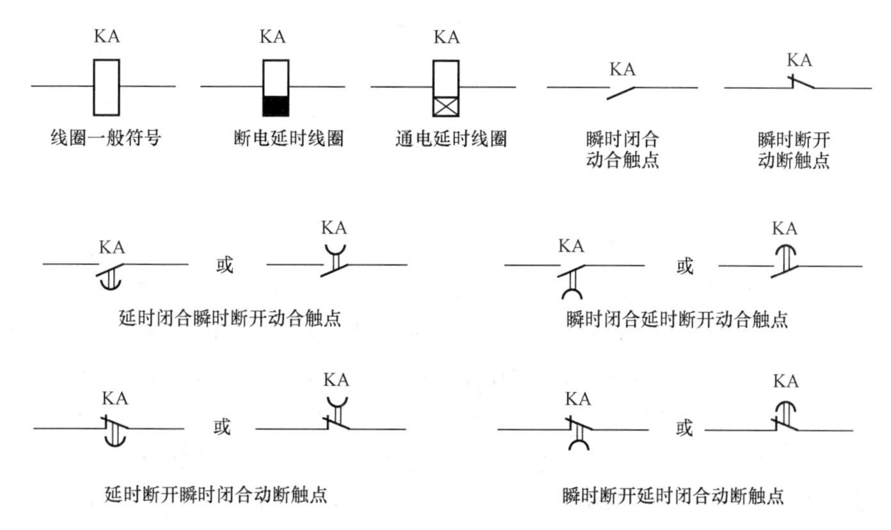

图 1－24　时间继电器符号

时间继电器主要根据控制回路所需要的延时触点的延时方式和瞬时触点的数目以及吸引线圈的电压等级选择。

型号意义如下：

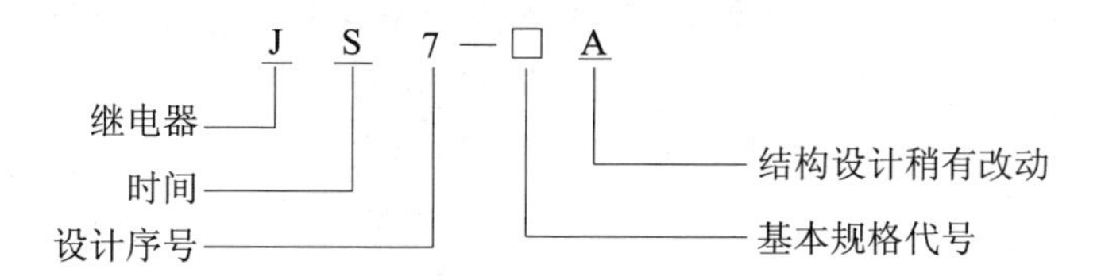

三、速度继电器

速度继电器又称反接制动继电器，它的作用是与接触器配合，实现对电动机的制动。速度继电器主要用于笼型异步电动机的反接制动控制。

使用中，当速度达到规定值时，速度继电器的触点动作，当速度下降到接近 0 时，通过控制相对应的接触器的通断，能自动及时切断电源。速度继电器是依靠电磁感应原理实现触点动作的，与交流电动机的电磁系统相似，由定子和转子组成电磁系统。速度继电器在结构上主要由定子、转子和触点 3 部分组成。转子是一个圆柱形永久磁铁，定子是一个笼形空心圆环，由硅钢片叠成，并装有笼形绕组。图 1 – 25 为速度继电器的外形、结构原理示意图。

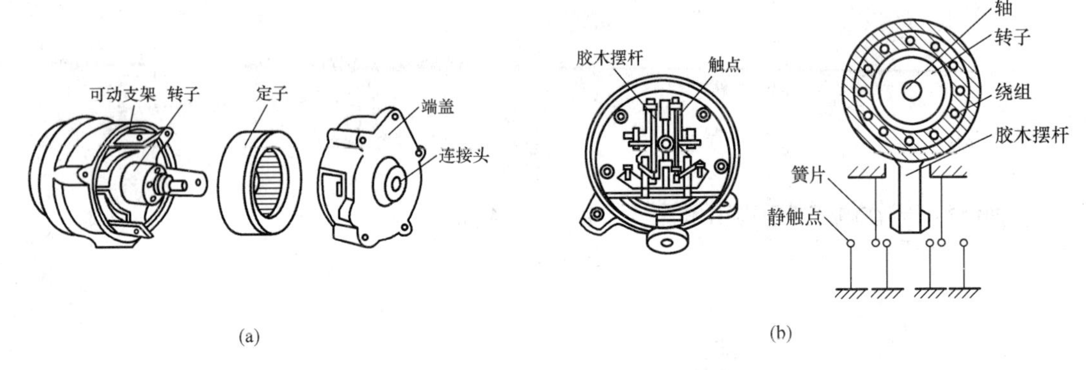

图 1 – 25　速度继电器

（a）外形；（b）结构原理

速度继电器的工作原理：速度继电器工作时，速度继电器转子的轴与被控电动机轴相连接，而定子空套在转子上。当电动机转动时，速度继电器的转子随之一起转动，这样，永久磁铁的静止磁场就成了旋转磁场。定子内的笼型导体因切割磁场而产生感应电动势，从而产生电流。此电流与旋转磁场相互作用产生电磁转矩，于是定子跟着转子相应偏转。转子转速越高，定子导体内产生的电流越大，电磁转矩也就越大。当定子偏转到一定角度时，装在定子轴上的摆锤推动簧片动作，使动断触点打开而动合触点闭合。当电动机转速下降时，速度继电器的转子转速也随之下降，定子导体内产生的电流也相应减少，因而使电磁转矩也相应减小。当继电器转子的转速下降到一定数值时，定子产生的电磁转矩减小，触点在弹簧作用下复位。

速度继电器的动作转速一般不低于 120r/min，复位转速约在 100r/min 以下，该数值可以调整。工作时允许的转速高达 1000 ~ 3600r/min。由速度继电器的正转和反转切换触点动作反映电动机转向和速度变化，使用速度继电器时应将转子装在被控制电动机的同一根轴上，而将其动合触点串联在控制电路中，通过控制接触器实现反接制动。

常用的速度继电器有 JY1 和 JFZ0 系列。JY1 型速度继电器在转速 3000r/min 以下时能可靠地工作，当转速小于 100r/min 时触点恢复原状。这种速度继电器在机床中用得较广泛。

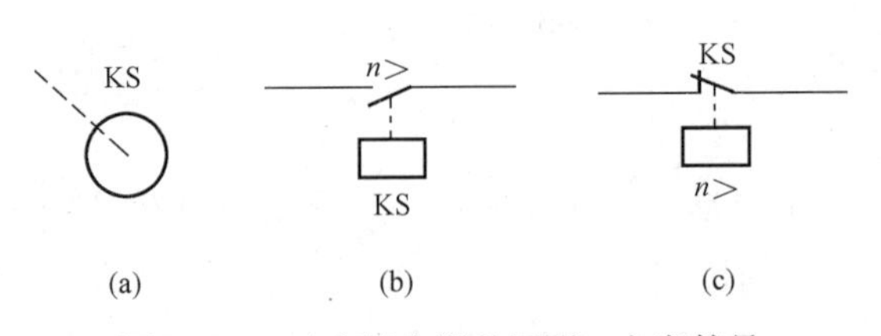

图 1 – 26　速度继电器的图形、文字符号

（a）转子；（b）动合触点；（c）动断触点

速度继电器的图形、文字符号如图 1 – 26 所示。

JY1、JFZ0 型速度继电器的技术数据见表 1 – 11。

表 1-11　　　　JY1、JFZ0 型速度继电器技术数据

型号	触点额定电压（V）	触点额定电流（A）	触点数量		额定工作转速（r/min）	允许操作频率（次/h）
			正转时动作	反转时动作		
JY1	380	2	1 组转换触点	1 组转换触点	100～3600	<30
JFZ0					300～3600	

四、中间继电器

中间继电器一般通过控制各种电磁线圈使信号得到放大，或将信号同时传给多个控制元件。在电力拖动控制电路中，常见的有 JZ7、JZ8 2 种系列。典型的 JZ7 系列中间继电器的产品外形、结构及在电气原理图中的文字符号如图 1-27 所示。它由线圈、静铁芯、动铁芯、触点系统、反作用弹簧及复位弹簧组成。它的触点较多，一般有 8 对，可组成 4 对动合、4 对动断，或 6 对动合、2 对动断，或 8 对动合（没有动断）3 种形式。

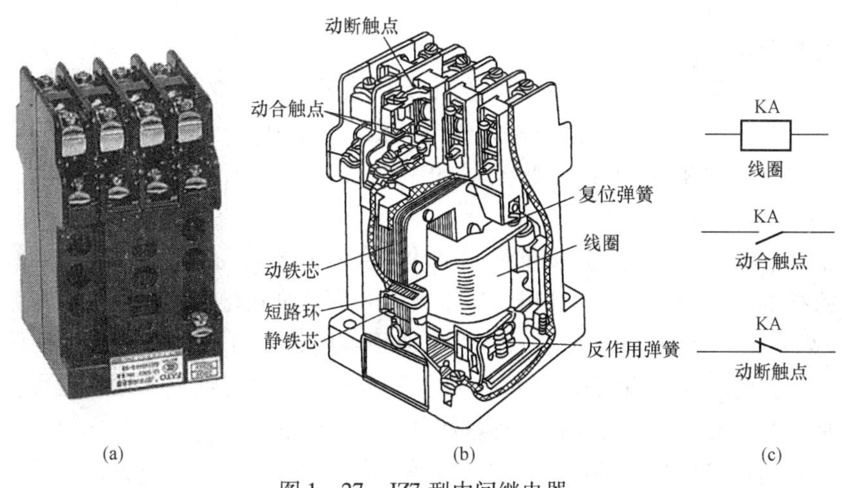

图 1-27　JZ7 型中间继电器

（a）产品外形；（b）结构；（c）符号

中间继电器原理与接触器相同，但是它的触点系统中没有主、辅之分，各对触点所允许通过的电流大小是相等的。一般来讲中间继电器的触点容量较小，与接触器的辅助触点差不多，其额定电流约为 5A，对于电动机额定电流不超过 5A 的电气控制系统，也可代替接触器来控制，所以中间继电器也是小容量的接触器。

JZ7 系列中间继电器技术数据见表 1-12。

表 1-12　　　　JZ7 系列中间继电器技术数据

型号	触点额定电压（V）		触点额定电流（A）	触点数量		额定操作频率（次/h）	吸引线圈电压（V）		吸引线圈消耗功率（V·A）	
	直流	交流		动合	动断		50Hz	60Hz	启动	吸持
JZ7-44	440	500	5	4	4	1200	12、24、36、48、110、127、220、380、420、440、500	12、36、110、127、220、380、440	75	12
JZ7-62	440	500	5	6	2	1200			75	12
JZ7-80	440	500	5	8	0	1200			75	12

JZ8 系列为交、直流两用的中间继电器，其线圈电压有交流 110、127、220、380V，直流 12、24、48、110、220V，触点有 6 对动合、2 对动断；4 对动合、4 对动断；2 对动合、6 对动断等，触点的额定电流为 5A。此外，若把触点簧片反装过来，就可使动合、动断触点相互转换。

中间继电器主要根据控制电路的电压等级，以及所需触点的数量、种类及容量等要求来选择。

型号意义如下：

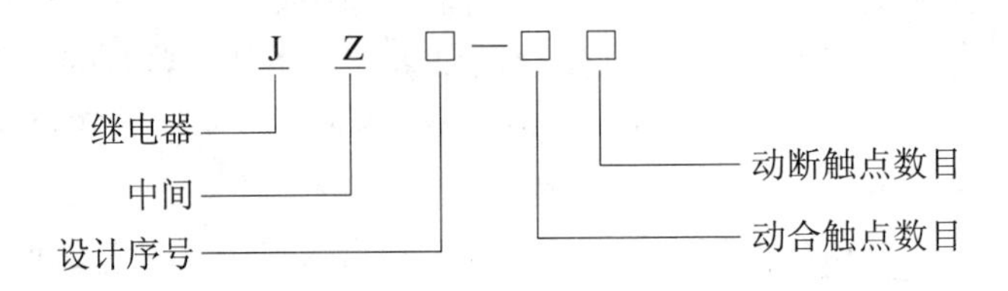

五、过电流继电器

电流继电器可分为过电流继电器和欠电流继电器。它们的线圈串联在主电路中，在主电路的电流高于允许值时动作的称为过电流继电器，低于允许值时动作的称为欠电流继电器。过电流继电器和欠电流继电器的结构和动作原理相似，下面介绍过电流继电器。

过电流继电器主要用于频繁、重负荷启动场合作为电动机或主电路的过负荷和短路保护，常用的有 JT3、JT4、JL12、JL14、JL15、JL18 等系列过电流继电器。

JT4 系列和 JL14 系列过电流继电器都为通用继电器，可交、直流两用（区别仅在于交流的铁芯上有槽以减少涡流），还可作为电压继电器、中间继电器用，也可作欠电流继电器用，它们的外形、结构及动作原理都相似。

JL14 系列过电流继电器的产品外形、结构动作原理如图 1－28 所示。它由线圈、圆柱静铁芯、衔铁、触点系统及反力弹簧等组成，如图 1－28（b）所示。当通过电流线圈的电流为额定值时，它所产生的电磁吸力不足以克服反作用弹簧力，动断触点仍保持闭合状

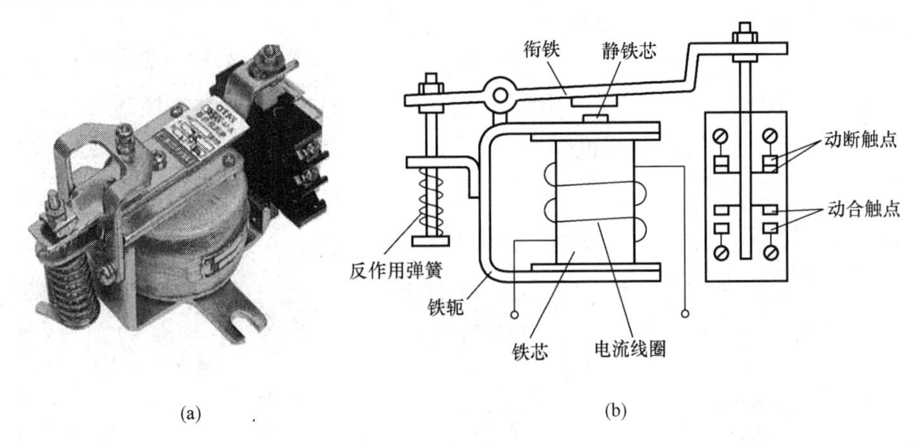

图 1－28　JL14 系列过电流继电器

（a）产品外形；（b）动作原理

态，只有当通过线圈的电流超过整定值后，电磁吸力大于弹簧力，铁芯吸引衔铁使动断触点断开，切断控制回路，从而保护负荷电路。调节反作用弹簧力，可整定继电器的动作电流值。这两种过电流继电器是瞬时动作的，用在桥式起重机电路中，为了避免它在电动机启动时因较大的启动电流而动作，一般把线圈的动作电流整定在较大的数值上（一般为启动电流的1.1~1.3倍），因此过电流继电器只能用作短路保护而起不到过负荷保护的作用。

JL14系列过电流继电器的技术数据见表1－13。

表1－13　　JL14系列过电流继电器技术数据

<table>
<tr><th>电流种类</th><th>型号</th><th>吸引线圈额定电流值（A）</th><th>吸合电流调整范围</th><th>触点组合形式</th><th>用途</th><th>备注</th></tr>
<tr><td rowspan="3">直流</td><td>JL14－□□Z</td><td rowspan="6">1、1.5、2.5、5、10、15、25、40、60、100、150、300、600、1200、1500</td><td rowspan="2">70%～300% I_N</td><td rowspan="3">3对动合，3对动断
2对动合，1对动断
1对动合，2对动断
1对动合，1对动断</td><td rowspan="6">在控制电路中过电流或欠电流保护用</td><td rowspan="6">可取代JT3－1、JT4－1、JT4－S、JL3、JL3－J、JL3－S等老产品</td></tr>
<tr><td>JL14－□□ZS</td></tr>
<tr><td>JL14－□□ZQ</td><td>30%～65% I_N或释放电流在10%～20% I_N范围</td></tr>
<tr><td rowspan="3">交流</td><td>JL14－□□J</td><td rowspan="3">110%～400% I_N</td><td>2对动合，2对动断</td></tr>
<tr><td>JL14－□□JS</td><td>1对动合，1对动断</td></tr>
<tr><td>JL14－□□JG</td><td>1对动合，1对动断</td></tr>
</table>

JL12系列过电流延时继电器可用于交、直流电路中，主要用于绕线式转子异步电动机或直流电动机的启动、过负荷及过流保护，也可以用作欠电流保护用，其产品外形及结构原理如图1－29所示。它主要由螺管式电磁系统（包括线圈、磁轭、动铁芯、封帽、封

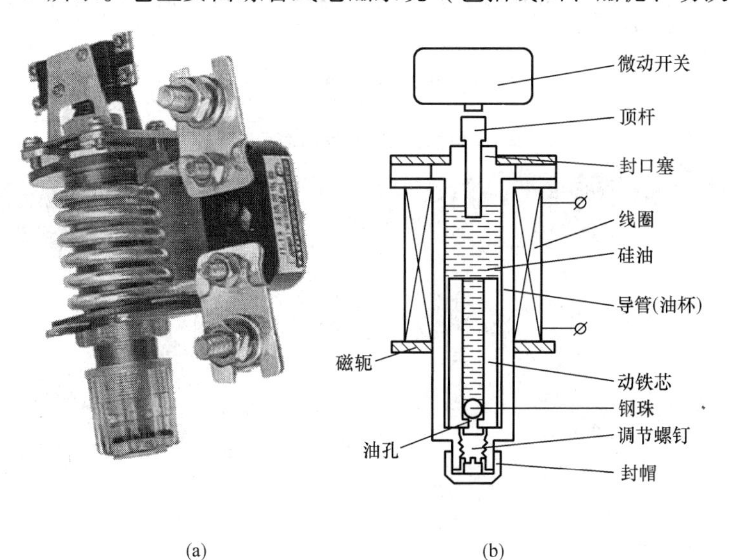

图1－29　JL12系列过电流继电器
（a）产品外形；（b）结构原理图

口塞)、阻尼系统（包括导管、硅油阻尼剂和动铁芯中的钢珠）及触点部分（微动开关）等部分组成。使用时线圈串联在主回路中，而微动开关的动断触点串联于控制回路中。当电动机过负荷或过电流时，电磁系统磁通剧增，导管（即油杯）中的动铁芯受到电磁力作用向上运动，由于导管中盛有硅油作阻尼剂，而且在动铁芯上升时，钢珠把油孔关闭，使动铁芯受到阻尼作用，因而需经一段时间的延迟动作后才能推动顶杆，使微动开关的动断触点断开，切断接触器线圈电源，使电动机得到保护，当电机故障消除后，继电器动铁芯因重力作用返回原位。

在继电器下端装有调节螺钉，用以调节铁芯位置的升降。环境温度影响硅油的黏度，温度低时，黏度增大使继电器的动作时间增长，可调节螺钉使铁芯位置升高，以缩短继电器的动作时间；温度较高时，调节螺钉使动铁芯位置降低，继电器的动作时间增长。JL12系列过电流延时继电器在 -30～+40℃的环境温度范围内，应符合表1-14所示的保护特性。

表1-14　　JL12系列过电流延时继电器保护特性

过电流(A)	动作时间
I_N	不动作（持续通电1h）
$1.5I_N$	小于3min（热态）
$2.5I_N$	(10±6)s（热态）
$6I_N$	<(1～3)s {环境温度高于0℃时，动作时间小于1s；环境温度低于0℃时，动作时间小于3s}

从表1-14可知，JL12系列过电流延时继电器具有过负荷启动延时、过流迅速动作的保护特性。

JL12系列过电流继电器技术数据见表1-15。

表1-15　　JL12系列过电流继电器技术数据

型号	线圈额定电流(A)	电压(V) 交流	电压(V) 直流	触点额定电流(A)
JL12-5	5	380	440	5
JL12-10	10			
JL12-15	15			
JL12-20	20			
JL12-30	30			
JL12-40	40			
JL12-60	60			

在选用过电流继电器保护时，对小容量直流电动机和绕线式转子异步电动机，继电器线圈的额定电流一般可按电动机长期工作的额定电流来选择，对于频繁启动的电动机，考

虑启动电流在继电器中的发热效应，继电器线圈的额定电流可选大一级。

过电流继电器在整定时，应考虑在动作误差 ±10% 的范围内加上一定的裕量，可以按电动机最大工作电流［一般为 $(1.7 \sim 2)I_N$］的 12% 来整定。

型号意义如下：

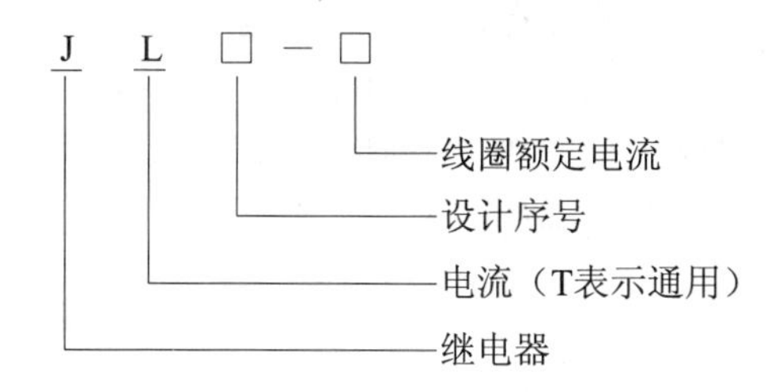

过电流继电器在电气原理图中的符号如图 1－30 所示。

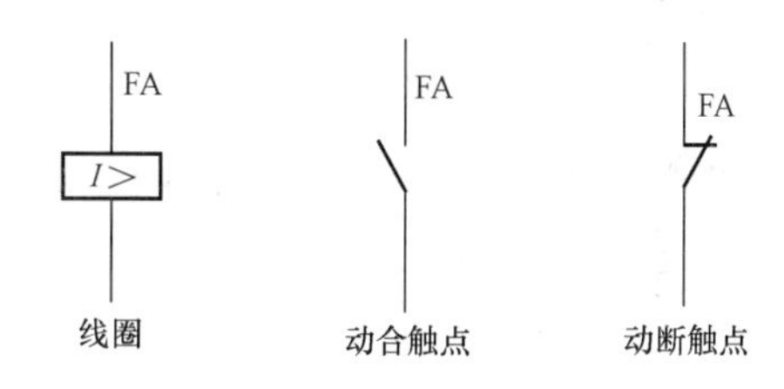

图 1－30　过电流继电器

六、欠电压继电器

电压继电器有过电压继电器和欠（零）电压继电器。过电压继电器有 JT4A 系列，用于交流电路中作过电压保护用，它具有电压线圈和动断触点。欠电压继电器有 JT4P 系列，用作交流电路的欠电压或零压保护，这种继电器具有并联的电压线圈和动合触点。

欠电压继电器的外形结构及动作原理与电流继电器类似，但电压继电器的线圈匝数多、导线细、阻抗大，可直接并接在两相电源上，且刻度表上标出来的是动作电压而不是动作电流。

型号意义如下：

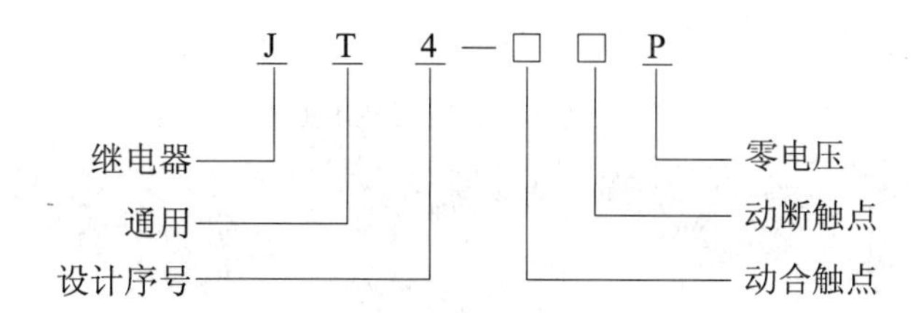

JT4P 欠电压继电器技术数据见表 1－16。

表 1－16　　JT4P 欠电压继电器技术数据

型号	吸引线圈规格（V）	消耗功率（V·A）	触点数目	复位方式	动作电压	返回系数
JT4P	110、127、220、380	75	2 对动合、2 对动断或 1 对动合、1 对动断	自动	吸引电压为线圈额定电压的 60% ~85%，或释放电压为线圈额定电压的 10% ~35%	0.2 ~0.4

欠电压继电器在电气原理图中的符号如图 1－31 所示。

七、温度继电器

温度继电器是一种控制温度状态的控制电器，常用于自动控制和信号线路中，用于电动设备时，它可以直接埋置于电机定子绕组端部，防止电机因过热而损坏，也可用于控制周围介质温度的恒定。温度继电器种类很多，结构也不相同，工业中常用的温度继电器有 JW2、JW3 型和 XU－200 型。电子产品中常用的有 KSD 系列，它有 50、60、70、80、95、105、115、125、135、145℃和 165℃ 10 多种规格。

JW3 型温度继电器的外形及结构如图 1－32 所示。

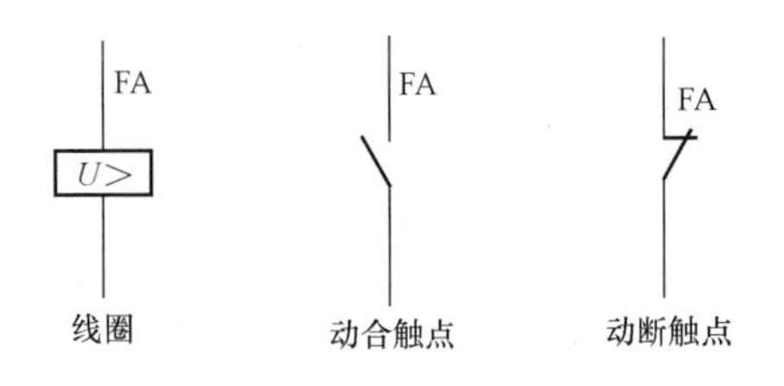

图 1－31　电压继电器

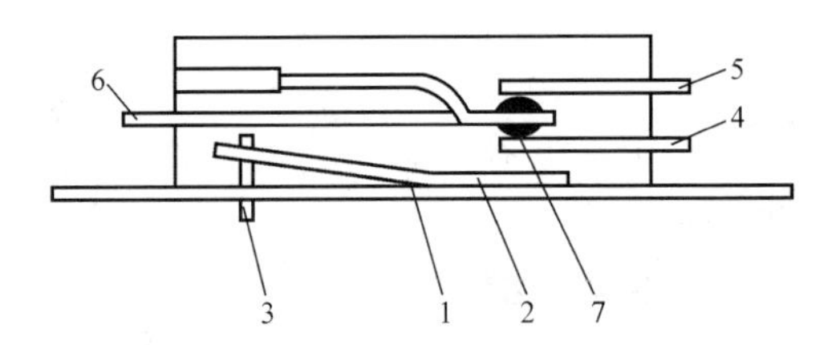

图 1－32　JW3 型温度继电器

1—盖板；2—感温元件；3—调整螺钉；4—动断触点；5—动合触点；6—弹簧片；7—触点

当温度继电器安装处的介质温度超过整定值时，温度通过盖板传热给感温元件，感温元件是一对金属片，受热后弯曲，通过顶部的调整螺钉顶向弹簧片，弹簧片瞬时动作，使固定在弹簧片上的动断触点断开，切断控制电路，接触器线圈断电，使主回路的电动机断电得到保护或使恒温装置的温度得到控制，同时，动合触点闭合，输出报警信号。当介质温度降低后，弹簧片恢复原状，动断触点闭合，电路接通，电动机或恒温装置又处于正常工作状态。调节调整螺钉，可整定动作温度值。

JW3 型温度继电器技术数据见表 1－17。

表 1－17　　JW3 型温度继电器技术数据

型　　号	触点容量		动作温度（℃）	返回温度（℃）
	额定电流（A）	额定电压（V）		
JW3－95	1	交流 380、直流 220	95±2	低于动作温度 5～10
JW3－105			105±2	
JW3－115			115±2	
JW3－130			130±2	

XU－200 型温度继电器的外形及结构如图 1－33 所示。

继电器的外壳是由黄铜管制成的感温管，内装有 1 对不锈钢制成的弹簧片，1 对动断触点固定在弹簧片上，并用垫片绝缘，弹簧片顶端还装有可调节温度的调整螺钉，并伸至外部。

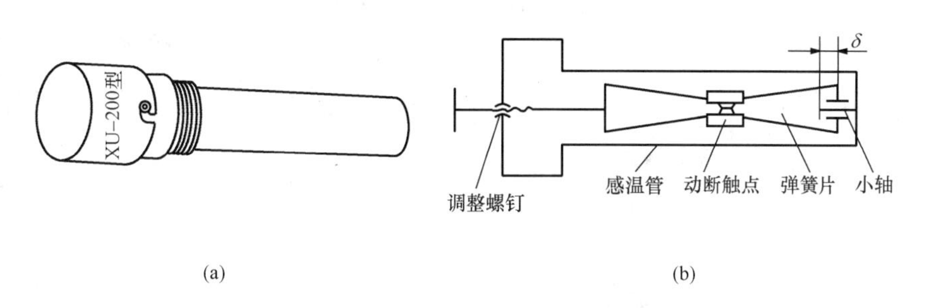

(a)　　(b)

图 1－33　XU－200 型温度继电器

（a）外形；（b）结构

当温度继电器安装处的介质温度升高到整定值时，由于感温管受热后会伸长，带动小轴移位，移位至整定的限度时，小轴末端的挡片作用到弹簧片上，使弹簧片中间的动断触点断开，切断控制电路；降温后，感温管的长度又缩短，小轴随之离开弹簧片，动断触点在弹簧片的弹力下重新闭合，使控制电路再次接通。

XU－200 型温度继电器的温度调整是靠调整螺钉来实现的，向外旋出时弹簧片和小轴间的距离缩短，控制的温度就低；反调，弹簧片和小轴之间的距离就加长，控制温度就高。一般可在 2～200℃范围内调整。

XU－200 型温度继电器的触点容量在交流电压不超过 220V 时，额定容量为 30V·A。

八、压力继电器

压力继电器广泛用于各种气压和液压控制系统中，通过检测气压或液压的变化，发出信号，控制电动机的启停，从而提供保护。如机床的气压、水压和油压等保护，在操纵和控制系统中，它通过风动和润滑系统的压力变化来控制机床的工作或发出相应的信号。

压力继电器的结构如图 1－34 所示。

压力继电器由缓冲器、橡皮薄膜、顶杆、压缩弹簧、调节螺母和微动开关等组成。微动开关和顶杆距离一般大于 0.2mm。压力继电器装在气路（水路或油路）的分支气路中。当气路压力超过整定值时，通过缓冲器、橡皮薄膜抬起顶杆，使微动开关动作，接通或关断相应的电路。若气路中气压低于整定值后，顶杆脱离微动开关，使触点复位。

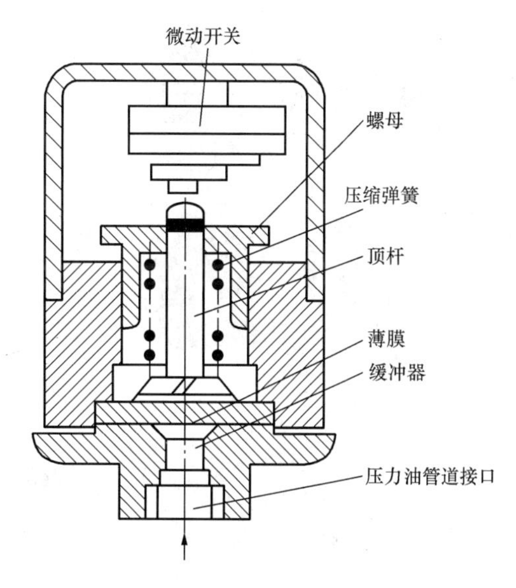

图 1－34　压力继电器

压力继电器的调整非常方便，只须放松或拧紧调整螺母即可改变控制压力。

常用的压力继电器有 YJ、TE52 系列和 YT－1226 系列压力调节器等。

YJ 系列压力继电器技术数据见表 1－18。

表 1-18　　YJ 系列压力继电器技术数据

型号	额定电压（V）	长期工作电流（A）	分断功率（V·A）	控制压力（Pa）	
				最大控制压力	最小控制压力
YJ-0	交流 380	3	380	6.0795×10^5	2.265×10^5
YJ-1				2.0265×10^5	1.01325×10^5

第六节　主　令　电　器

主令电器是用在自动控制系统中发出指令的操纵电器，它是一种专门发号施令的电器，用它来控制接触器、继电器或其他电器线圈，使电路接通和断开来实现生产机械的自动控制。所以在低压电器产品中，把它列为主令电器。

常用的主令电器有按钮开关、万能转换开关、主令控制器和位置开关等。

一、控制按钮

控制按钮简称按钮，是一种结构简单、使用广泛的手动主令电器，是在电气自动控制系统中用于发出或转换控制指令的控制电器。它是一种以短时接通或断开小电流电路的电器，不直接控制主电路的通断而是在控制电路中发出指令去控制接触器、继电器等电器，再由它们去控制主电路，按钮触点允许通过的电流很小，一般不超过 5A。按钮的外形、结构及符号如图 1-35 所示。

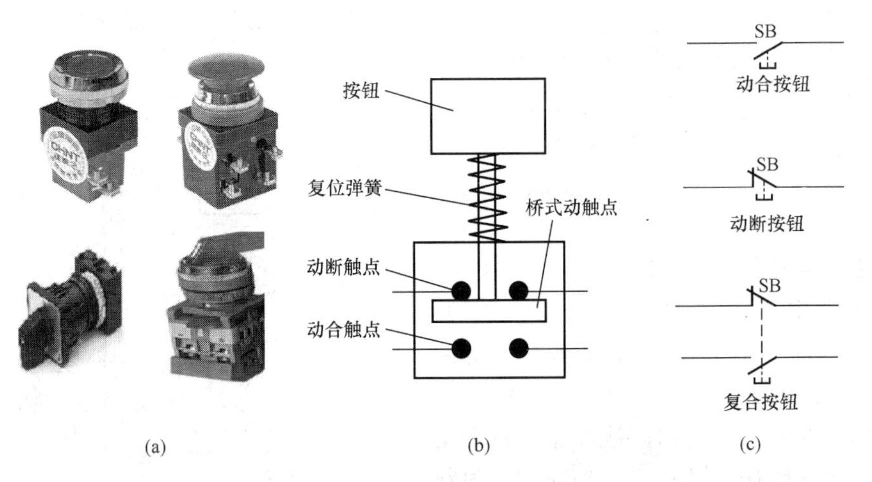

图 1-35　按钮的外形、结构及符号
（a）产品外形；（b）结构；（c）文字符号

1. 控制按钮的外形、结构与符号

控制按钮一般由按钮、复位弹簧、触点和外壳等部分组成，其产品外形及结构如图 1-35（a）、（b）所示。它既有动合触点，也有动断触点。常态时在复位弹簧的作用下，由桥式动触点将静触点闭合的触点称为动断触点，在常态时没有被桥式动触点接通的静触点称为动合触点。当按下按钮时，通过桥式动触点将动断触点断开、动合触点闭合。

控制按钮的图形符号和文字符号如图 1－35（c）所示。

2. 控制按钮的种类

（1）按结构形式分类。

1）旋钮式及钥匙式：用手动旋钮进行操作。

2）指示灯式：按钮内装入信号灯显示信号。

3）紧急式：装有蘑菇形钮帽，以示紧急动作。

4）按钮颜色：为了便于识别各个按钮的作用，避免误操作，通常在按钮上作出不同标识或涂以不同的颜色，一般以红色表示停止按钮、绿色或黑色表示启动按钮。

（2）按用途和触点形式分类。

按钮开关按用途和触点的结构不同分为启动按钮（动合触点）、停止按钮（动断触点）和复合按钮（动合、动断组合按钮）。

1）动合按钮。外力未作用时（手未按下）触点断开，外力作用时触点闭合，外力消失后，在复位弹簧作用下自动恢复到原来的断开状态。

2）动断按钮。外力未作用时（手未按下）触点闭合，外力作用时触点断开，外力消失后，在复位弹簧作用下自动恢复到原来的闭合状态。

3）复合按钮。既有动合按钮又有动断按钮的按钮组称为复合按钮。按下复合按钮时，所有的触点都改变状态，即动合触点被闭合、动断触点被断开。但是，这 2 对触点的变化是有先后次序的，按下按钮时，动断触点先断开，动合触点后闭合；松开按钮时，动合触点先复位（断开），动断触点后复位（闭合）。

在机床中常用的按钮产品有 LA10、LA18、LA19、LA20 等系列。其中 LA18 系列按钮采用积木式并拼装在同一个机壳内。触点数目可按照需要拼装，一般装置成 2 对动合、2 对动断。若有需要时可拼装成 6 对动合、1 对动断，6 对动合、6 对动断等形式，LA19 系列在按钮内装有信号灯，除了用于接触器、继电器及其他线路中作远距离控制外，还可兼作信号指示。

常用按钮开关技术数据见表 1－19。

表 1－19　　常用按钮开关技术数据

型号	额定电压（V）	额定电流（A）	结构形式	触点对数		按钮数	用　途
				动合	动断		
LA2	500	5	元件	1	1	1	作为单独元件用
LA10－2K	500	5	开启式	2	2	2	用于电动机启动、停止控制
LA10－2H	500	5	保护式	2	2	2	
LA10－2A	500	5	开启式	3	3	3	用于电动机倒、顺、停控制
LA10－3H	500	5	保护式	3	3	3	
LA19－11D	500	5	带指示灯	1	1	1	特殊用途
LA18－22Y			带钥匙式	2	2	1	
LA18－44Y			带钥匙式	4	4	1	

按钮主要根据需要的触点数、使用的场合及颜色标注来选择。

型号意义如下：

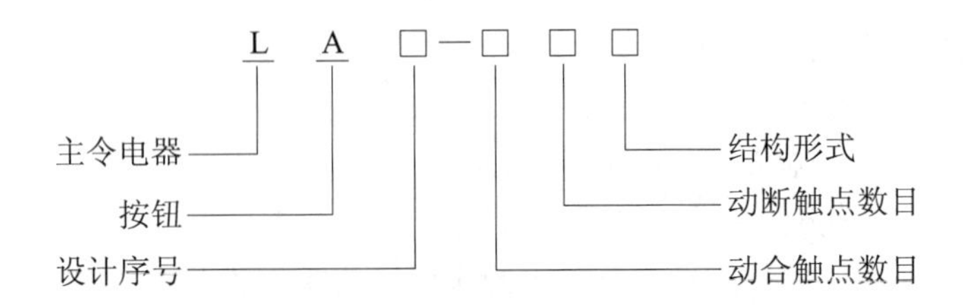

二、万能转换开关

LW 系列转换开关有 LW4、LW5、LW6、LW8、LW12 等系列产品。

LW 系列转换开关是一种对电路进行多种转换的主令电器，它可作为电压表、电流表的换相开关，以及小型节电装置中手动节电挡位转换开关或小型电动机的启动、制动、正反转转换控制和双速电机的变速控制之用。由于开关的触点挡数多、换接线路多、用途广泛，故称万能转换开关。

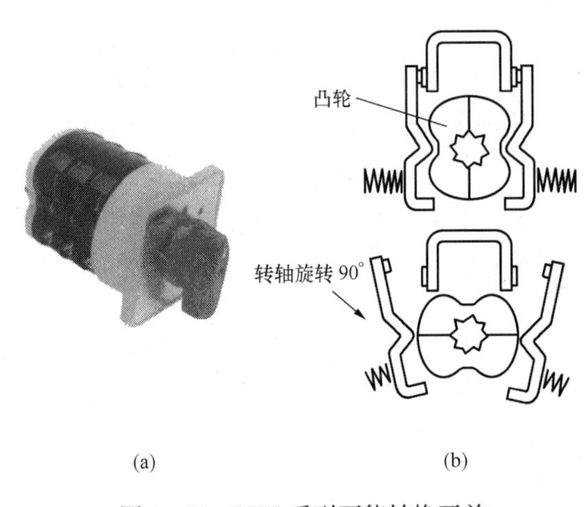

图 1－36 LW5 系列万能转换开关
（a）外形；（b）凸轮通断触点示意图

LW5 万能转换开关大量采用热塑性材料，它的触点挡数共有 1～16、18、21、24、27、30 等 21 种。其中 16 挡以下单列（换接一条线路），18 挡以上为三列（换接三条线路）。某产品外形及触点通断情况如图 1－36 所示。

从外形图看，它由很多层触点底座叠装而成。每层触点底座里装有 1 对（或 3 对）触点和 1 个装在转轴上的凸轮，操作时手柄带动转轴和凸轮一起旋转，则凸轮就可以接通或断开触点，如图 1－36（b）所示。由于凸轮的形状不同，当手柄在不同的操作位置时，触点的分合情况也不同，从而达到换接电路的目的。

型号意义如下：

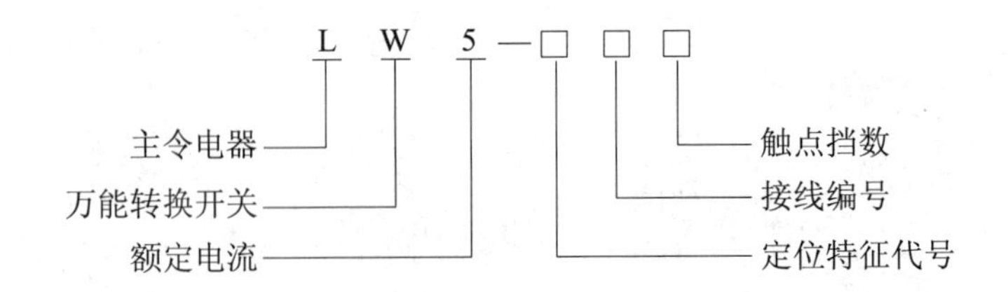

万能转换开关在电器原理图中的图形及符号如图 1－37 所示。

万能转换开关的手柄操作位置是以角度表示的。不同型号的万能转换开关其触点分合状态不相同，电路图中的图形符号如图 1－37（a）所示。由于其触点的分合状态与操作手柄的位置有关，所以，除在电路图中画出触点图形符号外，还应画出操作手柄与触点分合状态的关系。

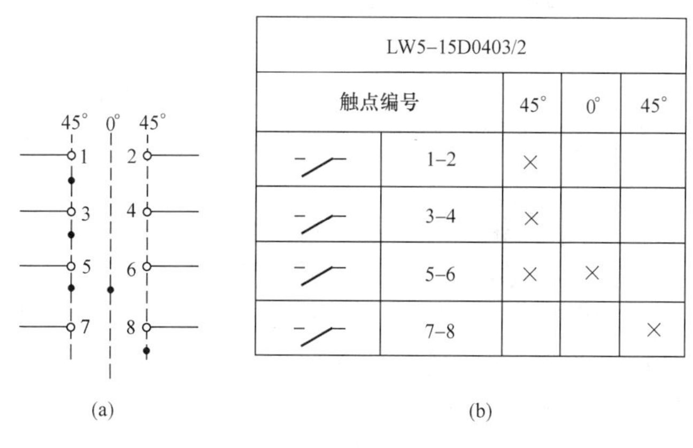

LW5-15D0403/2				
触点编号		45°	0°	45°
—/—	1-2	×		
—/—	3-4	×		
—/—	5-6	×	×	
—/—	7-8			×

图 1－37　万能转换开关图形符号

（a）图形符号；（b）触点闭合表

根据图 1－37 可知，当万能转换开关打向左 45°时，触点 1－2、3－4、5－6 闭合，触点 7－8 打开；打向 0°时，只有触点 5－6 闭合，向右 45°时，触点 7－8 闭合，其余打开。

LW5 系列万能转换开关额定电压为 500V、额定电流为 15A、允许正常操作频率为 120 次/h、机械寿命为 100 万次。

三、主令控制器

主令控制器是一种频繁地按顺序对电路进行接通和切断的电器。它可以对控制电路发出命令，与其他电路联锁或切换，常配合电磁启动器对绕线转子异步电动机的启动、制动、调速及换向实行远距离控制，广泛用于各类起重机械的拖动电动机的控制系统。

主令电器一般由触点、凸轮、定位机构、转轴、面板及支承件等部分组成。与万能转换开关相比，它的触点容量大些，操纵挡位也较多。主令控制器的动作过程与万能转换开关类似，也是由一个可转动的凸轮带动触点动作。

常用的主令控制器有 LK1、LK5 系列和 LK6 系列，其中 LK5 系列有直接手动操作、带减速器的机械操作与电动机驱动等 3 种形式的产品。LK6 系列是由同步电动机和齿轮减速器组成的定时元件，由此元件按预先规定的时间顺序，周期性地分合电路。

型号意义如下：

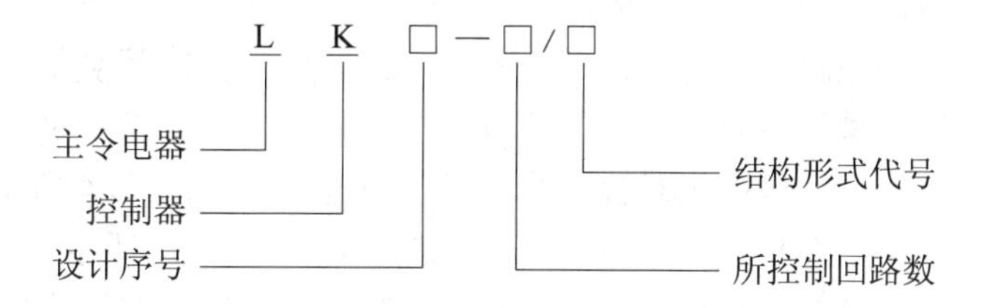

主令控制器应根据所控制的回路数、触点闭合顺序、长期允许电流和接通、切断时的

允许电流等进行选择。

在电路图中，主令控制器触点的图形符号以及操作手柄在不同位置时的触点分合状态的表示方法与万能转换开关相类似，这里不再重述。

四、位置开关

根据生产机械的行程发出命令以控制其运行方向或行程长短的主令电器称为位置开关（或称为行程开关）。若将位置开关安装于生产机械行程终点处以限制其行程，则称为限位开关或终点开关。

位置开关的作用与按钮开关相同，只是其触点的动作不是靠手按，而是利用生产机械某些运动部件的碰撞而使其触点动作，接通或断开某些电路，达到一定的控制要求。因此，位置开关广泛用于各类机床和起重机械的控制，以限制这些机械的行程。当生产机械运动到某一预定位置时，位置开关通过机械可动部分的动作，将机械信号转换为电信号，以实现对生产机械的控制，限制它们的动作或位置，对生产机械予以必要的保护。在电梯的控制中，还利用位置开关控制开关轿门的速度、自动开关门的限位以及对轿箱进行上、下限位保护等。

为适应各种条件下的碰撞，位置开关有多种构造形式，用它来限制机械运动的行程或位置，使运动机械按一定行程自动停车、反转或变速，以实现自动控制。常用的位置开关有 LX19、JLXK1 系列。各种系列的位置开关基本结构相同，区别仅在于使位置开关动作的传动装置不同，一般有旋转式、按钮式等。JLXK1 系列位置开关产品外形如图 1－38 所示。

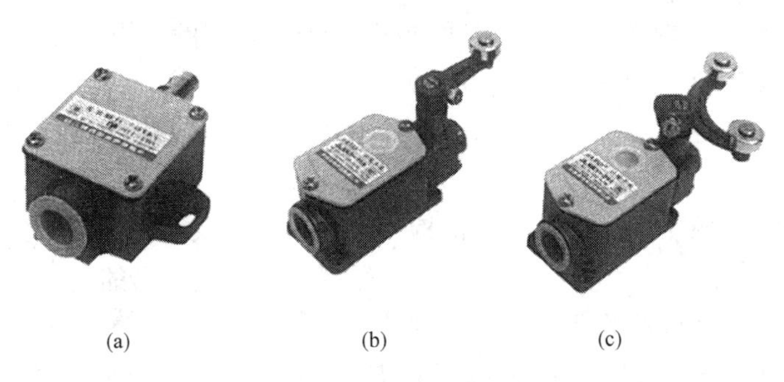

(a) (b) (c)

图 1－38 JLXK1 系列位置开关

（a）按钮式；（b）单轮旋转式；（c）双轮旋转式

常用的 JLXK1－111 型位置开关结构及动作原理如图 1－39 所示。

当运动机械的挡铁压到位置开关的滚轮上时，传动杠杆连同转轴一起转动，使凸轮推动撞块，当撞块被压到一定位置时，推动微动开关快速动作，使其动断触点断开，动合触点闭合；当滚轮上的挡铁移开后，复位弹簧就使位置开关各部分恢复原始位置，这种单轮自动恢复式位置开关依靠本身的恢复弹簧来复原，在生产机械的自动控制中应用较广泛。另一种 JLXK1－211 型双轮自动恢复式位置开关如图 1－38（c）所示，其不能自动复原，而是依靠运动机械反向移动时挡块碰撞另一滚轮将其复原，这种双轮非自动恢复式位置开关结构较为复杂，价格相对贵一些，但运行较为可靠。

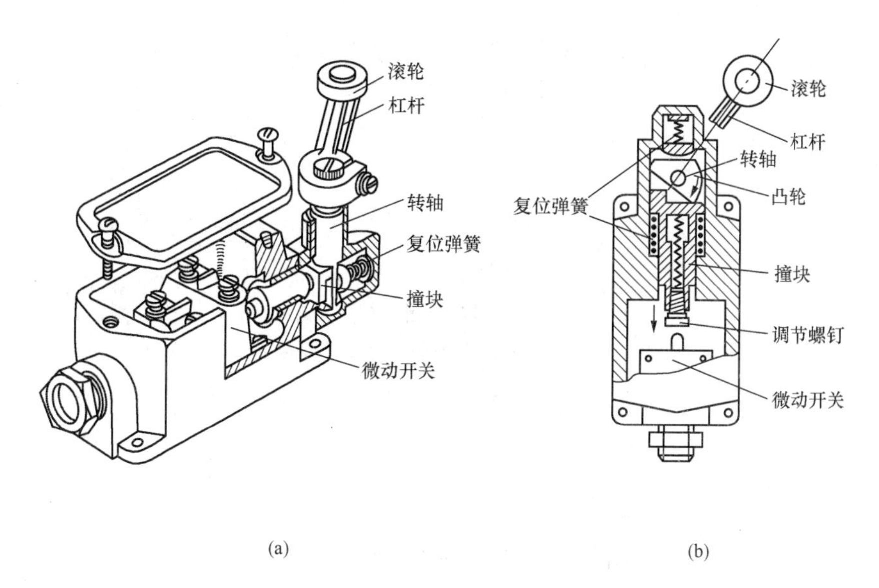

图 1－39　JLXK1－111 型位置开关
（a）结构；（b）动作原理

在某些生产机械的电气自动控制回路中还常用另一种位置开关，这种位置开关的弹簧片具有杠杆放大作用，推杆只需较小的移位便可使触点动作，因此又称为微动开关。开关的特点是操作力小且操作行程短，常用于机械、纺织、轻工、电子仪器等机械设备和家用电器的限位保护和联锁。微动开关可看成尺寸较小而又非常灵敏的微动式位置开关。其主要有 LXW2－11、JLXK1－11 等系列。

LXW2－11 型微动开关的结构如图 1－40 所示。

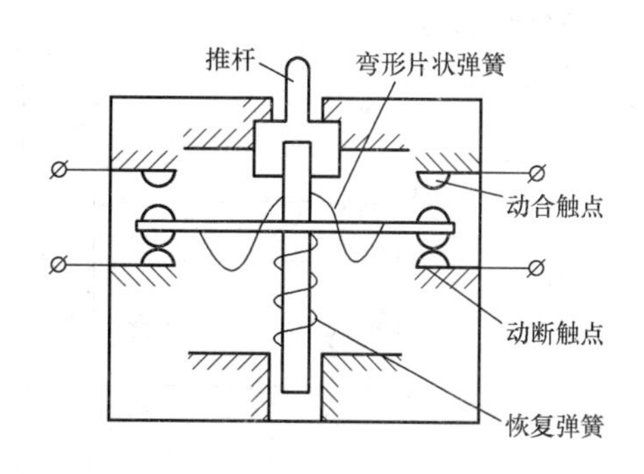

图 1－40　LXW2－11 型微动开关

微动开关有双断点的动合、动断触点各 1 对，因此又叫做双断点微动开关。其动作原理是当运动机械的撞块作用在推杆上时，通过弯形片状弹簧将作用力传到触点的触桥上，推杆中间的凹形刀口通过触桥平面的瞬间，触桥就跳动，从而使动断触点断开，动合触点闭合。开关的快速动作是靠弯形片状弹簧中储存的能量得到的，开关的复位由恢复弹簧来完成。

常用位置开关技术数据见表 1－20。

表 1－20　　　　**常用位置开关技术数据**

型　号	额定电压电流（V，A）	结　构　特　点	触点对数	
			动合	动断
LX19	380，5	元件	1	1
LX19－111		内侧单轮、自动复位	1	1

续表

型　号	额定电压电流（V，A）	结　构　特　点	触点对数	
			动合	动断
LX19－121	380，5	外侧单轮、自动复位	1	1
LX19－131		内外侧单轮、自动复位	1	1
LX19－212		内侧双轮、不能自动复位	1	1
LX19－222		外侧双轮、不能自动复位	1	1
LX19－232		内外侧双轮、不能自动复位	1	1
LX10－001		无滚轮，反径向转动杆，自动复位	1	1
$JLXK_1$		快速位置开关（瞬动）		
LXW_1－11		微动开关	1	1
LXW_2－11				

位置开关在电气原理图中的符号如图 1－41 所示。

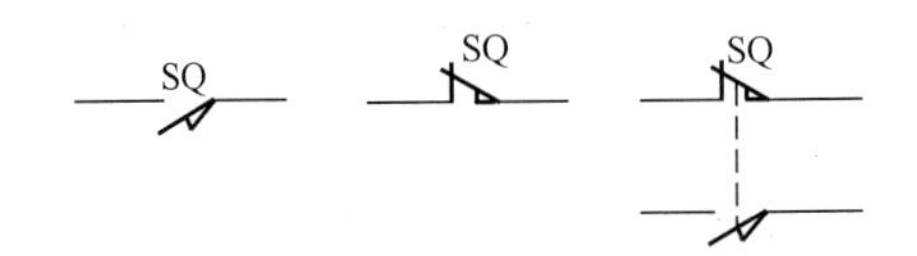

图 1－41　位置开关符号

型号意义如下：

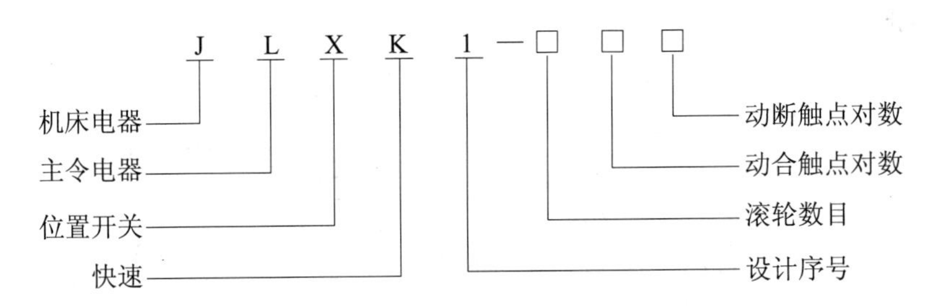

第七节　常用电子电器

电子电器是全部或部分由电子器件构成的电器。半导体技术的迅速发展使电子电器逐渐渗透到低压电器领域，发挥着越来越重要的作用。本节重点介绍常用的晶体管时间继电器、固态继电器、晶闸管开关、无触点位置开关和热敏电阻式温度继电器。

一、晶体管时间继电器

晶体管时间继电器又称半导体式时间继电器，它是利用 *RC* 电路电容器充电时电容电压不能突变，只能按指数规律逐渐变化的原理来获得延时的。因此，只要改变 *RC* 充电回路的时间常数（在实际应用电路中，一般都是以改变电阻值的方法改变时间常数）即可改变延时时间。继电器的输出形式分为有触点式和无触点式，有触点式利用晶体管驱动小型电磁式继电器，而无触点式则采用晶体管或晶闸管输出。

晶体管时间继电器除了执行继电器外，均由电子元件组成，没有机械部件，因而具有调整方便、寿命长和精度较高、体积小、延时范围大（一般在0.1～3600s）、调节范围宽、内部器件所消耗的功率小等优点。

晶体管时间继电器利用电容对电压变化的阻尼作用作为延时的基础。大多数阻容式延时电路都有类似图1-42所示的结构形式，电路由阻容环节、鉴幅器、出口电路、电源等部分组成。当接通电源，电源电压E通过电阻R对电容C充电，电容上电压U_c上升到鉴幅器的门限电压U_d时，鉴幅器即输出开关信号至后级电路，使执行继电器动作。电容充电曲线如图1-43所示。延时时间的长短与电路的充电时间常数RC及电压E、门限电压U_d、电容的初始电压U_{CO}有关。为了得到必要的延时时间，必须恰当地选择电阻R及电容C的参数，为了保证延时精度，必须保持上述参数值的稳定。

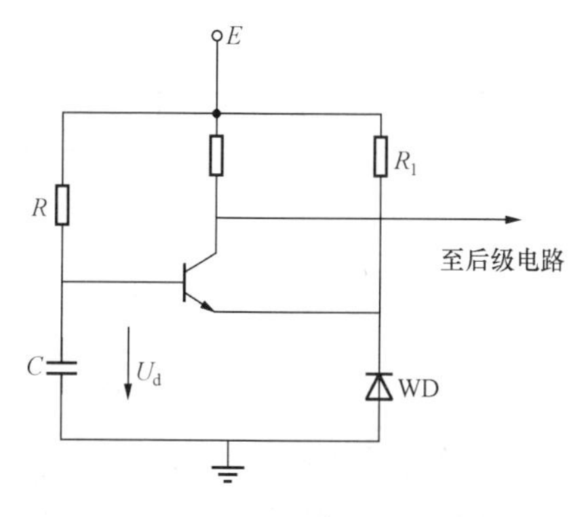

图1-42　阻容式延时电路基本结构形式

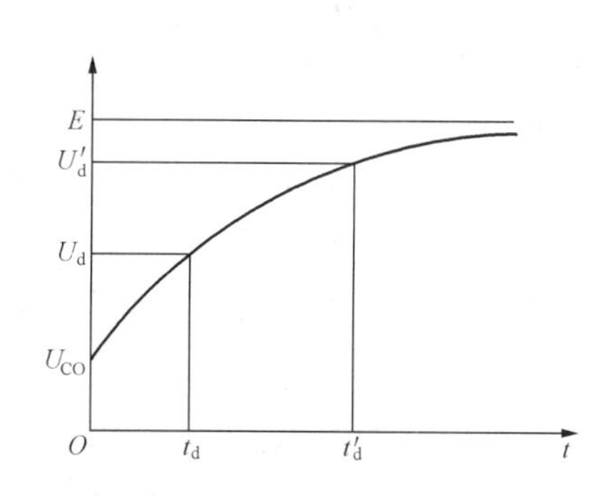

图1-43　阻容电路充电曲线

晶体管时间继电器品种很多，其中JS20系列时间继电器按所用电路可分为单结晶体管电路、场效应管电路2类。这里以JS20系列单结晶体管通电延时电路为例进行简要分析，产品外形如图1-44（a）所示。

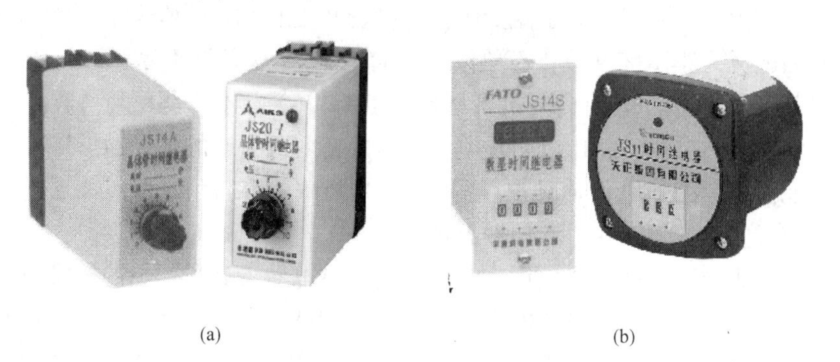

(a)　(b)

图1-44　电子式时间继电器

（a）晶体管时间继电器；（b）数字显示时间继电器

JS20单结晶体管通电延时电路如图1-45所示，主要由延时环节、鉴幅器、输出电路、电源和指示灯等部分组成。

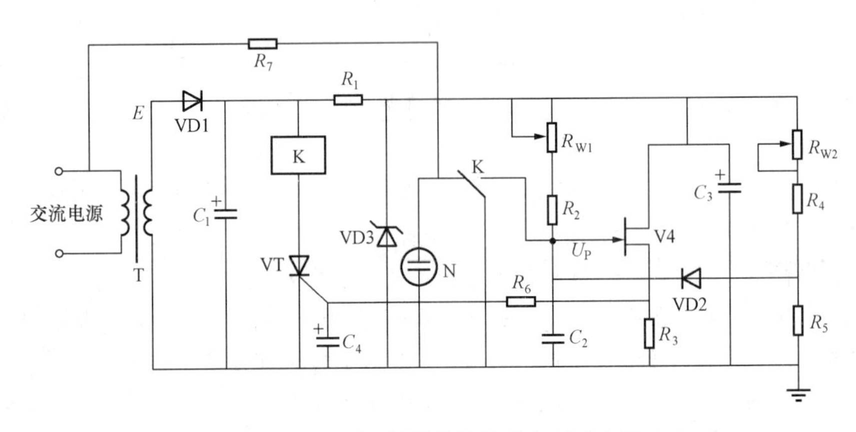

图 1－45　JS20 单结晶体管通电延时电路

电源的稳压部分由 R_1 和稳压管 VD3 组成，供给延时电路 R_{W1}、R_{W2}、R_2、R_4、R_5、C_2和鉴幅器 V4、R_3。输出电路中的晶闸管 VD 和继电器 K 则由整流电源直接供电。电容 C_2的充电回路有 2 条：一是通过电阻 R_{W1}和 R_2；二是通过由低阻值 R_{W2}、R_4、R_5组成的分压器经二极管 VD2 向电容 C_2提供的预充电路。

电路的工作原理：当接通电源后，经电源变压器 T、二极管 VD1 整流、电容 C_1 滤波以及稳压管 VD3 稳压后的直流电压，通过 R_{W2}、R_4、VD2 向电容 C_2充电，与此同时，也通过 R_{W1}、R_2向电容 C_2充电，此时电容 C_2上的电压为预充电压，电容 C_2上的最终电压是在分压电阻 R_5上的电压（即预充电压）基础上按指数规律逐渐升高的。当此电压大于单结晶体管的峰点电压 U_P时，单结晶体管导通，输出电压脉冲触发晶闸管 VT。VT 导通后使继电器 K 吸合，除用其触点来接通或分断外电路外，还利用其另一动合触点将 C_2短路，使之迅速放电，为下次使用作准备。此时氖指示灯 N 启辉。当切断电源时，K 释放，电路恢复为原始状态，等待下次动作。

由于电路设有稳压环节，且延时电路 RC 与鉴幅器 V4 共用一个电源，因此电源电压波动基本上不产生误差延时。为了减少由温度变化引起的误差，C_2采用了钽电解电容器，其电容量和漏电流为正温度系数，而单结晶体管的 U_P略呈负温度系数，两者可以适当补偿，综合误差不大于 10%。为提高抗干扰能力，JS20 继电器在晶闸管 VT 和单结晶体管 V4 处分别接有电容 C_4和 C_3，用以防止电源电压的突变而引起的误导通。JS20 系列时间继电器除具有上面介绍的通电延时型外，还具有断电延时型和带瞬动触点的通电延时型，对于后面 2 种形式的继电器，这里不再做具体介绍。

随着半导体集成电路的广泛应用，晶体管时间继电器得到了长足的发展。目前，我国已有采用集成电路和显示器件制成的 JS11、JS14P、JS14S、JSS1 等系列数字显示时间继电器。其具有延时精度高、延时范围广、触点容量大、调整方便、工作状态直观、指示清晰准确等特点。JS11S、JSS11 系列的数字显示时间继电器是电动机式时间继电器的更新换代产品，它采用先进的数控技术，用集成电路和显示器件取代电动机和机械传动系统，采用拨码开关整定延时时间，使用非常方便。

此外，有的厂家还引入了目前国际上最新式的 ST 系列超级时间继电器。其内部装有时间继电器专用的大规模集成电路，并使用高质量薄膜电容器与金属陶瓷可变电阻器，从而减少了元件的数量，缩小了体积，增加了可靠性，提高了抗干扰能力。另外还采用了高精度振荡回路和高频率分频回路，保证了高精度和长延时。因此，它是一种体积小、重量轻、可靠性高的小型时间继电器。

二、固态继电器

固态继电器（Solid State Relay，SSR）是由微电子电路、分立电子器件、电力电子功率器件组成的一种新颖的无触点开关。用隔离器件实现了控制端与负荷端的隔离。固态继电器通过输入微小的控制信号直接驱动大电流负荷。由于它的接通和断开没有机械触点，因此具有开关速度快、工作频率高、重量轻、使用寿命长、噪声低和动作可靠等优点，不仅在许多自动化装置中代替了常规电磁式继电器，而且广泛应用于节电控制装置、数字程控装置、调温装置、数据处理系统及计算机输入/输出接口等电路，尤其适用于动作频繁、防爆耐潮和耐腐蚀等特殊场合。

固态继电器是一种能实现无触点通断的四端器件开关，有 2 个输入端，2 个输出端，中间采用光电器件。当控制输入端无信号时，其主电路输出呈阻断状态；当输入端施加控制信号时，主回路输出端呈导通状态。它利用信号光电耦合方式使控制回路与负荷之间没有电磁关系，实现了输入与输出之间的电气隔离。

固态继电器有多种产品，以负荷电源类型可分为直流型固态继电器和交流型固态继电器。直流型以功率晶体管作为开关元件；交流型以晶闸管作为开关元件。以输入、输出之间的隔离形式可分为光耦合隔离型和磁隔离型。以控制触发的信号可分为过零型和非过零型，有源触发型和无源触发型。固态继电器部分产品外形如图 1－46 所示。

图 1－46　固态继电器产品外形

图 1－47 为光电耦合式交流固态继电器的基本原理图。

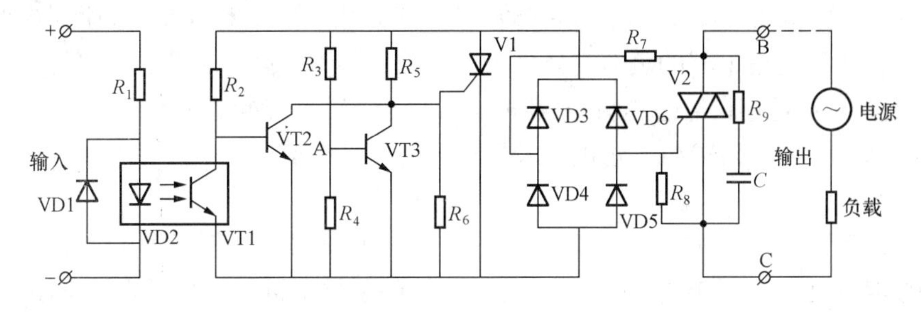

图 1－47　光电耦合式交流固态继电器电路原理图

电路的工作原理：

当无信号输入时，发光二极管 VD2 不发光，光敏三极管 VT1 截止，三极管 VT2 导通，晶闸管 V1 控制门极被钳在低电位而关断，双向晶闸管 V2 无触发脉冲，固态继电器 2 个输出端处于断开状态。

当在该电路的输入端输入很小的信号电压，就可以使发光二极管 VD2 导通发光，光敏三极管 VT1 导通，三极管 VT2 截止。V1 控制门极为高电位，V1 导通，双向晶闸管 V2 可以经 R_8、R_9、VD3、VD4、VD5、VD6、V1 对称电路获得正负 2 个半周的触发信号，保持 2 个输出端处于接通状态。

固体继电器的输入电压、电流均不大，但能控制强电压、大电流。它与晶体管、TTL/COMS 电子线路有较好的兼容性，可直接与弱电控制回路（如计算机接口电路）连接。

1. 固态继电器的优点

（1）寿命长、可靠性高。固态继电器没有机械零部件，有固体器件完成触点功能，由于没有运动的零部件，因此能在高冲击、振动的环境下工作。组成固态继电器的元器件的固有特性决定了固态继电器的寿命长、可靠性高。

（2）灵敏度高、控制功率小、电磁兼容性好。固态继电器的输入电压范围较宽，驱动功率低，可与大多数逻辑集成电路兼容不需加缓冲器或驱动器。

（3）快速转换。固态继电器因为采用固体器件，所以切换速度可从几毫秒至几微秒。

（4）电磁干扰小。固态继电器没有输入“线圈”，没有触点燃弧和回跳，因而减少了电磁干扰。大多数交流输出固态继电器是一个零电压开关，在零电压处导通，零电流处关断，减少了电流波形的突然中断，从而减少了开关瞬态效应。

2. 固态继电器的缺点

（1）导通后的管压降大，可控硅或双相控硅的正向降压可达 1 ~2V，大功率晶体管的饱和压降也在 1 ~2V 之间，一般功率场效应管的导通电阻也较机械触点的接触电阻大。

（2）半导体器件关断后仍可有数微安至数毫安的漏电流，因此不能实现理想的电隔离。

（3）由于管压降大，导通后的功耗和发热量也大，大功率固态继电器的体积远远大于同容量的电磁继电器，成本也较高。

（4）电子元器件的温度特性和电子线路的抗干扰能力和耐辐射能力较差，如不采取有效措施，则工作可靠性低。

（5）固态继电器对过负荷有较大的敏感性，必须用快速熔断器或 RC 阻尼电路对其进行过负荷保护。固态继电器的负荷与环境温度有关，温度升高，负荷能力将迅速下降。

（6）主要不足是存在通态压降（需相应散热措施），有断态漏电流，交直流不能通用，触点组数少，另外过电流、过电压及电压上升率、电流上升率等指标差。

3. 固态继电器注意事项

（1）在选用小电流规格印刷电路板使用的固态继电器时，因引线端子为高导热材料制成，焊接时应在温度低于 250℃、时间小于 10s 的条件下进行，如考虑周围温度的原因，必要时可考虑降额使用，一般将负荷电流控制在额定值的 1/2 以内使用。

（2）各种负荷浪涌特性对固态继电器 SSR 的选择。被控负荷在接通瞬间会产生很大的浪涌电流，由于热量来不及散发，很可能使 SSR 内部可控硅损坏，所以用户在选用继电器时应对被控负荷的浪涌特性进行分析，然后再选择继电器，使继电器在保证稳态工作前提下能够承受这个浪涌电流。

在低电压要求信号失真小时，可选用采用场效应管作输出器件的直流固态继电器；如交流阻性负荷和多数感性负荷，可选用过零型继电器，这样可延长负荷和继电器寿命，也可减小自身的射频干扰；如作为相位输出控制时，应选用随机型固态继电器。

（3）使用环境温度的影响。固态继电器的负荷能力受环境温度和自身温升的影响较大，在安装使用过程中，应保证其有良好的散热条件，额定工作电流在 10A 以上的产品应配散热器，100A 以上的产品应配散热器加风扇强冷。在安装时应注意继电器底部与散热器的良好接触，并考虑涂适量导热硅脂以达到最佳散热效果。如继电器长期工作在高温状态下（40～80℃）时，用户可根据厂家提供的最大输出电流与环境温度曲线数据，考虑降额使用来保证正常工作。

（4）过流、过压保护措施。在继电器使用时，因过流和负荷短路会造成 SSR 固态继电器内部输出可控硅永久损坏，可考虑在控制回路中增加快速熔断器和自动空气开关予以保护（选择继电器应选择产品输出保护，内置压敏电阻吸收回路和 RC 缓冲器，可吸收浪涌电压和提高 dV/dt 耐量）；也可在继电器输出端并接 RC 吸收回路和压敏电阻（MOV）来实现输出保护。选用原则是 220V 选用 500～600V 压敏电阻，380V 时可选用 800～900V 压敏电阻。

（5）继电器输入回路信号。在使用时因输入电压过高或输入电流过大超出其规定的额定参数时，可考虑在输入端串接分压电阻或在输入端口并接分流电阻，以使输入信号不超过其额定参数值。

（6）在具体使用时，控制信号和负荷电源要求稳定，波动不应大于 10%，否则应采取稳压措施。

（7）在安装使用时应远离电磁干扰，射频干扰源，以防继电器误动失控。

（8）固态继电器开路且负荷端有电压时，输出端会有一定的漏电流，在使用或设计时应注意。

（9）固态继电器失效更换时，应尽量选用原型号或技术参数完全相同的产品，以便与原应用线路匹配，保证系统的可靠工作。

三、无触点位置开关

为了克服有触点位置开关可靠性差、使用寿命短和操作频率低的缺点，常采用无触点式位置开关，也叫电子接近开关。目前晶体管无触点电子开关正获得越来越多的应用。

无触点位置开关其功能是当某物体与之接近到一定距离时就发出动作信号，而不像机械位置开关那样需要施加机械力。无触点位置开关是通过其感应头与被测物体间介质能量的变化来获取信号。应用已超出一般行程控制和限位保护的范畴，可用于高速计数、测速、液面控制、检测金属体的存在、零件尺寸以及无触点按钮等场合。即使用作一般行程开关，其定位精度、操作频率、使用寿命及对恶劣环境的适应能力也比机械位置开关高。

从原理上看，位置开关有高频振荡型、感应电桥型、霍尔效应型、光电型、永磁及磁敏元件型、电容型及超声波型等多种形式，其中以高频振荡型最为常用，占全部位置开关产量的80%以上。我国生产的位置开关也是高频振荡型的，它包括感应头（传感头）、振荡器、开关器、输出器和稳压器部分。当装在生产机械上的金属检测体（通常为铁磁件）接近感应头时，由于感应作用，处于高频振荡器线圈磁场中的物体内部产生涡流（及磁滞）损耗，以致振荡回路因电阻增大、损耗增加而使振荡减弱，直至停止振荡。这时，晶体管开关就导通，并通过输出器（即电磁式继电器）输出信号，从而起到控制作用。高频振荡型用于检测各种金属，现在应用最为普遍；电磁感应型（包括差动变压器型）用于检测导磁和非导磁金属；电容型用于检测各种导电和不导电的液体及金属；超声波型用于检测不透过超声波的物质。

晶体管停振型位置开关属于高频振荡型。高频振荡型接近信号的发生机构实际上是一个LC振荡器，其中L是电感式感应头。当金属检测体接近感应头时，在金属检测体中将产生涡流，由于涡流的去磁作用使感应头的等效参数发生变化，改变振荡器回路的谐振阻抗和谐振频率，使振荡停止，并以此发出接近信号。LC振荡器由LC谐振回路、放大器和反馈电路构成。按反馈方式可分为电感分压反馈式、电容分压反馈式和变压器反馈式。图1－48为某型号位置开关的实际电路，图中采用了电容三点式振荡器，由C_1和C_2之间取出的分电压经反馈电阻R_f加到晶体管VT1的发射极，取分压比等于1，即$C_1=C_2$，其目的是为了能够通过改变R_f来整定开关的动作距离。由VT2、VT3组成的射极耦合触发器不仅用作鉴幅，同时也起电压和功率放大作用。VT2的基射结还兼作检波器。为了减轻振荡器的负担，选用较小的耦合电容C_3和较大的耦合电阻R_4。

振荡器输出的正半周电压使C_3充电，负半周C_3经过R_4放电，选择较大的R_4可减小放电电流，由于每周内的充电量等于放电量，所以较大的R_4也会减小充电电流，使振荡器在正半周的负担减轻。但是R_4也不应过大，以免VT2的基极信号过小而在正半周内不足以饱和导通。检波电容C_4不接在VT2的基极而接到集电极上，其目的是为了减轻振荡器的负担。由于充电时间常数R_5C_4远大于放电时间常数（C_4通过半波导通向VT2和VT3放电），因此，当振荡器振荡时，VT2的集电极电位基本等于其发射极电位，并使VT3可靠截止。当有金属检测体接近感应头L使振荡器停振时，VT3的导通因C_4充电约有百微秒的延迟。C_4的另一作用是当电路接通电源时，振荡器虽不能立即起振，但由于C_4上的电压不能突变，使VT3不致有瞬间的误导通。

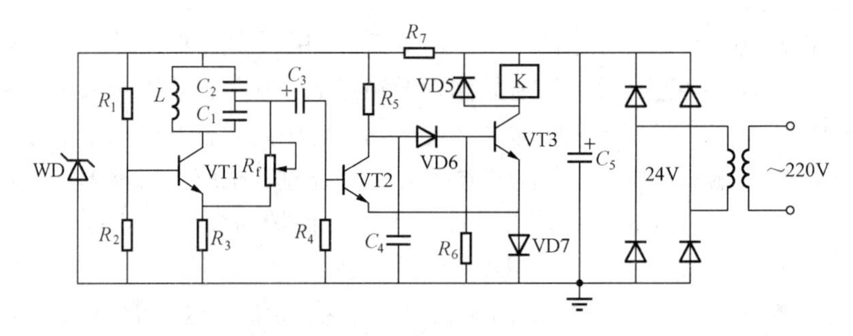

图1－48　晶体管停振型接近开关电路

振荡回路中的电容 C_1、C_2 采用温度略呈负值的 CBX 聚苯乙烯电容器，与晶体管 β_1 值的正温度系数一同对感应头线圈的电阻温度系数进行补偿，使开关的温度特性得以改善。由于电路中设置了稳压环节，当电源电压偏移 -15% ~10% 时，位置开关的动作距离几乎不变。振荡器直流工作点设置的原则是使叠加在静态电流上的交变分量远大于后级电路提供的负荷电流，一般选在 1 ~3mA。

位置开关外形结构多种多样，电子电路装调后用环氧树脂密封，具有良好的防潮防腐性能。它能无接触又无压力地发出检测信号，又具有灵敏度高、频率响应快、重复定位精度高、工作稳定可靠、使用寿命长等优点，在自动控制系统中已获广泛应用。某产品无触点式位置开关的外形如图 1 -49 所示。

图 1 -49 无触点位置开关产品外形

四、热敏电阻式温度继电器

热敏电阻式温度继电器的外形同一般晶体管式时间继电器相似，使用中，温度检测元件的热敏电阻装在需要热保护的器件上，如对电动机的绕组进行过热保护时，热敏电阻装在电动机定子槽内或绕组的端部。热敏电阻是一种半导体器件，根据材料性质可分为正温度系数和负温度系数两种。正温度系数热敏电阻因为具有明显的开关特性、电阻温度系数大、体积小、灵敏度高等优点而得到广泛应用。

没有电源变压器的正温度系数热敏电阻式温度继电器电路如图 1 -50 所示。对电动机的绕组进行过热保护时，图中 R_T 是表示各绕组内埋设的热敏电阻串联后的总电阻，它同电阻 R_3、R_4、R_6 构成一电桥。由晶体管 VT1、VT2 构成的开关接在电桥的对角线上。当温度在 65℃以下时，R_T 大体为一恒值且比较小，电桥处于平衡状态；VT1 及 VT2 截止，晶闸管 VS 不导通，执行继电器 KA 不动作。当温度上升到动作温度时，R_T 阻值剧增，电桥出现不平衡状态而使 VT1 及 VT2 导通，晶闸管 VS 获得门极触发电流而导通，执行继电器 KA 线圈有电而使衔铁吸合，其动断触点分断接触器线圈从而使电动机断电，实现了电动机的过热保护。当电动机温度下降至返回温度时，R_T 阻值锐减，电桥恢复平衡，使 VS 关断，执行继电器线圈断电而使衔铁释放。

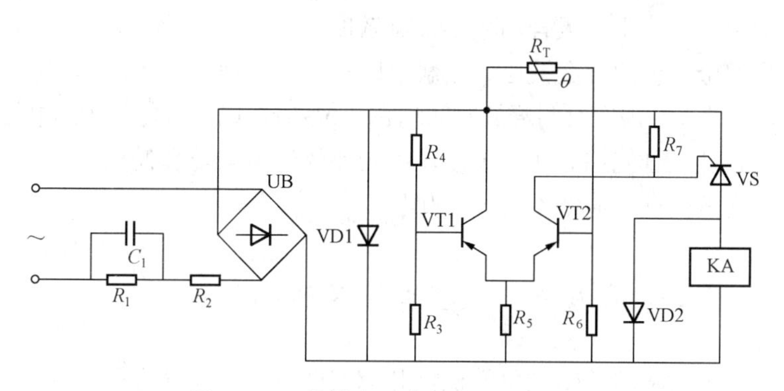

图 1 -50 热敏电阻式温度继电器电路

在热敏电阻式温度继电器中，执行继电器的任务是控制主电路接触器的线圈电路，因此，完全可以用 1 只双向晶闸管来代替执行继电器，直接控制接触器的线圈。

温度继电器的触点在电路图中的图形符号与电压或电流继电器相同，只是在符号旁标注字母“θ”即可。

五、干簧继电器

干簧继电器由于具有其结构小巧、动作迅速、工作稳定、灵敏度高等优点，近年来得到广泛应用。干簧继电器是利用磁场作用来驱动继电器触点动作的，其主要部分是干簧管，由1组或多组导磁簧片封装在惰性气体（如氦、氮等气体）的玻璃管中组成开关元件。导磁簧片又兼作接触簧片，即控制触点，也就是说，1组簧片起开关电路和磁路的双重作用。

图1－51为干簧继电器的结构原理图，图1－51（a）表示，当给线圈接入额定的直流工作电压时，利用线圈内的磁场驱动继电器动作，图1－51（b）表示，不加线圈电压而是利用永久性磁铁，当磁铁靠近干簧继电器时，使外磁场驱动继电器动作。在磁场作用下，干簧管中的2根簧片分别被磁化而相互吸引，接通电路。磁场消失后，簧片靠本身的弹性分开。

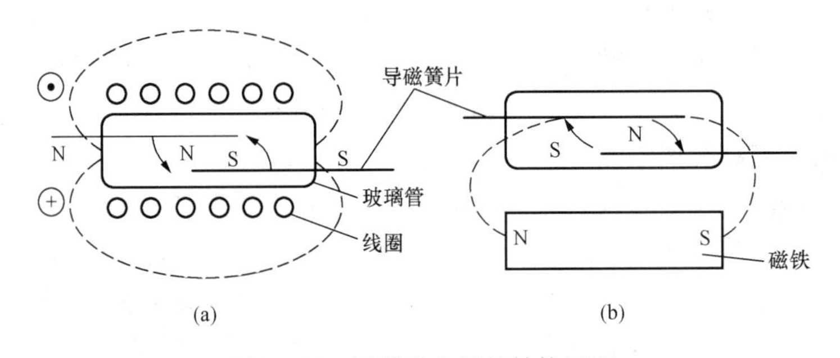

图1－51　干簧继电器的结构原理

（a）结构原理；（b）利用磁场驱动继电器动作

干簧继电器有以下特点：

（1）触点密封，可有效地防止老化和污染，也不会因触点产生火花而引起附近燃物的燃烧。

（2）结构简单，体积小，吸合功率小，灵敏度高。

（3）触点采用金、钯的合金镀层，接触电阻稳定，寿命长。

（4）动作速度快，一般吸合与释放时间均在0.5～2ms以内，比一般继电器快5～10倍。

（5）与永久磁铁配合使用方便、灵活。可与晶体管电器配套使用。

（6）触点承受电压低，通常不超过250V。

第八节　低压电器故障的排除

在工厂中，机电设备的故障主要指机械和电气两方面，电气方面包括由于连接导线松脱和断裂及电器元件的损坏造成的故障。

各种电器元件经长期使用或使用时缺乏经常性的维护，或者动作过于频繁，在运行中都会产生故障而影响正常工作，特别是使用在多金属尘埃、多粉尘、潮气大、有化学腐蚀气体的场合就更易引起故障。故障的现象常常表现为触点发热，触点磨损或烧损，触点熔焊，衔铁产生噪声，线圈过热甚至烧毁，活动部分的卡阻，触点失灵等。产生故障的原因是多方面的，即使是同一原因，也会出现不同的故障现象，必须根据故障的特征，经过仔细的检查和分析，及时排除故障。

电器元件损坏后，修理固然是必要的，但平时坚持对电器进行经常的维护，故障将会大大的减少，这既有利于延长电器的使用寿命，又提高了生产效率。

电气线路中使用的电器很多，结构繁简程度不一，这里首先分析一般电器所共有的元件，触点及电磁系统的常见故障与维修，然后再分析一些常用电器的故障及维修。

一、触点的故障、维修及调整

触点系统是接触器、继电器、主令电器等电器设备的主要部件，它担负着接通和断开线路电流的任务，是电器中比较容易损坏的部件，为了延长触点的使用寿命，必须对它进行定期检查和经常维护。

1. 触点的故障及维修

触点的故障一般有触点过热、磨损、熔焊等情况。

（1）触点过热。触点通过电流会发热，触点发热的程度与触点的接触电阻有关。动、静触点间的接触电阻越大则触点发热越厉害，以致使触点的温度上升超过允许值，甚至将动静触点熔焊在一起。造成触点过热的原因有以下3方面：

1）触点接触压力不足，接触器使用日久，或由于受到机械损伤和高温电弧的影响，使弹簧变形、变软而失去弹性，造成触点压力不足；还有当触点磨损后变薄，以致动、静触点的终压力（指动、静触点完全闭合后触点间的压力）减小。这两种情况，都会造成动静触点接触不良，接触电阻过大，引起触点过热。遇此情况，首先调整触点上的弹簧压力，从而增加触点间的接触压力，以减小接触电阻。如调整达不到要求则应更换弹簧或触点。如果属于不正常的损坏，应找出损坏的原因。

2）触点表面接触不良、触点表面氧化或积垢都会使接触电阻增大、触点过热。由于银在氧化后，遇热能还原为银质，而银的氧化膜导电率和纯银不相上下，故银触点氧化时，可不作处理；但是铜触点氧化后、接触电阻将大为增加，需用小刀轻轻地把触点表面的氧化层刮去。

机床上的油污滴在触点上，再沾上灰尘，就会在触点表面形成一层电阻层，使触点的接触电阻和温升增加，要用汽油或四氯化碳清洗。

3）触点表面烧毛，触点接触表面被电弧灼伤烧毛，也会引起接触电阻增大，使触点过热。修理时，应用小刀或小锉整修毛面，修正时不必将触点表面锉得过分光滑，过分光滑会使接触面减小，接触电阻反而增大，同时触点磨削过多，影响了使用寿命。更不允许使用砂布或砂纸来修磨，因为砂布在修磨触点时会使砂粒嵌在触点表面上，反使接触电阻增大，造成触点的过热。

总之，电气维护工作人员应保持触点的整洁，定期检查，清除灰尘和油垢，去除氧化物，修磨灼伤，使触点能正常工作。

由于用电设备及线路产生过电流的故障，也会使触点过热，这就必须从线路和用电装置中找出原因排除故障。

（2）触点磨损。触点的磨损有两种：一种是电磨损，由触点间电弧或电火花的高温使触点金属气化和蒸发所造成；另一种是机械磨损，由触点闭合时的撞击，触点接触面的相对滑动摩擦等所造成。

触点在使用过程中，其厚度越用越薄，这就是触点磨损，如触点磨损得厉害，超行程（指从动静触点刚接触的位置算起，假想此时移去静触点，动触点所能继续向前移动的距离）不符合规定，则应更换触点。一般触点磨损到只剩下厚度的1/2～2/3时就需要更换触点。若触点磨损过快，应查明原因，排除故障。

（3）触点熔焊。动静触点表面被熔化后焊在一起而断不开的现象，称为触点的熔焊。当触点闭合时，由于撞击和产生振动，在动、静触点间的小间隙中产生短电弧。电弧的温度很高（达3000～6000℃），可使触点表面被灼伤以至烧熔，熔化的金属会将动、静触点焊在一起。这种故障如不及时排除，会造成人身和设备事故。故障的原因大都是触点弹簧损坏，触点的初压力太小（初压力是指动、静触点刚开始接触时的压力，是由触点弹簧预先压缩所形成的，它能减小触点的振动，避免触点的熔焊），这就需要调正触点压力或更换弹簧。或因触点容量太小，或因线路发生过负荷，触点闭合时通过的电流太大。当电流大于触点额定电流10倍以上时，将会使触点熔焊。

触点熔焊后，只有更换触点。如果是触点容量不够而产生熔焊，则应选用容量大一些的电器。

2. 触点的调整

为了使触点接触良好，有些电器的触点上装有可调整的弹簧，借弹簧可调整触点的初压力、终压力与超行程。

开始接触时的初压力可减小振动，避免触点的熔焊及减轻灼伤的程度。弹簧的终压力则可使触点在工作时的接触电阻减小。触点的超行程能看出触点的磨损程度。

在调整触点压力时，可用纸条凭经验来测定触点的压力。将一条比触点稍宽的纸条夹在动触点与支架之间可测出初压力，如图1－52（a）所示。夹在动、静触点之间可测出终压力，如图1－52（b）所示。一般小容量的电器稍微用些劲，纸条可拉出，较大容量的电器纸条被拉出以后有撕裂现象，则认为触点压力比较合适。若纸条很容易被拉出，就说明触点压力不够；若纸条被拉断，就说明触点压力太大。

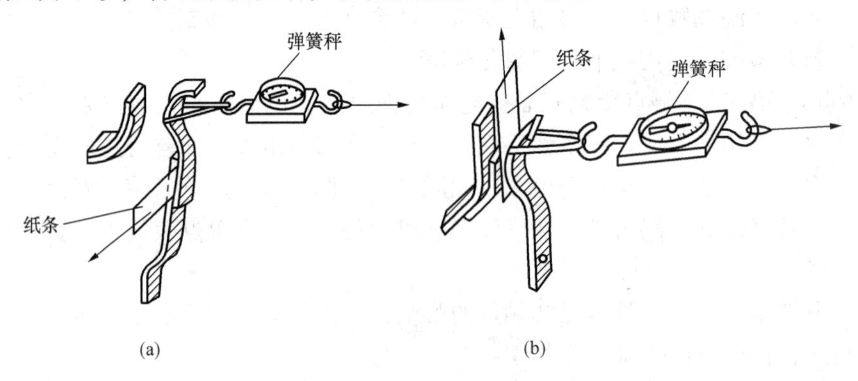

图1－52　触点初压力和终压力的测定

（a）初压力测定；（b）终压力测定

用弹簧秤可以准确地测定触点的压力，其值应符合下式计算值

$$F_Z = 2.25 \frac{I_N}{100} \text{（kg）}$$

$$F_C = 0.5F_Z \text{（kg）}$$

式中　I_N——触点额定电流，A；

F_C——触点初压力，kg；

F_Z——触点终压力，kg，当触点额定电流小于 40A 时，触点的终压力 F_Z 可取经验数据 1.5～2.5kg。

如果测量的压力值与上式计算值不相符，或超出产品目录上所规定范围并且不可能经过调正弹簧恢复时，则必须更换弹簧或触点。

二、电磁系统的故障及维修

不少电器触点的闭合或断开是靠电磁系统进行操作的，电磁系统一般由铁芯、衔铁和线圈等组成，它的一般故障如下：

1. 衔铁噪声大

电磁系统在工作时发出一种轻微的嗡嗡声，这是正常的。若大于正常响声，就说明电磁系统发生了故障。产生衔铁噪声大的原因一般有以下 3 个方面：

（1）衔铁与铁芯的接触面接触不良或衔铁歪斜。衔铁与铁芯经过多次碰撞后，接触面就会变形和磨损，以及接触面上积有锈蚀、油污、尘垢，都将造成相互间接触不良。这样，在吸合时由于接触不够紧密，会产生振动并发出噪声。

衔铁的振动导致衔铁和铁芯加速损坏，同时还会使线圈过热，严重的甚至烧毁线圈。对于 E 形铁芯，铁芯中柱和衔铁之间是留有 0.1～0.2mm 的气隙，铁芯端面的变形会使气隙减小，也会增大铁芯噪声。

铁芯接触后若有油污等杂质，要拆下清洗。若磁极端面变形或磨损，需要先确定磁极端面的接触情况。方法是在极面间放一张软纸板，然后将吸引线圈加上全电压，衔铁吸合后，将在软纸上印下痕迹，由此可以判断极面的平整程度，如果接触面紧贴的面积在 80% 以上，可继续使用，否则要进行修整。一般可用细纱布平铺在平铁板上，来回推动铁芯，可得到较平的铁芯端面。铁芯中柱的气隙也应修复。

（2）短路环损坏。当电器使用日久，铁芯经受多次碰撞，安装在铁芯端面内的短路环会出现断裂，短路环断裂后，铁芯在交变的磁场作用下会产生强烈的振动，发出较大的噪声。断裂的短路环都有松动迹象。短路环损坏后，应照原样更换一个。

（3）机械方面原因。如果触点弹簧压力过大，或因活动部分运动受到卡阻而使衔铁不能完全吸合，都会产生较强烈的振动和噪声。

2. 线圈的故障及修理

（1）线圈的故障。线圈的主要故障是由于所通过的电流过大以致过热甚至烧毁。发生线圈电流过大的原因有以下 2 个方面：

1）线圈的匝间短路。由于线圈绝缘损坏或受机械损伤形成匝间短路或碰地，在这部分线圈中会产生很大的短路电流，温度会剧增，并将热量传递到邻近线匝，使故障扩大，甚至烧毁整个线圈。

2）衔铁、铁芯间闭合时有间隙。当线圈的电压为一定值时，它的阻抗越大，通过的电流越小；如阻抗越小，通过它的电流就越大。当衔铁还在打开位置时，线圈阻抗最小，通过它的电流最大；当衔铁在吸合过程中，衔铁与铁芯间的间隙逐渐减小，而线圈的阻抗逐渐增大；当衔铁完全吸合后，线圈的电流最小；如果衔铁与铁芯间接触不紧密或不能完全闭合，使线圈电流增大、线圈过热以致烧毁。

电源电压低时也会使衔铁吸合不紧密而产生振动，严重时衔铁因吸力不足不能吸合，都将造成线圈过热烧毁。

其次，因衔铁每闭合一次，线圈就要受到一次大电流的冲击，如果电器的动作超过额定操作频率，线圈就会在连续承受大电流的冲击下造成线圈的过热。

（2）线圈的修理。线圈若因短路烧毁，一般均应重新绕制。如果短路的匝数不多，短路又在接近线圈的端头处，而其余部分都还完好，则可拆去已损坏的几圈，其余的可继续使用，这对电器工作性能的影响不大。

线圈进行重绕，可从铭牌或手册上查出线圈的匝数与导线直径，也可从烧坏线圈中侧知导线直径和匝数。如遇到线圈烧毁较严重，中间黏结在一起或断头很多而无法确定匝数时，可进行重绕计算。

接触器线圈的匝数可按下式作近似的计算求得

$$N = 4.5 \times 10^5 \times \frac{U}{BA}$$

式中 N——线圈匝线；

U——工作电压，V；

B——铁芯磁通密度，一般取 8000～10 000Gs；

A——铁芯截面积，cm^2。

线圈绕好后先放入 105～110℃的烘箱中烘约 3h，冷却至 60～70℃浸 1010 沥青漆，也可用其他绝缘漆。滴尽余漆后再在 110～120℃的烘箱内烘干，冷却至常温即可使用。

常用接触器、继电器、电磁铁在不同电压下的线圈匝数、线径等数据在电工手册中均可查到。

3. 衔铁吸不上

当线圈接通电源后，衔铁不能被铁芯吸合时，应立即切断电源，以免线圈被烧毁。

铁芯若吸不上，可从以下方面进行检查：线圈引出线的连接处有无脱落，线圈有无断线或烧毁，活动部分有无卡阻，电源电压是否过低，若衔铁没有振动和噪声，大多数是属于前两种原因产生的故障；若衔铁发生振动和噪声，则是属于后两种原因产生的故障，应区别情况，及时处理。

三、常用电器的故障及维修

在电气控制中使用的电器很多，它们除了可能产生触点系统和电磁系统的故障外，还有本身特有的故障，下面着重分析接触器、热继电器、时间继电器和速度继电器等四种常用的电器所出现的故障及维修。

1. 接触器的故障及维修

交流接触器的触点、电磁系统的故障及维修与上述的情况基本相同，下面以控制电动机为例，详细分析故障如下：

（1）触点断相。由于某相触点接触不好或连接螺钉松脱，造成断相工作，使电动机缺相运行，此时电动机虽能转动，但发出嗡嗡声。发现这种情况，应立即停车检修。

（2）触点熔焊。交流接触器的一相或三相触点由于过负荷电流大而引起熔焊现象。此时，即使按下停止按钮，电动机也不会停转，并发出嗡嗡声，应立即切断前一级开关，停车检修。

（3）相间短路。由于接触器的正反转联锁失灵或因误动作，致使两台接触器同时投入运行而造成相间短路；或因接触器动作过快，转换时间短，在转换过程中发生电弧短路。发现这类故障时可在控制线路上和中间环节，改用按钮、接触器双重联锁控制电动机的正反转，或更换动作时间长的接触器，延长正反转转换时间。

为了延长接触器的使用寿命，应在平时加强维护，接触器简单的维护方法有以下3种：

1）定期检查接触器各部件工作情况，要求可动部分不卡阻，紧固体无松脱，零部件如有损坏及时修换。

2）接触器触点表面与铁芯极面经常保持清洁，不允许涂油；触点表面因电弧烧灼而形成颗粒时，用小刀铲除；触点严重磨损时，应及时修整，如厚度只剩下1/3，应及时更换。

3）原来带有灭弧罩的接触器决不能不带灭弧罩使用，以防止短路事故。陶土灭弧罩质脆易碎，应避免碰撞，如有碎裂，应及时调换。

2. 热继电器的故障及维修

热继电器的故障主要有热元件烧坏、误动作和不动作3种情况。

（1）热元件烧断。当热继电器动作频率太高，或负荷侧发生短路，电流过大使热元件烧断。这时应先切断电源，检查电路，排除短路故障，重新选用合适的热继电器。更换后应重新调整整定值。

（2）热继电器误动作。这种故障的原因一般有以下4种：

1）整定值偏小，以致未过负荷就动作；

2）电动机启动时间过长，使热继电器在启动过程中即可能脱扣；

3）操作频率太高，使热继电器经常受启动电流的冲击；

4）使用场合强烈的冲击及振动，使热继电器操动机构松动而脱扣。

处理这些故障的方法是调换适合于上述工作性质的热继电器，并合理调整整定值。调整时只能调整螺钉，绝对不可弯折双金属片。

（3）热继电器不动作。由于热元件烧断、脱焊或电流整定值偏大，以致过负荷很久，热继电器仍不动作；或由于热继电器触点有灰尘，接触不良，电路接不通等原因，使热继电器不动作，对电动机就不能起到保护作用。可根据以上原因，进行针对性修理。

热继电器使用日久，应定期校验其动作是否正确可靠。

热继电器动作脱扣后，不要立即手动复位，应待双金属片冷却复原后再使动断触点复位。按复位按钮时，不要用力过猛，否则会损坏操动机构。

3. 时间继电器的故障及维修

机床电气自动控制常用的时间继电器是空气式时间继电器，它的电磁系统和触点的故障及维修同前面所述相同。这里主要分析空气室造成的故障。

空气室经过拆卸后再重新装配时，如果密封不严或者漏气，就会使动作延时缩短，甚至不产生延时。

空气室内要求很清洁，如果在拆装过程中或其他原因有灰尘进入空气道中，使空气通道受到阻塞，继电器的延时就会变得很长。出现这种故障时，可拆开空气室，清除灰尘，故障即可排除。

长期不用的时间继电器，第一次使用时延时可能要长一些，环境温度发生变化时，对延时的长短也有影响。

4. 速度继电器的故障及维修

速度继电器发生故障后一般表现为电动机停车时不能制动停转。这种故障除了触点接触不良之外，有时因为胶木柄断裂，无论定子怎样转动，触点都不会动作，出现这种情况时可照原样更换一个胶木柄。

第二章 自动控制基本知识

第一节 概　　述

自动控制技术是实现控制系统的重要环节之一，它不仅渗透到国民经济的各个领域及社会生活的各个方面，也是当代发展最迅速、应用最广泛、最引人注目的高科技，是推动节电新技术革命和新的产业革命的关键技术，并对人类社会生产的发展产生着巨大的推动作用。

1769年瓦特发明的蒸汽机，推动了工业革命的进一步发展。但是，当时的蒸汽机需要人不断地调节蒸汽阀门才能保持其速度稳定，蒸汽机的应用受到调速精度的限制。为了解决蒸汽机的速度控制问题，瓦特又发明了飞球调节器，它是一个与蒸汽机轴相连的机械装置，当蒸汽机的负载减轻或者蒸汽温度升高等原因导致蒸汽机转速升高时，飞球调节器的转速也升高，离心力增加，飞球升高，带着套环上升，操纵汽阀连接器关小蒸汽阀门，从而降低蒸汽机速度。反之，当蒸汽机的负载增加或者蒸汽温度下降等原因导致蒸汽机转速降低时，飞球调节器的转速也下降，离心力减小，飞球降低，带着套环下降，操纵汽阀连接器开大蒸汽阀门，从而提高蒸汽机速度。可见，尽管存在负载、蒸汽温度变化等扰动，蒸汽机速度仍然可以稳定在设定值上。1788年由瓦特发明的这一飞球调节器，被世界公认为第一个自动控制系统，飞球调节器的发明进一步推动了蒸汽机的应用，促进了工业生产的发展。但是，有时为了提高调速精度，蒸汽机速度反而出现大幅度振荡，其后相继出现的其他自动控制系统也有类似的现象。由于当时还没有自动控制理论，所以不能从理论上解释这一现象。为了解决这个问题，不少人为提高离心式调速机的控制精度进行了改进研究。有人认为系统振荡是因为调节器的制造精度不够，从而努力改进调节器的制造工艺，这种盲目的探索持续了大约1个世纪之久。

1868年，英国的麦克斯韦尔（J. C. Maxwell）发表“论调速器”论文，第一次指出不应该单独讨论一个离心锤，必须从整个控制系统出发推导出微分方程，然后讨论微分方程解的稳定性，从而分析实际控制系统是否会出现不稳定现象。这样，控制系统稳定性的分析，变成了判别微分方程的特征根的实部的正、负号问题。麦克斯韦尔的这篇著名论文被公认为自动控制理论的开端。

自动控制理论研究的对象是系统。日常生活中接触到的很多系统，如常说的电力系统、机器系统、文教系统、卫生系统等。它们有一个共同的特点，就是具有一定的功能，自身的各部分是互相依赖、互相制约的。如一条生产线是为了加工某个产品而设立的，生产线的各个部分存在一定的结构关系和运动关系。系统的这一特征作为“系统”的定义，即由若干相互制约、相互依赖的事物组合而成的具有一定功能的整体称为系统。或者说，为实现规定功能以达到某一给定目标，而构成的相互关联的一组元件称为系统。

在电力拖动领域中，如机械加工过程中，除了负载转矩经常发生变化外，有时电源电压和其他因素也会发生变化，都会影响电动机的转速，导致机床运动部件的运动速度偏离预先给定的值，此时应及时地将电动机的转速调回到预先给定的转速值或其附近。这种调节，若采用人工的方式进行是十分困难的。因此，只有用电气元件组成控制电路自动地检测出电动机的转速，并与给定的转速进行比较，然后及时地自动调节已变化的电动机转速，使它回到或接近预先给定的转速值，这种过程就是自动控制过程。

又如，在空气压缩机运行过程中，当加载的气体压力达到极限值时，若空压机不能及时转入卸载运行，多余的气体会通过排气阀释放到空中，造成电能浪费。因此，将空压机进行节能改造后，通过节电自动控制系统的控制，当空压机加载到设定上限压力值时，空压机的电动机会自动降低转速减少产气量，当压力值降低到设定的下限值时，空压机的电动机会自动提高转速增加产气量，使空压机始终保持在最佳经济运行状态，即满足了生产工艺要求，又达到了节能降耗的目的。

第二节　自动控制的基本概念

一、人工调节

人工调节是指运行人员根据对参数变化原因的分析，人工操作某一阀门或挡板的开度，改变流入量或流出量，使参数恢复到给定值。由人工控制的系统称为手动控制系统。下面通过具体的例子，分析手动控制的过程，从而可以看出控制系统的基本原理。

[**例 2－1**] 供热系统的人工调节。

图 2－1 是热力供热系统人工调节示意图。通过调节蒸汽阀门，使流出的热水保持一定的温度。如果由手工控制，就要求控制者观测温度表（计）的指示值，调节阀门开关的开度。调节方法为：当人观察到温度表的指示值高于规定值时，则关小阀门，降低热水温度；当人观察到温度表的指示值低于规定值时，则开大阀门，升高热水温度，从而使流出的热水保持设定的温度。

[**例 2－2**] 直流电动机速度控制系统的人工调节。

图 2－2 是直流电动机调速原理示意图，该系统的目的在于调节直流电动机的转速。图中 U_o是直流电源，通过可调电阻 R 分压后，得到电压 U_g，U_g称为给定电压或输入量。

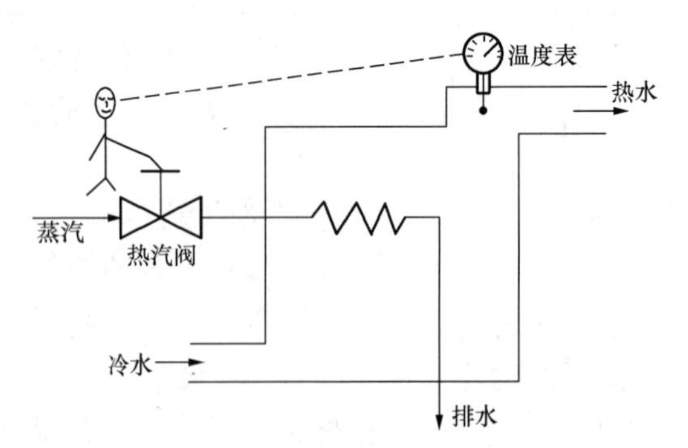

图 2－1　热力供热系统人工调节示意

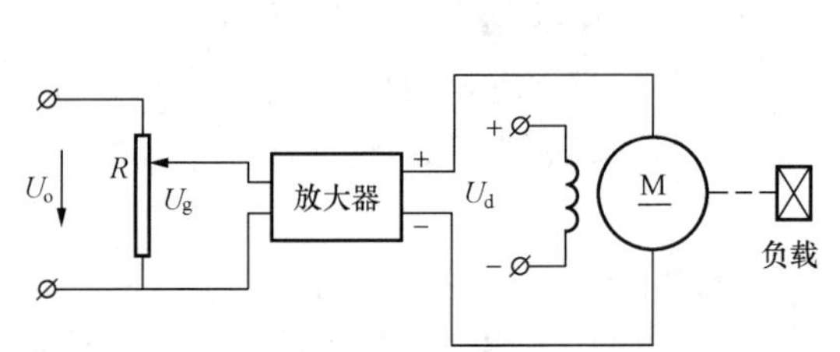

图 2－2　直流电动机调速原理示意

给定电压输入到放大器的输入端，放大器把输入电压 U_g放大，放大器是由集成电路、晶体管以及晶闸管系统组成的等效放大器，它不仅放大信号，而且还放大功率。这样，U_g被放大后就具有足够大的电压值和足够大的功率，供给直流电动机的电枢，作为直流电动机用的直流电流。直流电动机的励磁单独由恒定的直流电源供电。直流电动机轴上带有机械负载。图2－2中由给定环节、放大环节和执行环节的直流电动机组成调速控制系统，控制目标是使电动机稳定在要求的转速上运行。可见，对应可调电阻器触点的某一位置，有一给定电压 U_g，经过放大器放大为 U_d，作为电动机电枢电压。在没有扰动的情况下，对应可调电阻器触点的某一位置，则有一电动机转速与之对应。如果负载恒定，电动机及放大器参数也不变化，则给定电压 U_g，电动机转速不会变。但这只是理想情况，电动机负载实际上是经常变化的，电动机、放大器的参数也会漂移，因此，即使保持给定电压 U_g不变，电动机转速也会变化，不能达到稳定转速的控制目的。这种控制系统对于外界的干扰或称扰动是没有抵抗能力的，不能自行修正干扰所引起的偏差，特别是对负载转矩变化引起的转速变化不能自行调节。

图2－3是直流电动机调速系统人工调节示意图，与图2－2相比较，增加了直流测速发电机TG、速度表和人工控制。

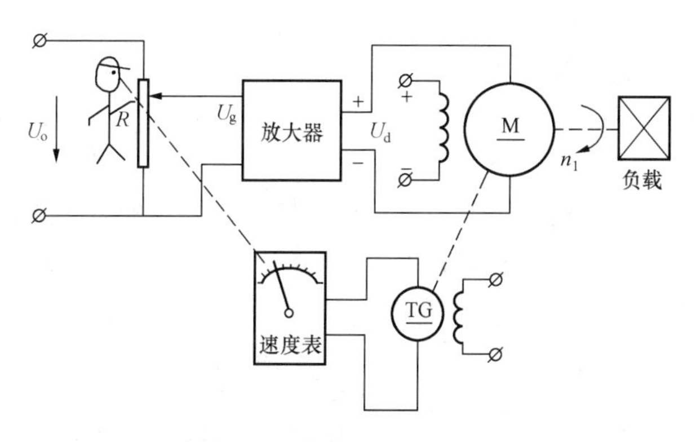

图2－3　直流电动机调速系统人工调节示意

系统的工作原理是设给定电压值为 U_g，放电器输出电压为 U_d，对应于电动机的转速是 n_1，此时电动机的输出转矩为 M，负载的反抗转矩为 M_C。若 $M=M_C$，则电动机以转速 n_1稳定运转。

如果用人工控制，则可以观测转速表的指示值，当负载转矩 M_C有一个增量 ΔM_C，则电动机轴上的输出转矩 $M<M_C+\Delta M_C$，电动机拖不动负载，转速会降低，转速表上指示的速度值也会降低，经过观察分析之后，人工将可调电阻 R 的滑动触点向上移，使 U_g值增加，就可以将电动机的转速增加，补偿由于负载增加而丢失的转速。从补偿过程中可以看出，实际上是采用调节电枢电压的方式对直流电动机进行调速。

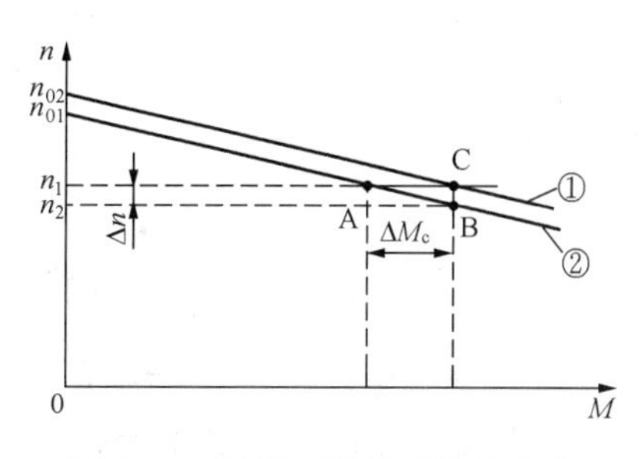

图2－4　速度调节过程特性曲线

调节过程用图2－4所示的机械特性分析就会

更加明了。

设电动机原来工作在特性曲线②的 A 点，电动机转速为 n_1，转矩为 M，且 $M=M_C$，电动机稳定运行。

若负载转矩 M_C 有一个增量 ΔM_C，由于负载转矩 M_C 的增加，使电动机带不动负载而转速降低。随着转速降低，电动机的电磁转矩 M 增加。当转速降低到曲线②上的 B 点时，电动机增加的转矩 ΔM 恰好克服负载转矩的增量 ΔM_C，电动机便稳定运行，此时电动机转速为 n_2，转速丢失了 Δn。采用人工控制，调节给定电压 U_g，使电枢电压 U_d 增加，使理想空载转速由 n_{01} 增加到 n_{02}，工作点将从曲线②的 B 点移到曲线①的 C 点，使丢失的转速被补偿，电动机转速恢复到原来的转速值 n_1。

显然，采用这种调速方法是不可行的，因为必须将人工控制放在系统中，而人的反应总是跟不上负载的变化。因此，必须全部采用电器及电子电路来完成自动调速的任务。

上述两个系统都是由人工控制的，可以看出这种控制模式具有如下特点：

（1）观测。用眼睛去观测温度表和转速表的指示值。

（2）比较与决策。人脑把观测得到的数据与要求的数据相比较，并进行判断，根据给定的控制规律给出控制量。

（3）执行。根据控制量用手具体调节，如调节阀门开度、改变触点位置。

（4）系统性能。结构简单，系统对干扰所产生的误差不能自行修正，只能靠人工进行调节，只有精度要求不高的场所才能使用。

二、自动调节及自动控制系统

在生产过程中，为了使被调量恒定或按预定规律变化，采用一整套自动调节装置代替现场操作人员来完成上述功能，这种用自动控制仪表及控制器件进行的操作称为自动调节，如图 2－5 所示的自动控制供热系统。

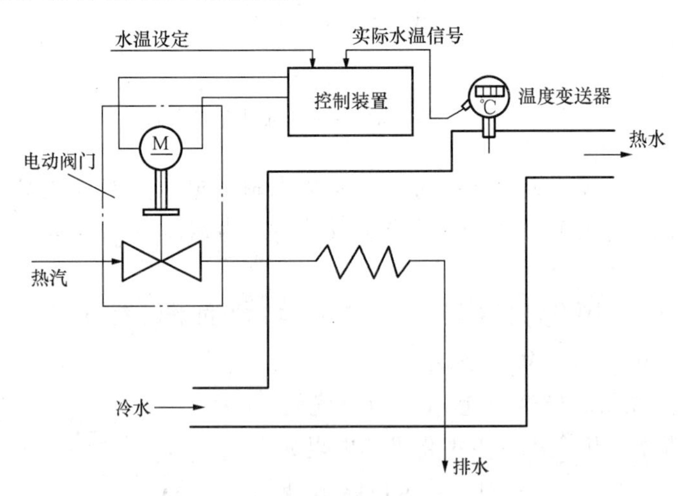

图 2－5　自动控制供热系统示意

在图 2－5 中，温度变送器的测量元件测出实际水温，并把温度值变换成标准 4～20mA 的电流信号接入到自动控制装置中，经信号放大处理后，将电流信号变换成电压信号，与设定的水温电压信号加到信号比较器的输入端，即可比较大小，其差值信号经放大器放大后，驱动执行电动机，从而调节阀门开度。如当实际水温偏低时，设定水温的值与实际水温的值偏差是一正值，电动阀门的驱动执行电动机朝开启阀门方向运转，增大蒸汽流量，从而使水温上升。反之，当实际水温偏高时，设定水温的值与实际水温的值偏差是一负值，电动阀门的驱动执行电动机朝关闭阀门方向运转，减小蒸汽流量，从而使水温下降。可见，控制装置能够代替人进行控制，实现了在热力供热系统中，水温的控制是按照人们设定的值进行自动调节。

直流电动机自动调速系统如图 2－6 所示。在这个系统中，人不再参与调节工作，完全由系统进行自动调节，下面重点分析该系统。

测速发电机 TG 发出的电压，通过可调电阻或称电位器 R_f分压得到反馈电压 U_f。U_f的大小正比于电动机转速 n。将反馈电压 U_f和给定电压 U_g反极性串联后，得到偏差电压 $\Delta U = U_g - U_f$，将 ΔU 作为放大器的输入。系统对电动机转速的自动调节是基于这个偏差的基础上的。所以，这个系统又称为有差调节系统。

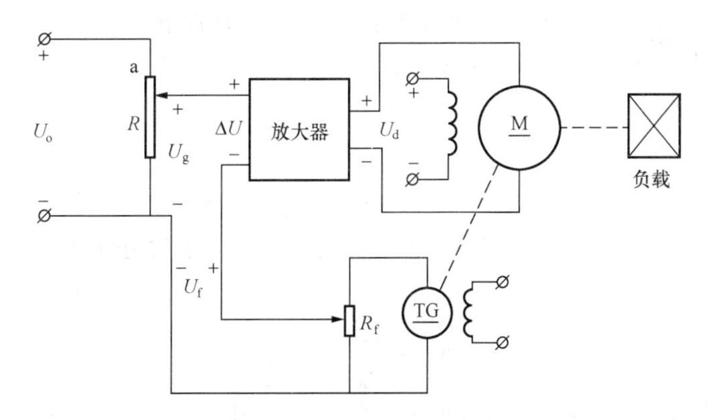

图 2－6　直流电动机调速自动控制系统示意

有差调节系统的调速过程如下：

假设电动机在正常情况下稳定运行，电动机的转速为 n_1，电磁转矩为 M，负载转矩为 M_C，且 $M = M_C$。现在设负载转矩有一个增量 ΔM_C，则电动机带不动负载，电动机转速下降，测速发电机的转速跟着下降，反馈电压 U_f减小，但因 U_g不变，而 $\Delta U = U_g - U_f$，则 ΔU 将增加，于是放大器的输出电压增加，电动机转速升高，使电动机由于负载增大而丢失的转速得到补偿。

调速过程可以用下面的走向加以说明：

$$M_C\uparrow \rightarrow n\downarrow \rightarrow U_f\downarrow \ (\Delta U = U_g - U_f) \rightarrow \Delta U\uparrow \rightarrow U_d\uparrow \rightarrow n\uparrow$$

电动机的转速得到了补偿，但只能得到部分补偿而不能得到全部补偿。由于有差调节系统的速度自动调节是基于偏差 $\Delta U = U_g - U_f$之上的，所以必须有偏差 ΔU，才有可能进行调节，这是有差调速系统的特点。

第三节　控制系统的质量指标

控制系统各种各样，完成的任务和工作方式不同，对系统性能的要求也不一样。自动控制系统理论是研究各类控制系统的共同规律，及对控制系统的共同的要求。为分析方便，这里仍以自动调速系统为主要分析对象，分析自动调速系统的质量指标，从而达到学习控制系统的质量指标理论的目的。

自动调速系统的质量指标，是系统设计和实际运行中要求满足的指标，是衡量系统性能好坏的准则，其指标主要包括静态指标和动态指标。

一、静态指标

静态指标是代表系统稳定运行时的性能，其中包括调速范围、静差率等。

1. 调速范围

生产机械要求电动机提供的最高转速 n_{max} 和最低转速 n_{min} 之比值叫调速范围，用字母 D 表示，即

$$D=\frac{n_{max}}{n_{min}} \tag{2-1}$$

式中：n_{max} 和 n_{min} 一般指生产机械在额定负载下的最高转速和最低转速，对于某些负载很轻的机械，如精密磨床，也可以用实际负载时的最高转速和最低转速之比值，来计算调速范围，而不用额定负载计算。

2. 静差率

电动机在理想空载时转速为 n_o，当电动机由理想空载加载到额定负载时，电动机所产生的转速降落为 Δn_N，Δn_N 和理想空载转速 n_o 之比值，称为电动机的静差率，其值可以用百分数表示，也可以用小数表示，即

$$S\%=\frac{\Delta n_N}{n_o}\times 100\% \tag{2-2}$$

显然，静差率和电动机的机械特性有关，特性越硬，Δn_N 越小，静差率 s 越小，则转速稳定精度越高。然而，静差率又和机械特性有区别，机械特性决定 Δn_N 的大小，静差率还和 n_o 有关。在相同的 Δn_N 下，高速运行时，n_o 大，s 则小；相反在低速运行时，n_o 小，则 s 大。

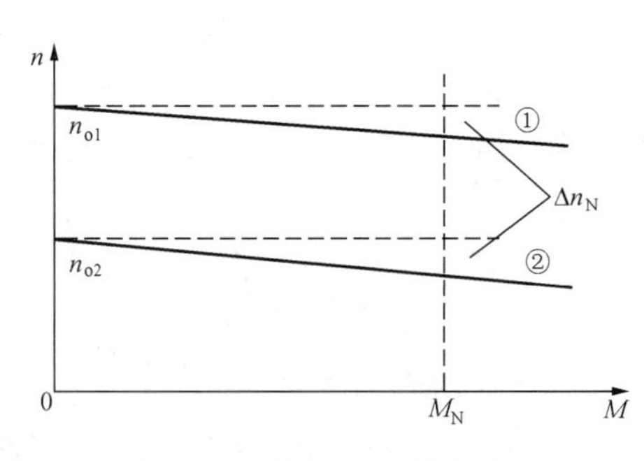

图 2－7　不同转速下的静差率

图 2－7 是不同转速下的静差率。由于在高速运行时，理想空载转速 n_{o1} 比低速运行时的理想空载转速 n_{o2} 大。曲线①的静差率小于曲线②的静差率。在机械加工时，静差率越小越好。

曲线①和曲线②是平行线，它们的机械特性硬度是一样的。但在曲线②上运行时，静差率大，说明静态相对稳定性不及曲线①好。

例如，若曲线①上 $n_{o1}=1000\text{r/min}$，由理想空载加载到额定负载时，转速降落为 $\Delta n_N=10\text{r/min}$，根据式（2－2）可得静差率 $s=1\%$。假若在曲线②上 $n_{o2}=100\text{r/min}$，由理想空载加载到额定负载时转速降落仍然是 $\Delta n_N=10\text{r/min}$，则静差率 $s=10\%$，显然，曲线②的静差率远大于曲线①的静差率，说明曲线②相对稳定性差。

在调速范围中规定的最高转速 n_{max} 和最低转速 n_{min}，它们都必须满足静差率所允许的范围内。若低速时静差率满足允许范围，则其余转速时静差率就一定满足。所以在检查最低转速时的静差率能满足要求就可以通过了。

下面给出调速范围、静差率 s 和额定转速降落 Δn_N 之间的关系。

如果系统必须保证静差率 s，则 $s=\frac{\Delta n_N}{n_{0min}}$，而调速范围 $D=\frac{n_{max}}{n_{min}}$，在调节电枢电压进行调速的直流电动机上，$n_{max}$ 就是它的额定转速 n_N，其最低转速为

$$n_{min}=n_{0min}-\Delta n_N=\frac{\Delta n_N}{s}-\Delta n_N$$

$$=\Delta n_N\frac{1-s}{s}$$

于是有

$$D=\frac{n_{max}}{n_{min}}=\frac{n_N\cdot s}{\Delta n_N(1-s)} \tag{2-3}$$

式（2－3）说明了调速范围 D、静差率 s 和静态转速降落 Δn_N 之间的关系。它说明当电动机的机械特性硬度一定（Δn_N 一定）时，对静差率要求越高（即 s 值越小），调速范围 D 越小。

如电动机的额定转速为 $n_N=1000\text{r/min}$，额定转速降落为 $\Delta n_N=50\text{r/min}$，当要求静差率 s 不大于 0.3 时，允许的调速范围是

$$D=\frac{n_N\cdot s}{\Delta n_N(1-s)}=\frac{1000\times0.3}{50(1-0.3)}=8.57$$

电动机最低转速 $n_{min}=n_{max}/D=1000/8.75=116.7$（r/min），若转速再低于它时，静差率将不能保证。若规定 s 不大于 0.2 时，则

$$D=\frac{1000\times0.2}{50(1-0.2)}=5$$

电动机允许的最低转速 $n_{min}=1000/5=200$（r/min）。由此可见，静差率要求越高，允许的调速范围就越小。一般来说，当电动机提出了一定的静差率时，其调速范围是不大的。

调速范围和静差率只是调速系统的静态指标，或叫稳态指标，它们对于确定调速方案是重要的。

二、动态指标

动态指标是指调速系统在过渡过程时的指标，即系统还没有稳定下来时的指标。

在分析自动控制系统时，一个十分重要的问题是系统可能会出现不稳定现象，即系统存在有稳定性问题。所谓稳定性就是指调速系统中，由一种稳定状态过渡到另一种稳定状态时，系统能否平稳地过渡，是否出现振荡现象。

那么，系统为什么会出现振荡现象而造成系统的不稳定呢？

以图 2－8 为例，设系统中放大器的动态放大系数较大。若在稳定运行过程中，由于负载转矩突然增加，电动机的转速将会下降，通过测速发电机 TG，使反馈电压 U_f 下降，

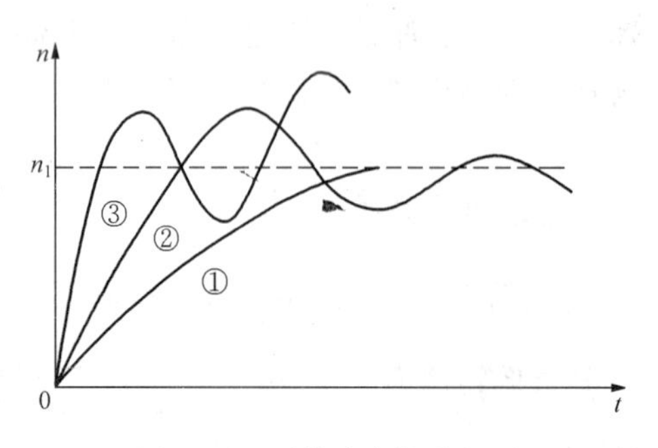

图 2-8 系统稳定性分析图

偏差电压 $\Delta U=U_g-U_f$，ΔU 将会增大，由于放大器的动态放大倍数较大，使电枢电压 U_d 增加，若该值过大，会使电动机的转速上升到超过原来的转速值，于是反馈电压 U_f 也增加到超过原来的反馈电压，又使得偏差电压 ΔU 急剧减少，由于放大器很灵敏（即放大倍数很大），使电枢电压又下降，电动机转速再次下降，降的比原来的转速还低。这时，U_f 又再次下降，ΔU 再次上升，促使 U_d 及电动机转速再次上升。就这样，使得系统会出现周而复始的振荡，导致系统处于不稳定状态。在工程上，这种现象的出现是由于系统采用了负反馈以后才有的，其重要原因是由于系统的动态放大倍数太大所造成。

对系统是否稳定，可用图 2-8 的曲线加以说明。

图中横坐标是时间 t，纵坐标是转速 n。系统原来的状态是静止的，即电动机未启动。在 $t=0$ 时刻，系统输入端送入 U_g，和 U_g 相对的转速是 n_1，电动机最后应该在 n_1 运转。但从 $n=0$ 到 $n=n_1$ 是需要时间的，系统在这一段时间内的过程就是过渡过程，过渡过程可能出现 3 种可能：

（1）曲线①的情况，电动机转速由零开始，慢慢上升，最后到达 n_1。这种情况过渡的很稳定，没有振荡。但从 $n=0$ 到达 $n=n_1$ 所用的时间较长，说明系统反应不灵敏。

（2）曲线②的情况，虽然有振荡，但振荡的幅值越来越小，最后仍然可以到达稳定值 n_1。若对其幅值及振荡次数作出限制，是可以使用的。其优点是速度上升快。

（3）曲线③的情况，速度上升的最快，但振荡幅度越来越大，最后以 n_1 为轴作等幅振荡，并且是不稳定的。在自动调速系统中应绝对避免。

自动控制系统中的稳定性是十分重要的，若出现曲线③的情况，可以用稳定环节来稳定系统，或直接减小系统的放大倍数和增加系统的阻尼，将振荡的系统调制成稳定系统。

三、最大超调量

在自动调速系统中，在图 2-8 中的曲线②情况是最好的，因其过渡过程所用时间较少，虽有振荡，但最后总是趋向稳定的，只要将最大超调量限制在允许的范围内就可以了。

1. 超调量

图 2-9 中对超调量，调整时间和振荡次数 3 个量作了说明。

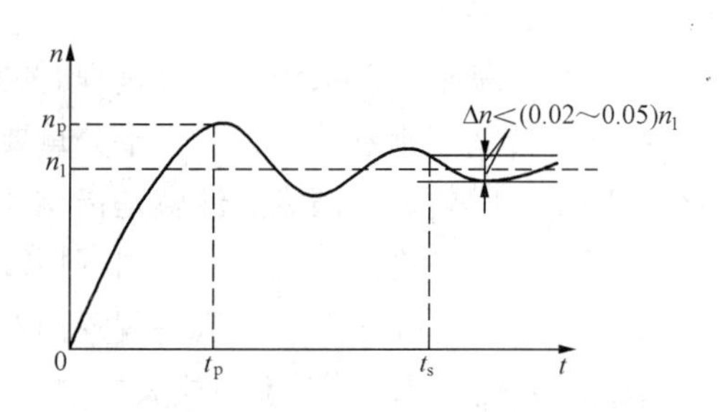

图 2-9 超调量、调整时间、振动次数

图中 n_p 是达到最高转速值，n_1 是最后稳定值，(n_p-n_1) 是最大超调量。因为振荡是衰减的，以后的超调量会越来越小，将最大超调量限制在一定范围内。最大超调量常以 $\sigma\%$ 表示

$$\sigma\% = \frac{n_p - n_1}{n_1} \times 100\% \qquad (2-4)$$

一般机械加工中，$\sigma\%$ 限定在 10% ~15% 。

2. 调整时间

在图 2 -9 中，衰减振荡时，振荡幅值 Δn 小于 n_1 的 2% ~5% （0.02 ~0.05）则认为系统已进入稳定状态，t_g 就是调整时间。

3. 振荡次数

当 $0 \leq t \leq t_g$ 时，即在调整时间内，曲线经过稳态值 n_1 的次数除以 2，因为振荡 1 次要穿过稳态值 2 次，若所得结果不是整数，要取与实际相近的整数。如图 2 -9 中的振荡次数应为 2 次。如龙门刨、轧钢机允许有 1 次振荡，造纸机械则不允许有振荡。

通过对上述两个自动控制系统的描述和理论分析可知，自动调节是在没有人工参与的情况下，系统的控制器自动地按照人工预定的要求控制设备或过程，使之具有一定的状态和性能。这种具有自动调节功能的系统通常称之为自动控制系统。

在自动控制系统中有许多变量或信号。从系统外部施加到系统上而与该系统的其他信号无关的信号称为输入信号。输入信号包括参考输入和扰动输入。在控制系统中希望被控信号再现恒定的或随时间变化的输入信号称为参考输入，简称为输入。而干扰系统被控量达到期望值的输入称为扰动输入，简称为扰动。例如，温度控制系统中的温度设定是参考输入，而蒸汽温度的变化、热水流量的变化等都是干扰热水温度恒定的，所以都是扰动输入。在电机速度控制系统中，电位器给出的电压是参考输入，而电动机负载的变化、电网电压的波动等都是干扰电动机速度保持恒定的变量，是扰动输入。

在有些系统中，参考输入是随时间变化的，如啤酒发酵、家禽孵化过程中，温度设定是时间的函数。而在自动火炮系统中，飞机的飞行轨迹是自动火炮系统的参考输入，是一个事先无法预料的信号。

系统中被控制的量称为被控量。如温度控制系统中的温度，电动机速度控制系统中的电动机转速都是被控量。自动控制系统的作用就是使被控量按照期望的规律变化。控制器的输出称为控制量。如温度控制系统中的蒸汽阀门开度，电动机速度控制系统中的电枢电压都是控制量。控制系统输出的量称为输出量。在控制系统分析与设计中，系统的被控量常作为输出量。实际上，控制系统中需要监控的量都可以作为输出量，如系统的误差信号等。

对于实际的控制系统，除了上述要求以外，还有其他方面的要求。这里简单介绍一下系统鲁棒性（Robustness）的概念。如果系统的参数或者结构在一定范围内变化时，系统仍然保持某个性能，则称系统的这个性能是鲁棒的。如系统的参数或者结构在一定范围内变化时，系统仍然保持稳定，则称系统是鲁棒稳定的。

第四节 自动控制系统中常用术语和方块图

一、自动控制术语

1. 自动控制

自动控制是指在规定的目标下，没有人的直接参与，系统能自动地完成规定的动作，而且能够自动克服各种干扰。如恒温控制可以自动地使被控制的温度保持恒定；跟踪雷达和指挥仪组成的防控系统，可以使火炮或导弹自动跟踪飞行目标，并将其击落；无人驾驶飞机可以按人为预先规定的飞行路线飞行并自动进行摄影工作。

2. 被控对象

被调节的生产过程或生产设备称为被控对象。它由一些机械或电器零部件组成，其功能是完成某些特定的动作，这些动作通常是系统最后输出的目标，如机床或其他生产机械中的直流电动机或交流电动机，防空系统中的火炮及导弹，人造卫星或火箭等都是被控对象，它们的共同特点是都为被控物体，且能完成控制过程中的目标任务。

3. 系统

系统由一些部件组成，用以完成一定的任务。在机械设备上，由电器元件组成一个电路系统，用来控制被控对象，这就可以称为控制系统。有时也可以将被控对象包括在内。

4. 被调量或称被控量

表征生产过程是否正常进行而需要加以调节的物理量称为被调量。

5. 给定值

被调量所应保持的希望值称为给定值或称设定值。

6. 扰动

引起被调量偏离给定值的各种因素称为扰动。扰动是一种对系统的输出量产生相反作用的信号。产生在系统内部的扰动叫内扰动。如在拖动系统中，某电阻元件由于受热后温度升高，电阻值增大，就可以对系统产生干扰，影响系统的最后输出量。来自系统的外部的扰动叫外扰动。如电源电压的变化，机床的切削力变化，都对系统输出量——电动机转速产生影响。

7. 调节量

由控制作用来改变，并对被控量进行调节的物理量称为调节量。

8. 调节机构

根据控制作用对调节量进行改变的具体设备为调节机构，如调节阀、挡板、给粉机等。

9. 环节

环节是由控制系统中的一个部件或一些部件组成的系统中的某一部分。它的任务是完成系统工作过程中的局部过程，一个系统可以分成若干个环节。一般有输入环节、放大环节、执行环节、反馈环节等。

10. 反馈控制

反馈控制是这样的一种控制过程，它能够在存在扰动的情况下，力图减小系统输出量与参考输入量之间的偏差，而且这种控制是基于这一偏差的基础之上的。在反馈控制系统中，反馈控制仅仅是针对事先无法预计的扰动而设的，对于可以事先预料的或者是已知的扰动来说，总是可以在系统中加以校正的，所以对后者的反馈和检测是完全不必要的。

所谓反馈控制，其方法就是对输出量随时进行检测，并将它变换成和输入量相同的物理量，再与输入量进行比较，根据比较得到的偏差值，然后再在这个偏差值的基础上进行自动调节所完成的控制。

二、自动控制系统方块图

一个控制系统由若干个环节组成，每个环节有其特定的功能。若讨论一个控制系统，每次都将系统中所有环节的内部结构画出来，那是十分麻烦的，有时显得非常繁杂。因此希望用一些方块表示环节，并在方块上注明它的名称，该名称也体现了它的功能，并用箭头标出各个环节的走向，这样对分析系统将是十分方便的。把一些方块和连接方块的箭头所组成的图称为方块图或方框图。在某些图上，有时除方块外，还画上某些元件的符号。

图 2－10 是一般控制系统方块图。每个方块都是一个环节。每个环节都有输入端（箭头指向方块）和输出端（箭头离开方块）。所有方块图集合起来组成有机的联合，就组成了控制系统。

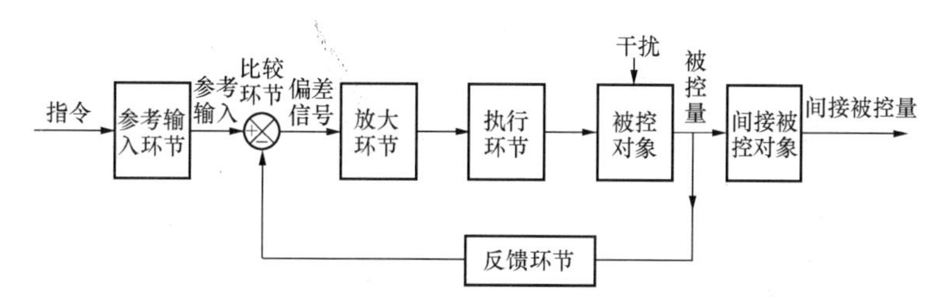

图 2－10　一般控制系统方块图

方块图中各个环节的功能说明如下：

指令——来自外部的输入量，和系统本身无关。如直流电动机拖动中，把调速电位器转过一个角度，它就可以看成一个指令。

参考输入环节——产生正比于指令的信号元件。前述的电位器就是参考输入环节。

参考输入——正比于指令的信号，简称输入量，前述的 U_g 即是输入量。

放大环节——由于偏差信号太小，必须经过放大后，才可以得到足够大的幅值和功率，才能驱动后面的环节。

执行环节——根据放大后的信号，对被控制对象进行控制，使被控制量和希望值趋于一致。有时也可以将放大环节和执行环节合并成为一个环节，称为控制环节。

反馈环节——将被控制量变换成与输入量相同性质的物理量，并送回到输入端的设备。前述的测速发电机和分压电阻 R_f 组成了反馈环节。

比较环节——将输入信号和反馈信号在该处相加，所以又叫相加点。其符号为圆圈，在圈内用叉分开，并注上“＋”号或“－”号，表示该信号进入相加点时所具备的符号。必须注意，进入比较点的量必须是相同的物理量。

被控对象——已在前面的自动控制术语中作过介绍，不再重述。

被控量——被控对象的输出量，通常就是被调节量。

间接被控对象——是在反馈回路外部的设备，不是直接被控制的设备，将由被控制量去影响其工作。

间接被控量——在反馈回路外部，它的量没有被反馈环节检测到。

三、基本环节

在图 2－10 中给出了一般控制系统的方块图，并将各个环节的名称和功能作了简单说明。现将其中主要的基本环节作如下介绍。

（一）给定环节

给定环节是由输入环节和比较环节组成的，其功能是将输入电压和反馈电压综合比较后得出偏差值，作为下一个放大环节的输入值。

1. 串联型给定环节

串联型给定环节将输入的给定电压和反馈电压反极性串联（即负反馈），得到的偏差值作为放大环节的输入信号，如图 2－11 所示。

从图中看到，U_g是给定电压，U_f是反馈电压，它们反极性串联，得到偏差电压 $\Delta U = U_g - U_f$作为放大器的输入。若不计 U_g和 U_f的内阻，就可以画成图 2－11（c）所示的等值电路，其中 R_i是放大器的输入电阻，I_i是输入电流。

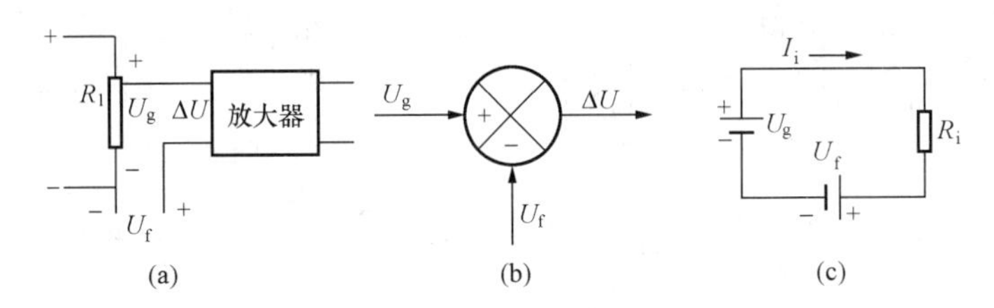

图 2－11　串联型给定电路图
（a）原理图；（b）符号图；（c）等值电路

2. 并联型给定环节

并联型给定环节是将反馈信号汇集到放大器输入端，如转速负反馈、电压微分负反馈、电流微分负反馈和电流截止负反馈等。

图 2－12 是并联型给定环节原理图。其中转速负反馈和给定值仍然是串联的，但电压微分负反馈和电流微分负反馈是并联反馈。若不计它们的内阻，可以画成图 2－12（c）所示的等值电路，从等值电路图中可以看出，电压微分负反馈和电流微分负反馈起了分流作用。输入到放大器中的电流是 $i_i = i_1 - i_2 - i_3$。只要这两个微分负反馈存在，就可以使放大器的输入电流减小，影响系统的输出。

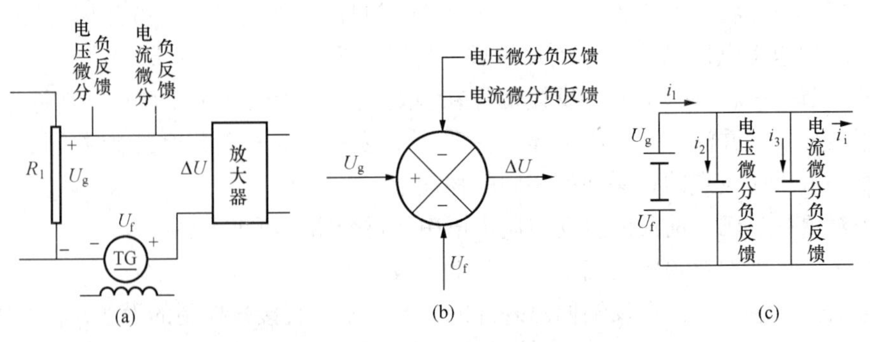

图 2－12　带有并联给定的电路图
（a）原理图；（b）符号图；（c）等值电路图

3. 运算放大器输入电路

运算放大器在自动控制系统中得到了广泛的应用。运算放大器采用集成电路放大器，配备一些外部元件，可以做成各种数学运算环节，其中加法和减法是最基本的。

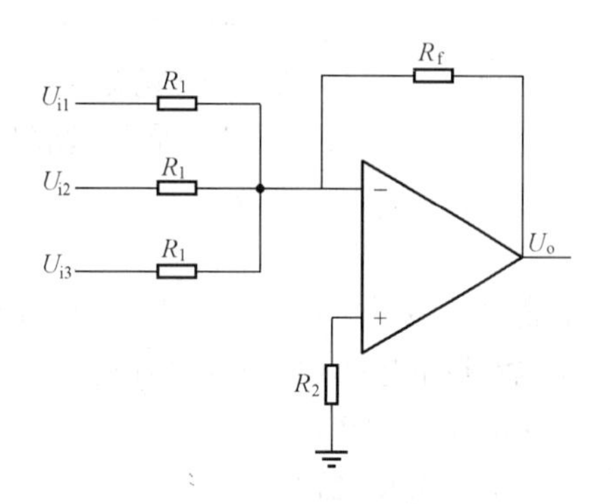

图 2－13　加法电路图

图 2－13 是运算放大器组成的加法电路图。该电路有 3 个输入端，1 个输出端。其中 3 个相同的电阻 R_1 是输入电阻，R_2 是接地电阻，R_f是反馈电阻。集成电路放大器用三角形表示。U_{i1}、U_{i2}和 U_{i3}分别为 3 个输入电压，U_o是输出电压。输入电压接入放大器带有“－”号的反相端。最后可以得到输出电压 $U_o = -\frac{R_f}{R_1}(U_{i1}+U_{i2}+U_{i3})$，若其中有的输入电压本身是负值，则就是减法运算。

（二）放大环节

由于给定环节输出的偏差电压 ΔU 很小，必须进行放大，然后才能使执行环节对被控制对象进行控制。

放大环节可以由不同的元件组成，有用晶体管组成放大器，有用集成电路组成放大器，还有些早期的旧设备用电子管组成放大器，在机械加工行业，常规的龙门刨床上还普遍采用电机放大机和转控机等组成放大器。

为便于理解其基本放大原理，这里主要以用晶体管组成的放大器进行分析。常用的两种直流放大器如图 2－14 所示。

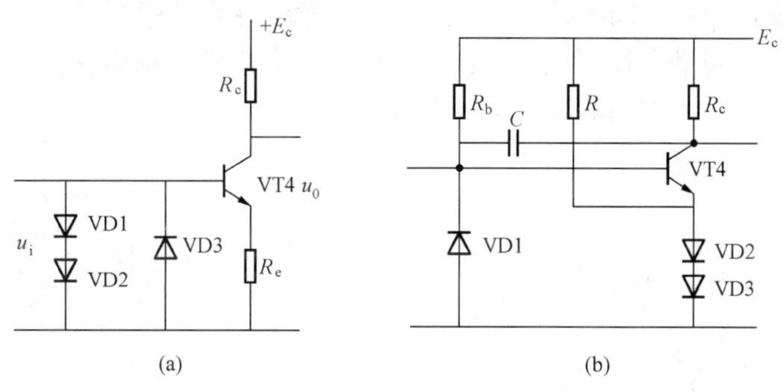

图 2－14　常用直流放大器电路图

（a）形式一；（b）形式二

图 2－14（a）是用一个晶体管组成的直流放大器，由于用了一级放大，所以输出和输入是反相的。其中二极管 VD1 和 VD2 为输入信号限幅器，当正向输入电压超过两个二极管的死区电压之和时，VD1 和 VD2 导通，使三极管 VT4 的输入电压不要超过两个二极管的管压降之和（约为 1.4V）防止 VT4 的输入电压过高。二极管 VD3 是负信号输入限幅，保护三极管 VT4 的 be 结不承受过高的反向电压。由于采用的是直流放大器，所以 VD1、VD2 和 VD3 还有稳定放大器的静态工作点的作用。图 2－14（b）是另一种形式的直流放大器，也是一级反相放大器，所不同的是二极管 VD1 和 VD2 接在三极管的发射极

下，通过电阻 R，使它一直处于导通状态，其目的是保证放大器输出电压不会低于两个二极管的导通电压。电容器 C 是放大器内部的并联电压微分负反馈元件，主要使放大器自身稳定。VD1、VD2 和 VD3 也同样起着稳定放大器的静态工作点。

另一种广泛使用的是集成电路运算放大器，其原理如图 2－13 所示。

（三）反馈环节

在直流电动机自动调速系统中，输入量是电压，输出量是转速，能够影响输出量的主要是电动机的电枢电压和电枢电流。因此，经常采用将转速、电压和电流反馈到输入端，以影响电动机的转速。

在机床自动调速系统中，由于给定值是电压，电动机输出是转速。所以反馈元件必须将转速检测之后变换成电压，才可进入给定环节中去相加。采用交流或直流测速发电机是很理想的，现以直流测速发电机为例，说明反馈过程。

图 2－15 是转速负反馈原理图，其中 TG 是直流测速发电机，它和直流电动机同轴连接，测速发电机的电动势 $E = C_e \Phi n$，C_e 是发电机常数，Φ 是测速发电机的励磁磁通量，是恒定不变的，所以测速发电机的电动势 E 和它的转速 n 成正比，测速发电机的转速就是直流电动机的转速。所以，测速发电机的电动势正比于直流电动机的转速。若不计测速发电机的内阻值，电动势 E 就是端电压 U，经过电阻 R_1 和 R_2 分压以后 $U_f = \frac{R_2}{R_1 + R_2}E = \frac{R_2}{R_1 + R_2}C_e \Phi n = Kn$。显而易见，反馈电压 U_f 正比于电动机的转速 n，就可以将 U_f 引入给定环节，与给定电压反极性串联，组成转速负反馈。

由于电动机的转速直接受电枢电压的控制，可将电枢电压值作为被控制量反馈到输入端，对电枢电压进行控制，间接控制了电动机的转速。用电压负反馈，方式比较简单，因输入量是电压，被控制量也是电压，所以只要用分压电阻将电枢电压分压，取出其中的一部分作为反馈信号，其原理图如图 2－16 所示。

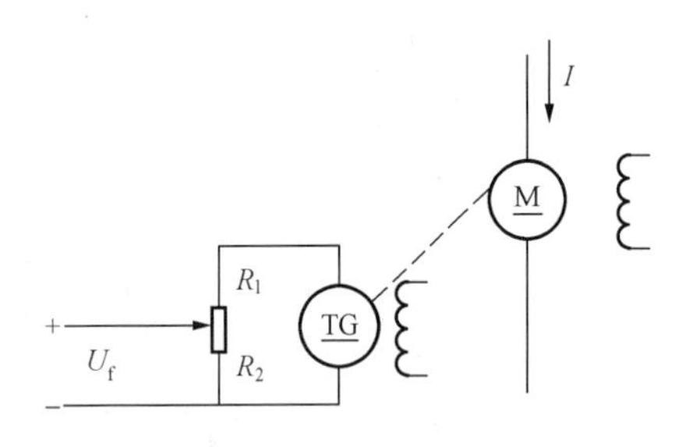

图 2－15　转速负反馈原理图

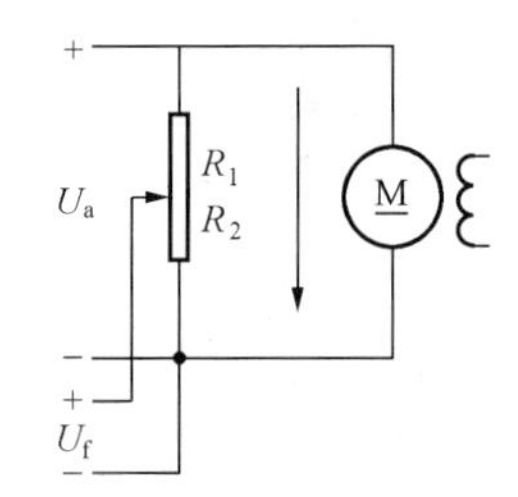

图 2－16　电压负反馈原理图

电动机电枢电压为 U_a，通过分压电阻 R_1 和 R_2，得到反馈电压 $U_f = \frac{R_2}{R_1 + R_2}U_a$，将它接到给定环节的比较点上，即和给定电压反极性串联，组成电压负反馈。在这种反馈方式中，反馈环节只是由电阻 R_1 和 R_2 组成。

（四）补偿环节

在系统中，当某个物理量发生变化时，可以产生某种效果，影响输出量，就可以利用该变化的物理量进行对输出量的补偿。从电机学中知道，当直流发电机的负载电流产生电枢反应时，可以使直流发电机的物理中心线偏离几何中心线，使发电机的磁通发生扭变，导致发电机的电压无法输出。在电机学中，将负载电流流过安装在发电机几何中心线上的补偿绕组，就可以校正磁场的变形，使发电机的物理中心线和几何中心线重合，发电机可以正常工作。

在自动控制的调速系统中，由于负载转矩（反应到电枢回路中是电枢电流 I_a）的变化，产生了电动机的转速降落 $\Delta n=\dfrac{R_M}{C_e\Phi}I_a$（$R_M$为电动机电枢的内阻）。可以使电枢电流的变化对电动机的转速进行补偿。图 2－17 是电流补偿原理图，其中 R_1 和 R_2 是电压负反馈环节。R_3 是电流补偿环节。电枢电流 I_a流过电阻 R_3，在 R_3 上产生电压降 I_aR_3，取出其中一部分 U_i，它代表了电枢电流的大小。将 U_f和 U_i引入到给定环节的比较点上后，和给定电压 U_g产生的偏差电压是 $\Delta U=U_g-U_f+U_i$，将 U_i和 U_g同极性相加。

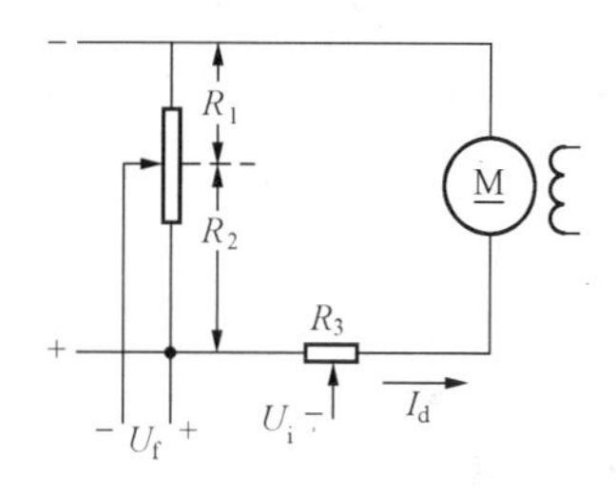

图 2－17　电流补偿原理图

加入正的 U_i之后，当负载转矩变化时，电枢电流 I_a跟着变化，让 U_i在调节过程中起作用，其过程如图 2－18 所示。

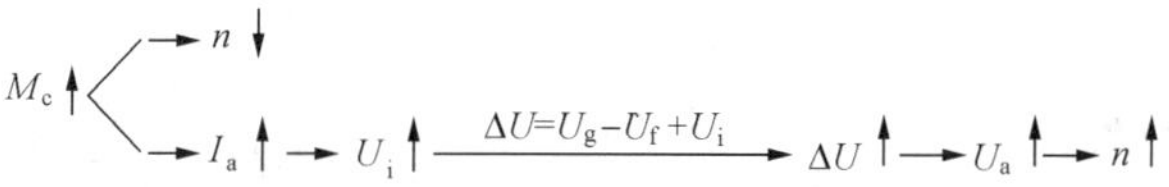

$$M_c\uparrow \begin{cases} \to n\downarrow \\ \to I_a\uparrow \to U_i\uparrow \xrightarrow{\Delta U=U_g-U_f+U_i} \Delta U\uparrow \to U_a\uparrow \to n\uparrow \end{cases}$$

图 2－18　补偿环节走向说明

负载转矩 M_c增加引起转速下降，同时电枢电流 I_a增加，在电阻 R_3 上产生的补偿信号 U_i增加，促使偏差电压 ΔU 增大，电枢电压上升，电动机转速上升，得到补偿。

在形式上看，采用了电流正反馈，但实质上反馈的不是被控制量，而是系统中的干扰量，所以严格来讲这是补偿环节，而不是反馈环节。但习惯上称这种过程是电流正反馈。

（五）稳定环节

在闭环控制系统中，由于采用了负反馈环节，系统就存在稳定性问题。

系统所以出现不稳定现象，其原因是系统的动态放大倍数太大，因此需要减小系统的动态放大倍数，防止系统的振荡。但动态放大倍数和静态放大倍数有关，减小动态放大倍数时，静态放大倍数也会随之减少。系统在稳定状态运行时，希望静态放大倍数越大越好。这样就出现了矛盾，在静态运行时，要求放大倍数大，在动态运行时，要求放大倍数小。显然不能为了系统的稳定而减小放大倍数，如果减小放大倍数将使稳态工作时系统反应迟钝，甚至无法正常工作。

为了解决这种矛盾，在闭环系统中采用稳定环节稳定系统。基本原理是在动态时，系统中的电压和电流都在变化，利用这种系统内部的变化量作为负反馈信号，引入到给定环节中去，和给定信号相比较，使偏差信号 ΔU 发生变化，其效果相当于降低系统的动态放大倍数。当系统的过渡过程结束，系统中电压和电流的变化量消失，这种负反馈信号自行消失，系统的放大倍数恢复原值，进入稳态运行。

第五节　自动控制系统的类型

了解控制系统的分类方法，能在分析和设计系统之前，对系统有一个正确的认识，下面介绍控制系统常见的类型及其性质。自动控制系统可以从不同的角度进行分类。

一、按系统的结构特点分类

主要有开环控制系统和闭环控制系统，或两者兼有的复合控制系统，另外还有单回路控制系统和多回路控制系统，这里着重介绍一下开环、闭环以及复合控制系统。

1. 开环控制系统

在［例2－2］所示的电动机速度控制系统中，如果没有人参与，就是开环控制系统。从输入到输出是单一方向的，没有反馈环节，系统仅受控制量的控制，输出对系统的控制没有作用，前馈控制系统直接根据扰动进行控制，这就是开环控制系统的特点。借助于开环控制系统的这一特点，可以给出开环控制系统的定义：如果控制系统的被控量（输出量）对系统没有控制作用，这种控制系统就称为开环控制系统。开环控制系统的控制原理框图如图2－19所示。

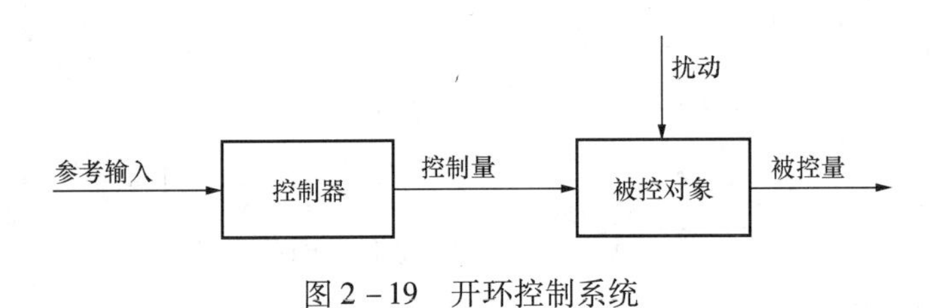

图2－19　开环控制系统

在开环调速系统中，如果没有任何扰动，电动机将按期望的速度运行，但当有扰动时，如负载的变化、电网电压的变化或者其他参数的变化，这些扰动就要影响到电动机转速，使它偏离期望值。这时如没有人去进行调节，电动机就不能自动回到期望值。为了能使电动机在扰动的影响下也能自动稳定到达期望值，就必须采用闭环控制系统。

2. 闭环控制系统或称反馈控制系统

图2－6所示的直流电动机自动调速系统就是闭环控制系统。分析其工作原理可以看出，闭环控制系统具有自动修正偏差的能力，它可将被控对象的部分或全部被控量（也就是输出量）返回到输入端，从而可以影响被控制量（即输出量）。简而言之，它根据偏差进行控制，最终消除偏差。

根据闭环控制系统的特点可以得出，这个系统不仅由给定电压进行控制，而且被控量也参与控制。或者说，是由给定量与被控量的反馈信号的差值进行控制的，这就是闭环控制系统的特点，借助于这一特点可给出闭环控制系统的定义：闭环控制是能够使输出量对控制过程产生直接影响的系统。即如果系统的被控量直接或间接地参与控制，这种系统称为闭环控制系统或更直接地称为反馈控制系统。闭环控制系统的控制原理框图如图2－20所示。

反馈控制系统分为正反馈和负反馈两种情况，上面说的是负反馈的情况，下面仍以电动机自动调速系统为例说明正反馈的概念。在图 2－6 中，若将测速发电机的正负极性反接一下，就成为正反馈系统。此时，$\Delta U = U_g + U_f$，所以，当电动机转速升高，U_f增加，ΔU 增加，则 U_d增加，电动机转速会进一步增加，如此循环，电动机转速越来越高。反之，若扰动使电动机转速下降，U_f减少，U_d减小，则电动机转速会进一步降低。可见正反馈助长扰动的影响，而负反馈抑制扰动的影响。

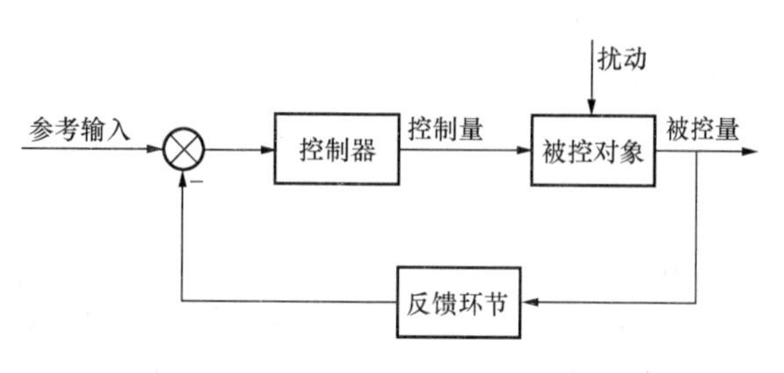

图 2－20　闭环（反馈）控制系统

反馈是十分重要的概念，在节电自动控制中得到广泛应用，因此，反馈控制系统的研究是一项非常重要的内容。

3. 复合控制系统

开环控制的缺点是精度低，优点是结构相对简单、控制稳定，不会产生闭环控制系统中可能出现的振荡情况。相反，闭环控制（负反馈）的优点是控制精度高，缺点是容易造成系统不稳定。

为了发扬开环控制和闭环控制的优点，克服它们的缺点，人们在系统中同时引进开环控制和闭环控制，或理解为，在反馈控制系统的基础上加入主要扰动的前馈控制，即构成前馈—反馈控制系统，这种系统称为复合控制系统。复合控制系统的原理框图如图 2－21 所示。

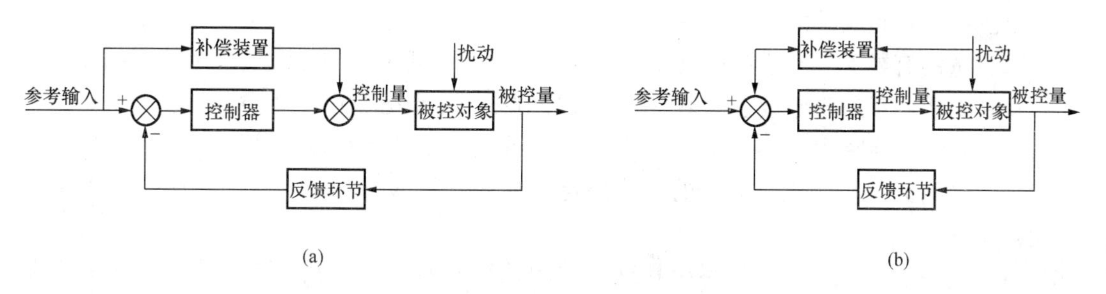

图 2－21　复合控制系统

（a）按给定值补偿；（b）按扰动作用补偿

二、按输入量的特点分类

1. 定值控制系统

被控量的给定值在运行中恒定不变的系统称为定值控制系统。

在生产过程中，当要求被控制量维持在某一个值时，就采用定值控制系统。系统的输入在正常运行下基本上是保持不变的。当然有时根据需要，输入量也可以从某一值改变到另一值，但这是人为改变的。系统的基本任务是在有扰动的情况下，使输出的被控制量保持在给定值上。

2. 随动系统

被控量的给定值是时间的未知函数的控制系统称为随动控制系统。

随动系统的输入是随时间变化的任一函数，其指令往往是机械位移，而且在较大的范围内变化。系统的任务是保证输出的被控制量以一定的精确度随着输入而变化，所以也称为跟踪系统。飞机的自动操纵、机床的仿形控制、自动平衡测量仪器等均属于随动系统。

3. 程序控制系统

被控量的给定值是时间的已知函数的控制系统称为程序控制系统。

程序控制系统的被控制量是按事先确定的规律变化的。如加热炉在不同的时刻需要不同的温度。其控制方法是，预先编排好一个程序输入到设备中，以后设备将按这个程序自动执行。

三、按被控制量的特点分类

1. 连续控制系统

在前面提到的控制系统中，被控制量需要定量地控制，并可以连续地被调整，这种系统就是连续控制系统。直流电动机自动调速系统就是连续控制系统。

连续控制系统主要包括：

（1）线性控制系统。由线性微分方程所描述的系统称为线性控制系统。这类系统最重要的性质是可以应用叠加原理，即 n 个输入信号和扰动同时作用于系统上产生的效果，等于每个输入信号和扰动单独作用的效果之和。

（2）非线性控制系统。如果系统中含有本质非线性元件，则称这类系统为非线性控制系统。要指出的是，叠加原理不适用于非线性控制系统。

2. 断续控制系统

被控制的量是断续的，这类系统称为断续控制系统。断续控制系统的被控制量是开关量，如电量的有或无、大或小；机械部件的动或停、进或退。如交流电动机的控制和常用机械设备的控制都属于断续控制系统。断续控制系统主要分为以下 2 类：

（1）继电控制系统。在控制系统中，如果系统中某一元件的输出量保持为恒值，不随输入信号的数值而变化，但它的符号决定于输入信号的符号，称这类系统为继电控制系统。

（2）脉冲控制系统。这类系统和继电控制系统有些相似。在该系统中，功率放大器是工作在全关或全开两种极限状态，但开关频率较高，而开与关的时间比例由被控量与给定量之间的偏差进行控制。

自动控制系统分类方法很多，上述几种分类方法是控制系统中的主要方法。此外，还有按输出量和输入量之间有无偏差分类、按放大环节分类、其他分类如单输入调节系统，多输入调节系统等，这里不再赘述。

第六节　PID 控制的理论基础

在自动控制系统中，PID 是一种早就成熟的控制方法之一，并且在控制理论日新月异的高速发展的情况下，仍能在工业实际应用中占据垄断的地位，特别是在对电动机的节电控制过程中，使用 PID 控制方法更为普遍。因此，了解 PID 控制的基本概念，是学习自动控制理论知识的必知内容。本着重视实际效果和应用，涉及必要的理论推导的原则，对PID控制的基本概念和基本理论作如下介绍。

一、PID的含义

PID是比例积分微分的缩写。为更好地理解PID的含义，不妨举一个生活中的小常识。

假设两个人站在椅子上负责挂条幅，第三个人站在远处确认条幅是否挂正。第三个人说“太偏了，向左”，于是椅子上的两人会把条幅向左移动一截；第三个人说：“过了，向右一点”，于是把条幅向右移动，但是这次不是很大一截，而是幅度小一些的移动；这时第三个人说：“过了一点点，稍微向左一点”，这时椅子上的两人会小心谨慎的只向左移动很小的一段距离……

上述过程，实际上就是一个比例控制系统的工作工程。

二、PID校正装置

在控制系统中，控制器还经常采用比例、微分、积分等基本控制规律及它们的适当组合（如比例－积分、比例－微分、比例－积分－微分复合控制规律）对控制对象进行有效的校正，使系统达到设计要求。这种控制规律不仅用于串联校正、反馈校正，还可用于前馈控制、复合控制和串级控制。本节只讨论用于串联校正。

比例－积分－微分控制（又称PID控制）这一名称来源于控制器输出信号与输入信号的函数关系，一般分为比例控制、积分控制、比例－积分控制、比例－微分控制、比例－积分－微分控制。

PID控制是连续系统理论中技术成熟、应用广泛的一种控制方法，它是基于单变量系统设计技术，并经过长期工程实践而总结出来的一套行之有效的控制方法。由于它已形成典型结构、参数整定方便、结构改变灵活，在大多数生产过程控制中，效果能满足要求，为工程技术人员所掌握，也为生产操作人员所熟悉。因此，尽管目前已出现很多先进控制规律，但PID控制规律不仅没有被舍弃，而且仍有发展，应用范围越来越广泛。

PID控制器是20世纪30年代末到40年代初出现的，至今已有近50年历史。现在PID调节器都是单元组合式的，有电动式调节器（DDZ）和气动调节器（QDZ）两大类。在20世纪80年代微机得到广泛应用后，又出现了数字PID调节器。

用PID调节器实现的控制系统都是在现场进行参数整定，即调整参数（比例系数K_p、积分时间T_i和微分时间T_d）使系统不仅稳定，而且有良好性能。关于参数整定方法在许多过程控制的书中已有详细介绍，另外，在下面的部分图形中还关联到一些信号流图、根轨迹法、幅相特性等相关理论知识，本书不再赘述，这里只介绍PID控制规律及其实现。

1. 比例控制（P控制）

具有比例控制规律的控制器称为比例控制器，其输出信号$u(t)$与输入信号（通常是控制系统的偏差信号）$e(t)$之间关系为

$$u(t)=K_p e(t) \tag{2-5}$$

根据拉普拉斯变换式，其传递函数为

$$\frac{U(s)}{E(s)}=K_{p} \tag{2-6}$$

式中：K_p为比例系数或增益。

比例控制器实质上是一个可调增益的放大器，其方块图如图 2－22 所示。

用有源网络实现的比例控制器如图 2－23 所示，其输入－输出关系为

$$\frac{E_0(s)}{E_i(s)}=\frac{R_2}{R_1}=K_{p} \tag{2-7}$$

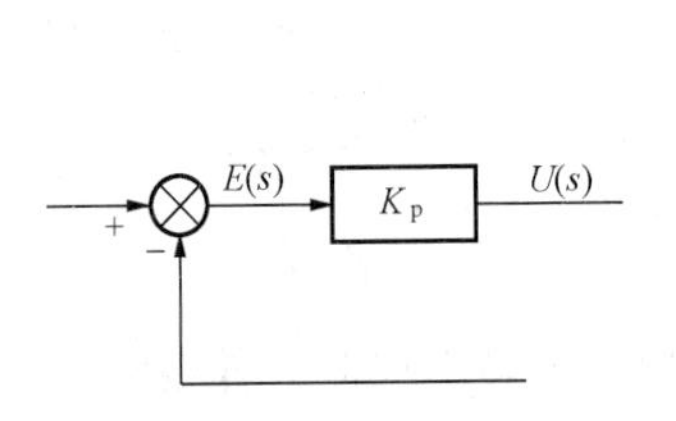

图 2－22　比例控制器方块图

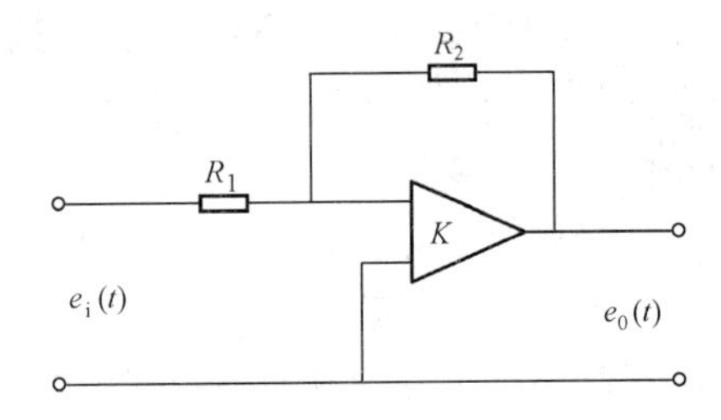

图 2－23　有源网络的比例控制器

在控制系统中，都含有增益 K_p可调的放大器，用以平衡系统的瞬态特性和稳态特性。增加比例系数 K_p可以减小系统稳态误差的有限值，用以提高系统的控制精度。但是，随着比例系数 K_p的增加，使系统相对稳定性降低，甚至造成控制系统不稳定。因此，在控制系统中，比例控制规律常常同其他控制规律（微分控制、积分控制）一起使用，以提高控制系统性能。

2. 积分控制（I 控制）

具有积分控制规律的控制器称为积分控制器，其输出信号 $u(t)$ 为输入信号 $e(t)$（通常为偏差信号）的积分，即

$$u(t)=\frac{1}{T_i}\int_0^t e(t)\,\mathrm{d}t \tag{2-8}$$

式中：T_i为积分时间常数，根据拉普拉斯变换式，其传递函数为

$$\frac{U(s)}{E(s)}=\frac{1}{T_i s} \tag{2-9}$$

积分控制器方块图如图 2－24 所示。

用有源网络实现的积分器如图 2－25 所示，其输入－输出关系为

$$\frac{E_0(s)}{E_i(s)}=\frac{1}{RCs}=\frac{1}{T_i s} \tag{2-10}$$

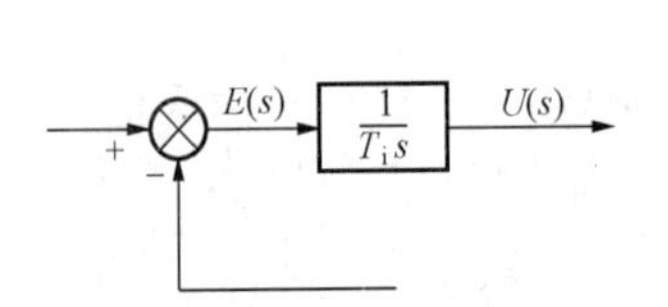

图 2－24　积分控制器方块图

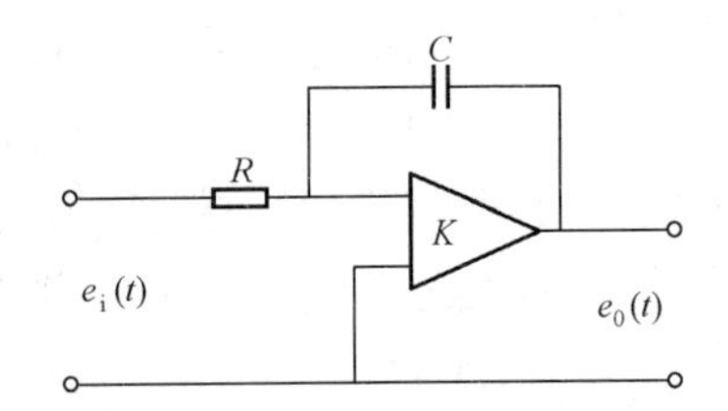

图 2－25　有源网络的积分器

设积分器从 $t=0$ 开始对偏差信号 $e(t)$ 进行积分，在 $t=t_0$ 时偏差信号 $e(t)=0$，但积分器输出 $u(t)$ 保持恒值不变，如图 2-26 所示。由于积分器具有这样特性，故在控制系统中经常采用积分器使某种输入信号的偏差为零，以提高系统的稳态性能。但是，积分控制使系统相对稳定性变差，甚至使系统不稳定。所以在一般情况下，不单独采用积分控制。

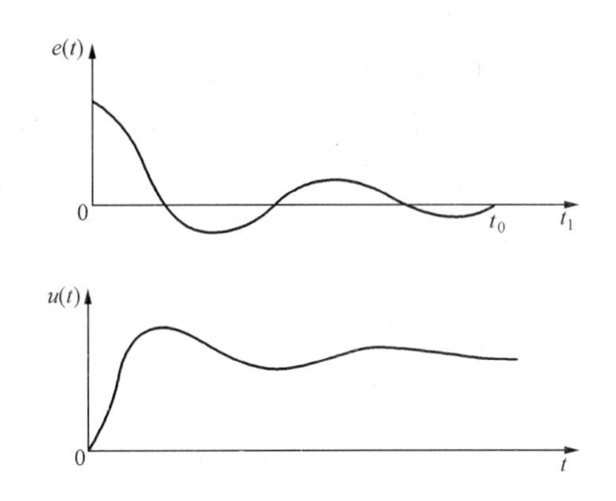

图 2-26　积分器输入、输出特性曲线

［**例 2-3**］在图 2-27 所示系统中，分别采用比例控制和积分控制，试比较其性能。

系统开环传递函数为

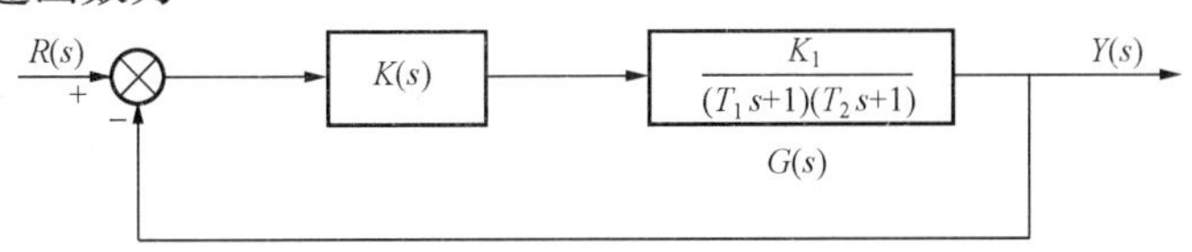

图 2-27　单位反馈系统

$$Q(s)=K(s)G(s)=K(s)\frac{K_1}{(T_1s+1)(T_2s+1)}$$

若采取比例控制，即 $K(s)=K_p$，系统对单位阶跃信号的稳态误差 $e_{ss}=1/(1+K_pK_1)$。

若采取积分控制，即 $K(s)=1/T_is$。系统对单位阶跃信号的稳态误差 $e_{ss}=0$。可见，积分控制改善了系统的稳态性能。

同样，很容易看出，若采用比例控制，无论 K_pK_1 取何值，闭环系统都稳定；若采用积分控制，系统相对稳定性变差，且当 K_1/T_i 较大时，闭环系统就不稳定了。

在该系统中，如果广义对象传递函数

$$G(s)=\frac{K_1}{s(T_1s+1)}$$

采用比例控制，该系统对单位速度信号的稳态误差为 $e_{ss}=1/K_1K_p$，无论 K_1K_p 取何值，闭环系统都稳定。

若采用积分控制，该系统对单位速度信号稳态误差 $e_{ss}=0$，但无论 K_1/T_i 取何值，闭环系统都不稳定。

3. 微分控制（D 控制）

虽然微分控制在工程上不能单独使用，但是，可以从原理上讨论微分的控制规律。微分器的输入-输出关系为

$$u(t)=T_d\frac{de(t)}{dt} \tag{2-11}$$

其传递函数为

$$\frac{U(s)}{E(s)}=T_ds \tag{2-12}$$

式中：T_d 为微分时间常数。

由于微分控制作用能反应偏差信号变化的速率，故在偏差信号发生变化时就产生修正作用，因此，只要 T_d 选的合适，就能改善系统的瞬态特性，并有助于增加系统稳定性。

由于微分作用使系统阻尼比增加，故在保证系统瞬态特性不变的情况下，可以增大增益 K 从而改善了系统的稳态性能。

微分控制作用的缺点在于放大了噪声，并可能引起执行机构饱和。

4. 比例－积分控制（PI 控制）

具有比例－积分控制规律的控制器如图 2－28 所示。控制器输出信号 $u(t)$ 和偏差信号 $e(t)$ 的关系是

$$u(t) = K_p e(t) + \frac{K_p}{T_i}\int_0^t e(t)\mathrm{d}t = K_p e(t) + K_I\int_0^t e(t)\mathrm{d}t$$

其传递函数为

$$\frac{U(s)}{E(s)} = K_p\left(1 + \frac{1}{T_i s}\right) = K_p + \frac{K_I}{s} \tag{2-13}$$

式中：K_p 和 T_i 都是可调的。

用有源网络实现的比例－积分控制器如图 2－29 所示，其传递函数为

$$K(s) = K_p\left(1 + \frac{1}{T_i s}\right)$$

式中：$K_p = R_2/R_1$，$T = R_2 C$。

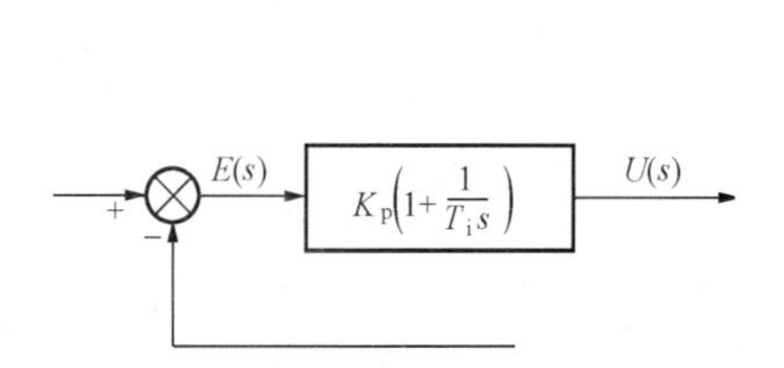

图 2－28　比例－积分控制器

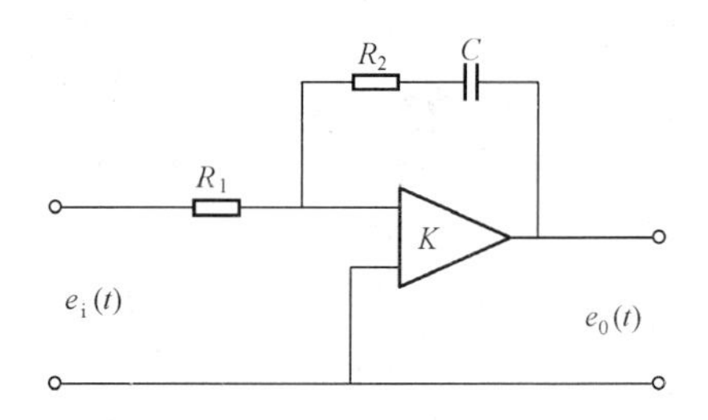

图 2－29　有源比例－积分网络

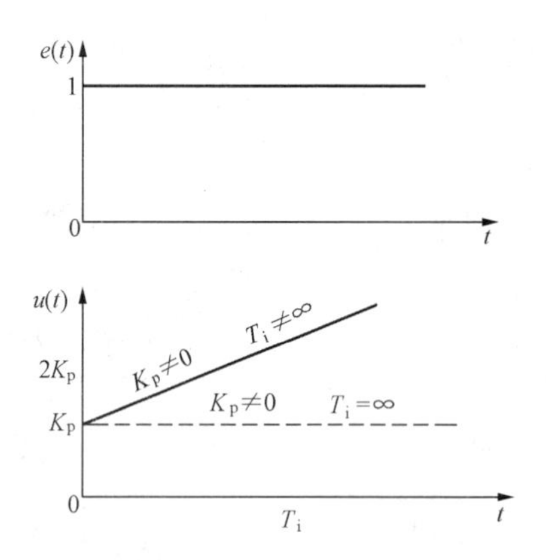

图 2－30　比例积分控制器的输入和输出信号

比例－积分控制器对单位阶跃信号的响应是随时间 t 呈线性增长，如图 2－30 所示。

在控制系统中，采用比例－积分控制规律，主要是在保证系统稳定的前提下，增加系统的类型，改善系统的稳态性能。

［例 2－4］ 对图 2－31 所示系统，试比较采用比例控制、积分控制、比例－积分控制规律校正系统。

在［例 2－3］中已指出该系统采用比例控制和积分控制存在的问题。该系统若采取比例－积分控制，系统开环传递函数为

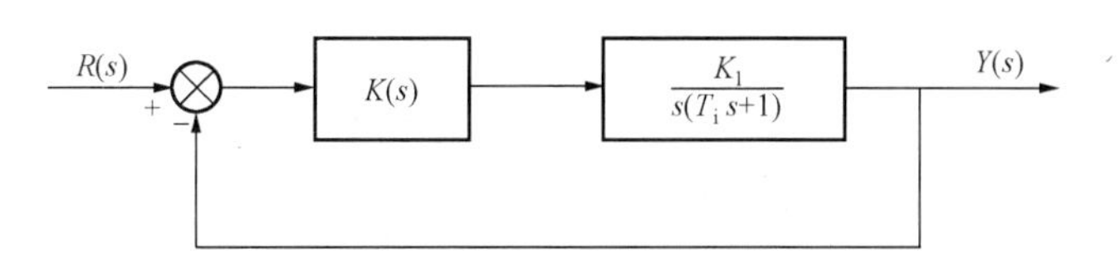

图 2－31 反馈控制系统

$$Q(s)=K(s)G(s)=\frac{K_p(s+K_1/K_p)}{s}\cdot\frac{K_1/T_1}{s(s+1/T_1)}$$

只要根据 $G(s)$ 中 T_1 的大小，选取合适的比值 K_1/K_p，闭环系统不仅稳定，而且具有良好的瞬态特性，改善了系统的稳态特性。采用比例－积分校正后的根轨迹图如图 2－32 所示。

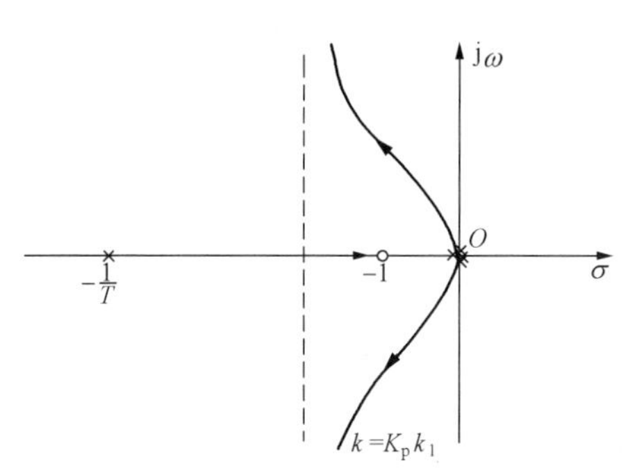

图 2－32 ［例 2－4］的根轨迹图

5. 比例－微分控制（PD）

具有比例－微分控制规律的控制器如图 2－33 所示。

控制器输出信号 $u(t)$ 与偏差信号 $e(t)$ 成比例。又与偏差信号的微分成比例，即

$$\begin{aligned}u(t)&=K_p e(t)+K_p T_d\frac{de(t)}{dt}\\&=K_p e(t)+K_D\frac{de(t)}{dt}\end{aligned}\tag{2-14}$$

其传递函数为

$$\frac{U(s)}{E(s)}=K_p(1+T_d s)=K_p+K_D s\tag{2-15}$$

式中：K_p 和 K_D 都是可调的。用有源网络实现的比例－微分控制器如图 2－34 所示，其传递函数为

$$\frac{E_0(s)}{E_i(s)}=K_p(1+T_d s)=K_p+K_D s\tag{2-16}$$

式中：$K_p=(R_2+R_3)/R_1$，$T_d=[R_2R_3/(R_2+R_3)]C$，$R_2C\ll 1$。

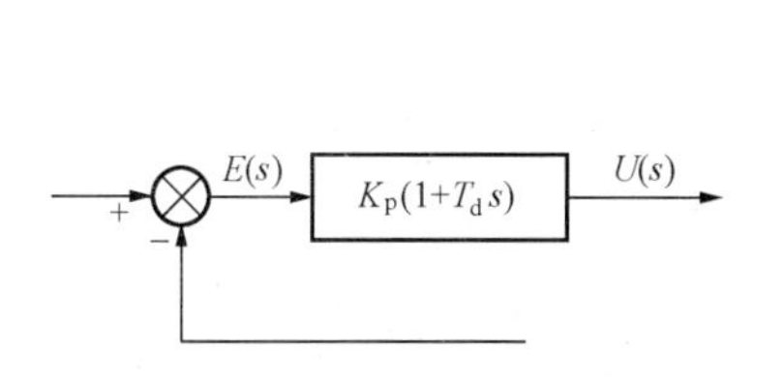

图 2－33 比例－微分控制器图

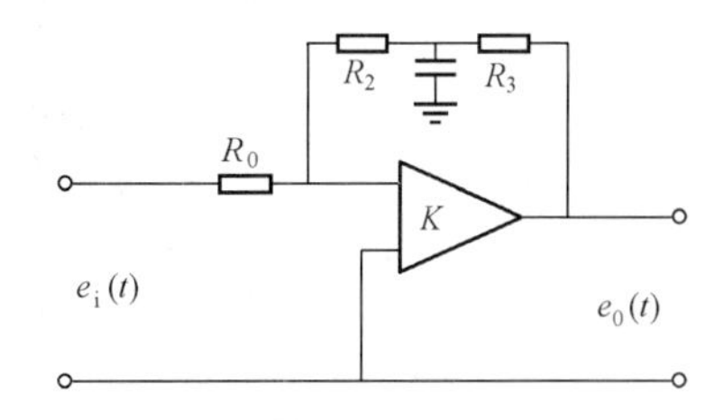

图 2－34 有源比例－微分电路

为清楚比例－微分控制规律，研究图 2－35 所示的比例－微分控制系统。

假设该系统是稳定的，那么，该系统在单位阶跃输入信号作用下，输出信号 $y(t)$、

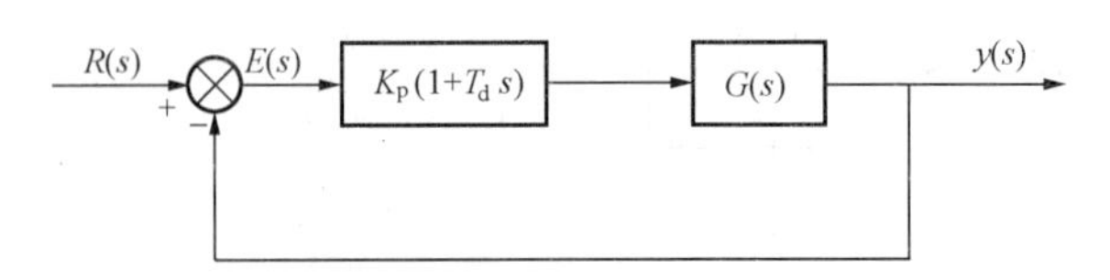

图 2－35　具有比例－微分控制系统方块图

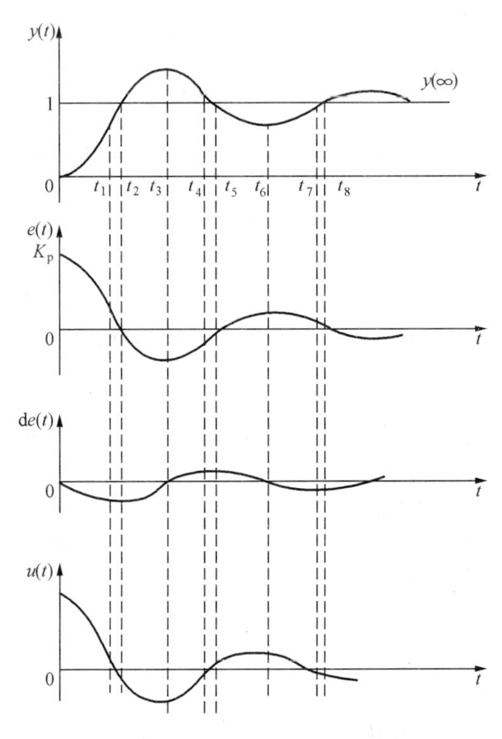

图 2－36　比例－微分控制系统的曲线图

偏差信号 $e(t)$ 及其导数 $\dot{e}(t)$、比例－微分控制器输出信号 $u(t)$ 的变化规律如图 2－36 所示。

从图中看出，在 $0\sim t_1$ 时间内，控制器输出信号 $u(t)$ 为正，控制系统正处在加速阶段，输出 $y(t)$ 随时间推移而上升。在 $t=t_1$ 时，系统输出信号 $y(t_1)$ 的数值与稳态值 $y(\infty)$ 已相当接近。为了避免因系统惯性作用引起较大的过调现象，系统应提前开始制动（减速）。这时，控制器的输出信号 $u(t)$ 恰好由正变负，系统受到反向的控制作用，使系统输出信号 $y(t)$ 的变化速度逐渐减小。开始制动的时间 t_1 取决于选择的微分时间常数 T_d 的大小。若 T_d 选择的合适，不仅使最大过调量 M_p 合乎要求，而且调整时间 t_s 也比较小。如果 T_d 选的太大，则制动时间开始过早，势必使调整时间长，若 T_d 选的太小，势必使系统过调量太大，调整时间也会太长。

由于微分控制能反映误差信号的变化速率，并能在误差信号的值变得太大之前产生一个有效的早期修正信号（表明了微分控制规律的预见性）有助于增加系统的稳定性。

［例 2－5］ 对图 2－37 所示的控制系统，试采用比例控制、比例－积分控制和比例－微分控制方法校正系统。

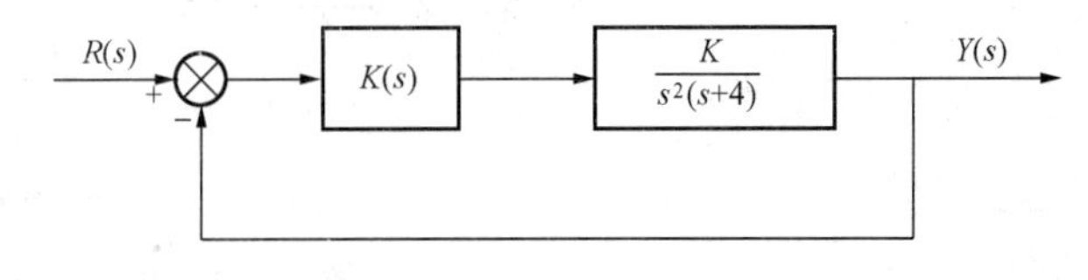

图 2－37　控制系统

对于该系统采用比例控制、比例－积分控制都不能使闭环系统稳定。

采用比例－微分校正可以使闭环系统稳定。取比例－微分控制器为 $K(s)=(s+1)$

采取比例 - 微分校正的系统根轨迹图如图 2 - 38 所示。

由图中可以看出，只要比例 - 微分控制器的参数取得合适，在开环增益参数 k 大于零时，闭环系统都稳定。

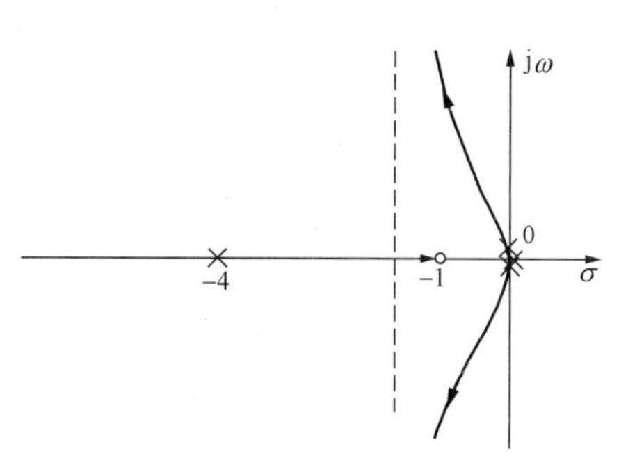

图 2 - 38 根轨迹图

6. 比例 - 积分 - 微分控制（PID 控制）

具有比例 - 积分 - 微分控制规律的控制器如图 2 - 39 所示，其输出信号 $u(t)$ 和偏差信号 $e(t)$ 的关系为

$$\begin{aligned} u(t) &= K_p e(t) + \frac{K_p}{T_i}\int_0^t e(t)\,dt + K_p T_d \frac{de(t)}{dt} \\ &= K_p e(t) + K_1\int_0^t e(t)\,dt + K_D \frac{de(t)}{dt} \end{aligned} \qquad (2-17)$$

其传递函数为

$$\begin{aligned} \frac{U(s)}{E(s)} &= K(s) = K_p\left(1 + \frac{1}{T_i s} + T_d s\right) \\ &= K_p + \frac{K_1}{s} = K_D s \end{aligned} \qquad (2-18)$$

式中：K_p、T_i和 T_d均为可调的。比例 - 积分 - 微分控制器具有三个单独控制器各自的功能，因而只要三个参数 K_p、T_i和 T_d选取得合适，控制系统不仅稳定，而且有良好的性能。

式（2 - 18）可以写成

$$\begin{aligned} K(s) &= \frac{K_p}{T_i}\frac{T_D T_i s^2 + T_i s + 1}{s} \\ &= \frac{K_p}{T_i}\frac{(T_1 s + 1)(T_2 s + 1)}{s} \end{aligned} \qquad (2-19)$$

由式（2 - 19）可以看出，这种控制规律除了使系统类型增加，改善系统的稳态性能（这一点与比例 - 积分控制相同）之外，还多提供一个负实数零点，因此，改善了系统瞬态性能。这便是该种控制规律在控制系统中得到广泛应用的原因。

用有源网络实现的比例 - 积分 - 微分控制器如图 2 - 40 所示。

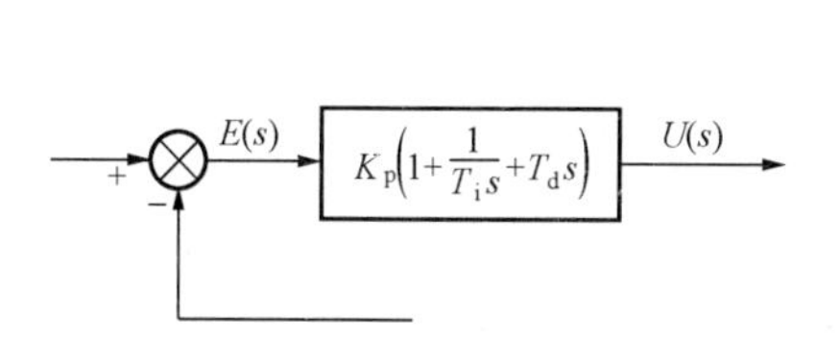

图 2 - 39 比例 - 积分 - 微分控制器方块图

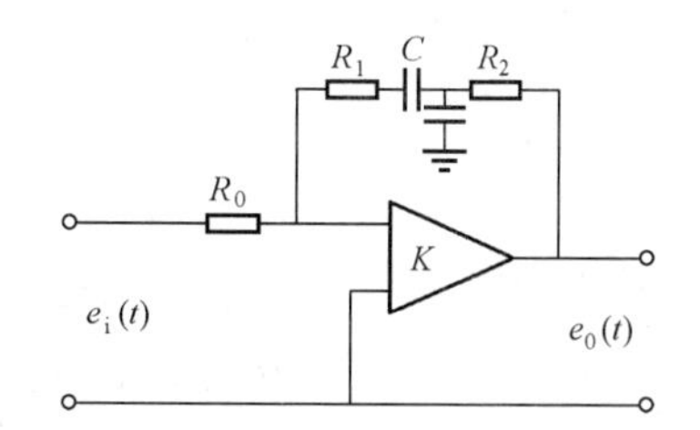

图 2 - 40 有源比例 - 积分 - 微分网络

[例 2 - 6] 对［例 2 - 5］所示的系统，采取比例 - 积分 - 微分方法校正，并与比

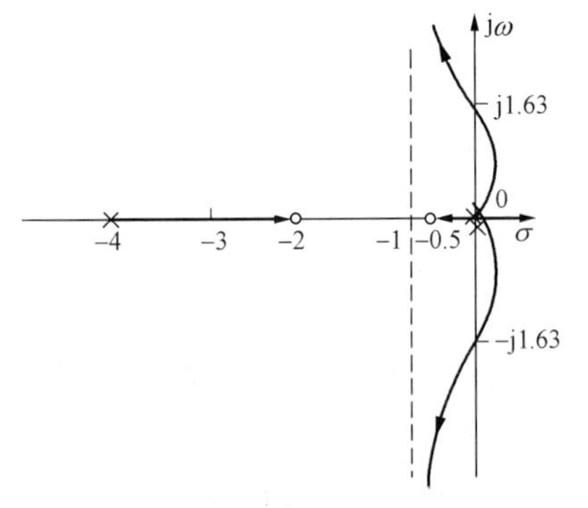

图 2 – 41　根轨迹图

例 – 微分方法校正的结果进行比较。

取比例 – 积分 – 微分控制器为

$$K(s)=\frac{(s+2)(s+0.5)}{s}$$

校正后系统开环传递函数为

$$Q(s)=G(s)K(s)=\frac{k(s+2)(s+0.5)}{s^3(s+4)}$$

其根轨迹图如图 2 – 41 所示。

可见，采取比例 – 积分 – 微分校正可以使闭环系统稳定，改善了系统的稳态特性。

[例 2 – 7] 如图 2 – 42 所示的控制系统，采取比例 – 微分、比例 – 积分和比例 – 积分 – 微分方法校正系统，并比较其结果。

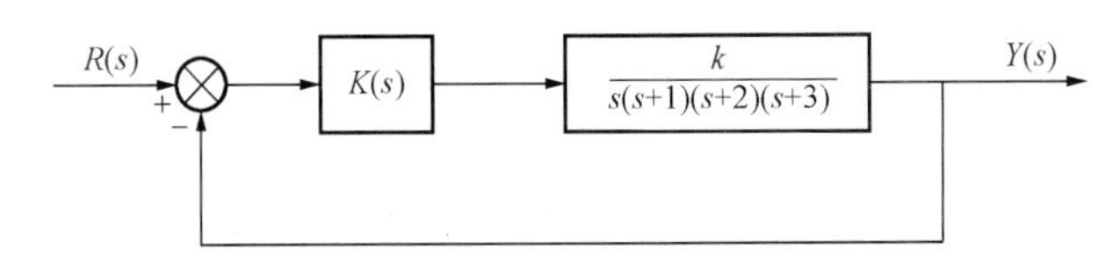

图 2 – 42　控制系统

对该系统不加入校正，只调整增益参数为 k 时系统的稳定性。未校正系统根轨迹图如图 2 – 43 所示。可见，只有增益参数 k 较小时，闭环系统才稳定。

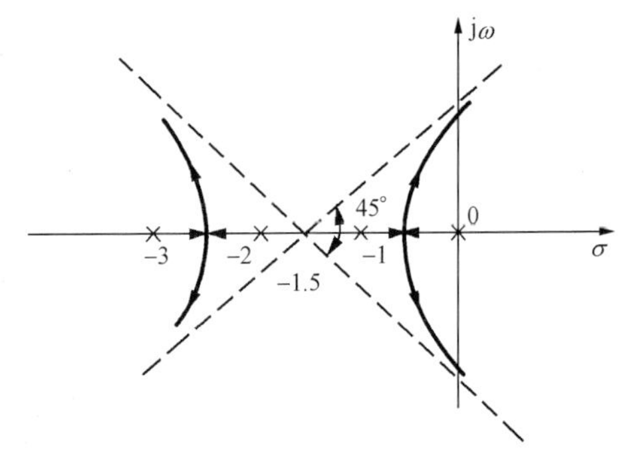

图 2 – 43　未校正系统根轨迹图

如果采取比例 – 积分校正，其控制器为

$$K(s)=\frac{s+\alpha}{s}$$

开环传递函数为

$$Q(s)=G(s)K(s)=\frac{k(s+\alpha)}{s^2(s+1)(s+2)(s+3)}$$

只有当开环零点 $-\alpha$ 很靠近原点，即 α 值充分小，而且增益参数 k 相当小时，闭环系统才能够稳定。这表明比例 – 积分校正可以改善系统稳态性能，但却使系统的稳定性和瞬态性能变坏。

采取比例 – 微分校正，其控制器为

$$K(s)=s+\alpha$$

系统开环传递函数

$$Q(s)=G(s)K(s)=\frac{k(s+\alpha)}{s(s+1)(s+2)(s+3)}$$

取开环零点靠近原点，即 $-\alpha=-0.3$。校正后系统根轨迹图如图 2 – 44 所示。

比较图 2 – 43 和图 2 – 42 可以看出，比例 – 微分校正使系统的稳定性和瞬态性能都有较大的改进。

采取比例－积分－微分方法校正系统。控制器为

$$K(s)=\frac{(s+0.05)(s+0.25)}{s}$$

校正后系统开环传递函数为

$$Q(s)=G(s)K(s)=\frac{k(s+0.05)(s+0.25)}{s^2(s+1)(s+2)(s+3)}$$

校正后系统根轨迹图如图2－45所示。

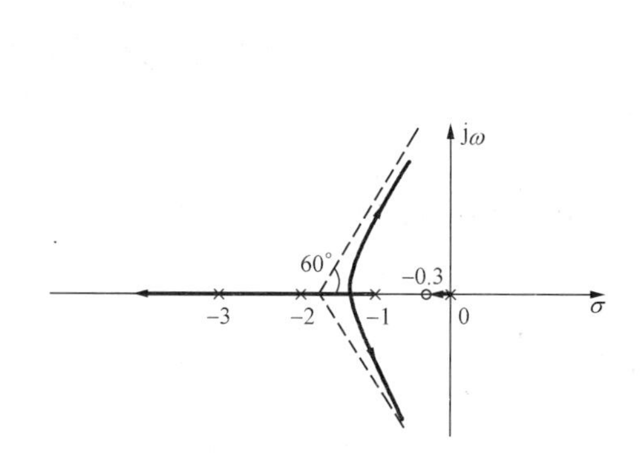

图2－44 比例－微分校正根轨迹图

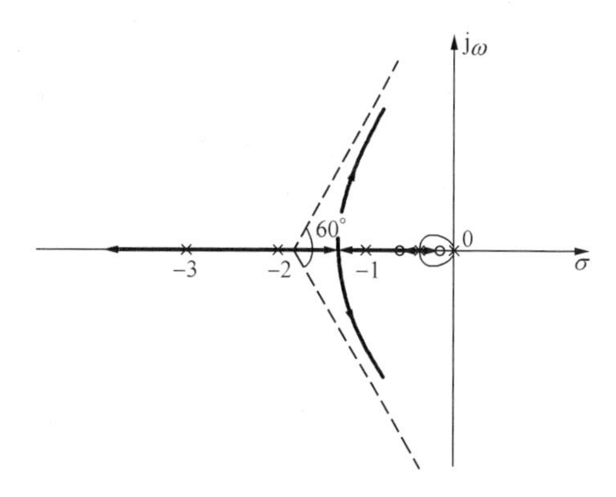

图2－45 比例－积分－微分校正根轨迹图

从图中可以看出，采用比例－积分－微分校正可以同比例－微分校正一样，提高系统的稳定性和瞬态性能，改善了系统的稳态性能。

7. PID的调节特点

综上所述，可得出这样的结论：

（1）采用P控制（调节）器的系统，动作迅速，没有迟延总是朝着消除偏差的方向动作，保证动作方向正确，但是被调量却存在静态偏差。

（2）采用I控制（调节）器的系统，能消除静态偏差，但在调节过程会发生反复振荡，因此，可作为辅助作用，用来消除静态偏差。

（3）微分控制D，在工程上不能单独使用，只可应用微分的控制规律。微分规律的作用是提前调节，有效克服对象的惯性及迟延，减小动态偏差，并且调节作用与偏差的变化速度成正比。

（4）采用PI控制（调节）器的系统，静态偏差消失，但动态偏差增大，调节时间增加。

（5）采用PID控制（调节）器的系统，调节质量最好，但需整定的参数最多。

在实际应用时，应根据控制要求，不同的调节对象需采用不同的调节器。在自动控制工程中，常见的三种调节过程的特性曲线比较如图2－46所示。

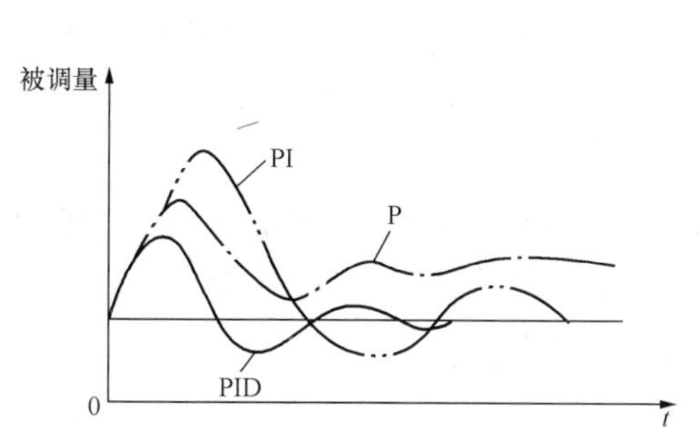

图2－46 三种调节过程的比较

第七节 自动控制系统应用简介

自动控制系统的应用十分广泛，它已渗透到国民经济的各个领域及社会生活的各个方面。为更好地掌握和理解前面所讲的自动控制系统的基本理论和控制方法，并实际应用到节电控制系统中，作为抛砖引玉，下面仅以工厂中直流电动机拖动系统为例，简要介绍直流电动机节能调速在自动控制方面的应用线路及 PID 调节方法。

一、晶闸管－直流电动机调速

目前在许多直流拖动系统中，利用晶闸管（或称可控硅）通过调整其导通角（或称相位控制）来控制直流电动机的转速，这一直流电动机的调速方法已得到了广泛应用，并将逐步替代由直流发电机来控制直流电动机转速的调速方法。

图 2－47 是晶闸管－直流电动机节能调速系统开环控制的原理框图。

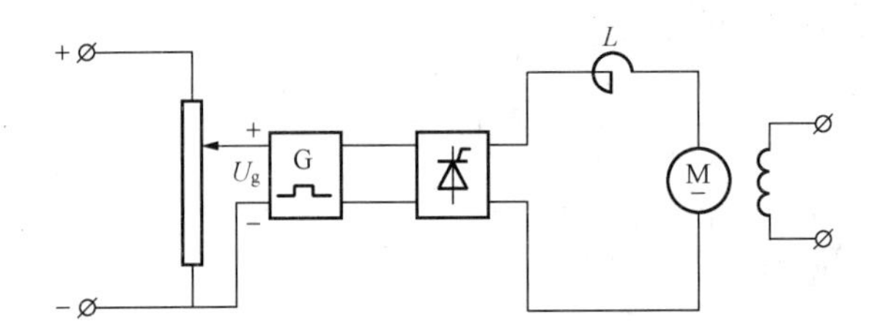

图 2－47 晶闸管－直流电动机调速系统方框图

其工作原理如下：

给定电位器 R_g 输出一个控制电压 U_g（即给定电压），使触发器产生触发脉冲去触发晶闸管，晶闸管整流器输出一个直流电压 U_a。首先给电动机加上励磁，再将直流电压 U_a 加到直流电动机的电枢上，电动机就以一定的速度转动。若调节给定电位器 R_g 使控制电压 U_g 减小，这时触发脉冲后移，控制角增大，整流器输出电压 U_a 减小，电动机转速下降；反之，若增加控制电压 U_g，电动机转速上升。因此，均匀地改变控制电压 U_g 的大小，就能实现电动机的无级调速。

晶闸管－直流电动机系统的机械特性，是分析和研究系统静态特性的依据。因此，首先推出晶闸管－直流电动机系统的机械特性方程式。为了分析方便，将触发器和晶闸管直流电路看成一个整体，把它们的输出和输入线性化，在某一工作范围内，输出量和输入量成正比。设空载时整流器输出电压为 U_{a0}，这时 U_{a0} 和 U_g 成正比，即

$$U_{a0}=K_0U_g \tag{2-20}$$

式中：K_0 为触发器和整流器的电压放大倍数，与触发器及整流器的电路形式有关。

由于晶闸管整流电路的电源变压器和平波电抗器 L 均有电阻压降，变压器的漏抗也会引起换向压降。为了分析方便起见，把它们看成电源的等值内阻压降，用 I_ar_0 表示，在电枢回路中有电流 I_a 的情况下，整流器输出电压 U_a（即电枢电压）为

$$U_a=U_{a0}-I_ar_0 \tag{2-21}$$

电动机的电压平衡方程式为

$$U_a = E + I_a R_a = C_e \Phi n + I_a R_a \tag{2-22}$$

式中 E——电动机反电动势；

I_a——电枢电流；

R_a——电枢绕组电阻；

C_e——常数，其值决定于电动机的结构；

Φ——电机主磁通；

n——电机的转速；

$I_a R_a$——电枢电阻上的电压降。

根据式（2-20）~式（2-22），得到晶闸管一直流电动机开环系统的机械特性方程式

$$n = \frac{K_0 U_g}{C_e \Phi} - \frac{(r_0 + R_a)}{C_e \Phi} I_a = n_0 - \Delta n \tag{2-23}$$

式中 $n_0 = \frac{K_0 U_g}{C_e \Phi}$——电动机理想空载转速；

$\Delta n = \frac{(r_0 + R_a)}{C_e \Phi} I_a$——电动机的转速降落。

从式（2-23）看出，当给定电压 U_g 不变时，机械特性是一条倾斜的直线，如图2-48所示。随着负载的增加，电动机的转速下降，转速下降的多少和电枢回路的电阻和负载电流的大小有关。

当 U_g 减小时，理想空载转速 n_0 下降，特性曲线向下平移。因此，在同一负载下，改变 U_g 的大小，就可以对电动机实行无级调速。另一方面，还可以看出转速降 Δn 的大小只与电枢回路电阻和负载有关，与给定电压 U_g 无关，因此，电动机在同一负载下高速运转和低速运转时的转速降相等。

必须指出，在晶闸管-直流电动机系统中，当负载很小时，电枢电流 I_a 是不连续的，在这种情况下，电动机的反电动势的大小受负载电流 I_a 的影响很大，随着负载电流的减小，反电动势将急剧增高，机械特性将上翘，如图2-48中特性曲线的起始阶段的虚线所示。这一点与直流电动机一般的机械特性是不同的。

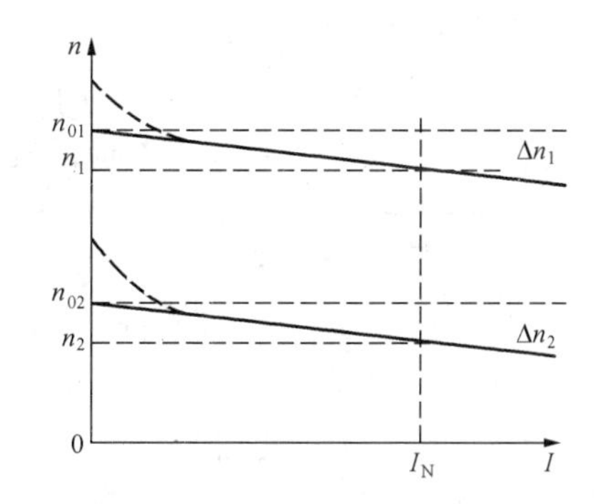

图2-48 晶闸管-直流电动机的机械特性

实际应用中，为了克服电流的波动或不连续，可在电枢回路中串接平波电抗器 L，同时电枢回路也有一定的电感量，所以近似地认为电动机是在电流连续的情况下工作的，因此，可近似地用特性曲线上的 n_0 作为理想的空载转速。

上面讨论的系统是无反馈的开环系统，这种系统不能自动调速只能手动调速。

二、转速负反馈调速线路及原理

在开环系统中，电动机的转速随负载的增减而变化，如果要维持电动机的转速近似不

变，就必须对电动机的转速进行自动调节。可将转速经过反馈环节，反馈到输入端，以进行转速的自动调节。

在晶闸管－直流电动机自动调速系统中，将电动机的转速作被控制量。用直流测速发电机作为反馈元件。

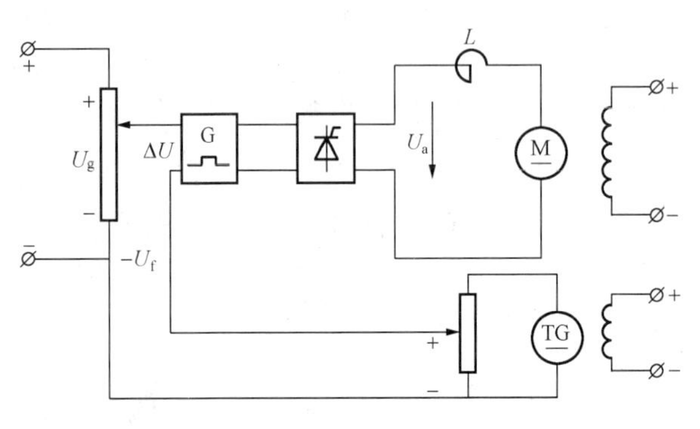

图 2－49　具有转速负反馈的晶闸管－直流电动机调速系统原理图

图 2－49 是具有转速负反馈的调速系统原理图。图中 M 是他励式直流电动机，TG 是直流测速发电机，触发器和整流器是用方块表示的，因为它们可以由不同的电路组成，但功能是一样的。触发器包括放大器和脉冲发生器，它产生一系列的同步脉冲触发信号；晶闸管整流器可以用不同的方式连接，在可移相的触发脉冲触发下，得到大小不等的直流电压。

在图 2－49 中，给定电压 U_g和反馈电压 U_f是串联的，它们的极性相反，组成负反馈，得到偏差信号 ΔU，$\Delta U = U_g - U_f$。将 ΔU 放大后，推动脉冲发生器产生触发脉冲，触发晶闸管，得到直流电压 U_a，驱动直流电动机运转。

下面分析系统自动调速的过程：

在运行过程中，电动机的负载转矩发生变化，电动机的转速将跟着变化。如设电动机的负载转矩增加，电动机带不动负载，使电动机的转速下降，则导致转速负反馈电压 U_f下降，使 $\Delta U = U_g - U_f$增加，触发脉冲的相位前移，晶闸管的控制角 a 减小，导通角 θ 增加，直流电压 U_a升高，则电动机的转速上升，丢失的电动机转速得到了补偿。

自动调速的过程可表示为

$$n\downarrow \rightarrow U_f\downarrow \rightarrow U_a\uparrow \rightarrow n\uparrow$$

图 2－50 是和图 2－49 相对应的实用控制电路。

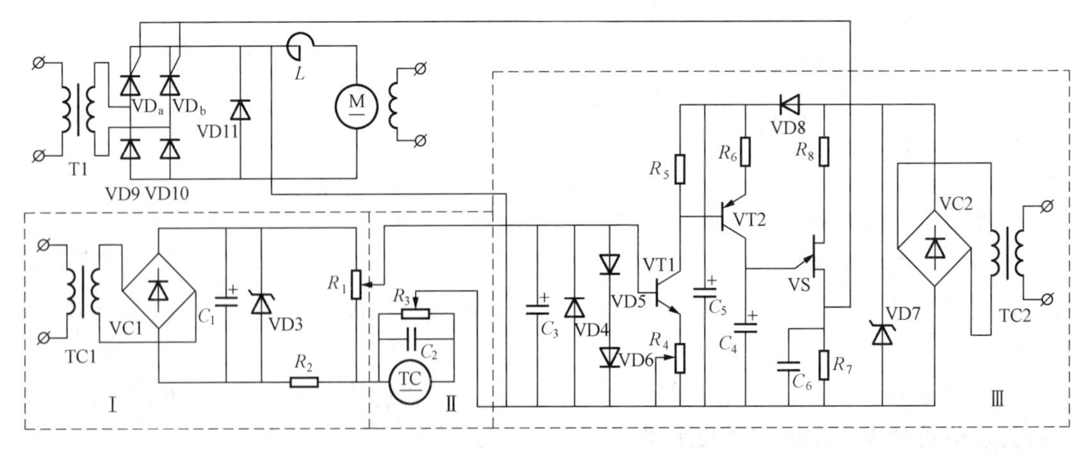

图 2－50　转速负反馈调速系统线路

1. 对照图 2－49 和图 2－50，找出相对应的部分

（1）给定电压 U_g，对应于图 2－50 中Ⅰ，用全波桥式整流器 VC1 得到直流电压，经过电容器 C_1 滤波，并经稳压管 V3 限幅后，用分压电阻 R_1 调节给定电压 U_g值。

（2）电压负反馈环节对应于图 2－50 中虚线框Ⅱ，测速发电机 TG 和直流电动机 M 同轴相接（图中未画），测速发电机 TG 的输出电压经电容器 C_2 滤波，用电阻 R_3 分压后得 U_f，U_f和 U_g反极性串联。

（3）触发器对应于图 2－50 中虚线框Ⅲ，它由放大器和脉冲发生器组成。放大器由三极管 VT1、电阻 R_4 和 R_5 组成。脉冲发生器由三极管 VT2、电阻 R_6、电容器 C_4、电阻 R_7、R_8、电容 C_6 和双基极二极管（又称单结晶体二极管）VS 组成。整流器 VC2 是脉冲发生器和放大器的直流电源。

2. 系统自动调速过程

可以将该系统图 2－50 画成如图 2－51 所示的系统方块图。

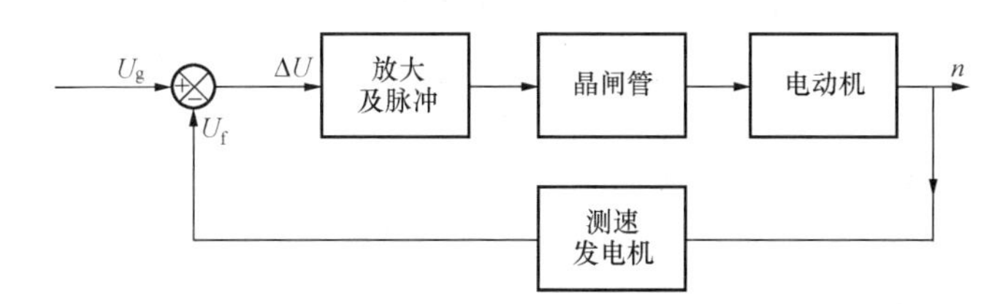

图 2－51　具有转速负反馈自动调速系统方块图

下面分析自动调速过程：

假定给定电压 U_g一定，电动机在和 U_g相对应的转速下运行。转速负反馈电压为 U_f，得到偏差电压 ΔU，ΔU 是放大器的输入电压。ΔU 的值决定放大器输出电压，使三极管 VT2 的基极电流恒定在某值上，这样就确定了电容器 C_4的充电速度，由该速度决定单结晶体管 VS 的导通时刻，也就决定了晶闸管的控制角 α。决定了晶闸管输出电压平均值，电动机在该平均电压下运转。当负载转矩发生变化时，如负载转矩增加，电动机的转速下降，反馈电压 U_f减小，ΔU 增加。放大器输出电压下降，但对于三极管 VT2 来说，基极电压增大，集电极电流增加，电容器 C_4的充电速度加快，产生触发脉冲的时间提前，控制角 α 减小，晶闸管输出电压增大，电动机转速回升。这样，系统就可以自动进行转速的调节。

反之，若负载转矩减小，电动机转速将升高，通过上述过程，可以使电动机转速降低。

其过程可以表示为：

电动机负载转矩增加$\rightarrow n\downarrow\rightarrow U_f\downarrow\rightarrow\Delta U\uparrow\rightarrow\alpha\downarrow\rightarrow U\uparrow\rightarrow n\uparrow$

电动机负载转矩减小$\rightarrow n\uparrow\rightarrow U_f\uparrow\rightarrow\Delta U\downarrow\rightarrow\alpha\uparrow\rightarrow U\downarrow\rightarrow n\downarrow$

以上调速方式，是基于偏差电压 ΔU 的基础上进行的，所以是一种有差调速系统。

3. 系统的特点

（1）必须有被调量的负反馈，用给定值和负反馈值之偏差进行自动控制，只能力图使转速向原来值靠近，做到负载变化时，转速基本上不变。

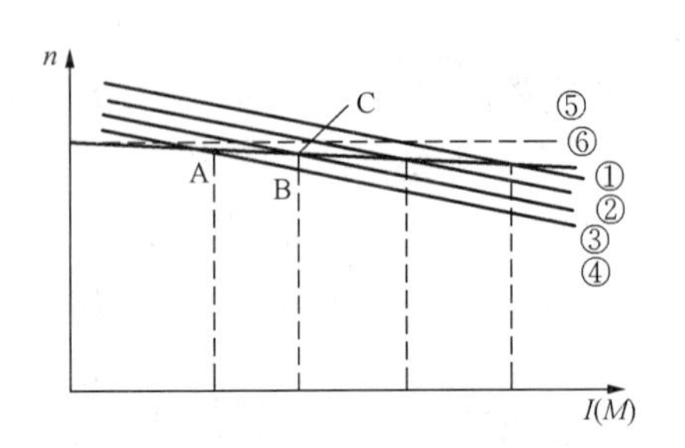

图 2－52　各种静特性和机械特性的比较

（2）为了提高自动调速的精度，应该尽可能减小偏差，即 U_g和 U_f尽可能接近，所以 ΔU 值很小，在上述系统中，ΔU 应小于两个二极管的管压降，约为 1.4V。所以必须用放大器将 ΔU 放大，以推动脉冲发生器产生足够大的触发功率。

下面分析一下有关静特性的问题。

表示电动机转速和转矩之间关系的是机械特性，如图 2－52 中的曲线①、②、③和④。若将系统组成闭环以后，当负载变化时，工作点将沿着曲线⑥移动，曲线⑥称为闭环系统的静特性。静特性的硬度比机械特性要优良得多，但与理想的绝对硬特性⑤相比还有一定距离。

曲线①～④是电动机开环机械特性，当负载增大时，电动机的工作点将沿这些线移动。组成闭环后，只要转速有变化，系统就会自动调节。如电动机原来工作在 A 点，即电枢电流为 I_4的点上，由于负载增加，电流达到 I_3。开环系统将沿机械特性④由 A 点移到 B 点，闭环系统将沿静特性⑥由 A 点移到 C 点。

所以，由于闭环系统的自动调节功能，当负载变化时，就引起整流电压的变化，改变了电动机的机械特性曲线，而静特性是由每条机械特性上相应的工作点连成的线。显而易见，静特性比原来的机械特性要硬得多。

三、比例调节器在自动控制中的应用（P 调节）

由于比例调节器可以组成加法器，所以在自动调速系统中把它用于比较环节和放大环节。

图 2－53 是应用比例调节器的自动调速线路原理示意图，由图可知，用比例调节器代替原来的放大器和比较环节，其放大倍数由$\frac{R_f}{R_1}$决定。

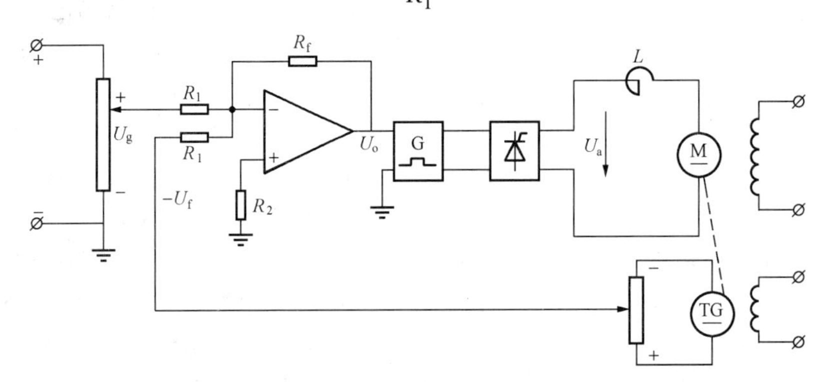

图 2－53　具有比例调节器的自动调速线路

在电路中，电压负反馈不再和给定电压反极性串联，而是将 + U_g和 − U_f分别接到两个输入端上直接相加，其值为 $U_0 = -\frac{R_f}{R_1}(U_g - U_f) = -\frac{R_f}{R_1}\Delta U$。

系统的自动调节过程如下：

若 U_g一定，则电动机运行在某个转速下，此时 U_f、ΔU 、U_0均为定值。若在运行中负载发生变化，假设电动机的负载增加，使得电动机的转速下降，此时 U_f将会减小，ΔU 增加，由于用了反相输入，则 U_0会下降，导致控制可控硅的脉冲前移，控制角 α 减小（导通角增加），使得晶闸管输出电压上升，电动机转速回升，从而稳定了电动机的转速。

四、电压负反馈及电流正反馈自动调速系统线路

由于转速负反馈需要有测速发电机进行转速负反馈，测速发电机要求精度很高，且和电动机必须同轴相连，安装技术较高。在转速要求不太严格的系统中，可以省略这种设备。

在前面分析的调速系统中，最终是用调节电动机电枢电压来补偿电动机的转速的。因此将电枢电压作为被调节量，而电动机转速作为间接调节量，同样可以自动调速，只是精度要差些。

图 2－54 是具有电压负反馈的自动调速线路原理示意图。将电枢回路的电阻分成以下两部分：为电源的内阻总电阻 r_0和电枢电阻 r_a。设整流电压为 U_{a0}，电枢电压为 U_a，平波电抗器为 L，可得到如下关系式

$$\begin{aligned} n &= \frac{U_{a0} - I_a r_0 - I_a r_a}{C_e \Phi} = \frac{U_{a0}}{C_e \Phi} - \frac{r_0}{C_e \Phi} I_a - \frac{r_a}{C_e \Phi} I_a \\ &= n_0 - \Delta n_1 - \Delta n_2 \end{aligned} \tag{2-24}$$

在式（2－24）中，将电枢回路电阻引起的转速降 Δn 分成两部分：一部分是由 r_0引起的；另一部分是由 r_a引起的。电压负反馈主要克服前者所引起的转速降，电流正反馈将补偿后者引起的转速降。

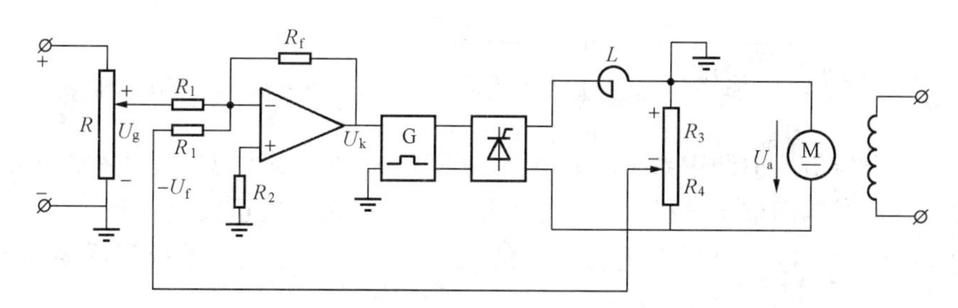

图 2－54　具有电压负反馈的自动调速原理图

1. 电压负反馈自动调速线路

图 2－54 中使用了比例调节器。在电枢回路中接入分压电阻 R_3、R_4，该电阻必须接在平波电抗器后面，以该电阻为分界，在该电阻前是平波电抗器和电源，在该电阻后是电枢。

由分压电阻得 $U_f = \frac{R_3}{R_3 + R_4} U_a$，从电路图所标极性看到，引起比例调节器输入端的 U_f是负值，所以是电压负反馈。把 $\Delta U = U_g - U_f$作为比例调节器的输入信号，输出信号为 U_k。U_k的值决定脉冲触发器产生的控制角 α 的大小，以控制晶闸管的整流电压，从而控制电动机转速。

当负载增加时，电动机转速下降，而电枢回路的电流将增加，在电枢回路中电源内阻

和滤波电抗器内阻 r_0 上的电压降将增加。式（2－24）中的 Δn_1 增加（此刻 Δn_2 也增加），使电枢电压下降。反馈电压 U_f 下降，ΔU 增加，使 U_k 上升，促进控制角 α 前移，晶闸管输出电压上升，电动机的转速得到补偿。调节过程可以表示为

$$M\uparrow \rightarrow I_a\uparrow \rightarrow I_a r_0\uparrow \rightarrow U_a\downarrow \rightarrow U_f\downarrow \rightarrow \Delta U\uparrow \rightarrow \alpha\downarrow \rightarrow U_{a0}\uparrow \rightarrow n\uparrow$$
$$\llcorner\!\rightarrow n$$

调节的对象是电动机电枢电压，电动机转速是间接调节量，所以，效果不如转速负反馈自动调速系统好。

从图 2－54 中可看到，电压负反馈电阻接在电枢前面，这种反馈只能使主回路中 r_0 上的电压变化得到补偿，电动机电枢电阻上的电压变化没有得到补偿。即公式（2－24）中的 Δn_1 得到补偿，Δn_2 没有得到补偿。因为前者在反馈圈内，而后者在反馈圈外。

虽然调节性能不如转速负反馈系统，但由于省略了测速发电机，使系统的结构简单，维修方便，所以仍然得到了广泛的使用。一般在调速范围 $D<10$，静差率 s 在 15%～30% 时，可以使用这种系统。

2. 电压负反馈及电流正反馈调速线路

图 2－55 是具有电压负反馈及电流正反馈的自动调速线路原理示意图。

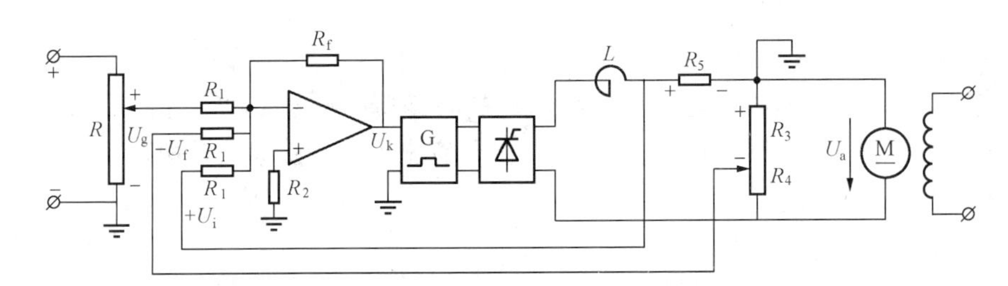

图 2－55　具有电压负反馈及电流正反馈的自动调速线路原理示意图

为了提高电压负反馈调速系统的静特性的硬度，减小静态误差，在系统中加入电流正反馈环节。在本章第四节中分析过的电流补偿环节，就是电流正反馈环节。

在图 2－55 中，电压负反馈的功能，已经分析过。下面分析电流正反馈环节的工作原理：

设电动机在某转速下运转，若负载转矩增大引起转速下降时，除电压负反馈起作用外，电流正反馈也将起作用。由于在电枢回路中串接了一个电流反馈用的电阻 R_5，电阻 R_5 上的电压降为 I_aR_5，作为正反馈信号接到比例调节器的输入端，从电压极性可以得到 $\Delta U=U_g-U_f+U_i$，其中 $U_i=I_aR_5$ 即电流正反馈信号。现在由于负载增加，引起 $U_i=I_aR_5$ 的增加，使偏差电压 ΔU 增大（实际上 U_g 减小，U_i 增大，都使 ΔU 增加），ΔU 的增加，最后可导致电动机转速的回升。

电流正反馈自动调节过程为

$$M\uparrow \rightarrow n\downarrow$$
$$\llcorner\!\rightarrow I_a\uparrow \rightarrow I_aR\uparrow \rightarrow U_i\uparrow \rightarrow \Delta U\uparrow \rightarrow \alpha\downarrow \rightarrow U_{a0}\uparrow \rightarrow n\uparrow$$

在以前分析时曾经指出，电流正反馈环节是一种补偿环节，而不是反馈环节，但习惯上称它为电流正反馈环节。根据以上分析过的几种调速系统，可以画出图 2－56 的各种静

特性比较曲线，其中水平虚线是理想状态，曲线④是开环机械特性，曲线③是只有电压负反馈时的静特性，对转速有自动调速的功能，但不够理想，曲线②是具有电压负反馈及电流正反馈系统的静特性，对转速的自动调节更进了一步，曲线①是具有转速负反馈系统的静特性，效果最好。

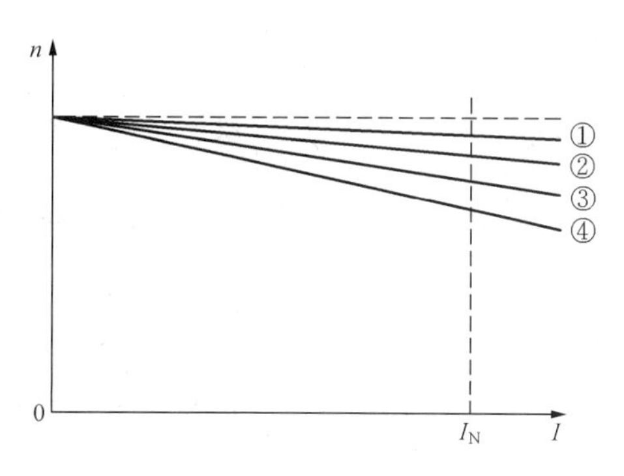

图 2－56　各种静特性的比较

从理论上讲，只要参数选配的适当，可以用电流正反馈的方式完全补偿回路电压降所引起的转速降落，使静特性是一条水平线，从而使电动机的转速与负载大小无关。但实际上做不到，主要原因是系统中的各元件参数在系统工作时，不是绝对稳定的。如电流正反馈电阻 R_5 将随着电流的增加及长期工作，而温度升高，电阻值随温度升高而变大后，电流正反馈的值 I_aR_5将比原先预计的大，而产生过补偿，系统静特性将上翘，引起系统的不稳定。因此，在实际应用中，为了保证系统的稳定性，可将电流正反馈选得弱些。

五、转速负反馈带电流截止负反馈自动调速线路

直流电动机在启动过程中，由于电动机和负载的机械惯性的存在，启动电流很大。特别是在具有转速负反馈的系统中，启动电流更大。因为在启动时，加上给定电压 U_g，电动机尚未转起来，转速负反馈电压 $U_f=0$，整个系统处于开环状态，主回路中的电流特别大，使电动机强行启动。这种强行启动对加速电动机的启动、缩短过渡过程有利，但对晶闸管是不利的，因为晶闸管的过载能力小，对电流变化率很敏感，所以过大的冲击电流很容易造成晶闸管的损坏。这种现象在电动机运行过程中，当负载有较大的变化时，也同样会产生。因而必须在转速负反馈系统中采取有效措施，对主回路中的电流加以限制。对于那些经常在电动机堵转下工作的生产机械，如挖掘机在挖土时，电动机几乎在堵转下工作，如果不限制主回路的电流，就可能将电动机和晶闸管都烧毁。

这种过大的电流必须加以限制，最简单的方法是用快速熔断器和过电流继电器，当电流超过规定值时，快速熔断器烧断，过电流继电器动作，将控制回路切断，从而得到保护。但这种方法实际上行不通，因为电动机一启动，快速熔断器立刻烧毁，使电动机无法启动。

在自动控制调速系统中，一般采用电流截止负反馈环节对系统加以保护。电流截止负反馈是将电流信号进行负反馈，就可以稳定电流值。但电流负反馈很容易和电流正反馈发生矛盾，所以采用电流截止负反馈。电流截止负反馈的方法是：当电流没有达到规定值时，该环节在系统中不工作，一旦电流达到和超过规定值时，该环节立刻起作用，一直到电流截止为止。

图 2－57 是转速负反馈带电流截止负反馈系统原理图。电流截止负反馈的信号取决于主回路的电阻 R，电动机电枢电流为 I，则电阻 R 上的电压降为 IR，和电压 IR 相连接的一端有二极管 V 以及参考电压 U_0。设电路中电动机额定电流为 I_N，允许的最大电流为 I_B，一般 $I_B=1.2I_N$。调节电阻 R_1 的值，使 U_0的值为 I_BR。当主回路电流大于 I_B时，

即 $IR < U_0$，二极管 VD 受到反向电压作用而截止，电流负反馈得不到信号，该环节在电路中不起作用。当主回路中电流上升后达到或超过 I_B时，则 $IR > U_0$，二极管导通，若忽略二极管的管压降，则 R 负端点对地电位是 $-IR + U_0 = -(IR - U_0)$，将其引入比例调节器的输入端，这样，比例调节器的输入为 $U_g - U_f -（IR - U_0）$，输出电压 $U_k = -\frac{R_f}{R_1}[U_g - U_f - (IR - U_0)]$。

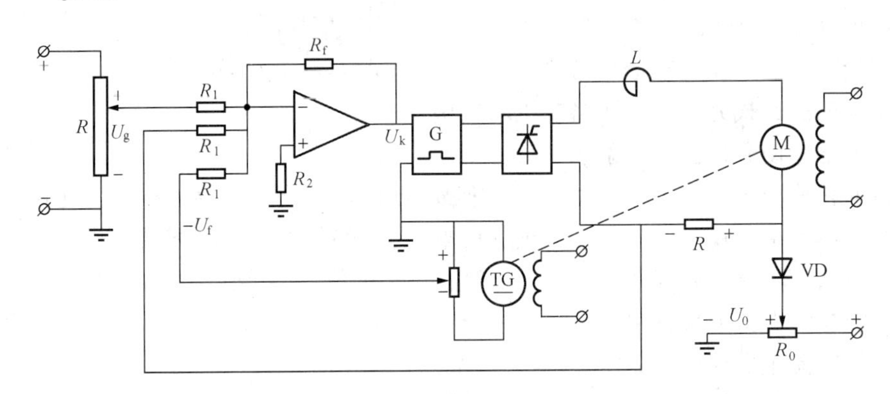

图 2－57　转速负反馈带电流截止负反馈系统原理示意图

因为 $IR > U_0$，所以取得和电流 I 有关的负反馈量。随着负载增加，电流也跟着增大，调节器输出急剧下降，由 U_k所控制的控制角增大，晶闸管输出电压下降，电动机转速急剧下降，直到堵转为止，堵转时的电枢电流为 I_d，晶闸管输出电压 $U = I_d\sum R$，$\sum R$ 是回路总电阻，这时的电压很低，所以堵转时的堵转电流被控制在（2～2.5）I_N，这个电流在晶闸管和电动机所允许的范围内。用这种办法可以保护晶闸管及电动机。

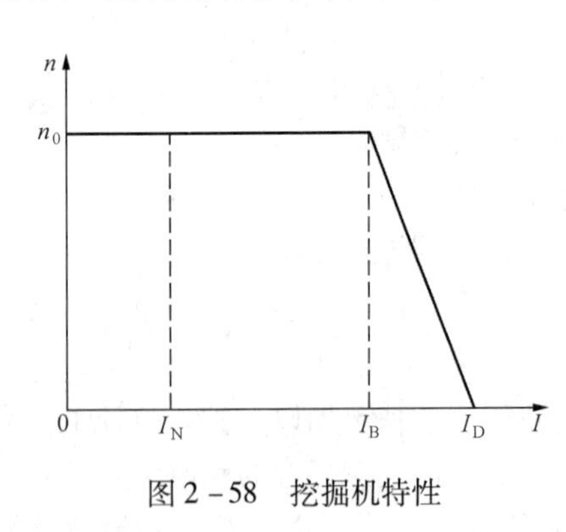

图 2－58　挖掘机特性

当电流超过 I_B（截止电流）以后，电流截止负反馈起作用，静特性陡降，其特性曲线如图 2－58 所示。这种机械特性称为挖掘机特性，因为挖掘机在挖土过程中，相当于堵转时的工作。

在保护电路中，应该安装快速熔断器及电流继电器，其动作电流值应该选得大于堵转电流 I_d。

要求系统获得较好的挖掘机特性，必须使两个电流 I_B与 I_d之差越小越好，使静特性接近于矩形，经计算，$I_d = \frac{U_g + I_B R}{R}$，则 $I_d - I_B = \frac{U_g}{R}$，所以希望反馈电阻越大越好。但电枢回路中不允许串联大电阻，否则开环机械特性会变软。所以 R 值一般很小，解决这一矛盾的方法是将小信号进行放大。

下面分析两种典型的电流截止负反馈环节。图 2－59 是小容量直流电动机自动调速系统线路中的电流截止负反馈环节部分，它由三极管 VTf、二极管 VD6、电阻 R_{22}、电容 C_8以及稳压管 V13 组成。没有设立标准比较电压 U_0，而是用稳压管的非线性反向击穿电压作为标准。三极管 VTf、稳压管 V13 和电阻 R_{23}是主要部分，当回路电流 I_a达到和超过 I_B

时，在 R_{23} 上的电压降可以反向击穿稳压管 V13，给三极管 VTf 提供基极电流，使 VTf 导通，由于三极管具有电流放大作用，通过二极管 VD6 将三极管 VTd 的集电极电流引入三极管 VTf，这样将 VTd 的集电极电流进行分流，使 VTd 对电容器 C_5 的充电电流减少，充电速度放慢。导致触发脉冲相位后移，晶闸管控制角 α 增大，导通角 θ 减小，使输出的直流电压降低，电动机转速下降，同时限制电流的继续增加。若负载还在增加，电流继续增大，则电阻 R_{23} 上的电压将增大，通过稳压管向三极管提供更大的基极电流，使三极管 VTd 的集电极电流全部流入三极管 VTf，三极管 VTf 呈饱和状态，电容器 C_5 停止充电，不再产生触发脉冲，电动机停止转动。在实际使用中，最好调节到堵转时仍然产生脉冲，满足电枢回路中 $U = I_d \sum R$ 的关系式，这样，电枢仍有电磁转矩存在。

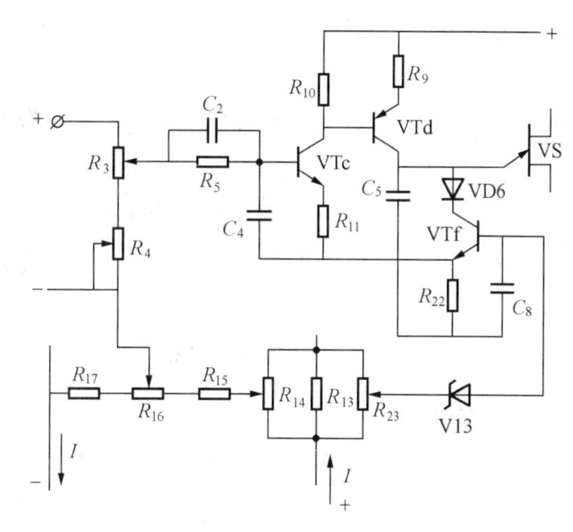

图 2-59　电流截止负反馈线路一

在机械加工机床上，当电流截止负反馈起作用后，电枢电压降低，电动机转速下降，电枢电流减小，当电枢电流减小到 I_B 以下时，系统又可自动恢复正常工作。

由于电枢回路中的电流是脉动的，特别是当电流断续时，虽然电流的平均值大于截止电流 I_B，但在每一周内都有一段时间电流为零，在此期间三极管 VTf 不导通，失去电流截止负反馈的作用，而可能在此时产生触发脉冲，等到电流截止负反馈起作用时，所截住的脉冲已无用处了（因只有第一个触发脉冲有用），这就使电流截止负反馈失效。为了避免这种现象，对电流截止负反馈信号必须滤波，使电流截止负反馈信号呈平波而不是脉动波，电容器 C_8 的功用就是电流截止负反馈信号的滤波电容。

此外，当主电路的脉动电流峰值较大时，电流截止负反馈信号可能通过三极管的 dc 结使单结晶体管导通而误发脉冲，因此在 VTf 的集电极上串入三极管 VT6，防止电流截止信号进入脉冲发生器。

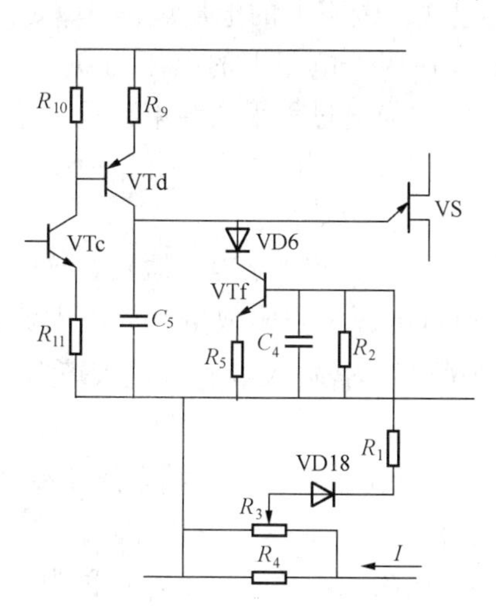

图 2-60　电流截止负反馈线路二

图 2-60 是另一种方式的电流截止负反馈线路。当电枢电流达到 I_B 时，在电阻 R_3 上产生的电压可以使二极管 V18 和三极管 VTf 导通，电容器 C_5 的充电电流被旁路，使充电速度变慢，延迟触发脉冲的相位，其余部分和图 2-59 相同。

六、电压微分负反馈和电流微分负反馈

在闭环控制系统中，由于采用了负反馈，使系统能够对被控制量进行自动调节。但有时系统可能出现不稳定而产生振荡。若振荡的最大超调量和振荡次数等超出规定指标范围，系统就不能使用。若

振荡失去控制应立刻切断电源，因为这种来回振荡会使机械传动机构受到很大冲击，设备被破坏。即使是衰减振荡，也必须将超调量，振荡次数限定在允许的指标范围内。

不稳定的原因主要是系统的动态放大倍数太大。解决的办法是减小系统的放大倍数，这样，静态放大倍数和动态放大倍数都减小了，系统虽可立即稳定。但系统反应将非常迟钝，甚至无法工作。为使系统稳定工作要在动态过程中，使动态放大倍数减小，静态放大倍数不变。因此在自动调速系统中加入电压微分负反馈和电流微分负反馈环节。

（一）微分电路

图2－61是微分电路及波形图。在输入端输入矩形脉冲电压 u_i，在输出端（即电阻 R 上）输出尖顶脉冲电压 u_o。

从电工基础中已知，电阻上的电压为

$$u_o = u_i e^{-\frac{t}{\tau}} \tag{2-25}$$

式中 u_o——输出电压；

u_i——输入电压；

t——时间；

τ——时间常数，$\tau = RC$。

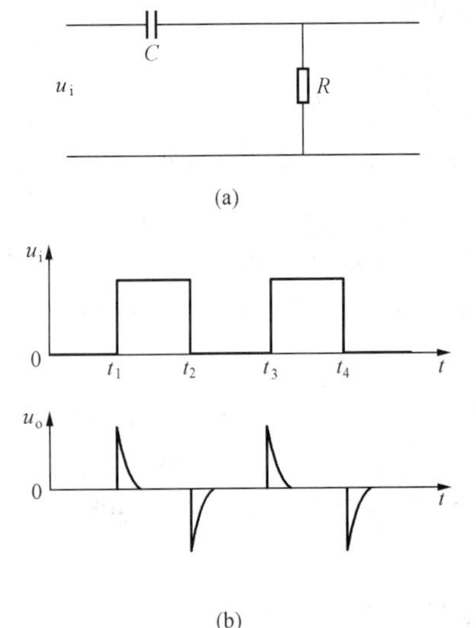

图2－61 微分电路

（a）电路图；（b）波形图

时间常数 τ 值大时充放电的速度慢，反之，则充放电的速度快，所以在电阻电容电路中，时间常数表示了过渡过程慢的量。式中 e 是自然对数的底数。

设在 $t = t_1$ 时刻，输入电压 u_i 由0V突然上升到 u_i 伏，在 $t = t_2$ 时刻又突然下降到0V。这是一个矩形波，波宽为 t_p。由于电容器两端的电压不能跃变，在 $t = t_1$ 时刻，电容器上电压为0V，相当于电容器短路，所以 $u_R = u_0 = u_i$，接着电容器开始充电，随着电容器上电压的建立，电阻上的电压就减小，当电容器上的电压 $u_C = U_i$ 时，电阻上的电压为0。设电路的时间常数 $\tau \ll t_p$，充电过程很快结束，只占波宽 t_p 的很小一部分，得到的输出波形如图2－61（b）所示。

在 $t = t_2$ 时刻，$u_i = 0$，相当于电源短路，这时电容器已充的电要通过电源和电阻放电，放电电流在电阻上由上向下流动，所以得到了反向（负向）的尖顶脉冲。若输入端连续送入矩形波，则输出端将连续输出尖顶波。

由此得出：若输入端的电压 u_i 变化，则输出端就有电压输出；若输入端电压不变化，则输出端电压为0。输出电压的极性表示输入电压的变化方向，如输入电压作正向变化，则输出正向尖顶脉冲；如输入电压作负向变化，则输出负向尖顶脉冲，这个电路称为微分电路。

（二）电压微分负反馈

图 2－62 是电压微分负反馈线路图。从主回路分压电阻 R_V上取得负电压，经过电容器 C 和电阻 R 接到放大器的输入端，与给定电压并联。R 和 C 相当于微分电路。

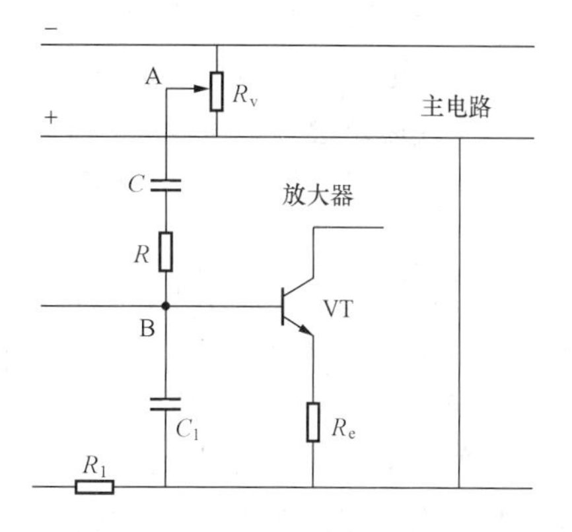

图 2－62　电压微分负反馈线路

电容器 C 是隔直流、通交流的元件，若主回路电压不变化，则电容器将主回路和放大电路隔离。若主回路电压有变化，相当于微分电路的输入有变化，则电容器将被充电或放电，引起电阻 R 上电流的出现，这个电流和给定电流相加，就是放大器的输入电流，显然，将影响放大器的输出，最后影响电动机的转速。这与电压负反馈有本质的区别，电压负反馈是时刻都存在，而电压微分负反馈只是在电压有变化时才有反馈信号，若电压不变，则电压负反馈信号不存在。

设电压突然上升，相当于图中 A 点电位突然变负，B 点和 A 点电位差增加，由于 B 点电位高于 A 点电位，所以电容电流 i_c由 B 点流向 A 点，这时，三极管 VT 的基极电流减小，则三极管的集电极电位升高，使触发脉冲相位后移，晶闸管输出电压下降。这个过程相当于使放大器的放大倍数下降，即放大器输入电流减小，放大器输出电压增大，由于是单级放大器，是一种反相放大器，所以此时相当于动态放大倍数减小，电压的继续上升被抑制了。若主回路电压突然下降，则 A 点电位将提高（负的少了），B 点和 A 点电位差减小，电容器将放电，则 i_c的方向改变，使三极管基极电流增加，此时相当于放大器的动态放大倍数增大，但由于电压在下降，所以这时电压微分负反馈在抑制电压下降，仍然起到稳定作用。因为在电压上升过程中才出现正超调量，这时放大倍数应减小，当达到峰值后，再从峰值下降过程中，为了抑制负方向的超调量，此时必须缓解其下降过程，动态放大倍数应该增加。

从上面分析中看出，电压微分负反馈只有在电压有变化时才起作用，而电压的变化意味着电动机转速的变化。稳定电压也就稳定了电动机的转速。

所以，电压微分负反馈并不影响静态放大倍数，保持了系统应有的静特性指标。在动态时，将动态变化压低，以保持系统的稳定，所以是一种稳定环节。

电流微分负反馈的原理与电压微分负反馈一样，只是所取的信号是电流，只有当电流有变化时，该信号才起作用。所以，不论是电压微分负反馈或电流微分负反馈都不能与电压负反馈和电流正反馈相混淆。

必须指出，在晶闸管－直流电动机自动调速系统中使用电压微分负反馈或电流微分负反馈时，存在以下问题。由于晶闸管整流得到的直流电压并非真正的直流电压，它含有相当的交流成分，所以电压微分负反馈将时刻起作用，而电流微分负反馈作用小些，因回路中有电感 L 和续流二极管，电流变化不大。由于电压微分负反馈在正常工作时也起作用，可导致系统无法工作。为了克服这个缺点，在 RC 电路中，R 起了缓解作用，同时在放大器入口端还设置了 R_1 和 C_1 组成的滤波器，在这里，C_1 对于微分负反馈电流 i_c起了滤波作用，使交流成分得到过滤，从而在晶闸管－直流电动机系统中得到良好的效果。

七、具有转速负反馈的无差自动调速线路

前面讨论的自动调速系统线路，调速的基础在于给定电压和反馈电压的偏差 ΔU，所以是有差调速系统。其特点是当有干扰时，转速可以得到部分补偿，但不能得到全部补偿。若系统能将干扰所引起的转速变化得到全部补偿，即静差为零，给定电压和反馈电压值相等，电压偏差 $\Delta U=0$，当系统一出现偏差，则系统将自动调节到偏差为零，当偏差调节到零时，自动调节就停止，这就是无差调节的原理。现在随着工业技术的发展，电子元件性能的稳定，对于一些大型拖动设备，已普遍采用无差调节系统了。

（一）积分调节器原理

要实现无差自动调速，其中重要部分是积分器和比例积分器。所谓积分，实际上是将输入的量随着时间积累起来，在电路上用电容器的充电作为积分过程，如图 2－63 所示的电路可以看成积分电路。

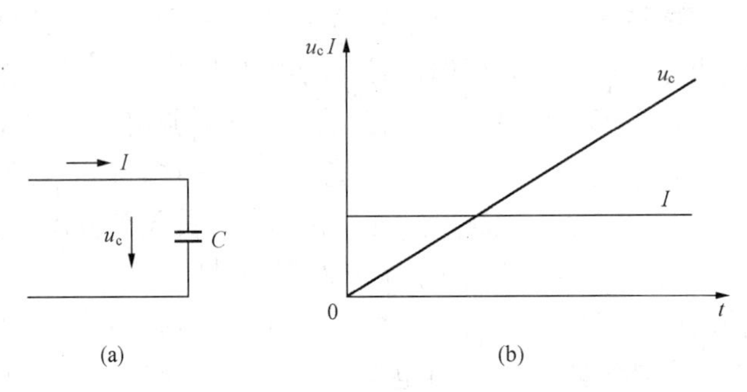

图 2－63　电容器积分过程

（a）电路；（b）积分过程

用恒定电流 I 对电容器充电，由电工基础可知，$u_c=\dfrac{Q}{C}$，$Q=It$，所以 $U_c=\dfrac{I}{C}t$。当电容值不变、电流恒定时，电容器上的电压 U_c 和时间 t 呈直线关系，如图中斜线 U_c，电容器上的电压是充电电流所提供的电荷量的积累，就可以称电容电压是充电电流的积分。若充电电流不是常数，而是变化的量，那么电容器上的电压仍然是对充电电流的积分，只不过它不是直线关系。

根据上述基本原理，采用集成电路放大器组成积分调节器，如图 2－64 所示。

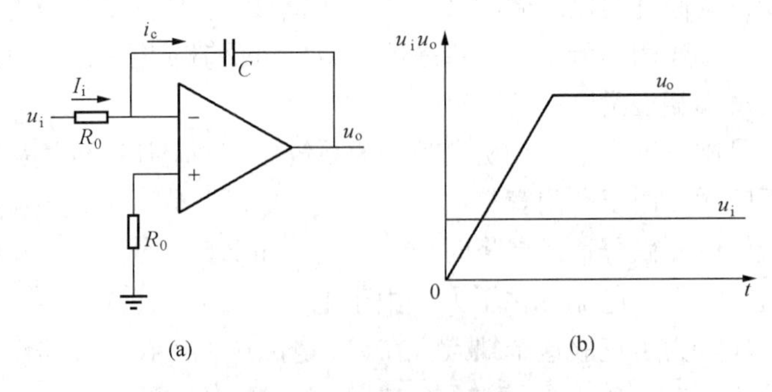

图 2－64　积分调节器

（a）电路图；（b）输入输出特性

图 2－64（a）是电路图，图 2－64（b）是输入输出特性。集成电路放大器的开环放大倍数可看成无限大，输入电阻为无限大，输入电流为 0，“+”端和“－”端都看成虚地。因此从图 2－64（a）中看出 $I_i = I_c$，而输入电流 $I_i = \frac{U_i}{R_0}$，电容器两端电压实际上就是输出电压 U_o，因为电容器一端接输出端，另一端接在虚地上，从图得到下述关系

$$U_o = -U_c = -\frac{I_c}{C}t = -\frac{I_i}{C}t = -\frac{U_i}{R_0 c}t \tag{2-26}$$

输出电压和输入电压是随着时间进行积累的，即输出电压是输入电压的积分。若输入电压恒定，输出电压将以直线关系变化。但放大器输出电压有一个极限值，当达到极限值后，放大器输出电压不再上升，称为放大器已经饱和，通常这类放大器的饱和值在 10～15V，视各类放大器的参数而定。在输入输出特性上，应该有一个负号，即输出特性应画在纵坐标的下方，但为了画图方便，将输入输出画在同一象限内。

（二）具有积分调节器的无差调节系统

图 2－65 是具有积分调节器的自动调速系统原理图。

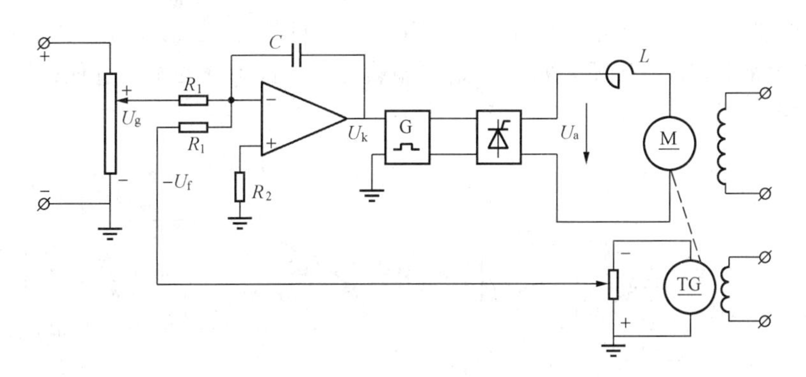

图 2－65 具有积分调节器的自动调速系统

系统的自动调速过程如下：若给定电压和转速负反馈电压之差值为 0，则电容器 C 上已有固定的电压 U_k，电容器不充电。由 U_g 去控制触发脉冲的相位角，由于 U_k 不变，所以触发脉冲相位角恒定，晶闸管控制角恒定，晶闸管输出电压不变，电动机稳定运行。电容器不起作用，调节器处于开环状态下工作，其放大倍数在 $10^4 \sim 10^6$ 左右，使系统的总放大倍数很大，系统的静态误差很小。

当负载变化时，如负载增加，则电动机将带不动负载而转速下降，电动机反电动势减小，电枢电流增加，电磁转矩增加，可以在较低的转速下带动负载。由于转速下降，反馈电压下降，$\Delta U = U_g - U_f$ 不等于零，ΔU 为正值，ΔU 要对电容器充电：使 U_k 值减小（因是反相输入），控制触发脉冲相位前移，晶闸管控制角减小，导通角增加，晶闸管输出电压上升，电动机转速回升，一直升到原来的值（不像有差调节那样只接近原来的值）。这时 U_f 又恢复到原值，$U_g = U_f$，则 $\Delta U = 0$，电容器停止充电，U_k 不变，系统又稳定在原来的转速上运行。系统中只要 U_f 变化，U_f 不等于 U_g，电容器便进行积分，使调节器输出电压变化，调节晶闸管的输出电压，使电动机的转速自动回到原来的值，直到完全消除静差

为止。

其调节过程为：

负载增加→$n\downarrow$→$U_f\downarrow$→ΔU（+）出现→$U_k\downarrow$→$\nu\uparrow$→$U_a\uparrow$→$n\uparrow$→$\Delta U\downarrow$直到$U_g=U_f$。

这种利用积分调节器的无差自动调速系统，由于电容器电压不能突变，调节器输出电压的变化明显滞后于输入电压的变化，使调节时间拉长，过渡过程时间长，系统反应不灵敏，对提高劳动生产率不利，又对产品质量有影响。为了解决这个矛盾，常用一种比例积分调节器（简写成PI）。

（三）比例积分调节器（PI）

图2－66是比例积分调节器原理图。调节器的反馈电路由电阻R_1和C串联组成。若只有电阻R_1，称比例调节器；若只有电容C，称积分调节器。既有R_1又有C，则称比例积分调节器。当输入端加上电压U_i时，由于电容器电压不能跃变，此时相当于电容器短路（$u_c=0$），只有比例调节器起作用，所以立刻有输出电压，其大小为$U_o=-\frac{R_1}{R_o}U_i$，而不像积分调节器那样电压由0开始上升。以后随着电容器充电，输出电压进一步增大。输入输出特性如图2－66所示。图中U_o应该画在负方向，为了画图方便而和U_i画在同一方向。从输出特性上看，U_o不是从0开始，显然可以加快系统的过渡过程，最后仍由积分部分消除误差。

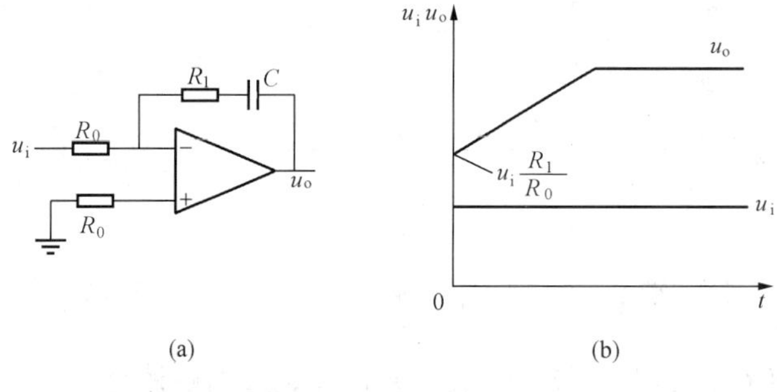

图2－66　比例积分调节器

（a）电路图；（b）输入输出特性

（四）具有比例调节器的自动调速系统

图2－67是具有比例积分调节器（PI）的自动调速系统原理图。下面分析自动调速过程。

比例积分调节器的输出电压可以分解成比例部分和积分部分两部分。将这两部分在调速过程中的作用分别讨论，然后再将这两部分的作用合在一起，就获得了总的调节效果。

图2－68是该系统的调节效果曲线。设在t_1时，负载转矩M_1上升到M_2，如图2－68（a）所示，相应的电枢电流由I_1上升到I_2，电动机的转速下降，如图2－68（b）所示。调节器输入电压$\Delta U=U_g-U_f>0$，ΔU首先经比例部分作用，在调节器输出端增加$-\frac{R_1}{R_0}\Delta U$，使晶闸管产生电压增量ΔU_a，如图2－68（c）所示的曲线①，增量电压使电动

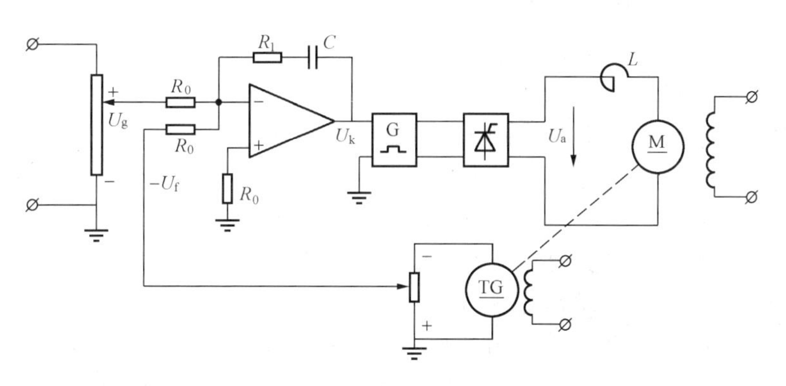

图 2－67　具有比例积分调节器的自动调速系统

机转速回升，但从图 2－68（b）上看不到回升，其实际作用是减慢了转速的下降值，否则转速曲线下降的更多。若 ΔU_a越大，调节作用越强，电机转速回升越快（即相当下降的慢）。在 $t=t_2$时，转速降 Δn 具有最大值，在 $t=t_3$ 时，转速又回到原来的值。在 t_2以后，由于转速真正回升，ΔU 减小，所以比例调节作用减弱，图 2－68（c）中曲线①在 t_2 以后就减小了。

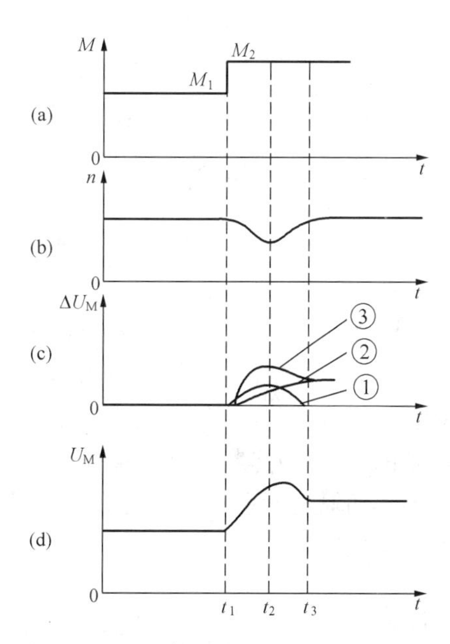

图 2－68　比例积分调节器的调节作用

再分析积分部分，在刚开始时，由于电容器上电压不能跃变，因而它所起的调节作用为零。以后 ΔU 通过 R_1 对电容 C 充电，电容器电压上升，积分调节开始，如图 2－68（c）中曲线②，由于积分调节作用，使晶闸管电压变化，当 $t=t_3$时，它将保持下去。这时晶闸管输出电压增加了 ΔU，这就是由于积分器输出的电压增量而引起的晶闸管输出的电压增量。将曲线①和曲线②相加得曲线③，就是比例积分调节器的总效果。图 2－68（d）表示了电枢电压由 U_{a1}上升到 U_{a2}，而电动机转速又回到原值。

综合上面分析，在调节过程的初期和中期阶段，比例调节器起作用，相当于有差调节，比例调节首先阻止转速下降，以后使转速上升。但比例调节器不能消除误差，所以调速后期，由积分调节器将误差消除，达到无差调节的目的，也加快了过渡过程。

在调节过程结束后，$\Delta U=0$，$\Delta n=0$，但调节器的输出电压由 U_{k1}变为 U_{k2}，并且稳定在 U_{k2}上，这是由于电容器上积分而引起的。

上述调速过程在理论上讲，应该是无差调节，但实际上由于放大器不是理想放大器，虽然开环放大倍数很大，但不是无限大。此外测速发电机有误差，积分电容器有漏电。因而仍然有一些误差，但总比有差调节的误差小，因而得到越来越广泛的使用。实际使用中，还应当有稳定环节和保护环节。

八、速度、电流双闭环自动调速系统

（一）系统的组成

前面研究过的带有转速负反馈的无差调速系统和有差调速系统，都应该加电流截止负反馈环节，以保护晶闸管和电动机。但加了电流截止负反馈以后，在电动机启动或有较大负载变化时，电流波形变坏，电流可以在较短时间内处于最大值，其余时间被电流截止负反馈压下去。因为电流一旦达到电流截止值（约1.2倍额定值），电流截止负反馈就起作用，压制电流上升，因而造成波形变坏。

希望电动机在启动过程中，电流最好一直保持电动机所允许的最大值（当然晶闸管也应能安全承受），可以充分发挥电动机的过载能力，使电动机转速随时间直线上升，减少过渡过程时间。由物理学可知，若用恒力作用于物体上，得到恒定的加速度，则速度随时间直线上升，在定轴转动的刚体上，加上恒定力矩，则刚体得到恒定的角加速度，转速随时间直线上升。电动机在启动过程中，若开始就以最大电流（获得最大力矩）启动，使电动机转速直线上升。当电动机达到给定转速后，电动机的电流应快速下降，下降到刚好克服负载力矩，以后就稳定运行。这样做可以缩短启动时间。

设主回路的总电阻为R，电流允许的最大值为I_m，在理想状态下启动时，晶闸管输出电压为$U_0=I_mR$，随着电动机转速的建立，电动机有反电动势$E=C_e\Phi n$，则整流电压$U_0=I_mR+C_e\Phi n$，转速直线上升，则整流电压也直线上升。当达到稳定后，$U_0=I_aR+C_e\Phi n_g$，其中n_g是给定转速，I_a是电枢工作电流。为了满足这种关系，必须将电流作为被调节量，因此，系统将有两个被调节量，一个是转速，一个是电流。将这两部分都组成闭环系统，就组成了双闭环调速系统。图2－69是双闭环系统的原理图。

从图2－69看到，两个环都用比例积分调节器作输入和放大环节。转速负反馈比例积分调节器的输出就是电流负反馈比例积分调节器的输入，最后用电流比例积分调节器的输出控制触发脉冲。

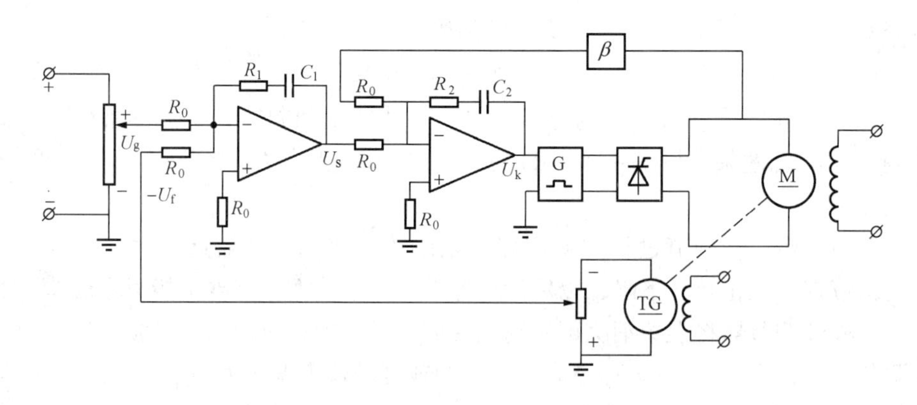

图2－69　双闭环自动调速系统原理示意图

图2－70是双闭环系统的方块图。从方块图上看到，电流负反馈环节被套在转速负反馈环节之内，故电流负反馈叫内环，转速负反馈叫外环，双闭环系统名称由此而来。

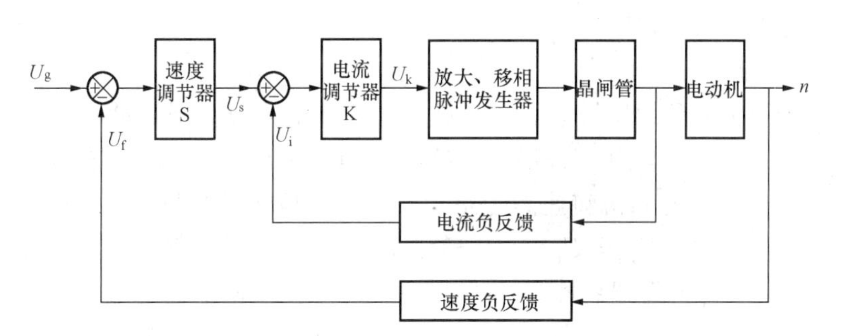

图2－70　双闭环自动调速系统方块图

（二）启动过程分析

1. 电流上升阶段

在启动时，给定电压U_g加在转速调节器S的输入端，电动机还处于静止状态，$U_f=0$，$\Delta U=U_g$，调节器S的输入电压很高，则输出达到饱和值U_{sm}。因为调节器输出端是限幅的，通常在10～15V左右。由于存在着积分的功能，只要$\Delta U>0$，这个饱和输出电压U_{sm}将一直维持下去。这样，转速调节器在电流上升阶段不起作用，相当处于开环状态下。但它的输出电压就是电流调节器K的输入电压，这个电压仍然是比较高的。电流调节器的输入电压还有电流负反馈电压U_i，所以电流调节器K的两个输入电压的偏差值为$\Delta U_i=U_s-U_i$，但在此阶段，$U_s=U_{sm}$，电动机启动电流较大，所以U_i也较大，而ΔU_i值不是很大，电流调节器不在饱和状态下工作，它的输出电压U_k去控制触发脉冲的相位，使晶闸管输出较高的电压，电流以最快速度上升，电动机获得较大的启动转矩，加速电动机的启动过程。

随着电枢电流的增加，电流负反馈信号$U_i=\beta I$也将增加，β为变换系数。ΔU_i将减小，但只要$\Delta U_i\geqslant 0$，电流调节器的输出电压U_k一直处于上升阶段，所以晶闸管输出也一直处于上升阶段，使电流继续增加，直到$\Delta U_i=0$时，即$U_i=U_{sm}$，U_k不再增加而保持不变，晶闸管输出电压也不再增加。这个阶段是电流上升阶段。

2. 电流保持恒值，电动机恒加速升速阶段

从电流上升到电动机所允许的最大电流值I_m开始，到转速达到给定值为止，是用最大电磁转矩加速电动机的阶段。这也是电流调节器在过渡过程中的主要阶段。由于此时转速还未达到给定值，所以$U_f<U_g$，转速调节器仍然处于开环状态，输出$U_s=U_{sm}$不变。当电枢电流达到极大值时，电动机获得最大推动力矩和加速度，电动机转速上升，反电动势E上升，主回路中电流$I=(U-E)/R$，由于E增加，电流I要从I_m下降，但只要电流一下降，$U_i<U_{sm}$，$\Delta U_i>0$，电流调节器又将电流调节到最大值I_m。所以这一阶段将重复进行如下过程：转速上升，反电动势E上升，电枢电流下降，电流调节器再将电枢电流调到极大值，转速又上升。这样循环进行，可以使电枢电流基本上保持最大值，电磁转矩为一个恒定的最大转矩，电动机以最大加速度加速上升。

在这个阶段，反电动势E起了干扰作用，电流调节器发挥了闭环的抗干扰的功能，克服了电动势E的干扰，使电流保持恒值。所以电流调节器不能在限幅下工作，即不能工作

在饱和状态，这是和转速调节器不同的地方。

3. 转速调节阶段

当电动机转速上升到给定转速后，就进入转速调节阶段。当电动机达到给定转速后，转速负反馈电压 U_f 和给定电压 U_g 相等，$\Delta U=0$，但转速调节器输出电压仍为 U_{sm}，所以电动机仍在加速运行。当电动机转速高于给定转速后，$U_f>U_g$，则 $\Delta U<0$，调节器出现负偏差。在恒定电流阶段，$U_{sm}=U_i$，$\Delta U_i=0$，现由于 $\Delta U<0$，转速调节器的反馈电容放电，输出电压将由 U_{sm} 下降到线性区，成为 U_s，使得电流调节器的输入电压 $\Delta U_i<0$，电流调节器的反馈电容也要放电，使 U_k 下降，调节器使电枢电流下降，电流从最大值下降，电磁转矩减小，只要电磁转矩下降到未和转轴负载转矩相等，电动机仍在加速，只不过加速度变小而已，但晶闸管的输出电压及电流已被下调。当电流下降到使电磁转矩小于负载转矩时，电动机转速开始下降，一直降到给定转速值。若系统参数调配适当，就可以稳定下来，调配不适当，可能有一二次振荡，然后稳定下来。这时 $\Delta U=0$，$\Delta U_i=0$，系统启动过程结束。

用了电流环之后，就没有必要再设置电流截止负反馈环节了。目前双闭环无差调速系统在机床电路中，应用较为广泛。

（三）系统特点

（1）系统调速性能好；

（2）启动时间短，过渡过程快；

（3）抗干扰能力强；

（4）两个调节器必须分别计算和调节，调节时先调内环，后调外环，是很容易调好的。

九、自动调速系统中的检测元件

在直流电压和直流电流的检测时，可以用电位器分压取出电压信号，用分流器取出电流信号进行检查和测量，在讨论电压和电流进行反馈时，确是这样做的。但这样做有一个危险，就是使电枢回路的高电压和控制电路（指电子线路部分）的低电压之间有电的连接，很容易将电子控制线路中的电子元件击毁，所以为了安全起见，最好在取信号时将高压回路和低压回路隔离，这样可以保证安全。变压器是一种很好的隔离元件，但变压器只能用于交流电路中，而不能用于直流电路中。但是，若采用一些辅助措施，是可以用在直流电路中的，而且能取得较满意的结果。

（一）电压检测元件

方法是先将直流电压变成交流电压，用变压器变压，再将交流电压整流成直流电压，这两个直流电压之比满足变压器的变比。

图 2－71 是直流隔离变换器的接线图，它是一种电压变换装置，U_i 是输入的高压直流电压，U_0 是输出的低压直流电压，这两个电压之间没有电的联系，只有通过变压器 T2 的磁的联系。

在图 2－71 中，用二极管 VD1～VD16 组成同步开关，变压器 T1 的一次侧加上 220V 交流电压，变压器 T1 共有 4 个二次绕组，其中 2 个和变压器 T2 的一次侧绕在一起，其余 2 个和变压器 T2 的二次侧绕在一起，即 1 个变压器铁芯上绕了 2 个变压器：T1 作变换直

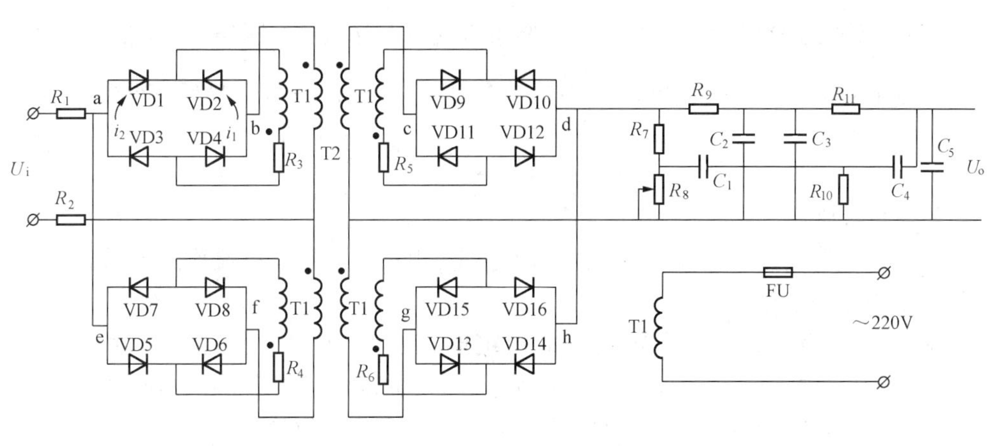

图 2-71　直流隔离变换器

流用，T2 作同步信号用。

当变压器 T1 的一次侧加上 50Hz 的交流电压，输入直流电压为 U_i，根据图上所标明的同名端和极性，当交流电压在正半周时，二极管 VD1～VD4、VD9～VD12 导通，VD5～VD8、VD12～VD16 截止，在导通的 VD1～VD4、VD9～VD12 电路中，a 点和 b 点等电位，c 点和 d 点等电位。输入直流电压就可以通过电阻 R_1 经 ab 到变压器 T2 回到直流电源的负极。在变压器 T2 二次侧感应出电动势，经 cd 及电阻 R_7、R_8 回到 T2。这样，在变压器 T1 通过正半周时，在图 2-71 的上半部分变压器 T2 导通感应一次，在电阻 R_7、R_8 上得到由 R_7 流向 R_8 的电流。经过电路中的滤波处理得到输出电压 U_o。

当变压器 T1 的一次侧电压变成负半周时，图 2-71 中下半部分的二极管 VD5～VD8、VD13～VD16 导通，上半部的 VD1～VD4、VD9～VD11 关闭。这时直流电压 U_i将通过 ef 和变压器 T2 的下面 2 个绕组感应电压，将通过 gh 经 R_7、R_8 组成回路，所以输出电压 U_o 仍然是直流电压。通过这种变换，可以将高压直流成比例地变换成低压直流，但高压和低压无电的联系，可以确保低压部分的安全。

最后通过滤波网络可以输出平稳的直流电压 U_o，R_8 可以调节输出电压 U_o的大小。

（二）电流检测元件

在作电流反馈时，必须从主回路电流中取出电流信号，若用分流器取电流信号，会对电子控制线路造成危险，所以也必须采取电隔离措施。常用方法是交流电流互感器和直流电流互感器。

1. 交流电流互感器

交流电流互感器是测量交流电流有效值大小的一种变流元件。电流互感器二次侧电流反映了一次侧电流，它们有电流比约束它们的关系。

直流拖动系统中用的是直流电流，交流互感器不能变换为直流电流。但在晶闸管前面是交流电流，因此将交流互感器置于晶闸管之前，如图 2-72 所示。图中所示是三相半控整流电路，在晶闸管前的交流电流 i_1有效值为 I_1，整流后电流平均值为 I，它们的关系为 $I_1=KI$，其中 K 为随导通角 θ 不同而变化的系数。互感器二次侧电流 i_2有效值为 I_2，则

$I_2 = \frac{N_1}{N_2} I_1$，$N_1$是二次绕组匝数，$N_2$是二次绕组匝数。在互感器二次绕组接成三相不可控全波整流，则 $I_2 = K_2 I_d$，由于 i_2和 i_1的波形完全一样，所以 $K_1 = K_2$，最后可得到

$$I_d = \frac{N_1}{N_2} \cdot \frac{K_1}{K_2} I = KI \tag{2-27}$$

式中：K 为匝数比。

所以 I_d的值和电动机电流 I 成正比，而且满足电流互感器的电流比的关系。将 I_d作为电动机电枢电流的信号是恰当的。

电流互感器为系列产品，二次侧的额定电流一般为 5A，额定容量为 10V · A 或 5V · A。电流互感器相当于恒流电源，负载电阻不宜过大。但这种隔离措施都在大容量系统中应用，负载电阻的容量较大，发热和能耗都较大。为了解决这种矛盾，可以扩大电流变比，自行制作一个变比大的电流互感器，使二次侧电流降低。或者在电源互感器后面再接一组变流比为5∶0.1 的电流互感器（也是系列产品），可以使电流减小，用小功率整流管处理二次侧整流问题。图 2－73 是一种典型电路，通过第二级互感器将第一级互感器的电流缩小 50 倍，所以在后面电流很小，负载电阻可以接得大些，最后从输出端输出的电压信号可以代表电动机电流的信号，用来测量或作电流反馈信号。

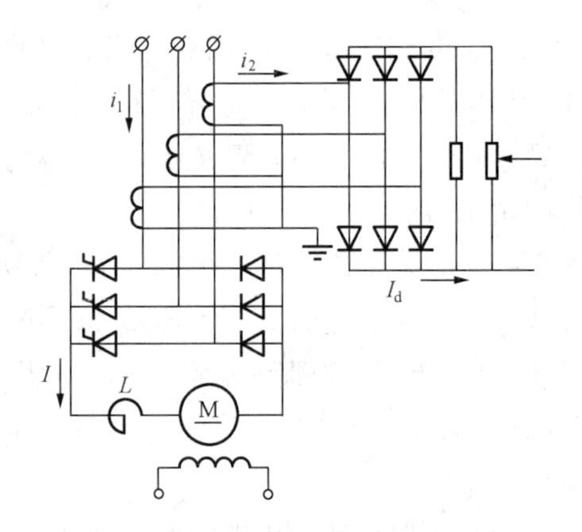

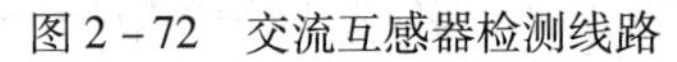
图 2－72　交流互感器检测线路

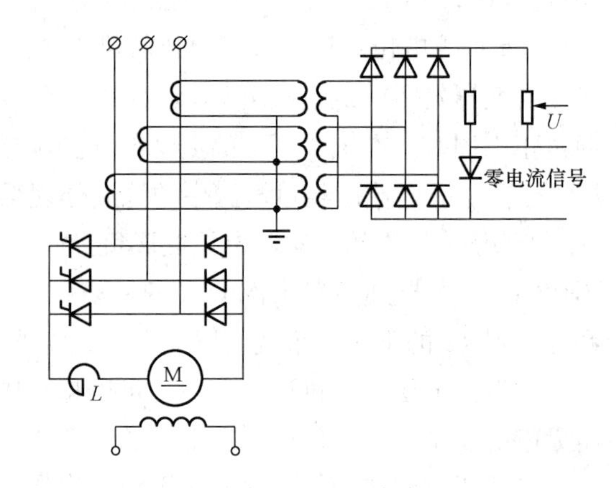

图 2－73　两级交流互感器连接

采用交流互感器测量晶闸管整流电流的方法简单，而且产品系列化，成本低。

2. 直流电流互感器

直流电流互感器的原理和磁饱和电抗器相似，下面先介绍磁饱和电抗器的原理。

图 2－74 是磁饱和电抗器（又称磁放大器）原理图及其 $B-H$ 曲线。在闭合铁芯上绕有 2 个绕组：1 个是直流绕组（导线细、匝数多）；另 1 个是交流绕组（导线粗、匝数少）。在直流绕组中通直流交流，它可以控制交流绕组中的负载的功率。

若直流绕组未通电，交流绕组通交流电，由于环路不饱和，要产生交流磁电量 $B_{\sim 1}$，只需要较小的磁场强度 $H_{\sim 1}$，即只需较小的安匝数。因为在铁芯线圈中，交流电压正比于磁感应强度 B，交流电流正比于磁场强度 H。对应于图中曲线 $B_{\sim 1}$和 $H_{\sim 1}$，在交流线圈上加上交流电压 $U_{\sim 1}$，得到很小的交流电流 $i_{\sim 1}$，说明铁芯线圈呈现出很大的感抗。

若在直流绕组中通上直流电流，使铁芯中的磁感应强度为 B_0，使铁芯磁饱和，即 $B-H$ 曲线上的 A 点。再在交流绕组中加上和 $U_{\sim1}$ 同样大小的交流电压 $U_{\sim2}$，得到和 $B_{\sim1}$ 同样大小的磁感应强度 $B_{\sim2}$，但此时对应 $B-H$ 曲线上得到比 $H_{\sim1}$ 大得多的 $H_{\sim2}$，即在交流绕组中出现的交流电流要远比未加直流磁通时的交流电流小。说明磁饱和后，其等值感抗减小了。

直流电源的电流值可调节，即 $B-H$ 曲线上 A 点沿磁化曲线移动，则铁芯线圈对交流电来说，相当于可调电感。所以，可以通过控制较小的直流电流来控制交流线圈中较大的负载功率，这就是磁饱和电抗器的工作原理，也可以称为磁放大器。

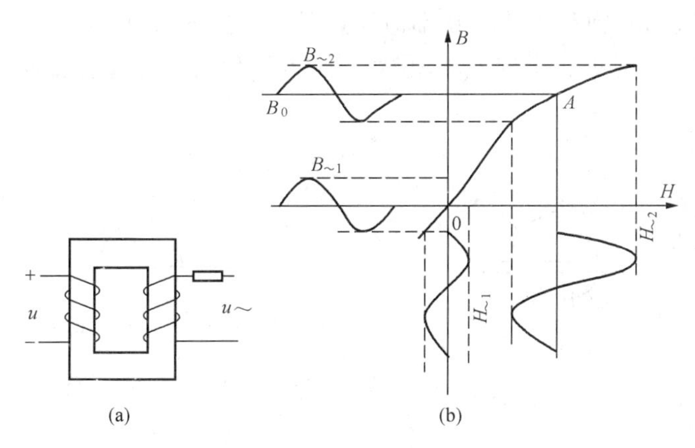

图 2－74　磁饱和电抗器原理

（a）线路；（b）$B-H$ 曲线

直流电流互感器是基于磁饱和电抗器的原理做成的，图 2－75 是串联式直流电流互感器的接线图。两个相同的闭合铁芯 A 和 B，在它们上面绕 2 个匝数相同的线圈，但这 2 个线圈之间的连接必须如图 2－75 所示，通过全波桥式整流器和负载电阻相连，这 2 个绕组是交流绕组。直流绕组就是直流电流的导线，直接串在 2 个铁芯内孔中，若直流电流值太小，可以在铁芯 A、B 上多绕几圈。

直流电流方向不变，根据右螺旋法则，直流磁通为顺时针方向，如图中所示的 $\Phi\sim$。

交流电压加在交流绕组和负载电阻上，设交流电流正半周时，在铁芯 A 中直流磁通和交流磁通方向一致，在铁芯 B 中直流磁通和交流磁通方向相反。铁芯 A 磁饱和，铁芯 B 不饱和，直流电流越大，这种现象越明显。当交流电负半周时，直流磁通方向不变，交流磁通方向改变，则铁芯 A 不饱和，铁芯 B 饱和。

铁芯不饱和时，感抗大，铁芯饱和时，感抗小，为了讨论方便，设铁芯饱和后的感抗为零。由于不饱和铁芯感抗大，则交流绕组中感应电动势也大，在不饱和绕组铁芯中的磁势关系为（不计磁化电流）

$$IN_1 = I_{\sim} \cdot N_2 \tag{2-28}$$

式中　I——直流电流；

N_1——直流绕组匝数，在图 2－75 中为 1；

$I_{\sim}$——交流绕组中电流有效值；

N_2——交流绕组匝数，指同一个铁芯上的。

图2－75中交流电流正半周，由铁芯A部分提供，负半周由铁芯B提供。将交流电流全波整流成直流电流，通过电阻得到直流电压 U_0，就代表了直流电流的大小，U_0可以作测量电流大小的依据，或作电流反馈信号。

图2－76是并联式直流电流互感器的接线图。直流绕组仍然是主回路的一根导线穿过两个铁芯内孔，交流绕组连接如图2－76所示，两个交流绕组并联。当交流电流正半周时，交流电流有两条回路，其一是通过二极管VD1、铁芯B的交流绕组、电阻 R_1、二极管VD3回到交流电源另一端。从图上的磁通方向可知，铁芯B饱和，铁芯A不饱和。当交流负半周时，铁芯A饱和，铁芯B不饱和。但在电阻 R_1 上的电流方向不变，得到直流电压 U_0。若直流电流越大，得到 U_0 也越大，所以 U_0 代表了直流电流的大小值，也就可以作为直流电流的反馈信号。

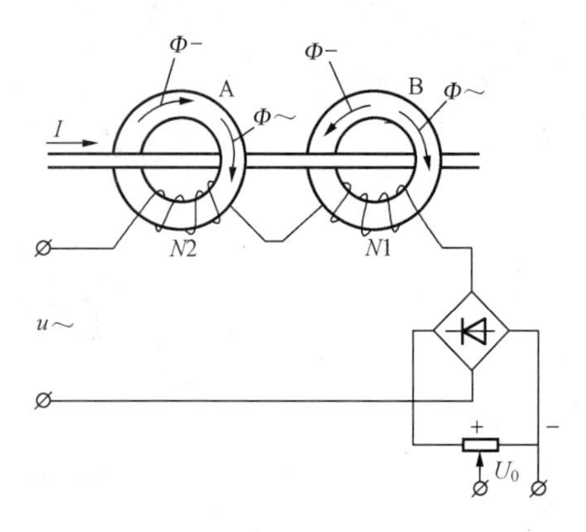

图2－75　串联式直流互感器

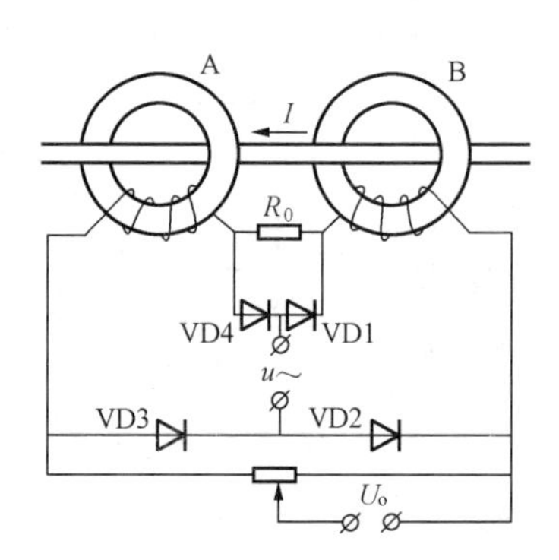

图2－76　并联式直流互感器

（三）转速检测元件

1. 直流测速发电机

在以前讨论转速负反馈时，都采用直流测速发电机作为转速的检测元件，其原理图如图2－77所示。若直流测速发电机给定了励磁磁通 Φ 以后，当电枢被电动机带动以转速 n 旋转，则测速发电机的电动势 $E=Ce\Phi n$，所以电动势 E 代表了转速 n 的大小。若调节励磁电流的大小，即改变 Φ 的值，可以使 E 值变化，所以在用作转速负反馈时，可以调节励磁电流来加强或减弱转速负反馈的效果。

当电动机反转，则感应电动势极性相反，在使用过程中必须注意，在电路设计时，必须用接触器辅助触点将它们切换。

2. 交流测速发电机

直流调速系统中也可以用交流测速发电机来检测电动机的转速。图2－78是交流测速发电机的原理图。交流测速发电机的转子一般用永久磁铁，定子线圈将输出交流电（相当单相交流发电机），交流发电机电势的有效值 $E=4.44fNk_1\Phi$，其中 N 为定子匝数，k_1 为结构常数，Φ 为转子磁通，f 为频率，若只有1对磁极，则 f 即为发电机的转速，相当于电动机转速 n。所以电动势 $E=4.44n\,N\,k_1\Phi=k\,n$，它代表了电动机的转速。但直流控制系统中作反馈信号时，必须将交流电压整流成直流电压，所以用全波整流。然后经滤波之后由电阻上输出直流信号，它代表了交流测速发电机的转速，也即直流电动机的转速，作为转速负反馈信号引入到给定环节。交流测速发电机不论转向如何，输出信号经整流后方向不变，所以不必在正反转时进行极性的切换。

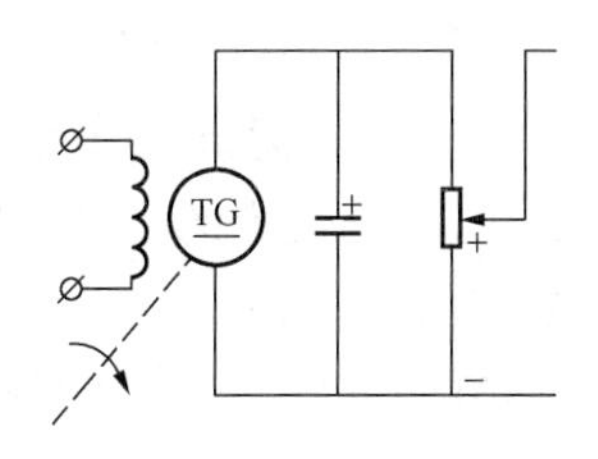

图 2－77　直流测速发电机

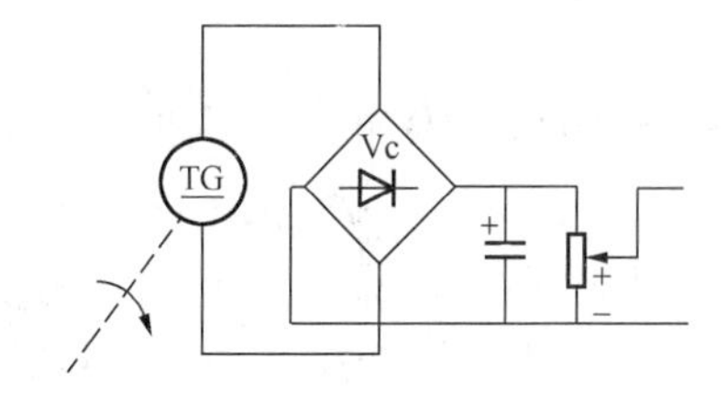

图 2－78　交流测速发电机

第三章

PLC 技术基础

随着计算机技术和微控制技术的迅速发展和普及，在实施节电工程或在节电控制系统的设计中，特别是在一些节电功能较为复杂的控制系统中，为完成设定的多种节电控制模式要求，常会用 PLC 设计到节电控制系统中。另外，在某些大型节电控制设备的控制过程中，如高压电动机变压变频节电装置、高压电动机软启动节能装置，它们在启动、运行的整个控制过程中，都必须关联到工业 DCS 控制系统（有关 DCS 的内容将在下一章中介绍）。因此，对于 PLC 以及 DCS 的一些最基本的基础知识必须有所了解和掌握。

第一节 概　述

一、PLC 的基本概念

可编程序控制器经历了可编程序矩阵控制器 PMC、可编程序顺序控制器 PSC、可编程序逻辑控制器（Programmable Logic Controller，PLC）和可编程序控制器（Programmable Controller，PC）几个不同时期。为与个人计算机（Personal Computer，PC）相区别，现在仍然沿用可编程逻辑控制器这个老名字。

PLC 的定义有许多种，1987 年国际电工委员会（International Electrical Committee）颁布的 PLC 标准草案中对 PLC 做出的定义：PLC 是一种专门为在工业环境下应用而设计的数字运算操作的电子装置。它采用可以编制程序的存储器，用来在其内部存储执行逻辑运算、顺序运算、计时、计数和算术运算等操作的指令，并能通过数字式或模拟式的输入和输出，控制各种类型的机械或生产过程。PLC 及其有关的外围设备都应该按易于与工业控制系统形成一个整体，易于扩展其功能的原则而设计。

PLC 是以微处理器为基础，在传统的继电器控制技术基础上，综合了计算机技术、半导体集成技术、自动控制技术、数字技术和通信网络技术而发展起来的新型控制器，是用作数字控制的专用计算机。在工业生产及节电控制中已获得及其广泛的应用，它与 CAD/CAM 技术和机器人技术并称为现代工业自动化的三大支柱。

PLC 在工业控制系统中的一般构成形式如图 3－1 所示。

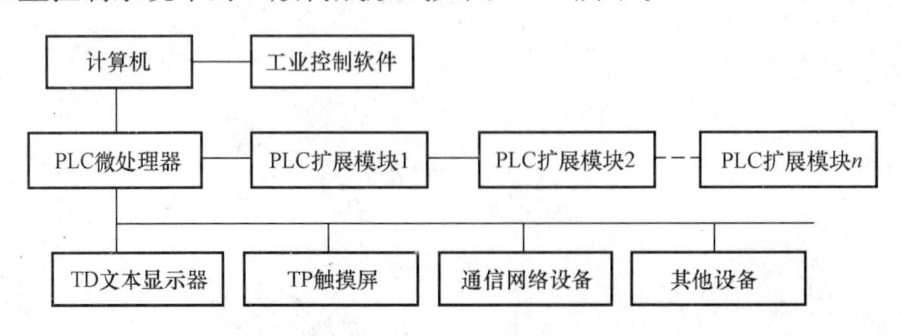

图 3－1　PLC 控制系统一般构成形式

二、PLC 的发展历程

在工业生产过程中，大量的开关量按照逻辑条件顺序动作，并按照逻辑关系进行连锁保护动作的控制，以及大量离散量的数据采集。传统上，这些功能是通过气动或电气控制系统来实现的。1968 年美国 GM（通用汽车）公司提出取代继电气控制装置的要求，1969 年，美国数字公司（DEC）研制出了基于集成电路和电子技术的控制装置，首次采用程序化的手段应用于电气控制，这就是第一代可编程序控制器 PDP－14，并在 GM 公司的汽车自动装配线上首次使用并获得成功。从此，这项新技术迅速在世界各国得到推广应用。1971 年，日本从美国引进这项技术，很快研制出第一台可编程序控制器 DSC－18。1973 年，西欧国家也研制出他们的第一台可编程控制器。我国从 1974 年开始研制，1977 年开始工业推广应用。进入 20 世纪 70 年代，随着微电子技术的发展，尤其是 PLC 采用通信微处理器之后，这种控制器就不再局限于当初的逻辑运算，功能得到更进一步增强。

20 世纪 70 年代初期，由于第一代 PLC 限于当时的元器件条件及计算机发展水平，早期的 PLC 主要由分立元件和中小规模集成电路组成，只能完成简单的逻辑控制及定时、计数功能。随着微电子技术的发展，出现了微处理器后，人们很快将其引入了可编程控制器，使 PLC 增加了运算、数据传送及处理等功能，完成了真正具有计算机特征的工业控制装置。为了方便熟悉继电器、接触器系统的工程技术人员使用，可编程控制器采用和继电器电路图类似的梯形图作为主要编程语言，并将参加运算及处理的计算机存储元件都以继电器命名。此时的 PLC 为微机技术和继电器常规控制概念相结合的产物。

20 世纪 70 年代中末期，可编程控制器进入实用化发展阶段，计算机技术已全面引入可编程控制器中，使其功能发生了飞跃。更高的运算速度、超小型体积、更可靠的工业抗干扰设计、模拟量运算、PID 功能及极高的性价比奠定了它在现代工业中的地位。20 世纪 80 年代初，可编程控制器在先进工业国家中已获得广泛应用。这个时期可编程控制器发展的特点是大规模、高速度、高性能、产品系列化。这个阶段的另一个特点是世界上生产可编程控制器的国家日益增多，产量日益上升。这标志着可编程控制器已步入成熟阶段。

20 世纪 80 年代之后，随着大规模和超大规模集成电路等微电子技术的迅猛发展，以 16 位和少数 32 位微处理器构成的微机化 PLC，使 PLC 的功能增强、工作速度快、体积减小、可靠性提高、成本下降、编程和故障检测更为灵活方便。

20 世纪末期，可编程控制器的发展特点是更加适应于现代工业的需要。从控制规模上来说，这个时期发展了大型机和超小型机；从控制能力上来说，诞生了各种各样的特殊功能单元，用于压力、温度、转速、位移等各式各样的控制场合；从产品的配套能力来说，生产了各种人机界面单元、通信单元，使应用可编程控制器的工业控制设备的配套更加容易。目前，可编程控制器在机械制造、石油化工、冶金钢铁、汽车、轻工业等领域的应用都得到了长足的发展。

我国可编程控制器的引进、应用、研制、生产是伴随着改革开放开始的。最初是在引进设备中大量使用了可编程控制器。接下来在各种企业的生产设备及产品中不断扩大了 PLC 的应用。目前，我国可自行生产中小型可编程控制器。上海东屋电气有限公司生产的 CF 系列、杭州机床电器厂生产的 DKK 及 D 系列、大连组合机床研究所生产的 S 系列、苏州电子计算机厂生产的YZ系列等多种产品已具备了一定的规模并在工业产品中获得了应用。此外，无锡、上海等中外合资企业也是我国比较著名的PLC生产厂家。可以预期，随着我国现代化进程的深入，PLC在我国将有更广阔的应用天地。

三、PLC未来展望

20世纪80年代至90年代中期是PLC发展最快的时期，年增长率一直保持在30%～40%。在这时期，PLC在处理模拟量能力、数字运算能力、人机接口能力和网络能力得到大幅度提高。

21世纪，PLC会有更大的发展。从技术上看，计算机技术的新成果会更多地应用于可编程控制器的设计和制造上，会有运算速度更快、存储容量更大、智能更强的品种出现；从产品规模上看，会进一步向超小型及超大型方向发展；从产品的配套性上看，产品的品种会更丰富、规格更齐全，完美的人机界面、完备的通信设备会更好地适应各种工业控制场合的需求；从市场上看，各国各自生产多品种产品的情况会随着国际竞争的加剧而打破，会出现少数几个品牌垄断国际市场的局面，会出现国际通用的编程语言；从网络的发展情况来看，可编程控制器和其他工业控制计算机组网构成大型的控制系统是可编程控制器技术的发展方向。目前的计算机集散控制系统（Distributed Control System，DCS）中已应用了大量的可编程控制器。伴随着计算机网络的发展，可编程控制器作为自动化控制网络和国际通用网络的重要组成部分，将在工业及工业以外的众多领域发挥越来越大的作用。另外，PLC会逐渐进入过程控制领域，在某些应用上将会取代在过程控制领域中处于统治地位的DCS系统。

由于PLC具有通用性强、使用方便、适应面广、可靠性高、抗干扰能力强、编程简单等特点，在可预见的将来，PLC在工业自动化控制特别是顺序控制中的地位是无法取代的。

四、PLC的应用概况

可编程控制器PLC中有多种程序设计语言，它们是梯形图语言、布尔助记符语言、功能表图语言、功能模块图语言及结构化语句描述语言等。

梯形图语言和布尔助记符语言是基本程序设计语言，它通常由一系列指令组成，用这些指令可以完成大多数简单的控制功能，如代替继电器、计数器、计时器完成顺序控制和逻辑控制等，通过扩展或增强指令集，它们也能执行其他的基本操作。

功能表图语言和语句描述语言是高级的程序设计语言，它可根据需要去执行更有效的操作，如模拟量的控制、数据的操纵、报表的报印和其他基本程序设计语言无法完成的功能。

功能模块图语言采用功能模块图的形式，通过软连接的方式完成所要求的控制功能，它不仅在可编程序控制器中得到了广泛的应用，在集散控制系统的编程和组态时也常常被采用，由于它具有连接方便、操作简单、易于掌握等特点，为广大工程设计和应用人员所喜爱。

目前，PLC在国内外已广泛应用于钢铁、石油、化工、电力、建材、机械制造、汽车、轻纺、交通运输、环保及文化娱乐等各个行业，使用情况可大致可归纳为如下6类。

1. 开关量的逻辑控制

这是PLC最基本、最广泛的应用领域，它取代传统的继电器电路，实现逻辑控制、顺序控制，既可用于单台设备的控制，也可用于多机群控及自动化流水线。如注塑机、印刷机、订书机械、组合机床、磨床、包装生产线、电镀流水线等。

2. 模拟量控制

在工业生产过程当中，有许多连续变化的量，如温度、压力、流量、液位和速度等都是模拟量。为了使可编程控制器处理模拟量，必须实现模拟量（Analog）和数字量（Digital）之间的A/D转换及D/A转换。PLC厂家都生产配套的A/D和D/A转换模块，使可编程控制器用于模拟量控制。

3. 运动控制

PLC可以用于圆周运动或直线运动的控制。从控制机构配置来说，早期直接用于开关量I/O模块连接位置传感器和执行机构，现在一般使用专用的运动控制模块。如可驱动步进电机或伺服电机的单轴或多轴位置控制模块。世界上各主要PLC厂家的产品几乎都有运动控制功能，广泛用于各种机械、机床、机器人、电梯等场合。

4. 过程控制

过程控制是指对温度、压力、流量等模拟量的闭环控制。作为工业控制计算机，PLC能编制各种各样的控制算法程序，完成闭环控制。PID调节是一般闭环控制系统中用得较多的调节方法。大中型PLC都有PID模块，目前许多小型PLC也具有此功能模块。PID处理一般是运行专用的PID子程序。过程控制在冶金、化工、热处理、锅炉节电控制等场合有非常广泛的应用。

5. 数据处理

现代PLC具有数学运算（含矩阵运算、函数运算、逻辑运算）、数据传送、数据转换、排序、查表、位操作等功能，可以完成数据的采集、分析及处理。这些数据可以与存储在存储器中的参考值比较，完成一定的控制操作，也可以利用通信功能传送到别的智能装置，或将它们打印制表。数据处理一般用于大型控制系统，如无人控制的柔性制造系统；也可用于过程控制系统，如造纸、冶金、食品工业中的一些大型控制系统。

6. 通信及联网

PLC通信含PLC间的通信及PLC与其他智能设备间的通信。随着计算机控制的发展，工厂自动化网络发展得很快，各PLC厂商都十分重视PLC的通信功能，纷纷推出各自的网络系统。新近生产的PLC都具有通信接口，通信非常方便。

第二节 PLC的基本结构

PLC从结构上分为固定式和组合式（模块式）两种。固定式PLC包括CPU板、I/O板、显示面板、内存块、电源等，这些器件组合成一个不可拆卸的整体。小型或超小型PLC常采用这种结构，适用于简单控制的场合，如西门子的S7-200系列产品、松下电工的FP1系列产品、三菱公司的FX系列产品。模块式PLC（或称为积木式）包括CPU模块及内存或称存储器（Memory）、I/O 模块及扩展接口、通信接口、电源模块、底板或机架等，这些模块可以按照一定规则组合配置。大型的 PLC 通常采用这种结构，一般用于比较复杂的控制场所，如西门子公司的 S7－300、S7－400、三菱公司的 QnA/AnA 等系列产品。固定式和组合式（模块式）这两种产品的结构虽然不同，型号种类也较多，但其基本组成大致相同，它们的基本组成结构如图 3－2 所示。

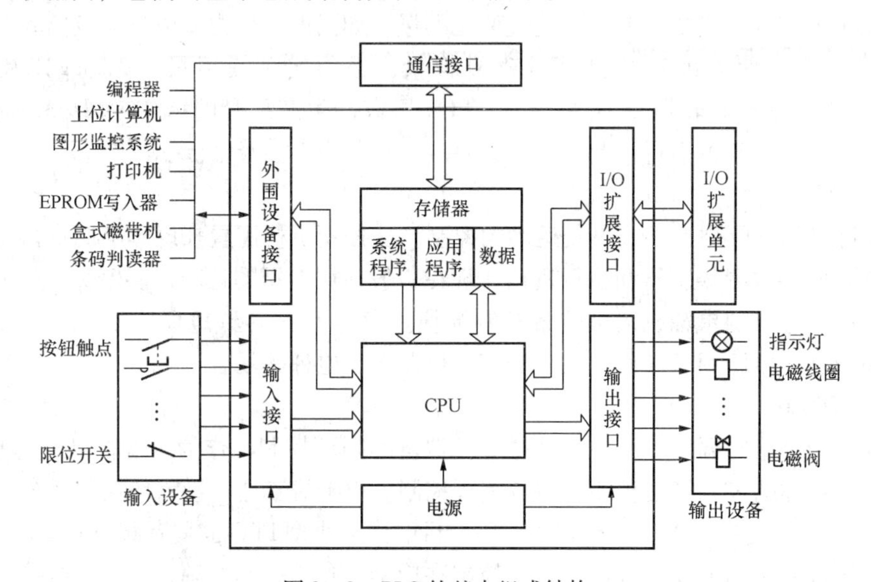

图 3－2　PLC 的基本组成结构

1. 中央处理器（CPU）

中央处理器（Central Processing Unit，CPU）是 PLC 的核心，起神经中枢的作用，每套 PLC 至少有 1 个 CPU，它按 PLC 的系统程序赋予的功能接收并存储用户程序和数据，用扫描的方式采集由现场输入装置送来的状态或数据，并存入规定的寄存器中，同时，诊断电源和 PLC 内部电路的工作状态和编程过程中的语法错误等。进入运行后，从用户程序存储器中逐条读取指令，经分析后再按指令规定的任务产生相应的控制信号，去指挥有关的控制电路。

CPU 主要由微处理器（运算器、寄存器）、控制器及实现它们之间联系的数据、控制及状态总线构成，CPU 单元还包括外围芯片、总线接口及有关电路。内存主要用于存储程序及数据，是 PLC 不可缺少的组成单元。

在使用者看来，不必要详细分析 CPU 的内部电路，但对各部分的工作机制还是应有足够的理解。CPU 的控制器控制 CPU 工作，由它读取指令、解释指令及执行指令。但工作节奏由振荡信号控制。运算器用于进行数字或逻辑运算，在控制器指挥下工作。寄存器参与运算，并存储运算的中间结果，它也是在控制器指挥下工作。

PLC 常用的 CPU 有通用微处理器、单片机和位片式微处理器。通用微处理器按其处理数据的位数可分为 4、8、16 位和 32 位等。PLC 大多用 8 位和 16 位微处理器。CPU 速度和内存容量是 PLC 的重要参数，它们决定着 PLC 的工作速度，I/O 数量及软件容量等，因此限制着控制规模。

2. 存储器

PLC 的存储器有保持型存储器、随机存取存储器和存储器卡等类型，用于存放程序和数据。常用的存储器主要有 PROM、EPROM、E^2PROM、RAM 等，多数都直接集成在 CPU 单元内部。保持型存储器用于存放 PLC 的系统程序和编好的用于控制运行的用户程序，可长时间存储。随机存取存储器用于存放用户临时程序和数据，存储的内容会因掉电而丢失，为保证掉电时不会丢失存储的数据和信息，一般用锂电池作为备用电源。存储器卡为扩展与后备用存储器，由用户根据需要选配。

3. I/O 接口

PLC 与电气回路的接口是通过输入输出（I/O）部分完成的。I/O 接口通常也称 I/O 单元或 I/O 模块，是 PLC 与工业过程控制现场之间的连接部件。PLC 通过输入接口能够得到生产过程的各种参数，并向 PLC 提供开关信号量，经过处理后，变成 CPU 能够识别的信号。PLC 通过输出接口将处理结果送给被控制对象，以实现对工业现场执行机构的控制目的。由于外部输入设备和输出设备所需的信号电平是多种多样的，如开关量输入（DI）、开关量输出（DO）、模拟量输入（AI）、模拟量输出（AO）等，而 PLC 内部 CPU 处理的信息只能是标准电平，因此，I/O 接口必须能实现电平转换。

开关量是指只有开和关（或 1 和 0）两种状态的信号量，模拟量是指连续变化的量。常用的 I/O 分类如下。

开关量按电压水平分为 220、110V AC 和 24V DC，按隔离方式分为继电器隔离、晶体管隔离和晶闸管隔离。

模拟量按信号类型分为电流型（4～20mA，0～20mA）、电压型（0～10V，0～5V，－10～10V）等，按精度分为 12、14、16bit 等。

除了上述通用 I/O 接口模块外，还有特殊 I/O 模块，如热电阻、热电偶、脉冲等模块。

按 I/O 点数确定模块规格及数量，I/O 模块可多可少，但其最大数受 CPU 所能管理的基本配置的能力，即受最大的底板或机架槽数限制。下面重点介绍一下开关量 I/O 模块。

（1）输入接口模块。输入接口的作用是把现场的按钮、各种开关（如数字拔码开关、位置开关、接近开关、光电开关等）或传感器（如压力继电器、速度继电器）等提供的开关量输入信号转变成 PLC 内部可处理的标准信号。常用的输入接口按其使用电源不同可以分成三种类型，如图 3－3 所示。由于输入接口采用了光电耦合器，它可以大大减少强电和电磁干扰，起到了与外部电源的隔离作用。

（2）输出接口模块。输出接口模块用来连接被控对象中的各种执行元件，如接触器、电磁阀、指示灯、调节阀（模拟量）、节能调速装置（模拟量）等，它的作用是将 PLC 内部的标准信号转换为外部现场执行机构所需要的各种开关信号或模拟信号。

常用的开关量输出接口模块按输出开关器件不同有三种电路类型，如图 3－4 所示。

继电器型输出接口既可以驱动交流负载又可以驱动直流负载，电路如图 3－4（a）所示。继电器作为开关器件，同时又是隔离器件。图中只画出了对应于一个输出点的输出电路，各输出点所对应的输出电路相同。电阻 R 和发光二极管 LED 组成输出状态显示器。KA 为一小型直流继电器。当 PLC 输出一个接通信号时，内部电路使继电器线圈通电，继

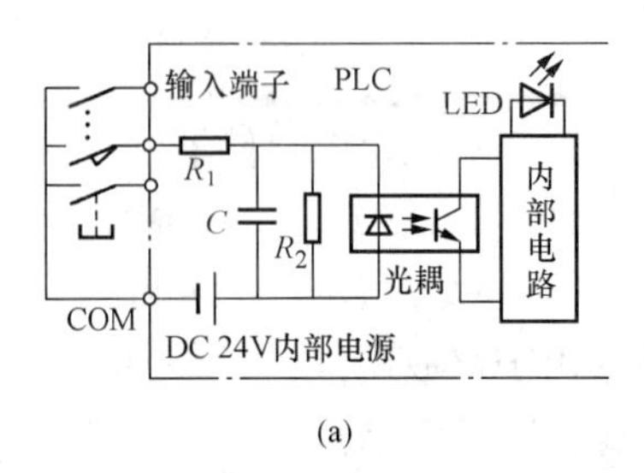

(a)

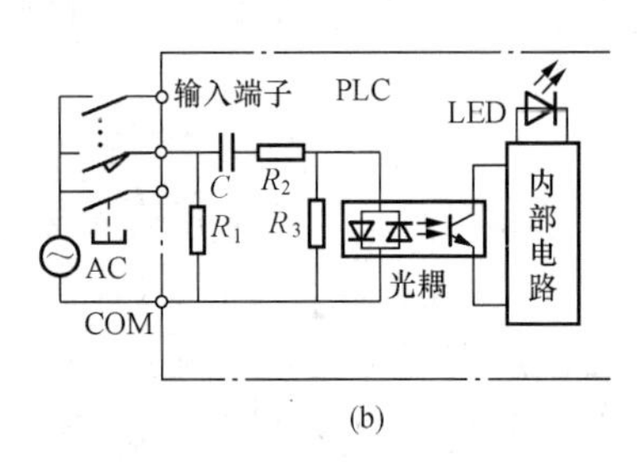

(b)

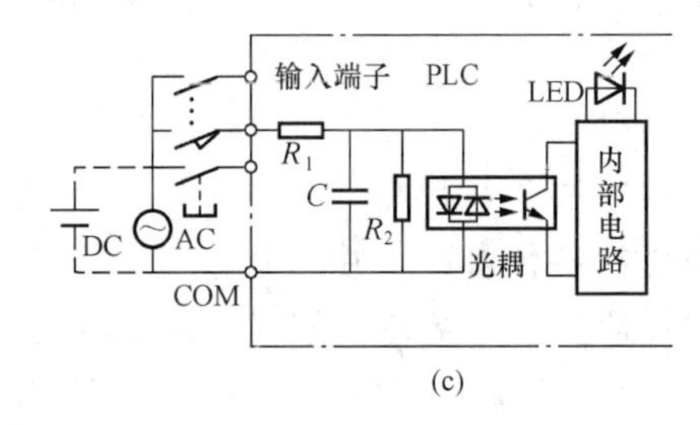

(c)

图 3－3　开关量输入单元

（a）直流输入单元；（b）交流输入单元；（c）交流或直流输入单元

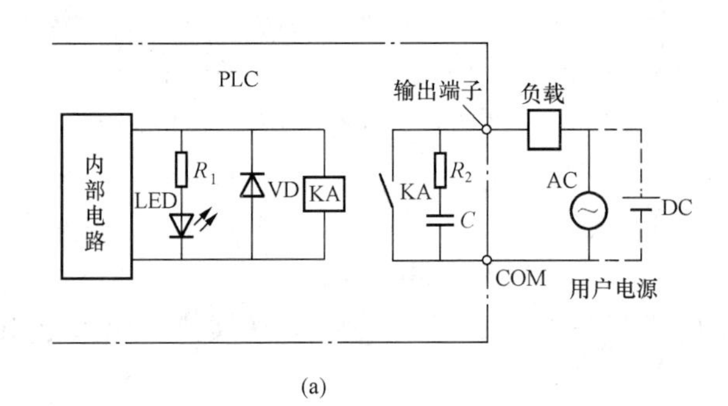

(a)

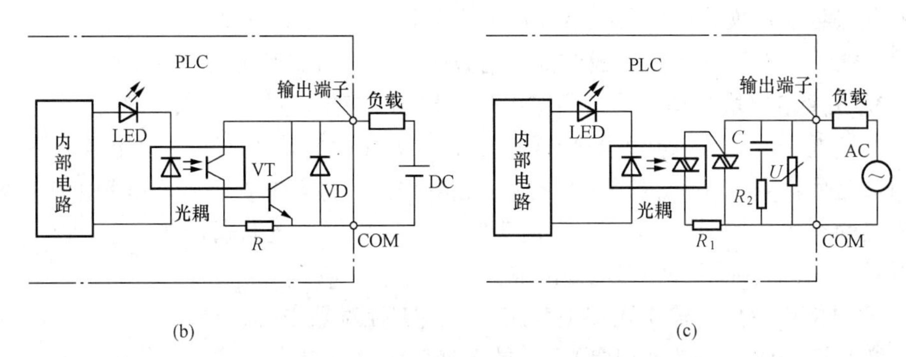

(b)　　　　(c)

图 3－4　开关量输出单元

（a）继电器输出方式；（b）晶体管输出方式；（c）晶闸管输出方式

电器动合触点闭合使负载回路接通；同时发光二极管 LED 点亮，指示该点有输出。根据负载要求可选用直流电源或交流电源。一般负载电流大于 2A，响应时间为 8～10ms，机械寿命大于 10^6 次。由于继电器从线圈得电到触点动作需要一定的时间，因此不适宜对工作频率要求高的场合。

晶体管型输出接口用于驱动直流负载。在晶体管输出型中，输出回路的三极管工作在开关状态，电路如图3-4（b）所示。图中只画出对应一个输出点的输出电路，各输出点所对应的输出电路相同。图中 R_1 和发光二极管LED组成输出状态显示器。当PLC输出一个接通信号时，内部电路通过光电耦合使三极管VT导通，负载得电，同时发光二极管LED点亮，指示该点有输出。稳压管VZ用于输出端的过压保护。晶体管输出型要求带直流负载。由于是无触点输出，因此寿命长，响应速度快，响应时间小于1ms，负载电流约为0.5A。

晶闸管型输出接口用于驱动交流负载。在晶闸管输出型中，光控双向晶闸管为输出开关器件，电路如图3-4（c）所示。每一个输出点都对应一个这样的输出电路。当CPU发出一个接通信号时，通过光电耦合使双向晶闸管导通，负载得电；同时发光二极管LED点亮，表明该点有输出。R_2、C 组成高频滤波电路，以减少高频信号干扰。双向晶闸管是交流大功率半导体器件，负载能力强，响应速度快（微秒级），每个输出点的带负载能力约为1A。

比较上述三种输出接口形式，不难看出，继电器型输出接口可驱动交流或直流负载，但其响应时间长、动作频率低；而晶体管输出和双向晶闸管输出接口的响应速度快、动作频率高。前者只能用于驱动直流负载，后者只能用于交流负载。

4. 电源

PLC一般使用220V的交流电源。PLC本身配有开关电源以供内部电路使用。与普通电源相比，PLC电源的稳定性好、抗干扰能力强。对电网提供的电源稳定度要求不高，一般允许电源电压在其额定值±15%的范围内波动。许多PLC还向外提供直流24V的稳压电源，用于对外部传感器供电。

5. I/O扩展接口

I/O扩展接口是PLC主机为了扩展输入/输出点数和类型的部件，输入/输出扩展单元、远程输入/输出扩展单元、智能输入/输出单元等通过它与主机相连。I/O扩展接口有并行接口、串行接口等多种形式。当用户所需的输入、输出点数超过主机（控制单元）的输入、输出点数时，可通过I/O扩展接口与I/O扩展单元相接，以扩充I/O点数。A/D、D/A单元一般通过该接口与主机相接。

6. 外设I/O接口

PLC配有各种外设I/O接口。PLC可通过这些接口与监视器、打印机、其他PLC、上位计算机等设备实现通信。PLC与打印机连接，可将过程信息、系统参数等输出打印；与监视器连接，可将控制过程图像显示出来；与其他PLC连接，可组成多机系统或连成网络，实现更大规模控制；与计算机连接，可组成多级分布式控制系统，实现控制与管理相结合。外设I/O接口一般是RS-232C或RS-422A和RS-485串行通信接口，该接口的功能是进行串行/并行数据的转换、通信格式的识别、数据传输的出错检验、信号电平的转换等。

7. 底板或机架

大多数模块式PLC使用底板或机架，其作用是在电气上实现各模块间的联系，使CPU能访问底板上的所有模块，机械上实现各模块间的连接，使各模块构成一个整体。

8. 其他外部设备

除了以上所述的部件和设备外，PLC 还有许多外部设备，如编程器、EPROM 写入器、外存储器、人/机接口装置等。

（1）编程设备。编程器是编制、调试 PLC 用户程序的外部设备，它是 PLC 开发应用、监测运行、检查维护不可缺少的器件，是人机交互的窗口。通过编程器可以把新的用户程序输入到 PLC 的 RAM 中，或者对 RAM 中已有程序进行编辑。通过编程器还可以对系统作一些设定监控 PLC 及 PLC 所控制的系统的工作状况，但它不直接参与现场控制运行。小编程器 PLC 一般有手持型编程器，目前一般由计算机（运行编程软件）充当编程器。

（2）人机界面。最简单的人机界面是指示灯和按钮，目前液晶屏（或触摸屏）式的一体式操作员终端应用越来越广泛，由计算机（运行组态软件）充当人机界面非常普及。

（3）输入输出设备。PLC 还可以配置其他外部设备，如配置存储器卡、盒式磁带机或磁盘驱动器，用于存储用户的应用程序和数据；配置 EPROM 写入器，用来将用户程序固化到 EPROM 存储器中的一种 PLC 外部设备。为了使调试好的用户程序不易丢失，经常用 EPROM 写入器将 PLC 内 RAM 保存到 EPROM 中。配置打印机等外部设备，用以打印记录过程参数、系统参数以及报警事故记录表等。另外还可配置条码阅读器，输入模拟量的电位器等。

9. PLC 的通信联网

依靠先进的工业网络技术可以迅速有效地收集、传送生产和管理数据。因此，网络在自动化系统集成工程中的重要性越来越显著。

PLC 具有通信联网的功能，它使 PLC 与 PLC、PLC 与上位计算机以及其他智能设备之间能够交换信息，形成一个统一的整体，实现分散集中控制。多数 PLC 具有 RS－232 接口，还有一些内置有支持各自通信协议的接口。

PLC 的通信还未实现互操作性，IEC 规定了多种现场总线标准，PLC 各厂家均有采用。

对于一个自动化工程（特别是中大规模控制系统）来讲，选择网络非常重要的。首先，网络必须是开放的，以方便不同设备的集成及未来系统规模的扩展；其次，针对不同网络层次的传输性能要求，选择网络的形式，这必须在较深入地了解该网络标准的协议、机制的前提下进行；再次综合考虑系统成本、设备兼容性、现场环境适用性等具体问题，确定不同层次所使用的网络标准。

第三节　PLC 的工作原理及性能指标

一、PLC 的工作原理

1. PLC 的扫描工作方式

当 PLC 运行时，是通过执行反映控制要求的用户程序来完成控制任务的，需要执行众多的操作，但 CPU 不可能同时去执行多个操作，只能按分时操作（串行工作）方式，每一次执行一个操作，按顺序逐个执行。由于 CPU 的运算处理速度很快，所以从宏观上来看，PLC 外部出现的结果似乎是同时（并行）完成的。这种串行工作过程称为 PLC 的扫描工作方式。

用扫描工作方式执行用户程序时，扫描是从第一条程序开始的，在无中断或跳转控制的情况下，按程序存储顺序的先后，逐条执行用户程序，直到程序结束。然后再从头开始扫描执行，周而复始重复运行。

PLC 控制系统的工作与继电器控制系统的工作原理明显不同。继电器控制装置采用硬逻辑的并行工作方式，如果某个继电器的线圈通电或断电，那么该继电器的所有动合和动断触点不论处在控制线路的哪个位置上，都会立即同时动作；而 PLC 采用扫描工作方式（串行工作方式），如果某个软继电器的线圈被接通或断开，其所有的触点不会立即动作，必须等扫描到该时才会动作。但由于 PLC 的扫描速度快，通常 PLC 与电器控制装置在 I/O 的处理结果上并没有什么差别。

2. PLC 扫描工作过程

PLC 在每次扫描工作过程中除了执行用户程序外，还要完成内部处理、通信服务工作。如图 3－5 所示，整个扫描工作过程包括自诊断、通信服务、输入采样、程序执行、输出刷新 5 个阶段。整个过程扫描执行一遍所需的时间称为扫描周期。扫描周期与 CPU 运行速度、PLC 硬件配置及用户程序长短有关，典型值为 1～100ms。

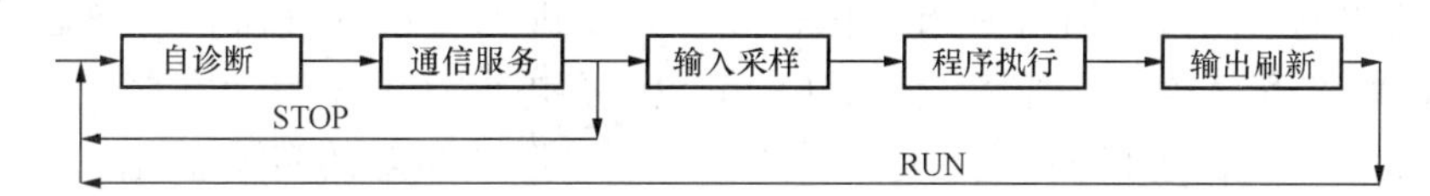

图 3－5　PLC 的扫描过程

在内部处理阶段，PLC 进行自检，检查内部硬件是否正常，对监视定时器（WDT）复位以及完成其他一些内部处理工作。

在通信服务阶段，PLC 与其他智能装置实现通信，响应编程器键入的命令，更新编程器的显示内容等。

当 PLC 处于停止（STOP）状态时，只完成内部处理和通信服务工作。当 PLC 处于运行（RUN）状态时，除完成内部处理和通信服务工作外，还要完成输入采样、程序执行、输出刷新工作。

PLC 的扫描工作方式简单直观，便于程序的设计，并为可靠运行提供了保障。当 PLC 扫描到的指令被执行后，其结果马上就被后面将要扫描到的指令所利用，而且还可通过 CPU 内部设置的监视定时器来监视每次扫描是否超过规定时间，避免由于 CPU 内部故障使程序执行进入死循环。

3. PLC 执行程序的过程

PLC 执行程序的过程分为 3 个阶段，即输入采样阶段、程序执行阶段、输出刷新阶段，如图 3－6 所示。

（1）输入采样阶段。在输入采样阶段，CPU 以扫描工作方式按顺序对所有输入端口进行采样，读取其状态并写入输入状态映像寄存器中，此时输入映像寄存器被刷新。完成输入采样工作后，将关闭输入端口，接着进入程序处理阶段，在程序执行阶段或其他阶

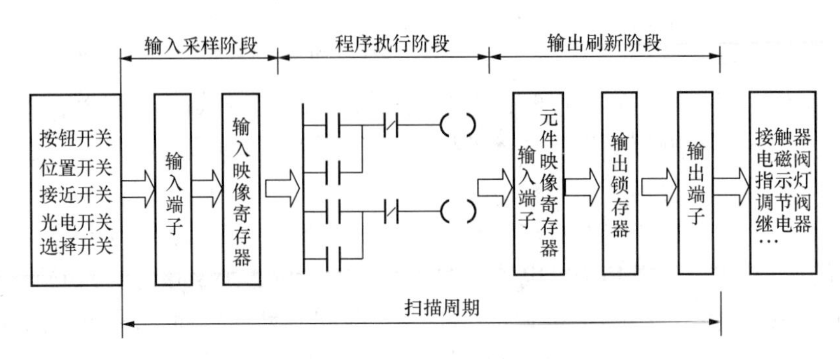

图 3-6　PLC 执行程序的过程

段，即使输入状态发生变化，输入映像寄存器的内容也不会改变，这些变化必须等到下一工作周期的输入刷新阶段才能被读入。

（2）程序执行阶段。在程序执行阶段，PLC 根据用户输入的控制程序，从第一条开始按顺序进行扫描执行，即按先上后下、先左后右的顺序进行。当指令中涉及输入、输出状态时，PLC 从映像寄存器中读出，并将相应的逻辑运算结果存入对应的内部辅助寄存器和输出状态寄存器。当最后一条控制程序执行完毕后，即转入输入刷新阶段。

（3）输出刷新阶段。当所有指令执行完毕后，进入输出处理阶段。在这一阶段里，PLC 将输出状态寄存器中的内容，依次送到输出锁存电路（输出映像寄存器），并通过一定输出方式输出，驱动外部相应执行元件工作，这才形成 PLC 的实际输出。

因此，输入刷新、程序执行和输出刷新三个阶段构成 PLC 一个工作周期，由此循环往复，因此称为循环扫描工作方式。由于输入刷新阶段是紧接输出刷新阶段后马上进行的，所以亦将这两个阶段统称为 I/O 刷新阶段。实际上，除了执行程序和 I/O 刷新外，PLC 还要进行各种错误检测（自诊断功能）并与编程工具通信，这些操作统称为“监视服务”，一般在程序执行之后进行。

4. PLC 的 I/O 的滞后现象

从以上分析可知，由于每个扫描周期只进行一次 I/O 刷新，即每一个扫描周期 PLC 只对输入、输出状态寄存器更新一次，所以系统存在输入输出滞后现象。把从 PLC 的输入端信号发生变化到 PLC 的输出端对该变化做出反应所需的时间称为滞后时间或响应时间。对一般的开关量控制系统，这种滞后是完全允许的。应该注意的是，这种响应滞后不仅是由 PLC 扫描工作方式造成的，更主要的是 PLC 输入接口的滤波环节带来的输入延迟，以及输出接口中驱动器件的动作时间带来输出延迟，同时还与程序设计有关。滞后时间是设计 PLC 应用系统时应注意把握的一个参数，其长短与以下因素有关：

（1）输入滤波器对信号的延迟作用。PLC 的输入电路中设置了滤波器。滤波器的时间常数越大，对输入信号的延迟作用越强。从输入端 ON 到输入滤波器输出所经历的时间为输入 ON 延时。

（2）输出继电器的动作延迟。对继电器输出型的 PLC，把从锁存器 ON 到输出触点 ON 所经历的时间称为输出 ON 延时，一般需十几毫秒。所以在要求输入/输出有较快响应的场合，最好不要使用继电器输出型的 PLC。

（3）PLC的循环扫描工作方式。扫描周期越长，滞后现象越严重。扫描周期的长短主要取决于程序的长短，一般扫描周期只有十几毫秒，最多几十毫秒，因此在慢速控制系统中可以认为输入信号一旦变化就立即能进入输入映像寄存器中。

在需要快速响应时，可采用高速计数模块、中断处理等措施来减少滞后时间。

二、PLC的主要性能指标

1. 存储容量

程序容量决定了存放用户程序的长短。用户程序存储器的容量大，可以编制出复杂的程序。一般来说，小型PLC的用户存储器容量为几千字，而大型机的用户存储器容量为几万字。

2. I/O点数

I/O点数即PLC可以接受的输入信号和输出信号端子的个数总和，是PLC的主要指标，I/O点数越多表明可以与外部相连接的设备越多，控制规模越大。PLC的I/O点数一般包括主机I/O点数和最大扩展I/O点数。一台主机I/O点数不够大时，可外接I/O扩展单元。一般扩展内只有I/O接口电路、驱动电路，而没有CPU。它通过总线电缆与主机相接，由主机CPU进行寻址，因此最大扩展能力受主机最大扩展点数的限制。

3. 扫描速度

扫描速度是指PLC执行用户程序的速度，是衡量PLC性能的重要指标。一般执行1000步指令所用的时间作为标准，即ms/千步，有时也以执行1步所用的时间（μs/步）作为标准。PLC用户手册一般给出执行各条指令所用的时间，可以通过比较各种PLC执行相同的操作所用的时间来衡量扫描速度的快慢。

4. 指令条数

不同的厂家生产的PLC指令条数是不同的。指令功能的强弱、数量的多少也是衡量PLC性能的重要指标。编程指令的功能越强、数量越多，PLC的处理能力和控制能力也越强，用户编程也越简单和方便，越容易完成复杂的控制任务。

5. 内部元件的种类与数量

一个硬件功能较强的PLC，内部继电器和寄存器的种类比较多，例如具有特殊功能的继电器可以为用户程序设计提供方便。因此内部继电器、寄存器的配置是PLC的一个主要指标。这些元件的种类与数量越多，表示PLC的存储和处理各种信息的能力越强。

6. 特殊功能单元

特殊功能单元种类的多少与功能的强弱是衡量PLC产品的一个重要指标。近年来各PLC厂商非常重视特殊功能单元的开发，特殊功能单元的种类日益增多，功能越来越强，如A/D和D/A转换模块、高级语言编辑模块等，使PLC的控制功能日益扩大。因此人们常常以一台PLC特殊功能的多少以及高级模块的种类去评价这台机器的水平。

7. 可扩展能力

PLC的可扩展能力包括I/O点数的扩展、存储容量的扩展、联网功能的扩展、各种功能模块的扩展等。在选择PLC时，经常需要考虑PLC的可扩展能力。

第四节　PLC与继电器的比较

下面以工业控制中三相异步电动机的启/停控制为例，对继电器控制和PLC控制两种方式进行比较。

一、继电器控制

图3－7所示为三相异步电动机的继电器控制电路图，由主电路和控制电路组成，包括三相交流异步电动机3M、交流接触器KM、熔断器FU、热继电器KR和按钮。其中，由输入设备SB1、SB2、KR的触点构成系统的输入部分，由输出设备KM构成系统的输出部分，各电器通过硬件连线组成控制逻辑。

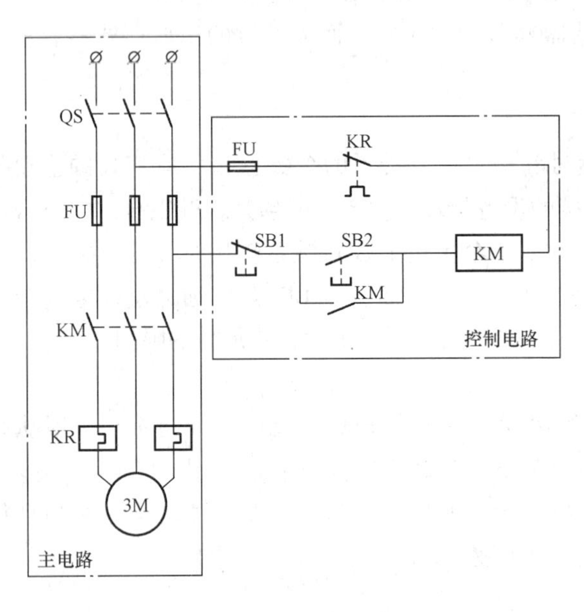

图3－7　三相异步电动机继电器电气控制原理图

启动时，合上刀开关QS，接入三相电源。按下启动按钮SB2，交流接触器KM的吸引线圈通电，接触器主触点闭合，电动机接通电源直接启动运转。同时与SB2并联的动合辅助触点KM闭合，这样当手松开，SB2自动复位时，接触器KM的线圈仍可通过接触器KM的动合辅助触点继续通电，从而保持电动机的连续运行。这种依靠接触器自身辅助触点而使其线圈保持通电的现象称为自锁。起自锁作用的辅助触点称为自锁触点。

按下停止按钮SB1，控制电路断开，接触器KM线圈断电释放，KM的动合主触点将三相电源切断，电动机3M停止旋转。当手松开按钮后，SB1的动断触点在复位弹簧的作用下，虽又恢复到原来的常闭状态，但接触器线圈已不再能依靠自锁触点通电了，因为原来闭合的自锁触点早已随着接触器线圈的断电而断开。

二、PLC（可编程控制器）控制

如果用PLC控制图3－7所示的三相异步电动机，并组成一个PLC控制系统，则系统主电路不变，只要将输入设备SB1、SB2的触点与PLC的输入端连接，输出设备KM线圈与PLC的输出端连接即可。图3－8所示为PLC控制系统I/O端子接线图，系统的主电路与继电器控制的主电路相同。

利用PLC，通过程序控制实现电动机的启—保—停。程序由计算机通过编程软件编写，梯形图程序如图3－9所示。在PLC的输入端，将启动按钮（动合）与I0.0输入端子相连接，停止按钮（动断）与I0.1输入端子相连接，按钮SB1/SB2与PLC内部的软继电器I0.1、I0.0相对应；输出端子Q0.0接入控制电动机运行的接触器KM，KM与PLC内部的软继电器 Q0.0 对应。操作时，按下启动按钮，则输入点 I0.0 接通，图 3-9 所示的梯形图程序输出点 Q0.0 接通，KM 线圈得电，从而使电动机启动运行，松开启动按钮，I0.0 断电，但是通过 PLC 内部程序 Q0.0 触点自锁，Q0.0 继续保持接通，KM 线圈继续得电，电动机持续运行。当需要电动机停止时，按下停止按钮，输入点 I0.1 断电，PLC 内部程序解除自锁，输出点 Q0.0 断开，电动机停止运转。

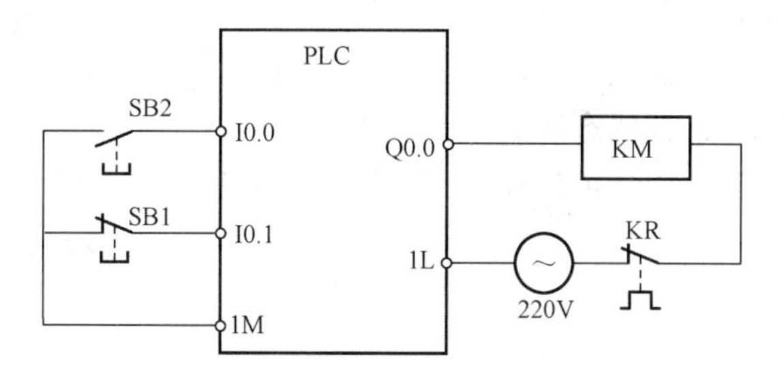

图 3-8　PLC 控制系统 I/O 端子接线图

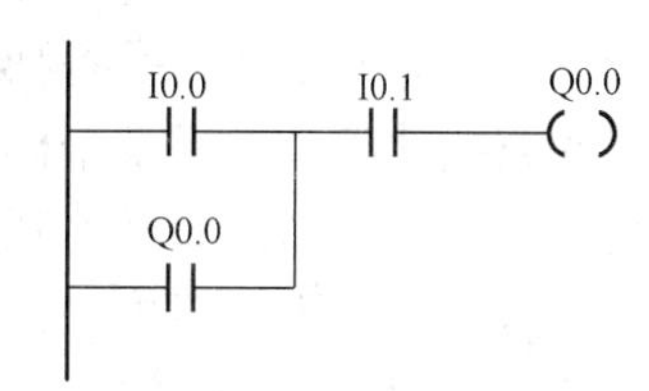

图 3-9　PLC 梯形图程序

三、PLC 控制与继电器控制的区别

三相异步电动机的继电器控制与 PLC 控制电路图有许多相似的地方，如两者的主控制电路、信号 I/O 形式及控制功能相同，主要原因是 PLC 梯形图大致上沿用了继电器控制电路元件符号，仅个别有些不同。但 PLC 控制与继电器控制还是有所区别的，主要表现在以下 6 个方面：

1. 组成器件的触点数量不同

继电器控制线路是由许多真正的硬继电器（如 KM）组成的，而梯形图则由许多所谓的软继电器（如 Q0.0）组成。这些软继电器实质上是存储器中的触发器，可以置“0”或置“1”。硬继电器有触点，易磨损，而软继电器则无磨损现象。

硬继电器的触点数量有限，用于控制的继电器的触点数量一般只有 4～8 对；而梯形图中每只软继电器供编程使用的触点较多，并可以扩展，这是因为在梯形图中存储器中的触发器状态可取用任意次数。

2. 硬件配套与使用方便灵活性不同

PLC 产品已经标准化、系列化、模块化，有各种性能硬件装置供用户选用，用户可以方便、灵活地进行系统配置，组成不同功能、不同规模的系统。在继电器控制线路中，某种控制的实现是通过各种继电器之间的硬接线解决的。由于其控制功能已包含在固定线路之间，因此它的功能专一，不灵活；而 PLC 控制系统接线方便，其控制是通过梯形图，即软件编程解决的，易于修改控制程序而修改控制系统功能，可做到灵活多变。同时，PLC 有很强的负载能力，可以直接驱动电磁阀、交流接触器等。

3. 系统设计、安装、调试维修工作量不同

在设计继电器控制线路时，由于继电器触点有限，要达到控制的目的，确保运行安全可靠，需要设计许多制约关系的联锁电路；而 PLC 用软件功能取代了继电器控制系统中大量的中间继电器、时间继电器、计数器等器件，在多支路控制时用软件编制联锁控制条件，因而 PLC 的电路控制设计较继电器控制设计更为简化，也减少了控制设备外部的接

线。在安装时，由于PLC的I/O接口已经做好，因此可以直接和外围设备相连，而不再需要专用的接口电路，所以硬件安装上的工作量大幅减少。用户程序可以在实验室进行模拟调试，调试完成后再进行生产现场联机调试，使控制系统设计及建造的周期大为缩短。而继电器控制线路调试时要到现场调试，调试费时、耗精力。

PLC还能够通过各种方式直观地反映控制系统的运行状态，如内部工作状态、通信状态、I/O状态和电源状态等，非常有利于维护人员对系统的工作状态进行监视。另外PLC的模块化结构可以使维护人员很方便的检查、更换故障模块，当控制功能改变时，能及时更改系统的结构和配置。而且各种模块上均有运行状态和故障状态指示灯，便于用户了解运行情况和查找故障。如果某个模块发生故障，用户可以通过更换模块的方法，使系统迅速恢复运行。有些PLC，如奥地利加莱公司的产品，还允许带电插拔I/O模块。而继电器控制线路一旦故障，则需要停工，逐一排除故障，维修工作量大。

4. 工作方式不同

继电器控制装置采用硬逻辑并行运行的方式，即如果继电器的线圈通电或断电，该继电器所有的触点（包括其动合或动断触点）无论在继电器控制线路的哪个位置上，都会立即同时动作。PLC的CPU则采用顺序逻辑扫描用户程序的运行方式，即如果一个输出线圈或逻辑线圈被接通或断开，该线圈的所有触点（包括其动合或动断触点）不会立即动作，必须等扫描到该触点时才会动作。

为了消除两者之间由于运行方式不同而造成的差异，考虑到继电器控制装置各类触点的动作时间一般在100ms以上，而PLC扫描用户程序的时间一般均小于100ms。因此，PLC采用了一种不同于一般微型计算机的运行方式，即扫描技术。这样在对于I/O响应要求不高的场合，PLC与继电器控制装置的处理最终就没有什么区别了。

5. 信息化监控与管理不同

在继电器控制线路中，可以通过指示灯和控制按钮实现现场和远程监控，但在复杂系统中，这种控制方式容易出错，不易实现快速控制，控制人员对现场情况也不易把握。而通过计算机连接PLC可实现计算机图形化形象的监控，如西门子公司的Wincc组态监控软件、WONDERWARE公司的INTOUCH、GE公司的IFIX等。应用监控软件不仅能准确监控现场情况，还可以生成各种报表或趋势图，使操作人员可以更准确地把握现场情况。

6. 体积与能耗不同

继电器控制电路一般体积庞大，硬件大多采用220V或更高电压供电，能耗大。由于PLC是专为工业控制而设计的，其内部电路主要采用微电子技术设计，与继电器相比，具有结构紧凑、体积小、质量小的特点，易于装入机械设备内部，组成机电一体化的设备。同时，PLC一般采用低压供电，硬件耗电少，能耗低。

第五节 S7-200 PLC产品简介

一、认识S7-200 PLC

S7-200 PLC是德国西门子公司生产的一种超小型、紧凑型的可编程序控制器，可以满足各种设备的自动化控制的需求。整个系统的硬件架构主要由整体式加积木式组成，即主机包含一定量的输入输出点，同时可以根据需要扩展 I/O 模块和各种功能模块。一个完整的 PLC 系统由主机、扩展单元、功能模块、编程设备、相关软件等组成。S7-200 系列 PLC 有 CPU21X 和 CPU22X 两个系列，其中 CPU22X 系列是 CPU21X 系列的后续产品，常见的有 CPU221、CPU222、CPU224、CPU226 和 CPU226XM 等基本型号。

1. S7-200 基本单元

S7-200 PLC 的外形结构如图 3-10 所示。S7-200 CPU 又称为 PLC 系统的主机或主单元，是将一个中央处理单元、集成电源和数字量 I/O 点集成在一个紧凑、独立的封装中，可以构成一个独立的控制系统。在下载了程序之后，S7-200 的输入部分从现场设备中采集信号传送给 CPU，输出部分将按照 CPU 的运算结果输出控制信号，以控制生产中的设备。

在图 3-10 中，前盖板下的工作方式选择开关用于选择 PLC 的“RUN”、“TERM”和“STOP”工作方式。RUN（运行）：S7-200 执行用户的程序。STOP（停止）：S7-200 不执行程序，此时可以下载程序、数据和进行 CPU 系统设置。在程序编辑、上载、下载时必须把 CPU 置于“STOP”方式。

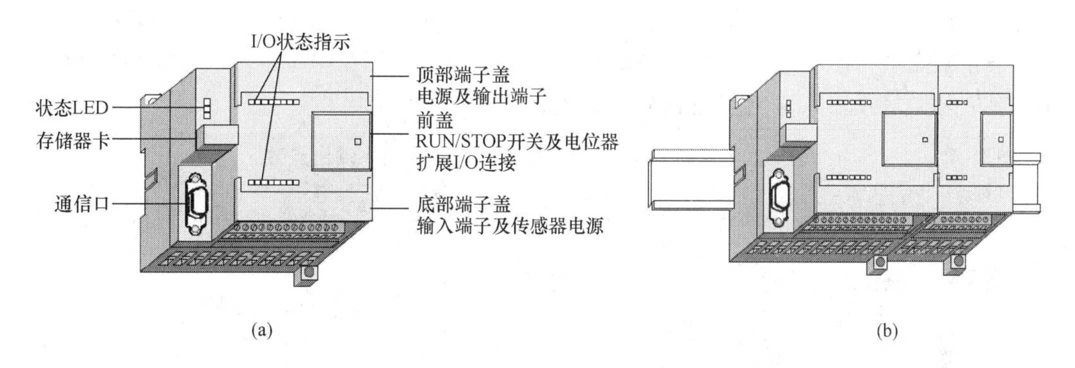

图 3-10 S7-200 PLC 的外形结构
(a) CPU 外形结构；(b) 带有扩展模块的 CPU

PLC 的工作状态由状态 LED 显示，其中 SF/DIAG 状态 LED 亮表示系统出现故障，PLC 停止工作；“RUN”状态 LED 亮（绿色指示灯）表示系统处于运行工作模式；“STOP”状态 LED 亮（红色指示灯）表示系统处于停止工作模式。

前盖板下还有模拟电位器和扩展端口。除 CPU221、CPU222 只有一个模拟电位器外，CPU224 和 CPU226 均有两个模拟电位器 0 和 1。模拟电位器可以用小型旋具进行调节，从而将 0~255 之间的数值存入特殊存储器字节 SMB28 和 SMB29 中。该功能可用于程序调试中，如模拟电位器调节值作为定时器、计数器的预置值，过程量的控制参数。扩展端口通过扁平电缆连接 PLC 的各种扩展模块。

通信口用于 PLC 与个人计算机或手持编程器进行通信连接，除 CPU226 和 CPU226XM 有 2 个 RS-485 通信口（PORT0、PORT1）外，CPU221、CPU222、CPU224 只有 1 个 RS-485 通信口。

各输入/输出点的状态由输入/输出状态 LED 显示，外部接线在输入/输出接线端子板上进行。另外，主机提供了 1 个可选卡插槽，可根据需要插入 EEPROM 卡、电池卡、时

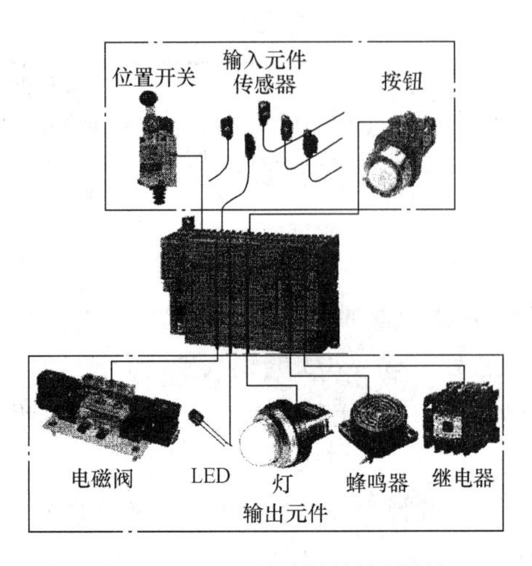

图3-11　PLC的控制外围器件

钟卡中的一种。

S7-200 PLC的主机模块CPU用于存储和执行程序，在控制使用时其外围接线如图3-11所示。

2. 扩展单元

S7-200 CPU为了扩展I/O点和执行特殊的功能，可以连接扩展单元。主要有如下几类：数字量I/O扩展模块EM221、EM222、EM223，模拟量I/O扩展模块EM231、EM232、EM235，通信模块EM277、EM241、CP243-1、CP243-1IT、CP243-2，此外，S7-200还提供了一些特殊模块，用以完成特殊的任务，如SM253位置控制模块、EM241调制解调器模块等。在系统进行扩展时，可以在导轨的最左边安装CPU单元，在CPU单元的右边依次连接多个扩展模块。如果S7-200CPU和扩展模块不能安装在1条导轨上，可以选用总线延长电缆，分两条导轨安装，但1个S7-200系统只能安装1条总线延长电缆。S7-200系列PLC部分扩展单元型号及输入输出点数的分配见表3-1。

表3-1　S7-200系列PLC部分扩展单元型号及输入输出点数

类　型	型　号	输　入　点	输　出　点
数字量扩展模块	EM221	8	无
	EM222	无	8
	EM223	4/8/16	4/8/16
模拟量扩展模块	EM231	3	无
	EM232	无	2
	EM235	3	1

3. 编程器和编程软件

编程器主要用来进行用户程序的编制、存储和管理等，在调试过程中，还可以进行监控和故障检测。S7-200系列PLC的编程器可分为简易型和智能型两种。简易型编程器是袖珍型的，简单实用，价格低廉，是一种很好的现场编程及监测工具，但显示功能较差，只能用指令表方式输入，使用不够方便。智能型编程器就是安装所有需要软件的现场用计算机。可直接采用梯形图语言编程，实现在线监测、调试及管理，非常直观，且功能强大。西门子公司还专门为S7-200系列PLC研制开发了编程软件STEP7-Micro/WIN V4.0。

（1）程序开发。开发S7-200系列PLC用户程序需要一台编程器，并将其和CPU模块连接起来。编程器可以是专用编程器，也可以是装有编程软件的PC，后者更普遍一些。图3-12所示为常见的PLC用户程序开发系统，它由一台PC（计算机）、PLC的CPU模块，以及将二者连接起来是PC/PPI通信电缆组成。

这里以西门子S7－200系列PLC使用的STEP7－Micro/WIN系列编程软件，以图3－8所示三相异步电动机的PLC控制接线图为例，简要介绍一下三相异步电动机的PLC控制程序开发过程。

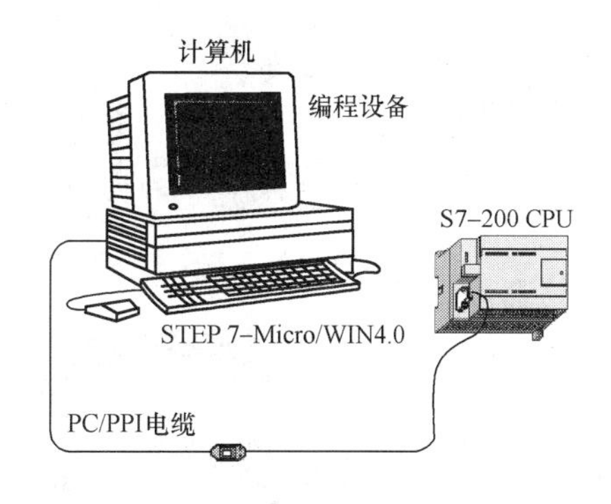

图3－12　S7－200 PLC用户程序开发系统

1）建立新项目。双击“STEP 7 － Micro/WIN”快捷方式图标，或者在“开始”菜单中选择“SIMATIC”→“STEP 7 – Micro/WIN”命令，启动应用程序，自动打开一个新“STEP 7 – MicroWIN”项目，如图3－13所示。

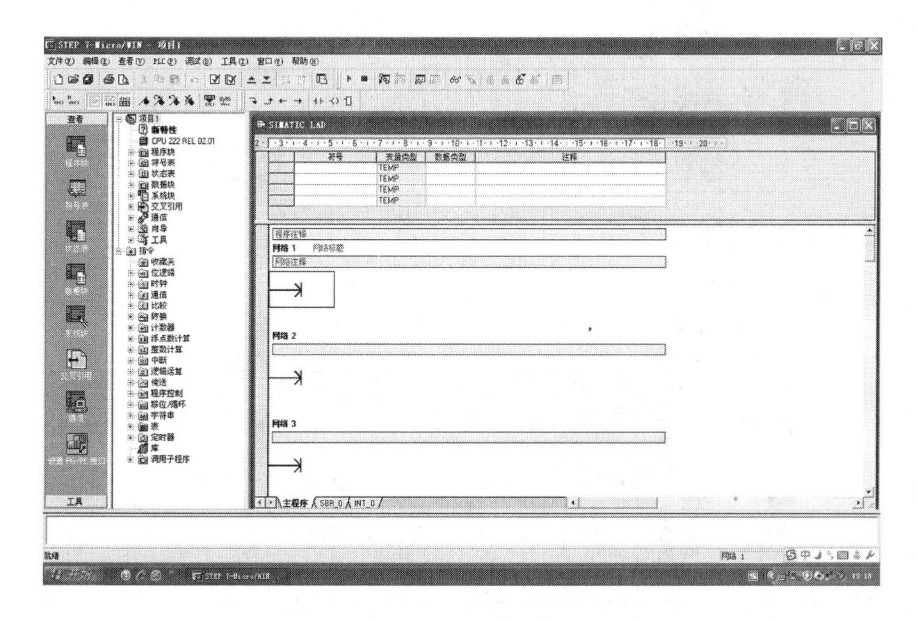

图3－13　STEP7－MicroWIN新建项目

2）程序输入。

步骤1：根据PLC接线图在符号表（Symbol Table）中输入I/O注释，如图3－14所示。

步骤2：用鼠标左键双击指令树中的程序块（Program Block），再双击主程序（MAIN）子项，然后在右侧的状态图窗口中逐个输入本例中的控制指令，如图3－15所示。

3）项目的保存。使用工具条上的“保存”按钮保存，或从“文件”菜单选择“保存”和“另存为”选项保存。

4）程序的编译。程序必须经过编译后，方可下载到PLC，编译的方法如下：程序文件编辑完成后，可用“PLC”菜单中的“编译（Compile）”命令，或工具栏中的“编译（Compile）”按钮进行离线编译。编译完成后会在输出窗口显示编译结果。

5）程序的下载。程序只有在编译正确后才能下载到计算机中。下载前，PLC必须处

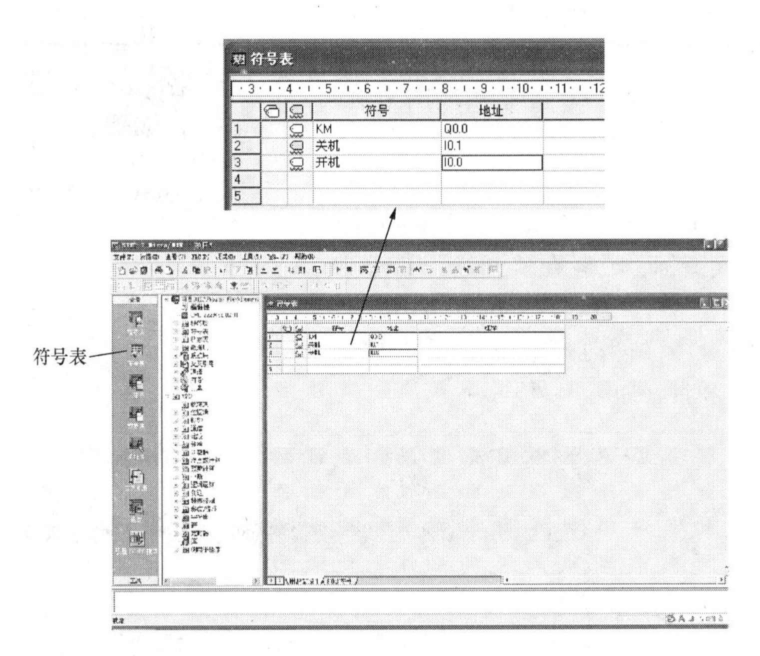

图 3－14　输入 I/O 注释

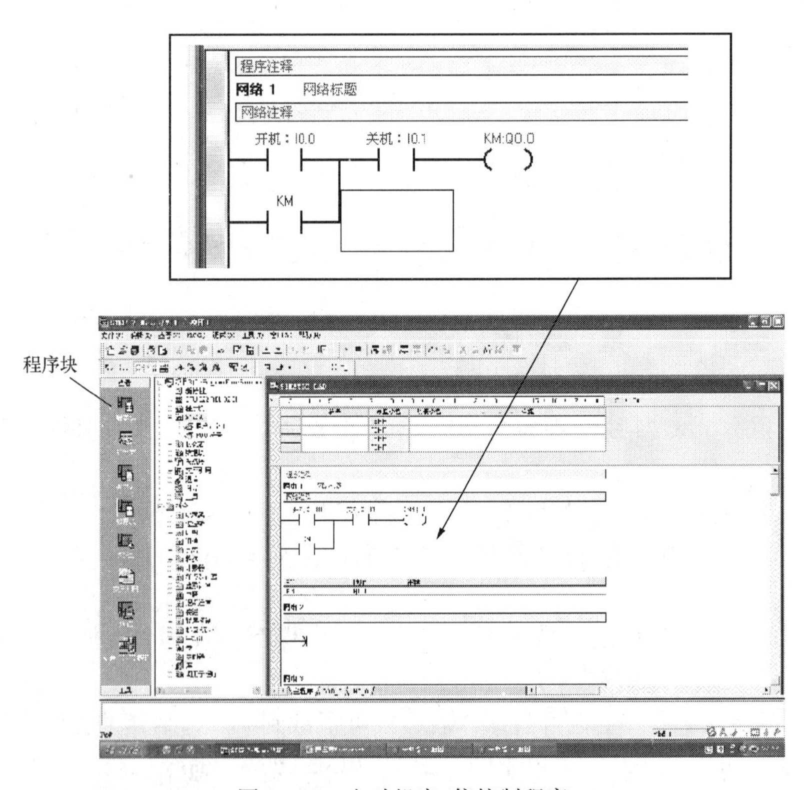

图 3－15　电动机启/停控制程序

于“STOP”状态。如果不在“STOP”状态，可单击工具条中“停止（STOP）”按钮，或选择“PLC”菜单中的“停止（STOP）”命令，也可以将CPU模块上的方式选择开关直接扳到“停止（STOP）”位置。选择“文件”→“下载”，或单击“下载”按钮，出现“下载”对话框。单击“确定”，开始下载程序。如果下载成功，会显示“下载成功”。下载成功后，如要运行程序，必须将PLC从“STOP（停止）”模式转换回“RUN（运行）”模式。单击工具条中的“运行”按钮，或选择“PLC”→“运行”即可。

程序上载：上载是指将PLC中的程序上载到STEP 7—Micro/WIN 32程序编辑器中。方法是有三种：单击“上载”按钮，或使用快捷键组合“Ctrl + U”，或选择菜单命令“文件”→“上载”。

6）监视程序。STEP 7—Micro/WIN32提供的三种程序编辑器（梯形图、语句表及功能表图）都可以在PLC运行时监视各个编程元件的状态以及各操作数的数值。这里只介绍在梯形图编辑器中监视程序的运行状态。

PLC处于运行方式并与计算机建立起通信后，用“工具（Tools）”菜单中的“选项（Options）”命令打开选项对话框，选择“LAD状态（LAD status）”项，然后再选择一种梯形图样式，在打开梯形图窗口后，单击工具条中“程序状态（Program sta - tus）”按钮。

在“程序状态”下，梯形图编辑器窗口中被点亮的元件2处于接通状态。对于方框指令，在“程序状态”下，输入操作数和输出操作数不再是地址，而是具体的数值，定时器和计数器指令中的“Txx”或“Cxxx”显示实际的定时值和计数值。

7）打印程序文件。单击“文件（File）”菜单中的“打印（Print）”选项，在对话框中可以选择打印的内容，如阶梯（Ladder）、符号表（Symbol Table）、状态图（Status Chart）、数据块（Data Block）、交叉索引（Cross Reference）及元素使用（Element Us - age）。还可以选择阶梯打印的范围，如全部（All）、主程序（MAIN）、子程序（SBR）以及中断程序（INT）。

程序指令输入完毕后，单击工具栏中的编译按钮进行程序编译。如果程序中有不合法的符号、错误的指令应用等情况，编译就不会通过，出错的详细信息会显示在状态栏里。可根据出错信息更正程序中的错误，然后重新编译。

（2）程序执行。图3 - 7所示的三相电动机启/停控制的主电路用继电器KM来控制，对应的PLC接线图如图3 - 8所示。继电器线圈的通电与否，由启动按钮（SB2）、停止按钮（SB1）通过PLC来控制。PLC要执行用户程序，首先将上位机软件与PLC主机之间的通信建立起来，然后将编译好的程序下载到PLC中。程序执行过程如图3 - 16所示。

按一下启动按钮（SB2），PLC输入采样I0.0得电，执行程序，即I0.0得电闭合，Q0.0得电，PLC将向Q0.0端子输出，经继电器（电动机启动器）启动电动机；按一下停止按钮（SB1），PLC输入采样I0.1失电，执行程序，即I0.1失电断开，Q0.0失电，PLC将向Q0.0端子输出刷新，继电器（电动机启动器）失电，电动机停止运转。由此可见，PLC程序执行是在输入采样基础上执行程序，并将执行结果通过刷新输出端子，驱动被控对象执行的。

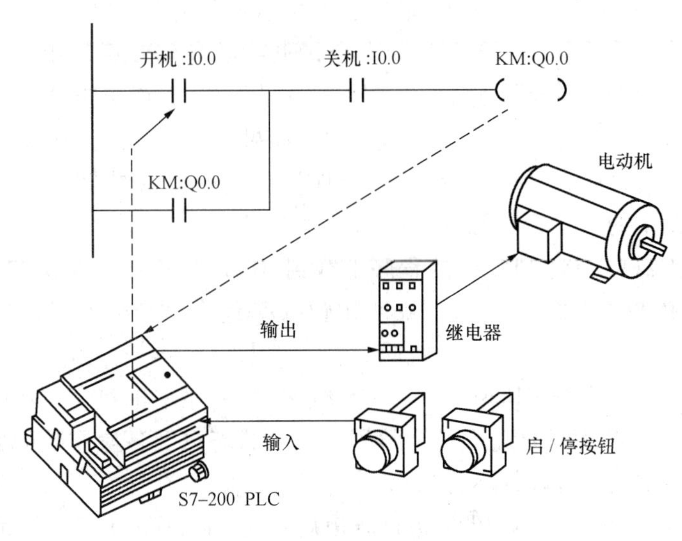

图 3－16　程序执行过程

4. 程序存储卡

一般小型 PLC 均设有外接 EEPROM 卡盒接口，通过该接口可以将卡盒的内容写入 PLC，也可将 PLC 内的程序及重要参数传到外接 EEPROM 卡盒内作为备份，以保证程序及重要参数安全。S7－200 系列 PLC 的程序存储卡 EEPROM 有 6ES 7291 － 8GC00 － 0XA0 和 6ES 7291 － 8GD00－0XA0 两种型号，程序容量分别为 8K 和 16K。程序存储卡接口的位置如图 3－10 所示。

5. 文本显示器 TD200

TD200 是用来显示系统信息的显示设备，也可作为操作控制单元，还可在程序运行时对某个量的数值进行修改，或直接设置输入/输出量。文本信息的显示用选择/确认的方法，最多可显示 80 条信息，每条信息最多 4 个状态。TD200 面板上的 8 个可编程序的功能键，每个功能键都分配了 1 个存储器位，这些功能键在启动和测试系统时，可以进行参数设置和诊断。

二、技术指标

一般来说，PLC 的输出类型有晶体管、继电器、SSR 3 种输出方式，而西门子 S7－200 PLC 只有前 2 种输出方式。其型号 DC/DC/DC 表示 CPU 直流供电，直流数字量输入，数字量输出点是晶体管直流电路类型；AC/DC/Relay 表示 CPU 交流供电，直流数字量输入，数字量输出点是继电器触点类型。

S7－200 CPU 技术指标见表 3－2。

表 3－2　　S7－200 CPU 技术指标

特　　性	CPU221	CPU222	CPU224	CPU226
外形尺寸（mm×mm×mm）	90×80×62	90×80×62	120.5×80×62	190×80×62
用户程序存储区（Byte）	4096	4096	8192	8192
用户数据存储区（Byte）	2048	2048	5120	5120

续表

特　性		CPU221	CPU222	CPU224	CPU226
掉电保持时间（h）		50	50	190	190
本机I/O		6入/4出	8入/6出	14入/10出	24入/16出
扩展模块数量		0	2	7	7
数字量I/O映像区大小		256	256	256	256
模拟量I/O映像区大小		0	16入/16出	32入/32出	32入/32出
高速计数器	单相（kHz）	30（4路）	30（4路）	30（6路）	30（6路）
	双相（kHz）	20（2路）	20（2路）	20（4路）	20（4路）
脉冲输出（DC，kHz）		20（2路）	20（2路）	20（2路）	20（2路）
模拟电位器		1	1	2	2
实时时钟		配时钟卡	配时钟卡	内置	内置
通信口		1RS-485	1RS-485	1RS-485	2RS-485
浮点数运算		有			
布尔指令执行速度		0.37μs/指令			
最大数字量I/O映像区		128点入、128点出			
最大模拟量I/O映像区		32点入、32点出			
内部标志位（M寄存器）		256位			
掉电永久保存		112位			
超级电容或电池保存		256位			
定时器总数		256个			
超级电容或电池保存		64个			
1ms定时器		4个			
10ms定时器		16个			
100ms定时器		236个			
计数器总数		256个			
超级电容或电池保存		256个			
顺序控制继电器		256个			
定时中断		2个，1ms分辨率			
硬件输入边沿中断		4个			
可选滤波时间输入		7个，0.2~12.8ms			

三、PLC的安装与拆卸

1. 安装环境条件

PLC是为适应工业现场而设计的，为了保证工作的可靠性，延长PLC的使用寿命，安装时要注意周围环境条件：环境温度为 0～55℃；相对湿度为 35%～85%（无结霜），周围无易燃或腐蚀性气体、过量的灰尘和金属颗粒；避免过度的振动和冲击；避免太阳光的直射和水的溅射。

2. 安装方式

S7－200 即可以安装在控制柜背板上，也可以安装在标准导轨上；即可以水平安装，也可以垂直安装。利用总线连接电缆，可以把 CPU 模块和扩展模块连接在一起。需要连接的扩展模块较多时，将模块安装成两排，如图 3－17 所示。

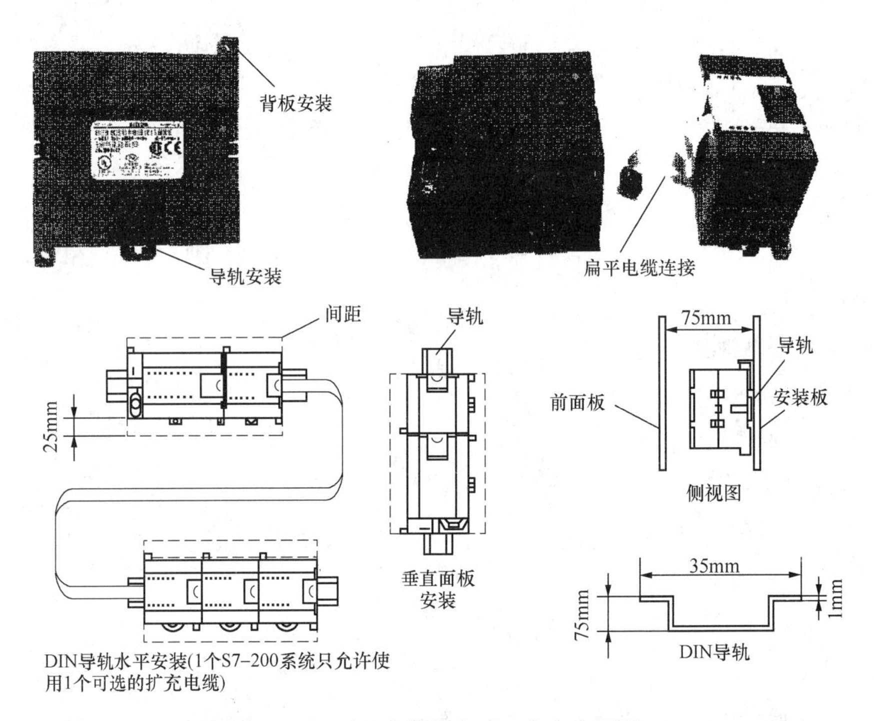

图 3－17　PLC 安装的方式、方向和间距

控制柜背板安装：按照 PLC 的尺寸进行定位、钻安装孔，用合适的螺钉将模块固定在背板上。若使用了扩展模块，将扩展模块的扁平电缆连到前盖下面的扩展口。如果系统处于高振动环境中，使用背板安装方式可以得到较高的振动保护等级。

DIN 导轨安装：打开模块底部的 DIN 夹子，将模块背部卡在 DIN 导轨上，合上 DIN 夹子。仔细检查模块上 DIN 夹子与 DIN 导轨是否紧密固定好。如果使用了扩展模块，应放在 CPU 模块的右侧，固定好模块后将扩展模块的扁平电缆连到前盖下面的扩展口。当 S7－200 的使用环境振动比较大或者采用垂直安装方式时，应该使用 DIN 导轨挡块。

3. 拆卸 CPU 或扩展模块

拆卸前先拆除 S7－200 的电源，再拆除模块上的所有连线和电缆，如果有其他扩展模块连接在所拆卸的模块上，请打开前盖，拔掉相邻模块的扩展扁平电缆。拆掉安装螺钉或者打开 DIN 夹子，最后拆下模块。

4. 端子排的安装与拆卸

为了安装和替换模块方便，大多数的S7－200模块都有可拆卸的端子排。

在拆卸端子排时，打开端子排安装位置的上盖，以便接近端子排。把螺丝刀插入端子块中央的槽口中，用力下压并撬出端子排，如图3－18所示。

端子排在安装时，打开端子排的上盖，确保模块上的插针与端子排边缘的小孔对正，将端子排向下压入模块，保证端子块对准位置并锁住。

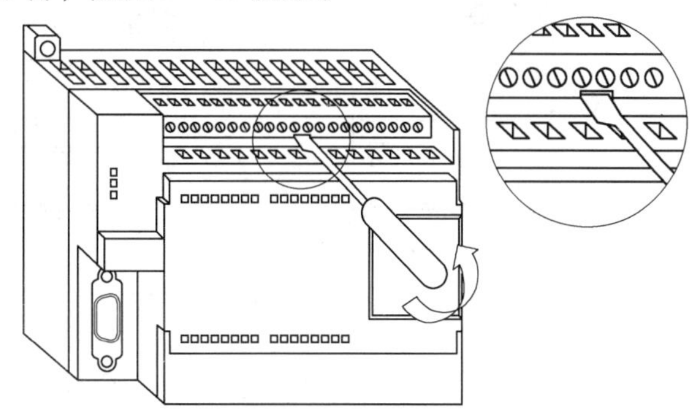

图3－18　拆卸端子排

5. PLC安装拆卸注意事项

（1）在安装和拆卸PLC之前，要保证该设备的供电已被切断。同样，也要确保与该设备相关联的设备的供电已被切断。

（2）将S7－200与加热装置、高电压和电子噪声隔离开。

（3）为接线和散热留出适当的空间。S7－200设备的设计采用自然对流散热方式，在器件的上方和下方都必须留有至少25mm的空间，以便于正常的散热。前面板与背板的板间距离也应保持至少75mm。在垂直安装时，其允许的最高环境温度要比水平安装时低10℃，而且CPU应安装在所有扩展模块的下方。在安排S7－200设备时，应留出接线和连接通信电缆的足够空间。

（4）切勿将导线头、金属屑等杂物落入机体内。

四、PLC的接线安装

1. 接线的要求

在设计S7－200的接线时，应该提供一个单独的开关，能够同时切断S7－200 CPU、输入电路和输出电路的所有供电。提供熔断器或断路器等过流保护装置来限制供电线路中的电流。当输入电路由一个外部电源供电时，要在电路中添加过流保护器件；每一输出电路都可以使用熔断器或其他限流设备作为额外的保护。

S7－200采用0.5mm^2的导线，应避免将低压信号线和通信电缆与交流供电线和高能量、开关频率很高的直流信号线布置在一个线槽中，使用双绞线并且用中性线或者公共线与能量线或者信号线相配对。导线尽量短并且保证线粗能够满足电流要求，端子排合适的线粗为0.3～2mm^2，使用屏蔽电缆可以得到最佳的抗电子噪声特性。干扰比较严重时应设置浪涌抑制设备。

2. S7－200接地

良好的接地是抑制噪声干扰和电压冲击保证PLC可靠工作的重要条件。在实际的应用中，应该确保S7－200及其相关设备的所有接地点在一点接地。这个单独的接地点应该直接连接到系统地上。将直流电源的公共点连接到同一个单一接地点上，将24VDC传感器供电的公共点（M）接地可以提高抗电子噪声的能力。

所有的接地线应该尽量短并且用较粗的线径（2mm^2）。当选择接地点时，使接地点尽

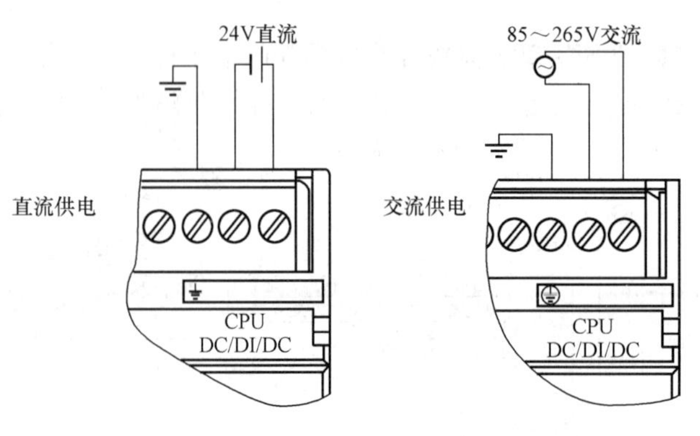

图 3－19　S7－200 CPU 的供电方式

量靠近 PLC。

3. 电源接线

给 S7－200 的 CPU 供电，有直流供电和交流供电两种。CPU 模块的接线方式如图 3－19 所示。

PLC 的工作电源有 120/230V 单相交流电源和 24V 直流电源。系统的大多数干扰往往通过电源进入 PLC，在干扰强或可靠性要求高的场合，动力部分、控制部分、PLC 自身电源及 I/O 回路的电源应分开配线，用带屏蔽层的隔离变压器给 PLC 供电。隔离变压器的一次侧最好接 380V，这样可以避免接地电流的干扰。输入用的外接直流电源最好采用稳压电源，因为整流滤波电源有较大的波纹，容易引起误动作。

（1）交流电源系统接线，如图 3－20 所示。

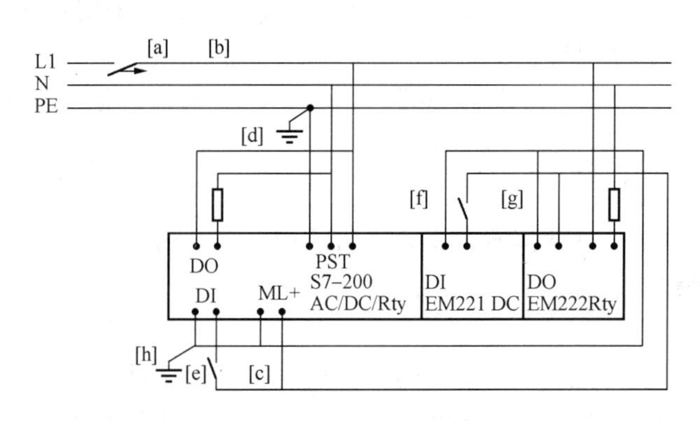

图 3－20　交流电源系统的接线

在图 3－20 中，［a］~［h］各处交流电源接线说明如下：

［a］用一个单极开关将电源与 CPU 所有的输入电路和输出（负载）电路隔开。

［b］用一台过流保护设备以保护 CPU 的电源输出点以及输入点，也可以为每个输出点加上熔丝。

［c］当使用 Micro PLC 24 VDC 传感器电源时可以取消输入点的外部过流保护，因为该传感器电源具有短路保护功能。

［d］将 S7－200 的所有地线端子同最近接地点相连接以提高抗干扰能力。所有的接地端子都使用 0.5mm^2 的电线连接到独立接地点上。

［e］本机单元的直流传感器电源可用来为本机单元的直流输入。

［f］和［g］处是 DC 输入、输出扩展模块供电，当扩展模块接入传感器时（如压力传感器或湿度传感器等），传感器电源应具有短路保护功能。

［h］在安装中如把传感器的供电 M 端子接到地上可以抑制噪声。

（2）直流电源系统接线，如图3－21所示。

图3－21中，［a］～［h］各处直流电源接线说明如下：

［a］用一个单极开关，将电源同CPU所有的输入电路和输出（负载）电路隔开。

［b］用过流保护设备来保护CPU电源、［c］输出点以及［d］输入点。或在每个输出点加上熔丝进行过流保护。当使用Micro 24 VDC传感器电源时不用输入点的外部过流保护。因为传感器电源内部具有限流功能。

［e］用外部电容来保证在负载突变时得到一个稳定的直流电压。

［f］在应用中把所有的DC电源接地或浮地（即把全机浮空，整个系统与大地的绝缘电阻不能小于50MΩ）可以抑制噪声，在未接地DC电源的公共端与保护线PE之间串联电阻与电容的并联回路［g］，电阻提供了静电释放通路，电容提供高频噪声通路。常取$R=1M\Omega$，$C=4700pF$。

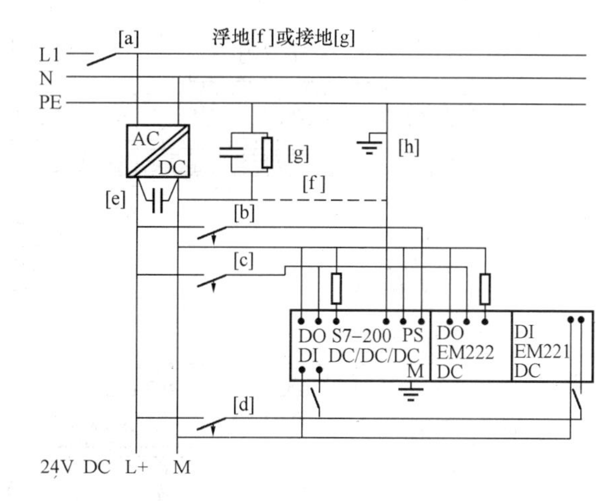

图3－21　直流电源系统的接线

［h］将S7－200所有的接地端子同最近接地点［h］连接，采用一点接地，以提高抗干扰能力。

24V直流电源回路与设备之间，以及120/230V交流电源与危险环境之间，必须进行电气隔离。

4. I/O端子接线和对扩展单元的接线

PLC的输入接线是指外部开关设备PLC的输入端口的连接线。输出接线是指将输出信号通过输出端子送到受控负载的外部接线。S7－200 CPU226的端子连接如图3－22、图3－23所示。

I/O接线时I/O线与动力线、电源线应分开布线，并保持一定的距离，如需在一个线槽中布线时，须使用屏蔽电缆；I/O线的距离一般不超过300m；交流线与直流线，输入线与输出线应分别使用不同的电缆；数字量和模拟量I/O应分开走线，传送模拟量I/O线应使用屏蔽线，且屏蔽层应一端接地。

进行PLC的CPU单元与各扩展单元的接线时，应先断开电源，将扁平电缆的一端插入对应的插口即可。PLC的CPU单元与各扩展单元之间电缆传送的信号小，频率高，易受干扰，所以不能与其他连线敷设在同一线槽内。

5. CPU端子接线

S7－200 PLC的CPU模块可以采用直流电源输入与交流电源输入两种形式，输入端子都是24V直流电，支持源型（或称NPN型，信号电流从模块内向输出器件流出）和漏型（或称PNP型，信号电流从输入器件流入）；输出端子为24V直流电时，为源型输出，输出端子为220V交流电时，无正负极性区分。由于各种CPU的I/O端子数不同，公共端的连接及I/O端子连接也各不相同，CPU模块的连接如图3－22、图3－23所示。

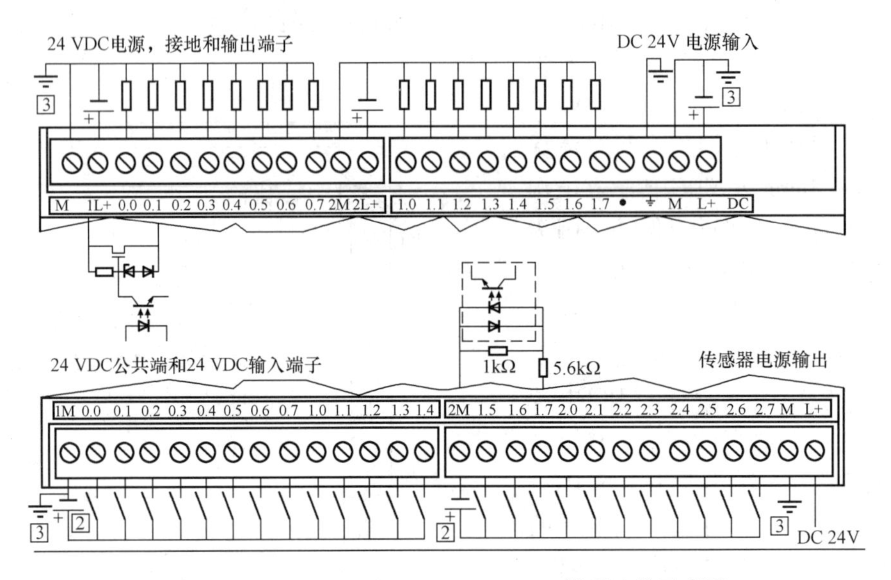

图3－22　S7－200 CPU226 DC/DC/DC端子连接示意图

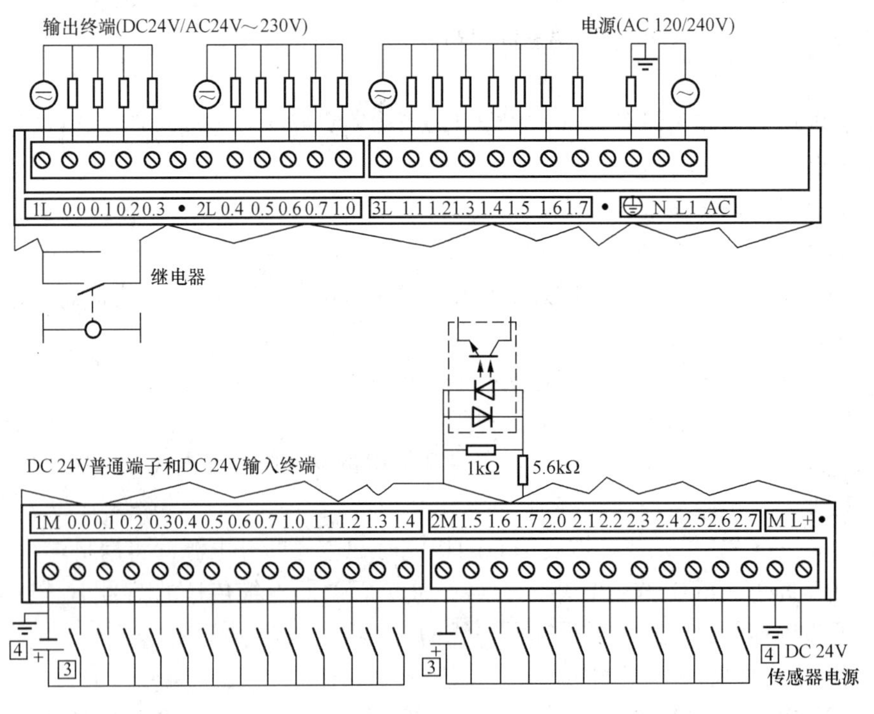

图3－23　S7－200 CPU226 AC/DC/继电器输出端子接线示意图

从S7－200 PLC端子连接可以看出，CPU模块连接时应注意以下问题：

(1) 公共端接线。公共端子主要是指CPU的M端和L端，连接公共端子时应注意如下3点。

1）同型号的CPU模块输入端子的布置和连接方式相同，但公共端对输入端可能不均匀分布，输入信号向左的第一个M端（1M、2M）为该输入所对应的公共端。

2）布置同型号的CPU模块输出端子时，晶体管输出与继电器输出会有所不同，公共端对输出端同样为不均匀分布，输出信号向左的第一个L端（1L+、2L+或1L、2L、3L）为该输出端所对应的公共端。

3）输出信号公共端标记L+（1L+、2L+）用于晶体管输出的直流电源，公共端标记L（1L、2L、3L）为输出继电器公共端。

（2）电源接线。CPU模块的电源输入端总是在模块的右上角，标记M、L+为外部直流电源输入端；标记M、L1为外部交流电源输入端。

（3）传感器电源接线。输入传感器的24V直流电源可以由PLC供给，该连接端总是在CPU模块的右下角，标记M、L+，最大输出电流有一定的限制，对于CPU221、CPU222最大供电电流为24V/180mA直流电；对于CPU224、CPU226最大供电电流为24V/280mA直流电。

第六节 PLC的编程语言

PLC是专为工业控制而开发的装置，主要使用者是企业电气技术人员。为了适应他们的传统习惯和掌握能力，通常PLC不采用计算机编程语言，而采用面向控制过程、面向问题的“自然语言”编程。国际电工委员会（IEC）1994年5月公布的IEC 61131－3《可编程控制器语言标准》详细说明了句法、语义和下述5种编程语言：

（1）梯形图（Ladder Diagram，LD）。

（2）语句表（Statement List，STL）。

（3）顺序功能图（Sequential Function Chart，SFC），也称为状态转移图。

（4）功能块图（Function Block Diagram，FBD）。

（5）结构文本（Structured Text，ST）。

其中，梯形图（LD）和功能块图（FBD）为图形语言，语句表（STL）和结构文本（ST）为文字语言，顺序功能图（SFC）是一种结构块控制流程图。

目前已有越来越多的生产PLC的厂家提供符合IEC 61131－3标准的产品，有的厂家推出的在个人计算机上运行的“PLC软件包”也是按IEC 61131－3标准设计的。

一、梯形图

梯形图是使用最多的图形编程语言，其基本结构形式如图3－24所示。梯形图与继电器控制系统的电路图很相似，特别适用于开关量逻辑控制。梯形图常被称为电路或程序，梯形图的设计称为编程。梯形图由触点、线圈（主要指Q、M等寄存器、标志位存储器）和指令盒等组成。线圈通常代表逻辑输出结果和输出标志位。触点

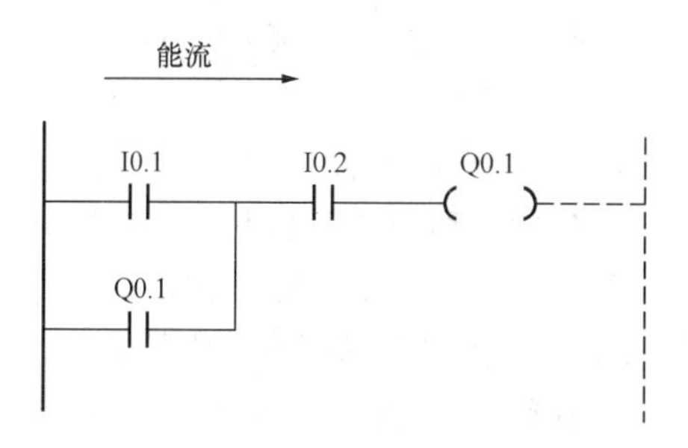

图3－24 梯形图基本结构形式

代表逻辑输入条件。

1. 基本概念

（1）能流。在图3－24中，为了分析各个元器件间的输入与输出关系，就会假想一个概念电流，也称为能流（Power Flow）。认为能流是按照从左到右的方向流动，这一方向与执行用户顺序时的逻辑运算关系是一致的，当I0.1与I0.2的触点接通，或Q0.1与I0.2的触点接通时，就会有一个假想的能流流过Q0.1的线圈，使线圈通电。利用能流这一概念，可以更好地理解和分析梯形图，能流只能从左向右流动，层次改变只能从上向下。

（2）母线。梯形图两侧的垂直公共线称为母线（Bus Bar）。母线之间有能流从左向右流动。通常梯形图中的母线有左右两条，左侧的母线必须画出，但右侧母线可以省略不画，如图3－24所示。

（3）触点与线圈。PLC梯形图中的某些编程元件沿用了继电器这一名称，如输入继电器（输入映像寄存器）、输出继电器（输出映像寄存器）、内部辅助继电器（内部标志位存储器）等，但是它们不是真实的物理继电器，而是一些存储单元（或存储器“位”，称为软继电器），每个软继电器的触点与PLC存储器中映像寄存器的一个存储单元相对应，所以把这些触点称为软触点。这些软触点的“1”或“0”状态代表着相应继电器触点或线圈的接通或断开。在继电器控制系统的接线中，触点的数目是有限的，而PLC内部的软触点的数目和使用次数是没有限制的，用户可以根据控制现场的具体要求在梯形图程序中多次使用同一触点。在梯形图程序与动态检测中，触点与线圈所代表的意义见表3－3。

表3－3　梯形图程序中触点与线圈所代表的意义

符　号	代表的意义	常用的地址
┤ ├	动合触点，未接通，存储单元为“0”状态	I、Q、M、T、C
┤■├	动合触点，已接通，存储单元为“1”状态	I、Q、M、T、C
┤/├	动断触点，未接通，存储单元为“1”状态	I、Q、M、T、C
┤▨├	动断触点，已接通，存储单元为“0”状态	I、Q、M、T、C
-( )	继电器线圈，未接通，存储单元为“0”状态	Q、M
-(■)	继电器线圈，已接通，存储单元为“1”状态	Q、M

2. 梯形图的特点

PLC的梯形图源于继电器逻辑控制系统的描述，并与电气控制系统梯形图的基本思想是一致的，只是在使用符号和表达方式上有一定的区别。它采用梯形图的图形符号来描述程序设计，是PLC程序设计中最常用的一种程序设计语言。

这种程序设计语言采用因果的关系来描述系统发生的条件和结果。其中每个梯级是一个因果关系。在梯级中，描述系统发生的条件表示在左面，事件发生的结果表示在右面。

PLC 的梯形图使用的是内部辅助继电器、定时器/计数器等，都是由软件实现的。它的最大优点是使用方便、修改灵活、形象、直观和实用。这是传统电气控制的继电器硬件或接线所无法比拟的。

每个梯形图网络由多个梯级组成。每个输出元素可构成一个梯级，每个梯级可有多个支路。通常每个支路可容纳 11 个编程元素，最右边的元素必须是输出元素。一个网络最多允许 16 条支路。

梯形图有以下 8 个基本特点：

（1）PLC 梯形图与电气操作原理图相对应，具有直观性和对应性，并与传统的继电器逻辑控制技术相一致。

（2）梯形图中的“能流”不是实际意义的电流，而是“概念”电流，是用户程序解算中满足输出执行条件的形象表示方式。“能流”只能从左向右流动。

（3）梯形图中各编程元件所描述的动合触点和动断触点可在编制用户程序时无限引用，不受次数的限制，既可动合又可动断。

（4）梯形图格式中的继电器与物理继电器是不同的概念。PLC 的编程元件沿用了继电器这一名称，如输入继电器、输出继电器、内部辅助继电器等。对于 PLC 来说，其内部的继电器并不是实际存在的具有物理结构的继电器，而是指软件中的编程元件（软继电器）。编程元件中的每个软继电器触点都与 PLC 存储器中的一个存储单元相对应。因此，在应用时，必须与原有继电器逻辑控制技术的有关概念区别对待。

（5）梯形图中输入继电器的状态只取决于对应的外部输入电路的通/断状态，因此在梯形图中没有输入继电器的线圈。输出线圈只对应输出映像区的相应位，不能用该编程元件直接驱动现场机构，位的状态必须通过 I/O 模板上对应的输出单元，才能驱动现场执行机构进行最后动作的执行。

（6）根据梯形图中各触点的状态和逻辑关系，可以求出与图中各线圈对应的编程元件的 ON/OFF 状态，称为梯形图的逻辑解算。逻辑解算是按梯形图中从上到下、从左至右的顺序进行的。逻辑解算是根据输入映像寄存器中的值，而不是根据逻辑解算瞬时外部输入触点的状态来进行的。

（7）梯形图中的用户逻辑解算结果，马上可以为后面用户程序的逻辑解算所利用。

（8）梯形图与其他程序设计语言有一一对应关系，便于相互的转换和对程序的检查。但对于较为复杂的控制系统，与顺序功能图等程序设计语言比较，梯形图的逻辑性描述还不够清晰。

3. 梯形图设计规则

（1）由于梯形图中的线圈和触点均为“软继电器”，因此同一标号的触点可以反复使用，次数不限，这也是 PLC 区别与传统控制的一大优点。但为了防止输出出现混乱，规定同一标号的线圈只能使用一次。

（2）每个梯形图由多层逻辑行（梯级或网络）组成，每层逻辑行起始于左母线，经过触点的各种连接，最后通过线圈或指令盒结束，不能将触点画在线圈的右边，只能在触点的右边接线圈。每一逻辑行实际代表一个逻辑方程。

（3）梯形图中的“输入触点”仅受外部信号控制，而不能由内部继电器的线圈将其接通或断开，即线圈和指令盒不能直接与左母线相连接。所以在梯形图中只能出现“输入触点”，而不可能出现“输入继电器的线圈”。

（4）多个串联回路相并联时，应将触点最多的那个串联回路放在梯形图的最上面；几个并联回路相串联时，应将触点最多的并联回路放在梯形图的最左面。这种安排所编制的程序简洁明了，指令较少。

（5）触点应画在水平线上，不能画在垂直分支上。画在垂直线上，就难于正确识别它与其他触点间的关系，也难于判断通过触点对输出线圈的控制方向。因此梯形图的书写顺序是自左至右、自上至下的，CPU 也是按此顺序执行程序。

（6）梯形图中的触点可以任意串联和并联，但输出线圈和指令盒只能并联，不能串联。

二、语句表

PLC 的指令是一种与汇编语言中的指令相似的助记符表达式。语句表表达式与梯形图有一一对应关系，由指令组成的程序叫做指令（语句表）程序。在用户程序存储器中，指令按步序号顺序排列。将图 3 – 24 所示梯形图程序用语句表编写，如图 3 – 25 所示。

序号	操作码	操作数
1	LD	I0.1
2	O	Q0.1
3	AN	I0.2
4	=	Q0.1

图 3 – 25　语句表

三、顺序功能图

顺序功能图（状态转移图）是一种较新的编程方法，如图 3 – 26 所示。

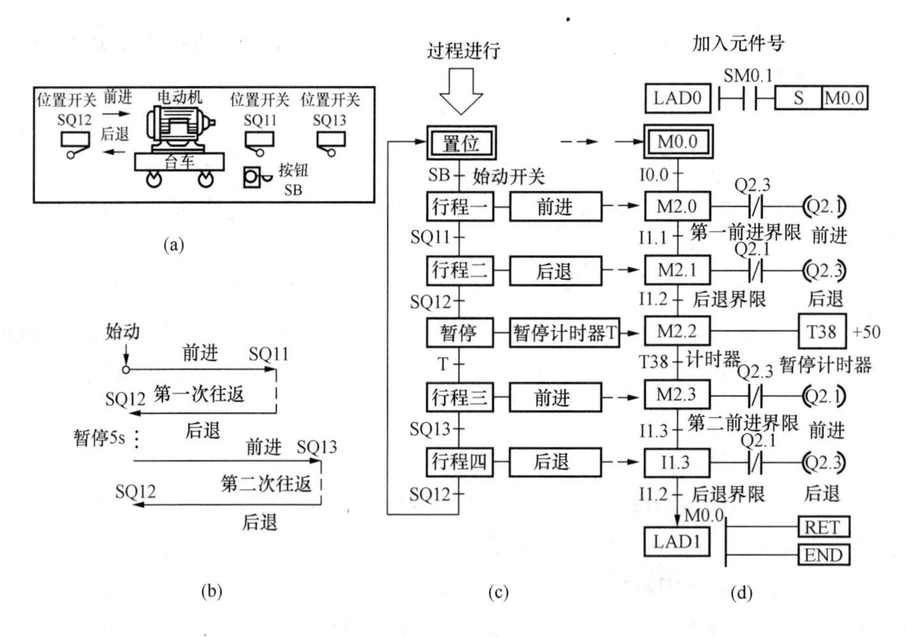

图 3 – 26　顺序功能图

（a）任务示意图；（b）动作要求示意图；（c）流程图；（d）顺序功能流程图

它将一个完整的控制过程分为若干阶段，各阶段具有不同的动作，阶段间有一定的转换条件，转换条件满足就实现阶段转移，上一阶段动作结束，下一阶段动作开始。它提供了一种组织程序的图形方法。在顺序功能图中可以用别的语言嵌套编程，步、路径和转换是顺序功能图中的3种主要元素。顺序功能图主要用来描述开关量顺序控制系统，根据它可以很容易地画出顺序控制梯形图程序。图3－26（a）所示为表示该任务的示意图，要求控制电动机正/反转，实现小车往返行驶。按钮SB控制启、停。SQ11、SQ12、SQ13分别为3个位置开关，控制小车的行程位置；图3－26（b）所示为动作要求示意图；图3－26（c）所示为动作要求画出的流程图；图3－26（d）所示为流程图中符号改为PLC指定符号后的功能流程图程序。可以看到，整个程序完全按动作顺序直接编程，非常直观简便，思路很清楚，很适合顺序控制的场合。

四、功能块图

功能块图是一种类似于数字逻辑门电路的编程语言，有数字电路基础的人很容易掌握。该编程语言用类似与门、或门的方框来表示逻辑运算关系。方框的左侧为逻辑运算的输入变量，右侧为输出变量。I/O端的小圆圈表示“非”运算，方框被“导线”连接在一起，信号自左向右流动。功能块图程序如图3－27所示，对应的梯形图程序如图3－28所示，功能块图输出逻辑为 $Q0.1=(I0.1+SM0.2+Q0.1)\times\overline{Q0.0}\times\overline{I1.0}$

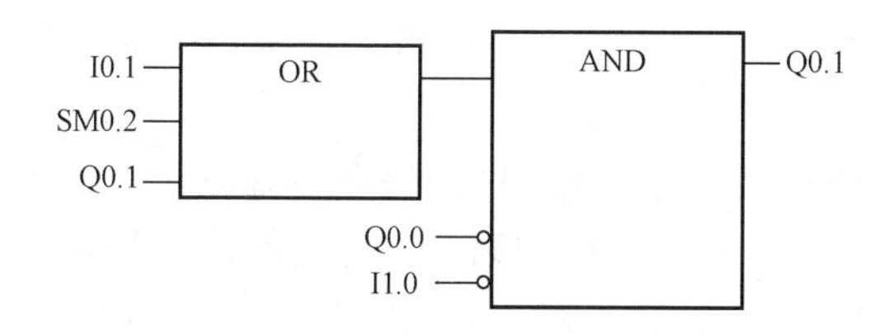

图3－27 功能图块程序

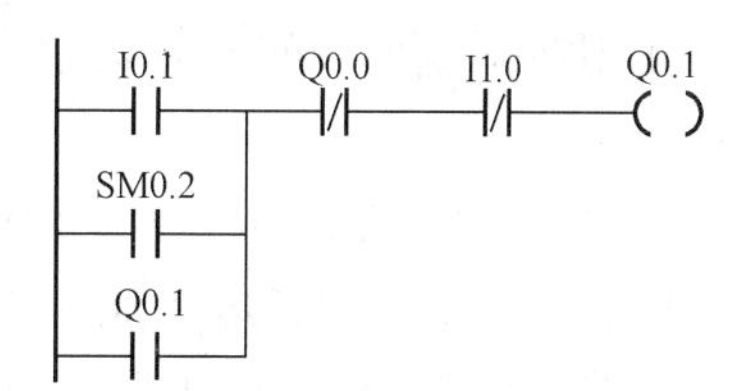

图3－28 梯形图程序

图3－27所示的梯形图转换为语句表如图3－29所示。

S7－200 PLC用功能块图编写的控制逻辑程序可以转换得到相应的梯形图程序及语句表，但是，并不是所有的梯形图程序都能转换出功能块图程序，尤其是逻辑关系复杂的梯形图程序。因此，功能块图方式编程使用相对较少，但对分析逻辑关系相对容易的编程是有好处的。

```
LD    I0.1
O     SM0.2
O     Q0.1
AN    Q0.0
AN    I1.0
=     Q0.1
```

图3－29 语句表

五、结构文本

结构文本是为IEC 61131－3标准创建的一种专用的高级编程语言，如VB、VC语言等。它采用计算机的描述语句来描述系统中各种变量之间的各种运算关系，完成所需的功能或操作。与梯形图相比，它能实现复杂的数学运算，编写的程序非常简洁和紧凑。在大、中型的可编程控制器系统中，常采用结构文本设计语言来描述控制系统中各个变量的关系。它也被用于集散控制系统的编程和组态。在进行PLC程序设计过程中，除了允许几种编程语言供用户使用外，标准还规定编程者可在同一程序中使用多种编程语言，这使编程者都选择不同的语言来适应特殊的工作，使PLC的各种功能得到更好的发挥。

第七节 S7－200 PLC的指令及编程

一、S7－200 PLC软件基础

1. 程序结构

（1）主程序。主程序中包括控制应用的指令。S7－200在每一个扫描周期中顺序执行这些指令。主程序也被表示为OB1。

（2）子程序。子程序是应用程序中的可选组件。只有被主程序、中断程序或者其他子程序调用时，子程序才会执行。当希望重复执行某项功能时，子程序是非常有用的。调用子程序有如下优点：用子程序可以减小程序的长度；子程序只有在被调用情况下才会起作用，因而用子程序可以缩短程序扫描周期；用子程序创建的程序代码是可移植的。

（3）中断程序。中断服务程序是应用程序中的可选组件。中断服务程序不会被主程序调用，只有当中断服务程序与一个中断事件相关联，且在该中断事件发生时，S7－200才会执行中断服务程序。

2. S7－200寻址

S7－200 CPU将信息存储在不同的存储单元，每个存储单元都有唯一的地址。S7－200 CPU使用数据地址访问所有的数据，称为寻址。S7－200大部分指令都需要指定数据地址。

（1）数据长度。在计算机中使用的都是二进制数，其最基本的存储单位是（bit），只有0和1两种状态，8位二进制数组成1个字节（Byte），其中的第0位为最低位（LSB），第7位为最高位（MSB），两个字节（16位）组成1个字（Word），两个字（32位）组成1个双字（Double word），把位、字节、字和双字占用的连续位数称为长度。

（2）编址方式。

1）位编址的方式为：（区域标志符）字节号、位号，如I0.0、Q0.0、I1.2。

2）字节编址的方式为：（区域标志符）B（字节号），如IB0表示由I0.0～I0.7这8位组成的字节。

3）字编址的方式为：（区域标志符）W（起始字节号），且最高有效字节为起始字节。如VW0表示由VB0和VB1这两个字节组成的字。

4）双字编址的方式为：（区域标志符）D（起始字节号），且最高有效字节为起始字节。如VD0表示由VB0到VB3这4个字节组成的双字。

（3）寻址方式。

1）直接寻址。直接寻址是在指令中直接使用存储器或寄存器的元件名称（区域标志）和地址编号，直接到指定的区域读取或写入数据，如图3－30所示。

图3－30中I3.4表示输入映像寄存器区中的一位地址，I是输入映像寄存器区标志符，3是字节地址，4是位号，在字节地址3与位号4之间用点号“.”隔开。直接寻址有按位、字节、字、双字的寻址方式。若要存取存储区的某一位，则必须指定地址、包括存储器标识符、字节地址和位号。当涉及多字节组合寻址时，S7－200遵循“高地址、低字节”的规律。

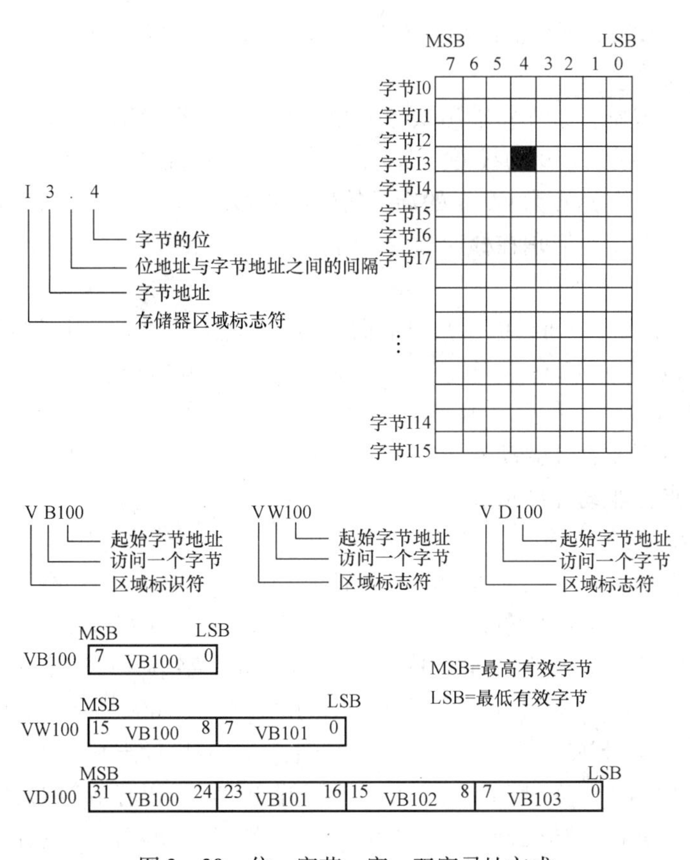

图3-30 位、字节、字、双字寻址方式

存储区（V、I、Q、M、S、L及SM）可以按照字节、字或双字的寻址方式来存取其中的数据。其他CPU存储区（如T、C、HC和累加器）中存取数据使用的地址格式包括区域标识符和设备号。

2）间接寻址时操作数并不提供直接数据位置，而是通过使用地址指针来存取存储器中的数据。在S7-200中允许使用指针对I、Q、M、V、S、T、C（仅当前值）存储区进行间接寻址。使用间接寻址前，要先创建一指向该位置的指针。指针建立好后，利用指针存取数据。

3. S7-200 PLC内部元件

（1）输入映像寄存器I（输入继电器）。输入继电器是PLC用来接收用户设备输入信号的接口，S7-200输入映像寄存器区域有I0.0~I15.7，是以字节（8位）为单位进行地址分配的。

在每个扫描周期的开始，CPU对输入点进行采样，并将采样结果存入输入映像寄存器中，外部输入电路接通时对应的映像寄存器为ON（1状态）。输入端可以外接动合触点或动断触点，也可以接多个触点组成的串并联电路。在梯形图中，可以多次引用输入位的动合触点和动断触点。注意PLC的输入继电器只能由外部信号驱动，在梯形图中不允许出现输入继电器的线圈，只能引用输入映像寄存器的触点。

(2) 输出映像寄存器 Q (输出继电器)。输出继电器是用来将输出信号传送到负载的接口，S7-200 输出映像寄存器区域有 Q0.0~Q15.7，也是以字节（8 位）为单位进行地址分配的。

在扫描周期的末尾，CPU 将输出映像寄存器的数据传送给输出模块，再由后者驱动外部负载。如果梯形图中 Q0.0 的线圈“通电”，继电器型输出模块中对应的硬件继电器的动合触点闭合，使接在标号为 Q0.0 的端子的外部负载工作。输出模块中的每一个硬件继电器仅有一对动合触点，但是在梯形图中，每一个输出位的动合触点和动断触点都可以多次使用。

(3) 位存储器 M (中间继电器)。内部标志位存储器，用来保存控制器电器的中间操作状态，其地址范围为 M0.0~M31.7，其作用相当于继电器控制中的中间继电器，内部标志位存储器在 PLC 中没有输入/输出端与之对应，其线圈的通断状态只能在程序内部用指令驱动，其触点不能直接驱动外部负载，只能在程序内部驱动输出继电器的线圈，再用输出继电器的触点去驱动外部负载。

(4) 特殊标志位存储器 SM (特殊的中间继电器)。PLC 中还有若干特殊标志位存储器，特殊标志位存储器位提供大量的状态和控制功能，用来在 CPU 和用户程序之间交换信息，特殊标志位存储器能以位、字节、字或双字来存取，CPU226 的 SM 的位地址编号范围为 SM0.0~SM549.7，其中 SM0.0~SM29.7 的 30 个字节为只读型区域。如 SM0.0 该位总是为“ON”。SM0.1 首次扫描循环时该位为“ON”。SM0.4、SM0.5 提供 1min 和 1s 的时钟脉冲。SM1.0、SM1.1 和 SM1.2 分别是零标志、溢出标志和负数标志。

(5) 变量存储器 V。变量存储器主要用于存储变量。可以存放数据运算的中间运算结果或设置参数，在进行数据处理时，变量存储器会被经常使用。变量存储器可以是位寻址，也可按字节、字、双字为单位寻址，其位存取的编号范围根据 CPU 的型号有所不同，CPI221/222 为 V0.0~V2047.7 共 2kB 存储容量，CPU224/226 为 V0.0~V5119.7 共 5kB 存储容量。

(6) 局部变量存储器 L。主要用来存放局部变量，局部变量存储器 L 和变量存储器 V 十分相似，主要区别在于全局变量是全局有效，即同一个变量可以被任何程序（主程序、子程序和中断程序）访问。而局部变量只是局部有效，即变量只和特定的程序相关联，L0.0~L63.7。

(7) 定时器 T。S7-200 PLC 所提供的定时器作用相当于继电器控制系统中的时间继电器，用于时间累计。每个定时器可提供无数对动合和动断触点供编程使用，其设定时间由程序设置。定时器有 T0~T255，其分辨率（时基增量）分为 1、10、100ms。

(8) 计数器 C。计数器用于累计计数输入端接收到的由断开到接通的脉冲个数。计数器可提供无数对动合和动断触点供编程使用，其设定值由程序赋予，计数器有 C0~C255。

(9) 高速计数器 HC。一般计数器的计数频率受扫描周期的影响，不能太高。而高速计数器可用来累计比 CPU 的扫描速度更快的事件。高速计数器的当前值是一个双字长（32 位）的整数，且为只读数值 HC0~HC5。

(10) 累加器 AC。累加器是用来暂存数据的寄存器，它可以用来存放运算数据、中间数据和结果。CPU 提供了 4 个 32 位的累加器，其地址编号为 AC0 ~ AC3。累加器的可用长度为 32 位，可采用字节、字、双字的存取方式，按字节、字只能存取累加器的低 8 位或低 16 位，双字可以存取累加器全部的 32 位。

（11）顺序控制继电器。顺序控制继电器是使用步进顺序控制指令编程时的重要状态元件，通常与步进指令一起使用以实现顺序功能流程图的编程，如 S0. 0 ~ S31. 7。

（12）模拟量输入/输出映像寄存器（AI/AQ）。S7 - 200 的模拟量输入电路是将外部输入的模拟量信号转换成 1 个字长的数字量存入模拟量输入映像寄存器区域，区域标志符为 AI。

模拟量输出电路是将模拟量输出映像寄存器区域的 1 个字长的数值转换为模拟电流或电压的输出，区域标志符为 AQ。

由于模拟量为 1 个字长，且从偶数字节开始，所以必须用偶数字节地址（如 AIW0、AQW2）来存取和改变这些值。模拟量输入值为只读数据，模拟量输出值为只写数据，转换的精度是 12 位。

具有掉电保持功能的内存在电源断电后又恢复时能保持它们在电源掉电前的状态。CPU226 的缺省保持范围为：VB0. 0 ~ VB5119. 7、MB14. 0 ~ MB31. 7、TONR 定时器和全部计数器，其中定时器和计数器只有当前值可以保持，而定时器和计数器的位是不能保持的。

4. 梯形图绘制规则

（1）PLC 内部元器件触点的使用次数是无限制的。

（2）梯形图的每一行都是从左边母线开始，然后是各种触点的逻辑连接，最后以线圈或指令盒结束，如图 3 - 31 所示。

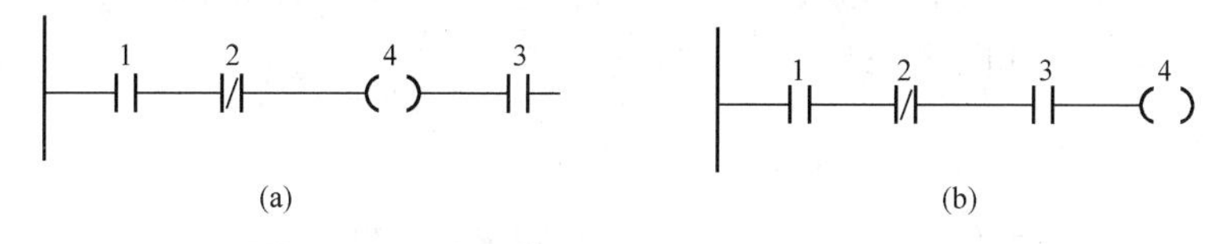

图 3 - 31　梯形图绘制举例

（a）错误；（b）正确

（3）线圈和指令盒一般不能直接连接在左边母线上，如需要的话可通过特殊的中间继电器 SM0. 0（常 ON 特殊中间继电器）完成，如图 3 - 32 所示。

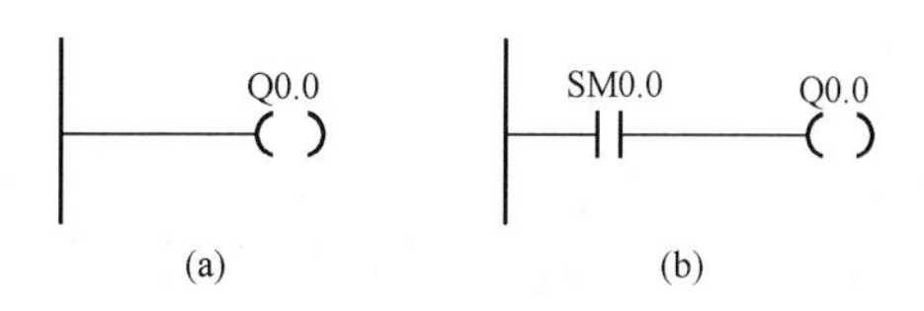

图 3 - 32　梯形图绘制举例

（a）错误；（b）正确

（4）在同一程序中，同一编号的线圈使用两次及两次以上称为双线圈输出。双线圈输出非常容易引起误动作，所以应避免使用。S7 - 200 PLC 中不允许双线圈输出。

（5）在手工编写梯形图程序时，触点应画在水平线上，从习惯和美观的角度来讲，不要画在垂直线上。使用编程软件则不可能把触点画在垂直线上，如图 3 - 33 所示。

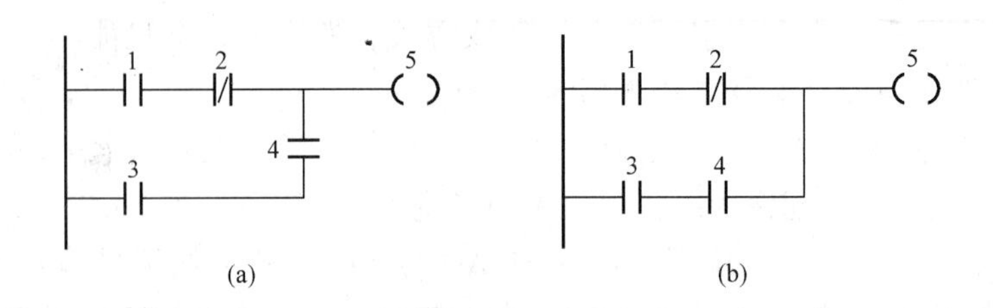

图 3-33　梯形图绘制举例

（a）错误；（b）正确

（6）不包含触点的分支线条应放在垂直方向，不要放在水平方向，以便于读图和美观。使用编程软件则不可能出现这种情况，如图 3-34 所示。

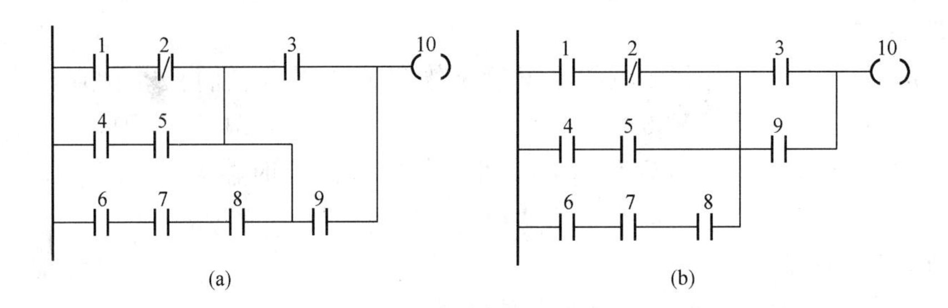

图 3-34　梯形图绘制举例

（a）错误；（b）正确

（7）应把串联多的电路块尽量放在最上边，把并联多的电路块尽量放在最左边，这样既节省指令又美观，如图 3-35 所示。

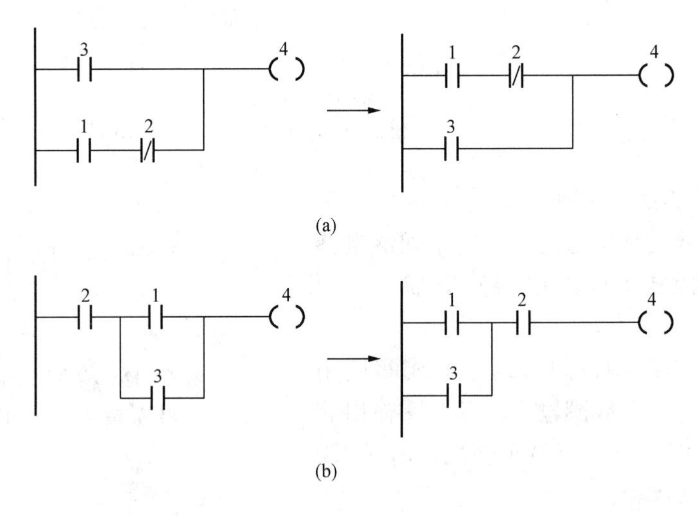

图 3-35　梯形图绘制举例

（a）把串联多的电路块放在最上边；（b）把并联多的电路块放在最左边

二、S7－200基本指令使用

1. 位操作指令

位操作指令是PLC常用的基本指令，梯形图指令有触点和线圈两大类，触点又分动合触点和动断触点两种形式；语句表指令有与、或以及输出等逻辑关系，位操作指令能够实现基本的位逻辑运算和控制。常用的基本位逻辑指令见表3－4。

表3－4　常用的基本位逻辑指令

指令格式	功能描述	梯形图举例与对应指令	操作数
LD bit	装载，动合触点逻辑运算的开始，对应梯形图则为在左侧母线或线路分支点处初始装载一个动合触点	I0.1　LD I0.1	I、Q、M、SM、T、C、V、S
LDN bit	取反后装载，动断触点逻辑运算的开始，对应梯形图则为在左侧母线或分支点处初始装载一个动断触点	I0.1　LDN I0.1	
A bit	与操作，在梯形图中表示串联连接单个动合触点	I0.1　I0.2　LD I0.1　A I0.2	
AN bit	与非操作，在梯形图中表示串联连接单个动断触点	I0.1　I0.2　LD I0.1　AN I0.2	
O bit	或操作，在梯形图中表示并联连接一个动合触点	I0.1　Q0.1　LD I0.1　O Q0.1	
ON bit	或非操作，在梯形图中表示并联连接一个动断触点	I0.1　Q0.1　LD I0.1　ON Q0.1	
= bit	输出指令与梯形图中的线圈相对应。驱动线圈的触点电路接通时，有“能流”流过线圈，输出指令指定的位对应的映像寄存器的值为1，反之为0。被驱动的线圈在梯形图中只能使用一次。“＝”可以并联使用任意次，但不能串联	I0.0　Q0.0　LD I0.0　= Q0.0	Q、M、SM、T、C、V、S。但不能用于输入映像寄存器I

续表

指令格式	功能描述	梯形图举例与对应指令	操作数
SS - bit， NRS - bit， N	置位指令 S、复位指令 R，在使能输入有效后对从起始位 S - bit 开始的 N 位置“1”或置“0”并保持； 对同一元件（同一寄存器的位）可以多次使用 S/R 指令（与“=”指令不同）； 由于是扫描工作方式，当置位、复位指令同时有效时，写在后面的指令具有优先权； 置位复位指令通常成对使用，也可以单独使用或与指令盒配合使用	网络1 I0.0接通M1.0,M0.0–M0.5将置为1 I0.0 M1.0 (S) 1 M0.0 (S) 6 网络2 I0.1接通M1.0,M0.0–M0.5将置为0 I0.1 M1.0 (R) 1 M0.0 (R) 6 网络1 LD I0.0 SM1.0,1 SM0.0,6 网络2 LD I0.1 RM1.0,1 RM0.0,6	操作数 N 为：VB，IB，QB，MB，SMB，SB，LB，AC，常量，＊VD，＊AC，＊LD，取值范围为：0～255，数据类型为：字节；操作数 S - bit 为：I，Q，M，SM，T，C，V，S，L，数据类型为：布尔
EU，ED	EU 指令┤P├：在 EU 指令前的逻辑运算结果有一个上升沿时（由 OFF→ON）产生一个宽度为一个扫描周期的脉冲，驱动后面的输出线圈； ED 指令┤N├：在 ED 指令前有一个下降沿时产生一个宽度为一个扫描周期的脉冲，驱动其后线圈	网络1 I0.1 P M0.0 ( ) 网络2 M0.0 Q0.0 (S) 1 网络3 I0.1 N M0.1 ( ) 网络4 M0.1 Q0.0 (R) 1 I0.0 M0.0 扫描 I0.1 M0.1 Q0.0 网络1 LDI0.0 EU=M0 网络2 LD M0.0S Q0.0 网络3 LD I0.1 ED=M0.1 网络4 LD M0.1 R Q0.0,1	无操作数

2. 定时器的种类及指令

定时器是累计时间增量的元件，CPU22X 系列 PLC 有 256 个定时器，按工作方式分为通电延时定时器（TON）、断电延时型定时器（TOF）、记忆型通电延时定时器（TONR），有 1、10、100ms 三种时基标准，定时器号决定了定时器的时基，见表 3－5。

表 3－5　　定时器的种类及指令格式

定时器种类	TON—通电延时定时器	TOF—断电延时型定时器	TONR—记忆型通电延时定时器
LAD	???? IN TON ????- PT	???? IN TOF ????- PT	???? IN TONR ????- PT
STL	TON T××，PT	TOF T××，PT	TONR T××，PT

续表

定时器种类	TON—通电延时定时器		TOF—断电延时型定时器		TONR—记忆型通电延时定时器	
定时器指令说明	(1) IN是使能输入端，指令盒上方输入定时器的编号（T××），范围为T0－T255；PT是预置值输入端，最大预置值为32 767；PT的数据类型：INT； (2) PT操作数有：IW，QW，MW，SMW，T，C，VW，SW，AC，常数； (3) 定时器标号既可以用来表示当前值，又可以用来表示定时器位； (4) TOF和TON共享同一组定时器，不能重复使用。即不能把一个定时器同时用作TOF和TON。例如，不能既有TON T32，又有TOF T32					
工作方式	TON/TOF			TONR		
分辨率（ms）	1	10	100	1	10	100
最大定时范围（s）	32.767	327.67	3276.7	32.767	327.67	3276.7
定时器编号	T32，T96	T33～T36 T97～T100	T37～T63 T101～T255	T0，T64	T1～T4 T65～T68	T5～T31 T69～T95
定时器刷新方式	(1) 1ms定时器每隔1ms刷新一次与扫描周期和程序处理无关即采用中断刷新方式。因此当扫描周期较长时，在一个周期内可能被多次刷新，其当前值在一个扫描周期内不一定保持一致； (2) 10ms定时器则由系统在每个扫描周期开始自动刷新。由于每个扫描周期内只刷新一次，故而每次程序处理期间，其当前值为常数； (3) 100ms定时器则在该定时器指令执行时刷新。下一条执行的指令，即可使用刷新后的结果，符合正常的思路，使用方便可靠。但应当注意，如果该定时器的指令不是每个周期都执行，定时器就不能及时刷新，可能导致出错					

每个定时器均有一个16位的当前值寄存器用以存放当前值（16位符号整数）；一个16位的预置值寄存器用以存放时间的设定值；还有一位状态位，反应其触点的状态。最小计时单位为时基脉冲的宽度，又为定时精度；从定时器输入有效，到状态位输出有效，经过的时间为定时时间，即定时时间＝预置值（PT）×时基。

3. 定时器的工作原理

（1）通电延时定时器（TON）。通电延时定时器（TON）用于单一间隔的定时。当IN端接通时，定时器开始计时，当前值从0开始递增，计时到设定值PT时，定时器状态位置1，其动合触点接通，其后当前值仍增加，但不影响状态位。当前值的最大值为32 767。当IN端断开时，定时器复位，当前值清0，状态位也清0。若IN端接通时间未到设定值就断开，定时器则立即复位，如图3－36所示。

（2）记忆型通电延时定时器（TONR）。有记忆接通延时定时器（TONR）用于累计时间间隔的定时。当IN端接通，定时器开始计时，当前值递增，当前值大于或等于预置值（PT）时，输出状态位置1。IN端断开时，当前值保持，IN端再次接通有效时，在原记忆值的基础上递增计时。注意：TONR记忆型通电延时型定时器采用线圈复位指令R进行复

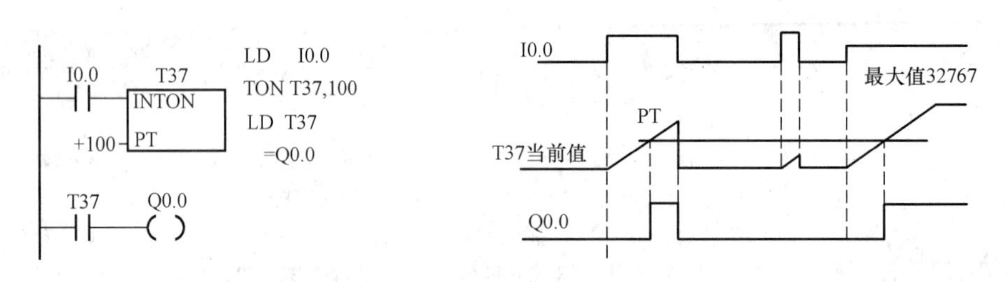

图 3-36 通电延时定时器工作原理

位操作，当复位线圈有效时，定时器当前位清零，输出状态位置 0，如图 3-37 所示。

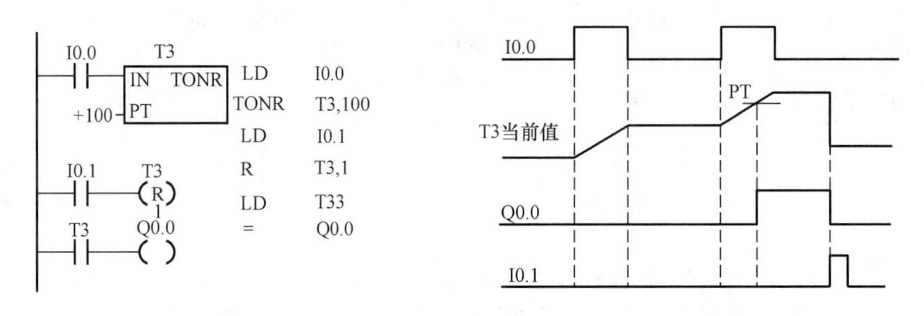

图 3-37 TONR 记忆型通电延时型定时器工作原理

（3）断电延时型定时器（TOF）。断开延时定时器（TOF）用于故障事件发生后的时间延时。断电延时型定时器用来在输入断开，延时一段时间后，才断开输出。IN 端输入有效时，定时器输出状态位立即置 1，当前值复位为 0。IN 端断开时，定时器开始计时，当前值从 0 递增，当前值达到预置值时，定时器状态位复位为 0，并停止计时，当前值保持。如果输入断开的时间小于预定时间，定时器仍保持接通。IN 再接通时，定时器当前值仍设为 0，如图 3-38 所示。

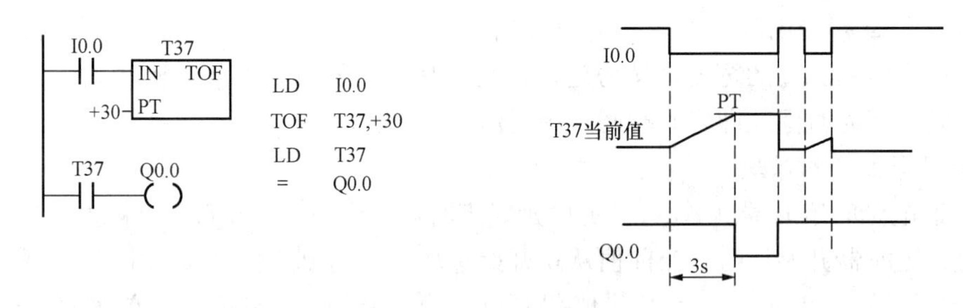

图 3-38 TOF 断电延时定时器的工作原理

4. 计数器的种类及格式

计数器用来累计输入脉冲的个数。主要由一个 16 位的预置值寄存器、一个 16 位的当前值寄存器和一位状态位组成。当前值寄存器用以累计脉冲个数，计数器当前值大于或等于预置值时，状态位置 1。S7-200 系列 PLC 有三类计数器：CTU——加计数器，CTUD——加/减计数器，CTD——减计数。种类及指令格式见表 3-6。

表 3-6　　计数器的种类及指令格式

计数器种类	CTU——加计数器	CTD——减计数器	CTUD——加/减计数器
LAD	???? CU CTU R ????-PV	???? CD CTD LD ????-PV	???? CU CTUD CD R ????-PV
STL	CTU Cxxx, PV	CTD Cxxx, PV	CTUD Cxxx, PV
计数器指令使用说明	(1) 梯形图指令符号中：CU 为加计数脉冲输入端，CD 为减计数脉冲输入端，R 为加计数复位端，LD 为减计数复位端，PV 为预置值； (2) Cxxx 为计数器的编号，范围为：C0～255； (3) PV 预置值最大范围：32 767，PV 的数据类型：INT，PV 操作数为：VW，IW，QW，MW，SMW，LW，AIW，AC，T，C，常量，*VD，*AC，*LD，SW； (4) CTU/CTUD/CD 指令使用要点：STL 形式中 CU，CD，R，LD 的顺序不能错，CU，CD，R，LD 信号可为复杂逻辑关系； (5) 由于每一个计数器只有一个当前值，所以不要多次定义同一个计数器； (6) 当使用复位指令复位计数器时，计数器位复位并且计数器当前值被清零，计数器标号既可以用来表示当前值，又可以用来表示计数器位		

5. 计数器的工作原理

(1) 加计数器指令（CTU）。加计数指令（CTU）从当前计数值开始，在每一个（CU）输入状态从低到高时递增计数。当 Cxxx 的当前值大于等于预置值 PV 时，计数器位 Cxxx 置位。当复位端（R）接通或者执行复位指令后，计数器被复位。当它达到最大值（32 767）后，计数器停止计数，如图 3-39 所示。

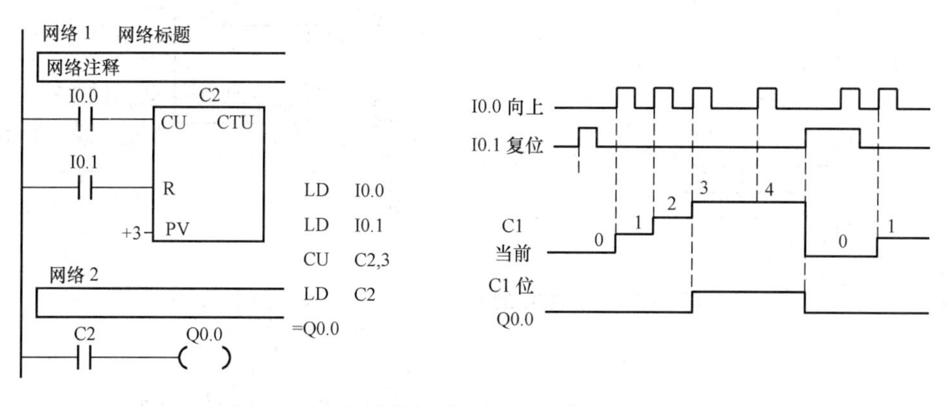

图 3-39　加计数器的梯形图、语句表和时序图

(2) 加/减计数指令（CTUD）。如图 3-40 所示，加/减计数指令（CTUD），在每一个加计数输入（CU）的低到高时增计数，在每一个减计数输入（CD）的低到高时减计数。计数器的当前值 Cxxx 保存当前计数值。在每一次计数器执行时，预置值 PV 与当前值作比较。当达到最大值（32 767）时，在增计数输入处的下一个上升沿导致当前计数值变

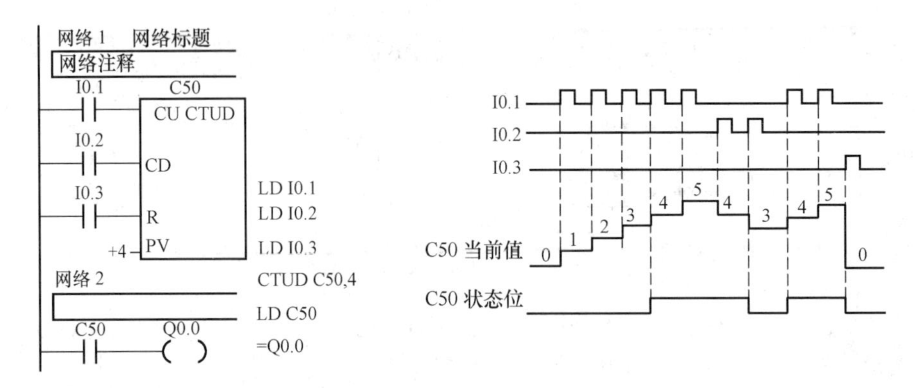

图3-40 加/减计数器的梯形图、语句表和时序图

为最小值（-32 768）。当达到最小值（-32 768）时，在减计数输入端的下一个上升沿导致当前计数值变为最大值（32 767）。

当Cxxx的当前值大于等于预置值PV时，计数器位Cxxx置位。否则，计数器位关断。当复位端（R）接通或者执行复位指令后，计数器被复位。当达到预置值PV时，CTUD计数器停止计数。

（3）减计数指令（CTD）减计数指令（CTD）从当前计数值开始，在每一个（CD）输入状态的低到高时递减计数。当Cxxx的当前值等于0时，计数器位Cxxx置位。当装载输入端（LD）接通时，计数器位被复位，并将计数器的当前值设为预置值PV。当计数值到0时，计数器停止计数，计数器位Cxxx接通，如图3-41所示。

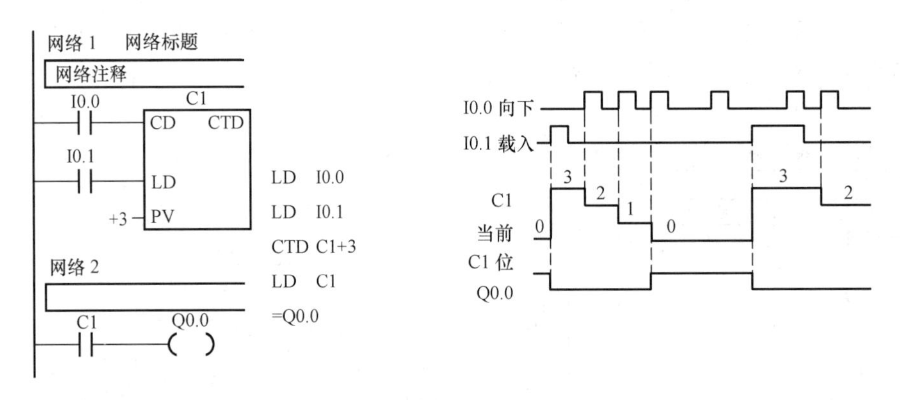

图3-41 减计数器的梯形图、语句表和时序图

6. 计数器指令的基本应用

（1）计数器的扩展。S7-200 PLC的计数器最大的计数范围是32 767，若需更大的计数范围，则需要对其进行扩展。梯形图如图3-42所示，扩展的方法是计数脉冲从第一个计数器的计数脉冲输入端输入，将第一个计数器的状态位作为下一个计数器的脉冲输入，以此类推。在第一个计数器中如果将计数器位的动合触点作为复位输入信号，则可以实现循环计数。由于计数器扩展后构成一个新的计数器，因此每个计数器的复位端上应该有相同的复位信号，以保证所有的计时器能够同时复位。如果是手动复位可以在复位端上接上

手动复位按钮对应的输入继电器的动合触点，若要求开机初始化复位则在复位端上接上特殊存储器位 SM0.1。总的计数值 $C_{总}=C_1C_2$。

SM0.1 初始化脉冲，每当 PLC 的程序开始运行时，SM0.1 线圈接通一个扫描周期，因此 SM0.1 的触点常用于调用初始化程序等。

（2）计数器控制的单按钮启停电路。用一个按钮控制电动机的运行，按一次按钮电动机运行，再按一次按钮电动机停止，如此循环，梯形图如图 3－43 所示。

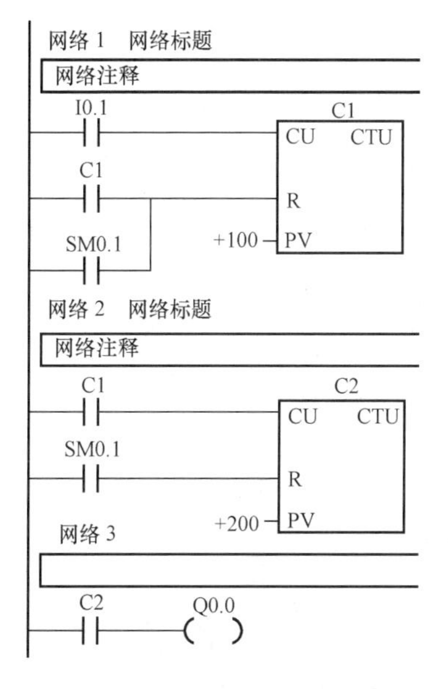

图 3－42 计数器的扩展

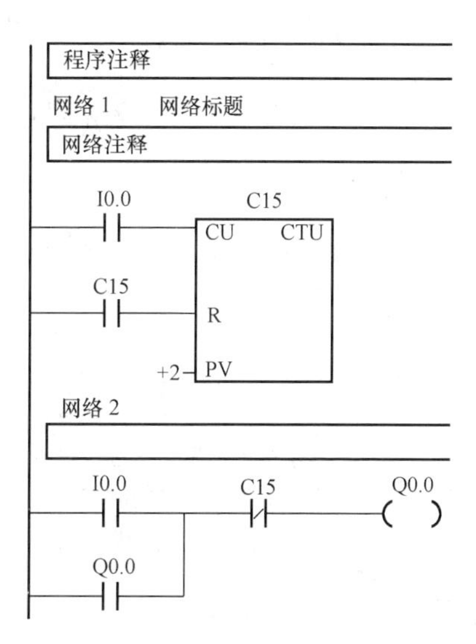

图 3－43 计数器控制的单按钮启停

7. 指令表编程时的复杂逻辑指令

指令表编程时的复杂逻辑指令见表 3－7。

表 3－7　　复杂逻辑指令

指令格式	功能描述	梯形图举例与对应指令	操作数
ALD	块“与”操作，用于串联连接多个并联电路组成的电路块。分支的起点用 LD/LDN 指令，并联电路结束后使用 ALD 指令与前面电路串联	I0.1 I0.3 M0.1 I0.2 I0.4 LD I0.1 O I0.2 LDN 0.3 O I0.4 ALD =M0.1	无操作数
OLD	块“或”操作，用于并联连接多个串联电路组成的电路块。分支的起点以 LD、LDN 开始，并联结束后用 OLD	I0.0 M0.2 I0.3 Q1.1 M0.1 I0.2 I0.3 M0.2 LD I0.0 A M0.2 AN I0.3 LD M0.1 AN I0.2 OLD LD I0.3 AN M0.2 OLD =Q1.1	无操作数

续表

指令格式	功能描述	梯形图举例与对应指令	操作数
堆栈操作指令： LPS LRD LRD	堆栈操作指令用于处理线路的分支点。 LPS（入栈）指令：LPS 指令把栈顶值复制后压入堆栈，栈中原来数据依次下移一层，栈底值压出丢失； LRD（读栈）指令：LRD 指令把逻辑堆栈第二层的值复制到栈顶，2～9 层数据不变，堆栈没有压入和弹出，但原栈顶的值丢失； LPP（出栈）指令：LPP 指令把堆栈弹出一级，原第二级的值变为新的栈顶值，原栈顶数据从栈内丢失； 逻辑堆栈指令可以嵌套使用，最多为 9 层。为保证程序地址指针不发生错误，入栈指令 LPS 和出栈指令 LPP 必须成对使用，最后一次读栈操作应使用出栈指令 LPP	网络 1 I0.0 I0.1 I0.0 I0.2 LPS I0.3 Q0.1 I0.4 LRD I0.5 Q0.2 LPP LD I0.0 LPS LD I0.1 O I0.2 ALD =Q0.0 LRD LD I0.3 O I0.4 ALD =Q0.1 LPP A I0.5 =Q0.2	无操作数

8. 常用程序

（1）启动、保持、停止程序。启动、保持、停止程序是电动机等电气设备控制中常用的控制程序，常称为“启、保、停”电路。其最主要的特点是具有“记忆”功能，常见的电路梯形图如图 3－44 所示。

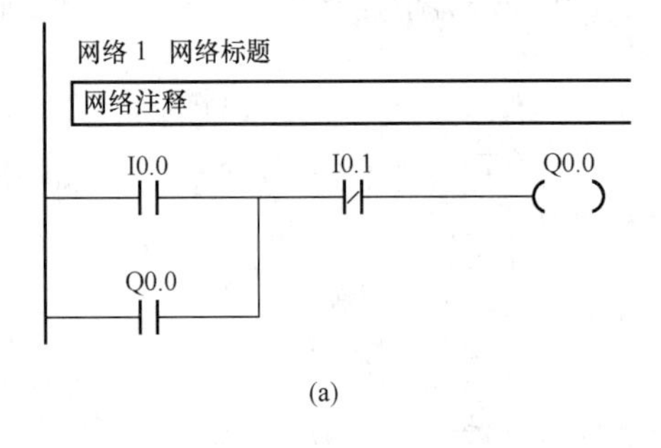

(a)

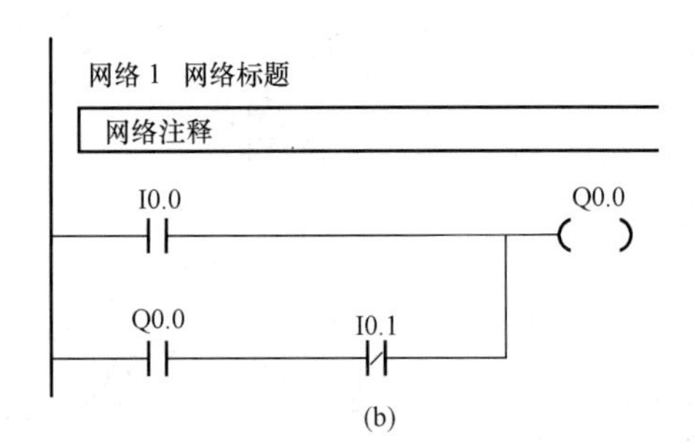

(b)

图 3－44 启动、保持、停止电路

（a）关断从优；（b）开启从优

在实际应用中该程序还有许多联锁条件，满足联锁条件后，才允许启动或停止。同时也可以用置位复位指令来等效“启、保、停”电路的功能，如图 3－45 所示。

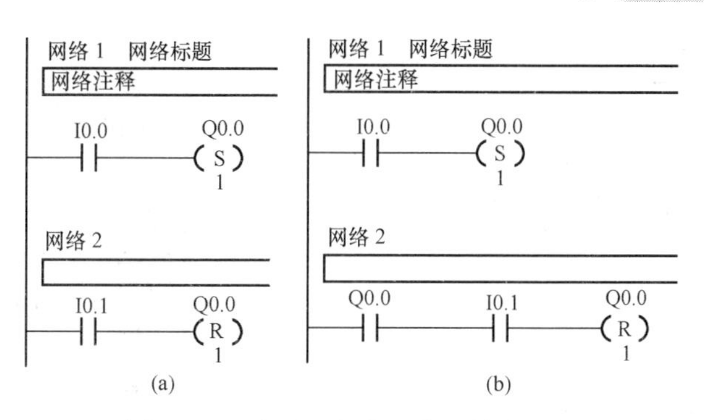

图3-45 启动、保持、停止等效电路

(a) 关断从优（S、R）等效电路；(b) 开启从优（S、R）等效电路

（2）互锁电路。不能同时动作的互锁控制如图3-46所示。在此控制电路中，无论先接通哪一个输出继电器，另外一个输出继电器都将不能接通，也就是说两者之中任何一个启动之后都把另一个启动控制回路断开，从而保证了任何时候两者都不能同时启动。因此在控制环节中，该电路可实现信号互锁。如电动机正反转控制、Y-△控制、节电控制系统中的节电和直通、抢答器控制等。

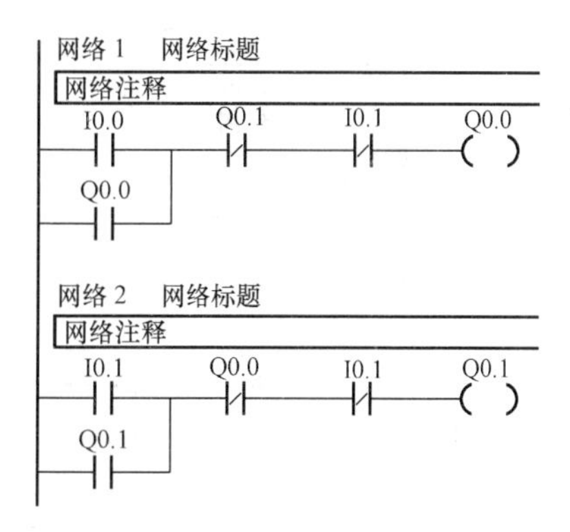

图3-46 互锁电路

另外，在多个故障检测系统中，有时可能当一个故障产生后，会引起其他多个故障，这时如能准确地判断哪一个故障是最先出现的，则对于分析和处理故障是极为有利的。

（3）组合输出电路（译码电路）。如图3-47所示，该电路按预先设定的输出要求，根据对两个输入信号的组合，决定某一输出。

（4）分频电路。用PLC可以实现对输入信号的任意分频。图3-48所示的是一个二分频电路。输出信号Q0.0是输入信号I0.0的二分频。

（5）一个扫描周期宽度的时钟脉冲产生器。一般使用定时器本身的动断触点作定时器的使能输入，定时器的状态位置为1时，依靠本身的动断触点的断开使定时器复位，并重新开始定时，进行循环工作，可以产生一个扫描周期宽度的时钟脉冲。但是由于不同时基的定时器的刷新方式不同，会使得有些情况下使用上述方法不能实现这种功能，因此为保证可靠地产生一个扫描周期宽度的时钟脉冲，可以将输出线圈的动断点作为定时器的使能输入，如图3-49所示，则无论何种时基都能正常工作。

（6）延时断开电路。如图3-50所示，当I0.0接通时，Q0.0接通并保持，当I0.0断开后，经4s延时后，Q0.0断开。T37同时被复位。

（7）延时接通、断开电路。如图3-51所示，I0.0的动合触点接通后，T37开始定时，9s后T37的动合触点接通，使Q0.1变为“ON”，I0.0为“ON”时其动断触点断开，使T38复位。I0.0变为“OFF”后T38开始定时，7s后T38的动断触点断开，使Q0.1变为“OFF”，T38亦被复位。

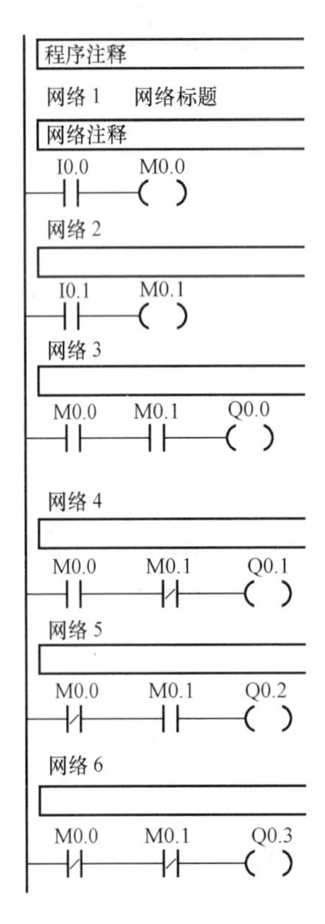

图3-47 组合输出电路梯形图

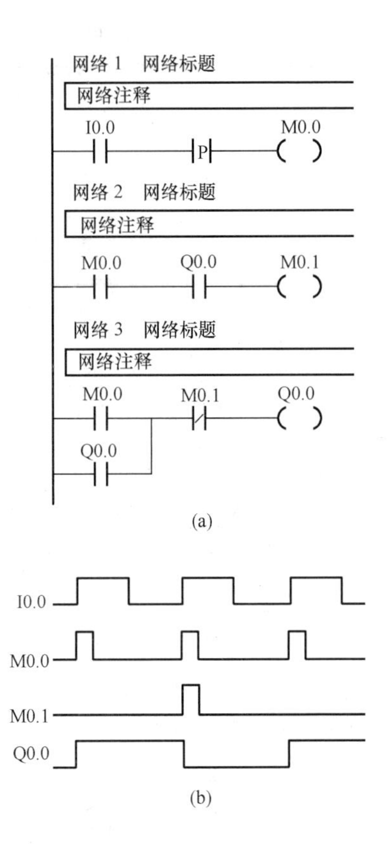

图3-48 二分频电路

（a）梯形图；（b）时序图

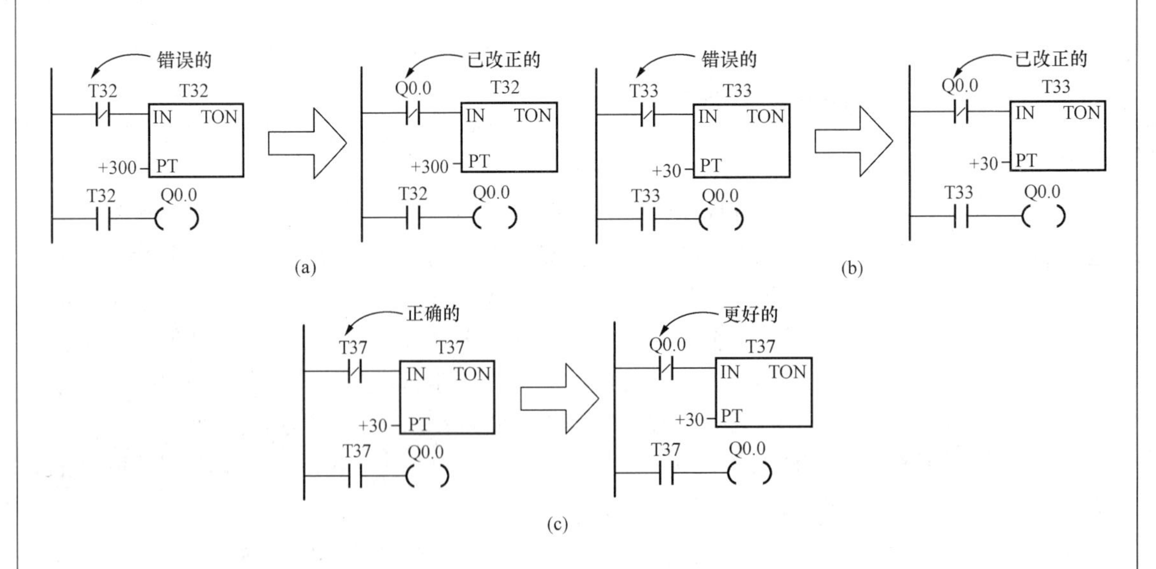

图3-49 一个扫描周期宽度的时钟脉冲产生器

（a）使用1ms计时器；（b）使用10ms计时器；（c）使用100ms计时器

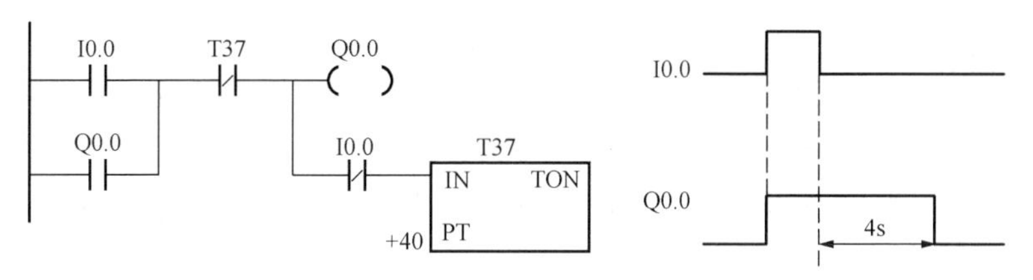

图3－50　延时打开电路

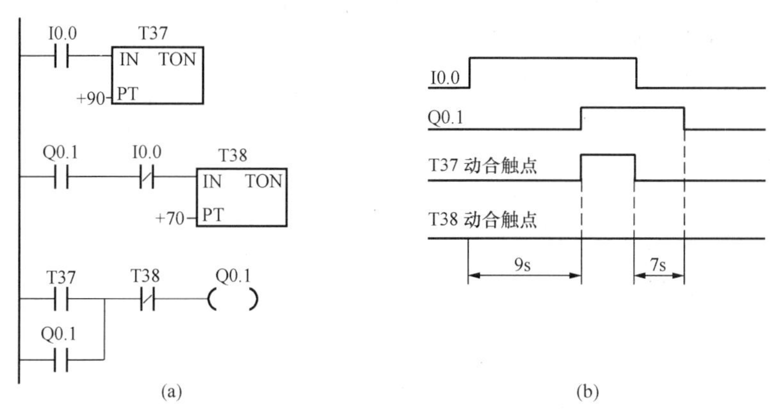

图3－51　延时接通、断开电路

（a）梯形图；（b）时序图

（8）闪烁电路。闪烁电路实际上是一个具有正反馈的振荡电路，T37和T38的输出信号通过它们的触点分别控制对方的线圈，形成正反馈。

如图3－52所示，I0.0的动合触点接通后，T37的“IN”输入端为1状态，T37开始定时。2s后定时时间到，T37的动合触点接通，使Q0.0变为“ON”，同时T38开始计时。3s后T38的定时时间到，它的动断触点断开，使T37的“IN”输入端变为0状态，T37的动合触点断开，Q0.0变为“OFF”，同时使T38的“IN”输入端变为0状态，其动断触点接通，T37又开始定时，以后Q0.0的线圈将这样周期性地“通电”和“断电”，直到I0.0变为“OFF”。Q0.0线圈“通电”时间等于T38的设定值，“断电”时间等于T37的设定值。

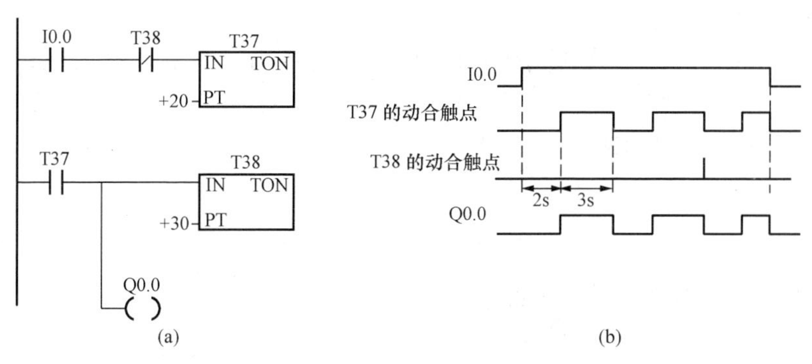

图3－52　闪烁电路

（a）梯形图；（b）时序图

（9）定时器组合的扩展电路。S7－200 PLC 的定时器的最长定时时间为 3276.7s，如果需要更长的时间，可以使用多个定时器串联的方法实现，具体方法是把前一个定时器的动合触点作为后一个定时器的使能输入，当 I0.0 接通，T37 开始定时，2s 后 T37 动合触点接通 T38 的使能端；此时 T38 开始定时，3s 后 T38 动合触点闭合使得 Q0.0 接通。总的定时时间 T＝T37＋T38，如图 3－53 所示。

（10）计数器与定时器组合构成的定时器。用计数器和定时器配合增加延时时间，如图 3－54 所示。网络 1 和网络 2 构成一个周期为 6s 的脉冲发生器，并将此脉冲作为计数器的计数脉冲，当计数器计满 10 次后，计数器位接通。设 T38 和 C30 的设定值分别为 K_T 和 K_C，对于 100ms 定时器总的定时时间为 $T=0.1K_TK_C$（s）。

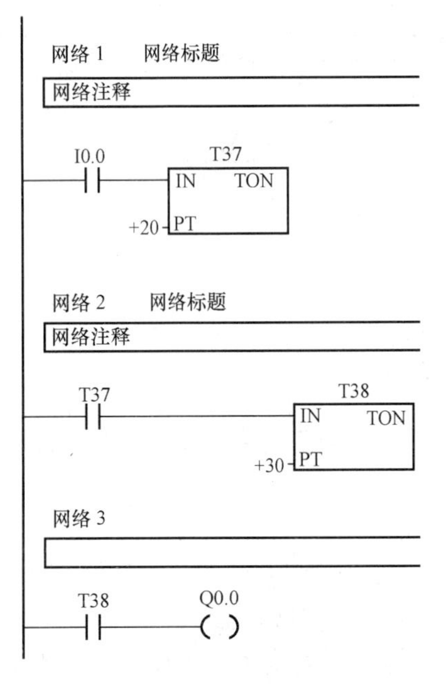

图 3－53　定时器组合的扩展电路

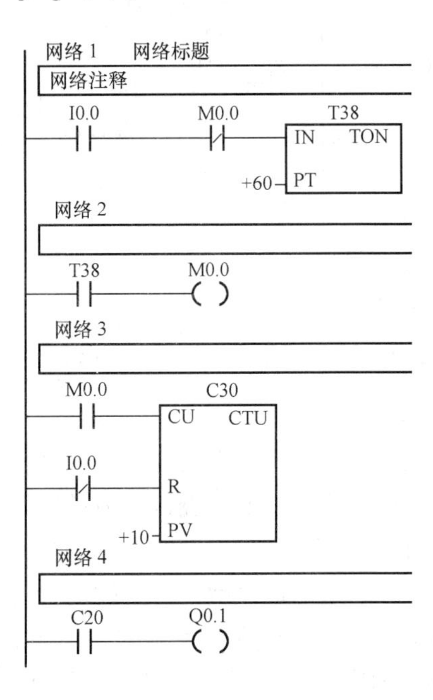

图 3－54　计数器与定时器组合构成的定时器

三、S7－200 数据传送指令使用

1. 数据传送指令

数据传送指令 MOV，用来传送单个的字节、字、双字、实数。指令格式及功能见表 3－8。

使 ENO＝0 即使能输出断开的错误条件是：SM4.3（运行时间），0006（间接寻址错误）。

表 3－8　单个数据传送指令 MOV 指令格式

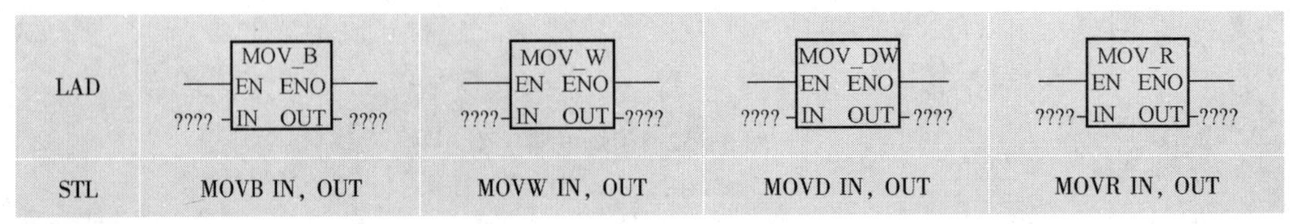

LAD	MOV_B: EN ENO, ???? IN OUT ????	MOV_W: EN ENO, ???? IN OUT ????	MOV_DW: EN ENO, ???? IN OUT ????	MOV_R: EN ENO, ???? IN OUT ????
STL	MOVB IN, OUT	MOVW IN, OUT	MOVD IN, OUT	MOVR IN, OUT

续表

操作数及数据类型	IN：VB，IB，QB，MB，SB，SMB，LB，AC，常量。 OUT：VB，IB，QB，MB，SB，SMB，LB，AC	IN：VW，IW，QW，MW，SW，SMW，LW，T，C，AIW，常量，AC。 OUT：VW，T，C，IW，QW，SW，MW，SMW，LW，AC，AQW	IN：VD，ID，QD，MD，SD，SMD，LD，HC，AC，常量。 OUT：VD，ID，QD，MD，SD，SMD，LD，AC	IN：VD，ID，QD，MD，SD，SMD，LD，AC，常量。 OUT：VD，ID，QD，MD，SD，SMD，LD，AC
	字节	字、整数	双字、双整数	实数
功能	使能输入有效时，即 EN =1 时，将一个输入 IN 的字节、字/整数、双字/双整数或实数送到 OUT 指定的存储器输出；在传送过程中不改变数据的大小；传送后，输入存储器 IN 中的内容不变			

2. 移位指令

移位指令都是对无符号数进行的处理，执行时只要考虑要移位的存储单元的每一位数字状态，而不管数据值的大小。移位指令分为左、右移位和循环左、右移位及寄存器移位指令三大类。前两类移位指令按移位数据的长度又分字节型、字型、双字型三种。

（1）左移和右移指令。右移和左移指令将输入值 IN 右移或左移 N 位，并将结果装载到输出 OUT 中。对移出的位自动补零。如果位数 N 大于或等于最大允许值（对于字节操作为 8，对于字操作为 16，对于双字操作为 32），那么移位操作的次数为最大允许值。如果移位次数大于 0，溢出标志位（SM1.1）上就是最近移出的位值。如果移位操作的结果为 0，零存储器位（SM1.0）置位。左、右移位指令格式及功能见表 3 -9。

表 3 -9　　　　移位指令格式及功能

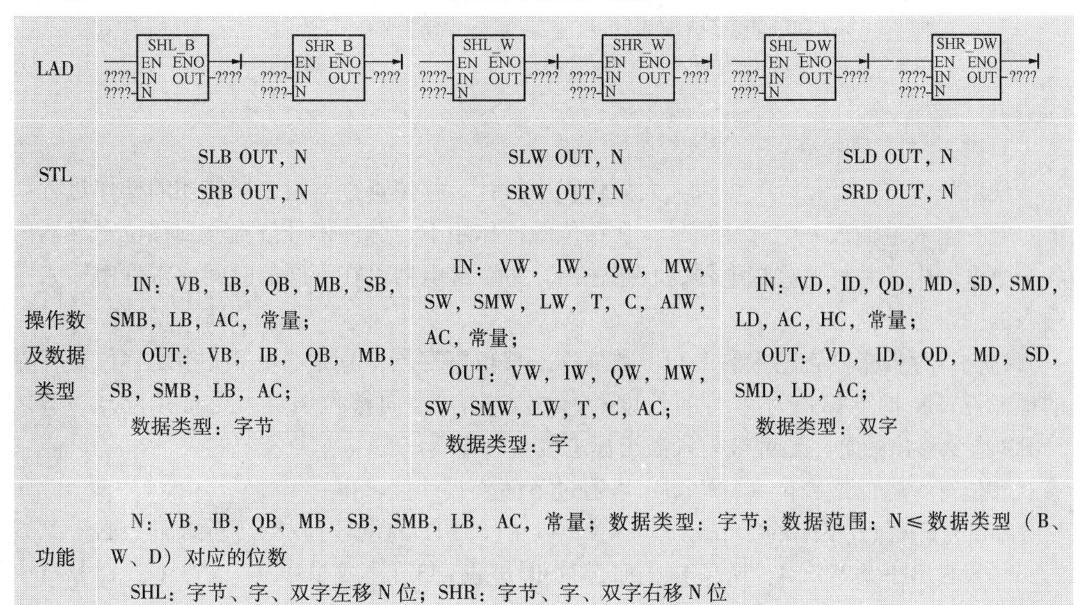

LAD	SHL_B / SHR_B（EN ENO；????-IN OUT-????；????-N）	SHL_W / SHR_W（EN ENO；????-IN OUT-????；????-N）	SHL_DW / SHR_DW（EN ENO；????-IN OUT-????；????-N）
STL	SLB OUT，N SRB OUT，N	SLW OUT，N SRW OUT，N	SLD OUT，N SRD OUT，N
操作数及数据类型	IN：VB，IB，QB，MB，SB，SMB，LB，AC，常量； OUT：VB，IB，QB，MB，SB，SMB，LB，AC； 数据类型：字节	IN：VW，IW，QW，MW，SW，SMW，LW，T，C，AIW，AC，常量； OUT：VW，IW，QW，MW，SW，SMW，LW，T，C，AC； 数据类型：字	IN：VD，ID，QD，MD，SD，SMD，LD，AC，HC，常量； OUT：VD，ID，QD，MD，SD，SMD，LD，AC； 数据类型：双字
功能	N：VB，IB，QB，MB，SB，SMB，LB，AC，常量；数据类型：字节；数据范围：N≤数据类型（B、W、D）对应的位数 SHL：字节、字、双字左移 N 位；SHR：字节、字、双字右移 N 位		

（2）循环左、右移位。循环移位指令将输入值 IN 循环右移或者循环左移 N 位，并将输出结果装载到 OUT 中。

如果位数 N 大于或者等于最大允许值（对于字节操作为 8，对于字操作为 16，对于双字操作为 32），S7－200 在执行循环移位之前，会执行取模操作，得到一个有效的移位次数。移位位数的取模操作的结果，对于字节操作是 0～7，对于字操作是 0～15，而对于双字操作是 0～31。

如果移位次数为 0，循环移位指令不执行。如果循环移位指令执行，最后一位的值会复制到溢出标志位（SM1.1）。如果移位次数不是 8（对于字节操作）、16（对于字操作）和 32（对于双字操作）的整数倍，最后被移出的位会被复制到溢出标志位（SM1.1）。当要被循环移位的值是零时，零标志位（SM1.0）被置位。

循环移位指令的格式和功能见表 3－10，使用方法如图 3－55 所示。

表 3－10　　循环移位指令格式及功能

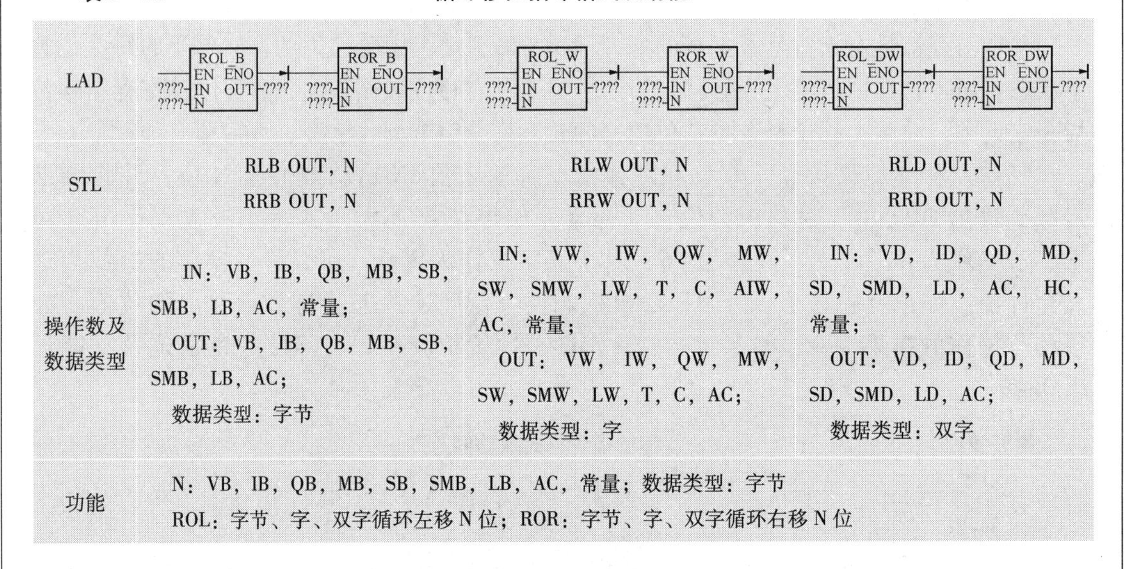

LAD	ROL_B: EN ENO, ????-IN OUT-????, ????-N ROR_B: EN ENO, ????-IN OUT-????, ????-N	ROL_W: EN ENO, ????-IN OUT-????, ????-N ROR_W: EN ENO, ????-IN OUT-????, ????-N	ROL_DW: EN ENO, ????-IN OUT-????, ????-N ROR_DW: EN ENO, ????-IN OUT-????, ????-N
STL	RLB OUT, N RRB OUT, N	RLW OUT, N RRW OUT, N	RLD OUT, N RRD OUT, N
操作数及数据类型	IN：VB，IB，QB，MB，SB，SMB，LB，AC，常量； OUT：VB，IB，QB，MB，SB，SMB，LB，AC； 数据类型：字节	IN：VW，IW，QW，MW，SW，SMW，LW，T，C，AIW，AC，常量； OUT：VW，IW，QW，MW，SW，SMW，LW，T，C，AC； 数据类型：字	IN：VD，ID，QD，MD，SD，SMD，LD，AC，HC，常量； OUT：VD，ID，QD，MD，SD，SMD，LD，AC； 数据类型：双字
功能	N：VB，IB，QB，MB，SB，SMB，LB，AC，常量；数据类型：字节 ROL：字节、字、双字循环左移 N 位；ROR：字节、字、双字循环右移 N 位		

3. 移位寄存器指令

使用移位寄存器指令，可以大大简化程序设计。移位寄存器指令所描述的操作过程如下：若在输入端输入一串脉冲信号，在移位脉冲作用下，脉冲信号依次移到移位寄存器的各个继电器中，并将这些继电器的状态输出，每个继电器可在不同的时间内得到由输入端输入的一串脉冲信号。

移位寄存器指令把输入的 DATA 数值移入移位寄存器。其中，S_BIT 指定移位寄存器的最低位，N 指定移位寄存器的长度和移位方向（正向移位＝N，反向移位＝－N），SHRB 指令移出的每一位都被放入溢出标志位（SM1.1）。

移位寄存器的最高位（MSB.b）可通过下面公式计算求得

MSB.b＝[（S_BIT 的字节号）＋（[N]－1＋（S_BIT 的位号））/8].[除 8 的余数]

如果 S_BIT 是 V33.4，N 是 14，那么 MSB.b 是 V35.1，或 MSB.b＝V33＋（[14]－1＋4）/8＝V33＋17/8＝V33＋2（余数为 1）＝V35.1。

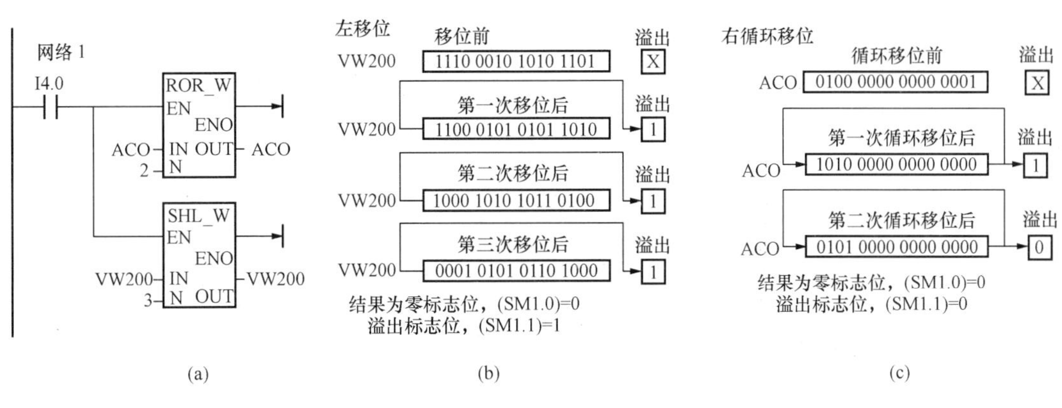

图3－55　移位和循环指令使用示例

（a）梯形图；（b）左移图；（c）右移图

当正向移动时，N为正值，输入数据从最低位（S_BIT）移入，最高位移出。移出的数据放在溢出标志位（SM1.1）中。

当反向移动时，N为负值，输入数据从最高位移入，最低位（S_BIT）移出。移出的数据放在溢出标志位（SM1.1）中。

移位寄存器的最大长度为64位，可正可负。图3－56中给出了N为正和负两种情况下的移位过程。

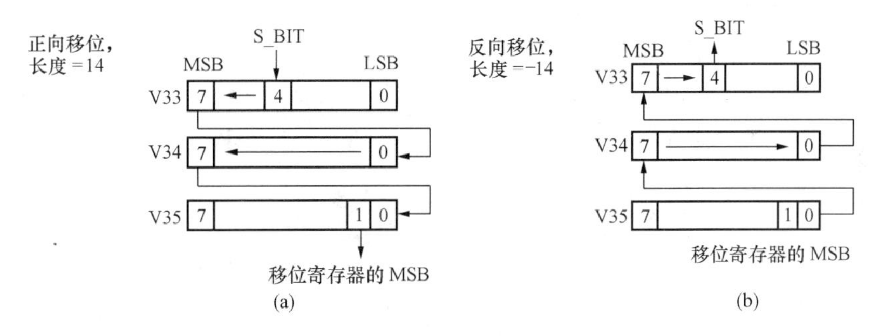

图3－56　移位寄存器的入口和出口

（a）N为正；（b）N为负

移位寄存器使用如图3－57所示。DATA和S_BIT的操作数为I、Q、M、SM、T、C、V、S、L，数据类型为BOOL变量。N的操作数为VB、IB、QB、MB、SB、SMB、LB、AC，数据类型为常量。数据类型为字节。

四、S7－200数据功能指令使用

1．比较指令

比较指令包括数值比较和字符串比较两类。比较指令只是作为条件来使用，并不对存储器中的具体单元进行操作。

比较指令的LAD格式为 ┤IN1 操作 IN2├，IN1、IN2为输入的两个操作数，指令名称可以为：

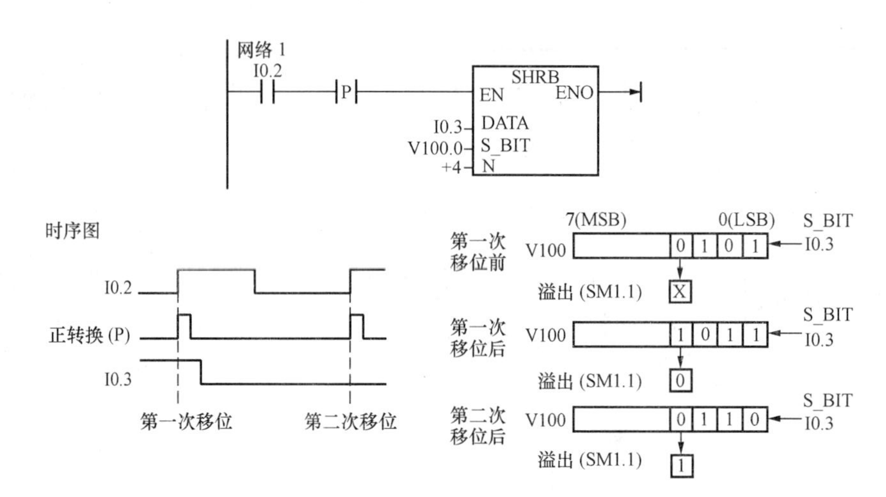

图 3－57　移位寄存器使用示例

＝＝B、＝＝I、＝＝D、＝＝R、＜＞B、＜＞I、＜＞D、＜＞R、＞＝B、＞＝I、＞＝D、＞＝R、＜＝B＜＝I、＜＝D、＜＝R、＞B、＞I、＞D、＞R、＜B、＜I、＜D、＜R。

（1）数值比较指令。当比较结果为真时，使能流通过，否则切断能流。

比较的运算有：IN1＝IN2（等于）、IN1＞＝IN2（大于等于）、IN1＜＝IN2（小于等于）、IN1＜＞IN2（不等于）、IN1＞IN2（大于）、IN1＜IN2（小于）。

IN1、IN2 的取值类型：单字节无符号数、有符号整数、有符号双字、有符号实数。

IN1、IN2 的取值范围：

BYTE IB QB，VB，MB，SMB，SB，LB，AC，＊VD，＊LD，＊AC 及常数；

INT IW，QW，VW，MW，SMW，SW，LW，TC，AC，AIW，＊VD，＊LD，＊AC 及常数；

DINT ID，QD，VD，MD，SMD，SD，LD，AC，HC，＊VD，＊LD，＊AC 及常数；

REAL ID，QD，VD，MD，SMD，SD，LD，AC，HC，＊VD，＊LD，＊AC 及常数。

（2）字符串比较指令。字符串比较指令用于比较两个 ASCII 码字符串。

如果比较结果为真，使能流通过，允许其后续指令执行，否则切断能流。

能够进行的比较运算有：IN1＝IN2（字符串相同）；IN1＜＞IN2（字符串不同）。

IN1、IN2 的取值范围：VB，LB，＊VD，＊LD，＊AC。

2. 递增、递减指令

递增、递减指令用于对输入无符号数字节、符号数字、符号数双字进行加 1 或减 1 的操作。指令格式见表 3－11。

表 3－11　　递增、递减指令格式

LAD	INC_B EN ENO IN OUT	DEC_B EN ENO IN OUT	INC_W EN ENO IN OUT	DEC_W EN ENO IN OUT	INC_DW EN ENO IN OUT	DEC_DW EN ENO IN OUT
STL	INCB OUT	DECB OUT	INCW OUT	DECW OUT	INCD OUT	DECD OUT

续表

操作数及数据类型	IN：VB，IB，QB，MB，SB，SMB，LB，AC，常量，*VD，*LD，*AC； OUT：VB，IB，QB，MB，SB，SMB，LB，AC，*VD，*LD，*AC； IN/OUT数据类型：字节	IN：VW，IW，QW，MW，SW，SMW，AC，AIW，LW，T，C，常量，*VD，*LD，*AC； OUT：VW，IW，QW，MW，SW，SMW，LW，AC，T，C，*VD，*LD，*AC； 数据类型：整数	IN：VD，ID，QD，MD，SD，SMD，LD，AC，HC，常量，*VD，*LD，*AC； OUT：VD，ID，QD，MD，SD，SMD，LD，AC，*VD，*LD，*AC； 数据类型：双整数
功能	递增字节和递减字节指令在输入字节（IN）上加1或减1，并将结果置入OUT指定的变量中，递增和递减字节运算不带符号	递增字和递减字指令在输入字（IN）上加1或减1，并将结果置入OUT，递增和递减字运算带符号（16#7FFF > 16#8000）	递增双字和递减双字指令在输入双字（IN）上加1或减1，并将结果置入OUT，递增和递减双字运算带符号（16#7FFFFFFF > 16#80000000）

注　1. 使ENO＝0的错误条件：SM4.3（运行时间，0006（间接地址），SM1.1（溢出））。
2. 影响标志位：SM1.0（零），SM1.1（溢出），SM1.2（负数）。
3. 在梯形图指令中，IN和OUT可以指定为同一存储单元，这样可以节省内存，在语句表指令中不需使用数据传送指令。

3. 编码和解码指令

编码和解码指令的格式和功能见表3－12。

表3－12　　编码和解码指令的格式和功能

LAD	DECO EN　ENO ???? - IN　OUT - ????	ENCO EN　ENO ???? - IN　OUT - ????
STL	DECO IN，OUT	ENCO IN，OUT
操作数及数据类型	IN：VB，IB，QB，MB，SMB，LB，AC，常量； 数据类型：字节； OUT：VW，IW，QW，MW，SMW，LW，SW，AQW，T，C，AC； 数据类型：字	IN：VW，IW，QW，MW，SMW，LW，SW，AIW，T，C，AC，常量； 数据类型：字 OUT：VB，IB，QB，MB，SMB，LB，SB，AC； 数据类型：字节
功能及说明	译码指令根据输入字节（IN）的低4位表示的输出字的位号，将输出字的相对应的位，置位为1，输出字的其他位均置位为0	编码指令将输入字（IN）最低有效位（其值为1）的位号写入输出字节（OUT）的低4位中
ENO＝0的错误条件	0006间接地址，SM4.3运行时间	

4. 乘法、除法指令

整数乘除法指令格式见表3－13。

表 3－13 整数乘除法指令格式

LAD	MUL_I EN ENO IN1 OUT IN2	DIV_I EN ENO IN1 OUT IN2	MUL_DI EN ENO IN1 OUT IN2	MUL_DI EN ENO IN1 OUT IN2	MUL EN ENO IN1 OUT IN2	DIV EN ENO IN1 OUT IN2
STL	MOVW IN1，OUT *I IN2，OUT	MOVW IN1，OUT /I IN2，OUT	MOVD IN1，OUT *D IN2，OUT	MOVD IN1，OUT /D IN2，OUT	MOVW IN1，OUT MUL IN2，OUT	MOVW IN1，OUT DIV IN2，OUT
功能	IN1 * IN2 = OUT	IN1/IN2 = OUT	IN1 * IN2 = OUT	IN1/IN2 = OUT	IN1 * IN2 = OUT	IN1/IN2 = OUT

5. 取反指令

取反指令有字节、字和双字取反。字节取反（INVB）、字取反（INVW）和双字取反（INVD）指令将输入 IN 取反的结果存入 OUT 中，其示例如图 3－58 所示。

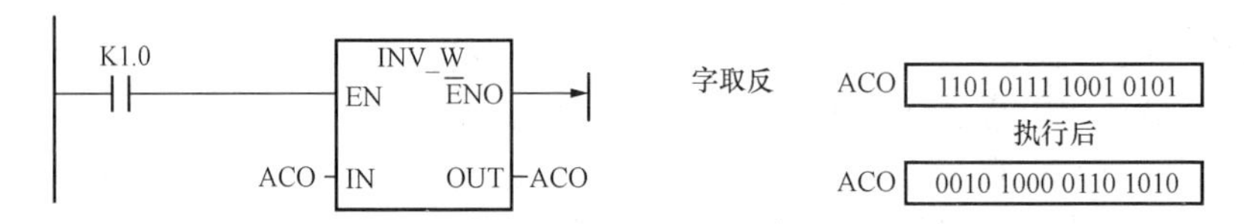

图 3－58 取反指令示例

使 ENO＝0 的错误条件：0006（间接寻址）。受影响的 SM 标志位：SM1.0（结果为 0）。

6. 子程序指令

S7－200 程序支持子程序的调用，能够自动地完成子程序的返回，并且允许子程序进行嵌套调用，最多可达 8 级，中断服务程序中也可调用子程序，但不可以嵌套，支持子程序的递归调用，但是当使能带子程序的递归调用时应慎重。

子程序调用指令（CALL）将程序控制权交给子程序 SBR－N。调用子程序时可以带参数也可以不带参数。子程序执行完成后，控制权返回到调用子程序的指令的下一条指令。

当子程序在同一个周期内被多次调用时，不能使用上升沿、下降沿、定时器和计数器指令。子程序条件返回指令（CRET）根据它前面的逻辑决定是否终止子程序。

要添加一个子程序可以在命令菜单中选择：Edit > Insert > Subroutine。

第八节 PLC 的实际应用举例

PLC 是一种以微处理器为核心用作数字控制的新型控制器，专为在工业环境下应用而设计，它可广泛应用于机械制造、冶金、化工、电力、交通、采矿、建材、轻工、环保、食品等行业，既可用于老设备的技术改造，又可用于新产品的开发。下面以一个小系统为例，简要介绍一下 PLC 的实际应用。

一、案例说明

电动机Y－△降压启动控制是异步电动机启动控制中的典型控制环节，属常用控制小系统。

三相异步电动机全压直接启动时，启动电流是正常工作电流的5~7倍，当电动机功率较大时，很大的启动电流会对电网造成冲击，并造成电能过多损耗。因此，对于正常运转时定子绕组作三角形（△）连接的电动机，启动时先使定子绕组接成星形（Y），电动机开始转动，待电动机达到一定转速时，再把定子绕组改成三角形连接，从而降低电动机的启动电流，减少电动机启动时多余的电能损耗。

二、案例实现

（1）首先确定I/O端子数。电动机Y－△降压启动继电控制线路如图3－59所示（工作原理分析略）。

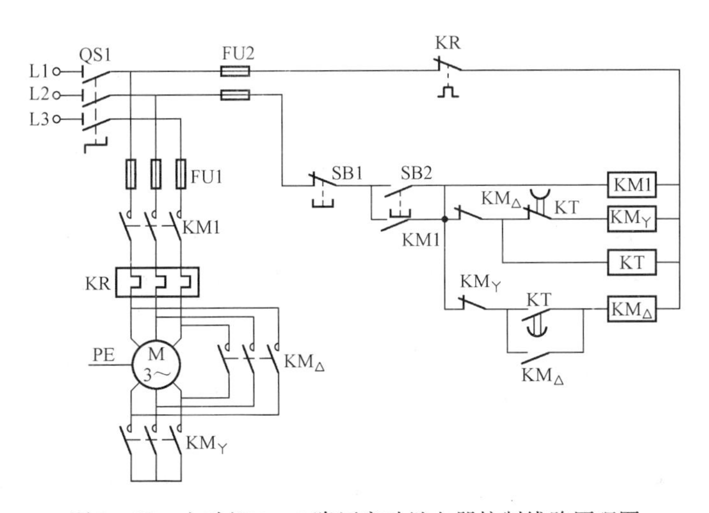

图3－59　电动机Y－△降压启动继电器控制线路原理图

在设计PLC接线时，如图3－59所示，SB1和SB2外部按钮是PLC的输入变量，$KM1$、$KM_{\triangle}$、KM_{Y}是PLC的输出变量，PLC的I/O端子分配见表3－14。

表3－14　电动机Y－△降压启动控制PLC的I/O端子分配表

输入信号（端子）			输出信号（端子）		
名称	代号	端子编号	名称	代号	端子编号
停止按钮	SB1	I0.0	主接触器	KM1	Q0.1
启动按钮	SB2	I0.1	△启动接触器	$KM_{\triangle}$	Q0.2
			Y启动接触器	KM_{Y}	Q0.3

（2）PLC与外部器件的接线。电动机Y－△降压启动PLC接线如图3－60所示。图中，电动机由接触器KM1、$KM_{\triangle}$和KM_{Y}控制，其中KM_{Y}将电动机定子绕组连接成星形，$KM_{\triangle}$将电动机定子绕组连接成三角形。$KM_{\triangle}$与KM_{Y}不能同时吸合，否则，将产生电源短路。在程序设计过程中，应充分考虑由星形向三角形切换的时间，即由KM_{Y}完全断开（包括灭弧时间）到$KM_{\triangle}$接通这段时间应互锁住，以防电源短路。

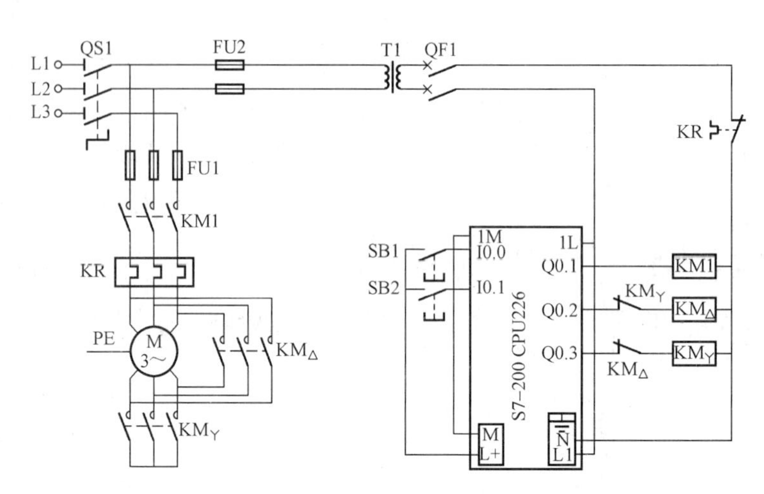

图 3－60　电动机Y－△降压启动 PLC 接线图

（3）梯形图程序。电动机Y－△降压启动用 PLC 控制的梯形图如图 3－61 所示，2 个方案功能相同。

1）方案 1 启动时，按下 SB2，I0. 1 动合闭合，此时 M1. 0 接通，定时器 T37 和 T38 接通，Q0. 3 也接通，KM_{Y}接触器通电，T38 定时 1s 后，Q0. 1 接通，KM1 接触器通电，此时，电动机进入星形（Y）降压启动；星形（Y）降压启动后 5s 后，定时器 T37 已定时 6s 了，KM_{Y}接触器断电，定时器 T39 开始计时，计时 0. 5s 后，Q0. 2 接通，$KM_{\triangle}$通电，KM1 接触器已通电，此时电动机采用为三角形（△）连接，进入正常工作。按下 SB1，Q0. 1、M1. 0 断电，电动机停止运行。

2）方案 2 启动时，按下 SB2，I0. 1 动合闭合，此时 M0. 0 接通，定时器 T37 接通，Q0. 1、Q0. 3 也接通，KM1、KM_{Y}接触器通电，电动机进入星形（Y）降压启动。延时 5s 后，定时器 T37 动作，其动断触点断开，使 Q0. 1、Q0. 3 断开，KM1、$KM_{\triangle}$断电。T37 的动合触点闭合，接通定时器 T38，延时 1s 后，T38 动作，Q0. 1、Q0. 2 接通，KM1、$KM_{\triangle}$接通，电动机为三角形（△）连接，进入正常工作。按下 SB1，Q0. 1、M0. 0 断电，电动机停止运行。

三、设计经验与技巧

电动机Y－△降压启动属常用控制系统，在图 3－61（a）所示梯形图中，使用 T37、T38 和 T39 定时器将电动机的星形（Y）降压启动到三角形（△）全压运行过程进行控制，在 Q0. 2 和 Q0. 3 两梯级中，分别加入互锁触点 Q0. 3 和 Q0. 2，保证$KM_{\triangle}$和KM_{Y}不能同时通电。此外，定时器 T39 定时 0. 5s，确保KM_{Y}接触器断电灭弧，避免了电源瞬时短路。在图 3－61（b）所示梯形图中，使用 T37 定时器，将 KM1 和KM_{Y}同时通电，电动机星形（Y）降压启动 5s，而后将 KM1 断电，使用 T38 定时器，将$KM_{\triangle}$通电后，再让 KM1 通电，同样避免了电源瞬时短路。

综上所述，这两种控制程序均实现了电动机启动到平稳运行，说明了实现相同的控制任务可以设计出不同的控制程序。当然，也可为该系统增加必要的诊断、开机复位、报警等功能，设计者可根据控制的实际情况，开发出更好更优的控制程序。

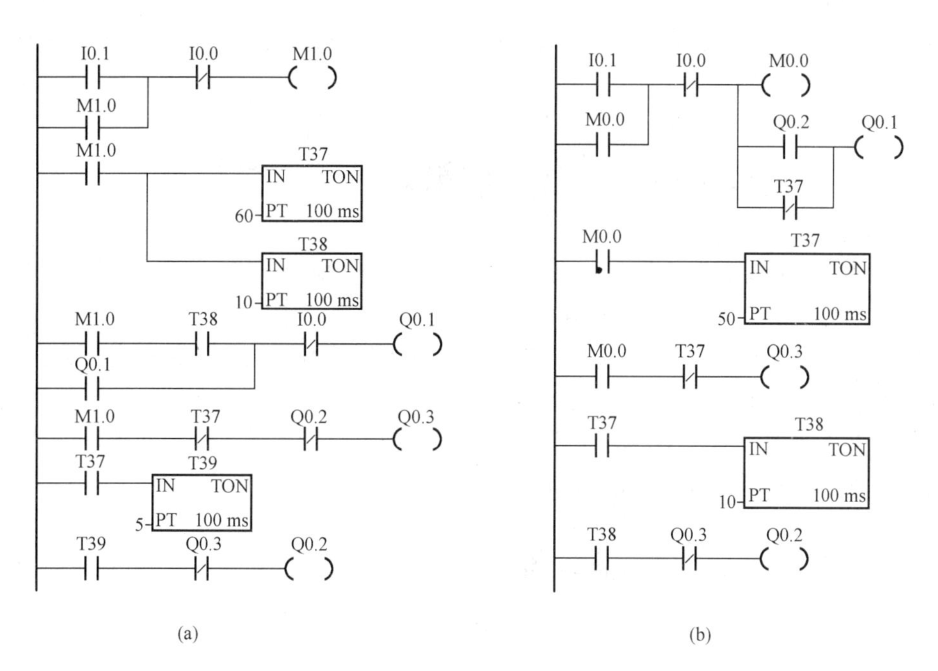

图 3－61 电动机Y－△降压启动 PLC 梯形图

（a）方案 1；（b）方案 2

◎ 第四章

集散控制系统（DCS）技术基础

日前，集散控制系统（DCS）在工业自动化控制各领域已得到广泛的应用，它是实现工业自动化和企业信息化的最好的系统平台。DCS 出现于 1975 年，30 多年来，随着电子、计算机软件及硬件、网络技术的发展，其技术平台的水平也在不断提高，为我国大型工业生产装置的自动化水平的提高做出了突出的贡献，同时，由于自动化程度的提高，优化了生产工艺，提高了工作效率，降低了能耗，推动了节能减排工作的开展。因此，了解和掌握 DCS 的一些基础知识，对于节电工程技术人员来说是十分必要的。

第一节 概　　述

一、DCS 的基本概念

分布式控制系统（Distributed Control System，DCS）在国内自控行业又称为集散控制系统。它是计算机控制系统的一种结构形式，其实质是利用计算机技术对生产过程进行集中监控、操作、管理和分散控制的一种新型的控制技术。DCS 是由计算机技术、测量控制技术、网络通信技术和人机接口技术相互发展和渗透而产生的。它既不同于分散的常规仪表控制系统，又不同于集中式计算机控制系统，而是吸收了两者的优点，在它们的基础上发展起来的一门系统工程技术，具有很强的生命力和显著的优越性。

二、DCS 的现状及发展

1975 年，美国霍尼韦尔（Honey Well）公司推出了 TDC－2000 集散控制系统，这是一个具有许多微处理器的分级控制系统，以分散的控制设备来适应分散的过程控制对象，并将它们通过数据高速公路与基于 CRT 的操作站相互连接，相互协调，实现工业过程的实时控制与监控，使控制系统的功能分散，负载分散，从而危险分散，克服了集中型计算机控制系统的一个致命弱点。

随后，相继有几十家美国、欧洲和日本的仪表公司也推出了自己的系统。如 Foxboro 公司的 Spectrum 系统，日本的日立、横河仪表、东芝等公司也推出自己的系统。我国在 1992 年由和利时自动化过程公司自主开发设计了 HS－DCS－1000 系统。

DCS 自 1975 年问世以来，经历了 30 多年的时间，随着 4C 技术及软件技术的迅猛发展，DCS 可靠性、实用性不断提高，系统功能也日益增强，使得 DCS 得到了广泛的应用，到目前已经广泛使用于电力、石油、化工、制药、冶金、建材、造纸等众多行业。DCS 的发展经历了如下四个阶段。

1. 第一阶段

1975～1980 年为 DCS 的初创阶段，相应的产品称为第一代 DCS。第一代 DCS 的代表产品有美国 Honey Well 公司的 TDC－2000 系统，Bailey 公司的 Network－90 系统，Foxboro 公司的 Spectrum 系统，日本横河 YOKOGAWA 公司的 Yawpark 系统，德国 Siemens 公司的

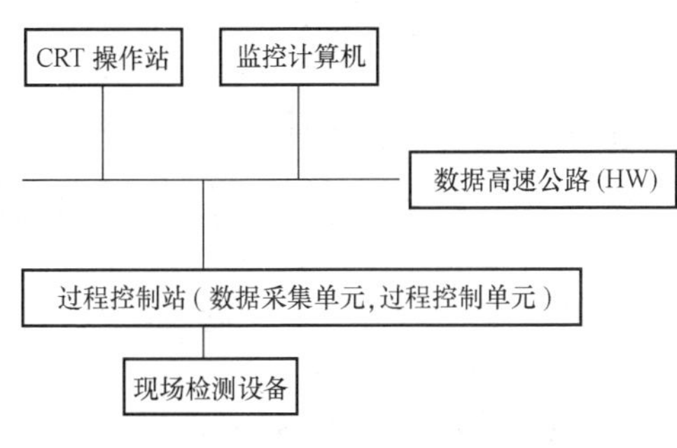

图 4－1 第一代 DCS 基本结构

Teleperm M 系统等。第一代 DCS 的基本结构如图 4－1 所示。

这一时期 DCS 的特点是系统设计重点在过程控制站，各个公司的系统均采用了当时最先进的微处理器来构成过程控制站，所以系统的过程控制功能比较成熟可靠；而系统人机界面功能相对较弱，在实际中用 CRT 操作站对现场进行监控，提供的信息量也较少；功能上接近仪表控制系统，各个厂家的系统均由专有产品构成（现场控制站，人机界面工作站，各类功能站及软件）；各个厂家的系统在通信自成体系，没有形成相互数据通信的标准。各个厂家生产的 DCS 成本高，系统维护运行成本也较高，使得 DCS 的应用范围受到一定的限制。

2. 第二阶段（成熟期）

1980～1985 年是 DCS 成熟期。相应的产品称为第二代 DCS。第二代 DCS 的代表产品有美国 Honey Well 公司的 TDC－3000 系统，Westing House 公司的 WDPF，Fisher 公司的 PROVOX，日本横河公司的 YEWPACK－MARK Ⅱ等。第二代 DCS 的基本结构如图 4－2 所示。

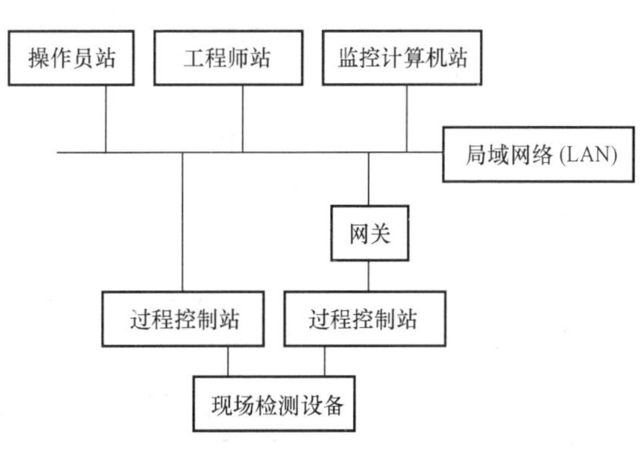

图 4－2 第二代 DCS 基本结构

这一时期 DCS 的特点是系统引入了局域网（LAN），数据通信能力提高，使得系统的规模、容量进一步增加，系统扩展也较容易，这个时期的系统开始摆脱仪表控制系统的影响，而逐步靠近计算机系统；随着计算机屏幕技术的发展，操作站人机界面图形丰富，显示信息量大大增加；操作人员的操作界面从键盘输入命令的方式操作界面到用鼠标操作的图形操作界面，使得操作越来越方便；在功能上，这个时期的 DCS 逐步走向完善，除回路控制外，还增加了顺序控制、逻辑控制等功能，加强了系统管理站的功能，可实现一些优化控制和生产管理功能。由于各种高新技术，特别是信息技术和计算机网络技术的飞速发展，众多厂家参与竞争，DCS 价格开始下降，使得 DCS 的应用更加广泛。但是各个厂家的 DCS 产品在通信上标准不一，各个厂家虽然在系统的网络技术上投入很多，也有一些厂家采用了由专业实时网络开发商的硬件产品，但在网络协议方面，仍然各自为政，使得不同厂家的 DCS 间基本上不能进行数据交换，DCS 的各个组成部分，如过程控制站、人机界面工作站，各类功能站及软件等都是各个 DCS 厂家的专有技术和专有产品。因此从用户的角度看，DCS 仍是一种购买成本、运行成本及维护成本都很高的系统。

3. 第三阶段（扩展期）

20 世纪 90 年代为 DCS 的扩展期，无论是硬件还是软件都采用了一系列的高新技术。

使DCS向更高层次发展，形成了第三代的DCS产品。第三代DCS的代表产品有美国HoneyWell公司的TDC－3000/UCN，Westing House公司的WDPFⅡ/Ⅲ，Foxboro公司的I/A Series，日本横河公司是Centum－XL/μXL等。第三代DCS的基本结构如图4－3所示。

这一时期DCS的特点是在功能上实现了进一步扩展，增加了上层网络，增加了生产的管理功能和企业的综合管理功能，形成了过程控制、集中监控、生产管理三层功能结构，这样的体系结构已经使DCS成为一个典型的计算机网络系统，而实施直接控制功能的过程控制站，在功能逐步成熟并标准化之后，成为整个计算机网络系统中的一类功能结点。进入20世纪90年代以后，人们已经很难比较出各个厂家的DCS在过程控制功能方面的差异，而各种DCS的差异主要体现在与不同行业应用密切相关的控制方法和高层管理功能方面。

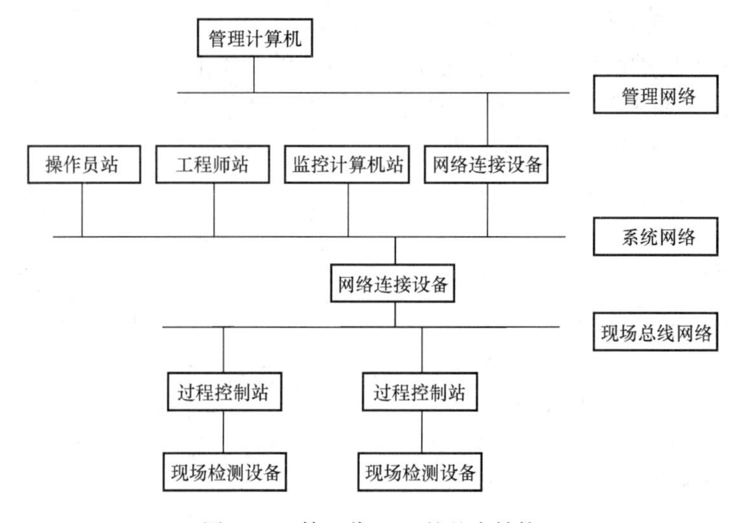

图4－3　第三代DCS的基本结构

在网络方面，DCS的开发性改变了过去各个DCS厂家自成体系的封闭结构，各厂家已普遍采用了标准的网络产品，如各种实时网络和以太网等。到20世纪90年代后期，很多厂家将目光转向了只有物理层和数据链路层的以太网和在以太网之上的TCP/IP协议。这样在高层（即应用层）虽然还是各个厂家自己的标准，系统间无直接通信，但至少在网络的低层，系统间是可以互通的，高层的协议可以开发专门的转换软件实现互通。

除了功能上的扩充和网络通信的部分外，多数DCS厂家在组态方面实现了标准化，由国际电工委关于控制编程语言的标准即IEC 61131－3所定义的五种组态语言为大多数DCS厂家所采纳，在这方面为用户提供了极大的便利。各个厂家对IEC 61131－3的支持程度不同，有的只支持一种，有的支持多种，当然支持的程度越高，给用户带来的便利也越多。

在系统产品的构成方面，除过程控制站基本上还是各个DCS厂家的专有产品外，人机界面工作站、服务器和各种功能站的硬件和基础软件，如操作系统等，已全部采用了市场采购的商品，这给系统的维护带来了相当大的好处，也使系统的成本大大降低。所以DCS成为一种大众产品，广泛应用于各个行业。

4. 第四代 DCS（高速发展期）

受信息技术（网络通信技术、计算机硬件技术、嵌入式系统技术、现场总线技术、各种组态软件技术、数据库技术等）发展的影响，以及用户对先进的控制功能与管理功能需求的增加，各 DCS 厂商（以 Honey Well、Emerson、Foxboro、横河、ABB 为代表）纷纷提升 DCS 的技术水平，并不断地丰富其内容。可以说，以 Honey Well 公司最新推出的 Experion PKS（过程知识系统）、Emerson 公司的 Plant Web（Emerson Process Management）、Foxboro 公司的 A2、横河公司的 R3（PRM－工厂资源管理系统）和 ABB 公司的 Industrial IT 系统为标志的新一代 DCS 已经形成。

如果把当年 Foxboro 公司的 I/A Series 看作第三代 DCS 里程碑，那么以上厂家的最新 DCS 可以划为第四代。第四代 DCS 的最主要标志是两个字母"I"开头的单词：Information（信息）和 Integration（集成）。

第四代 DCS 的体系结构主要分为过程控制级、集中监控级、生产管理级和综合管理级四层结构，如图 4－4 所示。一般 DCS 厂商主要提供除综合管理级之外的三层功能，而综合管理级则通过提供开放的数据库接口，连接第三方的管理软件平台（ERP、CRM、SCM 等）。所以，当今 DCS 主要提供工厂（车间）级的所有控制和管理功能，并集成全企业的信息管理功能。第四代 DCS 的技术特点如下：

综合管理级
生产管理级
集中控制级
过程控制级
现场设备

图 4－4 第四代 DCS 基本结构

（1）DCS 充分体现信息化和集成化。信息化和集成化基本描述了当今 DCS 正在发生的变化。用户已经可以采集整个工厂车间和过程的信息数据，但是用户希望这些大量的数据能够以合适的方式体现，并帮助决策过程，让用户以其明白的方式，在方便的地方得到真正需要的数据。

信息化体现在各 DCS 已经不是一个以控制功能为主的控制系统，而是一个充分发挥信息管理功能的综合平台系统。DCS 提供了从现场到设备，从设备到车间，从车间到工厂，从工厂到企业集团整个信息通道。这些信息充分体现了全面性、准确性、实时性和系统性。

大部分 DCS 提供了过去常规 DCS 功能、SCADA（监控和数据采集）功能以及 MES（制造执行系统）的大部分功能。与 ERP 不同，MES 汇集了车间中用以管理和优化、从下订单到产成品的生产活动全过程的相关硬件或软件组件，它控制和利用实时准确的制造信息来指导、传授、响应并报告车间发生的各项活动，同时向企业决策支持过程提供有关生产活动的任务评价信息。MES 的功能包括车间的资源分配、过程管理、质量控制、维护管理、数据采集、性能分析和物料管理等功能模型，与 DCS 相关的各功能模块有资源配置与状态（Resource Allocation and Status）、派遣生产单元（Dispatching Production Units）、文档控制（Document Control）、数据收集/获取（Data Collection/Acquisition）、劳工管理（Labor Management）、质量管理（Quality Management）、维护管理（Maintenance Management）、产品跟踪（Product Tracking）、性能分析（Performance Analysis）。

DCS 的集成性则体现在功能的集成和产品的集成 2 个方面。过去的 DCS 厂商基本上是以自主开发为主，提供的系统也是自己的系统。当今的 DCS 厂商更强调系统的集成性和方案能力、DCS 中除保留传统 DCS 所实现的过程控制功能之外，还集成了 PLC（可编程逻辑控制器）、RTU（采集发送器）、FCS、各种多回路调节器、各种智能采集或控制单元等。此外，各 DCS 厂商不再把开发组态软件或制造各种硬件单元视为核心技术，而是纷纷把 DCS 的各个组成部分采用第三方集成方式或 OEM 方式。如多数 DCS 厂商自己不再开发组态软件平台，而转入采用兄弟公司（如 Foxboro 用 Wonderware 软件为基础）的通用组态软件平台，或其他公司提供的软件平台（Emerson 用 Intellution 的软件平台为基础）。此外，许多 DCS 厂家甚至 I/O 组件也采用 OEM 方式，如 Foxboro 采用 Eurothem 的 I/O 模块，横河的 R3 采用富士电机的 Processio 作为 I/O 单元基础，Honeywell 公司的 PKS 系统则采用 Rockweell 公司的 PLC 单元作为现场控制站。

（2）DCS 变成真正的混合控制系统。过去 DCS 和 PLC 主要通过被控对象的特点（过程控制和逻辑控制）来进行划分，但是，第四代的 DCS 已经将这种划分模糊化了。几乎所有的第四代 DCS 都包容了过程控制、逻辑控制和批处理控制，实现混合控制。这也是为了适应用户的真正控制需求。因为多数的工业企业绝不能简单地划分为单一的过程控制和逻辑控制需求，而是由过程控制为主或逻辑控制为主的分过程组成的。要实现整个生产过程的优化，提高整个工厂的效率，就必须把整个生产过程纳入统一的分布式集成信息系统。如典型的冶金系统、造纸过程、水泥生产过程、制药生产过程和食品加工过程、发电过程，大部分的化工生产过程都是由部分的连续调节控制和部分的逻辑联锁控制构成。

第四代的 DCS 几乎全部采用 IEC 61131－3 标准进行组态软件设计。该标准原为 PLC 语言设计提供的标准。同时一些 DCS（如 Honeywell 公司的 PKS）还直接采用成熟的 PLC 作为控制站。多数的第四代 DCS 都可以集成中、小型 PLC 作为底层控制单元，不仅具备了过去大型 PLC 的所有基本逻辑运算功能，而且还有高级运算、通信以及运动控制功能。

（3）DCS 包含 FCS 功能并进一步分散化。过去一段时间，一些学者和厂商把 DCS 和 FCS 对立起来。其实，真正推动 FCS 进步的仍然是世界主要几家 DCS 厂商。所以，DCS 不会被 FCS 所代替，而是 DCS 会包容 FCS，实现真正的 DCS。如今，这一预测正在被现实所验证。所有的第四代 DCS 都包含了各种形式的现场总线接口，可以支持多种标准的现场总线仪表、执行机构等。此外，各 DCS 还改变了原来机柜架式安装 I/O 模件、相对集中的控制站结构，取而代之的是进一步分散的 I/O 模块（导轨安装），或小型化的 I/O 组件（可以现场安装）或中小型的 PLC。分布式控制的一个重要优点是逻辑分割，工程师可以方便地把不同设备的控制功能按设备分配到不同的合适控制单元上，这样操作人员可以根据需要对单个控制单元进行模块化的功能修改、下装和调试。另一个优点是，各个控制单元分布安装在被控设备附近，既节省电缆，又可以提高该设备的控制速度。一些 DCS 还包括分布式 HMI 就地操作站，人机有机的融合在一起，共同完成一个智能化工厂的各种操作，如 Emerson 的 DeltaV、Foxboro 的 A2 中的小模块结构、Ovation 的分散模块结构等。可以说，现在的 DCS 厂商已经越过炒作概念的误区，而是突出实用性。一套 DCS 可以适应多种现场安装模式，或用现场总线智能仪表，或采用现场 I/O 智能模块就地安装（既节省信号电缆，又不用昂贵的智能仪表），或采用柜式集中安装（特别适合改造现场），一切由用户的现场条件决定，充分体现为用户设想。

（4）DCS平台开放性与应用服务专业化。随着网络技术、数据库技术、软件技术及现场总线技术的发展为开发系统提供了基础，各DCS厂家竞争的加剧，促进了细化分工与合作，各厂家放弃了原来自己独立开发的工作模式，变成集成与合作的开发模式，所以开放性自动实现了。第四代DCS全部支持某种程度的开放性。开放性体现在DCS可以从三个不同层面与第三方产品相互连接：在企业管理层支持各种管理软件平台连接；在工厂车间层支持第三方先进控制产品，SCADA平台，MES产品，BATCH处理软件，同时支持多种网络协议；在控制层可以支持DCS单元（系统）、PLC、各种智能控制单元及各种标准的现场总线仪表与执行机构。开放性的确有很多好处，但是在考虑开放性的同时，首先要充分考虑系统的安全性和可靠性。在选择设备时，先确定系统的要求，然后根据需求选择必要的设备。尽量不要装备一些不必要的功能，特别是网络功能和外设的选择一定要慎重。随着开放系统和平台技术的发展，产品的选择要更加灵活，软件的组态功能越来越强大而灵活，但是每一个特定的应用都需要一个独特的解决方案，所以专业化的应用知识和经验是当今自动化厂商或系统集成商成功的关键因素。各DCS厂家在努力宣传各自DCS技术优势的同时，更是努力宣传自己的行业方案设计与实施能力。为不同的用户提供专业化的解决方案并实施专业化的服务，将是今后各DCS厂家和系统集成商竞争的焦点，同时也是各厂家盈利的主要来源。

第四代DCS厂商在提高DCS平台集成化的同时，都强调自己在各自应用行业的专业化服务能力。DCS厂家不仅注重系统本身的技术，更加注重如何满足应用要求，并将满足不同行业的应用要求，作为自己系统的最关键的技术，这应该是新一代DCS的又一重要特点。

第二节 DCS的基本组成及特点

一、DCS的基本组成

一个最基本的DCS应包含至少一台现场控制站、一台工程师站（也可利用一台操作员站兼作工程站）和一条系统网络。一个典型的DCS体系结构如图4-3所示，图中表明了DCS各主要组成部分和各部分之间的连接关系。

除了上述基本的组成部分之外，DCS还包括完成某些专门功能的站、扩充生产管理和信息处理功能的信息网络，以及实现现场仪表、执行机构数字化的现场总线网络。

1. 操作员站

操作员站主要完成人机界面的功能，一般采用桌面型通用计算机系统，如图形工作站或个人计算机等。其配置与常规的桌面系统相同，但要求有大尺寸的显示器（CRT显示器或液晶屏）和高性能的图形处理器，有些系统还要求每台操作员站使用多屏幕处理器以拓宽操作员的观察范围。为了提高画面的显示速度，一般都在操作员站上配置较大的内存。

2. 过程控制站

过程控制站是DCS的核心，完成系统主要的控制功能。系统的性能、可靠性等重要指标也都要依靠过程控制站保证，因此对它的设计、生产及安装都有很高的要求。过程控制站的硬件一般都采用专门的工业计算机系统，其中除了计算机系统所必需的运算器（即 CPU）、存储器外，还包括了现场测量单元、执行单元的输入输出设备，即过程量 I/O 或现场 I/O。在过程控制站内部，主 CPU 和内存等用于数据的处理、计算和存储的部分被称为逻辑控制部分，而现场 I/O 则称为现场部分，这两个部分是需要严格隔离的，以防止现场的各种信号，包括干扰信号对计算机的处理产生不利的影响。过程控制站逻辑部分和现场部分的连接，一般采用与工业计算机相匹配的内部并行总线，常用的并行总线有 Multibus、VME、STD、ISA、PC104、PCI 和 Compact PCI 等。

由于并行总线结构比较复杂，用其连接逻辑部分和现场部分很难实现有效隔离，成本较高，而且并行总线很难方便地实现扩充，因此很多厂家在过程控制站内的逻辑部分和现场 I/O 之间的连接方式上转向了串行总线。串行总线的优点是结构简单，成本低，很容易实现隔离，而且容易扩充，可以实现远距离的 I/O 模块连接。近年来，现场总线技术的快速发展更推进了这个趋势，目前直接使用现场总线产品作为现场 I/O 模块和主处理模块的连接很普遍。由于 DCS 的过程控制站有比较严格的实时性要求，需要在确定时间期限内完成测量值的输入、运算和控制量的输出，因此过程控制站的运算速度和现场 I/O 速度都应该满足很高的设计要求。一般在快速控制系统中，应该采用较高速的现场总线，如 CAN、Profibus 及 DeviceNet 等，而在控制速度要求不是很高的系统中，可采用较低速的现场总线，这样可以适当降低系统的造价。

3. 工程师站

工程师站是 DCS 中的一个特殊功能站，其主要作用是对 DCS 进行应用组态。应用组态是 DCS 应用过程中必不可少的一个环节，因为 DCS 是一个通用的控制系统，在其上可实现各种各样的应用，关键是如何定义一个具体的系统完成什么样的控制，控制的输入、输出量是什么，控制回路的算法如何，在控制计算中选取什么样的参数，在系统中设置哪些人机界面来实现人对系统的管理与监控，还有报警、报表及历史数据记录等各个方面功能的定义。所有这些，都是组态所要完成的工作，只有完成正确的组态，一个通用的 DCS 才能成为一个针对一个具体控制应用的可运行系统。

组态工作是在系统运行前进行的，或者说是离线进行的，一旦组态完成，系统就具备了运行能力。当系统在线运行时，工程师站可起到一个对 DCS 本身的运行状态进行监视作用，及时发现系统出现的异常，并及时进行处理。在 DCS 在线运行中，也允许进行组态，并对系统的定义进行修改和添加，这种操作称为在线组态。同样，在线组态也是工程师站的一项重要功能。

一般在一个标准配置的 DCS 中，都配有一台专用的工程师站，也有些小型系统不配置专门的工程师站，将其功能合并到某一操作站中。在这种情况下，系统只在离线状态具有工程师站功能，而在在线状态下就没有了工程师站的功能。当然也可以将这种具有操作员站和工程师站双重功能的站设置成为随时切换的方式，根据需要使用该站完成不同的功能。

4. 服务器及其他功能站

在现代的 DCS 结构中，除了过程控制站和操作员站以外，还可以有许多执行特定功能的计算机，如专门记录历史数据的历史站，进行高级控制运算功能的高级计算站，进行生产管理的管理站等。这些站也都通过网络实现与其他各站的连接，形成一个功能完备的复杂的控制系统。

随着 DCS 的功能不断向高层扩展，系统已不再局限于直接控制，而是越来越多地加入了监督控制乃至生产管理等高级功能，因此当今大多数 DCS 都配有服务器。服务器的主要功能是完成监督控制层的工作，如整个生产装置乃至全厂的运行状态监视、对生产过程各个部分出现的异常情况及时发现并及时处理，向更高层的生产调度和生产管理，直至企业经营等管理系统提供实时数据和执行调节控制操作等。简单地讲服务器就是完成监督控制，或称为 SCADA 功能的主结点。

在一个控制系统中，监督控制功能的必不可少的，虽然控制系统的控制功能主要靠系统的直接控制部分完成，但是直接控制部分正常工作的条件是生产工况平稳、控制系统的各部分工作处于正常状态。一旦出现异常情况，就必须实行人工干预，使系统回到正常状态。这就是 SCADA 功能的最主要作用。在规模较小、功能较简单的 DCS 中，可以利用操作员站实现系统的 SCADA 功能，而在系统规模较大、功能复杂时，则必须设立专门的服务器结点。

5. 系统网络

DCS 的另一个重要的组成部分是系统网络，它是连接系统各个站的桥梁。由于 DCS 是由各种不同功能的站组成，这些站之间必须实现有效的数据传输，以实现系统总体的功能，因此系统网络的实时性、可靠性和数据通信能力关系到整个系统的性能，特别是网络的通信规约，关系到网络通信的效率和系统功能的实现，都是由各个 DCS 厂家专门精心设计的。在早期的 DCS 中，系统网络包括硬件和软件，都是各个厂家专门设计的专有产品，随着网络技术的发展，很多标准的网络产品陆续推出，很多 DCS 厂家直接采用以太网作为系统网络。

以太网是为满足事物处理应用需求而设计的，其网络介质访问的特点比较适宜传输信息的请求随机发生，每次传输的数据量较大而传输次数不频繁，因网络访问碰撞而出现的延时对系统影响不大的应用系统。而在工业控制系统中，数据传输的特点是需要周期性地进行传输，每次传输的数据量不大而传输数据比较频繁，而且要求在确定的时间内完成传输，这些应用要求的特点并不适宜使用以太网，特别是以太网的传输时间的不确定性，更是其在工业控制系统中应用的最大障碍。但是由于以太网应用的广泛性和成熟性，特别是它的开放性，使得大多数 DCS 厂家都先后转向了以太网。近年来，以太网的传输速度有了极大的提高，从最初的 10Mbit/s 发展到现在的 100Mbit/s 甚至到 10Gbit/s，这为改进以太网的实时性创造了很好的条件。尤其是交换技术的采用有效地解决了以太网在多结点同时访问时的碰撞问题，使以太网更加适合工业应用。许多公司还在提高以太网的实时性和运行于工业环境的防护方面做了非常多的改进，因此当前以太网已成为 DCS 等各类工业控制系统中广泛采用的标准网络，但在网络的高层协议方面，目前仍然是各个 DCS 厂家特有的技术。

6. 现场总线网络

早期的 DCS 在现场检测和控制执行方面仍采用了模拟式仪表的变送单元和执行单元，在现场总线出现以后，这两个部分也被数字化，因此 DCS 将成为一种全数字化的系统。

在以往采用模拟式变送单元和执行单元时，系统与现场之间是通过模拟信号连接的，而在实现全数字化后，系统与现场之间的连接也将通过计算机数字通信网络，即通过现场总线把传感器、变送器、执行器和控制器集成在一起，实现生产过程的信息集成，在生产现场直接构成现场通信网络，是现场通信网络与控制系统的集成。直接在现场总线上组成控制回路，在生产现场构成分布式网络自动化系统，使系统进一步开放。

7. 高层管理网络

目前 DCS 已从单纯的低层控制功能发展到了更高层次的数据采集、监督控制、生产管理等全厂范围的控制、管理系统，因此再将 DCS 看做是仪表系统已不符合实际情况。从当前的发展看，DCS 更应该是一个计算机管理控制系统，其中包含了全厂自动化的丰富内涵。现在多数厂家 DCS 的体系结构都具备此功能。

几乎所有的厂家都在原 DCS 的基础上，增加了用来对全系统的数据进行集中的存储和处理。服务器的概念起源于 SCADA 系统，因为 SCADA 是全厂数据的采集系统，其数据库是为各个方面服务的，而 DCS 作为低层数据的直接来源，在其系统网络上配置服务器，就形成了这样的数据库针对一个企业或工厂常有多套 DCS 的情况。以多服务器、多域为特点的大型综合监控自动化系统已出现，这样的系统完全可以满足全厂多台生产装置自动化及全面监督管理的系统要求。

这样具有系统服务器的结构，即在网络层次增加了管理网络层，主要是为了完成综合监控和管理功能。在这层网络上传送的主要是管理信息和生产调度指挥信息，这样的系统实际上就是一个将控制和管理功能结合在一起的大型信息系统。

由于网络，特别是高层网络的灵活性，使得系统的结构也表现出非常大的灵活性，一个大型 DCS 可以将各个域的工程师站集中在管理网上，成为各个域公用的工程师站，某些域不设操作员站而采用管理层的信息终端实现对现场的监视和控制，甚至将系统网络和高层管理网络合成一个物理上的网络，而靠软件实现逻辑的分层和分域。

8. DCS 的软件

DCS 软件的基本组成也是按照硬件的划分形成的，这是由于在计算机发展的初期，软件是依附于硬件的，对于 DCS 的发展也是如此。因此 DCS 的软件包括过程控制软件、操作员站软件和工程师站软件，同时还有运行于各个站的网络软件，作为各个站上功能软件之间的桥梁。

DCS 的基本组成如图 4－5 所示。

二、DCS 的特点

综上所述，DCS 是以通信网络为纽带的多级计算机系统，综合了计算机（Computer）、通信（Communication）、显示（CRT）和控制（Control）4C 技术，其基本思想是分散控制、集中操作、分级管理、配置灵活、组态方便。DCS 具有以下 6 个特点：

（1）高可靠性。由于 DCS 将系统控制功能分散在各台计算机上实现，系统结构采用容错设计，因此某一台计算机出现的故障不会导致系统其他功能的丧失。DCS 的通信网络一般采用网络冗余技术，一旦主站瘫痪，自动切换到备用站，保证系统的正常工作。此外，由于系统中各台计算机所承担的任务比较单一，可以针对需要实现的功能采用具有特定结构和软件的专用计算机，从而使系统中每台计算机的可靠性也得到提高。

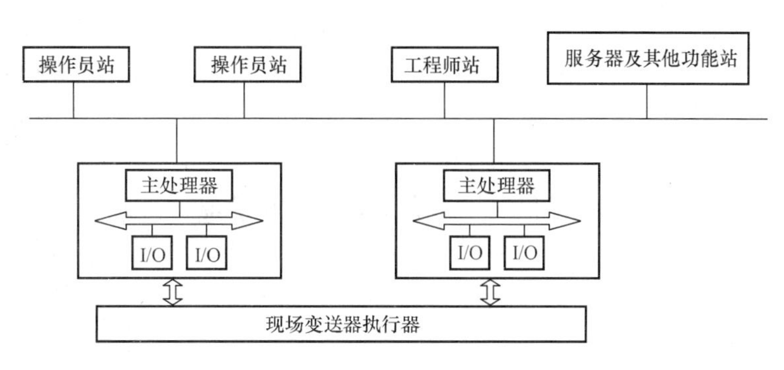

图 4－5 DCS 的基本组成

（2）开放性。DCS 采用开放式、标准化、模块化和系列化设计，系统中各台计算机采用局域网方式通信，实现信息传输，当需要改变或扩充系统功能时，可将新增计算机方便地连入系统通信网络或从网络中卸下，几乎不影响系统其他计算机的工作。当发生故障时，可直接更换相应的模块，系统维护十分方便。

（3）灵活性。通过组态软件根据不同的流程应用对象进行软硬件组态，即确定测量与控制信号及相互连接关系、从控制算法库选择适用的控制规律以及从图形库调用基本图形组成所需的各种监控和报警画面，从而方便地构成所需的控制系统。

（4）易于维护。功能单一的小型或微型专用计算机，具有维护简单、方便的特点，当某一局部或某个计算机出现故障时，可以在不影响整个系统运行的情况下在线更换，迅速排除故障。

（5）协调性。各工作站之间通过通信网络传送各种数据，整个系统信息共享，协调工作，以完成控制系统的总体功能和优化处理。

（6）控制功能齐全。控制算法丰富，集连续控制、顺序控制和批处理控制于一体，可实现串级、前馈、解耦、自适应和预测控制等先进控制，并可方便地加入所需的特殊控制算法。

三、DCS 和 PLC 的关系

控制类产品名目繁多，通常使用的控制类产品包括 DCS、PLC 2 类，两者之间有以下区别：

（1）发展方面。DCS 从传统的仪表盘监控系统发展而来。因此，DCS 从先天性来说较为侧重仪表的控制，如使用的 YOKOGAWA CS3000 DCS 甚至没有 PID 数量的限制。PLC 从传统的继电器回路发展而来，最初的 PLC 甚至没有模拟量的处理能力，因此 PLC 从开始就强调的是逻辑运算能力。

（2）系统的可扩展性和兼容性方面。对于 PLC 系统，一般没有或很少有扩展的需求，因为 PLC 系统一般针对于设备来使用。PLC 也很少有兼容性的要求，比如两个或以上的系统要求资源共享，对于 PLC 来讲也是很困难的事。而且 PLC 一般都采用专用的网络结构，如西门子的 MPI 总线性网络，甚至增加一台操作员站都不容易或成本很高。DCS 在发展的过程中也是各厂家自成体系，但大部分的 DCS，如横河（YOKOGAWA）、霍尼维尔、ABB 等，虽说系统内部（过程级）的通信协议不尽相同，但操作级的网络平台不约而同地选择了以太网络，采用标准或变形的 TCP/IP 协议，这就提供了很方便的可扩展能力。在这种网络中，控制器、计算机均作为一个结点存在，只要网络到达的地方，就可以随意增减结点数量和布置结点位置。另外，基于 Windows 系统的 OPC、DDE 等开放协议，各系统也可很方便的通信，以实现资源共享。

（3）数据库。DCS 一般都提供统一的数据库。换句话说，在 DCS 中一旦一个数据存在于数据库中，就可在任何情况下引用，比如在组态软件中、在监控软件中、在趋势图中、在报表中等；而 PLC 系统的数据库通常都不是统一的，组态软件和监控软件甚至归档软件都有自己的数据库。

（4）时间调度。PLC 的程序一般不能按事先设定的循环周期运行 PLC 程序是从头到尾执行一次后又从头开始执行（现在一些新型 PLC 有所改进，不过对任务周期的数量还是有限制）；而 DCS 可以设定任务周期，如快速任务等，同样是传感器的采样，压力传感器的变化时间很短，可以用 200ms 的任务周期采样，而温度传感器的滞后时间很大，可以用 2s 的任务周期采样，这样，DCS 可以合理地调度控制器的资源。

（5）网络结构方面。一般来讲，DCS 常使用两层网络结构，一层为过程级网络，大部分 DCS 使用自己的总线协议，如横河的 Modbus、西门子和 ABB 的 Profibus、ABB 的 CAN bus 等，这些协议均建立在标准串口传输协议 RS－232 或 RS－485 协议的基础上。现场 I/O 模块，特别是模拟量的采样数据（机器代码，213/扫描周期）十分庞大，同时现场干扰因素较多，因此应该采用数据吞吐量大、抗干扰能力强的网络标准。基于 RS－485 串口异步通信方式的总线结构，符合现场通信的要求。I/O 的采样数据经 CPU 转换后变为整形数据或实形数据，在操作级网络（第二层网络）上传输。因此操作级网络可以采用数据吞吐量适中、传输速度快、连接方便的网络标准，同时操作级网络一般布置在控制室内，对抗干扰的要求相对较低。因此采用标准以太网是最佳选择。TCP/IP 协议是一种标准以太网协议，一般采用 100Mbit/s 的通信速度。PLC 系统的工作任务相对简单，需要传输的数据量一般不会太大，所以常见的 PLC 系统为一层网络结构。PLC 系统过程级网络和操作级网络合并在一起，或过程级网络简化成模件之间的内部连接。PLC 不会或很少使用以太网。

（6）应用对象的规模。PLC 一般应用在小型自控场所，如设备的控制或少量的模拟量的控制及联锁，而大型的应用一般都是 DCS。当然，这个概念不太准确，但很直观习惯上把大于 600 点的系统称为 DCS，小于这个规模称为 PLC。热泵及 QCS、横向产品配套的控制系统一般就称为 PLC。

但应该认识到，PLC 与 DCS 发展到今天，事实上都在向彼此靠拢，严格地说，现在的 PLC 与 DCS 已经不能一刀切开，很多时候它们之间的概念已经模糊了，二者有较多的相似之处。

1）功能。PLC 已经具备了模拟量的控制功能，有的 PLC 系统模拟量处理能力甚至还相当强大，如横河 FA－MA3、西门子的 S7－400、ABB 的 Control Logix 和施耐德的 Quantum 系统。而 DCS 也具备相当强劲的逻辑处理能力，如在 CS3000 上实现了一切可能使用的工艺联锁和设备的联动启停。

2）系统结构。PLC 与 DCS 的基本结构是一样的。PLC 已经全面移植到计算机系统控制上了，传统的编程器已被淘汰。小型应用的 PLC 一般使用触摸屏，大规模应用的 PLC

全面使用计算机系统。和 DCS 一样，控制器与 I/O 站使用现场总线（一般都是基于 RS－485 或 RS－232 异步串口通信协议的总线方式），控制器与计算机之间如果没有扩展的要求，也就是说只使用一台计算机的情况下，也会使用这个总线通信。但如果有不止一台的计算机使用，系统结构就会和 DCS 一样，上位机平台使用以太网结构。这是 PLC 大型化后合 DCS 概念模糊的原因之一。

3）发展方向。小型化的 PLC 将向更专业化的使用角度发展，如功能更加有针对性、对应用的环境更有针对性等。大型的 PLC 与 DCS 的界线逐步淡化，直至完全融合。DCS 将向 FCS 的方向继续发展。FCS 的核心除了扩展系统更加分散化以外，特别重要的是仪表。FCS 在国外的应用已经发展到仪表级。控制系统需要处理的只是信号采集和提供人机界面以及逻辑控制，整个模拟量的控制分散到现场仪表，仪表与控制系统之间无需传统电缆连接，使用现场总线连接整个仪表系统。目前国内有横河在中海壳牌石化项目中用到了 FCS，仪表级采用的是智能化仪表，如 EJX 等，具备世界最先进的控制水准。

第三节　DCS 的硬件系统

一、硬件系统的基本构成及功能

（一）硬件的基本构成

典型 DCS 系统硬件体系的构成如图 4－6 所示。

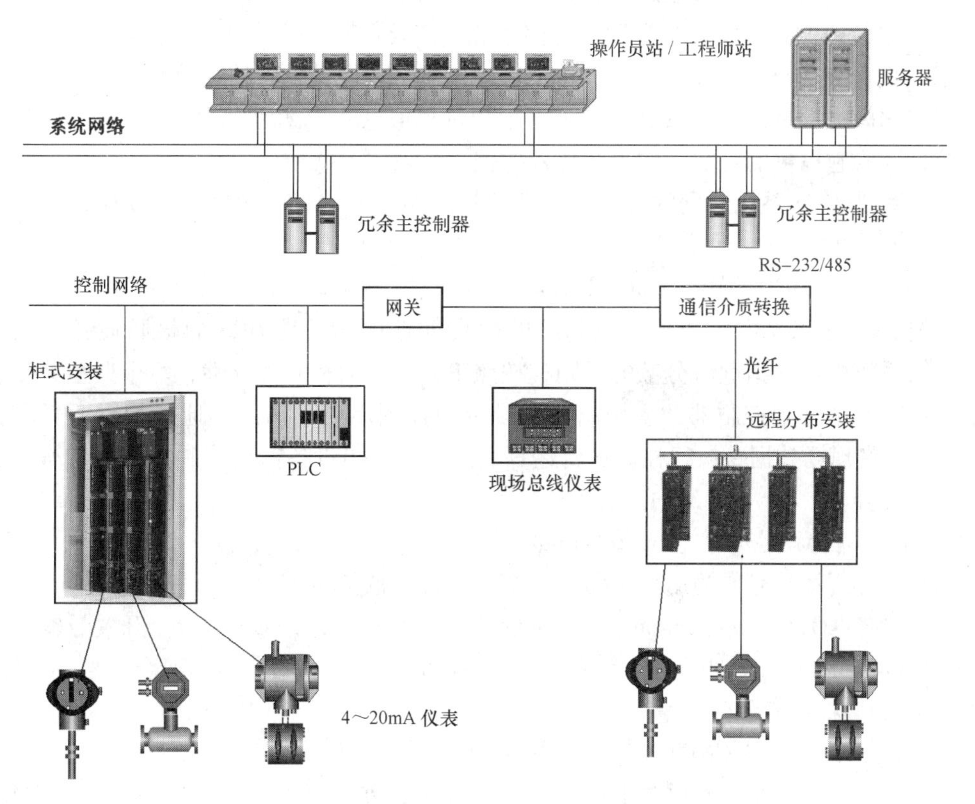

图 4－6　典型 DCS 系统硬件体系的构成示意图

（二）硬件系统各部分的功能

典型的DCS硬件系统，各部分的基本功能如下。

1. 工程师站ES（Engineer Station）

工程师站主要是给仪表工程师使用，作为系统设计和维护的主要工具。仪表工程师可在工程师站上进行系统配置以及I/O数据设定、报警和打印报表设计、操作画面设计和控制算法设计等工作。一般每套系统配置1台工程师站即可。工程师站可以通过网络连入系统，在线（On Line）使用，如在线进行算法仿真调试，也可以不连入系统，离线（Off Line）运行，基本上在系统投运后，工程师站就可以不再连入系统甚至不上电。

2. 操作员站OS（Operator Station）

主要给运行操作工使用，作为系统投运后日常值班操作的人机接口MMI（Man Machine Interface）设备使用。在操作员站上，操作人员可以监视工厂的运行状况并进行少量必要的人工操作控制。每套系统按工艺流程的要求，可以配置多台操作员站，每台操作员站供一位操作员使用，控制不同的工艺过程，或者多人备份同时监控相同的工艺过程。有的操作员人机接口还配置大屏幕显示。

3. 系统服务器（System Server）

一般每套DCS系统配置1台或1对冗余的系统服务器。系统服务器的用途可以有很多种，各个厂家的定义可能有差别。总的来说，系统服务器可以用作如下3个方面：

（1）系统级的过程实时数据库，存储系统中需要长期保存的过程数据。

（2）向企业MIS（Management Information System）提供单向的过程数据，此时为区别慢过程的MIS办公信息，将安装在服务器上的过程信息系统称为Real MIS，即实时管理信息系统，因为它提供的是实时的工艺过程数据。

（3）作为DCS系统向别的系统提供通信接口服务并确保系统隔离和安全，如防洪墙（Fine Wall）功能。

4. 主控制器MCU（Main Control Unit）

主控制器是DCS中各个现场控制站的中央处理单元，是DCS的核心设备。在一套DCS应用系统中，根据危险分散的原则，按照工艺过程的相对独立性，每个典型的工艺段应配置一对冗余的主控制器，主控制器在设定的控制周期下，循环地执行以下任务：从I/O设备采集现场数据→执行控制逻辑运算→向I/O输出设备输出控制指令→与操作员站进行数据交换。

5. 输入/输出设备I/O（Input/Output）

用于采集现场信号或输出控制信号，主要包含模拟量输入设备AI（Analog Input）、模拟量输出设备AO（Analog Output）、开关量输入设备DI（Digital Input）、开关量输出设备DO（Digital Output）、脉冲量输入设备PI（Pulse Input）及一些其他的混合信号类型输入/输出设备或特殊I/O设备。

6. 控制网络及设备CNET（Control Network）

控制网络用于将主控制器与I/O设备连接起来，其主要设备包括通信线缆、重复器、终端匹配器、通信介质转换器、通信协议转换器或其他特殊功能的网络设备。

7. 系统网络及设备 SNET（System Network）

系统网络用于将操作员站、工程师站及系统服务器等操作层设备和控制层的主控制器连接起来。组成系统网络的主要设备有网络接口卡、集线器（或交换机）、路由器和通信线缆等。

8. 电源转换设备

主要为系统提供电源，主要设备包括 AC/DC 转换器、双路 AC 切换装置和不间断电源 UPS 等。

9. 机柜和操作台

机柜用于安装主控制器、I/O 设备、网络设备及电源装置，操作台用于安装操作员站设备。

二、DCS 过程控制单元硬件

（一）过程控制单元的功能

1. 过程控制站的组成

过程控制站是 DCS 的核心部件，它相当于一台 PC，主要有 CPU、RAM、EEPROM 和 ROM 等功能部件。其有两个通信接口：一个向下接入过程控制层网络，与现场设备和 I/O 单元进行通信，实现过程数据传送；另一个接口是向上接入操作管理层网络，与人机界面相连，实现过程数据、组态数据和操作管理数据传送。过程控制站的基本组成如图 4－7 所示。

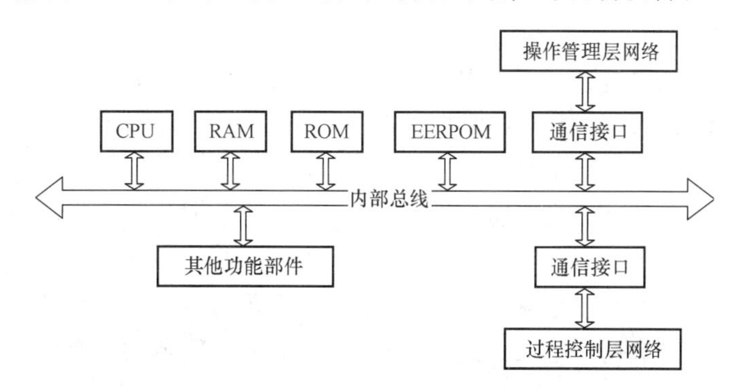

图 4－7　过程控制站的基本组成

（1）CPU。按预定的周期和程序对相应的信息进行运算、处理，并对控制站内部的各种功能部件进行操作、控制和故障诊断。

（2）RAM。用来保存现场 I/O 信号、给定值、重要的中间运算结果、最终运算结果，其他单元通过控制管理网发送来的控制命令和文件，以及组态字和控制参数等。另外，RAM 的一部分也是被组态好的程序运行的工作区。

（3）ROM。用来存放各种控制算法的仓库。DCS 制造厂商为了满足用户的各种需要，把过程控制中可能用到的各种算法设计成标准化、模块化的子程序，这些子程序被称为标准算法模块或功能块。通常功能块有控制算法（PID、带死区 PID、积分分离 PID），算术运算（加、减、乘、除、平方、开方），逻辑运算（逻辑与、逻辑或、逻辑非、逻辑与非），函数运算（一次滤波、正弦、余弦、X－Y 函数发生器、超前－滞后），以及一些比较先进的算法（如 Smith 预估、C 语言接口、矩阵加、矩阵乘等）。功能块越多，用户编写应用程序（即组态）越方便。

（4）EEPROM。用于存放组态方案。不同用户有不同组态方案。组态时，用户根据工艺要求从库中选择出需要的功能块，填上参数，把功能块连接起来形成控制方案存到

EEPROM 中。

（5）通信网络。有多种不同的结构形式，如总线式、环状和星状。总线式在逻辑上也是环状的。星状的结构只适用于小系统。不论是环状还是总线式，一般都采用广播式。其他一些协议方式已用得较少。通信网络的速率在 10Mbit/s 和 100Mbit/s 左右。

（6）I/O 站。也可以视为过程控制站的一个功能部件，它由数块不同类型的 I/O 板（或模件）组成，每一种 I/O 板都有一个或多个 I/O 通道和与之相对应的端子板。I/O 板的类型主要有以下 8 种。

1）模拟量输入（AI）。4～20mA 的标准信号板和用以读取热电偶的毫伏信号板，4～16 个通道不等。

2）模拟量输出（AO）。通常都是 4～20mA 的标准信号，一般它的通道比较少，有 4～8 个通道。

3）开关量输入（DI）。可接收交流电压、直流电压或无源触点等类型的开关量信号，并具有光电隔离，占 16～32 个通道。

4）开关量输出（DO）。可提供 OC 门输出、双向晶闸管输出、继电输出等开关量输出信号。开关量输入和输出还分不同电压等级的板，如直流 24、125V；交流 220、115V 等，约 8～16 个通道不等。

5）脉冲量输入（PI）。用于连接转速计、涡轮流量计、涡街流量计、腰轮流量计等产生脉冲量的测量仪表，约 4～8 通道不等。

6）快速中断输入。

7）HART 协议输入板。

8）现场总线 I/O 板。每一块 I/O 板都接在 I/O 总线上。为了信号的安全和完整，信号在进行 I/O 板以前要进行整修，如上下限的检查、温度补偿、滤波，这些工作可以在端子板上完成，也可以分开完成，现在有人称完成信号整修的板为信号调整板。

2. 过程控制站的功能

（1）过程数据采集。即对现场设备的过程参数（模拟量和开关量）及现场设备的状态信息进行快速采集，为系统实现闭环控制、顺序控制、开环控制、设备监测、状态报告等提供必要的输入信息。

（2）过程控制。根据存放在 EEPROM 中的用户组态策略，对现场设备实施各种控制。

（3）设备监测。对所获得的过程参数和过程信息进行分析、处理和判断，并确定是否向高层传输以及是否对现场设备进行控制。

（4）系统测试与诊断。根据状态信息对计算机系统硬件和控制模件的性能（功能）进行判断，通过下列 3 种方式回报诊断信息：

1）操作站的自诊断画面。

2）机柜及模件的故障指示灯。

3）常规的光字牌显示（常用于 DCS 重要故障报警）。

自诊断的作用是使运行人员和专业维护人员能及时发现 DCS 各环节的故障，并使故障局限在系统的特定部位，以防止故障扩大并提高系统的可靠性。

（5）实施安全性和冗余化方面的技术措施。发现计算机系统硬件或控制模件有故障时，自动实现备用模件的切换，以保证系统安全运行。

（二）过程控制单元的智能调节器与 PLC

1. 智能调节器

智能调节器是一种数字化的过程控制仪表，其外形类似于一般的盘装仪表，其内部是由微处理器（CPU）、存储器（RAM、ROM）、模拟量和数字量 I/O 通道、电源等部分组成的一个微型计算机系统。一般有单回路、双回路、四回路和八回路的调节器，至于控制方式除一般的 PID 之外，还可组成串级调节、前馈控制等。

虽然它在实质上是一台过程用的微型计算机，但在外观、体积、信号上都与 DDZ III 型控制器相似，也装在仪表盘上使用，所以称为智能调节器。智能调节器控制规律可根据需要由用户自己编程，而且可以擦去改写，所以实际上是一台可编程的数字控制器。KMM 型智能调节器的正面布置如图 4－8 所示。

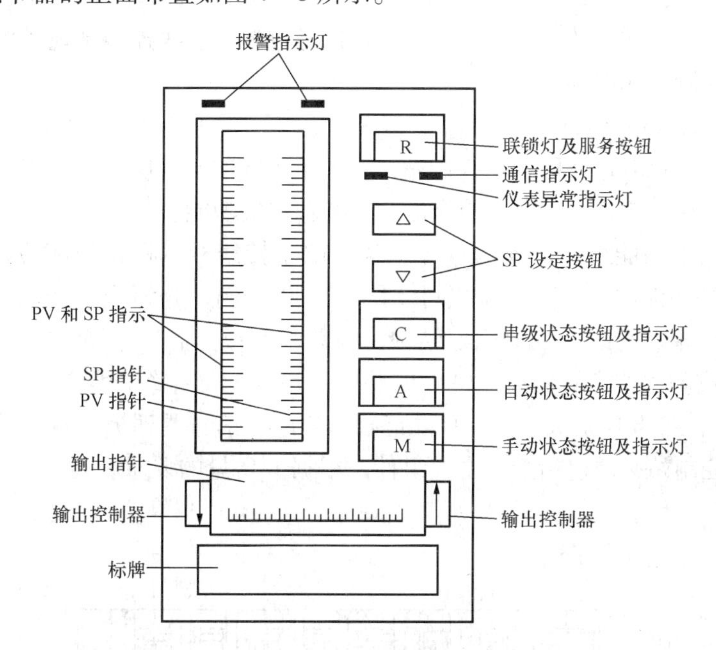

图 4－8　KMM 型智能调节器控制面板示意图

智能调节器不仅接收 4～20mA 电流信号输入设定值，还具有异步通信接口 RS－422/485，RS－232 等，可与上位机连成主从式通信网络，接受上位机下传的控制参数，并上报各种过程参数。

2. 可编程逻辑控制器

可编程逻辑控制器（PLC）的相关知识已在第三章中做过详细介绍，它的出现是基于计算机技术，用来解决工艺生产中大量的开关控制问题。它是微机技术和继电器常规控制概念相结合的产物，与过去的继电器系统相比，它的最大特点是在于可编程序，可通过改变软件来改变控制方式和逻辑规律。同时，PLC 功能丰富、可靠性强，可组成集散控制系统或纳入局部网络。与通常的计算机相比，它的优点是语言简单、编程简便、面向用户、面向现场、使用方便。它主要由中央处理器（CPU）、存储器、输入/输出接口和通信接口等部分组成，其中中央处理器是 PLC 的核心，输入/输出接口是联系现场设备与 CPU 之间的接口电路，存储器主要存放系统的程序、用户程序及工作数据，通信接口用于 PLC 和上位机的连接，其内部采用总线结构，进行数据与指令的传输。

可编程逻辑控制器也是一种以微处理器为核心的过程控制装置，但与智能调节器最大的不同点是它主要配置的是开关量输入、输出通道，用于执行顺序控制功能。

PLC 主要用于生产过程中按时间顺序控制或逻辑顺序控制的场合，以取代复杂的继电器控制装置。它所面向的使用人员主要是电气技术人员，因此 PLC 所采用的编程语言是一种非常形象化的梯形图语言，它基本是由继电器控制电路符号转化而构成的。

PLC 在运行过程中不停地巡回检测各接点的状态，根据其变化和预定的时序与逻辑关系，相应地改变各内部继电器或启动定时器，最终输出开关信号以控制生产过程。

PLC 一般均设有采用 RS－422 或 RS－485 标准的异步通信接口，可与上位机接成主从式总线网络。因此在集散控制系统中，它可以通过现场总线连接到现场控制站。

三、现场控制单元硬件

（一）现场控制站的结构

现场控制站（FCU）又称 I/O 控制站，它位于系统的最底层，用于实现各种现场物理信号的输入和处理，实现各种实时控制的运算和输出等功能。

现场控制站由功能组件、现场电源、各种端子接线板、机柜及相应机械结构组成，其中核心部分是功能组件。以 DCS 和利时 HS2000 为例，介绍现场控制站如图 4－9 所示，它是以插件箱、总线底板为固定结构，在总线底板上插入电源模块、主控模板和各种 I/O 模板组成。主控模板包括一块 CPU 板和一块 SNet（系统网络）接口板，两者通过 PCI04 总线连接。各 I/O 模板包括 I/O 功能板和相应的信号调理板，两者通过总线底板连接。每个现场控制站必须包括 1 个主控组件，根据 I/O 量的要求，可以配置 0～2 个辅助组件。

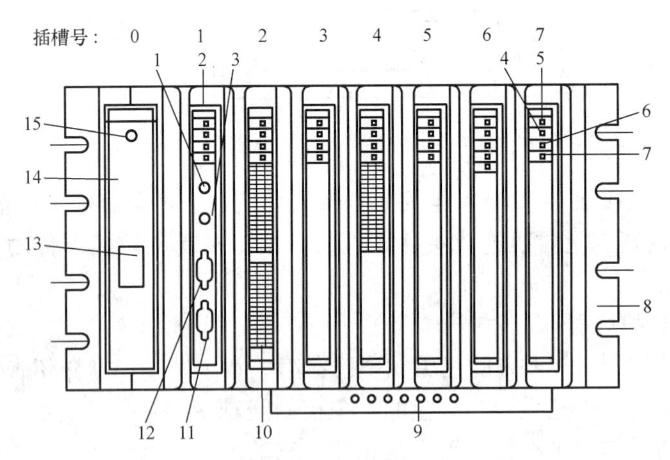

图 4－9　功能组件

1、3—SNet 接口；2—主控模板；4—故障灯；5—运行灯；6—通信灯；7—手动复位开关；8—I/O 组件机架；9—I/O 模板；10—通道指示灯；11—CRT 接口；12—RS－232 接口；13—电源开关；14—系统电源模块；15—电源指示灯

插件箱中每个模板处有 2 个插槽，其中左边为主插槽，插入 CPU 板或 I/O 功能板，右边为副插槽，插入 I/O 调理板。主控组件的配置方法如下：0 号槽只能插入系统电源模块；第 1、2 号槽均可插入主控模板构成双冗余主控结构。在非冗余主控结构中，2 号插槽中可插入 I/O 模板；第 3 ~7 号插槽插入各种类型的智能 I/O 模板，其中任意 2 个相邻插槽可插入同种 I/O 模板，构成冗余 I/O 结构。一个现场控制站可以不配置辅助组件，也可以扩充配置 1 ~2 个辅助组件作为主控组件的 I/O 扩展。辅助组件的配置方法如下：0 号插槽内只能插入系统电源模块；第 1 ~7 号插槽插入各种类型的智能 I/O 模板，其中任意 2 个相邻插槽可插入同种 I/O 模板，构成冗余 I/O 结构。

端子板起信号连接的作用，端子板有 HS2T30 和 HS2T31 两种。HS2T30 可与多种信号调理板连接，并带一个热电偶冷端补偿电路。HS2T31 是为数字 I/O 调理板配套设计的端子板。

现场电源由现场电源模块和电源插件箱构成。它位于机柜的上部，插件箱内最多可容纳四个电源模块。现场电源提供 24V 直流电源，为现场二线制变送器及 I/O 端子板供电。集散控制系统的电路通常由直流稳压电源供电，在每一机柜内的电路集中供电，常用的是 5、±12V 直流电压。有时这些电压由集中供电的 24V 分压、稳压得到。也有些系统采用开关电源、磁心变压器。所有这些电源都来自 120、220V 的交流电网。

交流电源经过集散控制系统的配电盘的断路器给系统供电。将现场控制站与交流电源相接时，应确保电路的正确接地。交流供电系统设有一根与大地相接的绿色安全线，把它与计算机房的金属框架相接，其作用是防止危害操作人员的静电的累积，并为由设备误动作、闪电冲击等引入的错误电流提供旁路通道。

为了保证现场控制单元完全可靠地工作，提供健全、好用的供电电源系统是十分必要的。根据问题的严重程度及造价不同，有不同的解决电源扰动的办法。

（1）如果最大的扰动是由附近设备的开关引起的，最好采用超级隔离变压器。这种特殊结构的隔离变压器在一、二次绕组中有额外的屏蔽层，能最大隔离共模干扰。

（2）若系统有严重的电流泄漏问题，引起暂时的电压降低情况，应引入电网调整器，当一次电压在一定范围内变化时，保持二次电压的相对稳定。较经济的电网调整器可用铁磁共振的饱和变压器，这些还包括超级隔离变压器的屏蔽技术，使其与电网安全隔离，抑制开关噪声，调整适应一次电压变化。

（3）如果有较严重的停断情况时，就必须采用不间断电源（UPS）。它包括电池、电池充电器及直流—交流逆变器。来自电网的交流电先与不间断电源输入相接，然后不间断电源的输出与现场控制单元相接。平时，电网给电池充电，并给现场控制站等插板供电，当有断电时，电池经逆变器给 FCU 等插板供电。只要停断电时间不超过不间断电源允许的限额，现场控制单元就会正常工作。

（4）为了进一步提高可靠性，大多数系统都采用冗余电源技术。即采用主副两组电源，由两路交替供电，一路出现故障，切换到另外一路。

总之，良好的供电系统是现场控制站正常工作的前提，必须引起集散控制系统设计者的重视。

机柜外形图分别如图 4 – 10 和图 4 – 11 所示。

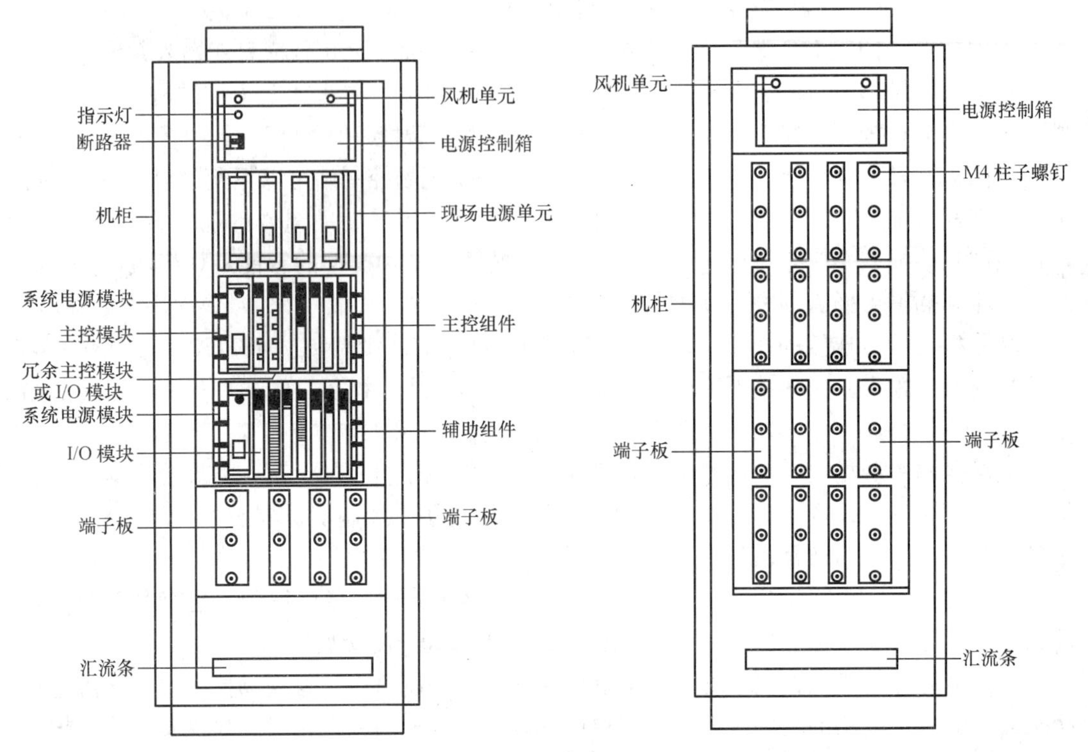

图 4 - 10　现场控制站机柜前视图

图 4 - 11　现场控制站机柜后视图

机柜用来容纳现场电源、功能组件、端子板、风机等硬件，起防尘、防电磁干扰、防有害气体侵蚀及抗振动冲击等作用。机柜放在远离中央控制室的过程区附近，应考虑其工作环境条件，如温度、湿度等。因此，机柜常配合密封门、冷却扇、过滤器等，有时还配有温控开关，当机柜内温度达到一定限度，产生报警信号。

(二) 现场控制站的功能与可靠性维护

1. 现场控制站的功能

现场控制站是整个集散控制系统的核心部件，现场信息的采集、各种控制策略的实现都在现场控制站上完成。为保证现场控制站的可靠运行，除了在硬件上采取一系列的保障措施以外，在软件上也开发了相应的保障功能，如主控制器及 I/O 通道插件的故障诊断、冗余配置下的板级切换、故障恢复、定时数据保存等。

各种采集、运算和控制策略程序代码都固化在控制器插件或 I/O 智能插件上的 EPROM 中，中间数据则保留在带电保护的 RAM 中，从而保证软件的可靠运行及现场数据的保护。

(1) 采集、控制功能。组态时生成的各种控制策略、数据库等，经网络实时下装到各现场控制站及现场控制站内的各 I/O 智能插件中，进行信号采集、工程量转换、控制运算、控制信号的输出等。

(2) 信号的采集、转换功能。

1) 各种现场物理信号（如 4 ~ 20mA、0 ~ 10mA、1 ~ 5V、0 ~ 10V）、各种热电偶、热

电阻、开关信号、中断信号、频率信号、电动机转速信号等的采集输入功能。

2）线性物理量的工程单位转换。

3）流量信号的温度压力非线性补偿。

4）热电偶信号的冷端补偿、热电偶、热电阻信号的线性化换算。

5）输入信号的报警极限检测。

6）模拟量扫描的基本周期。

7）可选的软件滤波功能，包括平均滤波、中值滤波、加权滤波等。

（3）控制策略的实现。各种在组态中定义的回路控制算法、顺序控制算法、计算功能均在现场控制站中实现。

1）单回路、串级 PD 调节、复杂 PID 调节（如前馈、滞后补偿等）、Smith 预估器。

2）比值控制、解稳控制。

3）抗积分饱和、不完全微分、积分分离、微分先行等算法。

4）智能控制算法，包括智能 PID、模糊 PID、自整定 PID、预估控制等。

5）四则运算，乘方、开方运算，指数、对数运算。

6）一阶、二阶过程的模拟，各种辅助运算模块如选择器限幅与限速、布尔运算、算术运算等。

7）梯形图算法，用于联锁与顺控比较器、定时器、计数器。

（4）通信功能。现场控制站的通信功能分为三部分：一是经由系统网络与上位操作站及工程师组态站的通信，将各种现场采集信息发给操作站，同时操作站针对现场的操作指令由操作站发向控制站；二是控制站内部的通信功能，完成 CPU 主控制器与各过程通道板间的信息交换；三是控制站与其他智能设备的通信。

1）系统级通信。指经由系统网络与上位操作站及工程师站的信息交换，其软件功能如下：① 文件和数据的双向传输，即由控制站采用广播方式向网络上发送数据，以保证各操作站数据的一致性，而由操作站向网络上的控制站发送信息采用点－点方式；② 支持各现场控制站之间的通信，以适应大范围的协调控制和联锁控制的需要；③ 支持有优先级的数据传送，保证重要的过程数据不被堵塞；④ 支持数据发送和接收的软件校验，以及校验失败后的重发功能；⑤ 网络定期自诊断及故障报警，以及单条网络失效后向冗余网络的切换；⑥ 数据最佳发送路径的确定。

2）站内通信。指 CPU 主控制器与站内各过程通道板间的信息交换。站内通信软件包括以下功能：① 数据发送和接收；② 诊断及总线上各设备的自动识别，包括各模板的种类、各模板所在插槽位置等；③ 各模板被分配不同的总线抢占优先级，保证高优先级的模板优先得到数据传输服务。

3）提供与多种 PLC 的软件接口。如 ABB、西门子、三菱、OMRON 等公司的产品，均可通过串行接口通信。

各种智能仪表、调节仪表均可根据其通信协议，开发相应的接口软件与控制站通信。

2. 现场控制站技术性能

（1）系统的信号处理技术指标。

1）输入信号处理精度热电阻、热电偶无需变送器，可直接处理，最大误差为 0.2%；

其他变送器输入信号处理误差为电流 ±0.1%，电压 ±0.2%。

2）中断开关量输入分辨率不大于 1ms。

3）输入信号的隔离电压不小于 1500V。

4）回路控制周期：0.2、0.5、1、2s 任选。

5）系统的平均无故障时间（MTBF）不小于 10^6h。

6）系统的平均修复时间（MTTR）不大于 5min。

（2）现场控制站运行环境。

1）工作环境温度：0～50℃。

2）工作环境湿度：10%～90%（无冷凝）。

3）储存环境温度：-20～+85℃。

4）储存环境湿度：5%～90%（无冷凝）。

5）输入电压：（90～135V）/（180～270V）可选。

6）电压频率：（50±5）Hz。

7）接地要求：安全地和屏蔽地分别一点接地，接地电阻分别小于 10Ω 和 1Ω。

3. 现场控制站的可靠性

现场控制站是直接与生产过程相联系的单元，自然对它的可靠性提出了很高要求。系统的可靠性通常通过以下四个原则来描述：系统不易发生故障的原则、系统运行不受故障影响的原则、系统运行受故障影响最小的原则、迅速排除故障的原则。反映系统不易发生故障的程度常用平均无故障时间（Mean Time Between Failures，MTBF）表示，指可以边修理边使用的系统相邻两次发生故障问题的正常工作时间的平均值，MTBF 越大，系统就越不易发生故障，可靠性越高；反映系统能够迅速排除故障能力的指标常用平均修复时间（Mean Time To Repair，MTTR）表示，指故障发生后，需进行维修所占用时间的平均值，MTTR 越小，系统排除故障的速度越快。

DCS 的固有可靠性是在设计系统时就产生的，设计时将系统的可靠性指标分解到各个单元（操作员站、工程师站、网络、各 I/O 站），再将各可靠性指标从单元分解到板级。从单元级和板级设计中，分析出最重要部件或单元，采用严格的方法进行设计，并采取冗余措施。

（1）系统元器件。构成 DCS 的最小单位是元器件，任何一个元器件的故障都可能会影响系统完成规定的功能，DCS 的规定工作条件又比较苛刻，因此，在元器件级采取了以下主要措施，以确保元器件级的高可靠性。

1）元器件的选用：选用 CMOS 电路与专用集成电路（ASIC），提高可靠性。

2）元器件的筛选：对元器件除进行一般静态与动态技术指标测试外，还进行高温老化与高低温冲击试验，以剔除早期失效的元器件。

3）插接件和各种开关均采用双触点结构，并对其表面进行镍打底镀金处理。

4）安装工艺：采用多层印制电路板高密度表面安装技术，以减少外部引线数目和长度，缩小印制电路板面积，增强抗干扰性能。

5）对各种模件全部进行高温老化和高低温冲击试验，用以发现印制电路板与焊接中的缺陷，保证无故障工作时间（MTBF）达到数十万小时。

在完成相同功能的元器件之中，尽可能选择MTBF长的元器件。此外，尽量选用高集成度的大规模集成电路来实现多个元器件的功能，减少元器件的数量，这样不仅可以降低成本，同时可以提高可靠性。

（2）系统单元级的可靠性设计。为了保证整个系统的可靠性，必须提高系统各组单元的内在可靠性和系统抵抗外部故障因素的能力。

（3）系统的冗余措施。冗余即是在系统关键环节配备了并联的备份模件，采用在线并联工作或离线热备份方式工作。当主模件出现故障时，备份模件可立即接替主模件的全部工作，并且故障模件可在系统正常运行情况下在线进行拆换。为了提高系统不受个别部件故障影响的能力，整个系统采用了很多冗余备份措施。

（4）系统故障隔离措施。系统在设计中充分考虑了危险分散及危险隔离原则。这样，一个模板发生了故障，只影响本板的工作而与其他板基本无关。此外，为了提高系统抗干扰能力，系统所有I/O板全部采用了隔离措施，将通道上窜入的干扰源排除在系统之外。

（5）系统迅速排除故障措施。DCS本身是可修复性系统，又放在工业现场，且长期不停机运行，因此故障是难免的，这就要求在设计DCS时尽量减少平均故障修复时间，以保证系统故障影响最小。具体表现如下：

1）系统具有非常强的自诊断能力。

2）系统的故障指示。系统的所有模板上均有指示灯、运行灯、故障灯、网络通信灯。所以，如果打开机柜，每板运行状态一目了然。

3）系统可带电更换模板。由于系统的所有模板（CPU、AI、AO、DI、DO等）均可带电拔插，所以带电更换模板对系统的运行不会产生任何影响，这就保证了系统在某些模板出现故障时，系统自动切换到备用板，而维修人员在不影响系统运行的情况下实现系统维修。

（三）过程控制级和现场控制站的关系

过程控制级是DCS的基础，实现了生产过程的彻底的分散控制，它直接与生产过程联系，完成现场实时信号的采集处理变换、输入、控制、运算和输出。其主要硬件有过程控制单元、过程输入/输出单元、信号变换器与备用盘装仪表等。主要任务是进行数据采集，进行直接数字的过程控制，对设备进行监测和系统的测试与诊断，实施安全性、冗余化等措施。

现场控制站又称过程输入输出单元、I/O扩展单元、过程接口单元，可以认为是过程控制级的一部分。现场控制站可以部分或全部完成过程装置控制级的功能。现场生产过程来的测量信号首先经隔离与放大，再进行数据采集与处理后，通过通信总线送给操作器和上位计算机。

四、操作员站和工程师站单元硬件

（一）中央计算机单元的功能

中央计算机站显示并记录来自各控制单元的过程数据，是用户与生产过程的操作接口。通过操作人机接口，实现恰当的信息处理和生产过程操作的集中化。它由本体和两个键盘构成。

根据操作站本体的结构，操作站可分为台式和立式2种。根据内存和硬盘的容量，操作站可分为基本型、扩展型和高级型三种。对于操作站类型，用户可根据仪表室的布局和运行操作的形态来选择使用。

中央计算机站是几个部分的统称，其主要部分是中心操作台（Operating Console）。操作台在不同的系统中有不同的名称，如在横河（YOKOGAWA）的 Centum 系统中称为操作员站（Operator Station）在 BBC 的 Procontrol 系统中称为过程操作站（Process Operator Station），在 Foxboro 的系统中称为控制中心（Command Centre）等。

此外，中央计算机站还有一个 Gateway，系统通过它与一个功能更强的计算机系统相连，以便实现高级的控制和管理功能。有些系统还配备一个工程师站（Engineer Console），用来生成目标系统的参数等。当然，为了节省投资，很多系统的工程师站可以用一个操作员站来代替。

中央计算机站应该完成以下基本功能：

（1）过程显示和控制；

（2）系统诊断；

（3）现场数据的收集和恢复显示；

（4）系统配置和参数生成；

（5）级间通信；

（6）仿真调试等。

为了实现这些功能，它必须配备以下工具软件：

（1）操作系统，通常是一个驻留内存的，实时多任务操作系统。它支持优先级中断式或时间片进程调度，以及硬件资源的管理，如外设、实时时钟、电源等。

（2）系统工具软件，如编辑器，调试程序，连接器，装载程序等。

（3）高级语言（实时的），如 FORTRAN、BASIC、C 语言等。

（4）通信软件，用来实现与各现场控制站的通信。

（5）应用软件。

（二）操作员站单元的功能

操作员站是联系操作人员与 DCS 之间的一个人机界面，通常由一个大屏幕监视器（CRT）、一个控制计算机和一个操作员键盘或/和一个鼠标组成。一个 DCS 中通常可以配置几个操作员站，而且，一般这些操作员站是相互冗余的。这些操作员站被放置在电站运行控制室的控制台上。在 DCS 中，操作员站的显示器基本上可以取代过去的常规仪表显示和模拟屏显示系统，其键盘和鼠标基本上可以取代过去控制台上的控制按钮（开关）。通常，一个 DCS 的操作员站上应该显示模拟流程和总貌、过程状态、特殊数据记录、趋势显示、统计结果显示、历史数据的显示、生产状态显示等。

同时，DCS 的操作员站配上打印机可以完成生产过程记录报表、生产统计报表、系统运行状态信息、报警信息的打印功能。

在操作员站上可以进行设定值控制、单步控制执行器、连续控制执行器及子组控制及部分组控制及方式选择及预选模块及单独控制电动机、电磁阀、执行器等控制。

1. 显示管理功能

这是操作员站的基本功能，操作员站的显示管理功能可以分为标准显示和用户定义显示两大类。标准显示是一个 DCS 的厂家工程师和操作人员根据多年的经验，在系统中设定的显示功能，通常有点记录详细显示、报警信息的显示、控制回路或回路组显示趋势等。

用户定义显示是那些与特定应用有关的显示功能。这些显示通常由用户自己根据需要生成。DCS 一般提供一个功能库，用户可以方便地使用。如许多系统提供了方面的数据库生成软件、图形生成软件、报表生成软件以及控制回路生成软件等。

（1）标准显示功能。标准显示功能在不同厂家的 DCS 中区别很大，但大多数的 DCS 一般提供以下 7 种标准功能：

1）系统总貌显示。这是系统中最高一层的显示，是对实时数据库中某一区域或区域中某个单元中所有点的信息的集中显示，可以用脚本程序控制总貌对象所属的区域号、单元号、子单元号和组号，实现一个总貌对象显示全部区域中的所有数据，如图 4－12 所示。

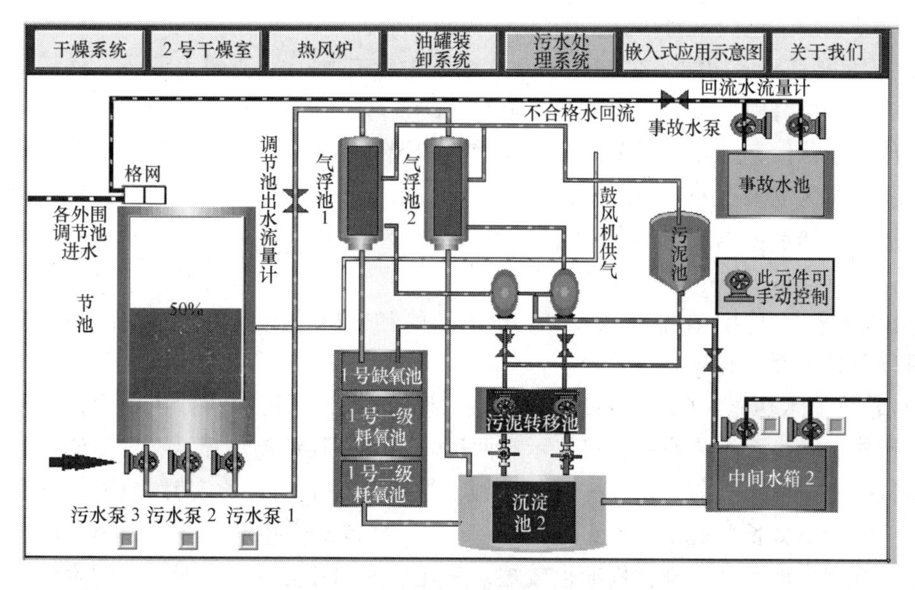

图 4－12　某工程总貌画面举例图

总貌画面主要用来显示系统的主要结构和整个被控对象的最主要信息。同时，总貌显示一般提供操作指导作用，即操作员可以在总貌显示下切换到任一组欲访问的画面。

2）分组显示功能。分组显示画面中，单个的模拟量、闭环回路、顺序控制器、手动/自动控制等，以组的形式（通常 8 个为 1 组），同时在屏幕上显示出来。分组显示的目的是为操作员提供某个相关部分的详细信息，以便监视和控制调节。

基于分组显示，操作员可以进行下列操作：调节给定；控制方式切换，如自动、手动、串级等；手动方式下的输出调节；启动和停止一个控制开关；显示一个回路的详细信息。其中，每一部分是一个模拟仪表盘，可以显示出一个常规仪表的信息。

3）回路显示。很多 DCS 提供单回路显示功能。可以从分组显示中进入该画面中，一般显示该回路的三个相关值（给定值、测量值和控制输出值）的棒图、数值以及跟踪曲线，还提供该控制回路的控制参数。操作员在此画面下可以完成下列操作：改变控制给定；改变控制输出；改变控制方式；修改回路的参数。

4）详细显示。DCS 中的每一个点对应一个记录，如一个模拟量点包含很多信息：点名、汉字名称、单位、显示上限、显示下限、报警优先级、报警上限、报警下限、报警死区、转换系数 1、转换系数 2、转换偏移量、硬件地址等。在点的详细显示功能中可以列出所有内容，并允许操作员修改某一项内容。该功能在不同的系统中显示方式不同，有些系统将所有信息一起显示在整个屏幕上，而另外一些系统则是显示在屏幕的一小部分上，这样，操作员可以同时监视另一幅画面，并修改某点的信息。

5）报警显示功能。工业自动控制系统的最重要的要求之一是在任何情况下，系统对紧急的报警都应立即作出反应。报警有许多种原因，如一个模拟量信号超出正常的操作范围。在 DCS 中不但要求系统对一些重要的报警立即作出反应，并且要对近期的报警做记录，这样有助于分析报警的原因。一般 DCS 具有以下报警显示功能：

① 强制报警显示。不论画面上正在显示何种画面，只要此类报警发生，则在屏幕的上端强制显示出红色的报警信息，闪烁，并启动响铃。

② 报警列表显示功能。在 DCS－1000 系统中存有一个报警列表记录，该记录中保留着近期 100 个报警项，每项的内容为报警时间、点名、汉字名称、报警性质、报警值、极限、单位、确认信息。其中报警时间记录该项报警所发生的具体时间，格式为日/时/分/秒。报警性质为上限报警、下限报警等，报警值为报警时刻的物理量值，报警极限为对应的极限值。操作员可以按“报警列表”键调出报警列表画面，将各报警记录列表分页进行显示，每页显示 16 项。

③ 报警确认功能。在报警列表时，已确认的和未确认的报警用不同的颜色显示，操作员可以在此画面上确认某一报警项。

6）趋势显示功能。DCS 的一个突出特点是计算机系统可以存储历史数据，并可以以曲线的形式进行显示。一般的趋势显示有两种，一种是跟踪趋势显示，即操作员站上周期性地从数据库中取出当前的值，并画出曲线。这种趋势显示又称实时趋势。一般情况下，实时趋势曲线不太长，通常每点记录 100～300 点左右，这些点以一个存储区的形式存在内存中，并周期地更新。刷新周期也较短，从几秒钟到几分钟。实时趋势通常用来观察某些点的近期变化情况，特别是在控制调节时更为有用。

另一趋势显示为长期记录，这种趋势显示又称历史趋势。这种长期记录通常用来保存几天或几个月的数据。因此即使存储间隔比较长（如几分钟存一次），占用的存储空间也是很大的。因此 DCS 通常将这种长期历史记录存放在磁盘或磁带机上。这些长期历史数据一方面用来长期趋势显示，另一方面可以用来进行一些管理运算和报表。

同时，系统中还设有一个标准的长期历史趋势显示画面，在该画面上操作员可以键入要显示的若干点的点名，以及要显示的时间等信息，就可以看到这些曲线。这种显示是在线进行的。

7）系统状态显示。有些 DCS 的操作员站上可以显示系统的组成结构和各站及网络干线的状态信息。

（2）用户定义显示功能。DCS 通常是面向一类用户系统设计的因此，DCS 厂家不可能完成用户所需要的所有显示要求，根据每个现场不同的显示要求，一般的 DCS 都提供一些设施使用户可以生成自己特定的与应用有关的显示功能。与应用密切相关的有两种显示要求：生产流程模拟显示和批处理控制流程图。所有画面均可采用 19in（1in = 2.54cm）屏幕按 1024 × 768 分辨率真彩色显示，如图 4 – 13 所示。

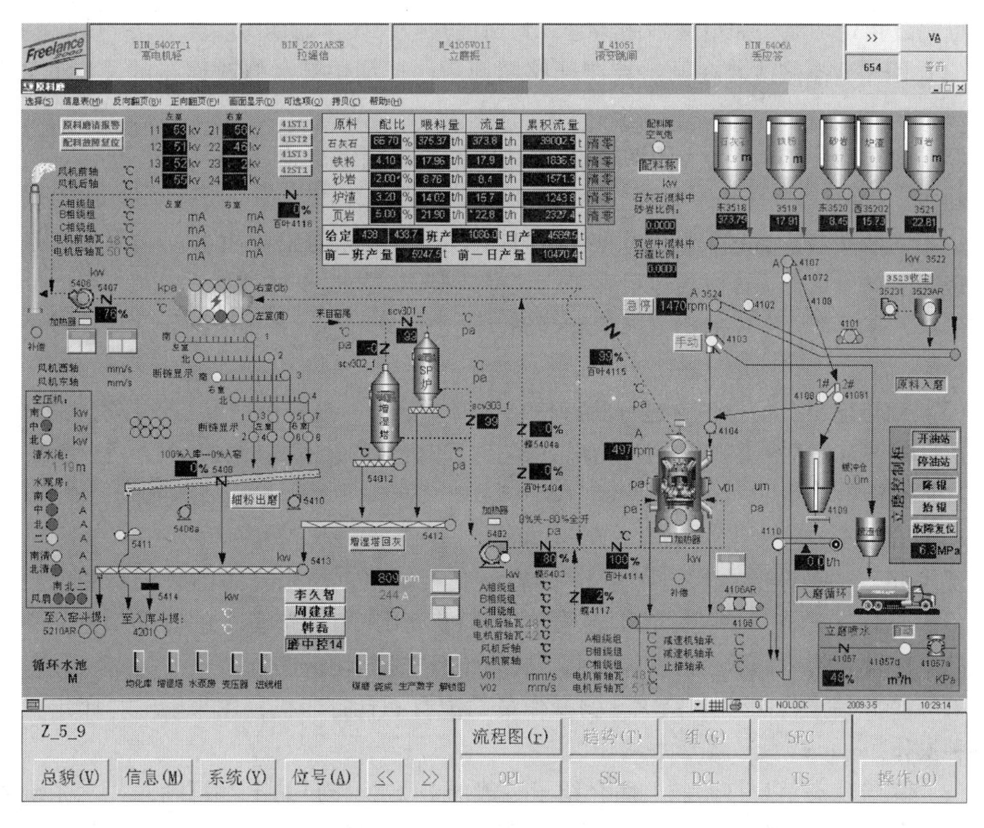

图 4 – 13　某水泥厂流程图画面

1）生产流程显示。每个 DCS 应用系统都有此要求，而且这也是主要的显示功能。大多数的应用对象流程不可能在一幅画面上完全显示出来，因此，在显示过程中有多种常用技术。

2）分级分层显示。将一个大的流程图由粗到细形成有层次的画面结构。这样，操作员可以调出整个流程的粗框画面，然后，配合提示菜单应用键盘上的相应控制键或光笔、触点（对触摸屏等）选择下一层的画面。

3）分块显示。将一幅大的画面分成若干幅相连的画页，然后部分地进行显示。这时有两种显示控制方式：一种是用轨迹球或鼠标等进行屏幕连续滚动，另一种是用翻页显示。如 Teleperm M 等系统都支持翻页控制，西屋公司的 WDPF 合机电部六所的 DCS – 1000 系统不仅支持翻页控制（页→，页←，页↑，页↓），还设有 8 个可编程控制键（F1 ~ F8），这样在任何一幅画面下，操作员可以切换到 4 个翻页画面，还可以翻到 8 个其他用户定义的画面或功能。

批处理控制画面应用于设计、监视或执行时间或事件驱动的顺序控制过程。

2. 操作功能

操作员站具有很强的操作能力，用来管理系统的正常运行。这些操作都与画面显示相结合，可借助功能键来完成，从而大大方便了操作人员。这些操作可以分为：

（1）功能键定义。操作键盘上有若干个功能键供用户定义，一旦定义完成，按下该键即可完成指定功能。如定义画面组号，画面展开号，操作命令等。

（2）回路状态修改。在调出控制回路图面后，可利用键盘修改回路的设定值和 PID 参数。

（3）画面调用和展开。利用功能键或其他键调出指定画面组，并可展开得到指定范围的画面。

（4）过程报告。含过程状态报告、历史事件报告和报警信息报告。过程状态是指控制回路的信息和状态，可以通过检索号有选择地报告。历史事件是指过去某一段时间内的过程信息，它们都以一定的格式显示和存储。报警信息可显示系统内的异常情况并由操作员确认。

（5）信息输出。信息包含过程状态信息、顺序信息、报警信息及与操作有关的信息。这些信息都编有信息号供检索用。输出方式有打印机打印、存入硬磁盘保存等，对图形和曲线有复制输出功能。

3. 打印功能

现代 DCS 的操作员站上均配有 1～2 台行式打印机，用来打印各种记录和信息。同时，多数的 DCS 操作员站还配有 1 台彩色拷贝机，用来打印屏幕上的图形信息。彩色拷贝机的工作较为单一，不多讨论。下面主要介绍行式打印机的功能。

（1）操作信息打印。许多 DCS 的操作员站配有一台打印机，用来随时打印出操作员的各种操作。

（2）系统状态信息打印。上面介绍了一般的 DCS 操作员站上都可随时显示系统的状态报警信息。有许多 DCS 在显示的同时，还将该条报警信息送至打印机打印下来，以作永久保留。

（3）生产记录和统计报表的打印。DCS 均有记录报表打印功能。打印报表一般是定时激活的，操作员站允许操作员设入打印时刻。国外的 DCS 的报表打印功能很简单，一般是简单的顺序记录。

（4）报警信息的打印等。

（三）工程师站单元的功能

工程师站单元的功能如图 4－14 所示。工程师站单元是对 DCS 进行离线的配置、组态工作和在线的系统监督、控制、维护的网络结点。系统工程师可以通过工程师站及时调整系统配置及一些系统参数的设定，使 DCS 随时处在最佳的工作状态之下。

1. 工程师站单元基本的硬件配置

（1）CPU Pentium 4 以上。

（2）内存容量 256MB 以上。

（3）硬盘容量 40GB。

（4）软驱。

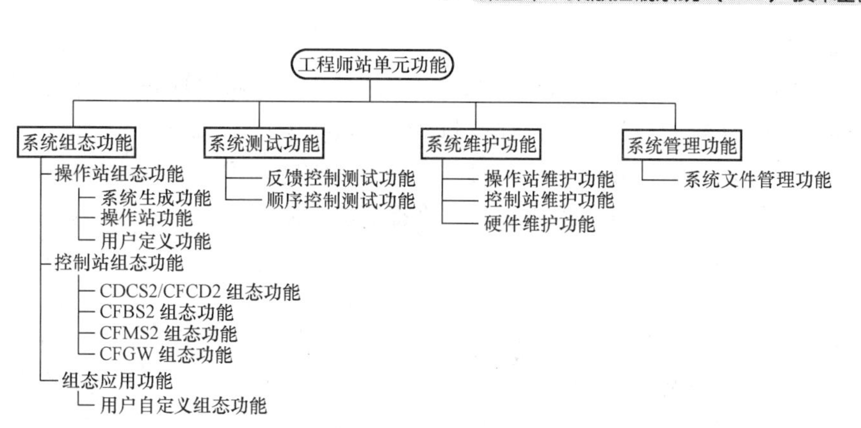

图 4－14　工程师站的功能

（5）显示卡 VGA。

（6）显示单元 19in 工业监视器，分辨率为 1024×768，真彩色（可选触摸屏）。

（7）键盘为标准键盘。

（8）打印机，如汉字行式打印机。

2. 工程师站单元的功能

（1）系统维护功能。系统维护是对系统做定期检查和维护。如改变打印机等外围设备的连接，更改报警音及将生成的组态文件存盘等；硬件维护有磁头定期清理、建立备用存储区及磁头复原锁定等。

（2）系统管理功能。主要用来管理系统文件：一是将组态文件（如工作单）自动加上信息，生成规定格式的文件，便于保存、检索和传送；二是对这些文件进行复制、对照、列表、初始化或重新建立等。

（3）系统组态功能。系统组态功能用来生成和变更操作员站和现场控制站的功能，其内容为填写工作单，由组态工具软件将工作单显示于屏幕上，用会话方式完成功能的生成和变更。组态又可分为操作站组态、现场控制站组态和用户自定义组态 3 种。

1）操作站单元组态。包括对操作站构成规格、整体观察画面的分配、控制分组画面的分配、趋势记录规格、趋势记录笔的定义，功能键规格、调节器规格及信息要求规格的定义。

2）现场控制站组态。包括对输入/输出插件的分配、反馈控制内部仪表、顺序控制内部仪表、顺序元件、顺序信息规格、操作指导信息规格及报警信息规格的定义。

3）用户自定义组态。对流程图画面的显示规格等的定义。

（4）系统测试功能。系统测试功能用来检查组态后系统的工作情况，包括对反馈控制回路的测试和对顺序控制状态的测试。

1）反馈控制测试是以指定的内部仪表为中心，显示它与其他功能环节的连接情况，从屏幕上可以观察到控制回路是否已经构成。

2）顺序控制测试可以显示顺控元件的状态及动作是否合乎指定逻辑，而且可显示每张顺控表的条件是否成立，并模拟顺控的逻辑条件，逐步检查系统动作顺序是否正常。

五、通信网络单元硬件

数据通信作为集散控制系统不可缺少的组成部分之一，越来越受到人们的重视。它与微机技术相结合，实现过程控制。过程控制系统的数据通信不同于邮电通信，分散集中的通信功能也不同于办公自动化中的计算机网络通信，它特别强调实时性、可靠性和广泛的适用性。集散控制系统借助通信网络设备，将检测、控制、监视、操作、管理等部分有机地连接成一个整体。

（一）通信网络的传输介质

在过程控制系统中，通信介质分无线介质和有线介质两大类。远程 I/O 点，要进入 DCS 或把远程信号送到调度室时，如果安装导线有困难，可以采用无线传输。但在进行无线传输时，最好不要有太多的障碍物，否则效果不好。另外无线传输需要发射天线，安装的位置要比较高，同时需要接收装置，这些装置的成本比较高。

有线介质分双绞线、同轴电缆和光缆 3 种，如图 4－15 所示。

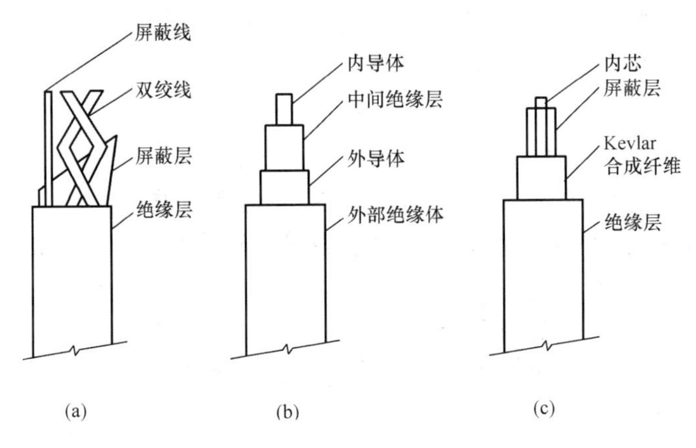

图 4－15　传输介质
（a）双绞线；（b）同轴电缆；（c）光缆

1. 双绞线

双绞线是由两条相互绝缘的铜线在 1ft（ft，英尺，1ft＝0.304 8m）的距离内相互缠绕在一起或互相扭绞起来的，缠绕或扭绞的次数达到 2～12 次。扭绞有助于消除在导线内高速数据通信所产生的电磁干扰（EMI），这种电磁干扰会对相邻的线产生影响。双绞线是最普通的低成本通信介质，适用于低速传输场合。

双绞线又分为非屏蔽双绞线（UTP）和屏蔽双绞线（STP）两种，如图 4－15（a）所示。

UTP 有线缆外皮作为保护层，既可以传输模拟信号，也可以传输数字信号；STP 有铜带编织护套，其价格高于 UTP，但性能也高于 UTP。

传输模拟信号时，最长距离为 5km，否则要加放大器；传输数字信号时，最长距离为 2km，否则要加转发器。最大带宽为 1MHz，传输速率小于 2Mbit/s。使用双绞线的优点是成本低，连接简单，不需要任何特殊设备，用普通的端子就可以将通信设备和网络连接起来。由于双绞线的性价比优良，故成为计算机网络室内布线的主流线缆。

2. 同轴电缆

同轴电缆在 DCS 中应用比较普遍，它由内导体、中间绝缘层、外导体和外部绝缘体组成，如图 4 - 15（b）所示。

同轴电缆有两种类型：一种是 50Ω 的，是基带同轴电缆，用于数字信号的传输；另一种是 75Ω 的，是宽带同轴电缆，既可以传输模拟信号，也可以传输数字信号。同轴电缆以单根铜导线为内芯，外裹一层绝缘材料，外覆密集网状导体，最外面是一层保护性塑料。金属屏蔽层能将磁场反射回中心导体，同时也使中心导体免受外界干扰，故同轴电缆具有较好的噪声抑制特性。基带同轴电缆的传输距离可达到 500m，带宽为 10Mbit/s，但是随着以双绞线为传输介质的快速以太网和千兆以太网的出现，同轴电缆在计算机网络中的应用日益减少。

3. 光缆

光缆是一种光导纤维组成的利用内部全反射原理来传导光束的通信介质，数据以光脉冲发送，光纤本身并不导电。在光缆中传送的光是由发光二极管或激光产生的，其结构如图 4 - 15（c）所示。

光缆分为两类：用光折射、反射原理制成的光缆称为多模光缆，它传输的距离比较近，多用于局域网布线系统；用光的衍射原理制成的光缆称为单模光缆，它传输的距离远，可在几十千米内传输，甚至更远，多用于通信主干网。单模光缆只以单一模式光传播，而多模光缆允许使用多个模式传播，使用多模光缆时，光在光缆壁上反射使信号衰减加快。支持单模光缆的设备一般都用激光。

光缆具有良好的抗干扰能力。光缆的主要缺点是分支、连接比较困难和复杂，需要专门的连接工具。与双绞线和同轴电缆比较，光缆可提供极宽的频带且功率损耗小，传输距离长，抗干扰性强，是构建安全性网络的理想选择。

（二）通信网络的接口设备

集散控制系统的各现场仪器将存储的信息安全、可靠地送到数据通信通道上，必须配有输入/输出通信接口。这种通信接口实现并行数据与串行数据之间的转换，通过标准接口（RS - 232 或 RS - 422）与通信链路相接。

通常采用的大多为可编程并行 I/O 接口电路 8255A、可编程串行 I/O 接口电路 8251A 和通信控制电路 8875。国内许多厂家生产的局部操作站都是这样做的，如大连仪表厂的 SCJ - 2101，重庆川仪十八厂生产的增强型操作站在 ZJC 系统中的局部通信接口 JTJ。JTJ 接口是连接数字调节器（单回路、四回路）和上位计算机的智能接口，其构成框图如图 4 - 16 所示。

如图 4 - 17 所示，JTJ 是一台以 8086 CPU 为核心的微机化的通信控制器，对下面调节器采用了 8875 按照 HDLC（高级数据链路控制）规程进行的。对上位设备有两个通信口，一是通过 8255A 并行口与 ZJC 增强型操作站通信，一是通过 8251A 串行口按照 RS - 232C 规程与 PC 通信。

（三）通信标准及标准通信接口

当计算机、现场控制单元一类设备与外围设备，如调制解调器、打印机或其他类似的设备进行数据通信时，必须通过互连的标准接口进行。有多种标准接口可供选用，在这些标准中，规定了信号的特征、功能协议及机械连接方式。目前最为通用的信号连接接口为

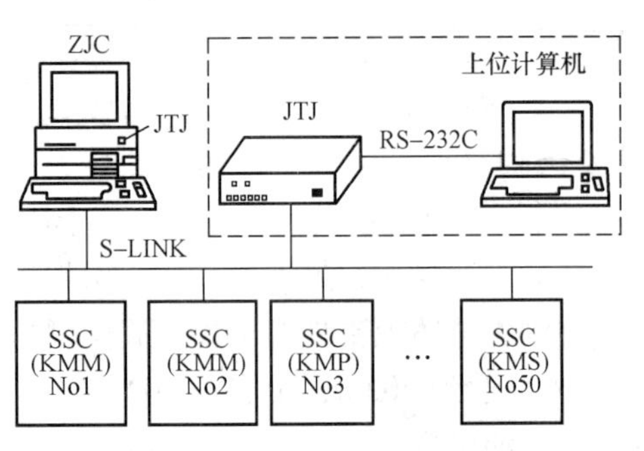

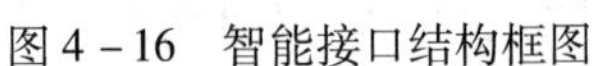
图 4 – 16　智能接口结构框图

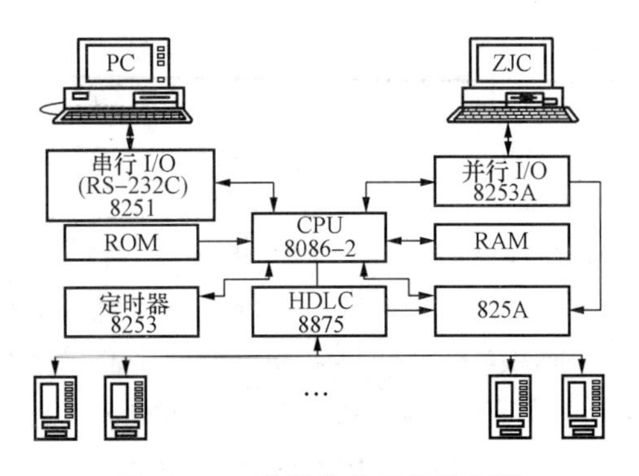

图 4 – 17　微机化的通信控制器

RS – 232C，其他标准，如 RS – 449、电流环（Current Loop）和 IEEE 488 也应用得较为广泛。关于数字、字母以及控制字符也规定了标准，ASCII 字符码是二进制字母、数字和字符编码最常用的规程。

1. 并行接口及并行—串行转换

两个设备之间传送信息的最简单方法是采用并行传送信号的方式，即在两台设备之间为传送信息，把表征信息的数据位和地址位及控制位都各设置一条信号连线，各位同时传送。这种传送信号的方式称为并行数据传输，主要用于短距离（一般电缆长为 2m 之内）的数据高速传输。这种方法虽然比较简单，但是由于接口导线的数量和距离的限制，使这种接口在许多实际的设备通信中不实用。而主机与外围设备、控制单元之间的数据传输，大多采用串行接口进行。通常在设备内部都是采用并行数据传输，因此，一般在设备与设备之间需要传输信息数据时，首先将发送的并行数据转换为串行数据，而在接收设备一端，还需将串行数据还原成并行数据。这些并行 – 串行转换目前已有专用芯片，如 UART（通用异步接收发送器），USART（通用异步/同步接收发送器），SIO（串行输入/输出）电路，SCC（串行通信控制器）。这些芯片都具有同步检测逻辑和移位寄存器，前者用于判断传送的开始及字符或数据的起始，后者用于将接收的并行数据一位一位地移入串行通道，或者从串行通道将数据一位一位地移送到并行寄存器。

2. ASCII 字符码

在数字计算机或控制单元之间能进行通信，应归功于编码技术的应用。把字母、数字、字符表示为 0、1 代码是通信技术中的一大飞跃。ASCII 码，即美国标准信息交换码，是为满足现代通信的需要而开发出来的。通过多位 0 和 1 有序的排列，可以表示出打字机中能够打印出来的所有符号和少量专用码的编码。ASCII 符号组的全部符号数为 128 个。注意：7 位 ASCII 编码在需用奇偶校验位传输时，被某些用户称为 8 位 ASCII 码。这应与某些外围设备运行的 8 位 ASCII 码加以区别，不应混淆。许多外围设备，尤其是智能终端和打印机设备，采用了替换符号组、图形字符或特殊印刷字符，对于这些特别符号使用了 8 位 ASCII 码，除了可获得正常的 128 个符号外，还可额外获得 128 个符号。由十进制 128 至 255 的 ASCII 码操作的外围设备具有非标准赋值。某一外围设备可能需要将一个特定编码定义作某一个希腊符号，而另外设备则用同一编码定义为一个图形符号，所以应特别注意，使用特殊的 ASCII 码的设备，只有第一组 128 个符号符合 ASCII 标准定义。

3. RS－232C 标准接口

计算机类型的设备之间的通信都使用 ASCII 码。为此就需要研制标准接口，确定计算机硬件或可编程控制单元之间的数据传输准则，根据这一需要，电子工业协会研制了 EIA RS－232C 标准。

EIA RS－232C 标准明确规定了两台计算机类型的设备之间接口系统的电和电/机特性。这种标准的最简单形式是接口线路数量减少到 3 条，而全开发形式的 RS－232C 接口线路可多达 22 条并行信号线。该协议规定能产生或接收数据的任一设备称为数据终端设备（DTE），如计算机，可编程逻辑控制器、打印机/键盘或者带键盘的 CRT 终端。还同时规定能将数据信号编码解码、调制解调，并可长距离传输数据信息信号的任一设备称为数据通信设备（DCE），如调制解调器。对于可编程控制单元和打印机之类设备之间的连接可以不用调制解调器，故不采取全开发的 RS－232C 协议。与其功能相对应，DTE 可以是可编程控制单元或其他智能设备，而 DCE 可以是打印机或类似的“不灵活”的设备，在绝大多数应用中实际上只需 9 条信号线。RS－232C 标准一般采用 25 针 D 型插接器作为计算机设备间的机械连接部件。

应该指出 RS－232C 规范没有详细说明传输数据用的字符码，只是说明了接口对信号特征要求。当许多系统使用了 7 位或 8 位 ASCII 码时，其他几种码依然可以用，如 6 位 IBM 码，又称通信码（Corres-pondence Code），也有使用 5 位的 Murry and Budot 码，以及 8 位扩充的二—十进制转换码和其他特殊码。这就提出了一个特别注意的问题，除了要遵守 RS－232C 协议外，用户还必须知道字符协议，才能操作通信链路。另外，RS－232C 协议没有详细规定通信方式。实际应用中常有 3 种通信方式：① 单工通信方式，仅能向一个方向传送，如某一终端与控制器之间通信，只能由控制器向终端传送，反之不然。② 半双工通信允许控制器向终端传送，终端向控制器传送，即进行所谓的双向通信，不过在任一通信时刻只能向一个方向通信。在这种情况下，为控制传输换向，半双工两端的两个设备必须进行协调，即必须附加控制信号的接口。③ 全双工通信则允许两个设备控制器与终端在两个方向上同时通信。这时两个传输方向的控制是完全独立的，即控制器和终端设备都具有独立的发送器和接收器。实际上在两个设备上的控制逻辑电路是完全独立的两个单向通道。

ASCII 字符码的传输是以串行方式经 RS－232C 接口实现。ASCII 每串逻辑 1 和 0 字符系列是以电压数字信号在 RS－232C 信号线上传输的。通常，计算机的逻辑信号是以 TTL 电平（0～5V）表示的，而 RS－232C 标准使用负逻辑代表 0 和 1 状态，+5～+25V 电压电平代表逻辑 0 状态，－25～－5V 电压电平表示逻辑 1 状态。

按照 RS－232C 标准传输的串行数据格式，传输开始时发送一个起始位，表明正在发送字符接着传输数据位。数据位是根据使用的字符格式来确定传输所需码的位数。RS－232C 传输首先发送出低有效位 LSB。由于噪声可能影响传输，发生误码现象，可以用奇偶校验位来确认传输是否正确。接在数据位后面的一位是奇偶校验位，作为校验传输中的差错。到底为奇或偶并不重要，使用时可能是偶数，也可能是奇数，可按用户要求确定。奇偶性是发送设备传输信息中“1”状态数据位的个数经计算得出来的，然后将奇偶校验位置于“1”或“0”，使数据位“1”状态加上奇偶校验位“1”状态的总数始终是偶数或奇数（偶数为偶数校验，奇数为奇数校验），然后接收设备可以计算收到的数据和奇偶校验位“1”的数量，通过对其校验，以确保收到正确的字符。

一帧信息是最后是停止位，这些位表明字符传输结束。停止位可以规定为1、1.5或2位，因为停止位的时间实际上表示接收器的休息时间，所以0.5位也可以。

最后应考虑的问题是位传输速率。传输速率以bit/s来表示，通常称为比特率。对集散系统及可编程逻辑控制器最常用的传输速率为300、1200、9600bit/s。

总之，为了使用RS-232C标准，用户必须确认设备的电压电平、传输的比特率、字符码、奇偶性、停止位数以及两台设备之间的信号交换线路数量是完全正确的，通信链路才能正确运行。如果在RS-232C通信中出现问题，不管问题发生在计算机上还是简单的调制解调器上，硬件接口均能提供错误指示信息。这些信号能够指出帧、奇偶性、超限或者握手信号之类的差错。帧差错一般表明两台设备间被传送和接收的总位数不相匹配。如果奇偶校验功能有故障，可检查该功能是否在两台设备上都出了问题。奇偶校验差错表明传输线路有电磁噪声干扰或者两台设备中有一台的奇偶性设置不正确。通信电缆的最大距离一般不应超过50ft（16.7m），如已超过则应尽量缩短，或者使用商用的RS-232C总线驱动器和接收器以增加距离。在任何应用情况下，RS-232C电缆线都应该是屏蔽双绞线。如果奇偶校验设置得正确，则还应检查数据和停止位顺序是否正确。当传输速率不匹配时或者两台通信设备中的一台不能尽快处理传送来的数据时，则造成超限差错。如果差错是由过高的传输速率造成的，改进的办法就是选择较低的比特串传输，这样可使设备接收传输速率较慢的数据。当一台设备由于不正确的“握手”信号而不能与其相匹配的设备进行通信时，设备发出发送请求后（置于“1”状态），如果接收设备能够接收该请求，它将通过清除发送线路发送请求信号；如果发出请求后在一定时间内没有收到请求，则是“握手”信号的差错，还可能产生其他特殊出错信息。

4. 电流环

电流环接口与RS-232C接口相似，只是没有“握手”信号，而且该接口是以电流为基础的，不是以电压电平为基础。有几种电流环标准，范围为20~60mA。电流环使用四线制标准，有四线连接与二线连接的。电流环标准使用与四线制RS-232C标准有相同的传输概念。它以串行方式传输数据，按时间顺序开关电流来代替逻辑的“0”、“1”状态电平。传送格式依然有启动位，5~8个数据位，一个奇偶校验位，以1、1.5或2个停止位。由于电流环接口是以电流信号为基础的，可以敷设的传输电缆比较长。许多可编程逻辑控制器或计算机系统同时提供电流环标准和RS-232C标准，使用相同的25针D型接口插件。在电流环路上可串接一个或多个设备，电流从电流源正端流出，经电流环中的每一个设备，返回到电流源的负端。电流环需要有一个有源元件并对应一个无源元件。有源发送器必须同无源接收器连接，无源发送器必须同有源接收器连接。

5. IEEE 488标准接口

为了改进RS-232C标准，使之能与当前的计算机硬件更加兼容，美国电气和电子工程师协会（IEEE）开发出一种通用接口标准，称为IEEE 488，多在智能仪器仪表中采用。该标准在一个接口上尽量多地定义多个变量而不必说明接口的实际用处，允许系统中任意两个单元直接通信，而无须经过一个控制单元。它的传输特点采用位并行，字节串行、三线接构、异步传输的格式。

IEEE 488 精确地定义了连接器引出头（Pinouts）插针的实际功能，以及必须使用的信号电平（电源和电压）。

某些设备可指定为接收器，这些设备只能接收总线传输来的数据，不能将数据置于总线上。打印机即可作为接收设备的一个例子，它可以接收到总线上的所有通信信号，但只有在总线控制器发出指令时才能将总线数据打印出来。总线上的另一种设备是发送器，这些设备在控制器发出指令时则把数据置于 IEEE 总线上。应该指出的是总线设备可以是一个发送器、一个接收器以及一个控制器，或者是任意两种设备的组合。例如，一台计算机可以起到控制器的功能，也可以作为接收器或讲听器使用。

IEEE 488 总线实际上由 16 条信号线构成，分成 3 个功能组。8 条信号线构成一组数据总线，它们允许 7 或 8 位 ASCII 码体验，这组总线设计为双工的，允许数据在连接到总线上的设备间来回流通。第二组由 3 条信号线所组成，称作数据传送控制总线，这组总线处理 IEEE 488 接口数据传输中运行所必需的“握手”信号。其余的 5 条信号线构成一般接口总线组，用于传输各设备之间往返控制信号和工作状态。

IEEE 488 接口的最大优点是只要该设备符合标准要求，插入接口立即可以工作。该标准唯一没有说明的项目是被传送的数据格式问题。如果所有使用数据的设备都设计成能识别 ASCII 码，那么数据就可以用 ASCII 码传输。实际上如果总线控制器处于良好的在用状态，接到总线上的设备互相理解在线的字符格式，IEEE 488 总线也就可使用该字符格式了。

6. RS－449 标准接口

RS－449 协议是 RS－232C 通信协议的一种改进型，其目的是想作为数据终端设备（DTE）和数据通信设备（DCE）之间的接口，逐渐代管 RS－232C 标准。RS－449 标准是由电子工业协会（EIA）开发出来的，以扩大 DTE 和 DCE 硬件间的距离，使 DTE 和 DCE 之间具有较高的通信速率，以适应集成电路设计和最新硬件的优点。EIA RS－449 规定了 DTE 和 DCE 硬件间的物理连接，而标准 RS－422 和 RS－423 规定了接口的电子信号特征。

新标准建立了多种新的信号助记符，信号多于 25 种，RS－232C 的接口电路不能使用了，增加 10 条接口电路，还需要新的接插件。RS－232C 标准使用的 25 芯插接器将被 37 芯插接器所取代，也选择配以 9 芯插接器。

为使 RS－232C 标准有序地过渡到 RS－422/RS－423/RS－449 标准，新的接口标准可与旧的 RS－232C 标准兼容，而且也不需要昂贵的适配器和更新硬件。

六、网络设备

网络互联从通信参考模型的角度可分为：在物理层使用中继器（Repeater）、通过复制位信号延伸网段长度；在数据链路层使用网桥（Bridge），在局域网之间存储或转发数据帧；在网络层使用路由器（Router）在不同网络间存储转发分组信号；在传输层及传输层以上，使用网关（Gateway）进行协议转换，提供更高层次的接口。因此中继器、网桥、路由器和网关是不同层次的网络互联设备。

1. 中继器

中继器又称重发器。由于网络结点间存在一定的传输距离，网络中携带信息的信号在通过一个固定长度的距离后，会因衰减或噪声干扰而影响数据的完整性，影响接收结点正确的接收和辨认，因而经常需要运用中继器。中继器接受一个线路中的报文信号，将其进行整形放大、重新复制，并将新生成的复制信号转发至下一网段或转发到其他介质段。这个新生成的信号将具有良好的波形。

中继器一般用于方波信号的传输。中继器分为电信号中继器和光信号中继器，它们对所通过的数据不作处理，主要作用在于延长电缆和光缆的传输距离。

每种网络都规定了一个网段所容许的最大长度。安装在线路上的中继器要在信号变得太弱或损坏之前将接收到的信号还原，重新生成原来的信号，并将更新过的信号放回到线路上，使信号在更靠近目的地的地方开始二次传输，以延长信号的传输距离。安装中继器可使结点间的传输距离加长。中继器两端的数据速率、协议（数据链路层）和地址空间相同。

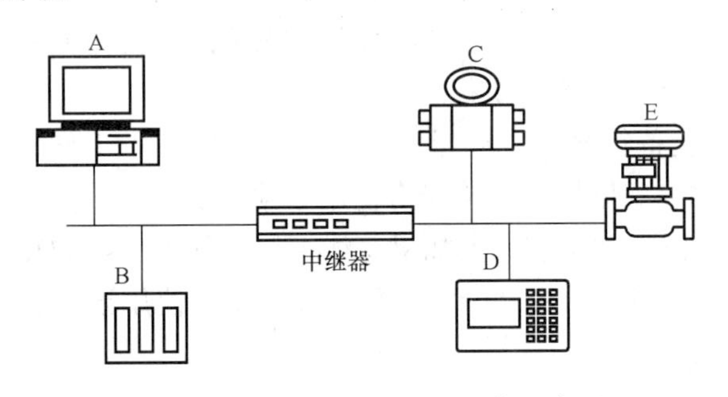

图 4－18　采用中继器延长网络示意图

中继器仅在网络的物理层起作用，它不以任何方式改变网络的功能。在图 4－18 中，通过中继器连接在一起的两个网段实际上是一个网段。如果结点 A 发送一个帧给结点 B，则所有结点（包括 C 和 D）都将有条件接收到这个帧。中继器并不能阻止发往结点 B 的帧到达结点 C 和 D。但有了中继器，结点 C 和 D 所接收到的帧将更加可靠。

中继器不同于放大器，放大器从输入端读入旧信号，然后输出一个形状相同、放大的新信号。放大器的特点的实时实形地放大信号，它包括输入信号的所有失真，而且把失真也放大了。也就是说，放大器不能分辨需要的信号和噪声，它将输入的所有信号都进行放大。而中继器则不同，它并不放大信号，而是重新生成它。当接收到一个微弱或损坏的信号时，它将按照信号的原始长度一位一位地复制信号。因而中继器是一个再生器，而不是一个放大器。

中继器放置在传输线路上的位置是很重要的。中继器必须放置在任一位信号的含义受到噪声影响之前。一般来说，小的噪声可以改变信号电压的准确值，但是不会影响对某一位是 0 还是 1 的辨认。如果让衰减了的信号传输的更远，则积累的噪声将会影响到对某位的 0 或 1 的辨认，从而有可能完全改变信号的含义。这时原来的信号将出现无法纠正的差错。因而在传输线路上，中继器应放置在信号失去可读性之前，即在仍然可以辨认出信号原有含义的地方放置中继器，利用它重新生成原来的信号，恢复信号的本来面目。

中继器使得网络可以跨越一个较大的距离。在中继器的两端，其数据速率、协议（数据链路层）和地址空间都相同。

2. 网桥

网桥是存储转发设备，用来连接同一类型的局域网。网桥将数据帧送到数据链路层进行差错校验，再送到物理层，通过物理传输介质送到另一个子网或网段。它具备寻址与路径选择的功能，在接收到帧之后，要决定正确的路径，将帧送到相应的目的站点。

网桥能够互联两个采用不同数据链路层协议、不同传输速率、不同传输介质的网络。它要求两个互联网络在数据链路层以上采用相同或兼容的协议。

网桥同时作用在物理层和数据链路层。它们用于网段之间的连接，也可以在两个相同类型的网段之间进行帧中继。网桥可以访问所有连接结点的物理地址，有选择性地过滤通过它的报文。当在一个网段中生成的报文要传到另外一个网段中时，网桥开始苏醒，转发信号；而当一个报文在本身的网段中传输时，网桥处于睡眠状态。

当一个帧到达网桥时，网桥不仅重新生成信号，而且检查目的地址，将新生成的原信号复制件仅仅发送到这个地址所属的网段。每当网桥收到一个帧时，它读出帧中所包含的地址，同时将这个地址同包含所有结点的地址表相比较。当发现一个匹配的地址时，网桥将查找出这个结点属于哪个网段，然后将这个数据包传送到那个网段。

例如，图4-19中显示了两个通过网桥连接在一起的网段。结点A和结点D处于同一个网段中。当结点A送到结点D的数据包到达网桥时，这个数据包被阻止进入下面其他的网段中，而只在本中继网段内中继，被站点D接收。由结点A产生的数据包要送到结点G。网桥允许这个数据包跨越并中继到整个下面的网段。数据包将在那里被站点G接收。因此网桥能使总线负荷得以减小。

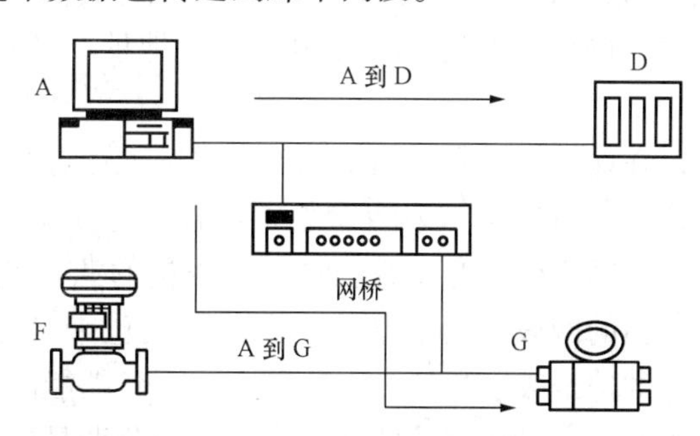

图4-19 由网桥连接的网段示意图

网桥在两个或两个以上的网段之间存储或转发数据帧，它所连接的不同网段之间在介质、电气接口和数据速率上可以存在差异。网桥两端的协议和地址空间保持一致。

网桥比中继器多了一点智能。中继器不处理报文，它没有理解报文中任何内容的智能，它们只是简单地复制报文。而网桥有一些智能，它可以知道两个相邻网段的地址。

网桥与中继器的区别在于：网桥具有使不同网段之间的通信相互隔离的逻辑，或者说网桥是一种聪明的中继器。它只对包含预期接收者网段的信号包进行中继。这样，网桥起到了过滤信号包的作用，利用它可以控制网络拥塞，同时隔离出现了问题的链路。但网桥在任何情况下都不修改包的结构或包的内容，因此只可以将网桥应用在使用相同协议的网段之间。

为了在网段之间进行传输选择，网桥需要一个包含与它连接的所有结点地址的查找表，这个表指出各个结点属于哪个段。这个表是如何生成的以及有多少个段连接到一个网桥上决定了网桥的类型和费用。下面分别介绍3种类型的网桥。

（1）简单网桥。简单网桥是最原始和最便宜的网桥类型。一个简单网桥连接两个网段，同时包含一个列出了所有位于两个网段的结点地址表。简单网桥的这个结点地址表必须完全通过手工输入。在一个简单网桥可以使用之前，操作员必须输入每个结点的地址。每当一个新的站点加入时，这个表必须被更新。如果一个站点被删除了，那么出现的无效地址必须被删除。因此，包含在简单网桥中的逻辑是在通过或不通过之间变化的。对制造商来说这种配置简单并且便宜，但安装和维护结点网桥耗费时间，比较麻烦，比起它所节约的费用来可能是得不偿失。

（2）学习网桥。学习网桥在实现网桥功能的同时，可以自己建立站点地址表。当一个学习网桥首次安装时，它的表是空的。每当它遇到一个数据包时，它会同时查看源地址和目标地址。网桥通过查看目标地址决定将数据包送往何处。如果这个目标地址是它不认识的，它就将这个数据包中继到所有的网段中。

网桥使用源地址来建立地址表。当网桥读出源地址时，它记下这个数据包是从哪个网段来的，从而将这个地址和它所属的网段连接在一起。通过由每个结点发送的第一个数据包，网桥可以得知该站点所属的网段。例如，如果在图4－19中的网桥是一个学习网桥，当站点A发送数据包到站点G时，网桥得知从A来的包是属于上面的网段。在此之后，每当网桥遇到地址为A的数据包时，它就知道应该将它中继到上面的网段中。最终，网桥将获得一个完整的结点地址和各自所属网段的表，并将这个表存储在它的内存中。

在地址表建立后网桥仍然会继续上述过程，使学习网桥不断自我更新。假定图4－19中结点A和结点G相互交换了位置，这样就会导致储存的所有结点地址的信息发生错误。但由于网桥仍然在检查所收到数据包的源地址，它会注意到现在站点A发出的数据包来自下面的网段，而站点G发出的数据包来自上面的网段，因此网桥可以根据这个信息更新它的地址表。当然具有这种自动更新功能的学习网桥会比简单网桥昂贵。但对大多数应用来说，这种增强功能、提供方便的花费是值得的。

（3）多点网桥。一个多点网桥可以是简单网桥，也可以是学习网桥。它可以连接两个以上相同类型的网段。

3. 路由器

路由器工作在物理层、数据链路层和网络层。它比中继器和网桥更加复杂。在路由器所包含的地址之间，可能存在若干路径，路由器可以为某次特定的传输选择一条最好的路径。

报文传送的目的地网络和目的地址一般存在于报文的某个位置。当报文进入时，路由器读取报文中的目的地址，然后把这个报文转发到对应的网段中。它会取消没有目的地址的报文传输。对存在多个子网络或网段的网络系统来说，路由器是很重要的部分。

路由器可以在多个互连设备之间中继数据包。它们对来自某个网络的数据包确定路线，发送到互联网络中任何可能的目的网络中。图4－20显示了一个由5个网络组成的互联网络。当网络结点发送一个数据包到邻近网络时，数据包将会先传送到连接处的路由器中，然后通过这个路由器把它转发到网络中。如果在发送和接收网络之间没有一个路由器直接将它们连接，则发送端的路由器将把这个数据包通过和它相连的网络，送往通向最终目的地路径上的下一个路由器，那个路由器将会把这个数据包传递到路径中的下一个路由器。直到最后到达最终目的地。

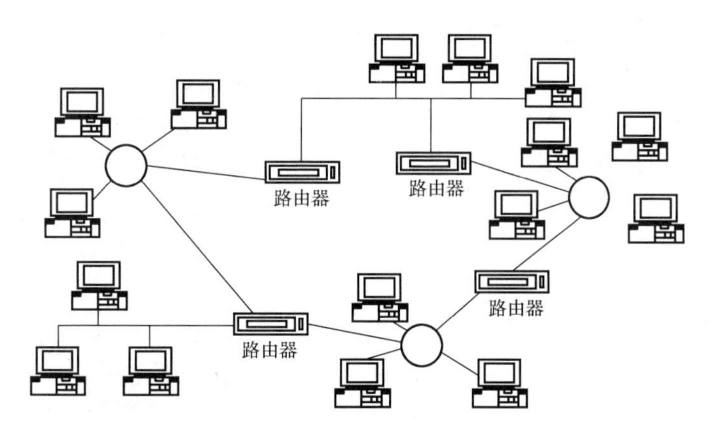

图4－20 互联网中的路由器

路由器如同网络中的一个结点那样工作。但是大多数结点仅仅是一个网络的成员，而路由器同时连接到两个或更多的网络中，并同时拥有它们所有的地址。路由器从所连接的结点上接收数据包，同时将它们传送到第二个连接的网络中。当一个接收数据包的目标结点位于这个路由器所不连接的网络中时，路由器有能力决定哪一个连接网络是这个数据包最好的下一个中继点。一旦路由器识别出一个数据包所走的最佳路径，它将通过合适的网络把数据包传递给下一个路由器。下一个路由器再检查目标地址，找出它所认为的最佳路径，然后将该数据包送往目的地址，或送往所选路径上的下一个路由器。

路由器是在具有独立地址空间、数据速率和介质的网段间存储转发信号的设备。路由器连接的所有网段，其协议是保持一致的。

4. 网关

网关又称网间协议变换器，用以实现不同通信协议的网络之间（包括使用不同网络操作系统的网络之间）的互联。由于它在技术上与它所连接的两个网络的具体协议有关，因而用于不同网络间转换的网关是不相同的。

一个普通的网关可用于连接两个不同的总线或网络，由网关进行协议转换，提供更高层次的接口。网关允许在具有不同协议和报文组的两个网络之间传输数据。在报文从一个网段到另一个网段的传送中，网关提供了一种把报文重新封装形成新的报文组的方式。

网关需要完成报文的接收、翻译与发送，它使用两个微处理器和两套各自独立的芯片组。每个微处理器都知道自己本地的总线语言，在两个微处理器之间设置一个基本的翻译器。I/O数据通过微处理器，在网段之间来回传递数据。在工业数据通信中网关最显著的应用就是把一个现场设备的信号送往另一类不同协议或更高一层的网络。如把ASI网段的数据通过网关送往Profibus-DP网段。

第四节 DCS的软件系统

一、DCS软件的构成及功能概述

DCS软件的基本构成是按照硬件的结构划分形成的，这是由于软件是依附于硬件才能发挥作用。在软件功能方面，控制层软件是运行在现场控制站上的软件，主要完成各种控制功能，包括 PID 回路控制、逻辑控制、顺序控制，以及这些控制所必须针对现场设备连接的 I/O 处理；监控软件是运行于操作员站或工程师站上的软件，主要完成运行操作人员所发出的各个命令的执行、图形与画面的显示、报警信息的显示处理、对现场各类检测数据的集中处理等；组态软件则主要完成系统的控制层软件和监控软件的组态功能，安装在工程师站中。

1. 控制层软件

现场控制站中的控制层软件的最主要功能是直接针对现场 I/O 设备，完成 DCS 的控制功能。这里面包括了 PID 回路控制、逻辑控制、顺序控制和混合控制等多种类型的控制。为了实现这些基本功能，在现场控制站中还应该包含以下主要的软件：

（1）现场 I/O 驱动。主要是完成 I/O 模块（模板）的驱动，完成过程量的输入/输出。采集现场数据，输出控制计算后的数据。

（2）对输入的数据进行预处理。如滤波处理、除去不良数据、工程量的转换、统一计量单位等，总之，是要尽量真实地用数字值还原现场值并为下一步的计算做好准备。

（3）实时采集现场数据并存储在现场控制站内的本地数据库中，这些数据可作为原始数据参与控制计算，也可通过计算或处理成为中间变量，并在以后参与控制计算。所有本地数据库的数据（包括原始数据和中间变量）均可成为人机界面、报警、报表、历史、趋势及综合分析等监控功能的输入数据。

（4）按照组态好的控制程序进行控制计算，根据控制算法和检测数据、相关参数进行计算，得到实施控制的量。

为了实现现场控制站的功能，在现场控制站中建立有本站的物理 I/O 和控制相关的本地数据库，这个数据库中只保存与本站相关的物理 I/O 点及与这些物理 I/O 点相关的，经过计算得到的中间变量。本地数据库可以满足本现场控制站的控制计算和物理 I/O 对数据的需求，有时除了本地数据外还需要其他现场控制站上的数据，这时可从网络上将其他节点的数据传过来，这种操作被称为数据的引用。

2. 监控软件

监控软件的主要功能是人机界面，其中包括图形画面的显示、对操作员操作命令的解释与执行、对现场数据和状态的监视及异常报警、历史数据的存档和报表处理等。为了实现上述功能，操作员站软件主要由以下 8 个部分组成：

（1）图形处理软件。通常显示工艺流程和动态工艺参数，由组态生成并且按周期进行数据更新。

（2）操作命令处理软件。其中包括对键盘操作、鼠标操作、画面热点操作的各种命令方式的解释与处理。

（3）历史数据和实时数据的趋势曲线显示软件。

（4）报警信息的显示、事件信息的显示、记录与处理软件。

（5）历史数据的记录与存储、转储及存档软件。

（6）报表软件。

（7）系统运行日志的形成、显示、打印和存储记录软件

（8）工程师站在线运行时，对 DCS 系统本身运行状态的诊断和监视，发现异常时进

行报警，同时通过工程师站上的CRT屏幕给出详细的异常信息，如出现异常的位置、时间、性质等。

为了支持上述操作员站软件的功能实现，在操作员站上需要建立一个全局的实时数据库，这个数据库集中了各个现场控制站所包含的实时数据及由这些原始数据经运算处理所得到的中间变量。这个全局的实时数据库被存储在每个操作员站的内存之中，而且每个操作员站的实时数据库是完全相同的复制，因此每个操作员站可以完成完全相同的功能，形成一种可互相替代的冗余结构。当然各个操作员站也可根据运行的需要，通过软件人为地定义完成不同的功能而成为一种分工的形态。

3. 组态软件

组态软件安装在工程师站中，这是一组软件工具，是为了将通用的、有普遍适应能力的DCS系统，变成一个针对某一个具体应用控制工程的专门DCS控制系统。为此，系统要针对这个具体应用进行一系列定义，如硬件配置、数据库的定义、控制算法程序的组态、监控软件的组态、报警报表的组态等。在工程师站上，要做的组态定义主要包括以下9个方面：

（1）硬件配置。这是使用组态软件首先应该做的，根据控制要求配置各类站的数量、每个站的网络参数、各个现场I/O站的I/O配置（如各种I/O模块的数量、是否冗余、与主控单元的连接方式等）及各个站的功能定义等。

（2）定义数据库。包括历史数据和实时数据，实时数据库指现场物理I/O点数据和控制计算时中间变量点的数据。历史数据库是按一定的存储周期存储的实时数据，通常将数据存储在硬盘上或刻录在光盘上以备查用。

（3）历史数据和实时数据的趋势、列表及打印输出等定义。

（4）控制层软件组态。包括确定控制目标、控制方法、控制算法、控制周期以及与控制相关的控制变量、控制参数等。

（5）监控软件的组态。包括各种图形界面（包括背景画面和实时刷新的动态数据）、操作功能定义（操作员可以进行哪些操作、如何进行操作）等。

（6）报警定义。包括报警产生的条件定义、报警方式的定义、报警处理的定义（如对报警信息的保存、报警的确认、报警的清除等操作）及报警列表的种类与尺寸定义等。

（7）系统运行日志的定义。包括各种现场事件的认定、记录方式及各种操作的记录等。

（8）报表定义。包括报表的种类、数量、报表格式、报表的数据来源及在报表中各个数据项的运算处理等。

（9）事件顺序记录和事故追忆等特殊报告的定义。

二、DCS的控制层软件

集散控制系统的控制层软件特指运行于现场控制站的控制器中的软件，针对控制对象，完成控制功能。用户通过组态软件按工艺要求编制的控制算法，下装到控制器中，和系统自带的控制层软件一起，完成对系统设备的控制。

1. 控制层软件的功能

DCS控制层软件基本功能可以概括为I/O数据的采集、数据预处理、数据组织管理、

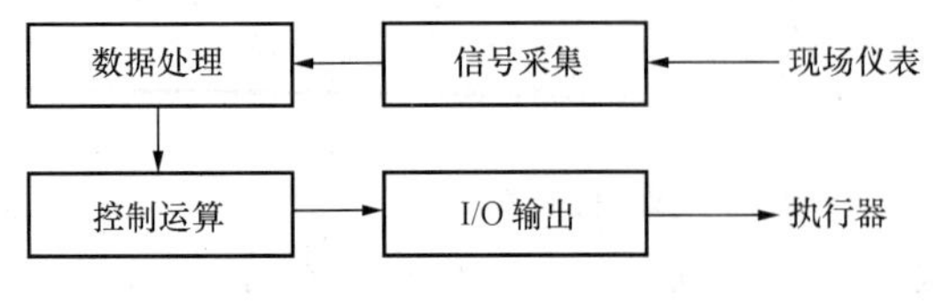

图 4 – 21　DCS 控制的基本过程

控制运算及 I/O 数据的输出，其中数据组织管理和控制运算由用户组态，有了这些功能，DCS 的现场控制站就可以独立工作，完成本控制站的控制功能，如图 4 – 21 所示。除此之外，一般 DCS 控制层软件还要完成一些辅助功能，如控制器及重要 I/O 模块的冗余功能、网络通信功能及自诊断功能等。

I/O 数据的采集与输出由 DCS 系统的 I/O 模块（板）来实现，对多个 I/O 接口，控制器接受工程师站下装的硬件配置信息，完成各 I/O 通道的信号采集与输出。I/O 通道信号采集进来后还要有一个数据预处理过程，这通常也是在 I/O 模块（板）上来实现，I/O 模块上的微处理器（CPU）将这些信号进行质量判断并调理、转换为有效信号后送到控制器作为控制运算程序使用的数据。

DCS 的控制功能由现场控制站中的控制器来实现，是控制器的核心功能。在控制器中一般保存有各种基本控制算法，如 PID、微分、积分、超前滞后、加、减、乘、除、三角函数、逻辑运算、伺服放大、模糊控制及先进控制等控制算法程序，这些控制算法有的在 IEC 61131 – 3 标准中已有定义。通常，控制系统设计人员是通过控制算法组态工具，将存储在控制器中的各种基本控制算法，按照生产工艺要求的控制方案顺序连接起来，并填进相应的参数后下装给控制器，这种连接起来的控制方案称为用户控制程序，在 IEC 61131 – 3 标准中统称为程序组织单元（Program Organization Units）。控制运行时，运行软件从 I/O 数据区获得与外部信号对应的工程数据，如流量、压力、温度及位置等模拟量输入信号，断路器的断/开、设备的启/停等开关量输入信号等，根据组态好的用户控制算法程序，执行控制运算，并将运算的结果输出到 I/O 数据区，由 I/O 驱动程序转换输出给物理通道，从而达到自动控制的目的。输出信号一般也包含如阀位信号、电流、电压等模拟量输出信号和启动设备的开/关、启/停的开关量输出信号等。控制层软件每个程序组织单元作如下处理：

（1）从 I/O 数据区获得输入数据；

（2）执行控制运算；

（3）将运算结果输出到 I/O 数据区；

（4）由 I/O 驱动程序执行外部输出，即将输出变量的值转换成外部信号（如 4 ~ 20mA 模出信号）输出到外部控制仪表，执行控制操作。

上述过程是一个理想的控制过程，事实上，如果只考虑变量的正常情况，该功能还缺乏完整性，该控制系统还不够安全。一个较为完整的控制方案执行过程，还应考虑到各种无效变量的情况。如模拟输入变量超量程的情况、开关输入变量抖动的情况、输入变量的接口设备或通信设备故障的情况等。这些将导致输入变量成为无效变量或不确定数据。此时，针对不同的控制对象应能设定不同的控制运算和输出策略，如可定义变量无效则结果无效，保持前一次输出值或控制导向安全位置，或使用无效前的最后一次有效值参加计算等。所以现场控制站 I/O 数据区的数据都应该是预处理以后的数据。

2. 信号采集与数据预处理

如上所述，DCS 要完成其控制功能，首先要对现场的信号进行采集和处理。DCS 的信号采集指其 I/O 系统的信号输入部分。它的功能是将现场的各种模拟物理量如温度、压力、流量、液位等信号进行数字化处理，形成现场数据的数字表示方式，并对其进行数据预处理，最后将规范的、有效的、正确的数据提供给控制器进行控制计算。现场信号的采集与预处理功能是由 DCS 的 I/O 硬件及相应软件实现的，用户在组态控制程序时一般不用考虑，由 DCS 系统自身完成。I/O 硬件的形式可以是模块或板卡，电路原理 DCS 系统和可编程控制器（PLC）基本相同。软件则根据 I/O 硬件的功能而稍有不同。对于早期的非智能 I/O（多为板卡形式），处理软件由控制器实现，而对于现在大多数智能 I/O 来说，数据采集与预处理软件由 I/O 板卡（模块）自身的 CPU 完成。DCS 系统中 I/O 部分的设备框图，如图 4－22 所示。

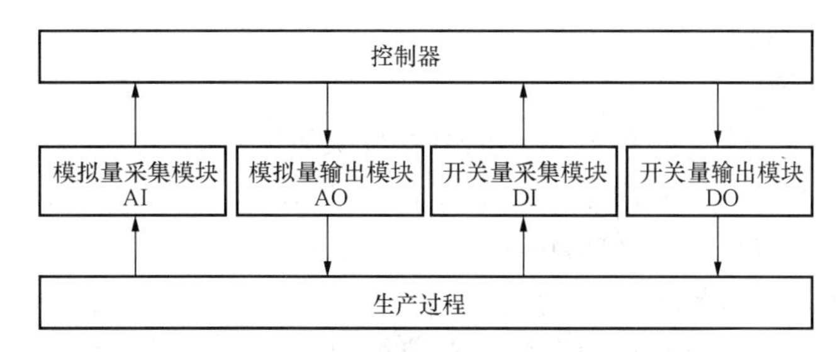

图 4－22　DCS 系统数据采集输出设备框图

DCS 的信号采集系统对现场信号的采集是按一定时间间隔也就是采样周期进行的，而生产过程中的各种参数除开关量（如联锁、继电器和按钮等只有开和关两种状态）和脉冲量（如涡轮流量计的脉冲输出）外，大部分是模拟量如温度、压力、液位和流量等。由于计算机所能处理的只有数字信号，所以必须确定单位数字量所对应的模拟量大小，即所谓模拟信号的数字化（A/D 转换），信号的采样周期实质上是对连续的模拟量 A/D 转换时间间隔问题。此外，为了提高信号的信噪比和可靠性，并为 DCS 的控制运算作准备，还必须对输入信号进行数字滤波和数据预处理。所以，信号采集除了要考虑 A/D 转换，采样周期外，还要对数据进行处理才能进入控制器进行运算。

3. 控制编程语言与软件模型

DCS 控制器对现场信号进行采集并对采集的信号进行了预处理后，即可将这些数据参与到控制运算中，控制运算的运算程序根据具体的应用各不相同。在 DCS 中先要在工程师站软件上通过组态完成具体应用需要的控制方案，编译生成控制器需要执行的运算程序，下装给控制器运行软件，通过控制器运行软件的调度，实现运算程序的执行。本质上，控制方案的组态过程就是一个控制运算程序的编程过程。以往，DCS 厂商为了给控制工程师提供一种比普通软件编程语言更为简便的编程方法，发明了各种不同风格的组态编程工具，而当前，这些各式各样组态编程方法，经国际电工委员会（International Electrotechnical Commission，IEC）标准化，统一到了 IEC 61131－3 控制编程语言标准中。风格相同的编程方法为用户、系统厂商及软件开发商都带来了极大的好处。IEC 61131－3 规定了五种编程语言，它们是梯形图语言、功能块图语言、顺序功能图语言、指令表语言、结构化文本语言，这五种语言和 PLC 通用。

4. DCS 的基本控制功能

（1）回路控制功能。回路控制系统由被控对象、传感器、变送器、控制器和执行器组成，其输出端和输入端之间存在反馈回路，输出量对控制过程产生直接影响，同时利用反馈来减少偏差。

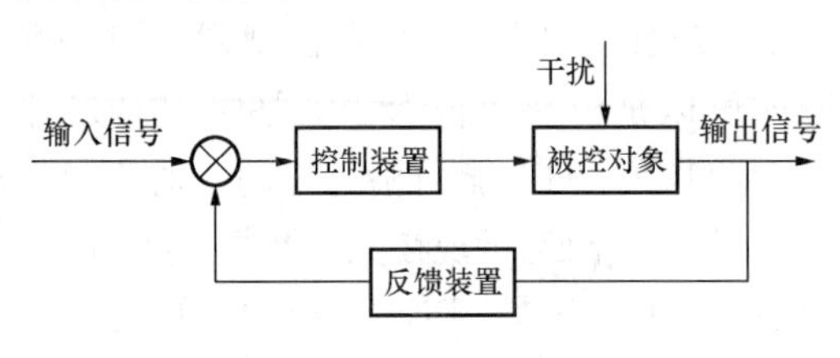

图 4－23　单回路控制原理框图

回路控制的优点是控制精度高，只要被控量的实际值偏离给定值，闭环控制系统就会产生控制作用来减少偏差；缺点是在整个控制过程中始终存在着偏差。由于元器件的惯性，若参数配置不当，很容易引起振荡，使系统不稳定而无法工作。图 4－23 为单回路控制原理框图。

如控制一个恒温箱，先设定好恒温箱要求的温度对应的电压量，当外界因素引起箱内温度变化时，测量元器件（如热电偶）把温度转换为相应的电压量，反馈回去与设定的电压量进行比较，得到温度的偏差值，该信号经过电压、功率放大后用以驱动执行电动机，并通过传动装置拖动调压器的触头，当温度偏高时，动触头向着减小电流的方向运动；反之加大电流，直到温度达到给定值为止。

（2）逻辑控制功能。自动控制系统按被控量的时间特性可分为两大类型：一类是连续量的控制系统，这类控制系统在时间特性上表现为连续量，回路控制为这类控制系统的主流；另一类是断续量的控制，这类控制系统在时间特性上表示为离散量，这类控制系统以顺序控制为主流。

逻辑控制系统按照逻辑先后顺序执行操作指令，它与时间无严格的关系，执行操作指令的逻辑顺序关系不变。这类控制系统在制造业生产过程的控制中应用较多。图 4－24 为逻辑控制原理框图。

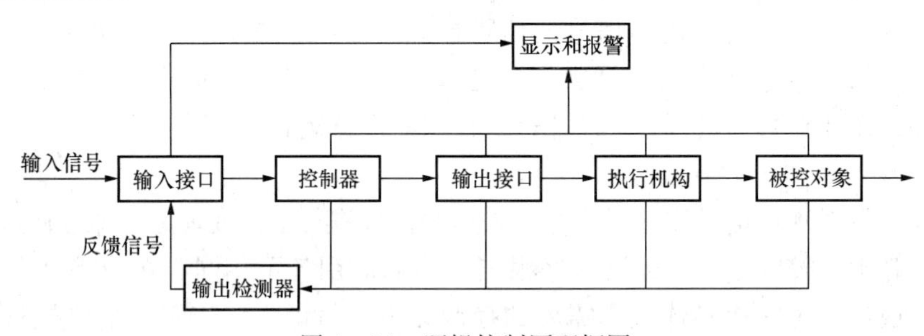

图 4－24　逻辑控制原理框图

例如，在一个反应器中，反应初期，首先打开基料阀让基料流入，当达到一定液位时开始搅拌，同时继续流入基料，当液位达到某一设定高度时，反应基料停止加入，其他物料开始加入。当液位达到另一设定高度时，物料停止加入，开始加入蒸汽升温，并开始反应。

（3）混合控制功能。当被控对象的动态特性复杂且难控制，而又要求实现复杂且精度较高的控制任务时，可将开环控制系统和闭环控制系统适当地结合起来，组成一个比较经济且性能较好的混合控制系统。

其实质是在回路控制系统的基础上，附加一个输入量或干扰作用的前馈通路来提高控制精度。前馈通路相当于开环控制，因此对补偿装置的参数稳定性要求较高，否则会因为补偿装置的参数漂移而减弱其补偿效果。前馈通路的引入，对回路系统的性能影响不大，却可以大大提高系统的控制精度。混合控制的原理如图 4－25 所示。

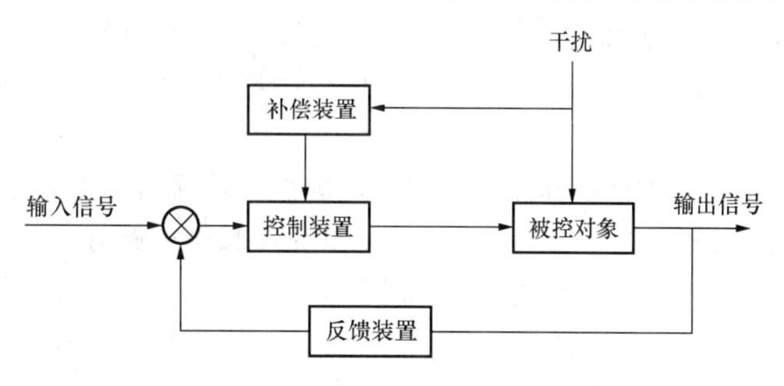

图 4－25　混合控制的原理框图

下面以加热炉的温度与流量控制为例说明混合控制的应用。图 4－26 为加热炉的温度与流量串级控制框图，将温度控制器的输出作为流量控制器的设定值，而流量控制器的输出去控制燃料油管线上的调节阀。

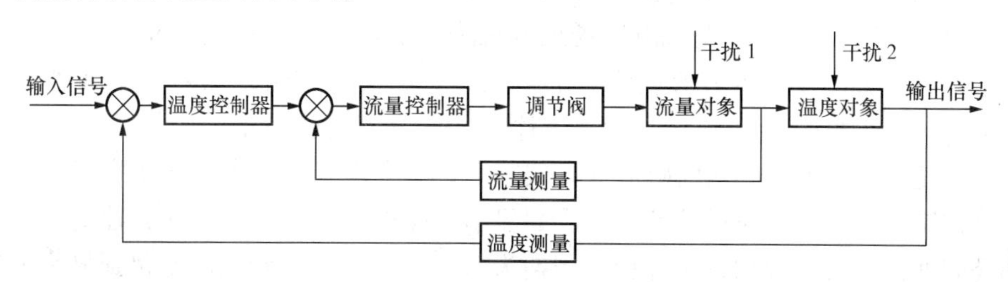

图 4－26　加热炉的温度与流量串级控制框图

三、DCS 的监督控制软件

DCS 的监督控制层软件，指运行于系统人机界面工作站、工程师站、服务器等节点中的软件，它提供人机界面监视、远程控制操作、数据采集、信息存储和管理及其他的应用功能。

此外，DCS 的监督控制层集中了全部工艺过程的实时数据和历史数据。这些数据除了用于 DCS 的操作员监视外，还应该满足外部应用需要，例如全厂的调度管理，材料成本核算等，使之产生出更大的效益。这就要求 DCS 系统提供数据的外部访问接口。

（一）监控层的功能

DCS 监控层软件一般包括人机操作界面、实时数据管理、历史数据管理、报警监视、日志管理、事故追忆及事件顺序记录等功能，在分布式服务器结构中，各种功能可分散在不同的服务器中，也可集中在同一台服务器中，组织灵活方便、功能分散，可提高系统的可靠性。和控制层软件一样，监控层软件也由组态工具组态而成。

1. DCS 的人机界面

人机界面是 DCS 系统的信息窗口。不同的 DCS 厂家、不同的 DCS 系统所提供的人机界面功能不尽相同，即使是同样的功能，其表现特征也有很大的差异。DCS 系统设计的是否方便合理，可以通过人机界面提供的画面和操作体现出来。下面简要介绍一下人机界面软件主要功能的画面和操作。

（1）丰富多彩的图形画面。通常，DCS 系统的图形画面应包括工艺流程图、趋势显示图、报警画面、日志画面、表格信息画面、变量组列表画面及控制操作画面等内容。

1）工艺流程图显示画面。工艺流程图是 DCS 系统中主要的监视窗口，显示工艺流程静态画面和工艺实时数据以及工艺操作按钮等内容，如前面所给出的图 4 - 13 所示。工艺流程图画面设计时应注意以下 5 点：

① 为方便操作，要能够通过键盘自定义键、屏幕按钮及菜单等快速切换各种工艺流程图的显示。图形画面的切换的操作步骤越少越好，重要的画面最好是一键出图，一般性画面最多也不要超过两步。相关联的画面可以在画面上设置相应的画面切换按钮和返回按钮，为操作员提供多种多样灵活方便的图形切换方式。为显示直观，可以在一幅流程图上显示平面或立体图形，可以有简单的动画，可重叠开窗口，可滚动显示大幅面流程图，可对画面进行无级缩放等。

② 设计工艺流程图画面要注意切换画面时时间不能太长，画面切换时间和动态对象的更新周期是衡量一个系统响应快慢的重要指标，最好做到 1s 之内完成。当然，切换时间是与画面上的动态对象的数量和对象的类型有关，如果时间太长就应该分页显示。

③ 模拟流程图中的动态变量由现场控制站来，所以数据是按周期更新的，一般包括各种工艺对象（如温度、压力液位等）的工艺参数的当前数值，工艺对象（如电动机起停的状态）的颜色区分、各种跟踪曲线、棒图、液位填充及设备的坐标位置等。显示更新周期并不完全反映系统的实时响应性。实际上，一个现场工艺参数从变化到人机界面显示要经过控制器采集、网络通信到人机界面显示，操作员才能从显示画面看到。如果每个过程都是周期性执行，假如每个过程的周期为 1s，那么，一个参数从变化到显示出来最长可能要 3s。有的 DCS 系统为了提高数据更新的实施相应性，尽可能压缩各个阶段的周期，同时，数据通信采用变化传送的模式，如采集 500ms，画面更新周期 500ms，数据通信，采用变化传送方式，即能基本达到 1s 的实时响应性。因此，用户要了解 DCS 的实时响应性，必须知道 DCS 的采集、数据通信机制的内容，而不是简单的以画面更新周期为数据的实时响应性。在设计时应该使画面更新周期越快越好。

④ 设计时可以在图形画面上设置一些辅助性操作，以提高系统的使用性能。如可以在工艺图中单击某一对象，显示该对象的详细信息，包括对象的名称、量程上下限、物理位置及报警定义等，或对变量进行曲线跟踪、曲线或变量的报警信息等，或对该对象的参数直接进行在线修改。当然，参数修改需要进行权限审查。

⑤ 模拟流程图可以在图形打印机上打印，还可以存为标准图形文件（如 JPG、BMP 等）。

2）趋势显示画面。当需要监视变量的最新变化趋势或历史变化趋势时，可以调用趋势画面。趋势画面的显示风格也可以是人机界面组态。曲线跟踪画面显示宏观的趋势曲线，数值跟踪画面是以数值方式提供更为精确的信息。一般在曲线显示画面中，应提供时间范围选择和曲线缩放、平移、选点显示等操作。

变量的趋势显示一般是成组显示，一般将工艺上相关联的点组在同一组，便于综合监视。趋势显示组一般由用户离线组态。操作员站也可以在线修改。

3）报警监视画面。工艺报警监视画面是 DCS 系统监视非正常工况的最主要的画面。一般包括报警信息的显示和报警确认操作。一般报警信息按发生的先后顺序显示，显示的内容有发生的时间、点名、点描述及报警状态等。不同的报警级用不同的颜色显示。报警级别的种类可根据应用需要设置，如可设置红、黄、白、绿四种颜色对应四级报警。有的系统提供报警组态工具，可以由用户定义报警画面的显示风格。报警确认包括报警确认和报警恢复确认，一般对报警恢复信息确认后，报警信息才能从监视画面中删除。

在事故工况下，可能会发生大量的报警信息，因此，报警监视画面上应提供查询过滤功能，如按点、按工艺系统、按报警级、按报警状态及按发生时间等进行过滤查询。此外，因画面篇幅的有限，报警信息行显示的信息有限，可通过一些辅助操作来显示更进一步的信息。如点详细信息、报警摘要信息及跟踪变化趋势等。

此外，有些系统还可配合警铃、声光或语音等警示功能。

4）表格显示画面。为了方便用户集中监视各种状态下的变量情况，系统一般提供多种变量状态表，集中对不同的状态信息进行监视。如一个核电站计算机系统中，就包含了报警表（只记录当前处于报警状态的变量）、模拟量超量程表、开关量抖动表、开关量失去电源状态表、手动禁止强制表、变化率超差表、模拟量限值修改表、多重测量超差状态表等，这些表中记录了进入该状态的时间、变量的有关信息等。

5）日志显示画面。日志显示画面是 DCS 系统跟踪随机事件的画面，包括变量的报警、开关量状态变化、计算机设备故障、软件边界条件及人机界面操作等。为了从日志缓冲区快速查找当前所关注的事件信息，在日志画面中一般也应提供相应的过滤查询方法，如按点名查询、按工艺系统查询及按事件性质查询等。

另外，针对事件相关的测点，在日志画面上也应提供直接查看详细信息的界面。

6）变量列表画面。变量列表是为了满足对变量进行编组集中监视的要求。一般可以有工艺系统组列表、用户自定义变量组列表等形式。工艺系统组一般在数据库组态后产生，自定义组可以由组态产生，也可以由操作员在线定义。

7）控制操作画面。控制操作画面是一种特殊的操作画面，除了含有模拟流程图显示元素外，在画面上还包含一些控制操作对象，如 PID 算法、顺控、软手操等对象。不同的操作对象类型，提供不同的操作键或命令。如 PID 算法，就可提供手/自动按钮、PID 参数输入、给定值及输出值等输入方法。

（2）人机界面设计的原则。人机界面设计关系到用户界面的外观与行为，在界面开发过程中，必须贴近用户，或者与用户一道来讨论设计。其目的是提高工作效率、降低劳动强度及减少工作失误，提高生产率水平。人机界面的设计一般应符合以下原则。

1）一致性原则。由于 DCS 系统通常有多人协作完成，在界面设计保持高度一致性，使其风格、术语都相同，用户不必进行过多的学习就可以掌握其共性，还可以把局部的知识和经验推广使用到其他场合。

2）提供完整的信息。对于工艺数据信息，在人机界面上都应该能完整的反映出来。同时，对用户的操作，在界面上也应该表现出来，如果系统没有反馈，用户就无法判断其操作是否被计算机所接受、是否正确以及操作的效果是什么。

3）合理利用空间，保持界面的简洁。界面总体布局设计应合理，如应该把功能相近的按钮放在一起，并在样式上与其他功能的按钮相区别，这样用户使用起来将会更加方便。在界面的空间使用上，应当形成一种简洁明了的布局。界面设计最重要的就是遵循美学上的原则——简洁与明了。

4）操作流程简单快捷。调用系统各项功能的操作流程尽可能简单，使用户的工作量减小，工作效率提高。画面尽量做到一键出图，参数设置可以采用鼠标单击对象和键盘输入数据的方式，也可采用鼠标单击对象弹出计算器窗口的方式。

5）工作界面舒适性。如用什么样的界面主色调，才能够让用户在心情愉快的情况下，长时间工作而不感觉疲倦呢？

① 红色：热烈、刺眼，易产生焦虑心情。一般只在重要级别的报警时使用，以引起操作员的高度重视。

② 蓝色：平静、科技、舒适。

③ 明色：干净、明亮，但对眼睛有较多刺激，长时间工作易引起疲劳。

④ 暗色：安静、大气，对眼睛较少刺激。

当然，人机界面的设计并不是简单的外壳包装，一个软件的成功是与其完善的功能分不开的。DCS 的内在功能将是人机界面设计的关键因素之一，在设计人机界面的过程中应注意的不仅仅是美观的外在表现，而是产品的实用价值。

2. 报警监视功能

报警监视是 DCS 监控软件重要的人机接口之一。DCS 系统管理的工艺对象很多，这些工艺对象一旦发生与正常工况不相吻合的情况，就要利用 DCS 系统的报警监视功能通知运行人员，并向运行人员提供足够的分析信息，协助运行人员及时排除故障，保证工艺过程的稳定高效运行。

（1）报警监视的内容。报警监视的内容包括工艺报警和 DCS 设备故障两种类型。工艺报警是指运行工艺参数或状态的报警，而 DCS 设备故障是指 DCS 系统本身的硬件。软件和通信链路发生的故障。由于 DCS 设备故障期间可能导致相关的工艺参数采集、通信或操作受到影响，因此，必须进行监视。

工艺报警一般包括模拟量参数报警、开关量状态报警和内部计算报警 3 类。

1）模拟量参数报警。模拟量参数报警监视一般包括以下内容。

① 模拟量超过警戒线报警，一般 DCS 中可设置多级警戒线以引起运行人员的注意，如上限、上上限或下限、下下限等。

② 模拟量的变化率越限，用于关注那些用变化速率的急剧变化来分析对象可能的异常情况，如管道破裂泄漏可能导致的压力变化或流量的变化。

③ 模拟量偏离标准值，有的模拟量在正常工况下，应该稳定在某一标准值范围内，如果该模拟量超出标准值范围，则说明偏离了正常工况。

④ 模拟量超量程，可能是计算机接口部件的故障、硬接线短路或现场仪表故障等。

2）开关量状态报警。开关量报警监视一般包括以下内容。

① 开关量工艺报警状态，如在运行期间的设备跳闸、故障停车及电源故障等，DCS 输出报警信号。

② 开关量摆动，正常情况下，一个开关量的状态不会在短时间内频繁地变化，开关

量摆动有可能因设备的接触不良或其他不稳定因素导致，开关量摆动报警即及时提醒维护人员关注现场设备状态的可靠性。

3）内部计算报警。内部计算报警是通过计算机系统内部计算表达式运算后产生的报警，一般用于处理更为复杂的报警策略。较为先进的 DCS 系统提供依据计算表达式的结果产生报警信息的功能。例如，锅炉给水泵出口流量低报警的情况，当流量低时还要考虑泵是否停运或跳闸而不能送水出现的低水流。如果是，则低水流就没有必要报警了，这时可以采用表达式运算来考虑上述报警情况。如“BL001 < 10AND BP001 = 1”，其中 BL001 为给水泵流量模拟量点、BP001 为给水泵运行状态开关量点。当表达式的值为真时产生报警。

（2）报警信息的定义。不同的 DCS 厂家提供的报警处理框架会有些不同、报警监视的人机界面也会有些差异，即使是同一个 DCS 系统平台，也会因报警组态的不同而有不同的处理和显示格式。下面是常规的工艺报警信息定义。

1）报警限值。一般可根据工艺报警要求设置报警上限、上上限或下限、下下限等 1～4 个限值，当模拟量的值大于设定的上限（上上限）或小于下限（下下限）时产生报警。也有的应用要求设置更多层次的上下限级别。使用报警组态工具可以根据实际需要来设计。

2）报警级别。一般按变量报警处理的轻重缓急情况将报警变量进行分级管理，这里给出报警的级别。组态时不同的报警级在报警显示表中以不同的颜色区别，如以红、黄、白、绿表示四种级别的报警重要性。

3）报警设定值和偏差。当需要进行定值偏差报警时给定设定值和偏差。当模拟量的值与设定值的偏差大于该偏差值时产生偏差报警。

4）变化率报警。当需要监视变量的变化速率时设定此项。当模拟量的单位变化率超过设定的变化率时产生变化率报警。

5）报警死区。报警死区定义模拟量报警恢复的不灵敏范围，避免模拟量的值在报警限值附近摆动时，频繁地出现报警和报警恢复状态的切换，报警恢复只有在恢复到报警死区外时才认定为报警确实已恢复。如报警死区为 ε，对上限报警恢复，必须恢复到上限（上上限）$-\varepsilon$ 以下；对下限报警恢复，必须恢复到下限（下下限）$+\varepsilon$ 以上。报警死区示意如图 4－27 所示。

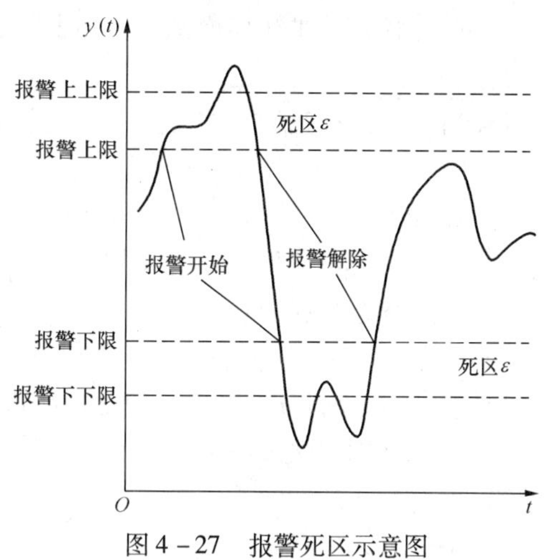

图 4－27 报警死区示意图

6）条件报警。变量报警可选择为无条件报警或有条件报警两种报警属性。无条件报警即只要报警状态出现，即立刻报警。有条件报警为报警状态出现时，还要检查其他约束条件是否同时具备。如果不具备，则不报警。如锅炉给水泵出口流量低通常会报警，因为正常运行时如果水流太低泵会损坏。然而，如果当泵停运或跳闸而不能送水出现低水流，这是正常的电厂运行条件。这时应该屏蔽这种报警。以避免这种“伪报警”干扰运行人员的思维活动。此时，应设置泵是否运行作为泵出口流量报警的条件点。

7）可变上下限值报警。这种报警上下限的限值，不在组态时给定，而是在线运行时根据运行工况计算出来的。

8）报警动作。报警动作是在报警发生、确认或关闭时定义计算机系统自动执行的与该报警相关的动作，如推出报警规程画面、设置某些变量的参数或状态，或者直接控制输出变量等。

9）报警操作指导画面。报警操作指导画面是为了在报警时向运行人员提供报警操作指导的信息画面，如报警操作规程、报警相关组的信息等。报警操作指导画面由人机界面组态工具或专用工具实现。

（3）报警监视。计算机系统监测到工艺参数或状态报警时，要及时通知运行人员进行处理。一般的通知方法如下所述。

1）报警条显示。在操作员屏幕上开辟报警条显示窗口，不论当时画面显示什么画面，只要有报警出现，都会将报警的信息醒目地显示在窗口中。对于重要的报警还可配置报警音响装置，启动报警鸣笛，或者通过语音报警系统广播报警信息。

2）报警监视画面。报警监视画面是综合管理和跟踪报警状态的显示画面。有的 DCS 应用系统固定一个屏幕显示报警监视画面。在报警监视画面上，可以有以下功能。

① 按报警先后顺序显示报警信息，信息中按不同的颜色显示报警的优先级。

② 按报警变量的实时状态更新报警信息，如以不同的颜色或信息闪烁、反显等来表示以下状态。报警出现：变量发生报警后未确认前的状态。报警确认：报警由运行人员确认后的状态。报警恢复：变量恢复正常的状态。报警恢复由操作员确认后将信息从报警监视画面中删除。

（4）报警监视画面信息显示。报警监视画面上，要尽可能为操作员提供足够的报警分析信息，一般应包括以下信息。

1）报警时间。

2）报警点标识、名称。

3）报警状态描述（如模拟量：超上限、上上限、下限、下下限；开关量：如汽轮机跳闸）。

4）当前报警状态，如报警激活、报警确认及报警恢复等（可以用字体、颜色、闪烁及反显等表示）。

5）报警优先级（可以用颜色表示）。

6）模拟量报警相关的限值（如上限、上上限、下限或下下限）、量程单位。

7）报警状态改变的时间。

（5）报警摘要。报警摘要是计算机系统管理报警历史信息的功能。可用于事故分析、设备管理及历史数据分析等。一般常规的报警摘要可包含如下信息。

1）报警名称和状态描述。

2）报警激活的时间。

3）报警确认的时间、人员。

4）报警恢复的时间。

5）报警恢复确认的时间及人员。

6）报警持续的时间。

（6）报警确认。报警确认是为了证明工艺报警发生后，运行人员确实已经知道了。什么时机进行报警确认，不同的用户有不同的方案。如有的用户定义为报警确认了，即表示运行人员已经“知道”了。而有的用户定义为报警确认了，即表示运行人员已经“处理”了。具体如何定义，各个DCS应用用户可根据自己的情况，人为确定后，通过规章制度来保证。

3. 日志（事件）管理服务器的功能

事件记录是DCS系统中的流水账，按时间顺序记录系统发生的所有事件，包括所有开关量状态变化、变量报警、人机界面操作（如参数设定、控制操作等）、设备故障记录及软件异常处理等各种情况。事件记录的完整性是系统事故后分析的基础。因此，在考查DCS软件的性能时，事件记录的能力和容量也是重要的内容之一。

事件是按事件驱动方式管理的，当系统产生一个事件时，即由事件处理任务登录进系统事件，同时将该事件送至事件打印机打印。如果有操作员站正处在事件的跟踪显示，则要进行信息的追加显示。

（1）事件记录的分类。事件一般分为2种类型。

1）日志。是按事件发生的顺序连续记录的全部事件信息。

2）专项日志。是按用户分类来记录的事件信息，可按日志类型分类，如SOE日志、设备故障日志、简化日志及操作记录日志等。或其他的分类方法。

（2）日志的保存。一般日志信息保存形式分为内存文件、磁盘文件及存档文件3级。

1）内存文件。内存文件是放在内存缓冲区，用于操作员在线快速查询近期所发生的事件信息。存放方式一般为先进先出循环存放方式，缓冲区的大小决定在线可存放日志的数量，以及操作员可在线查询的信息量。一般衡量在线管理日志的能力为日志缓冲区中可存放日志的条数。

2）磁盘文件。磁盘文件一般为大容量的历史数据库文件。因为磁盘文件一般用于离线分析，对查询速度要求不是很高，有的系统采用关系数据库存放，有的采用文件记录格式存放。不管采用何种方式，DCS厂家都会提供离线查询工具给用户分析离线的日志信息。

3）存档文件。存档文件是一种永久保留的文件，一般将磁盘文件进行压缩后转储到磁带或刻录在光盘上进行保存。对于存档文件的分析，一般要先将光盘或磁带上的压缩文件恢复到硬盘后，按照磁盘文件方式进行查询分析。

（3）日志的查询方式。日志记录的内容很多，容量很大。因此，计算机系统应提供较为灵活方便、完整的查询工具，如按专项类型查询、按关键字查询、按时间段查询、按工艺系统查询、按变量名查询及按报警级查询等，以及这些查询方式的组合形式查询。

4. 事故追忆功能

所谓事故，是计算机系统中检测到的某个非正常工况的情况，如发电机组的汽轮机非正常跳闸，跳闸是事故的结果，但导致跳闸的原因可能有多种，这就需要分析跳闸前其他相关的变量的状态变化情况，以及跳闸后对另外一些设备和参数产生的影响。事故追忆是用于在事故发生后，收集事故发生前后一段时间内相关的模拟变量组的数据，以帮助分析事故产生的真正原因以及事故扩散的范围和趋势等。事故追忆中一般模拟量按预先定义的采集周期收集，开关量按状态变化的时间顺序插入事故追忆记录中。

一般 DCS 系统中，都会提供定义事故追忆策略和追忆数据组织的组态工具。如有的 DCS 系统可以由用户定义事故源触发条件的运算表达式，当表达式的结果为真时触发事故追忆。

事故追忆的内容也是由用户组态定义的。数据追忆内容的定义一般包括一组追忆点、追忆时间（如事故前 30min、事故后 30min）和模拟量采样周期（如 1s）等内容。

5. 事件顺序记录功能

事件顺序记录（SOE）的功能是分辨一次事故中与事故相关的事件发生的顺序，监测诸如断开装置、控制反应等各类事件的先后顺序，为监测、分析和研究各类事故的产生原因和影响提供有力的根据。如电厂总闸跳闸，可能有很多分支电闸也跳闸，如何分清它们的先后，从而找出事故原因呢？这就要记录各电闸跳闸的具体时间。

事件顺序记录的主要性能是所记录事件的时间分辨率，即记录两个事件之间的时间精度，例如，如果两个事件发生的先后次序相差 1ms，系统也能完全识别出来，其顺序不会颠倒，则该系统的 SOE 分辨率为 1ms。

事件顺序分辨率的精度依赖于系统的响应能力和时钟的同步精度。一般的 DCS 系统将 SOE 点设计为中断输入方式，并且在采集板上打上时间戳，来满足快速响应并记录时间的要求。但是，因为 DCS 系统的分层分布式网络体系结构，每个网络上的节点都有自己的时钟，因此，保证全系统 SOE 分辨率精度的关键因素，是系统的时钟同步精度。在分析 SOE 分辨率时，要按设计层次进行分析，如有的 DCS 系统分别列出 SOE 分辨率，站内 1ms，站间 2ms。就是说，如果将所有 SOE 点接到同一个站，则分辨率可以达到 1ms，如果分别接入不同的站，最坏的情况是 2ms。这样来设计 SOE 指标是比较科学的。目前很多厂家 SOE 分辨率可以达到 1ms。

6. 二次高级计算功能

二次高级计算功能，是指用于对数据进行综合分析、统计和性能优化为目的的高级计算。这类计算的结果一般也以数据库记录格式保存在数据库中，由外部应用程序（如显示、报表等）使用。

二次计算的设计又分为通用计算和专业化计算两种情况。通用计算一般利用系统提供的常规计算公式即可完成。一般 DCS 系统都会提供常规的基本运算符元素，如 +、-、*、/等算术运算符，与、或、非、异或等布尔运算符，大于、小于、大于等于、小于等于、等于、不等于等关系运算符，以及通用的数学函数运算符等。设计人员在算法组态工具支持下利用这些算法元素设计计算公式。此外，系统还会定制一些常用公式，如求多个变量实时值的最大值、最小值、平均值、累计值及加权平均值等，求单个变量的历史最大值、最小值、平均值、累计值及变化率等，开关变量的 3 取 1、3 取 2、4 取 2 及状态延迟等逻辑运算等。

7. 现场数据采集功能

数据和信息是DCS监督控制的基础。数据和信息不仅来源于DCS现场控制层，还可来源于第三方设备和软件。一个好的DCS监控应用软件应能提供广泛的应用接口或标准接口。很方便地实现将DCS控制器、第三方PLC、智能仪表和其他工控设备的数据接入到系统中。一般监控软件都把数据源看作外部设备，驱动程序和这些外部设备交换数据，包括采集数据和发送数据/指令。流行的组态软件一般都提供一组现成的基于工业标准协议的驱动程序，如MODBUS、PROFIBUSDP等，并提供一套用户编写的新的协议驱动程序的方法和接口，每个驱动程序以DLL的形式连接到I/O服务器进程中。

I/O服务器还有另外一种实现形式，即每一个驱动程序都是一个组件对象模型（Component Object Model，COM），实际把I/O服务器的职能分散到各个驱动程序中。这种方式的典型应用是设备厂商或第三方提供OPC服务器，DCS监控层软件作为OPC客户通过OPC协议获取数据和信息。

OPC（OLE for Process Control）是用于过程控制的（Object Linking and Embedding，OLE）技术。它是世界上多个自动化公司、软硬件供应商与微软公司合作开发的一套工业标准，是专为在现场设备、自控应用、企业管理应用软件之间实现系统无缝集成而设计的接口规范。这个标准使得COM技术适用于过程控制和制造自动化等应用领域。OPC以OLE、组件对象模型COM及分布式组件对象模型DCOM（Distributed COM）技术为基础，定义了一套适于过程控制应用，支持过程数据访问、报警、事件与历史数据访问等功能的接口，便于不同供应商的软硬件实现“即插即用（Plug and Play）”的连接与系统集成。当各现场设备、应用软件都具有标准OPC接口时，便可集成不同数据源的数据，使运行在不同平台上、用不同语言编写的各种应用软件顺利集成。还可跨越网络将不同网络节点上的组件模块连接成应用系统，成为整合计算机控制应用系统和软件的有效工具。

目前，世界上已经有150多个设备厂商提供了OPC Server，用于连接他们的PLC、现场总线设备及HMI/SCADA系统。由此可见，一个控制系统软件产品如果不能支持OPC协议，将不具备挂接第三方设备的能力。反之，用于控制系统的硬件产品，如果不支持OPC协议，也就很难被DCS系统集成商选用。

与DCS控制层软件相比，监督控制层软件虽然也有实时数据的采集、处理存储等功能，但由于控制层软件是直接针对现场控制的，而监督控制层软件则是面向操作员和面向人机界面的。因此在实时数据的采集、处理存储、数据库组织和使用等方面有很大的区别。如报警，由于现场控制站执行的是直接控制功能，到报警限度时执行相应控制动作，并不需要人工干预，因此不设置报警的处理。而在操作员站上，报警就是必须的，而且要非常详细，便于人工检查，因此两者对现场数据的处理和存储要求就有很大的区别。应该说，DCS监督控制层软件所需的数据来自直接控制层，但对数据的要求不同，因此要对直接控制层提供的数据进行进一步的加工与处理。

8. DCS的远程操作控制功能

远程控制操作功能是在距离操作对象较远的主控室或集控站，通过操作员站的控制命令，对工艺对象或控制回路执行手动操作。DCS系统提供的控制操作功能是通过在流程图中开辟调节仪表界面来实现的。如DCS中的PID调节器、模拟手操器、开关手操器、顺控设备及调节门等。

（二）实时数据库

1. DCS 数据库管理的数据范围

DCS 数据库管理和处理的数据分为配置数据和动态数据两类。

（1）配置数据。一般来讲，配置数据属于静态数据，但并不是不变的数据，而是在大多数时间内不变，并且引起变化的源头不是现场过程，而是人工操作。静态数据的改变可以分为离线和在线两种。配置数据包括：

1）数据库配置，包含动态数据的结构描述信息、参数信息及索引信息等。

2）通信配置。

3）控制方案配置。

4）应用配置。

可配置项的多少及在线可重配置项的多少是衡量一个 DCS 系统功能和可用性的重要标志。配置数据在工程师站离线产生，装载到控制器和操作站上。

（2）动态数据。动态数据包括实时数据、历史数据及报警和事件信息。

1）实时数据，是外部信号在计算机内的映像或快照（Snapshot）当然也包括以这些外部信号为基础产生的内部信号。为使实时数据尽可能与外部数据源的真实状态一致，实时数据库需要与通信或 I/O 紧密配合。

2）历史数据，是按周期或事件变化保存的带时标的过程数据记录。在 DCS 中历史数据库的存储形式很多，适合不同的应用要求。

3）报警和事件信息，是实时数据在特定条件下的结构化表示方式。报警和事件信息也分为实时和历史。

2. DCS 数据库的逻辑结构

DCS 实时数据库与其他数据库一样，由一组结构和结构化数据组成，当可以以分布式形式存在多个网络节点时，还可能有一个“路由表”，存储实时数据库分布的路径信息。

DCS 数据库都是基于“点”的，在不同的系统中，点也叫“变量”、“标签”或“工位号”。在逻辑上，一个“点”结构很像关系数据库中的一条记录。一个“点”由若干个“参数项”组成每个参数项都是点的一个属性。一个数据库就是一系列点记录组成的表。一个点至少应存在点标识和过程值，这两项属性称为元属性，其余属性一般都是配置属性。

点实际代表了外部信号在计算机内的存储映像，信号类型不同，则点类型也不同。一个点就是点类型的实例对象。在 DCS 中最基本的点类型是模拟量和开关量，当然也有很多内部点或称虚拟点，表示外部点的信号经过运算后产生的中间结果或导出值。根据处理性质的不同，可以有模拟量输入/输出点、开关量输入/输出点、内部模拟量及内部开关量等多种类型，即使对相同的点类型，还可以存储为不同的值类型，如模拟量值可由整数、实数、BCD 表示，甚至字符串表示。例如，对模拟量数据，数据库中大致有点名、中文说明、工程单位、量程上限、量程下限、过程值、报警上上限、报警上限、报警下限、报警下下限、报警死区、所属模块号、通道号、点号等。

对开关量数据有点名、中文说明、“0”意义、“1”意义、操作日志、所属模块号、通道号、点号等。

数据库中，配置数据一般每个点只有一个数据，而过程值是按一定时间间隔记录的一组数据，存入历史数据库中。

3. 数据的寻址方式

（1）点名寻址方式，在 DCS 系统中，每个点都有其唯一的点名，点名在组态数据库时定义，一般取“工位号”或“标签名”，如 LT101、PT102 等。

（2）点号寻址，点号是系统给数据库中每一个点添加的唯一的地址编号，点号为一个 2 字节无号整数，所以范围为 0 ~ 65 535。

（3）别名寻址，和点名作用相同，区别是点名是组态时人工定义的，别名是由系统自动产生的，如 AI0001、AI0002 等。

4. 历史数据库

历史数据库是 DCS 系统数据库的一个重要组成部分，一般包括以下 4 种。

（1）趋势历史库。趋势历史库是为显示趋势曲线的。趋势曲线是 DCS 监控的一种重要方法，有如下特点：

1）采样频率高。采样频率越高，趋势曲线越逼真，但存储量会变大，采样时间缩短一倍，存储量就加倍。现在采样频率一般选 0. 2s。

2）保存时间短。对普通工业来说，保存 1 ~2 周就可以了。

（2）统计历史库。统计历史库记录一段时间内的统计结果，用于生成报表。记录的数据除过程值外，还有中间计算值，如原材料的用量、产品的数量等。

统计历史库数据采样时间长，通常 0. 5h 或 1h 记录 1 次。保存数据时间长，可保存半年到 1 年甚至更长时间。

（3）日志记录。日志用于记录系统中各种事件的变化，典型的有开关量变位、人工操作记录、设备故障的内容。日志记录采用按绝对时间记录，并且分类记录，方便查询。

（4）事件顺序记录 SOE 记录。事件顺序记录也按绝对时间记录，通常记录开关量。

（三）操作员站软件结构

早期的 DCS 系统体系结构是一个工程师站、多个操作员站及多个控制器通过一个专用网络或通用网络连接起来构成一个网络通信系统，其控制对象一般为一个或一组装置，如一个锅炉或一个发电机组，其功能也是局限于代替常规的仪表控制、简单的数据检测和监视画面。

经过近 30 年的发展，如今的 DCS 概念已经发生了很大的变化。随着网络技术、计算机软件技术及数据库技术的发展，人们对工业过程控制系统的认识不断提高，对计算机系统的依赖性越来越强，当前的自动控制系统已经不仅仅是针对一个个装置的简单的控制系统概念，而是面向全厂的综合自动化系统。其功能范围、系统规模、能力和复杂度已是传统的 DCS 无法比拟的。要想满足如此复杂的需求，决非单一厂家、单一产品能够完成的，因此，这种综合自动化系统的软件平台必须具备开放式的体系结构和集成架构系统的能力。下面简要介绍新一代 DCS 监督控制层软件的设计方案。

1. 多域管理结构

多域结构设计可使系统的规模无限扩大，采用“域监控”的概念，可根据对象的位置、范围、功能和操作特点等，把整个大型控制系统用高速实时冗余网络分成若干相对独立的分系统，一个分系统构成一个域，各个域间可以通过标准协议或中间件进行数据交换。如在城市轨道交通自动化系统中，一个车站是一个域，监控中心也是一个域，车站采集的是各个车站的现场数据，而监控中心采集的是各个车站的数据及来自其他信息系统的数据，如地理信息系统的数据、视频系统的数据、设备管理信息系统的数据等。也可以根据需要，将过程控制系统的数据发给这些系统。多域结构如图 4－28 所示。

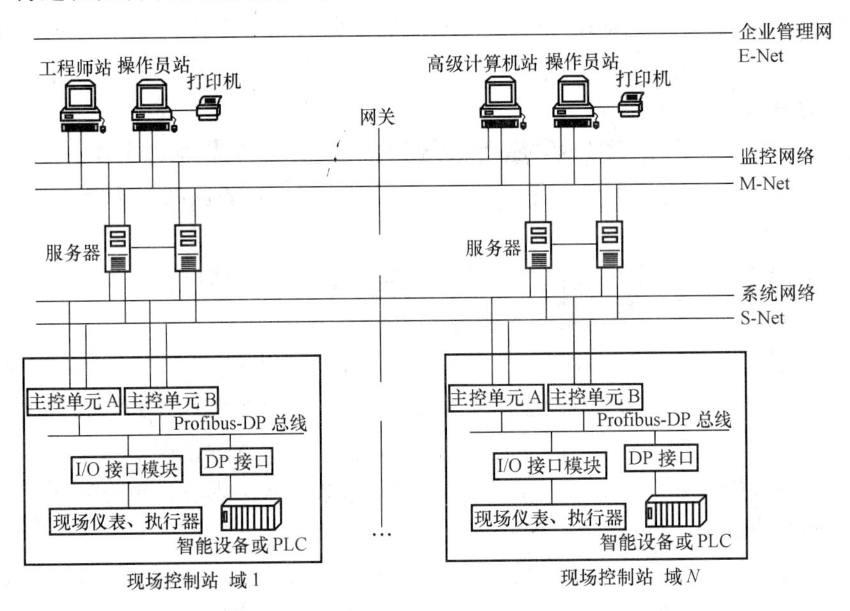

图 4－28 多域结构示意图

2. 客户机/服务器结构

客户机/服务器（Client/Server）结构即 C/S 结构，是近年来随着网络技术和数据库技术而发展起来的网络软件运行的一种形式。通常的客户机/服务器模式的系统，有一台或多台服务器及大量的客户机。服务器配备大容量存储器并安装数据库系统，用于数据的存放和检索；客户端安装专用的软件，负责数据的输入、运算和输出。换句话说，当一台连入网络的计算机向其他计算机提供各种网络服务（如数据、文件的共享等）时，它就被叫做服务器。而那些用于访问服务器资料的计算机则被叫做客户机。这种体系结构下，服务器并不知道有什么样的客户，并不需要事先规定为哪个客户提供什么样的数据，而是通过客户机的请求来建立连接提供服务的，因此，这种结构具有很好的灵活性和功能的可扩充性。

严格来说，C/S 模型并不是从物理分布的角度来定义的，它所体现的是一种软件任务间数据访问的机制。系统中每一个任务都作为一个特定的客户服务器模块，扮演着自己的角色，并通过客户—服务器体系结构与其他的任务接口，这种模式下的客户机任务和服务器任务可以运行在不同的计算机，也可以运行在同一台计算机上。换句话说，一台机器正在运行服务器程序的同时，还可运行客户机程序。目前采用这种结构的 DCS 系统应用已经非常广泛。

软件体系采用 C/S 结构，能保证数据的一致性、完整性和安全性。多服务器结构可实现软件的灵活配置和功能分散。如数据采集单元、实时数据管理、历史数据管理、报警管理及日志管理等任务均作为服务器任务，而各种功能的访问单元如操作员站、工程师站、先进控制计算站及数据分析站等构成不同功能的客户机，真正实现了功能分散。

例如，系统有 5 个基本的任务，分别用来处理：

（1）I/O 任务——管理所有的采集和通信数据。

（2）Alarms——监视所有的报警状态：模拟量、数字量、统计过程控制（SPC）。

（3）Reports——控制、计划和执行报表操作。

（4）Trends——收集、记录并管理趋势和 SPC（统计过程控制）数据。

（5）Display——人机接口。与其他的任务接口更新画面的数据并执行控制命令。

任务（或服务器）间的关系如图 4－29 所示。

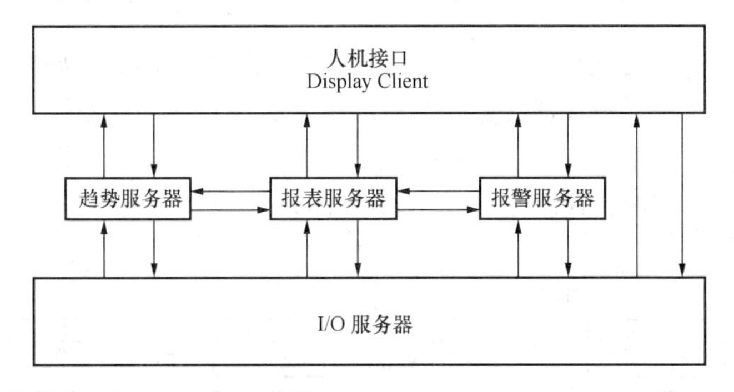

图 4－29　C/S 结构示意图

每一个任务的处理都是独立的。基于这种独特的体系结构，用户可以指定系统中每一台计算机完成何种任务。例如，可以配置第一台计算机作为显示和报表任务，而另一台计算机作为显示，I/O 服务器和趋势任务。I/O 任务是负责与 I/O 设备进行通信，这一任务所完成的功能是作为其他任务（客户）的服务器。当画面进行显示时，显示任务作为一个客户，就会向 I/O 任务（服务器）请求所需的数据，这时服务器收集原始数据，并进行分类以便响应显示客户的请求，只提供给客户所需的数据。报警服务器收集从 I/O 服务器请求的原始数据并进行分类。当显示客户显示报警列表时，显示客户就会向报警服务器请求特定的报警数据。趋势和报表服务器的工作方式类似于 I/O 服务器和报警服务器，给它们的客户提供处理后的数据。

（1）单机配置的情况。单机配置即所有任务配置在同一台机器上，如图 4－30 所示。实际上，逻辑上任务之间仍然采用 C/S 通信结构。当在报表中含有趋势和报警变量时，报表服务器实际上是趋势和报警服务器的客户端。当一个报表在运行时，就会从相应的服务器请求所需的数据。

（2）多客户机配置的情况。图 4－30 单 C/S 软件配置示意图因为服务器的设计是支持多个客户的，添加一个客户只需在新增的 PC 上用鼠标单击几次而不对现有的系统造成如何影响。显示客户都是从相同的 I/O 服务器得到信息的。虚拟数据在局域网中有效地扩展，而丝毫不会引起性能的降低。多客户结构的客户/服务器软件配置，如图 4－31 所示。

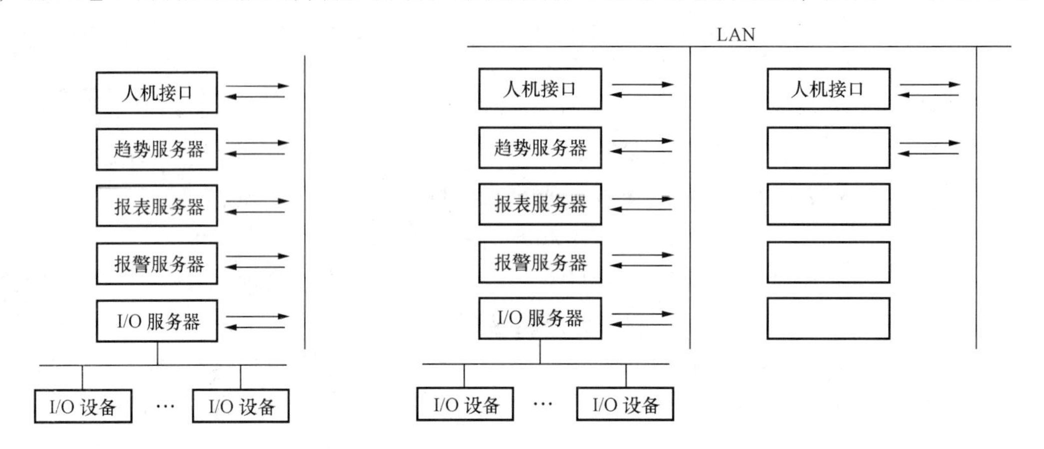

图 4－30　单 C/S 软件配置示意图　　　图 4－31　多客户结构的 C/S 软件配置示意图

（3）服务器冗余配置的情况。C/S 体系结构支持冗余。例如，如果添加一个备用报警服务器，那么一旦主报警服务器故障，备用的报警服务器就会立刻代替主报警服务器完成所有的任务。甚至，如果所有的任务被分配在局域网中的不同计算机中，客户服务器结构的关系仍然是保持不变的，这就是真正的 C/S 体系结构。冗余服务器结构的 C/S 软件配置如图 4－32 所示。

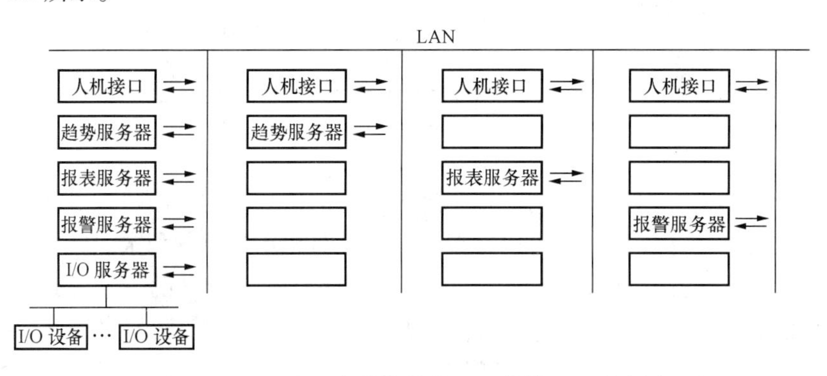

图 4－32　冗余服务器结构的 C/S 软件配置示意图

3. B/S 体系结构的监控软件

B/S 结构，即 Browser/Server（浏览器/服务器）结构，是随着 Internet 技术的兴起，对 C/S 结构的一种变化或者改进的结构。在这种结构下，用户界面完全通过网络浏览器实现，一部分事务逻辑在前端实现，但是主要事务逻辑在服务器端实现。B/S 结构主要是利用了不断成熟的网络浏览器技术，用通用浏览器就实现了原来需要复杂的专用软件才能实现的强大功能，并节约了开发成本，是一种全新的软件系统构造技术。随着 Windows 98/Windows 2000 将浏览器技术植入操作系统内部，这种结构更成为当今远程监督软件的趋势。显然 B/S 结构应用程序相对于传统的 C/S 结构应用程序将是巨大的进步。

近年来，有的 DCS 开发商已经推出了 B/S 结构的 DCS 监控软件，这种结构的监控软件，是一种运行在Web服务器上的客户软件，它并不需要在客户端安装应用软件。而是开发一个Web服务器，然后通过网络浏览器来进行监控，这种结构的DCS监控软件，即使远离工厂现场，仍可实时浏览DCS的过程图形，了解工厂的生产情况，诊断问题的所在，联络工厂技术人员并提供可能的解决方案。

（1）B/S结构的监控系统的具体实现方法。基于B/S结构的监控系统如图4－33所示。该体系结构中的关键模块是在传统的C/S结构的中间加上一层，把原来客户机所负责的功能交给中间层来实现，这个中间层即为Web服务器层。这样，客户端就不负责原来的数据存取，只需在客户端安装浏览器就可以了。Web服务器的作用就是对数据库进行访问，并通过Internet/Intranet传递给浏览器。这样，Web服务器既是浏览器的服务器，又是数据库服务器的浏览器。在这种模式下，客户机就变为一个简单的浏览器，形成了“肥服务器/瘦客户机”的模式。实时数据库服务器从I/O服务器获取I/O数据，客户通过浏览器向Web服务器提出请求，Web服务器处理后，到数据库服务器上进行查询，查询结果送回到Web服务器后，以HTML页面的形式返回到浏览器。

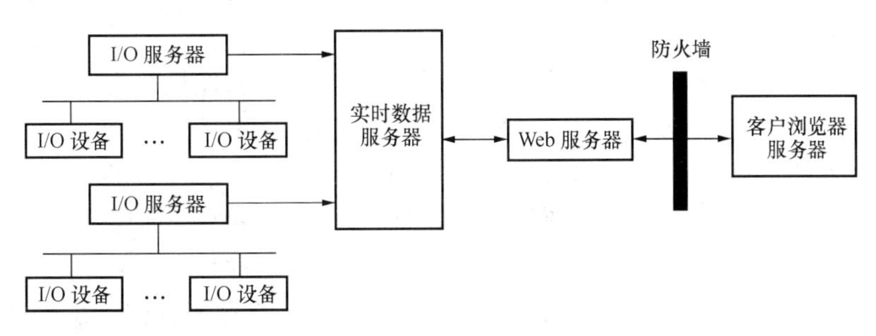

图4－33　B/S结构的监控系统

（2）B/S结构的安全性。Internet服务器使用防火墙和密码保护加密技术，来确保在互联网上操作的安全。Internet客户访问在没有得到密码的确认，或者多个Internet客户访问超过Web服务器的许可用户的数目时，访问都会被拒绝。

四、DCS的组态软件

DCS系统组态软件作为一个应用软件平台，可以不再去关心如何编写软件程序来实现所要求的控制及显示等功能。而需要认真、仔细地设计控制回路和与实际控制及显示打印等有关的信息，用类似模块化的组态方法，就可以完成各种工程项目的组态。这种软件组态方法不仅大大地减轻了应用系统的开发工作量，而且大大提高了软件的水平，并保证了系统的可靠性。有了功能丰富的组态软件的支持，系统相关设计文件生成之后，项目组软件组态人员就可以根据相关设计文件进行系统的软件组态工作。

各厂家的DCS均提供了功能齐全的组态软件，虽然这些组态软件的形式和使用方法上存在很大差别，而且各自支持的组态范围也有些不同，但基本内容一样，而且组态原理也是一样的，如西门子公司的SIMATIC STEP7、SIMATIC WinCC软件及和利时公司的Conmaker、Facview软件。不管组态的操作形式是怎样的，一套控制系统组态软件应包括以下6方面内容：

（1）系统配置组态（完成DCS各站设备信息的组态）。

（2）数据库组态（包括测点的量程上下限、单位及报警组态等信息）。

（3）控制算法组态。

（4）流程显示及操作画面组态。

（5）报表组态。

（6）编译和下装等。

（一）实时数据库生成系统

实时数据库的组态一般分为控制采集测点的配置组态和中间计算点的组态两部分。控制采集测点的配置组态非常重要，而且工作量比较大。它是通过 DCS 提供的组态工具来完成的，但是现在通常的做法是使用 Excel 电子表格这一通用工具来完成实时数据库的组态，具体地讲，就是在 Excel 表格中处理控制采集测点信息（形成的文件被称为测点清单）之后，利用 DCS 系统提供的导入工具将数据库直接导入系统中。大部分中间计算点是在算法组态时所形成的中间变量，有的是为了图形显示和报表打印所形成的统计数据，通常，这些点要定义的项少于控制采集测点，但数量却很大，特别是对于那些控制功能比较复杂或管理要求较复杂的系统中尤为突出。

在实时数据库组态时，应注意 4 个问题：

（1）在进行控制采集测点组态之前，先检查一下各点的地址分配是否合理。这里主要检查测点清单中的测点分配是否超出机柜的配置范围。在进行实时数据组态时，不仅需要掌握系统的组态软件，同时还应该掌握系统硬件配置、每个机柜的容量限制及每块模块/板支持的具体点数。此外，应对照各回路用到的实际物理输入和物理输出是否都在一个机柜里边，虽然各家的 DCS 产品都支持控制站间相互传递信息，但在具体控制组态和物理点分配时，应尽可能将同一个回路所用的点分配在一个控制站内，这样做不仅可以提高控制运算的速度，而且主要是可以减少网络负担和系统资源的占用，以及提高系统的可靠性和稳定性。

（2）仔细阅读组态使用说明书，理解测点清单中每一项内容的实际含义，特别是物理信号的转换关系中每个系数的具体含义。

（3）充分利用组态软件的编辑功能，如复制、修改等。一个系统中测点信息的内容大部分相同，因此可以把它们分成若干组，每组出一个量，然后复制生成其他量进行个别项的修改即可，这样可以提高工作效率并减少出错。

（4）关于中间计算点（中间量点、中间变量）的组态应注意，中间计算点往往是在进行控制算法组态和图形显示及报表组态时产生的，因此数量不断增加。在进行组态之前，一定要掌握每个站所支持的中间计算点的最大数目，而且要尽可能地优化中间计算点，适当地分配中间计算点，将中间计算点的数量控制在系统允许的范围内。

（二）生产过程流程画面

由于工控计算机提供了丰富的画面显示功能，因此流程画面的生成便成了 DCS 组态中的一个很重要的工作。

在一般的 DCS 应用组态中，流程画面的组态占据了相当大的组态时间，因为在 DCS 中，流程画面是了解系统的窗口。虽然系统提供了功能很强的工具，但如果不精益求精就做不出实用且美观的画面来。

所以，在进行画面组态之前，一定要先仔细学习和掌握画面组态工具，然后认真地分析生产流程如何分解成一幅幅较为独立的画面，最好是参考一下厂家以前在别的系统上（特别是类似系统上）所作的流程画面组态，会有很多的借鉴意义。

值得注意的是，虽然在此强调了用户在进行画面组态时，要尽量将图形做的美观，但是工业流程画面的主要作用是用来显示各个动态信息，特别是主要的工艺参数、棒图或趋势曲线显示。所以，即使作出美观的流程图，也要保证动态点显示一定正确。此外，用户在作流程画面组态时，一定要充分尊重操作人员的操作习惯，特别是画面颜色的选择和搭配。组态前应由相关各方共同制定流程图组态原则，如管道颜色、动态点显示颜色、字体及状态显示颜色等。

（三）历史数据和报表

计算机控制系统与常规的调节仪表控制相比，优势之一就是计算机控制系统具有集中的历史数据存储和管理功能。

DCS 的历史数据存储一般用于趋势显示、事故分析及报表运算等。历史数据通常占用很大的系统资源，特别是存储频率较快（如每 1s 存一个数据）的点多的话，会给系统增加较大的负担。不同的 DCS 对历史库的存储处理所用的方法不同。新一代的 DCS 大都用工业计算机作为操作员站，都配置了较大的内存（256MB 以上）和较大的硬盘（40GB 以上），所以现在大都将历史数据直接存在兼作历史服务器的操作员主机上，对于历史数据存储要求非常多的情况下，建议采用服务器作为专用历史服务器，内存和硬盘配置应该较高。

每套 DCS 在指标中都给出了系统所支持的各种历史点的数量，因此在进行历史库组态之前，一定要对这些容量指标心中有数，然后仔细地分配一下各种历史点各占多少。一般长周期的点（如 1min 以上存一个数据）占系统内存资源很少，只占硬盘的资源，因此数量可以做得很大。但高频点（如 1s 存一个数据）则占内存资源较多，一般系统中有一定的限制，包括每点可以存储最多数据个数、系统支持的最大点数等。对于资源比较紧张的情况，一定要先保证重要趋势（如重要参数趋势、控制回路的重要物理量等）的点存入历史库。

DCS 的应用从根本上解除了现场操作人员每天抄表的工作，它不仅准确、按时，而且可以做到内容很丰富，它不仅可以自动地打印出操作员平时抄报的生产工艺参数记录报表，而且绝大多数的 DCS 还提供了很强的计算管理功能，常规 DCS 系统的报表组态都可以通过 Excel 表格导入，可以非常灵活方便。这样，用户可以根据自己的生产管理需要，生成各种各样的统计报表。

报表组态一般功能比较简单，但值得注意的是，一般报表生成过程中会用到大量的历史库数据会产生很多中间变量点，因此用户在设计报表时一定要确定系统资源是否够用。

（四）控制回路组态

控制算法的组态工作量对于不同的系统差别很大。有的系统侧重于控制，控制组态的工作量很大；有的小系统侧重于检测和监视，控制的量较少。控制算法组态往往是 DCS 组态中最为复杂、难度也最大的部分。各公司 DCS 提供的组态软件中，这部分差别也最大，所以很难统一介绍这部分工作。但在控制组态时应尽量注意以下4方面：

（1）根据系统控制方案确切理解每个算法功能模块的用途及模块中的每个参数的含义，特别是对于那些复杂模块。如PID运算模块，其中的参数有20个左右，每个参数的含义、量纲范围和类型（整数、二进制数、浮点数）一定要搞清楚，否则会给将来的调试带来很多麻烦。

（2）根据对控制功能的要求和DCS控制站的容量和运算能力，仔细核算每个站上组态算法的系统内存开销和主机运算时间的开销。不同要求的算法最好在控制周期上分别考虑，只要满足要求就可以了。例如，大部分的温度控制回路的运算周期在1s甚至几秒就可以了，而有些控制（如流量等）则要求有较快的控制周期。总之，要保证系统的控制站有足够的容量和运算时间来处理组态出的算法方案，否则，等组态完成之后再试，如不满足要求会产生很大的麻烦。

（3）进行控制组态时要考虑将来的调试和整定方便。有些系统支持的在线整定功能较强，如可以在线显示和整定大部分的控制算法的参数，而有些系统差些。但完全可以通过增加一些可显示的中间变量来满足大多数需要在线调整的需求。

（4）在控制组态时，还应该注意一点是，实际工业过程控制中安全因素是第一的。因此在系统中每一算法的输出（特别是直接输出到执行机构之前），一定要有限幅监测和报警显示。

五、DCS的控制方案

（一）控制器中的PID控制算法及应用

DCS系统以完成常规控制为主要目的。常规控制以简单的单回路定值控制系统为最基本、最常用的控制方案。先进控制也是控制器在原来常规控制的基础上，再加上先进的控制策略。先进的控制策略是基于各种算法和用组态的方法来实现的，如串级、前馈。滞后补偿与实现多变量解耦等都可以组态。至于与上游、下游工艺有关的协调通常由人机界面中的优化控制来实现。控制策略的形式都是由工程师软件来生成的。这些软件各不相同，所以生成的方法也不相同。在控制器中的功能块虽然也各不相同但总的包含内容是大同小异的。

图4－34（a）是一个液位自动控制系统。LT为液位传感器，检测后输出4～20mA的

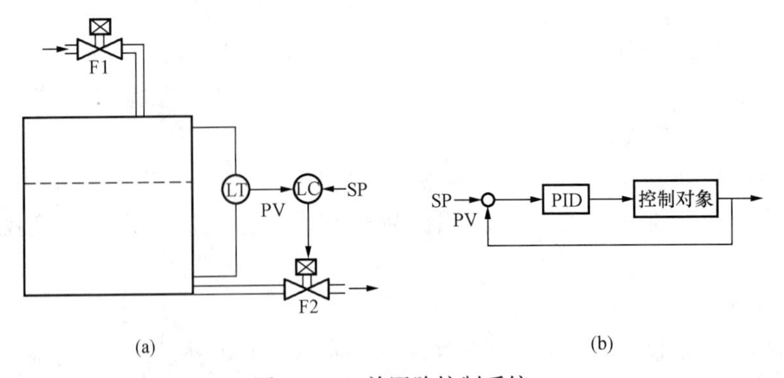

图4－34　单回路控制系统

（a）液位自动控制系统；（b）闭环控制回路

信号，在 AI 卡中转换为数字信号，被控制器接受数字信号，LC 为储液罐的液位控制器，在液位高于设定值时，LC 输出信号，启动输出阀门，使储液罐的液位下降。

从图 4 – 34（b）可以看出，一个闭环控制回路一定有设定值（SP），它与过程变量（PV）相减，得到差值，差值作为 PID 控制器的输入，经过 PID 控制器的运算后，得到控制输出信号，经 AO 卡转换为 4 ~20mA 的控制输出，传输送给现场的执行机构。

DCS 是把 PID 算法编制成程序，并设计成模块形式，就是前面所说的功能块。在工程师站 DCS 组态时调用这些功能块，组成用户控制程序。功能块是最基本的算法单位。

PID 在过程控制中有极其重要的作用。它本身有几种不同算法，如位置算法、增量算法和速度算法，这些不同算法是为了满足不同执行机构的需求。常见的有积分分离算法、死区 PID、二维 PID、选择 PID、串级 PID、逻辑控制 PID 等，在编写控制软件时选择考虑，以达到最佳控制效果。

（二）控制器中的功能块

DCS 在做控制组态设计时应用最多的是功能块，功能块可以用五种编程语言中的任何一种来编程，实际使用的功能块有 IEC 61131 定义的基本功能块和各 DCS 厂家编制的功能块，这些功能块在专用功能块库文件中，组态时直接调用。

DCS 系统中常用模块分组见表 4 – 1。

表 4 – 1　　DCS 系统中常用功能模块分组表

模块分组	算　法
四则运算	加法、减法、乘法、除法，开平方，绝对值，指数，对数，多项式
逻辑运算	逻辑与，逻辑或，异或，逻辑非，RS 触发器，定时器，计数器，D 触发器，数字开关
比较运算	比较器，高选择，低选择，最大值，最小值，信号选择，统计，数值滤波，滞后比较
折线计算	流量积算，斜坡函数，折线函数，设定曲线，斜率
报警限制	幅值报警，开关报警，偏差报警，速率报警，幅值限制，速率限制，变化限制，接地选线
控制算法	操作器，PID 调节，开关手操，伺服放大，无扰切换，灰色预测，模糊控制，组合伺放，一阶惯性，二阶惯性，微分，积分，超前滞后，一阶滞后，二阶滞后
其他算法	时间运算，时间判定，事件驱动，模拟存储，一维插值，二维插值，多重测量，引用页，引用公式，条件跳转，顺控，调节门，类型转换
UDFB	用户自定义功能块

系统中功能模块的图形表示如图 4 – 35 所示，下面对它的各个组成部分作出详细说明。

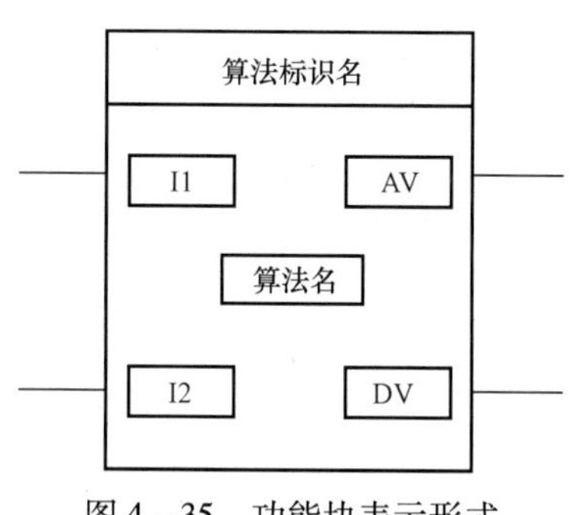

图 4 – 35　功能块表示形式

（1）算法名。用来描述该类功能模块所完成的运算功能，如加法、PID 调节等。算法名由系统规定，一般最多用四个汉字表示。

（2）算法标识名。在功能块图中每增加一个功能模块，即在系统中定义了一个模块实体，该模块实体才是可以执行的，相当于函数的调用语句。它即规定了要执行的运算的类型，又包含了运算子程序运行时所需的具体数据。每个模块实体在系统库中都有一个对应的数据库点，因此，需给模块实体定义一个实体名（又称算法标识名，简称计算名或点名），它在整个系统范围内应是唯一的，命名方法与系统的命名规则相一致，一般最多用12个字母表示。

（3）输入端与输出端。功能模块的输入相当于函数的形参，有规定的数据类型，如浮点型、布尔型等，和输入端相连的变量的数据类型应与形参的数据类型一致。有些模块的某几个输入端在悬空时也有定义。

功能模块的输出端相当于函数的返回值，但功能模块也可以只执行一些命令而不进行计算，没有返回值，因此可以没有输出端（如事件驱动模块）。

（4）参数表。每种类型的功能模块都有一个参数表，表的长度和内容依不同算法而定。参数表中的参数项是模块运行时需体现用户特性的数据，如PID算法模块的比例系数、积分时间常数等。显然每个参数项都有自己的类型和取值范围，同时系统还定义了它们的默认值。

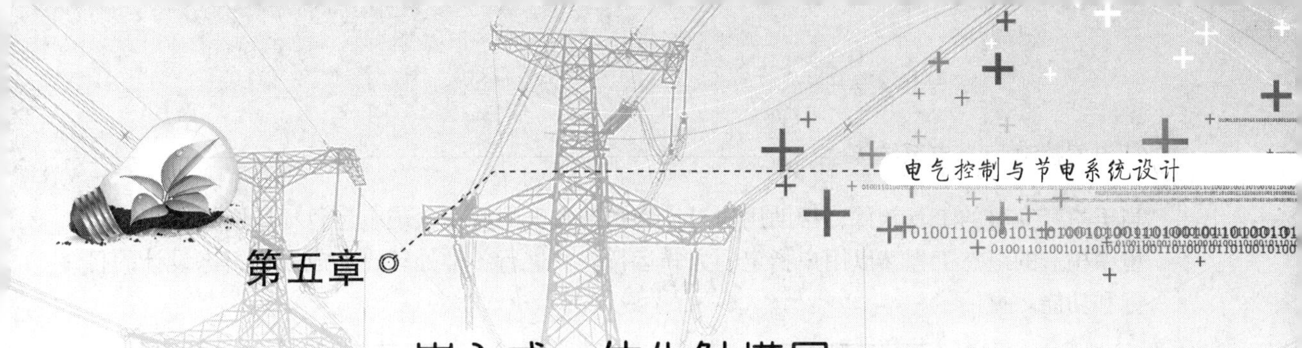

嵌入式一体化触摸屏

触摸屏是近年来快速发展起来的并得到广泛应用的新一代人机交互设备，触摸屏的出现使得工业可视化控制得以实现。触摸屏在整个控制工程的地位和作用如图 5 - 1 所示。工作时，首先用手指或其他物体触摸安装在显示器前端的触摸屏，然后系统根据手指触摸屏的图标或菜单位置来定位信息输入。触摸屏由触摸检索部件和触摸屏控制器组成。触摸检索部件安装在显示器屏幕前面，用于检测用户触摸位置，接收后送触摸屏控制器；而触摸屏控制器的主要作用是从触摸点检测接收触摸信息，并将它转换成触点坐标送给 CPU，它同时能接收 CPU 发来的命令并加以执行。触摸屏按照工作原理和传输信息的介质可分为电阻式、电容感应式、红外线式及表面声波式四种。

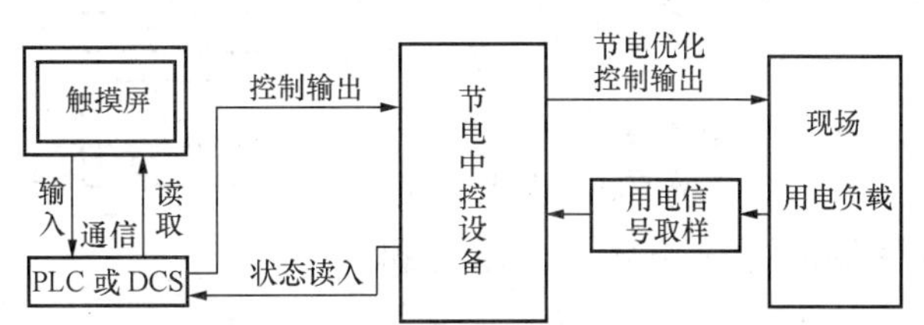

图 5 - 1　触摸屏在控制工程中的地位

许多知名的 PLC 生产商纷纷推出了自己的触摸屏品牌，包括三菱、欧姆龙、西门子等主流 PLC 供应商。随着信息产业化的高速发展，我国完全自主生产的触摸屏设备也开始在工控市场崭露头角，占领了一定的市场份额。本章介绍的是我国拥有自主知识产权的 nTouch 系列的 TPC1262H TPC7062KS 产品。

第一节　MCGS 嵌入版组态软件基本概念

一、MCGS 组态软件概念

嵌入式通用监控系统（Monitor and Control Generated System for Embedded, MCGSE，通常称为 MCGS）是一种用于快速构造和生成嵌入式计算机监控系统的组态软件，它的组态环境能够在基于 Microsoft 的各种 32 位 Windows 平台上运行，运行环境则是实时多任务嵌入式操作系统 Windows CE。MCGSE 通过现场数据的采集、实时和历史数据处理，以动画显示、报警处理、流程控制趋势曲线和报表输出以及企业监控网络等多种方式向用户提供解决实际工程问题的方案，在自动控制、节电控制等领域有着广泛的应用。

MCGS 嵌入版组态软件专门应用于嵌入式操作系统，它适用于应用系统对功能、可靠性、成本、体积、功耗等综合性能有严格要求的专用计算机系统。

二、MCGS 组态软件的系统构成

1. 组态软件的结构

MCGS 5.1 软件系统包括组态环境和运行环境两个部分，如图 5 - 2 所示。组态环境相

当于一套完整的工具软件，帮助用户设计和构造自己的应用系统。运行环境则按照组态环境中构造的组态工程，以用户指定的方式运行，并进行各种处理，完成用户组态设计的目标和功能。

图 5-2　组态软件的结构

MCGS 组态软件（以下简称 MCGS）由“MCGS 组态环境”和“MCGS 运行环境”两个系统组成，两部分互相独立又紧密相关，系统结构如图 5-3 所示。

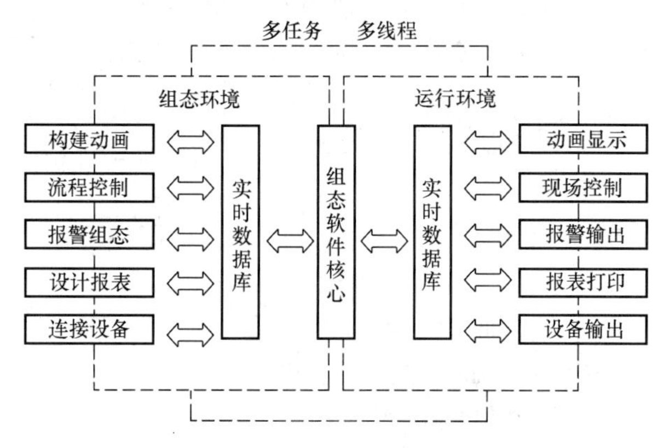

图 5-3　MCGS 系统结构

MCGS 组态环境是生成用户应用系统的工作环境，由可执行程序 McgsSet. exe 支持，其存放于 MCGS 目录的 Program 子目录中。用户在 MCGS 组态环境中完成动画设计、设备连接、编写控制流程、编制工程打印报表等全部组态工作后，生成扩展名为 . mcg 的工程文件，又称为组态结果数据库，其与 MCGS 运行环境一起，构成了用户应用系统，统称为“工程”。

MCGS 运行环境是用户应用系统的运行环境，由可执行程序 McgsRun. exe 支持，其存放于 MCGS 目录的 Program 子目录中。在运行环境中完成对工程的控制工作。

2. MCGS 组态软件的基本组成

MCGS 组态软件所建立的工程由主控窗口、设备窗口、用户窗口、实时数据库和运行策略五部分组成，如图 5-4 所示。每一部分分别进行组态操作，完成不同的工作，具有不同的特性。

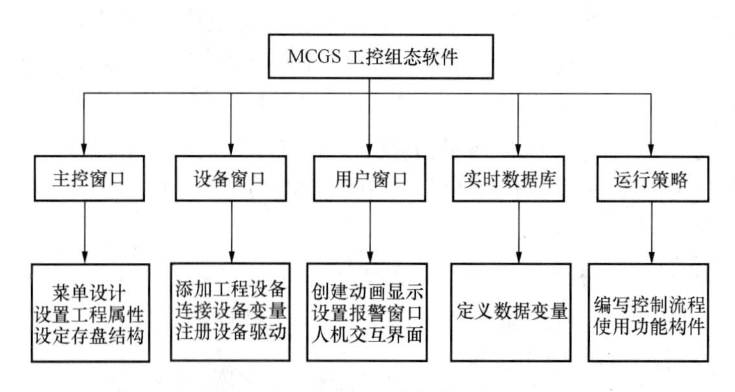

图 5-4　MCGS 组态软件的组成

（1）主控窗口。是工程的主窗口或主框架。在主控窗口中可以放置一个设备窗口和多个用户窗口，负责调度和管理这些窗口的打开或关闭。主要的组态操作包括定义工程的名称，编制工程菜单，设计封面图形，确定自动启动的窗口，设定动画刷新周期，指定数据库存盘文件名称及存盘时间等。

（2）设备窗口。是连接和驱动外部设备的工作环境。在本窗口内配置数据采集与控制输出设备，注册设备驱动程序，定义连接与驱动设备用的数据变量。

（3）用户窗口。本窗口主要用于设置工程中人机交互的界面，如生成各种动画显示画面、报警输出、数据与曲线图表等。

（4）实时数据库。是工程各个部分的数据交换与处理中心，它将 MCGS 工程的各个部分连接成有机的整体。在本窗口内定义不同类型和名称的变量，作为数据采集、处理、输出控制、动画连接及设备驱动的对象。

（5）运行策略。本窗口主要完成工程运行流程的控制。包括编写控制程序（if... then 脚本程序），选用各种功能构件，如数据提取、定时器、配方操作、多媒体输出等。

3. MCGS 组态软件的功能特点

（1）全中文、可视化、面向窗口的组态开发界面，符合中国人的使用习惯和要求，真正的 32 位程序，可运行于 Microsoft Windows 95/98/Me/NT/2000 等多种操作系统。

（2）庞大的标准图形库、完备的绘图工具以及丰富的多媒体支持，使您能够快速地开发出集图像、声音、动画等于一体的漂亮、生动的工程画面。

（3）全新的 ActiveX 动画构件，包括存盘数据处理、条件曲线、计划曲线、相对曲线、通用棒图等，能够更方便、更灵活地处理、显示生产数据。

（4）支持目前绝大多数硬件设备，同时可以方便地定制各种设备驱动。此外，独特的组态环境调试功能与灵活的设备操作命令相结合，使硬件设备与软件系统间的配合天衣无缝。

（5）简单易学的类 Basic 脚本语言与丰富的 MCGS 策略构件，使您能够轻而易举地开发出复杂的流程控制系统。

（6）强大的数据处理功能，能够对工业现场产生的数据以各种方式进行统计处理，在第一时间获得有关现场情况的第一手数据。

（7）方便的报警设置、丰富的报警类型、报警存贮与应答、实时打印报警报表以及灵活的报警处理函数，方便、及时、准确地捕捉到任何报警信息。

（8）完善的安全机制，允许用户自由设定菜单、按钮及退出系统的操作权限。此外，MCGS 还提供了工程密码、锁定软件狗、工程运行期限等功能，以保护组态开发者的成果。

（9）强大的网络功能，支持 TCP/IP、Modem、RS－485/422/232，以及各种无线网络和无线电台等多种网络体系结构。

（10）良好的可扩充性，可通过 OPC、DDE、ODBC、ActiveX 等机制，方便地扩展 MCGS 组态软件的功能，并与其他组态软件、MIS 系统或自行开发的软件进行连接。

（11）提供了 WWW 浏览功能，能够方便地实现生产现场控制与企业管理的集成。在整个企业范围内，只使用 IE 浏览器就可以在任意一台计算机上方便地浏览与生产现场一

致的动画画面、实时和历史的生产信息（包括历史趋势、生产报表等），并提供完善的用户权限控制

4. MCGS 组态软件的工作方式

（1）MCGS 与设备进行通信。MCGS 通过设备驱动程序与外部设备进行数据交换，包括数据采集和发送设备指令。设备驱动程序是由 VB、VC 程序设计语言编写的 DLL（动态链接库）文件，设备驱动程序中包含符合各种设备通信协议的处理程序，将设备运行状态的特征数据采集进来或发送出去。MCGS 负责在运行环境中调用相应的设备驱动程序，将数据传送到工程中的各个部分，完成整个系统的通信过程。每个驱动程序独占一个线程，达到互不干扰的目的。

（2）MCGS 动画连接。MCGS 为每一种基本图形元素定义了不同的动画属性，如一个长方形的动画属性有可见度、大小变化、水平移动等，每一种动画属性都会产生一定的动画效果。所谓动画属性，实际上是反映图形大小、颜色、位置、可见度、闪烁性等状态的特征参数。然而，在组态环境中生成的画面都是静止的，如何在工程运行中产生动画效果呢？方法是图形的每一种动画属性中都有一个“表达式”设定栏，在该栏中设定一个与图形状态相联系的数据变量，连接到实时数据库中，以此建立相应的对应关系，MCGS 称为动画连接。

（3）MCGS 远程多机监控。MCGS 提供了一套完善的网络机制，可通过 TCP/IP 网、Modem 网和串口网将多台计算机连接在一起，构成分布式网络监控系统，实现网络间的实时数据同步、历史数据同步和网络事件的快速传递。同时，可利用 MCGS 提供的网络功能，在工作站上直接对服务器中的数据库进行读写操作。分布式网络监控系统的每一台计算机都要安装一套 MCGS 工控组态软件。MCGS 把各种网络形式以父设备构件和子设备构件的形式供用户调用，并进行工作状态、端口号、工作站地址等属性参数的设置。

（4）MCGS 对工程运行流程实施有效控制。MCGS 开辟了专用的“运行策略”窗口，建立用户运行策略。MCGS 提供了丰富的功能构件供用户选用，通过构件配置和属性设置两项组态操作，生成各种功能模块（称为用户策略），使系统能够按照设定的顺序和条件，操作实时数据库，实现对动画窗口的任意切换，控制系统的运行流程和设备的工作状态。所有的操作均采用面向对象的直观方式，避免了烦琐的编程工作。

第二节　MCGS 组态软件基础知识

本节将重点介绍 MCGS 组态软件为用户组建工程所提供的工作环境，各种资源工具，并介绍组建一个工程的一般过程。

一、MCGS 组态软件常用术语

工程：用户应用系统的简称。引入工程的概念，是为了使复杂的计算机专业技术更贴近于普通工程用户。在 MCGS 组态环境中生成的文件称为工程文件，后缀为 .mcg，存放于 MCGS 目录的 WORK 子目录中。如“D：\MCGS\WORK\水位控制系统 .mcg”。

对象：操作目标与操作环境的统称。如窗口、构件、数据、图形等皆称为对象。

选中对象：鼠标点击窗口或对象，使其处于可操作状态，称此操作为选中对象，被选

中的对象（包括窗口）也叫当前对象。

组态：在 MCGS 组态软件开发平台中对五大部分，进行对象的定义、制作和编辑，并设定其状态特征（属性）参数，将此项工作称为组态。

属性：对象的名称、类型、状态、性能及用法等特征的统称。

菜单：是执行某种功能的命令集合。如系统菜单中的“文件”菜单命令是用来处理与工程文件相关的执行命令。位于窗口顶端菜单条内的菜单命令称为顶层菜单，一般分为独立的菜单项和下拉菜单两种形式，下拉菜单还可分成多级，每一级称为次级子菜单。

构件：具备某种特定功能的程序模块，可以用 VB、VC 等程序设计语言编写，通过编译，生成 DLL、OCX 等文件。用户对构件设置一定的属性，并与定义的数据变量相连接，即可在运行中实现相应的功能。

策略：是指对系统运行流程进行有效控制的措施和方法。

启动策略：在进入运行环境后首先运行的策略只运行一次，一般完成系统初始化的处理。该策略由 MCGS 自动生成，具体处理的内容由用户充填。

循环策略：按照用户指定的周期时间，循环执行策略块内的内容，通常用来完成流程控制任务。

退出策略：退出运行环境时执行的策略。该策略由 MCGS 自动生成，自动调用，一般由该策略模块完成系统结束运行前的善后处理任务。

用户策略：由用户定义，用来完成特定的功能。用户策略一般由按钮、菜单、其他策略来调用执行。

事件策略：当对应的事件发生时执行的策略，如在用户窗口中定义了鼠标单击事件，工程运行时在用户窗口中单击鼠标则执行相应的事件策略，只运行一次。

热键策略：当用户按下定义的组合热键（如 Ctrl + D）时执行的策略，只运行一次。

可见度：指对象在窗口内的显现状态，即可见与不可见。

变量类型：MCGS 定义的变量有数值型、开关型、字符型、事件型和组对象五种类型。

事件对象：用来记录和标识某种事件的产生或状态的改变。如开关量的状态发生变化。

组对象：用来存储具有相同存盘属性的多个变量的集合，内部成员可包含多个其他类型的变量。组对象只是对有关联的某一类数据对象的整体表示方法，而实际的操作则均针对每个成员进行。

动画刷新周期：动画更新速度，即颜色变换、物体运动、液面升降的快慢等，以毫秒为单位。

父设备：本身没有特定功能，但可以和其他设备一起与计算机进行数据交换的硬件设备，如串口通信父设备。

子设备：必须通过一种父设备与计算机进行通信的设备，如浙大中控 JL－26 无纸记录仪、研华 4017 模块等。

模拟设备：在对工程文件测试时，提供可变化的数据的内部设备，可提供多种变化方式，如正弦波、三角波等。

数据库存盘文件：MCGS 工程文件在硬盘中存储时的文件，类型为 MDB 文件，一般以工程文件的文件名 + “D”进行命名，存储在 MCGS 目录下 WORK 子目录中，如 D:\MCGS\Work\节电控制系统 D. MDB。

二、MCGS 组态软件的操作方式

1. 各种组态工作窗口

（1）系统工作台面是 MCGS 组态操作的总工作台面。鼠标双击 Windows 桌面上的“MCGS 组态环境”图标，或执行“开始”菜单中的“MCGS 组态环境”菜单项，弹出的窗口即为 MCGS 的工作台窗口，设有标题栏：显示“MCGS 组态环境—工作台”标题、工程文件名称和所在目录。菜单条：设置 MCGS 的菜单系统。工具条：设有对象编辑和组态用的工具按钮。不同的窗口设有不同功能的工具条按钮。工作台面：进行组态操作和属性设置。上部设有五个窗口标签，分别对应主控窗口、用户窗口、设备窗口、实时数据库和运行策略五大窗口。鼠标单击标签按钮，即可将相应的窗口激活，进行组态操作；工作台右侧还设有创建对象和对象组态用的功能按钮。

（2）组态工作窗口是创建和配置图形对象、数据对象和各种构件的工作环境，又称为对象的编辑窗口，主要包括组成工程框架的五大窗口，即主控窗口、用户窗口、设备窗口、实时数据库和运行策略，分别完成工程命名和属性设置、动画设计、设备连接、编写控制流程、定义数据变量等项组态操作。

（3）属性设置窗口是设置对象各种特征参数的工作环境，又称属性设置对话框。对象不同，属性窗口的内容各异，但结构形式大体相同，主要由下列 6 部分组成。

1）窗口标题。位于窗口顶部，显示“××属性设置”字样的标题。

2）窗口标签。不同属性的窗口分页排列，窗口标签作为分页的标记，各类窗口分页排列，鼠标单击窗口标签，即可将相应的窗口页激活，进行属性设置。

3）输入框。设置属性的输入框，左侧标有属性注释文字，框内输入属性内容。为了便于用户操作，许多输入框的右侧带有“?”、“▼”、“…”等标志符号的选项按钮，鼠标单击此按钮，弹出一列表框，鼠标双击所需要的项目，即可将其设置于输入框内。

4）单选按钮。带有“○”或“⊙”标记的属性设定器件。同一设置栏内有多个选项钮时，只能选择其一。

5）复选框。带有“□”标记的属性设定器件。同一设置栏内有多个选项框时，可以设置多个。

6）功能按钮。一般设有 4 种按钮：①“检查［C］”按钮用于检查当前属性设置内容是否正确；②“确认［Y］”按钮用于属性设置完毕，返回组态窗口；③“取消［N］”按钮用于取消当前的设置，返回组态窗口；④“帮助［H］”按钮用于查阅在线帮助文件。

（4）图形库工具箱。MCGS 为用户提供了丰富的组态资源，包括系统图形工具箱：进入用户窗口，鼠标点击工具条中的“工具箱”按钮，打开图形工具箱，其中设有各种图元、图符、组合图形及动画构件的位图图符。利用这些最基本的图形元素，可以制作出任何复杂的图形。设备构件工具箱：进入设备窗口，鼠标点击工具条中的“工具箱”按钮，打开设备构件工具箱窗口，其中设有与工控行业经常选用的监控设备相匹配的各种设备构件。选用所需的构件，放置到设备窗口中，经过属性设置和通道连接后，该构件即可实现对外部设备的驱动和控制。策略构件工具箱：进入运行策略组态窗口，鼠标点击工具条中的“工具箱”按钮，打开策略构件工具箱，工具箱内包括所有策略功能构件。选用所需的构件，生成用户策略模块，实现对系统运行流程的有效控制。对象元件库：对象元件库是存放组态完好并具有通用价值动画图形的图形库便于对组态成果的重复利用。进入用户窗口的组态窗口，执行“工具”菜单中的“对象元件库管理”菜单命令，或者打开系统图形工具箱，选择“插入元件”图标，可打开对象元件库管理窗口，进行存放图形的操作。

（5）工具按钮一览。工作台窗口的工具条一栏内，排列标有各种位图图标的按钮，称为工具条功能按钮，简称为工具按钮。许多按钮的功能与菜单条中的菜单命令相同，但操作更为简便，因此在组态操作中经常使用。

2. 鼠标操作

选中对象：鼠标指针指向对象，点击鼠标左键一次（该对象出现蓝色阴影）。

点击鼠标左键：鼠标指针指向对象，点击鼠标左键一次。

点击鼠标右键：鼠标指针指向对象，点击鼠标右键一次。

鼠标双击：鼠标指针指向对象，快速连续点击鼠标左键两次。

鼠标拖动：鼠标指针指向对象，按住鼠标左键，移动鼠标，对象随鼠标移动到指定位置，松开左键，即完成鼠标拖动操作。

三、组建新工程的一般过程

1. 工程项目系统分析

分析工程项目的系统构成、技术要求和工艺流程，弄清系统的控制流程和监控对象的特征，明确监控要求和动画显示方式，分析工程中的设备采集及输出通道与软件中实时数据库变量的对应关系，分清哪些变量是要求与设备连接的，哪些变量是软件内部用来传递数据及动画显示的。

2. 工程立项搭建框架

MCGS称为建立新工程。主要内容包括定义工程名称、封面窗口名称和启动窗口（封面窗口退出后接着显示的窗口）名称，指定存盘数据库文件的名称以及存盘数据库，设定动画刷新的周期。经过此步操作，即在MCGS组态环境中，建立了由五部分组成的工程结构框架。封面窗口和启动窗口也可等到建立了用户窗口后，再行建立。

3. 设计菜单基本体系

为了对系统运行的状态及工作流程进行有效地调度和控制，通常要在主控窗口内编制菜单。编制菜单分两步进行：第一步首先搭建菜单的框架；第二步再对各级菜单命令进行功能组态。在组态过程中可根据实际需要随时对菜单的内容进行增加或删除，不断完善工程的菜单。

4. 制作动画显示画面

动画制作分为静态图形设计和动态属性设置两个过程。前一部分类似于“画画”，用户通过MCGS组态软件中提供的基本图形元素及动画构件库，在用户窗口内“组合”成各种复杂的画面。后一部分则设置图形的动画属性，与实时数据库中定义的变量建立相关性的连接关系，作为动画图形的驱动源。

5. 编写控制流程程序

在运行策略窗口内，从策略构件箱中，选择所需功能策略构件，构成各种功能模块（称为策略块），由这些模块实现各种人机交互操作。MCGS 还为用户提供了编程用的功能构件（称为“脚本程序”功能构件），使用简单的编程语言，编写工程控制程序。

6. 完善菜单按钮功能

包括对菜单命令、监控器件、操作按钮的功能组态；实现历史数据、实时数据、各种曲线、数据报表、报警信息输出等功能；建立工程安全机制等。

7. 编写程序调试工程

利用调试程序产生的模拟数据，检查动画显示和控制流程是否正确。

8. 连接设备驱动程序

选定与设备相匹配的设备构件，连接设备通道，确定数据变量的数据处理方式，完成设备属性的设置。此项操作在设备窗口内进行。

9. 工程完工综合测试

最后测试工程各部分的工作情况，完成整个工程的组态工作，实施工程交接。

以上步骤只是按照组态工程的一般思路列出的。在实际组态中，有些过程是交织在一起进行的，可根据工程的实际需要和自己的习惯，调整步骤的先后顺序，而并没有严格的限制与规定。这里所列出的步骤是为了帮助大家了解 MCGS 组态软件使用的一般过程，以便于快速学习和掌握 MCGS 工控组态软件。

第三节　组态开发画面的实现

本节将着重介绍如何建立一个新工程，并会灵活应用工具箱，特别是对象元件库管理制作画面，了解如何建立一个新的工程。

一、建立一个新工程

下面通过一个水位控制系统的组态过程，介绍如何应用 MCGS 组态软件完成一个工程。通过学习，实现利用 MCGS 组态软件建立一个比较简单的水位控制系统。本样例工程中涉及动画制作、控制流程的编写、模拟设备的连接、报警输出、报表曲线显示与打印等多项组态操作。样例工程的基本要求是：

（1）水位控制需要采集二个模拟数据。液位 1（最大值 10m）、液位 2（最大值 6m）。

（2）三个开关数据。水泵、调节阀、出水阀。

（3）工程效果图。工程组态好后，最终效果如图 5－5 所示。

二、工程样例中的主要内容

对于一个工程设计人员来说，要想快速准确地完成一个工程项目，首先要了解工程的系统构成和工艺流程，明确主要的技术要求，搞清工程所涉及的相关硬件和软件。在此基础上，拟定组建工程的总体规划和设想，比如控制流程如何实现，需要什么样的动画效

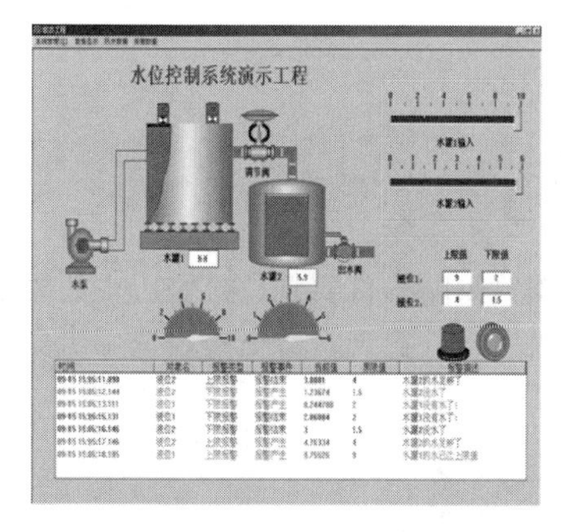

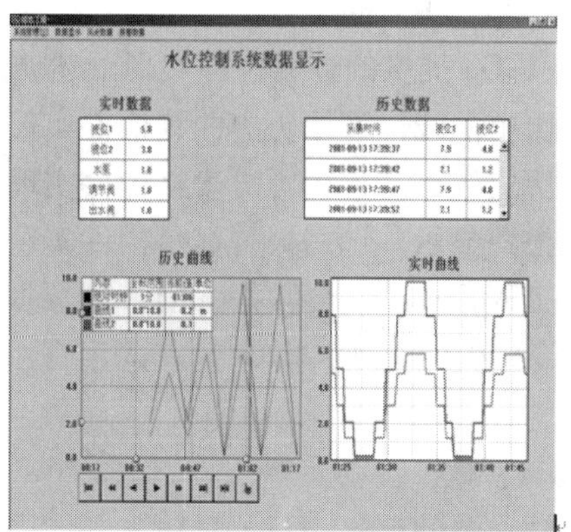

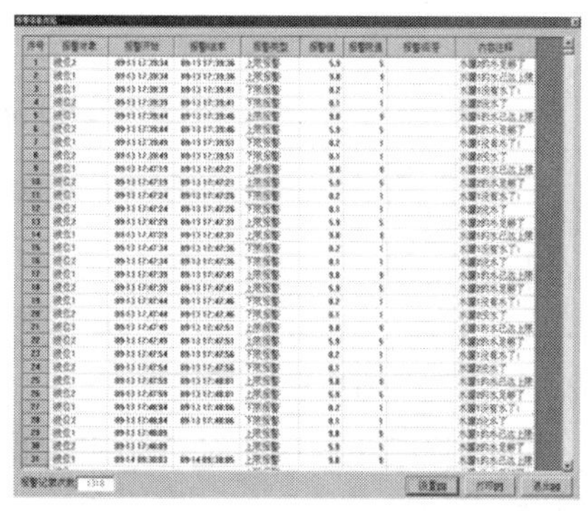

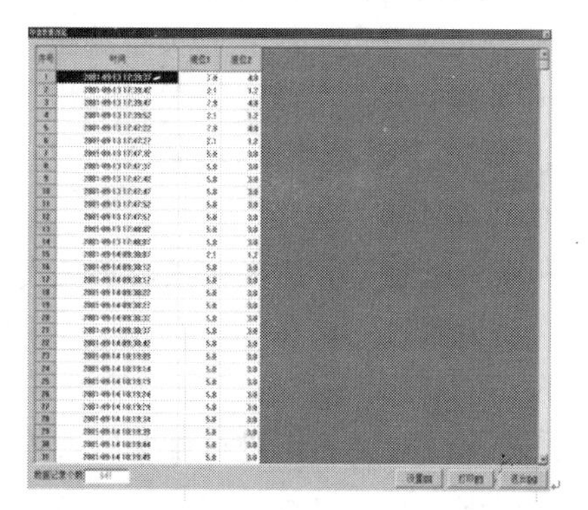

图 5－5　水位控制系统组态界面

果，应具备哪些功能，需要何种工程报表，需不需要曲线显示等。只有这样，才能在组态过程中有的放矢，尽量避免无谓的劳动，达到快速完成工程项目的目的。

1. 工程的框架结构

样例工程定义的名称为“水位控制系统 . mcg”工程文件，由五大窗口组成。总共建立了 2 个用户窗口、4 个主菜单，分别作为水位控制、报警显示、曲线显示、数据显示，构成了样例工程的基本骨架。

2. 动画图形的制作

水位控制窗口是样例工程首先显示的图形窗口（启动窗口），是一幅模拟系统真实工作流程并实施监控操作的动画窗口。包括：

（1）水位控制系统。水泵、水箱和阀门由“对象元件库管理”调入；管道则经过动画属性设置赋予其动画功能。

（2）液位指示仪表。采用旋转式指针仪表，指示水箱的液位。

（3）液位控制仪表。采用滑动式输入器，由鼠标操作滑动指针，改变流速。

（4）报警动画显示。由“对象元件库管理”调入，用可见度实现。

3. 控制流程的实现

选用“模拟设备”及策略构件箱中的“脚本程序”功能构件，设置构件的属性，编制控制程序，实现水位、水泵、调节阀和出水阀的有效控制。

4. 各种功能的实现

通过 MCGS 提供的各类构件实现下述功能：

（1）历史曲线。选用历史曲线构件实现。

（2）历史数据。选用历史表格构件实现。

（3）报警显示。选用报警显示构件实现。

（4）工程报表。历史数据选用存盘数据浏览策略构件实现，报警历史数据选用报警信息浏览策略构件实现，实时报表选用自由表格构件实现，历史报表选用历史表格构件实现。

5. 输入、输出设备

（1）抽水泵的启停：开关量输出。

（2）调节阀的开启关闭：开关量输出。

（3）出水阀的开启关闭：开关量输出。

（4）水罐 1、2 液位指示：模拟量输入。

6. 其他功能的实现

工程的安全机制：分清操作人员和负责人的操作权限。

在此，需说明一下，在 MCGS 组态软件中，提出的“与设备无关”概念。无论使用 PLC、仪表，还是使用采集板、模块等设备，在进入工程现场前的组态测试时均采用模拟数据进行。待测试合格后再进行设备的硬连接，同时将采集或输出的变量写入设备构件的属性设置窗口内，实现设备的软连接，由 MCGS 提供的设备驱动程序驱动设备工作。以上列出的变量均采取这种办法。

三、建立 MCGS 新工程

在计算机上安装“MCGS 组态软件”后，在 Windows 桌面上，会有“Mcgs 组态环境”与“Mcgs 运行环境”图标。鼠标双击“Mcgs 组态环境”图标，进入 MCGS 组态环境，如图 5－6（a）所示。然后，在菜单“文件”中选择“新建工程”菜单项，如图 5－6（b）所示。如果 MCGS 安装在 D 盘根目录下，则会在 D：\MCGS\WORK\下自动生成新建工程，默认的工程名为新建工程 X. MCG（X 表示新建工程的顺序号，如 0、1、2 等）。

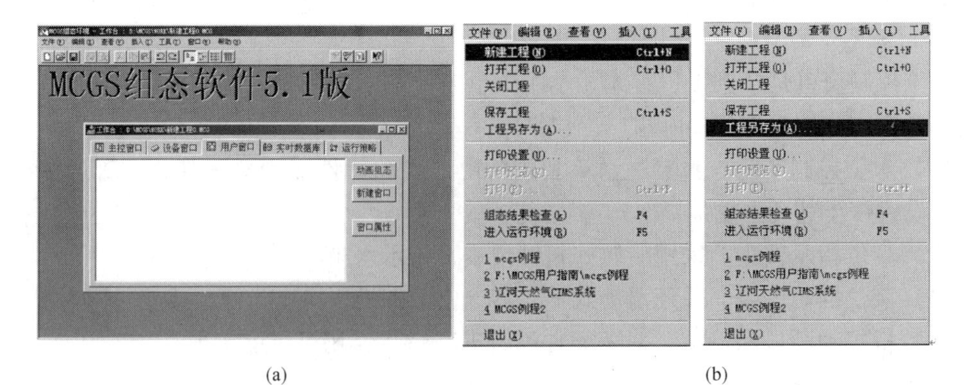

(a) (b)

图 5－6 MCGS 组态软件界面

（a）MCGS 组态环境；（b）“文件”选项

在菜单“文件”中选择“工程另存为”选项，如图5-6（b）所示。把新建工程存为D：\MCGS\WORK\水位控制系统，如图5-7所示，这样便可成功地建立了自己的工程。

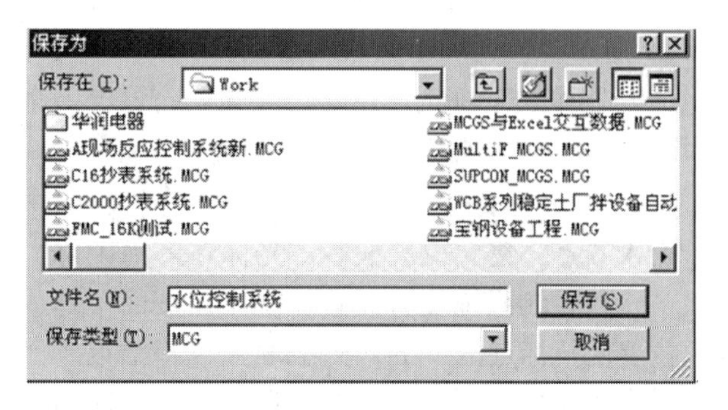

图5-7　工程建立界面

四、设计画面流程

1. 建立新画面

在MCGS组态平台上，单击“用户窗口”，在“用户窗口”中单击“新建窗口”按钮，则产生新“窗口0”，如图5-8（a）所示。

选中“窗口0”，单击“窗口属性”，进入“用户窗口属性设置”，如图5-8（b）所示。将“窗口名称”改为水位控制；将“窗口标题”改为水位控制；在“窗口位置”中选中“最大化显示”，其他不变，单击“确认”。

选中刚创建的“水位控制”用户窗口，单击“动画组态”，进入动画制作窗口，如图5-8（a）下图所示。

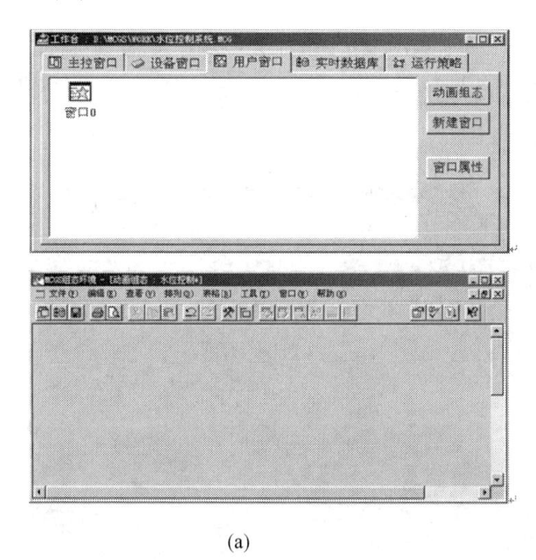

(a)

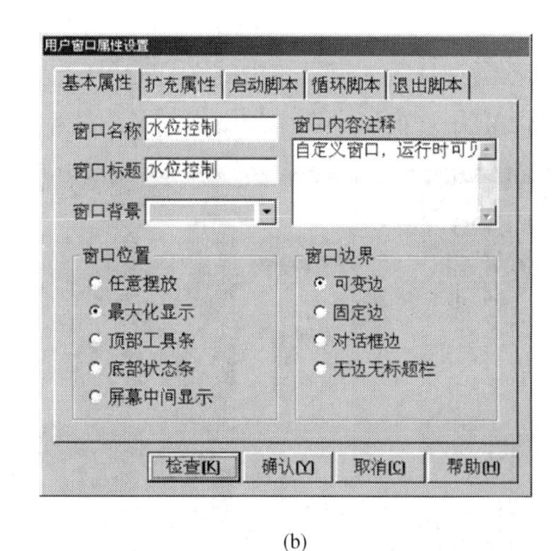

(b)

图5-8　“动画组态”界面的建立

（a）动画制作窗口；（b）窗口属性设置

2. 工具箱

单击工具条中的“工具箱”按钮，打开动画工具箱，图标对应于选择器，用于在编辑图形时选取用户窗口中指定的图形对象；图标用于打开和关闭常用图符工具箱，常用图符工具箱包括27种常用的图符对象。图形对象放置在用户窗口中，是构成用户应用系统图形界面的最小单元，MCGS中的图形对象包括图元对象、图符对象和动画构件三种类型，不同类型的图形对象有不同的属性，所能完成的功能也各不相同。为了快速构图和组态，MCGS系统内部提供了常用的图元、图符、动画构件对象，称为系统图形对象，如

图 5－9 所示。

（1）制作文字框图。建立文字框：打开工具箱，选择“工具箱”内的“标签”按钮A，鼠标的光标变为“十”字形，在窗口任何位置拖拽鼠标，拉出一个一定大小的矩形。

输入文字：建立矩形框后，光标在其内闪烁，可直接输入“水位控制系统演示工程”文字，按回车键或在窗口任意位置用鼠标点击一下，文字输入过程结束。如果想改变矩形内的文字，先选中文字标签，按回车键或空格键，光标显示在文字起始位置，即可进行文字的修改。

（2）设置框图颜色。设定文字框颜色：选中文字框，按工具条上的（填充色）按钮，设定文字框的背景颜色（设为无填充色）；按（线色）按钮改变文字框的边线颜色（设为没有边线）。设定的结果是不显示框图，只显示文字。

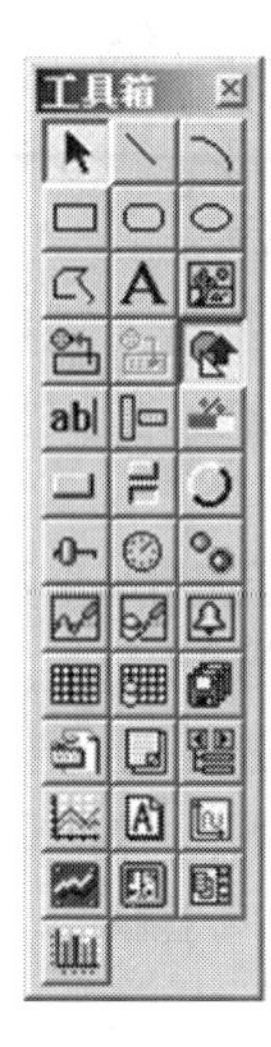

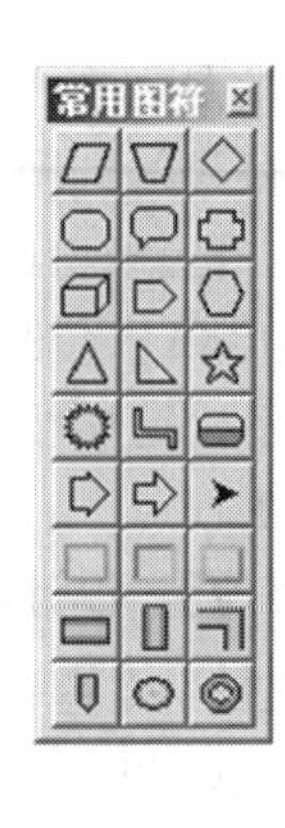

图 5－9　工具箱及符号

设定文字的颜色：按（字符字体）按钮改变文字字体和大小。按（字符颜色）按钮，改变文字颜色（如蓝色）。

3. 对象元件库管理

单击“工具”菜单，选中“对象元件库管理”或单击工具条中的“工具箱”按钮，则打开动画工具箱，工具箱中的图标用于从对象元件库中读取存盘的图形对象；图标用于把当前用户窗口中选中的图形对象存入对象元件库中，其页面如图 5－10（a）所示。

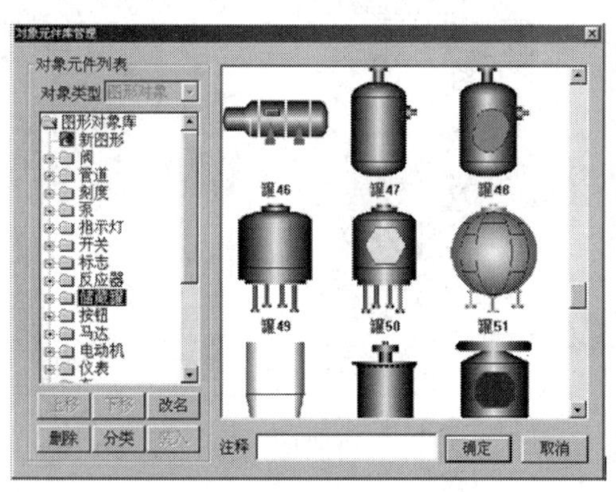

(a)

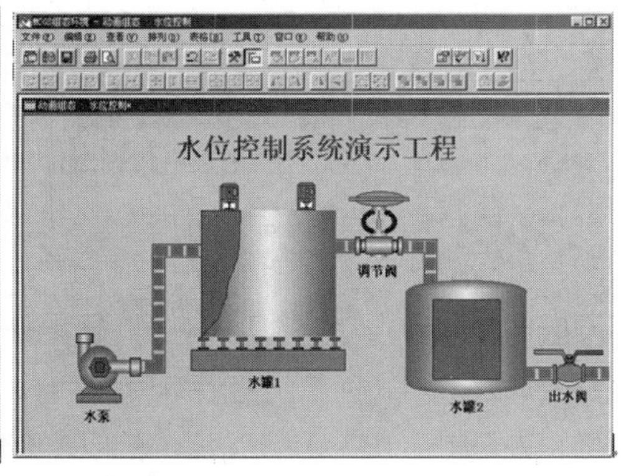

(b)

图 5－10　对象元件库管理页面及组态完成画面

（a）对象元件库管理页面；（b）组态完成画面

从“对象元件库管理”中的“储藏罐”中选取中意的罐，按“确认”，则所选中的罐在桌面的左上角，可以改变其大小及位置，如罐 14、罐 20。

从“对象元件库管理”中的“阀”和“泵”中分别选取 2 个阀（阀 6、阀 33）、1 个泵（泵 12）。

流动的水是由 MCGS 动画工具箱中的“流动块”构件制作成的。选中工具箱内的“流动块”动画构件（）。移动鼠标至窗口的预定位置，（鼠标的光标变为十字形），点击一下鼠标左键，移动鼠标，在鼠标光标后形成一道虚线，拖动一定距离后，点击鼠标左键，生成一段流动块。再拖动鼠标（可沿原来方向，也可垂直原来方向），生成下一段流动块。当用户想结束绘制时，双击鼠标左键即可。当用户想修改流动块时，先选中流动块（流动块周围出现选中标志：白色小方块），鼠标指针指向小方块，按住左键不放，拖动鼠标，就可调整流动块的形状。用工具箱中的A图标，分别对阀，罐进行文字注释。

4. 整体画面

最后组态完成的画面如图5－10（b）所示。选择菜单项“文件”中的“保存窗口”，则可对所完成的画面进行保存。

第四节 让动画动起来

上节中已经绘制好了静态的动画图形，下面将利用MCGS软件中提供的各种动画属性，使图形动起来。

一、定义数据变量

实时数据库是MCGS工程的数据交换和数据处理中心。数据变量是构成实时数据库的基本单元，建立实时数据库的过程也即是定义数据变量的过程。定义数据变量的内容主要包括：指定数据变量的名称、类型、初始值和数值范围，确定与数据变量存盘相关的参数，如存盘的周期、存盘的时间范围和保存期限等。下面介绍水位控制系统数据变量的定义步骤。

（1）分析变量名称。表5－1列出了样例工程中与动画和设备控制相关的变量名称。

表5－1 样例工程中与动画和设备控制相关的变量名称

变量名称	类型	注　释
水泵	开关型	控制水泵“启动”、“停止”的变量
调节阀	开关型	控制调节阀“打开”、“关闭”的变量
出水阀	开关型	控制出水阀“打开”、“关闭”的变量
液位1	数值型	水罐1的水位高度，用来控制1号水罐水位的变化
液位2	数值型	水罐2的水位高度，用来控制2号水罐水位的变化
液位1上限	数值型	用来在运行环境下设定水罐1的上限报警值
液位1下限	数值型	用来在运行环境下设定水罐1的下限报警值
液位2上限	数值型	用来在运行环境下设定水罐2的上限报警值
液位2下限	数值型	用来在运行环境下设定水罐2的下限报警值
液位组	组对象	用于历史数据、历史曲线、报表输出等功能构件

鼠标点击工作台的“实时数据库”窗口标签，进入实时数据库窗口页。按“新增对象”按钮，在窗口的数据变量列表中，增加新的数据变量，多次按该按钮，则增加多个数据变量，系统缺省定义的名称为“Data1”、“Data2”、“Data3”等，选中变量，按“对象属性”按钮或双击选中变量，则打开对象属性设置窗口。

（2）指定名称类型。在窗口的数据变量列表中，用户将系统定义的缺省名称改为用户定义的名称，并指定类型，在注释栏中输入变量注释文字。本系统中要定义的数据变量如图5－11所示。

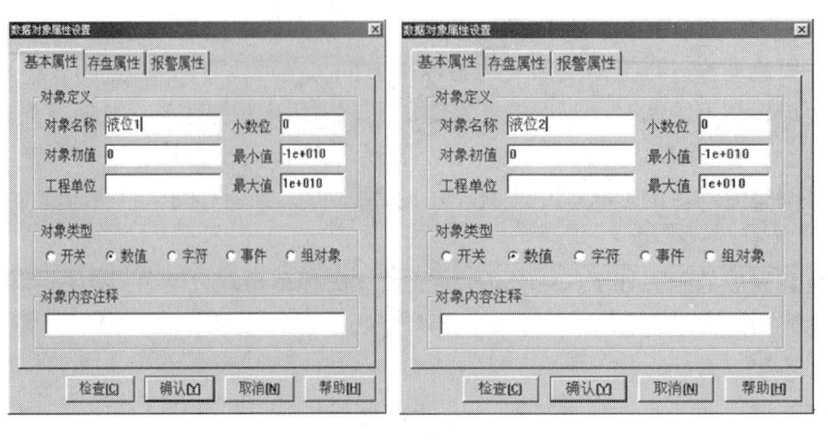

图 5－11　指定名称类型

以“液位 1”变量为例，在基本属性中，对象名称为液位 1；对象类型为数值；其他不变。液位组变量属性设置，在基本属性中，对象名称为液位组；对象类型为组对象；其他不变。在存盘属性中，数据对象值的存盘选中定时存盘，存盘周期设为 5s。在组对象成员中选择“液位 1”，“液位 2”，具体设置如图 5－12 所示。

图 5－12　数据对象属性设置页面

水泵、调节阀、出水阀三个开关型变量，属性设置只要把对象名称改为：水泵、调节阀、出水阀；对象类型选中“开关”，其他属性不变，如图 5 – 13 所示。

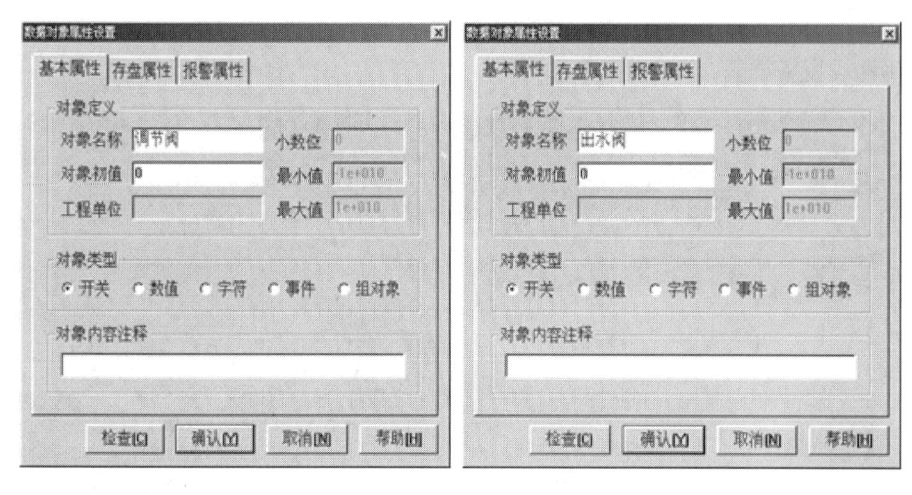

图 5 – 13　数据对象属性设置页面

二、动画连接

由图形对象搭制而成的图形界面是静止不动的，需要对这些图形对象进行动画设计，真实地描述外界对象的状态变化，达到过程实时监控的目的。MCGS 实现图形动画设计的主要方法是将用户窗口中图形对象与实时数据库中的数据对象建立相关性连接，并设置相应的动画属性。在系统运行过程中，图形对象的外观和状态特征，由数据对象的实时采集值驱动，从而实现了图形的动画效果。

在用户窗口中，双击水位控制窗口进入，选中水罐 1 双击，则弹出单元属性设置窗口。选中折线，则会出现 >，单击 > 则进入动画组态属性设置窗口，按图 5 – 14 所示修改，其他属性不变。设置好后，按确定，再按确定，变量连接成功。对于水罐 2，只需要把“液位 2”改为“液位 1”；最大变化百分比 100，对应的表达式的值由 10 改为 6 即可。

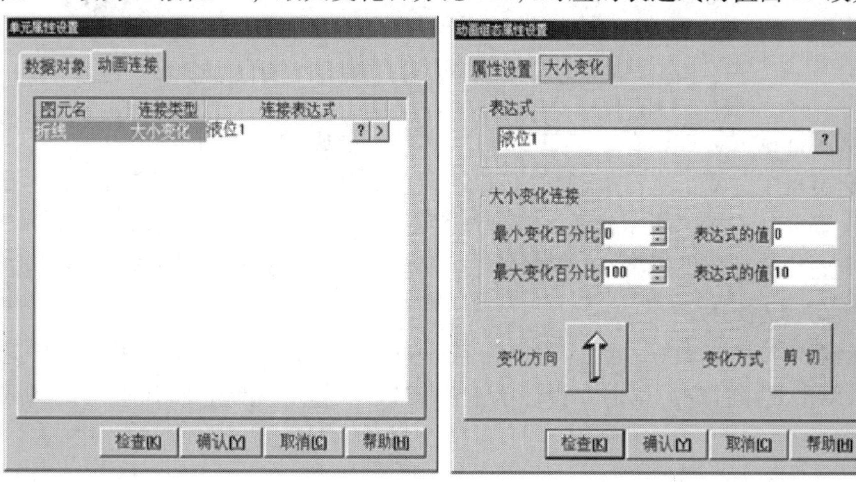

图 5 – 14　单元属性及动画组态属性设置窗口（1）

在用户窗口中，双击水位控制窗口进入，选中调节阀双击，则弹出单元属性设置窗口。选中组合图符，则会出现>，单击>则进入动画组态属性设置窗口，按图 5－15 所示修改，其他属性不变。设置好后，按确定，再按确定，变量连接成功。水泵属性设置跟调节阀属性设置一样。

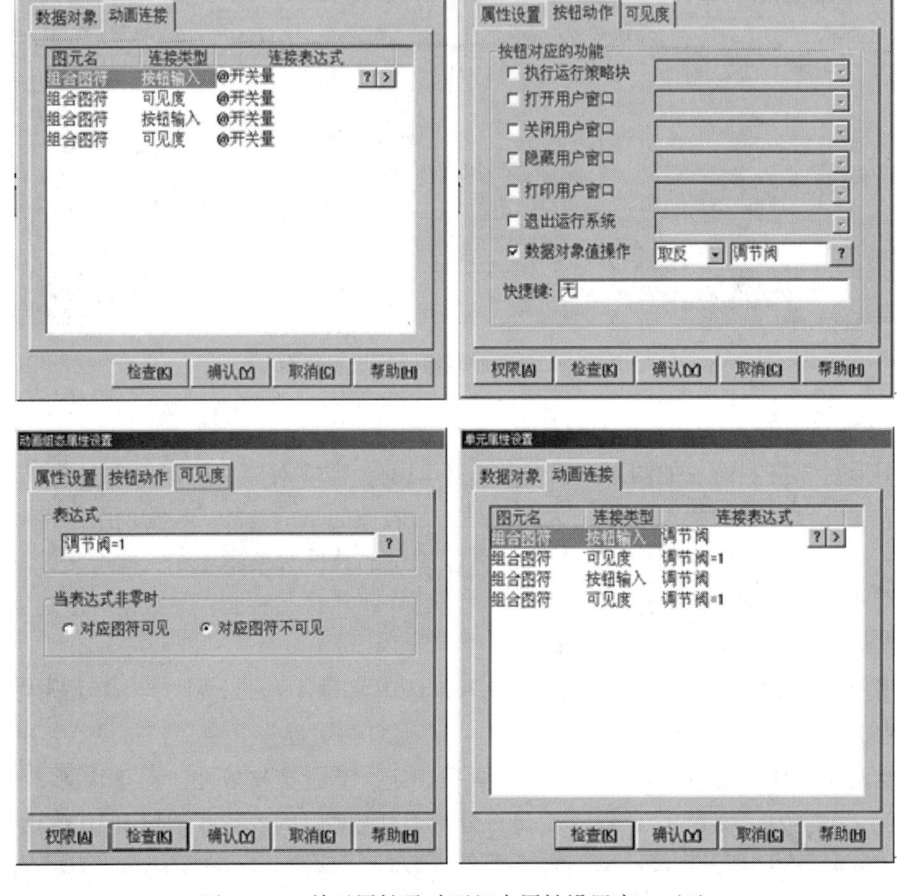

图 5－15　单元属性及动画组态属性设置窗口（2）

出水阀属性设置，可以在“属性设置”中调入其他属性，如图 5－16 所示。

在用户窗口中，双击水位控制窗口进入，选中水泵右侧的流动块双击，则弹出流动块构件属性设置窗口。按图所示修改，其他属性不变，水罐 1 右侧的流动块与水罐 2 右侧的流动块在流动块构件属性设置窗口中，只需要把表达式相应改为：调节阀＝1，出水阀＝1 即可，如图 5－17 所示。

到此动画连接已经做好，在运行之前需要做一下设置。在“用户窗口”中选中“水位控制”，单击鼠标右键，点击“设置为启动窗口”，这样工程运行后会自动进入“水位控制”窗口。

在菜单项“文件”中选“进入运行环境”或直接按“F5”或直接按工具条中图标，都可以进入运行环境。

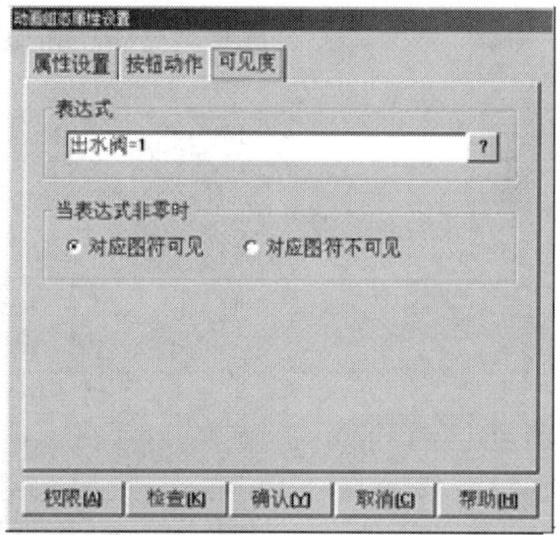

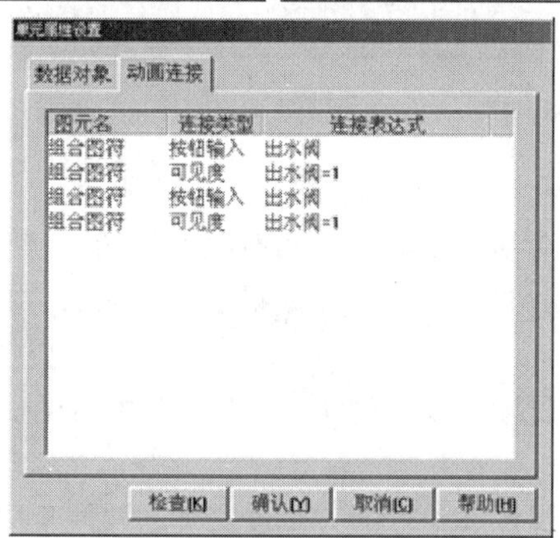

图 5－16　单元属性及动画组态属性设置窗口（3）

这时看见的画面并不能动，移动鼠标到“水泵”、“调节阀”、“出水阀”上面的红色部分，会出现一只小“手”，单击一下，红色部分变为绿色，同时流动块相应地运动起来，但水罐仍没有变化，这是由于没有信号输入，也没有人为地改变其值。现在可以用如下方法改变其值，使水罐动起来。

在“工具箱”中选中滑动输入器图标，当鼠标变为“十”字后，拖动鼠标到适当

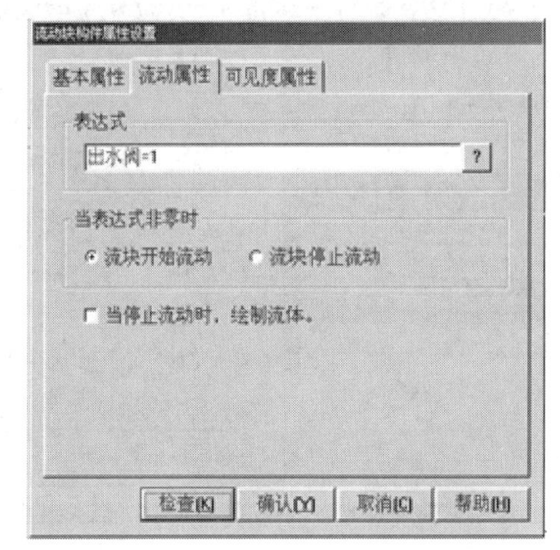

图 5－17　单元属性及动画组态属性设置窗口（4）

大小，然后双击进入属性设置，具体操作如图 5－18 所示。

以液位 1 为例：在“滑动输入器构件属性设置”的“操作属性”中，把对应数据对象的名称改为：液位 1，可以通过单击 ? 图标，到库中选，自己输入也可；“滑块在最右边时对应的值”为：10。

在“滑动输入器构件属性设置”的“基本属性”中，在“滑块指向”中选中“指向左（上）”，其他不变。

在“滑动输入器构件属性设置”的“刻度与标注属性”中，把“主划线数目”改为：5，即能被 10 整除，其他不变。

属性设置好后，效果如图 5－18（下右图）所示。

这时再按“F5”或直接按工具条中图标，进入运行环境后，可以通过拉动滑动输入器而使水罐中的液面动起来。

为了能准确了解，水罐 1、水罐 2 的值，可以用数字显示其值，具体操作如下：在“工具箱”中单击“标签” A 图标，调整大小放在水罐下面，双击进行属性设置如图 5－19 所示。

滑动输入器构件属性设置
基本属性
刻度与标注属性
操作属性
可见度属性
对应数据对象的名称
液位1
滑块位置和数据对象值的连接
滑块在最左[上]边时对应的值 0
滑块在最右[下]边时对应的值 10
构件外观
滑块高度 40
滑块宽度 15
滑轨高度 10
滑块表面颜色
滑轨背景颜色
滑轨填充颜色
滑块指向
无指向
指向右[下]
指向左[上]
指向左右[上下]
刻度
主划线 数目 5 颜色 长宽 9 2
次划线 数目 2 颜色 长宽 6 1
标注属性
标注颜色
标注字体 标注字体
标注间隔 1
小数位数 0
标注显示
不显示
在左[上]边显示
在右[下]边显示
在左右[上下]显示
权限[A]
检查[K]
确认[Y]
取消[C]
帮助[H]
0 2 4 6 8 10
水罐1输入
0 1 2 3 4 5 6
水罐2输入

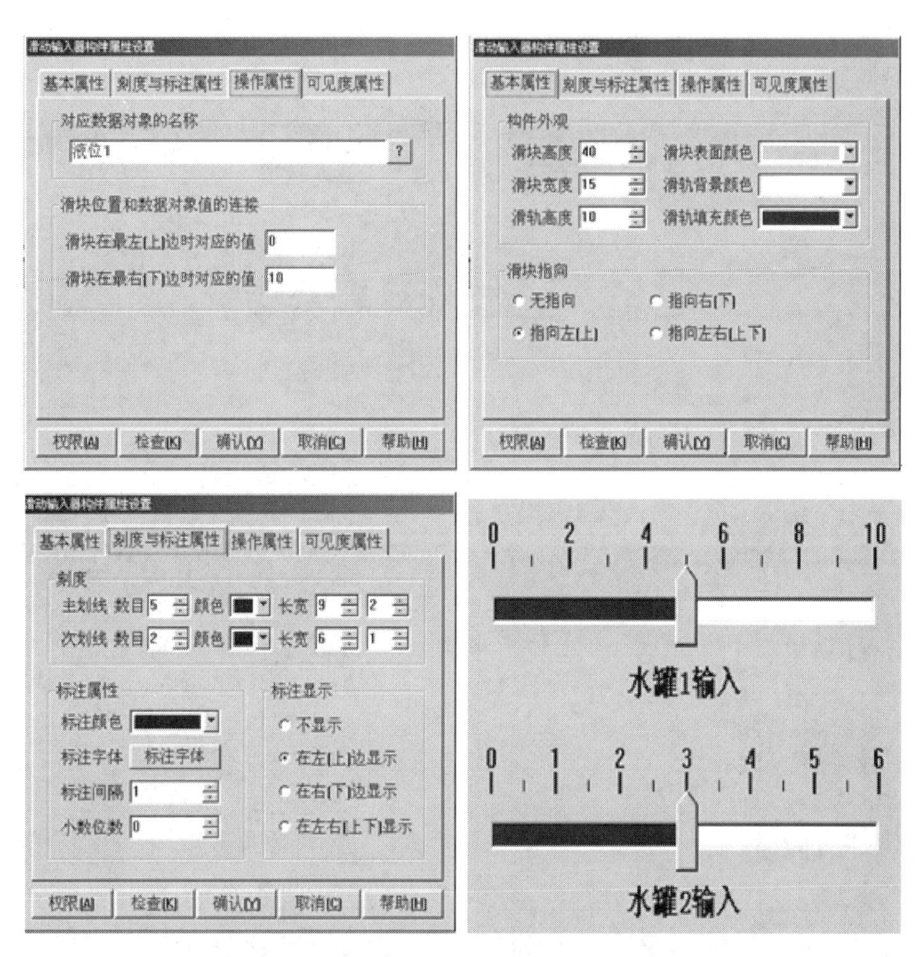

图 5－18 滑动输入器构件属性设置及效果画面

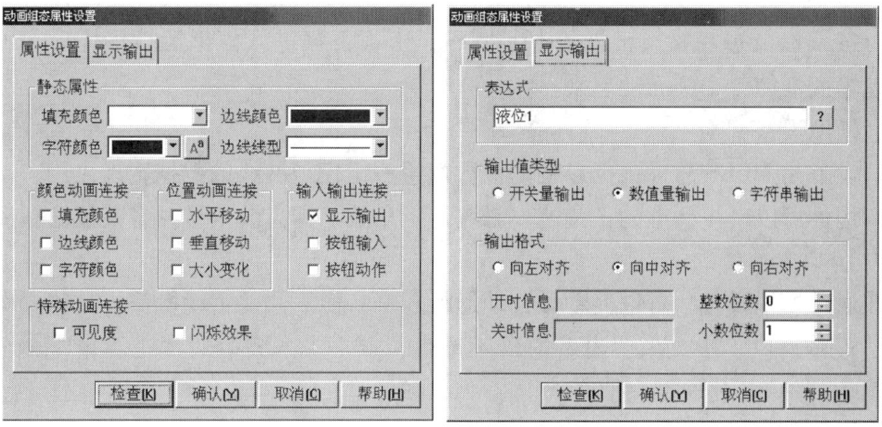

动画组态属性设置
属性设置
显示输出
静态属性
填充颜色
边线颜色
字符颜色
边线线型
颜色动画连接
填充颜色
边线颜色
字符颜色
位置动画连接
水平移动
垂直移动
大小变化
输入输出连接
显示输出
按钮输入
按钮动作
特殊动画连接
可见度
闪烁效果
表达式
液位1
输出值类型
开关量输出
数值量输出
字符串输出
输出格式
向左对齐
向中对齐
向右对齐
开时信息
关时信息
整数位数 0
小数位数 1
检查[K]
确认[Y]
取消[C]
帮助[H]

图 5－19 动画组态属性设置页面

现场一般都有仪表显示，如果需要在动画界面中模拟现场的仪表运行状态，可按如下操作：

在“工具箱”中单击“旋转仪表”图标，调整大小放在水罐下面，双击进行属性设置如图 5－20 所示。

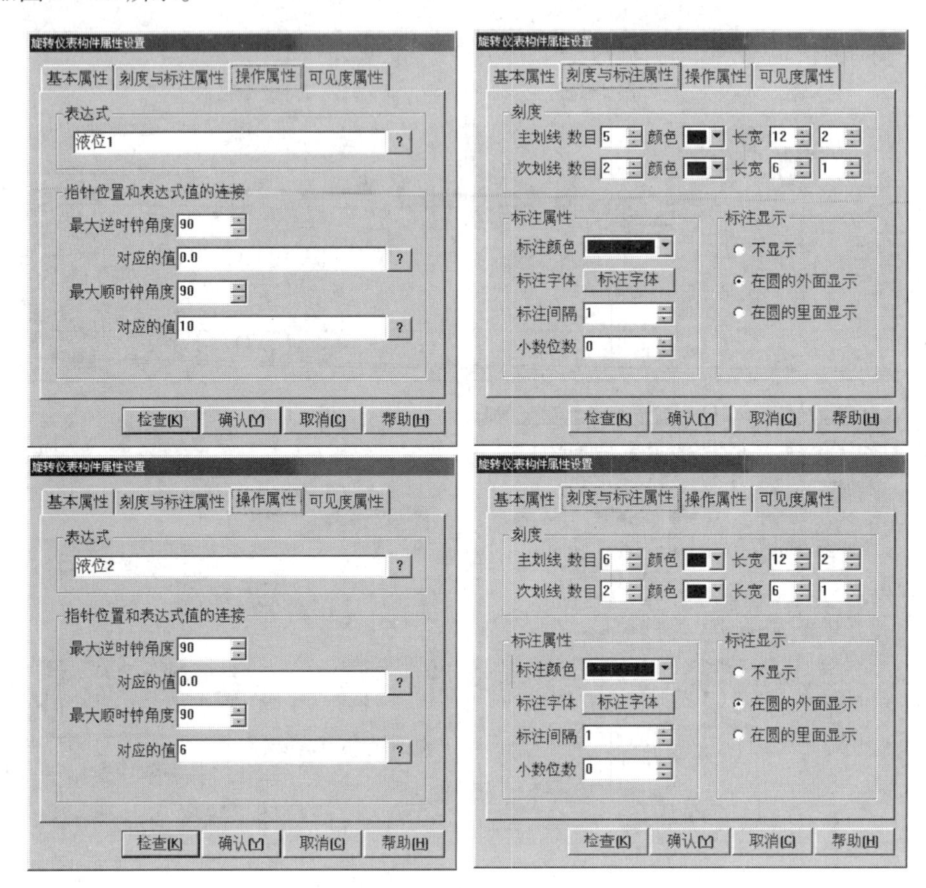

图 5－20　旋转仪表构件属性设置

这时按“F5”或直接按工具条中图标，工程下载进入模拟运行环境后，可以通过拉动滑动输入器使整个画面动起来。

三、模拟设备

模拟设备是 MCGS 软件根据设置的参数产生一组模拟曲线的数据，以供用户调试工程使用。本构件可以产生标准的正弦波、方波、三角波、锯齿波信号，且其幅值和周期都可以任意设置。

现在通过模拟设备，可以使动画自动运行起来，而不需要手动操作，具体操作如下：

在“设备窗口”中双击“设备窗口”进入，点击工具条中的“工具箱”图标，打开“设备工具箱”，如图 5－21 所示。

如果在“设备工具箱”中没有发现“模拟设备”，请单击“设备工具箱”中的“设备管理”进入。在“可选设备”中可以看到 MCGS 组态软件所支持的大部分硬件设备。在“通用设备”中打开“模拟数据设备”，双击“模拟设备”，按确认后，在“设备工具箱”中就会出现“模拟设备”，双击“模拟设备”，则会在“设备窗口”中加入“模拟设备”。

图 5－21　设备工具箱和设备管理页面

图 5－22　设备属性设置页面

双击 设备0-[模拟设备]，进入模拟设备属性设置，如图 5－22 所示，具体操作如下：在“设备属性设置”中，点击“内部属性”，会出现...图标，单击进入“内部属性”

设置，把通道1的最大值设为10，通道2的最大值设为6，其他不变，设置好后按“确认”按钮退到“基本属性”页。在“通道连接”中“对应数据对象”中输入变量，第一个通道对应输入液位1，第二个通道对应输入液位2，或在所要连接的通道中单击鼠标右键，到实时数据库中选中“液位1”“液位2”双击也可把选中的数据对象连接到相应的通道。在“设备调试”中就可看到数据变化。

这时再进入“运行环境”，所做的“水位控制系统”便会自动地运行起来了，但美中不足的是阀门不会根据水罐中的水位变化自动开启。

四、编写控制流程

用户脚本程序是由用户编制的、用来完成特定操作和处理的程序，脚本程序的编程语法非常类似于普通的Basic语言，但在概念和使用上更简单直观，力求做到使大多数普通用户都能正确、快速地掌握和使用。

对于大多数简单的应用系统，MCGS的简单组态就可完成。只有比较复杂的系统，才需要使用脚本程序，但正确地编写脚本程序，可简化组态过程，大大提高工作效率，优化控制过程。

脚本程序的编写环境及编写脚本程序实现控制流程方法如下：

假设：当“水罐1”的液位达到9m时，就要把“水泵”关闭，否则就要自动启动“调节阀”。当“水罐2”的液位不足1m时，就要自动关闭“出水阀”，否则自动开启“调节阀”。当“水罐1”的液位大于1m，同时“水罐2”的液位小于6m就要自动开启“调节阀”，否则自动关闭“调节阀”。

在“运行策略”中，双击“循环策略”进入，双击图标进入“策略属性设置”，如图5-23（a）所示，只需要把“循环时间”设为200ms，按确定即可。

在策略组态中，单击工具条中的“新增策略行”图标，则显示

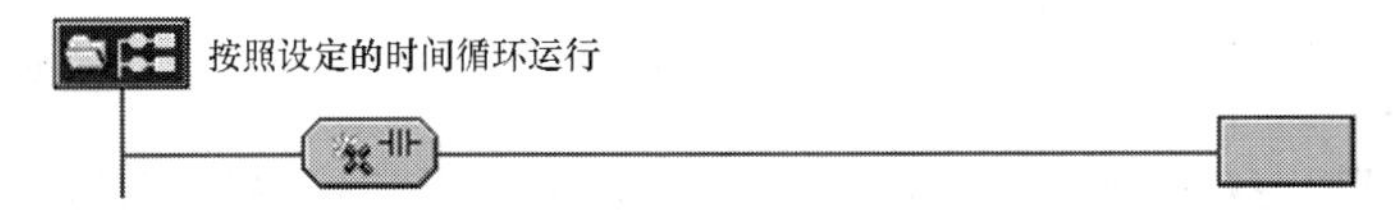

在策略组态中，如果没有出现策略工具箱，请单击工具条中的“工具箱”图标，弹出“策略工具箱”，如图5-23（b）所示。单击“策略工具箱”中的“脚本程序”，把鼠标移出“策略工具箱”，会出现一个小手，把小手放在上，单击鼠标左键，则显示

双击进入脚本程序编辑环境，按图5-23（c）输入：

```
IF 液位1<9 THEN
    水泵=1
ELSE
    水泵=0
ENDIF
IF 液位2<1 THEN
```

```
    出水阀 = 0
ELSE
    出水阀 = 1
ENDIF
IF 液位 1 >1 and  液位 2 <6THEN
    调节阀 = 1
ELSE
    调节阀 = 0
ENDIF
```

按“确认”退出，则脚本程序就编写好了，这时再进入运行环境，就会按照所需要的控制流程，出现相应的动画效果。

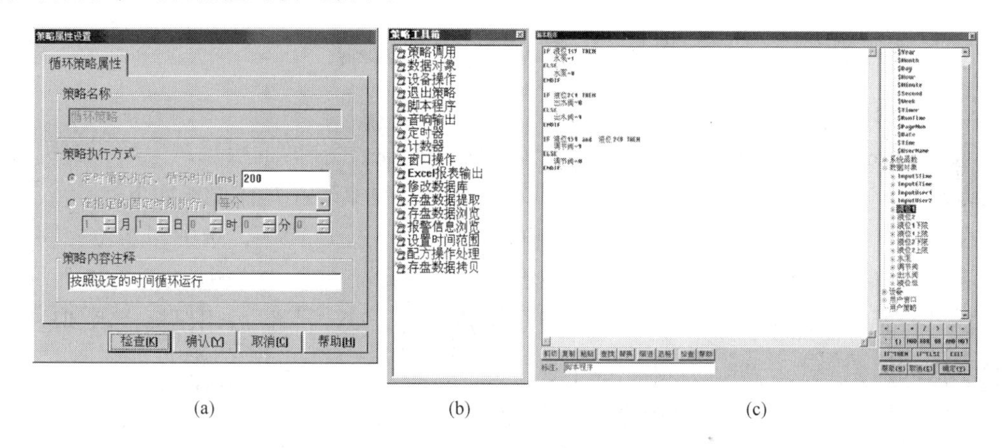

(a)　　(b)　　(c)

图 5-23　页面设置

(a) 策略属性设置；(b) 策略工具箱；(c) 脚本程序

第五节　报警显示与报警数据

MCGS 把报警处理作为数据对象的属性封装在数据对象内，由实时数据库来自动处理。当数据对象的值或状态发生改变时，实时数据库判断对应的数据对象是否发生了报警或已产生的报警是否已经结束，并把所产生的报警信息通知给系统的其他部分，同时，实时数据库根据用户的组态设定，把报警信息存入指定的存盘数据库文件中。

一、定义报警

定义报警的具体操作如下：

对于“液位 1”变量，在实时数据库中，双击“液位 1”，在报警属性中，选中“允许进行报警处理”；在报警设置中选中“上限报警”，把报警值设为：9m；报警注释为：水罐 1 的水已达上限值；在报警设置中选中“下限报警”，把报警值设为：1m；报警注释为：水罐 1 没水了。在存盘属性中，选中“自动保存产生的报警信息”。对于液位 2 变量来说，只需要把“上限报警”的报警值设为：4m，其他一样，如图 5-24 所示。

属性设置好后，按“确认”即可。

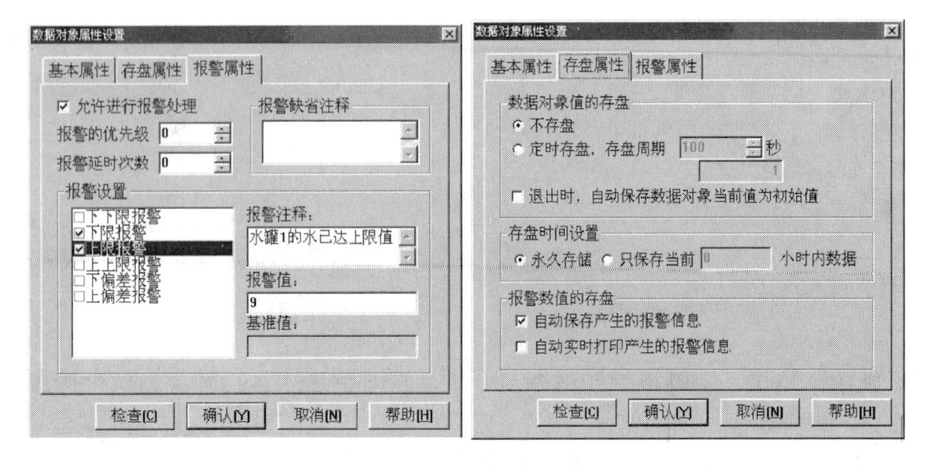

图5－24　数据对象属性设置页面

二、报警显示

实时数据库只负责关于报警的判断、通知和存储三项工作，而报警产生后所要进行的其他处理操作（即对报警动作的响应），则需要在组态时实现。具体操作如下：

在MCGS组态平台上，单击“用户窗口”，在“用户窗口”中，选中“水位控制”窗口，双击“水位控制”或单击“动画组态”进入。在工具条中单击“工具箱”，弹出“工具箱”，从“工具箱”中单击“报警显示”图标，变“十”后用鼠标拖动到适当位置与大小。显示如下界面：

时间	对象名	报警类型	报警事件	当前值	界限值	报警描述
09-13 14:43:15.688	Data0	上限报警	报警产生	120.0	100.0	Data0上限报警
09-13 14:43:15.688	Data0	上限报警	报警结束	120.0	100.0	Data0上限报警
09-13 14:43:15.688	Data0	上限报警	报警应答	120.0	100.0	Data0上限报警

双击，再双击弹出如图5－25所示的页面。

图5－25　报警显示构件属性设置页面

在“报警显示构件属性设置”中，把“对应的数据对象的名称”改为：液位组，“最大记录次数”为：6，其他不变。按“确认”后，则报警显示组态设置完毕。

此时按“F5”或直接按工具条中图标，工程下载完毕后，便可进入运行环境。

三、报警数据

在报警定义时，已经让当有报警产生时自动保存产生的报警信息，这时可以通过如下操作，看看是否有报警数据存在。具体操作如下：

在“运行策略”中，单击“新建策

略”，弹出“选择策略的类型”，选中“用户策略”，按“确定”。如图5－26（a）所示。

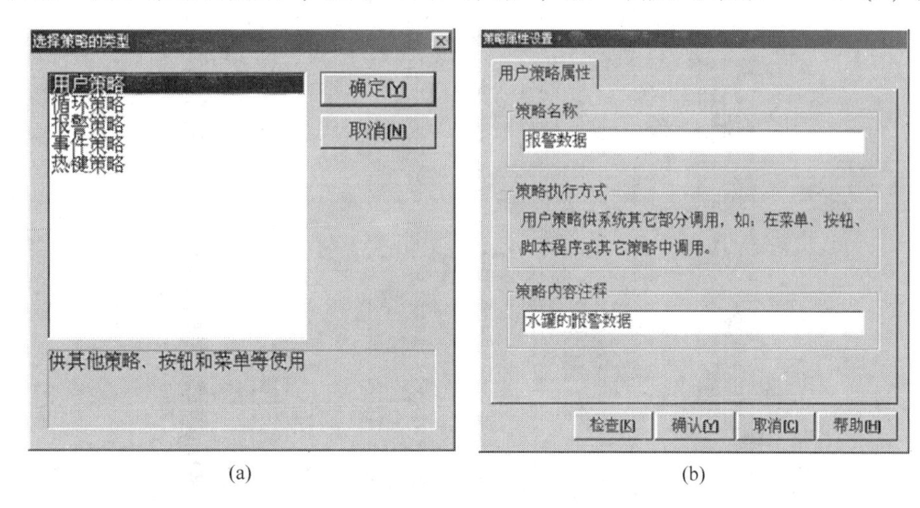

(a)　　(b)

图5－26　选择策略的类型及策略属性设置页面

（a）选择策略类型；（b）策略属性设置

选中“策略1”，单击“策略属性”按钮，弹出“策略属性设置”窗口，把“策略名称”设为：报警数据，“策略内容注释”为“水罐的报警数据”，按“确认”，如图5－26（b）所示。

选中“报警数据”，单击“策略组态”按钮进入，在策略组态中，单击工具条中的“新增策略行”图标，新增加一个策略行。再从“策略工具箱”中选取“报警信息浏览”，加到策略行上，单击鼠标左键。显示

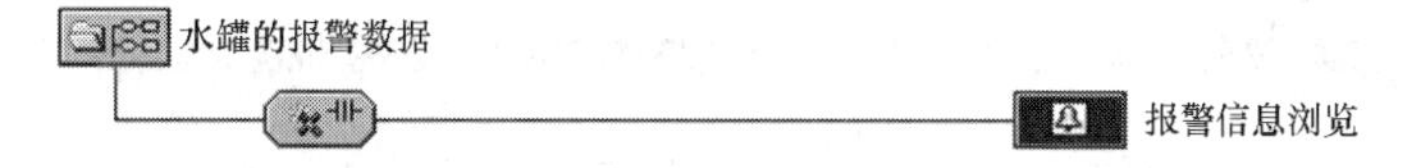

双击图标，弹出“报警信息浏览构件属性设置”窗口，在“基本属性”中，把“报警信息来源”中的“对应数据对象”改为：液位组，如图5－27所示，按“确认”按钮设置完毕。

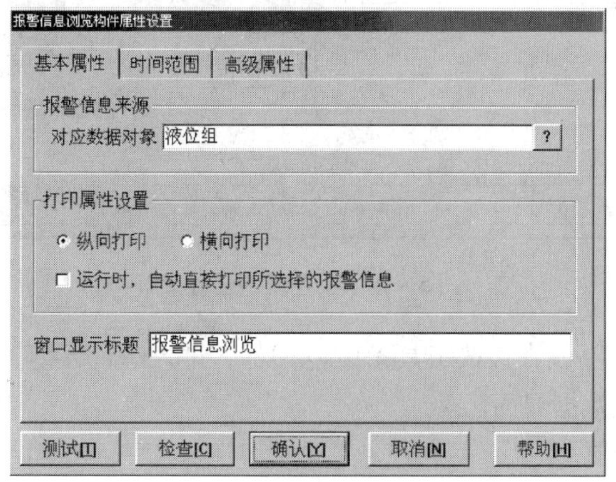

图5－27　报警信息浏览构件属性设置页面

按“测试”按钮，进入“报警信息浏览”，如图5－28所示。

报警信息浏览

序号	报警对象	报警开始	报警结束	报警类型	报警值	报警限值	报警应答	内容注释
1	液位2	09-13 17:39:34	09-13 17:39:36	上限报警	5.9	5		水罐2的水足够了
2	液位1	09-13 17:39:34	09-13 17:39:36	上限报警	9.8	9		水罐1的水已达上限
3	液位1	09-13 17:39:39	09-13 17:39:41	下限报警	0.2	1		水罐1没有水了！
4	液位2	09-13 17:39:39	09-13 17:39:41	下限报警	0.1	1		水罐2没水了
5	液位1	09-13 17:39:44	09-13 17:39:46	上限报警	9.8	9		水罐1的水已达上限
6	液位2	09-13 17:39:44	09-13 17:39:46	上限报警	5.9	5		水罐2的水足够了
7	液位1	09-13 17:39:49	09-13 17:39:51	下限报警	0.2	1		水罐1没有水了！
8	液位2	09-13 17:39:49	09-13 17:39:51	下限报警	0.1	1		水罐2没水了
9	液位1	09-13 17:47:19	09-13 17:47:21	上限报警	9.8	9		水罐1的水已达上限
10	液位2	09-13 17:47:19	09-13 17:47:21	上限报警	5.9	5		水罐2的水足够了
11	液位1	09-13 17:47:24	09-13 17:47:26	下限报警	0.2	1		水罐1没有水了！
12	液位2	09-13 17:47:24	09-13 17:47:26	下限报警	0.1	1		水罐2没水了
13	液位2	09-13 17:47:29	09-13 17:47:31	上限报警	5.9	5		水罐2的水足够了
14	液位1	09-13 17:47:29	09-13 17:47:31	上限报警	9.8	9		水罐1的水已达上限
15	液位2	09-13 17:47:34	09-13 17:47:36	下限报警	0.1	1		水罐2没水了
16	液位1	09-13 17:47:34	09-13 17:47:36	下限报警	0.2	1		水罐1没有水了！
17	液位1	09-13 17:47:39	09-13 17:47:41	上限报警	9.8	9		水罐1的水已达上限
18	液位2	09-13 17:47:39	09-13 17:47:41	上限报警	5.9	5		水罐2的水足够了
19	液位1	09-13 17:47:44	09-13 17:47:46	下限报警	0.2	1		水罐1没有水了！
20	液位2	09-13 17:47:44	09-13 17:47:46	下限报警	0.1	1		水罐2没水了
21	液位1	09-13 17:47:49	09-13 17:47:51	上限报警	9.8	9		水罐1的水已达上限
22	液位2	09-13 17:47:49	09-13 17:47:51	上限报警	5.9	5		水罐2的水足够了
23	液位1	09-13 17:47:54	09-13 17:47:56	下限报警	0.2	1		水罐1没有水了！
24	液位2	09-13 17:47:54	09-13 17:47:56	下限报警	0.1	1		水罐2没水了
25	液位1	09-13 17:47:59	09-13 17:48:01	上限报警	9.8	9		水罐1的水已达上限
26	液位2	09-13 17:47:59	09-13 17:48:01	上限报警	5.9	5		水罐2的水足够了
27	液位1	09-13 17:48:04	09-13 17:48:06	下限报警	0.2	1		水罐1没有水了！
28	液位2	09-13 17:48:04	09-13 17:48:06	下限报警	0.1	1		水罐2没水了
29	液位2	09-13 17:48:09		上限报警	5.9	5		水罐2的水足够了
30	液位1	09-13 17:48:09		上限报警	9.8	9		水罐1的水已达上限

报警记录次数 30　设置[S]　打印[P]　退出[X]

图5－28　报警信息浏览界面

退出策略组态时会弹出一个窗口，按“是”按钮，就可对所做设置进行保存。

可按如下步骤操作进行报警数据查询。

在MCGS组态平台上，单击“主控窗口”，在“主控窗口”中，选中“主控窗口”，单击“菜单组态”进入。单击工具条中的“新增菜单项”图标，会产生“操作0”菜单。双击“操作0”菜单，弹出“菜单属性设置”窗口。在“菜单属性”中把“菜单名”改为：报警数据。在“菜单操作”中选中“执行运行策略块”，选中“报警数据”，按“确认”设置完毕，如图5－29所示。

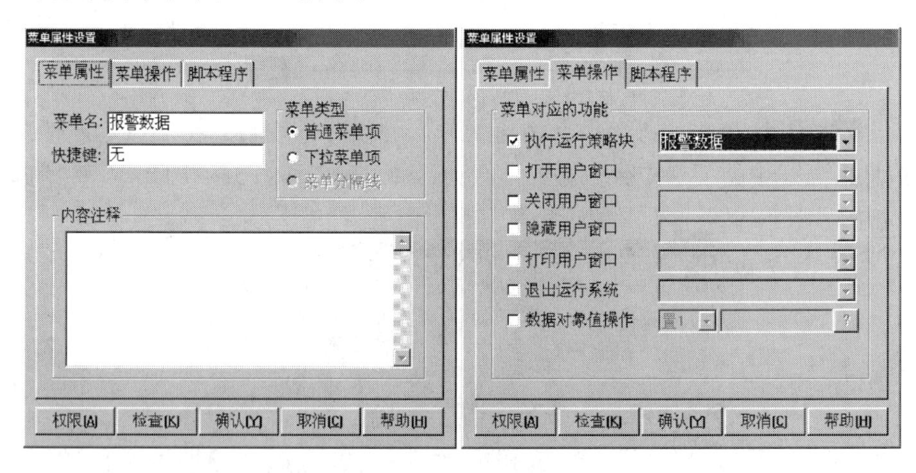

图5－29　菜单属性设置页面

现在直接按“F5”或直接按工具条中图标，进入运行环境，就可以用菜单“报警数据”打开报警历史数据界面。

四、修改报警限值

在“实时数据库”中，对“液位1”、“液位2”的上下限报警值都定义好了，如果用

图 5－30　数据对象属性设置页面

户想在运行环境下根据实际情况随时需要改变报警上下限值，又如何实现呢？在 MCGS 组态软件中提供大量的函数，可以根据需要灵活地进行运用。具体操作如下：

在“实时数据库”中选“新增对象”，增加四个变量，分别为：液位 1 上限、液位 1 下限、液位 2 上限、液位 2 下限，具体设置如图 5－30 所示。

在“用户窗口”中，选“水位控制”进入，在“工具箱”选“标签”A图标用于文字注释，选“输入框”ab用于输入上下限值，如图 5－31 所示。

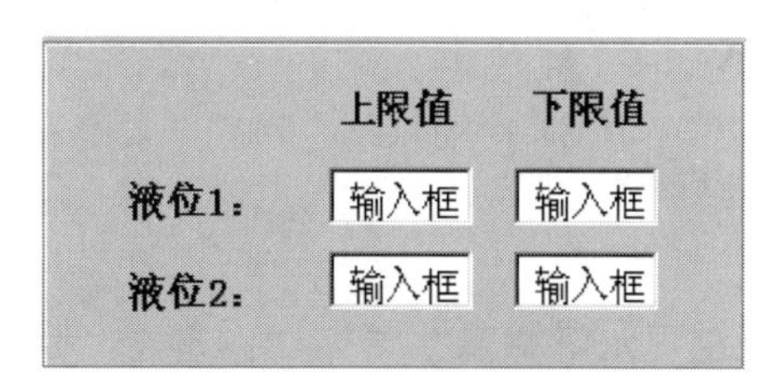

图 5－31　文字注释及输入框

双击输入框图标，进行属性设置，只需要设置“操作属性”，其他不变，如图 5－32 所示。

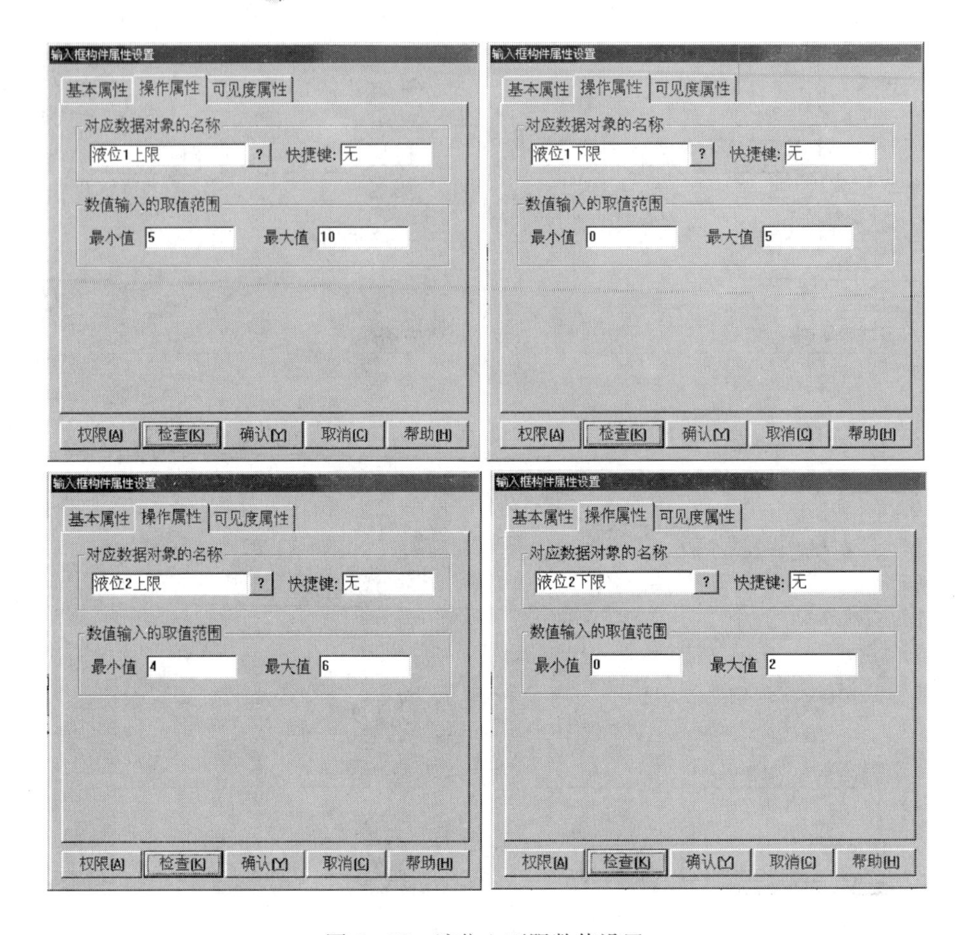

图 5－32 液位上下限数值设置

在 MCGS 组态平台上，单击“运行策略”，在“运行策略”中双击“循环策略”，双击 进入脚本程序编辑环境，在图 5－33 脚本程序中增加如下语句：

```
! SetAlmValue (液位1, 液位1上限, 3)
! SetAlmValue (液位1, 液位1下限, 2)
! SetAlmValue (液位2, 液位2上限, 3)
! SetAlmValue (液位2, 液位2下限, 2)
```

如果对该函数! SetAlmValue（液位 1，液位 1 上限，3）不了解，可求助“在线帮助”，按“帮助”按钮，弹出“MCGS 帮助系统”，在“索引”中输入“! SetAlmValue”，如图 5－34 所示。

五、报警动画

当有报警产生时，可以用提示灯显示，具体操作是在“用户窗口”中选中“水位控制”，双击进入，单击“工具箱”中的“插入元件” 图标，进入“对象元件库管理”，从“指示灯”中选取如图： ，调整大小放在适当位置。如 作为“液位 1”的报警指示， 作为“液位 2”的报警指示，双击指示灯后，出现设置界面，键入相关内容，如图 5－35 所示。

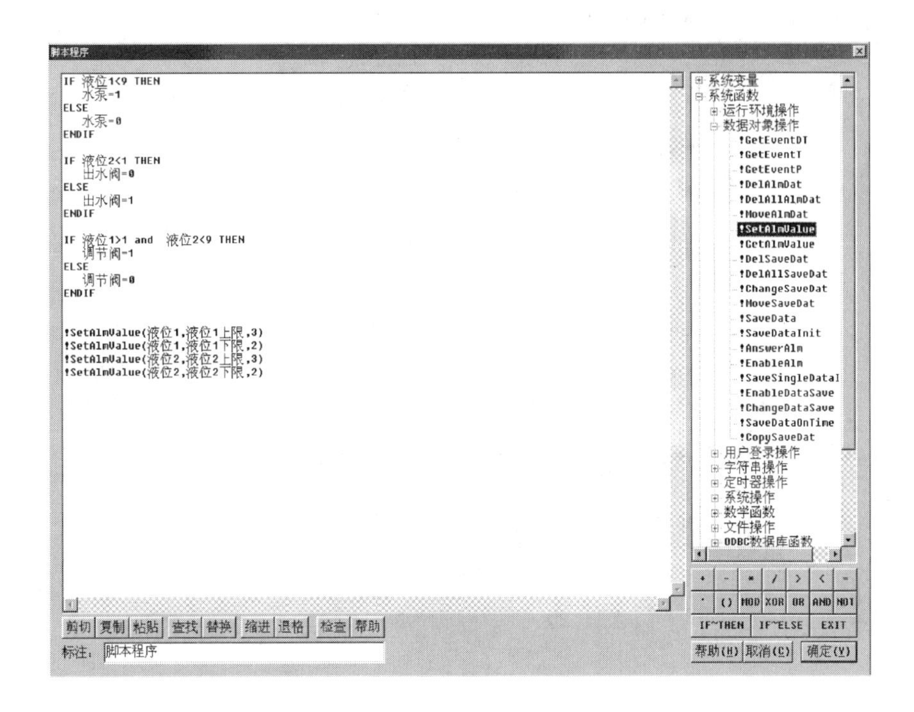

图 5－33　填写脚本程序的界面

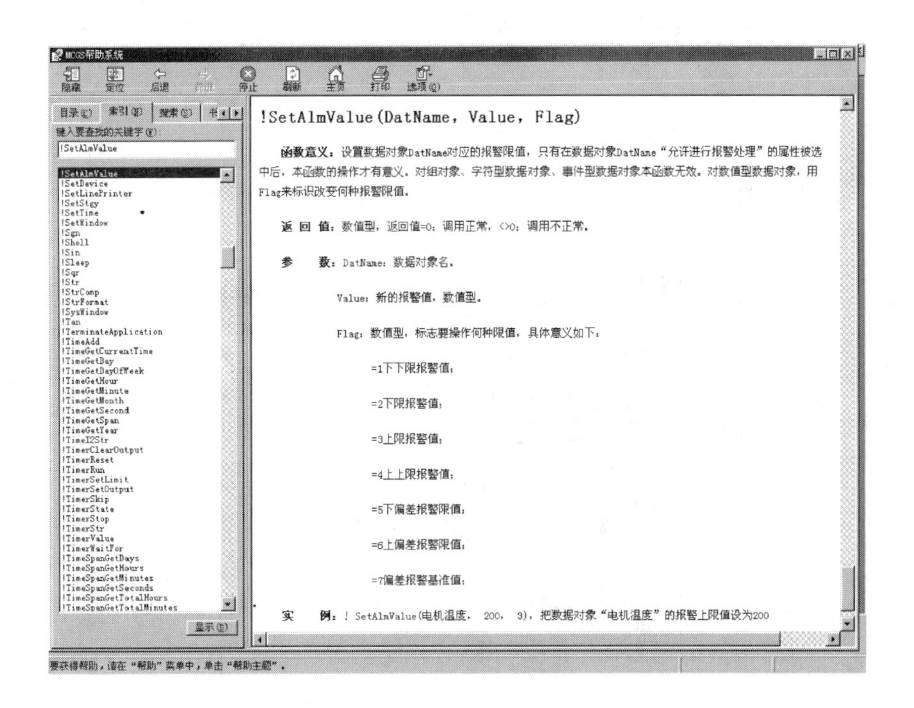

图 5－34　在线帮助界面

此时，直接按“F5”，工程下载后，再进入运行环境，整体效果如图 5－36 所示。

图 5－35 “指示灯”的属性设置

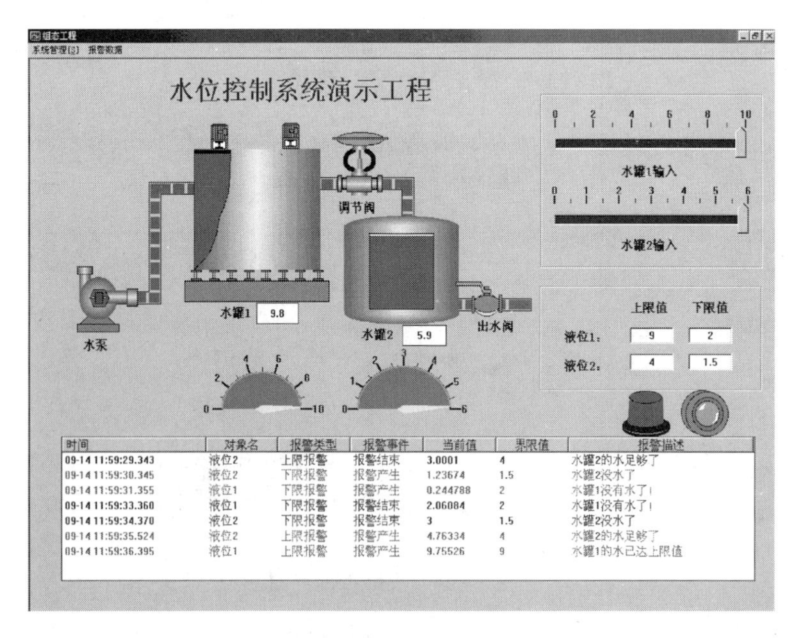

时间	对象名	报警类型	报警事件	当前值	界限值	报警描述
09-14 11:59:29.343	液位2	上限报警	报警结束	3.0001	4	水罐2的水足够了
09-14 11:59:30.345	液位2	下限报警	报警产生	1.23674	1.5	水罐2没水了
09-14 11:59:31.355	液位1	下限报警	报警产生	0.244788	2	水罐1没有水了!
09-14 11:59:33.360	液位1	下限报警	报警结束	2.06084	2	水罐1没有水了!
09-14 11:59:34.370	液位2	下限报警	报警结束	3	1.5	水罐2没水了
09-14 11:59:35.524	液位2	上限报警	报警产生	4.76334	4	水罐2的水足够了
09-14 11:59:36.395	液位1	上限报警	报警产生	9.75526	9	水罐1的水已达上限值

图 5－36 水位控制系统整体效果图

第六节 报 表 输 出

在工程应用中，大多数监控系统需要对数据采集设备采集的数据进行存盘和统计分析，并根据实际情况打印出数据报表，所谓数据报表就是根据实际需要以一定格式将统计分析后的数据记录显示和打印出来，如实时数据报表、历史数据报表（班报表、日报表、月报表等）。数据报表在工控系统中是必不可少的一部分，是数据显示、查询、分析、统计、打印的最终体现，是整个工控系统的最终结果输出；数据报表是对生产过程中系统监控对象的状态的综合记录和规律总结。

一、实时报表

实时数据报表是实时的将当前时间的数据变量按一定报告格式（用户组态）显示和打印，即对瞬时量的反映，实时数据报表可以通过 MCGS 系统的实时表格构件来组态显示实时数据报表。实现实时报表的具体操作如下。

在 MCGS 组态平台上，单击“用户窗口”，在“用户窗口”中单击“新建窗口”按钮产生一个新窗口，单击“窗口属性”按钮，弹出“用户窗口属性设置”窗口，进行设置如图 5－37 所示。

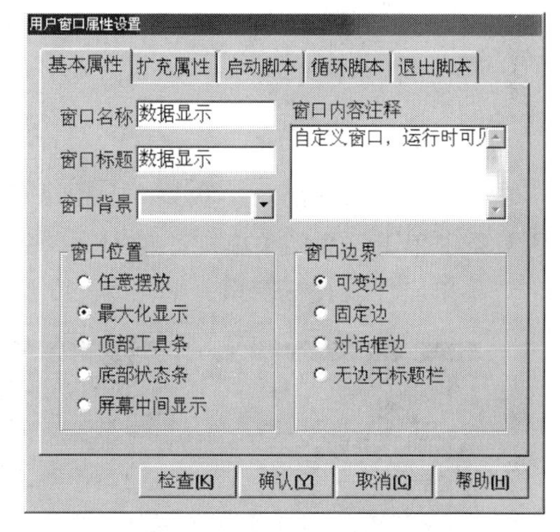

图 5－37　用户窗口属性设置

按“确认”按钮，再按“动画组态”进入“动画组态：数据显示”窗口。用“标签”，作注释：水位控制系统数据显示，实时数据，历史数据。

在工具条中单击“帮助”图标，拖放在“工具箱”中单击“自由表格”图标上就会获得“MCGS 在线帮助”，请仔细阅读，然后再按下面操作进行。

在“工具箱”中单击“自由表格”图标，拖放到桌面适当位置。双击表格进入，如要改变单元格大小，可把鼠标移到 A 与 B 或 1 与 2 之间，当鼠标变化时，拖动鼠标即可，单击鼠标右键进行编辑，如图 5－38 所示。

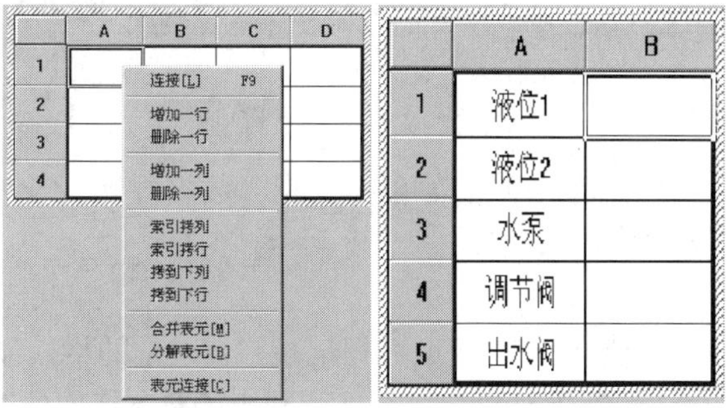

图 5－38　“自由表格”界面

在 R_1C_B处单击鼠标右键，单击“连接”或直接按“F9”，再单击鼠标右键从实时数据库选取所要连接的变量双击或直接输入，如图 5－39 所示。

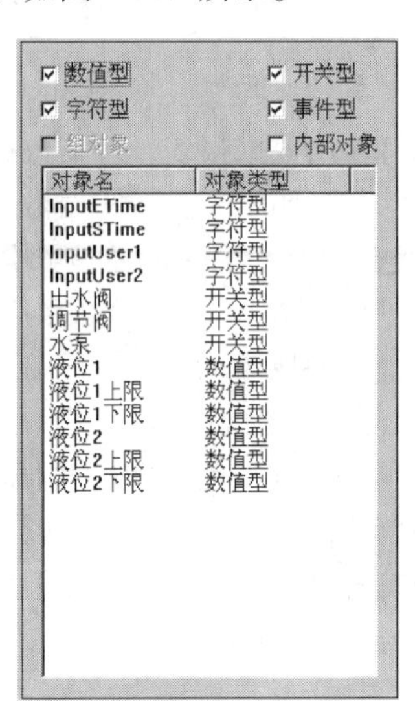

图 5－39　键入相关实时数据

在 MCGS 组态平台上，单击“主控窗口”，在“主控窗口”中，单击“菜单组态”，在工具条中单击“新增菜单项”图标，会产生“操作 0”菜单。双击“操作 0”菜单，弹出“菜单属性设置”窗口，如图 5－40 所示。

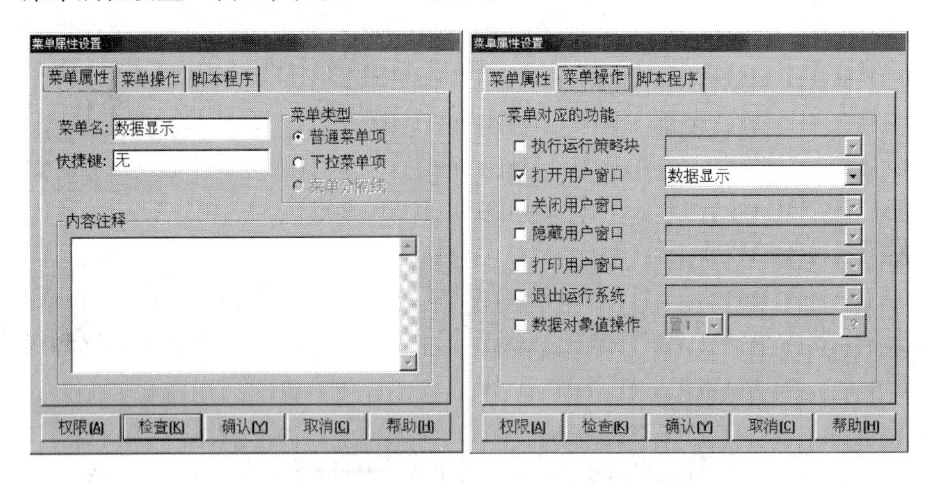

图 5－40　菜单属性设置窗口

按“F5”进入运行环境后，单击菜单项中的“数据显示”会打开“数据显示”窗口，实时数据就会显示出来。

二、历史报表

历史数据报表是从历史数据库中提取数据记录，以一定的格式显示历史数据。实现历史报表有利用策略中的“存盘数据浏览”构件和利用历史表格构件两种方式。

用策略中的“存盘数据浏览”构件，实现历史报表的具体操作如下：

在“运行策略”中单击“新建策略”按钮，弹出“选择策略的类型”，选中“用户策略”，按“确认”。单击“策略属性”，弹出“策略属性设置”，把“策略名称”改为：历史数据，“策略内容注释”为：水罐的历史数据，按“确认”。双击“历史数据”进入策略组态环境，从工具条中单击“新增策略行”图标，再从“策略工具箱”中单击“存盘数据浏览”，拖放在上，则显示

双击图标，弹出“存盘数据浏览构件属性设置”窗口，按图 5－41 进行设置。

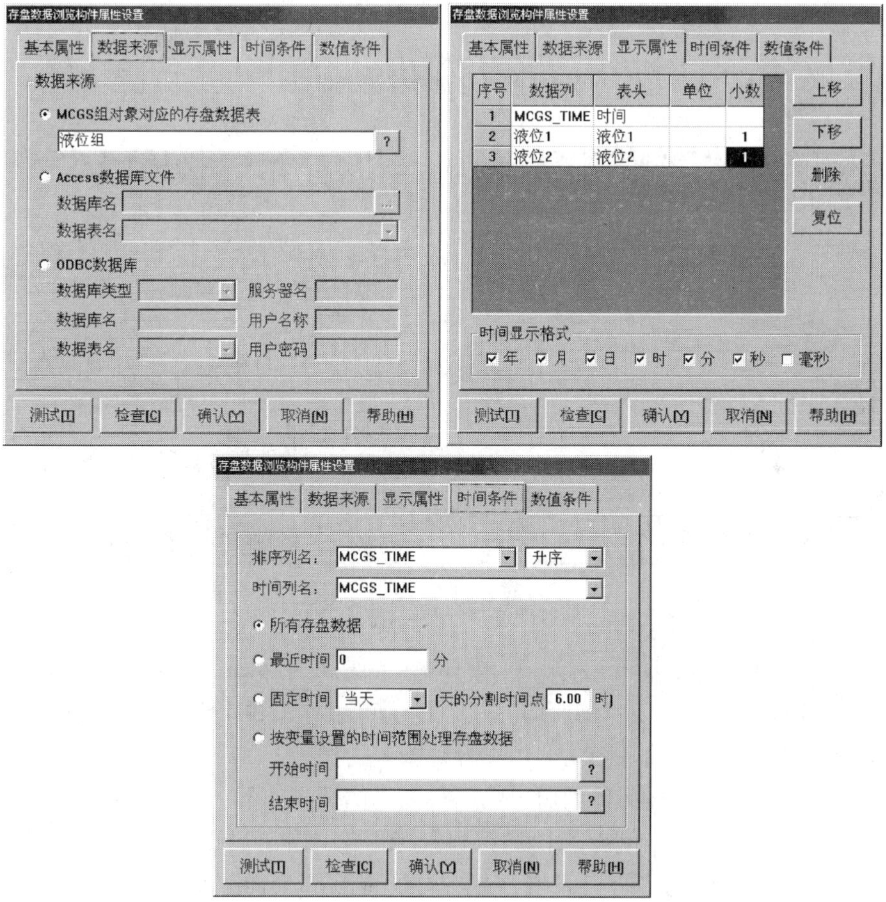

图 5－41　存盘数据浏览构件属性设置窗口

单击“测试”按钮，进入“存盘数据浏览”，如图 5－42 所示。

单击“退出”按钮，再单击“确认”按钮，退出运行策略时，保存所做修改。如果想在运行环境中看到历史数据，请在“主控窗口”中新增加一个菜单，取名为：历史数据，如图 5－43 所示。

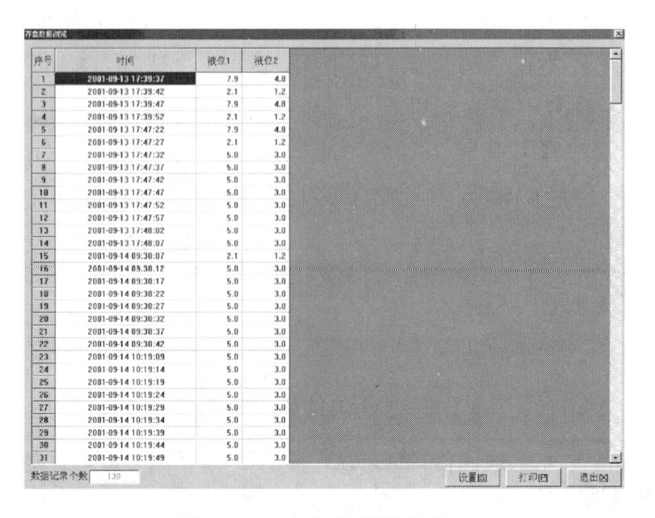

序号	时间	液位1	液位2
1	2001-09-13 17:39:37	7.9	4.8
2	2001-09-13 17:39:42	2.1	1.2
3	2001-09-13 17:39:47	7.9	4.8
4	2001-09-13 17:39:52	2.1	1.2
5	2001-09-13 17:47:22	7.9	4.8
6	2001-09-13 17:47:27	2.1	1.2
7	2001-09-13 17:47:32	5.0	3.0
8	2001-09-13 17:47:37	5.0	3.0
9	2001-09-13 17:47:42	5.0	3.0
10	2001-09-13 17:47:47	5.0	3.0
11	2001-09-13 17:47:52	5.0	3.0
12	2001-09-13 17:47:57	5.0	3.0
13	2001-09-13 17:48:02	5.0	3.0
14	2001-09-13 17:48:07	5.0	3.0
15	2001-09-14 09:30:07	2.1	1.2
16	2001-09-14 09.30.12	5.0	3.0
17	2001-09-14 09:30:17	5.0	3.0
18	2001-09-14 09:30:22	5.0	3.0
19	2001-09-14 09:30:27	5.0	3.0
20	2001-09-14 09:30:32	5.0	3.0
21	2001-09-14 09:30:37	5.0	3.0
22	2001-09-14 09:30:42	5.0	3.0
23	2001-09-14 10:19:09	5.0	3.0
24	2001-09-14 10:19:14	5.0	3.0
25	2001-09-14 10:19:19	5.0	3.0
26	2001-09-14 10:19:24	5.0	3.0
27	2001-09-14 10:19:29	5.0	3.0
28	2001-09-14 10:19:34	5.0	3.0
29	2001-09-14 10:19:39	5.0	3.0
30	2001-09-14 10:19:44	5.0	3.0
31	2001-09-14 10:19:49	5.0	3.0

图 5－42　存盘数据浏览窗口

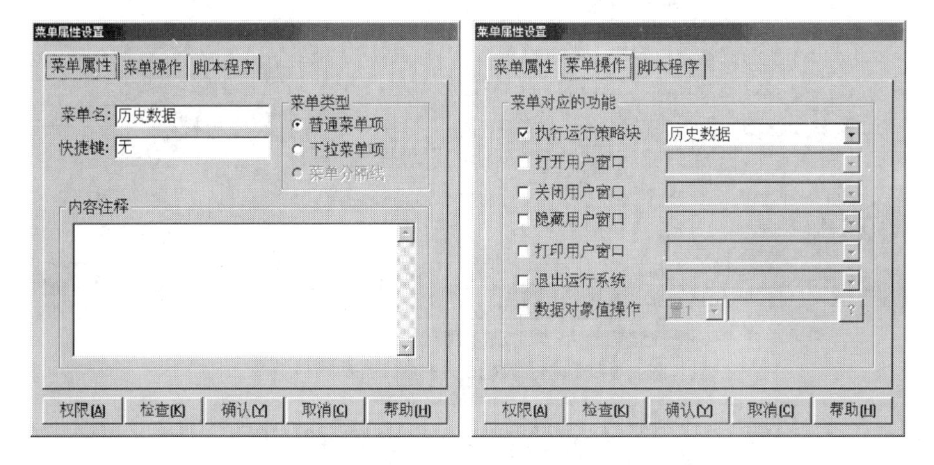

图 5－43　菜单属性设置窗口

另一种做历史数据报表的方法为利用 MCGS 的历史表格构件。历史表格构件是基于“Windows 下的窗口”和“所见即所得”机制的，可以在窗口上利用历史表格构件强大的格式编辑功能配合 MCGS 的画图功能作出各种精美的报表。

利用 MCGS 的历史表格构件做历史数据报表具体操作如下：

在 MCGS 开发平台上，单击“用户窗口”，在“用户窗口”中双击“数据显示”进入，在“工具箱”中单击“历史表格”▦图标，拖放到桌面，双击表格进入，把鼠标移到在 C1 与 C2 之间，当鼠标发生变化时，拖动鼠标改变单元格大小；单击鼠标右键进行编辑。在 R_1C_1 输入“采集时间”，R_1C_2 输入“液位 1”，R_1C_3 输入“液位 2”。拖动鼠标从 R_2C_1 到 R_5C_3，表格会反黑，如图 5－44 所示。

在表格中单击鼠标右键，单击“连接”或直接按“F9”，单击“表格”菜单中“合并单元”选项，或直接单击工具条中“编辑条”▣图标，从编辑条中单击“合并单元”▣图标，表格中所选区域会出现反斜杠，如图 5－45 所示。

	C1	C2	C3
R1	采集时间	液位1	液位2
R2			
R3			
R4			
R5			

图 5－44　“历史表格”界面

连接	C1*	C2*	C3*
R1*			
R2*			
R3*			
R4*			
R5*			

图 5－45　“历史表格”界面

双击表格中反斜杠处，弹出“数据库连接设置”窗口，具体设置如图 5－46 所示，设置完毕后按“确认”退出。

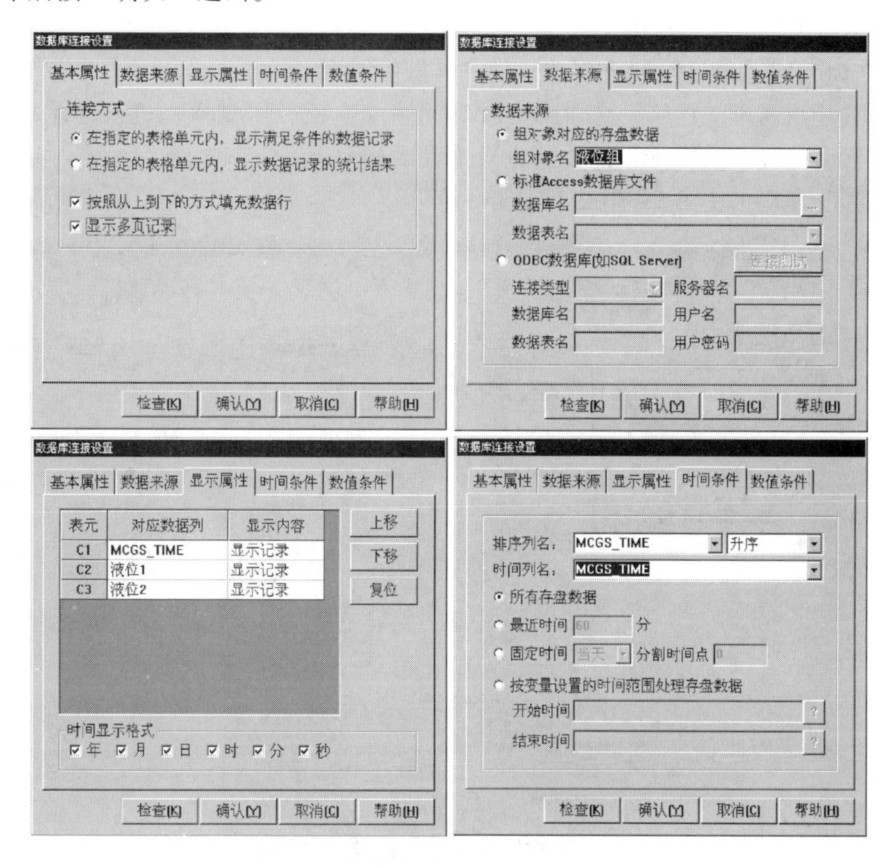

图 5－46　数据库连接设置窗口

这时便可进入运行环境。如果只想看到历史数据后面 1 位小数，可以按图 5－47 操作。

	C1	C2	C3
R1	采集时间	液位1	液位2
R2		1|0	1|0
R3		1|0	1|0
R4		1|0	1|0
R5		1|0	1|0

图 5－47　“历史表格”界面

到此，实时报表与历史报表制作完毕。

第七节　曲　线　显　示

在实际生产过程控制中，对实时数据、历史数据的查看、分析是不可缺少的工作。但对大量数据仅做定量的分析还远远不够，必须根据大量的数据信息，画出曲线，分析曲线的变化趋势并从中发现数据变化规律，曲线处理在工控系统中也是一个非常重要的部分。

一、实时曲线

实时曲线构件是用曲线显示一个或多个数据对象数值的动画图形，像笔绘记录仪一样实时记录数据对象值的变化情况。

在 MCGS 组态软件中实现实时曲线的具体操作如下：

单击“用户窗口”标签，在“用户窗口”中双击“数据显示”进入，在“工具箱”中单击“实时曲线”图标，拖放到适当位置调整大小。双击曲线，弹出“实时曲线构件属性设置”窗口，按图 5－48 进行设置。

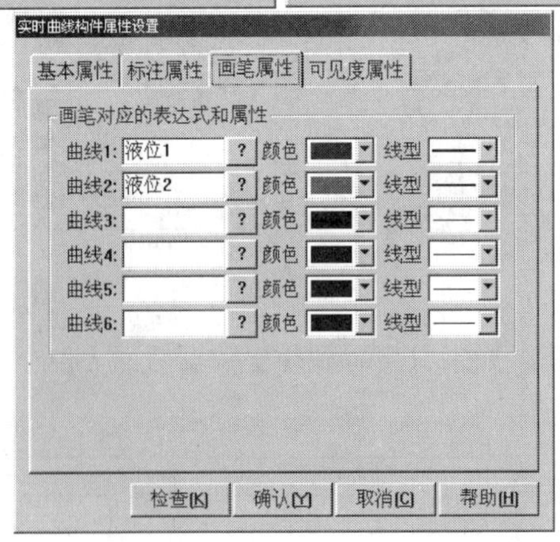

图 5－48　实时曲线构件属性设置

按“确认”即可，在运行环境中单击“数据显示”菜单即可看到实时曲线，双击可以放大曲线。

二、历史趋势

历史曲线构件实现了历史数据的曲线浏览功能。运行时，历史曲线构件能够根据需要画出相应历史数据的趋势效果图。历史曲线主要用于事后查看数据和状态变化趋势和总结规律。

根据需要画出相应历史数据的历史曲线的具体操作如下：

在“用户窗口”中双击“数据显示”进入，在“工具箱”中单击“历史曲线”图标，拖放到适当位置调整大小。双击曲线，弹出“历史曲线构件属性设置”窗口，按图 5－49 所示进行设置，在“历史曲线构件属性设置”中，“液位 1”曲线颜色为“绿色”；“液位 2”曲线颜色为“红色”。

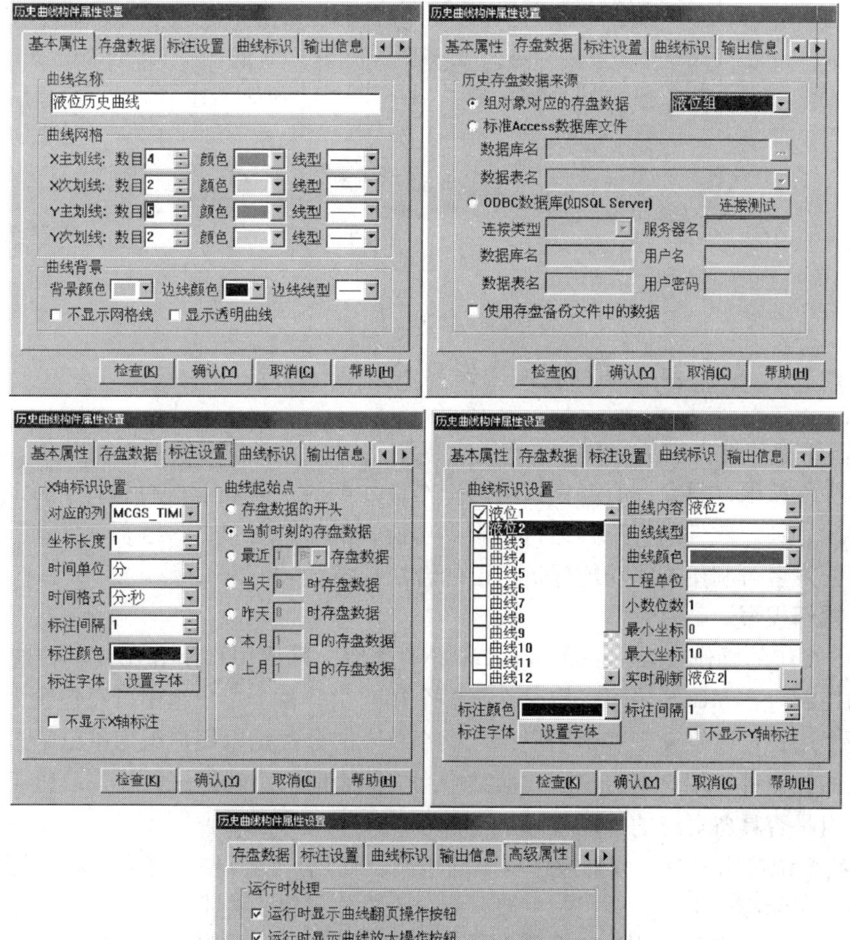

图 5－49　历史曲线构件属性设置窗口

在运行环境中，单击“数据显示”菜单，打开“数据显示窗口”，可以看到实时数据、历史报表、实时曲线、历史曲线，如图 5－50 所示。

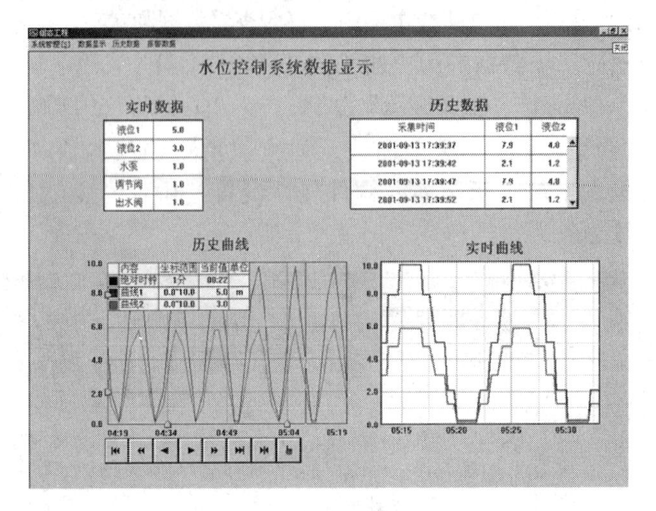

图 5－50　数据显示界面

第八节　安　全　机　制

MCGS 组态软件提供了一套完善的安全机制，用户能够自由组态控制菜单、按钮和退出系统的操作权限，只允许有操作权限的操作员才能对某些功能进行操作。MCGS 还提供了工程密码、锁定软件狗、工程运行期限等功能，来保护用 MCGS 组态软件进行开发所得的成果，开发者可利用这些功能保护自己的合法权益。

一、操作权限

MCGS 系统的操作权限机制和 Windows NT 类似，采用用户组和用户的概念来进行操作权限的控制。在 MCGS 中可以定义无限多个用户组，每个用户组中可以包含无限多个用户，同一个用户可以隶属于多个用户组。操作权限的分配是以用户组为单位来进行的，即某种功能的操作哪些用户组有权限，而某个用户能否对这个功能进行操作取决于该用户所在的用户组是否具备对应的操作权限。

MCGS 系统按用户组来分配操作权限的机制，使用户能方便地建立各种多层次的安全机制。如：实际应用中的安全机制一般要划分为操作员组、技术员组、负责人组。操作员组的成员一般只能进行简单的日常操作；技术员组负责工艺参数等功能的设置；负责人组能对重要的数据进行统计分析；各组的权限各自独立，但某用户可能因工作需要，能进行所有操作，则只需把该用户同时设为隶属于三个用户组即可。

二、系统权限管理

为了整个系统能安全地运行，需要对系统权限进行管理，用户的权限管理具体操作如下：

在菜单“工具”中单击“用户权限管理”，弹出“用户管理器”。点击“用户组名”下面的空白处，如图 5－51（a）所示，再单击“新增用户组”会弹出“用户组属性设置”；点击“用户名”下面的空白处，再单击“新增用户”会弹出“用户属性设置”，按图 5－51（b）所示设置属性后按“确认”按钮，退出。

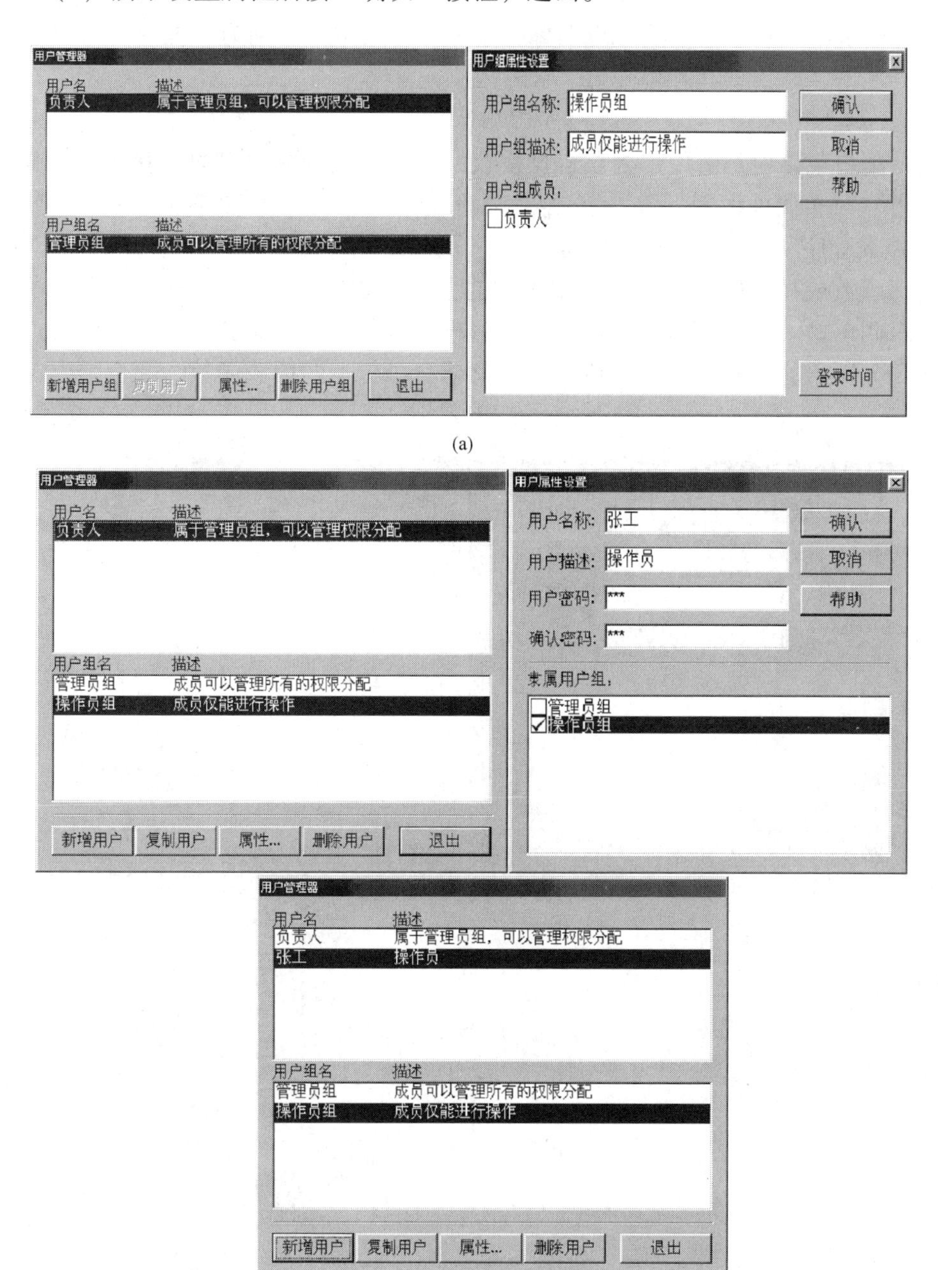

图 5－51 用户权限管理的设置

（a）设置步骤一；（b）设置步骤二

在运行环境中为了确保工程安全可靠地运行，MCGS 建立了一套完善的运行安全机制。运行安全机制的具体操作方法如下：

在 MCGS 组态平台上的“主控窗口”中，按“菜单组态”按钮，打开菜单组态窗口。在“系统管理”下拉菜单下，单击工具条中的“新增菜单项”图标，会产生“操作 0”菜单。连接单击“新增菜单项”图标，增加三个菜单，分别为“操作 1”、“操作 2”、“操作 3”。

1. 登录用户

登录用户菜单项是新用户为获得操作权，向系统进行登录用的。双击“操作 0”菜单，弹出“菜单属性设置”窗口。在“菜单属性”中把“菜单名”改为：登录用户。进入“脚本程序”属性页，在程序框内输入代码！LogOn（）。这里利用的是 MCGS 提供的内部函数或在“脚本程序”中单击“打开脚本程序编辑器”，进入脚本程序编辑环境，从右侧单击“系统函数”，再单击“用户登录操作”，双击“！LogOn（）”也可，如图 5－52 所示，这样在运行中执行此项菜单命令时，调用该函数，便会弹出 MCGS 登录窗口。

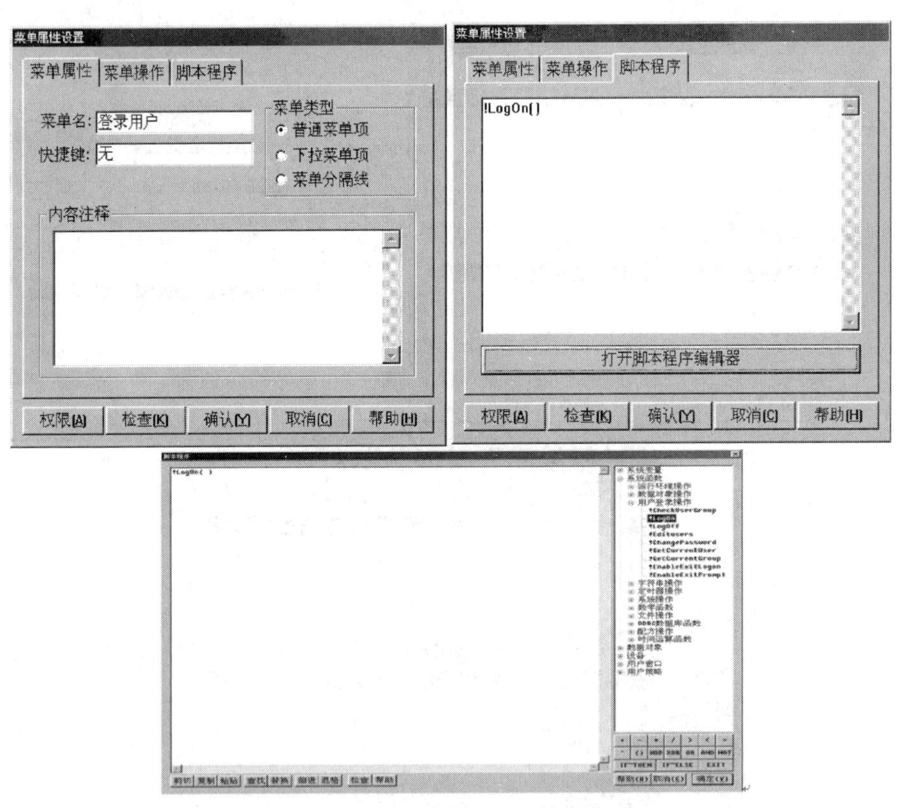

图 5－52 “用户登录”设置窗口

2. 退出登录

用户完成操作后，如想交出操作权，可执行此项菜单命令。双击“操作 1”菜单，弹出“菜单属性设置”窗口。进入属性设置窗口的“脚本程序”页，输入代码！LogOff()（MCGS 系统函数），如图 5－53 所示，在运行环境中执行该函数，便会弹出提示框，确定是否退出登录。

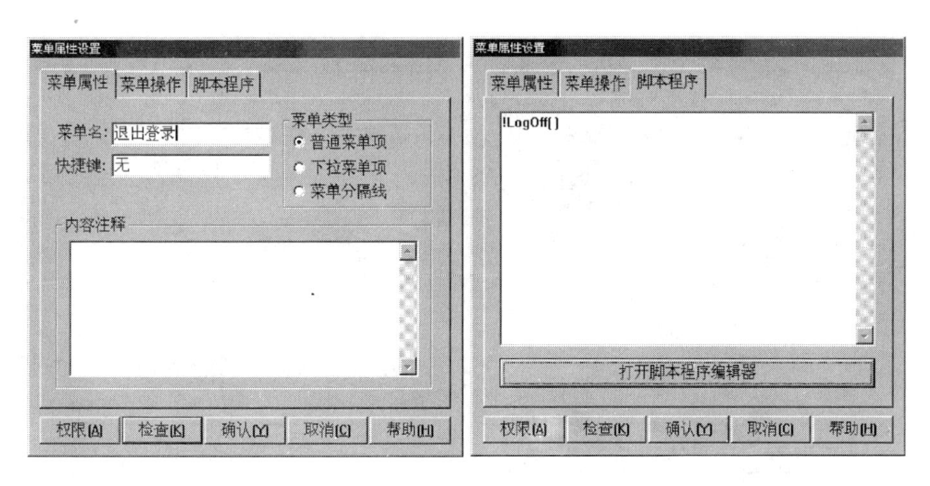

图 5－53　“退出登录”设置窗口

3. 用户管理

双击“操作 2”菜单，弹出“菜单属性设置”窗口。在属性设置窗口的“脚本程序”页中，输入代码！Editusers（）（MCGS 系统函数），如图 5－54 所示。该函数的功能是允许用户在运行时增加、删除用户，修改密码。

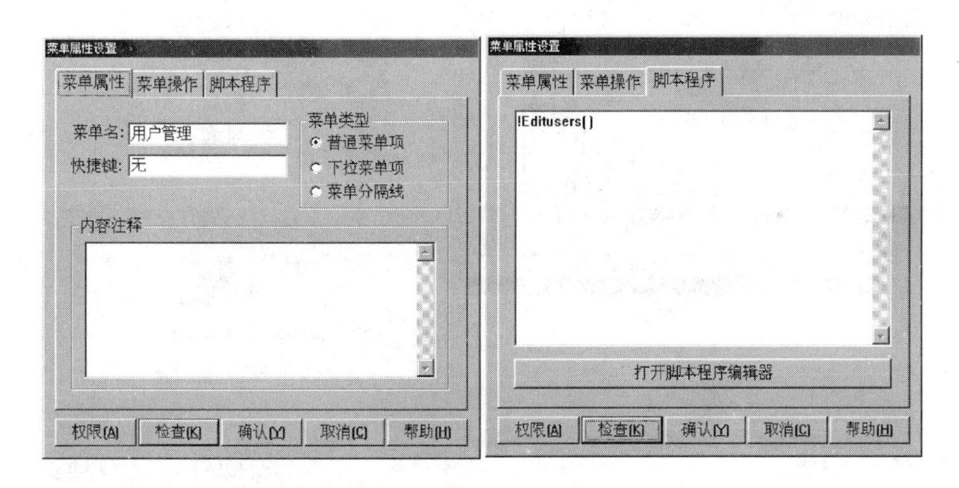

图 5－54　“用户管理”设置窗口

4. 修改密码

双击“操作 3”菜单，弹出“菜单属性设置”窗口。在属性设置窗口的“脚本程序”页中输入代码！ChangePassWord（）（MCGS 系统函数），如图 5－55 所示。该函数的功能是修改用户原来设定的操作密码。

按以上进行设置后按“F5”或直接按工具条中图标，进入运行环境。单击“系统管理”下拉菜单中的“登录用户”、“退出登录”，“用户管理”、“修改密码”，分别弹出如图 5－56 所示的窗口。如果不是用有管理员身份登录的用户，单击“用户管理”，会弹出“权限不足，不能修改用户权限设置”窗口。

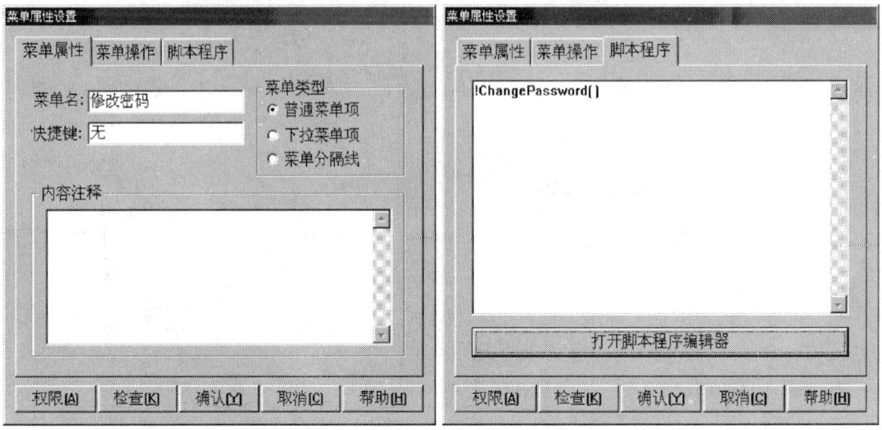

图 5－55　“修改用户密码”设置窗口

图 5－56　系统管理窗口

5. 系统运行权限

在 MCGS 组态平台上单击“主控窗口”，选中“主控窗口”，单击“系统属性”，弹出“主控窗口属性设置”窗口。在“基本属性”中单击“权限设置”按钮，弹出“用户权限设置”窗口。在“权限设置”按钮下面选择“进入登录，退出登录”，如图 5－57 所示。

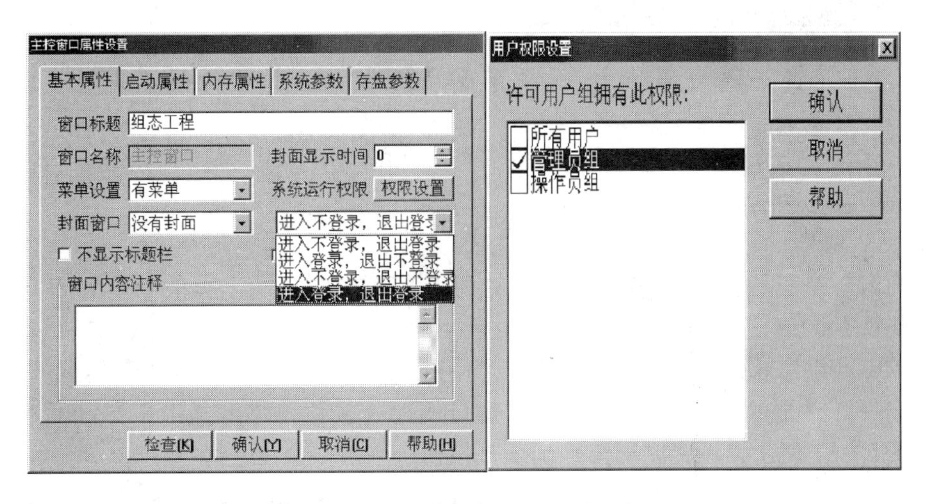

图 5－57　“系统运行权限”设置窗口

再按“F5”或直接按工具条中图标，工程下载后进入运行环境时会出现“用户登录”窗口，只有具有管理员身份的用户才能进入运行环境，退出运行环境时也一样，如图 5－58 所示。

图 5－58　用户登录窗口

三、工程加密

在“MCGS 组态环境”下如果不想要其他人随便看到您所组态的工程或防止竞争对手了解工程组态细节，可以为工程加密。

在“工具”下拉菜单中单击“工程安全管理”，再单击“工程密码设置”，弹出“修改工程密码”窗口，如图 5－59 所示。修改密码完成后按“确认”工程加密即可生效，下次打开“水位控制系统”时，需键入新的密码后方可进入工程的各个界面。

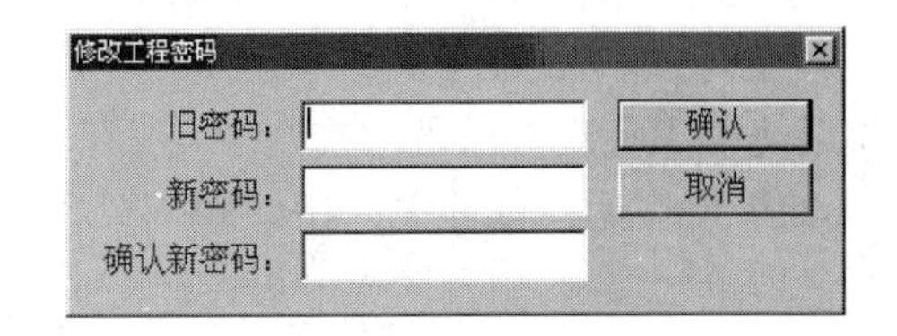

图 5－59　修改工程密码窗口

第九节 进一步了解MCGS组态软件的应用

本节将进一步介绍MCGS组态软件在其他方面的应用及相关知识。

一、封面动画的制作

1. 动画制作

封面窗口是工程运行后第一个显示的图形界面，如演示工程的封面窗口样式，如图5-60所示。

在MCGS组态软件开发平台上，单击“用户窗口”进入，再单击“新建窗口”按钮，生成“窗口0”，选中“窗口0”，单击“窗口属性”按钮，弹出“用户窗口属性”具体设置如图5-61所示，设置完毕按“确认”按钮，退出。

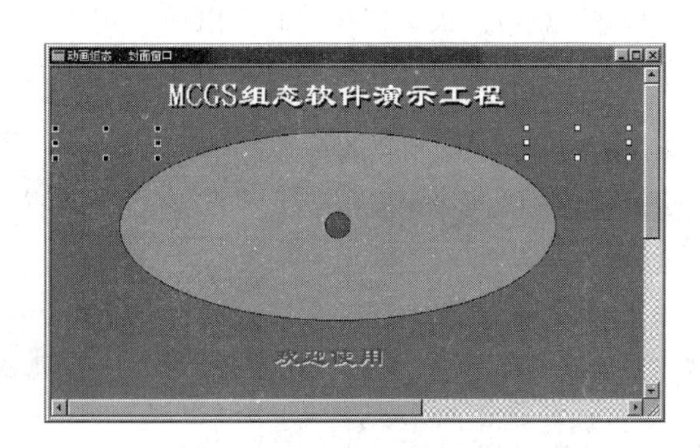

图5-60 封面窗口举例样式

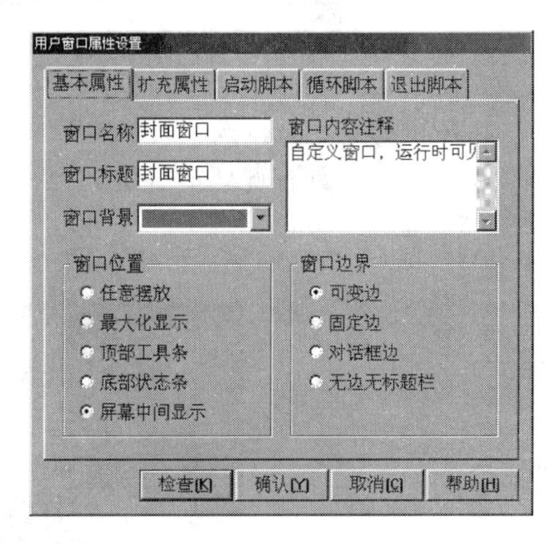

图5-61 用户窗口属性设置

立体文字是通过两个文字颜色不同、没有背景（背景颜色与窗口相同）的文字标签重叠而成的。在这里首先应了解“层”的概念。所谓层，指的是图形显示的前后顺序，位于上“层”的物体，必然遮盖下“层”的物体。应用到这里，就是利用两种不同颜色的文字，它们位于不同的“层”（显示的前后顺序不同），X-Y坐标也不相同。

制作要点是建立一个文字标签框图，框图内输入文字，采用“拷贝”的方法复制另一个文字框图，两个文字框图除设置不同的字体颜色之外，其他属性内容的完全相同。两个文本框重叠在一起，利用工具条中的层次调整按钮，改变两者之间的前后层次和相对位置，使上面的文字遮盖下面文字的一部分，形成立体的效果。如实现图5-60中的“MCGS组态软件演示工程”立体文字效果，文字的颜色，可以按图5-62所示设置，颜色为“黑色”的放在下面，颜色为“白色”放在上面，然后通过上下左右键进行调整，“欢迎使用”实现方法也一样。

如果要在运行过程中，让“MCGS组态软件演示工程”闪烁，增加动画效果，可以按图5-63所示设置，表达式设为：1表示条件永远成立。

“封面窗口”中左上侧有一个黑色无框的矩形，右上侧有一个白色无框的矩形，这是用“工具箱”中的“标签”实现的，左上侧在运行时显示当前日期，右上侧在运行时显

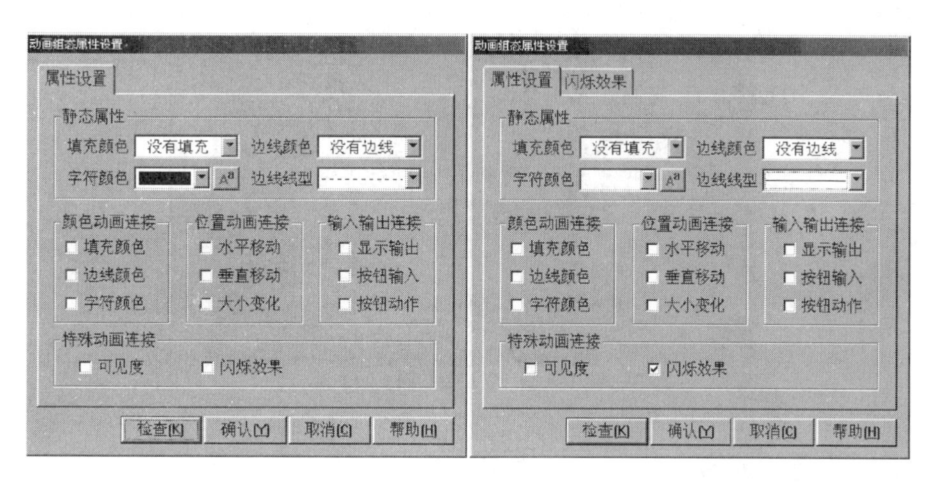

图 5－62　“文字的颜色”设置窗口

示当前时钟。日期属性设置如图 5－64 所示，时钟属性设置与日期属性设置相似，只需要把“显示输出”的表达式中的“日期”改为“时间”即可。

图 5－63　“文字闪烁”设置窗口

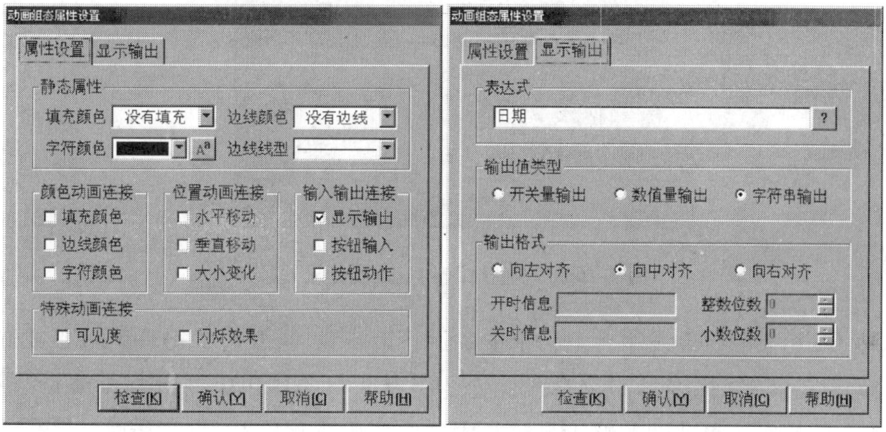

“封面窗口”中有一个大的椭圆，一个小球，在运行过程中小球绕着椭圆的圆周按顺时针周而复始地运动。具体操作如下：

从“工具箱”中选中“椭圆”，拖放到桌面，把其大小调整为：480 × 200，“填充颜色”为“草青色”。在“查看”菜单中单击“状态条”打开状态条，可以根据右下角的大小调整。小球大小调整为：28 × 28，位置位于椭圆的中心，其定位与属性设置分别如图 5－65 和图 5－66 所示。

图 5－64　日期或时间的设置

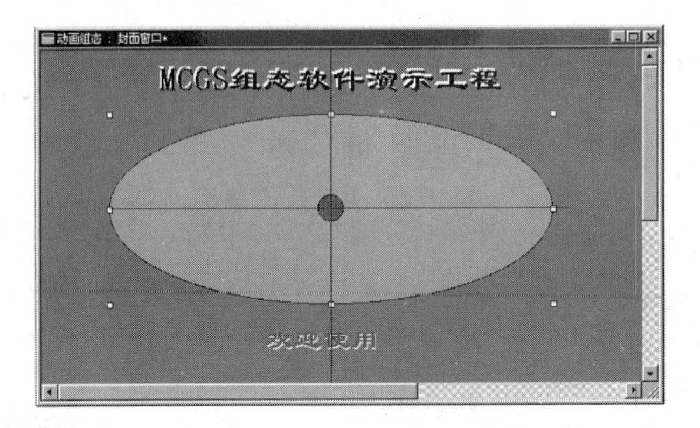

图 5－65　“小球”的位置定位画面

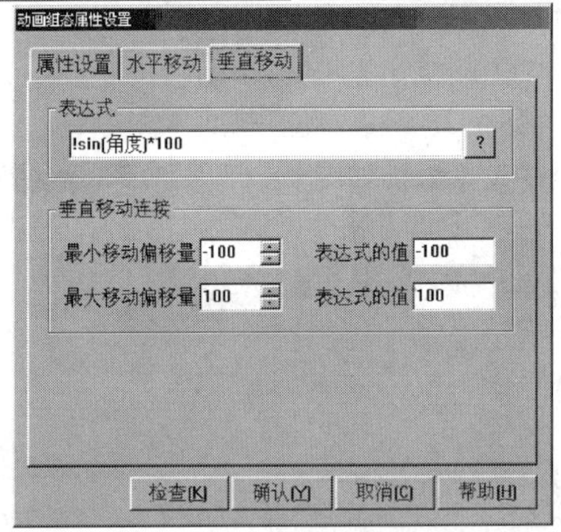

图 5－66　“小球”的定位属性设置窗口

在 MCGS 组态软件开发平台上，单击“运行策略”，再双击“循环策略”或选中“循环策略”，单击“策略组态”进入策略组态中。从工具条中单击“新增策略行”图标，新增加一个策略行。再从“策略工具箱”中选取“脚本程序”，拖到策略行上，单击鼠标左键，如下图，循环时间设为：200ms。

双击进入脚本程序编辑环境，按下面的程序内容输入：

```
角度 = 角度 +3.14/180 ×2
IF 角度 > =3.14 THEN
    角度 = -3.14
ELSE
    角度 = 角度 +3.14/180 ×2
ENDIF
日期 = $Date
时间 = $Time
```

把“标注”改为：封面动画日期时间。

2. 动画效果

在 MCGS 组态软件开发平台上，单击“主控窗口”进入，选中“主控窗口”，单击“系统属性”按钮，弹出“主控窗口属性设置”对话框，具体设置如图 5－67 所示，在“基本属性”中把“封面显示时间”设为 30s，“封面窗口”选中“封面窗口”。

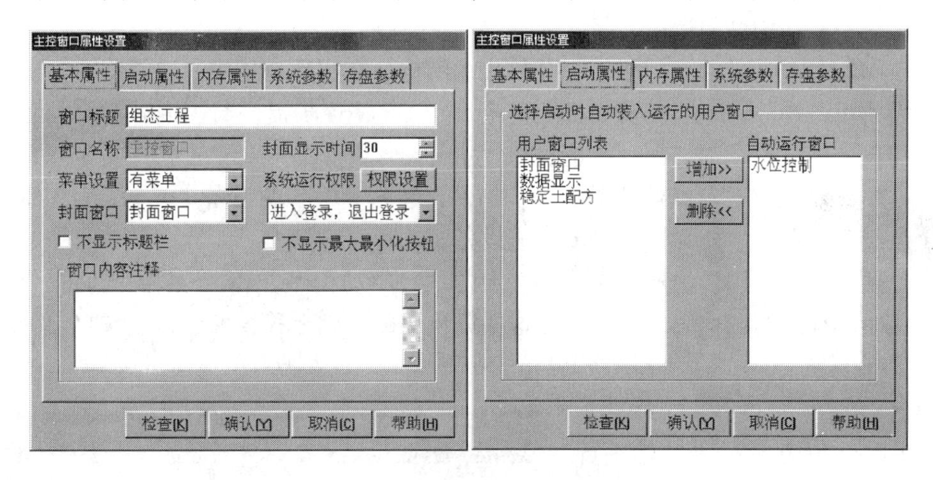

图 5－67　“封面显示时间”的设置窗口

按“F5”，进行程序下载操作后，便可进入运行环境，首先运行的是“封面窗口”，如果不操作键盘与鼠标，封面窗口自动运行 30s 后进入其他控制界面的窗口，否则立即进入其他控制界面的窗口。运行效果图如图 5－68 所示。

二、设备窗口组态

1. 基本概念

设备窗口是 MCGS 系统的重要组成部分，负责建立系统与外部硬件设备的连接，使得 MCGS 能从外部设备读取数据并控制外部设备的工作状态，实现对自动控制、节电控制以及工业过程的实时监控。

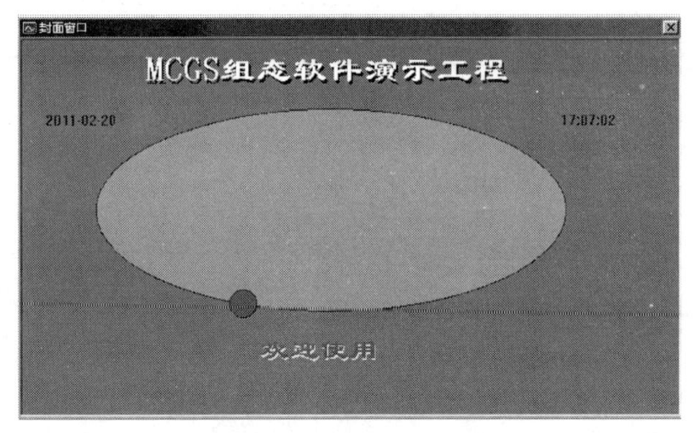

图 5-68　运行效果图

MCGS 实现设备驱动的基本方法是：在设备窗口内配置不同类型的设备构件，并根据外部设备的类型和特征，设置相关的属性，将设备的操作方法，如硬件参数配置、数据转换、设备调试等都封装在构件之内，以对象的形式与外部设备建立数据的传输通道连接。系统运行过程中，设备构件由设备窗口统一调度管理，通过通道连接，向实时数据库提供从外部设备采集到的数据，从实时数据库查询控制参数，发送给系统其他部分，进行控制运算和流程调度，实现对设备工作状态的实时检测和过程的自动控制。

MCGS 的这种结构形式使其成为一个与设备无关的系统，对于不同的硬件设备，只需定制相应的设备构件，放置到设备窗口中，并设置相关的属性，系统就可对这一设备进行操作，而不需要对整个系统结构作任何改动。

在 MCGS 单机版中，一个用户工程只允许有一个设备窗口，设置在主控窗口内。运行时，由主控窗口负责打开设备窗口。设备窗口是不可见的窗口，在后台独立运行，负责管理和调度设备驱动构件的运行。

由于 MCGS 对设备的处理采用了开放式的结构，在实际应用中，可以很方便地定制并增加所需的设备构件，不断充实设备工具箱。MCGS 将逐步提供与国内外常用的工控产品相对应的设备构件，同时，MCGS 也提供了一个接口标准，以方便用户用 VisualBasic 或 VisualC + + 编程工具自行编制所需的设备构件，装入 MCGS 的设备工具箱内。MCGS 提供了一个高级开发向导，能为用户自动生成设备驱动程序的框架。

为方便普通工程用户快速定制开发特定的设备驱动程序，MCGS 系统同时提供了系统典型设备驱动程序的源代码，用户可在这些源代码的基础上移植修改，生成自己的设备驱动程序。

对已经编好的设备驱动程序，MCGS 使用设备构件管理工具进行管理，单击在 MCGS “工具” 菜单下的 “设备构件管理项”，将弹出如图 5-69 所示的 “设备管理” 窗口。

图 5-69　设备管理窗口

设备管理工具的主要功能是方便用户在上百种的设备驱动程序中快速的找到适合自己的设备驱动程序，并完成所选设备在 Windows 中的登记和删除登记工作等。

MCGS 设备驱动程序的登记和

删除登记，在初次使用 MCGS 设备或用户自己新编设备之前，必须按下面的方法完成设备驱动程序的登记，否则，可能会出现不可预测的错误。

设备驱动程序的登记方法是在图 5－69 所示的窗口左边列出了 MCGS 现在支持的所有设备，在窗口右边列出所有已经登记设备，用户只需在窗口左边的列表框中选中需要使用的设备，按“增加”按钮即完成了 MCGS 设备的登记工作，在窗口右边的列表框中选中需要删除的设备按“删除”按钮即完成了 MCGS 设备的删除登记工作。

MCGS 设备驱动程序的选择，在图 5－69 所示的窗口左边列表框中列出了 MCGS 所有的设备（在 MCGS 的\\Program\Derives 目录下所有设备），可选设备是按一定分类方法分类排列，用户可以根据分类方法去查找自己需要的设备。例如，用户要查找康拓 IPC－5488 采集模板的驱动程序，需要先找采集模板目录，在采集模板目录下找康拓板卡目录，再在康拓板卡目录下就可以找到康拓 IPC－5488。按安装按钮可以安装其他目录（非 MCGS 的\\Program\Derives 目录）下的设备。

MCGS 设备目录的分类方法，为了用户在众多的设备驱动中方便快速的找到需要的设备驱动，MCGS 所有的设备驱动都是按合理的分类方法排列的，分类方法如图 5－70 所示。

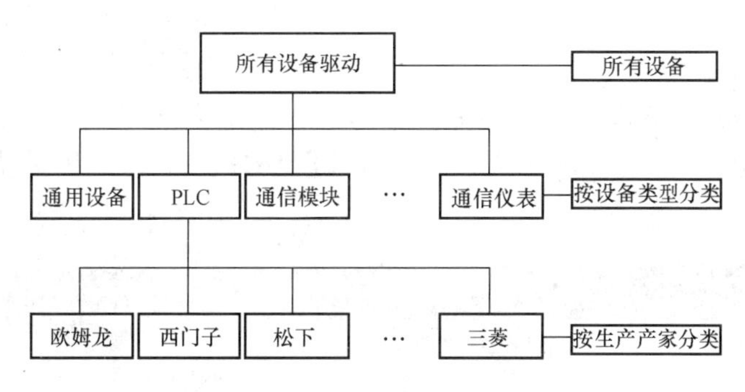

图 5－70 MCGS 设备驱动分类方法

2. 设备在线调试

下面以西门子 S7200PLC 为例，介绍硬件设备与 MCGS 组态软件是如何连接的。具体操作如下：

在 MCGS 组态软件开发平台上，单击“设备窗口”，再单击“设备组态”按钮进入设备组态。从“工具条”中单击“工具箱”，弹出“设备工具箱”对话框。单击“设备管理”按钮，弹出“设备管理”对话框。从“可选设备”中双击“通用设备”，找到“串口通信父设备”双击，选中其下的“串口通信父设备”双击或单击“增加”按钮，加到右面已选设备。再双击“PLC 设备”，找到“西门子”双击，再双击“S7－200－PPI”，选中“西门子 S7－200PPI”双击或单击“增加”按钮，加到右面已选设备，如图 5－71（a）所示。

单击“确认”按钮，回到“设备工具箱”如图 5－71（b）所示。

双击“设备工具箱”中的“串口通信父设备”，再双击“西门子 S7－200PPI”，如图 5－72（a）所示。

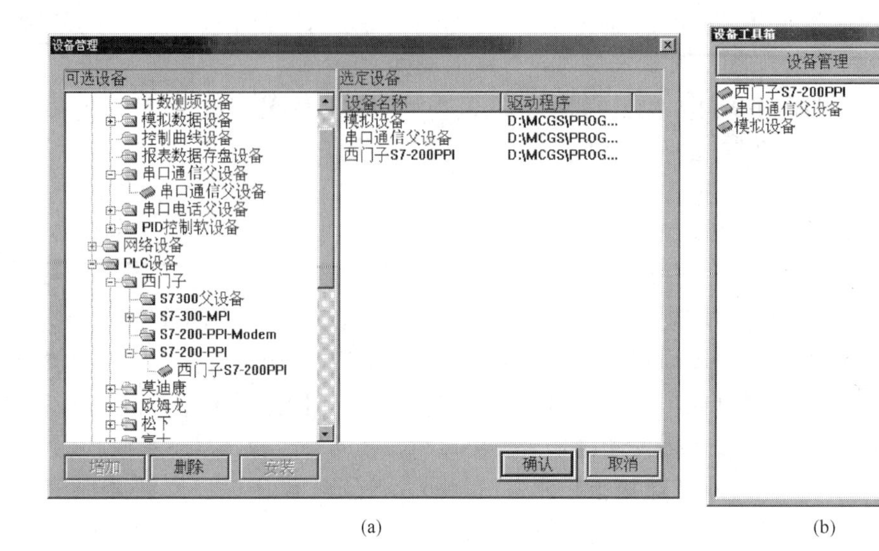

(a) (b)

图 5-71 “设备选择”设置窗口

（a）设备管理；（b）设备工具箱

双击“设备1-［串口通信父设备］”，弹出“设备属性设置”对话框，如图 5-72（b）所示，按实际情况进行设置，西门子默认参数设置为：波特率 9600，8 位数据位，1 位停止位，偶校验。参数设置完毕，单击“确认”按钮保留。如果是首次使用，请单击“帮助”按钮或选中“查看设备在线帮助”，单击[...]图标，打开“MCGS 帮助系统”，请详细阅读。

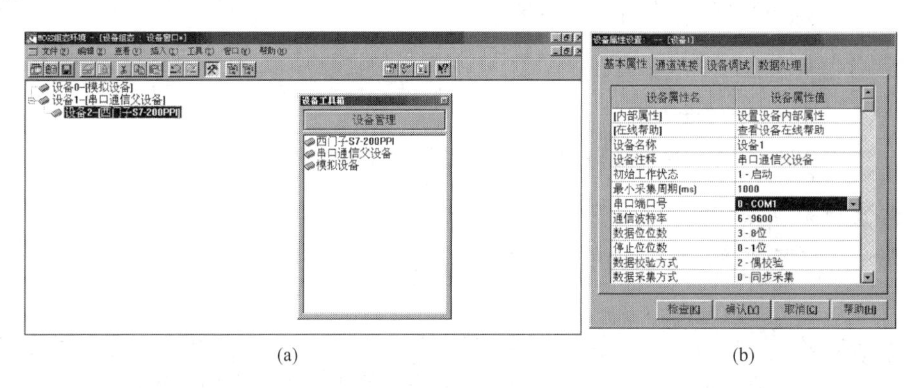

(a) (b)

图 5-72 “设备参数”设置

（a）设备组态；（b）设备属性设置

计算机串行口是计算机和其他设备通信时最常用的一种通信接口，1 个串行口可以挂接多个通信设备（如 1 个 RS-485 总线上可挂接 255 个 ADAM 通信模块，但它们共用 1 个串口父设备），为适应计算机串行口的多种操作方式，MCGS 组态软件采用在串口通信父设备下挂接多个通信子设备的一种通信设备处理机制，各个子设备继承一些父设备的公有属性，同时又具有自己的私有属性。在实际操作时，MCGS 提供 1 个串口通信父设备构件和多个通信子设备构件，串口通信父设备构件完成对串口的基本操作和参数设置，通信子设备构件则为串行口实际挂接设备的驱动程序。

S7－200PPI 构件用于 MCGS 操作和读写西门子 S7_ 21X、S7_ 22X 系列 PLC 设备的各种寄存器的数据或状态。本构件使用西门子 PPI 通信协议，采用西门子标准的 PC\PPI 通信电缆或通用的 RS－232/485 转换器，能够方便、快速地与 PLC 通信。

双击［西门子 S7－200PPI］，弹出“设备属性设置”对话框，如图 5－73（a）所示，在属性设置之前，建议先仔细阅读“MCGS 帮助系统”，了解在 MCGS 组态软件中如何操作西门子 S7－200PPI。

在图 5－73（a）窗口中，选中“基本属性”中的“设置设备内部属性”，出现[...]图标，单击[...]图标，弹出“西门子 S7－200PLC 通道属性设置”对话框。如图 5－73（b）所示。

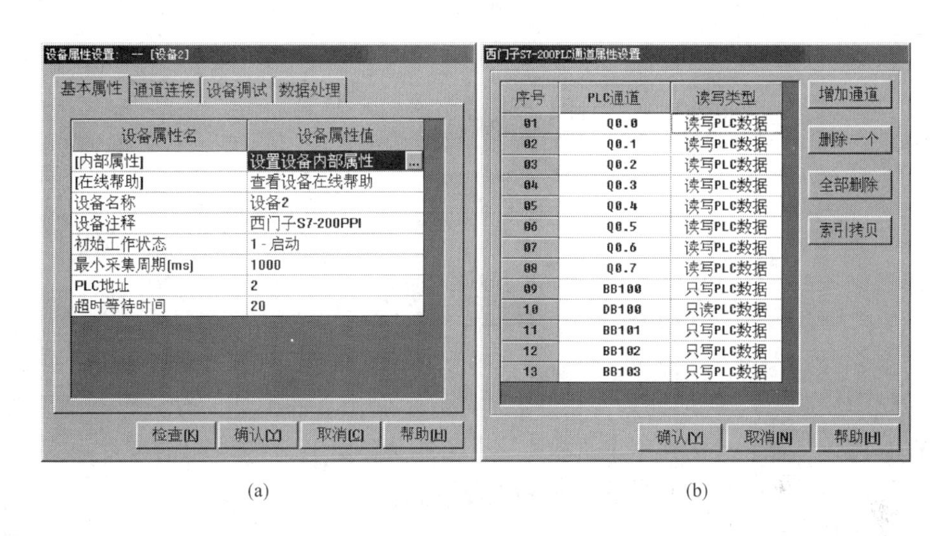

(a) (b)

图 5－73 “设备内部属性”及“通道属性”设置窗口

（a）设备属性设置；（b）通道属性设置

单击图 5－73（b）中的“增加通道”按钮，弹出“增加通道”对话框，如图 5－74 所示，设置好后按“确认”按钮。

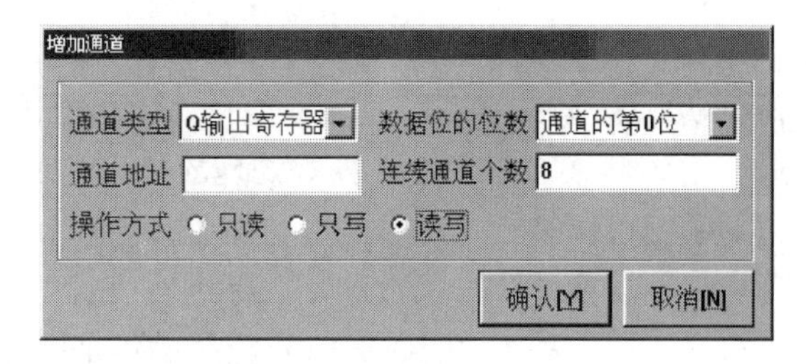

图 5－74 “增加通道”对话框窗口

西门子 S7－200 PLC 设备构件把 PLC 的通道分为只读、只写、读写三种情况，只读用于把 PLC 中的数据读入到 MCGS 的实时数据库中，只写用于把 MCGS 实时数据库中的数据写入到 PLC 中，读写则可以从 PLC 中读数据，也可以往 PLC 中写数据。当第一次启动设备工作时，把 PLC 中的数据读回来，以后若 MCGS 不改变寄存器的值则把 PLC 中的值读回来。若 MCGS 要改变当前值则把值写到 PLC 中，这种操作的目的是，防止用户 PLC 程序中有些通道的数据在计算机第一次启动，或计算机中途死机时不能复位，另外可以节省变量的个数。

“通道连接”如图 5－75（a）所示，进行设置。

在“设备调试”中就可以在线调试“西门子 S7－200PPI”，如图 5－75（b）所示。

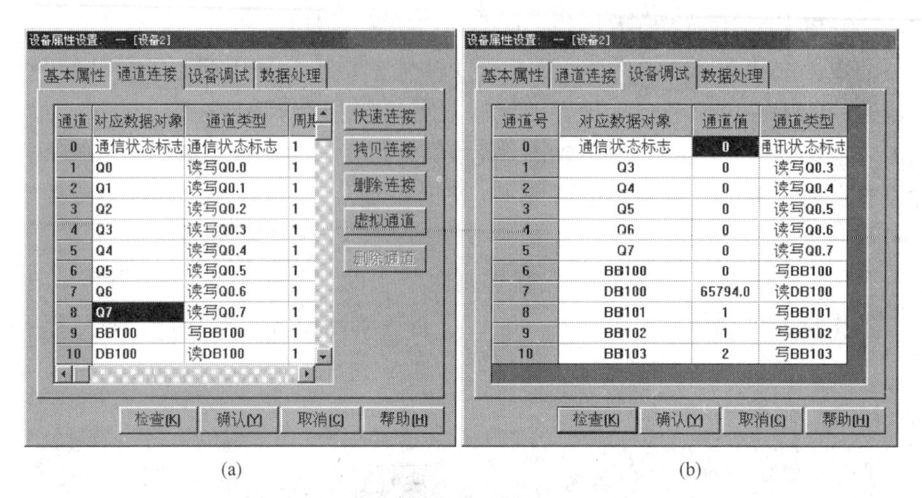

图 5－75　“通道连接”及“设备调试”窗口

（a）通道连接；（b）设备调试

如果“通信状态标志”为 0 则表示通信正常，否则 MCGS 组态软件与西门子 S7－200 PLC 设备通信失败。如通信失败，则按以下方法排除：

（1）检查 PLC 是否上电。

（2）检查 PPI 电缆是否正常。

（3）确认 PLC 的实际地址是否和设备构件基本属性页的地址一致，若不知道 PLC 的实际地址，则用编程软件的搜索工具检查，若有则会显示 PLC 的地址。

（4）检查对某一寄存器的操作是否超出范围。

其他设备如板卡、模块、仪表、PLC 等，在用 MCGS 组态软件调试前，请详细阅读硬件使用说明与 MCGS 在线帮助系统。

三、数据前处理

在实际应用中，经常需要对从设备中采集到的数据或输出到设备的数据进行处理，以得到实际需要的工程物理量，如从 AD 通道采集进来的数据一般都为电压 mV 值，需要进行量程转换或查表、计算等处理才能得到所需的工程物理量。MCGS 系统对设备采集通道的数据可以进行八种形式的数据处理，包括多项式计算、倒数计算、开方计算、滤波处理、工程转换计算、函数调用、标准查表计算、自定义查表计算，各种处理可单独进行也可组合进行。MCGS 的数据前处理与设备是紧密相关的，在 MCGS 设备窗口下，打开设备构件，设置其数据处理属性页即可进行 MCGS 的数据前处理组态，如图 5－76（a）所示。

按图 5－76（a）中的“设置”按钮则打开“通道处理设置”，进行数据前处理组态，如图 5－76（b）所示。

在 MCGS 通道处理设置窗口中，进行数据前处理的组态设置。如对设备通道 3 的输入信号 1000～5000mV（采集信号）工程转换成 0～100RH（传感器量程）的湿度，则选择第 5 项工程转换，相关设置如图 5－77（a）所示。

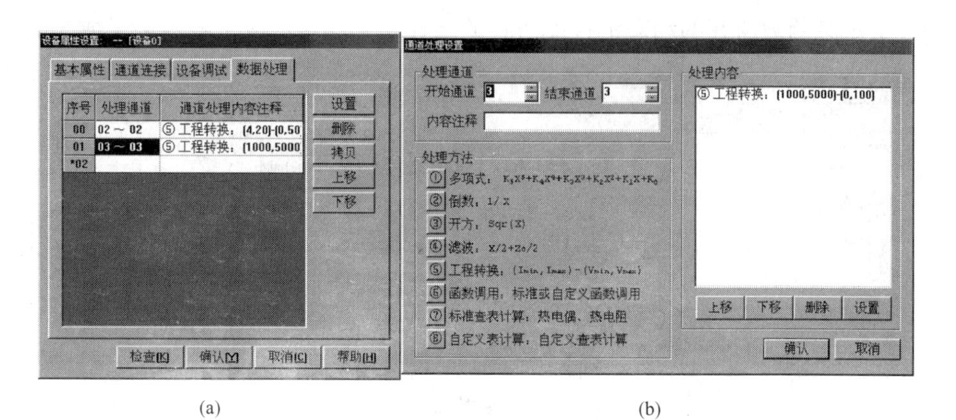

图 5-76　"数据处理"及"通道处理"设置窗口
（a）数据处理；（b）通道处理

MCGS 在运行环境中则根据输入信号的大小采用线性差值方法转换成工程物理量（0~100RH）范围。

有关 MCGS 数据前处理的八种方式说明如下：

（1）多项式处理：多项式是对设备的通道信号进行多项式（系数）处理，可设置的处理参数有 k0 到 k5，可以将其设置为常数，也可以设置成指定通道的值（通道号前面加"!"），另外，还应选择参数和计算输入值 X 的乘除关系，如图 5-77（b）所示。

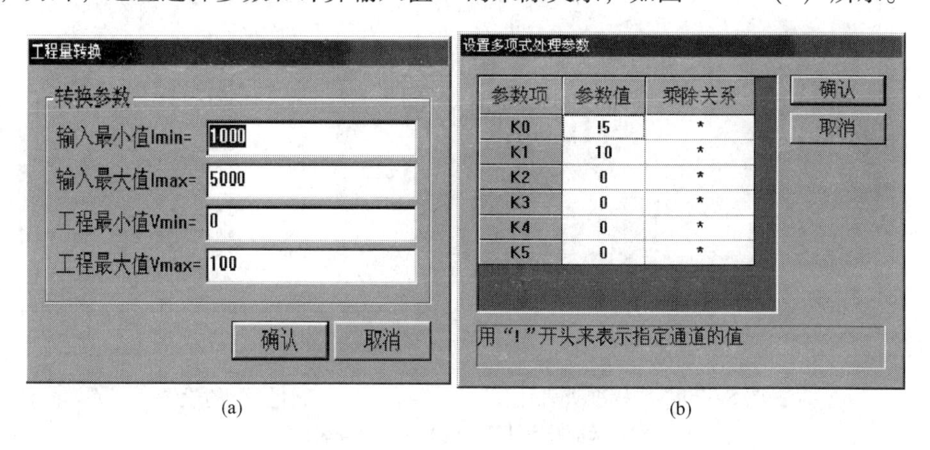

图 5-77　"工程量转换参数"和"多项式处理参数"的设置
（a）工程量转换参数；（b）多项式处理参数

（2）倒数 1/X：对设备输入信号求倒数运算。

（3）开方：对设备输入信号求开方运算。

（4）滤波：也叫中值滤波，对设备本次输入信号的 1/2 + 上次的输入信号的 1/2。

（5）工程转换：把设备输入信号转换成工程物理量。

（6）函数调用：函数调用用来对设定的多个通道值进行统计计算，包括求和、求平均值、求最大值、求最小值、求标准方差。此外，还允许使用动态链接库来编制自己的计算算法，挂接到 MCGS 中来，达到可自由扩充 MCGS 算法的目的，如图 5-78 所示。需要指定用户自定义函数所在的动态链接库所在的路径和文件名，以及自定义函数的函数名。

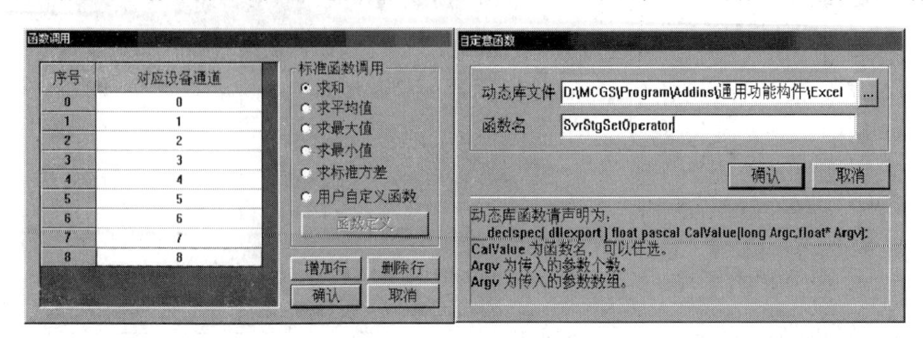

图 5－78　“函数调用”的设置

（7）标准查表计算：如图 5－79（a）所示，标准查表计算包括八种常用热电偶和 Pt100 热电阻查表计算。对 Pt100 热电阻在查表之前，应先使用其他方式把通过 AD 通道采集进来的电压值转换成为 Pt100 的电阻值，然后再用电阻值查表得出对应的温度值。对热电偶查表计算，需要指定使用作为温度补偿的通道（热电偶已作冰点补偿时，不需要温度补偿），在查表计算之前，先要把作为温度补偿的通道的采集值转换成实际温度值，把热电偶通道的采集值转换成实际的毫伏数。

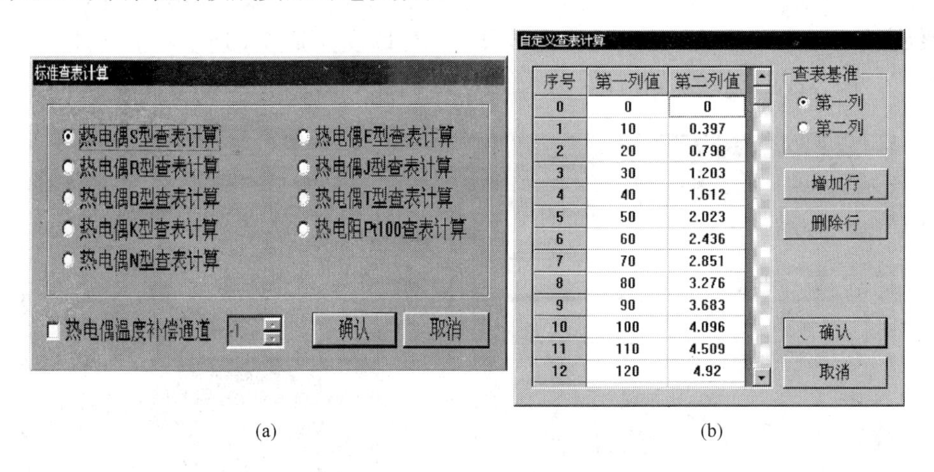

图 5－79　“标准查表计算”和“自定义查表计算”的设置
（a）标准查表计算；（b）自定义查表计算

（8）自定义查表计算处理：如图 5－79（b）所示，自定义查表计算处理首先要定义一个表，在每一行输入对应值，然后再指定查表基准。注意：MCGS 规定用于查表计算的每列数据，必须以单调上升或单调下降的方式排列，否则，无法进行查表计算。查表基准是第一列，MCGS 系统处理时首先将设备输入信号对应于基准（第一列）线性插值，第二列给出相应的工程物理量，即基准输入信号，对应工程物理量（传感器的量程）。

四、脚本程序

对于大多数简单的应用系统，MCGS 的简单组态就可完成。只有比较复杂的系统，才需要使用脚本程序，但正确地编写脚本程序，可简化组态过程，大大提高工作效率，优化控制过程。

1. 脚本程序语言要素

（1）数据类型。

开关型：值为 0 或 1；

数值型：值在 3.4E ±38 范围内；

字符型：值为最多 512 字符组成的字符串。

（2）变量及常量。

1）变量。脚本程序中，不能由用户自定义变量，也不能定义子程序和子函数。只能对实时数据库中的数据对象进行操作，用数据对象的名称来读写数据对象的值，而且无法对数据对象的其他属性进行操作。可以把数据对象看作是脚本程序中的全局变量，在所有的程序段共用。开关型、数值型、字符型三种数据对象分别对应于脚本程序中的三种数据类型。在脚本程序中不能对组对象和事件型数据对象进行读写操作，但可以对组对象进行存盘处理。

2）常量。

开关型常量：0 或 1 的数字；

数值型常量：带小数点或不带小数点的数值，如 12.45，100；

字符型常量：双引号内的字符串，如“OK”，“正常”；

系统内部变量：MCGS 系统定义的内部数据对象作为系统内部变量，在脚本程序中可自由使用，在使用内部变量时，变量的前面必须加“ $ ”符号，如 $ Date，内部变量的详细资料可参考在线帮助中的内部变量列表；

系统内部函数：MCGS 系统定义的内部函数，在脚本程序中可自由使用，在使用内部函数时，函数的前面必须加“!”符号，如! abs（ ），内部函数的详细资料可参考在线帮助中的内部函数列表。

（3）MCGS 对象。MCGS 操作对象包括工程中的用户窗口、用户策略和设备构件，MCGS 操作对象在脚本程序中不能当作变量和表达式使用，但可以当作系统内部函数的参数使用，如! Setdevice（设备 0、1）。

（4）表达式。由数据对象（包括设计者在实时数据库中定义的数据对象、系统内部数据对象和系统内部函数）、括号和各种运算符组成的运算式称为表达式，表达式的计算结果称为表达式的值。当表达式中包含有逻辑运算符或比较运算符时，表达式的值只可能为 0（条件不成立，假）或非 0（条件成立，真），这类表达式称为逻辑表达式；当表达式中只包含算术运算符，表达式的运算结果为具体的数值时，这类表达式称为算术表达式；常量或数据对象是狭义的表达式，这些单个量的值即为表达式的值。表达式值的类型即为表达式的类型，必须是开关型、数值型、字符型三种类型中的一种。

表达式是构成脚本程序的最基本元素，在 MCGS 其他部分的组态中，也常常需要通过表达式来建立实时数据库与其他对象的连接关系，正确输入和构造表达式是 MCGS 的一项重要工作。

（5）运算符。

1）算术运算符：

∧　　乘方；

*　　乘法；

/　　除法；

\　　整除；

+　　加法；

—　　减法；

Mod　　取模运算。

2）逻辑运算符：

AND　　逻辑与；

NOT　　逻辑非；

OR　　逻辑或；

XOR　　逻辑异或。

3）比较运算符：

>　　大于；

> =　　大于等于；

=　　等于；

< =　　小于等于；

<　　小于；

< >　　不等于。

（6）运算符优先级。按照优先级从高到低的顺序，各个运算符排列如下：

( )；

∧；

*，/，\，Mod；

+　，—；

< ，> ，< = ，> =，= ，< >；

NOT；

AND，OR，XOR。

2. *脚本程序基本语句*

由于 MCGS 脚本程序是为了实现某些多分支流程的控制及操作处理，因此只包括赋值语句、条件语句、退出语句和注释语句。所有的脚本程序都可由这四种语句组成，当需要在一个程序行中包含多条语句时，各条语句之间须用“:”分开，程序行也可以是没有任何语句的空行。大多数情况下，一个程序行只包含一条语句，赋值程序行中根据需要可在一行上放置多条语句。

（1）赋值语句。赋值语句的形式为：数据对象 = 表达式。赋值语句用赋值号（“ = ” 号）来表示，它具体的含义是把“ = ”右边表达式的运算值赋给左边的数据对象。赋值号左边必须是能够读写的数据对象，如开关型数据、数值型数据、事件型数据以及能进行写操作的内部数据对象。而组对象、事件型数据、只读的内部数据对象、系统内部函数以及常量，均不能出现在赋值号的左边，因为不能对这些对象进行写操作。

赋值号的右边为表达式，表达式的类型必须与左边数据对象值的类型相符合，否则系统会提示“赋值语句类型不匹配”的错误信息。

（2）条件语句。条件语句有如下三种形式：

1）If〖表达式〗Then〖赋值语句或退出语句〗

2）If〖表达式〗Then
〖语句〗
EndIf

3）If〖表达式〗Then
〖语句〗
Else
〖语句〗
EndIf

条件语句中的四个关键字“If”、“Then”、“Else”、“EndIf”不分大小写。如拼写不正确，检查程序会提示出错信息。

条件语句允许多级嵌套，即条件语句中可以包含新的条件语句，MCGS脚本程序的条件语句最多可以有8级嵌套，为编制多分支流程的控制程序提供了可能。

“IF”语句的表达式一般为逻辑表达式，也可以是值为数值型的表达式，当表达式的值为非0时，条件成立，执行“Then”后的语句，否则，条件不成立，将不执行该条件块中包含的语句，开始执行该条件块后面的语句。

值为字符型的表达式不能作为“If”语句中的表达式。

（3）退出语句。退出语句为“Exit”，用于中断脚本程序的运行，停止执行其后面的语句。一般在条件语句中使用退出语句，以便在某种条件下，停止并退出脚本程序的执行。

（4）注释语句。以单引号“'”开头的语句称为注释语句，注释语句在脚本程序中只起到注释说明的作用，实际运行时，系统不对注释语句作任何处理。

第十节 TPC7062K触摸屏的连接

一、认识TPC7062K

TPC7062K触摸屏是一套嵌入式低功耗CPU为核心的高性能一体化工控机。该产品采用了高亮度TFT液晶显示屏（分辨率800像素×480像素），四线电阻式触摸屏（分辨率1024像素×1024像素），65 535色数字真彩，采用LED背光永不黑屏，屏内配置ARM9内核、400M主频、64M内存、64M存储空间，具有良好的电磁屏蔽性和美观的结构外形，抗干扰性能达到工业Ⅲ级标准，同时还预装了微软嵌入式实时多任务操作系统WinCE. NET（中文版）和MCGS嵌入式组态软件（运行版），TPC7062K外观如图5-80所示，外形尺寸如图5-81所示。

正视图

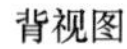

图 5－80　触摸屏产品外形

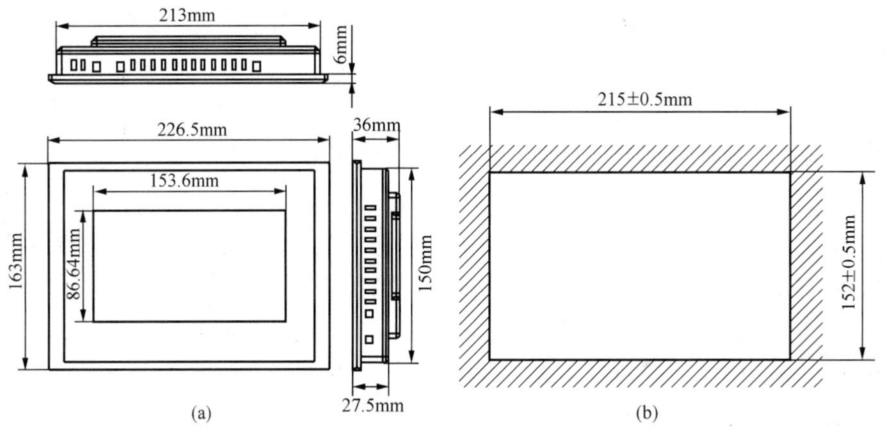

图 5－81　触摸屏的外观尺寸

（a）外形尺寸；（b）开孔尺寸

二、TPC7062K 的外部接口

TPC7062K 的接口部分在后盖部分，外部接口示意图如图 5－82 所示。串口在应用时，一般选用 COM2 端口，它可以连接 RS－232/RS－485。当 RS－485 通信距离大于 20m，且出现通信干扰现象时，应考虑对终端匹配电阻进行设置，COM2 口 RS－485 终端匹配电阻的跳线设置步骤：① 先关闭触摸屏的电源，取下触摸屏的后盖。② 根据产品说明书按照所需使用的 RS485 终端匹配电阻需求设置跳线开关，设置完后，盖上后盖，开机后相应的设置生效。当设置为默认值时，为无匹配电阻模式。

TPC7062K 的供电电源是 DC24V，电源接线的具体要求如图 5－83 所示。

三、TPC7062K 与 PLC 的接线

TPC7062K 与 PLC 西门子 S7－200、三菱 FX 系列、欧姆龙的通信方式及接线方式，如图 5－84 所示。

四、触摸屏与 PC 机的连接

当需要把组态好的工程下载到 TPC 触摸屏时，就需要进行硬件连接。将普通的 USB 线，一端为扁平接口，接到电脑 PC 机的 USB 口，一端为微型接口，插到 TPC 端的 USB2 口，如图 5－85 所示。

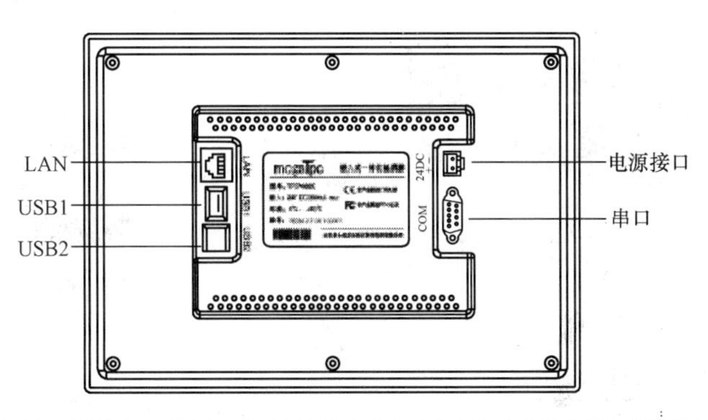

项目	TPC7062KS	TPC7062K
LAN(RJ45)	无	有
串口 (DB9)	1×RS－232，1× RS－485	
USB1	主口，兼容 USB1.1 标准	
USB2	从口，用于下载工程	
电源接口	24V DC ±20%	

串口引脚

接口	PIN	引脚定义
COM1	2	RS232 RXD
	3	RS232 TXD
	5	GND
COM2	7	RS485+
	8	RS485-

图 5－82　触摸屏的外部接口说明

接线步骤：

步骤 1：将 24V 电源线剥线后插入电源插头接线端子中；

步骤 2：使用一字螺丝刀将电源插头螺钉锁紧；

步骤 3：将电源插头插入产品的电源插座。

连接线：采用直径为 1.25mm² 的多股铜芯绝缘电源线。

电源插头示意图及引脚定义如下：

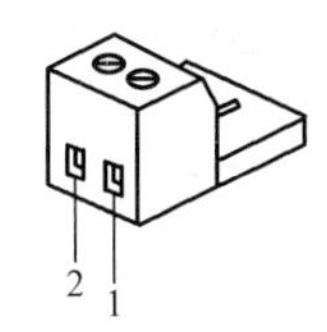

PIN	定义
1	+
2	−

图 5－83　电源的连接

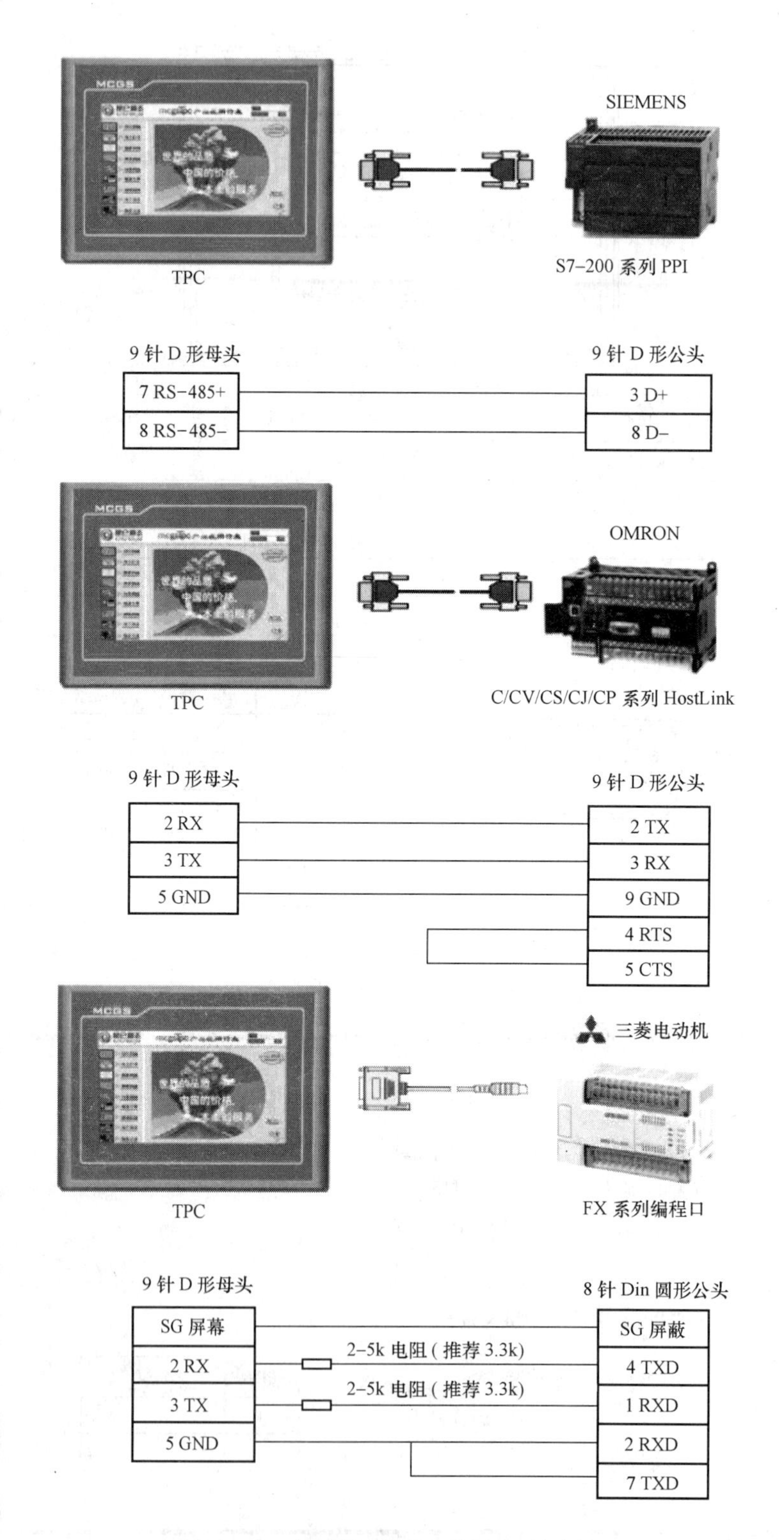

图 5-84　触摸屏（TPC）与 PLC 的连接

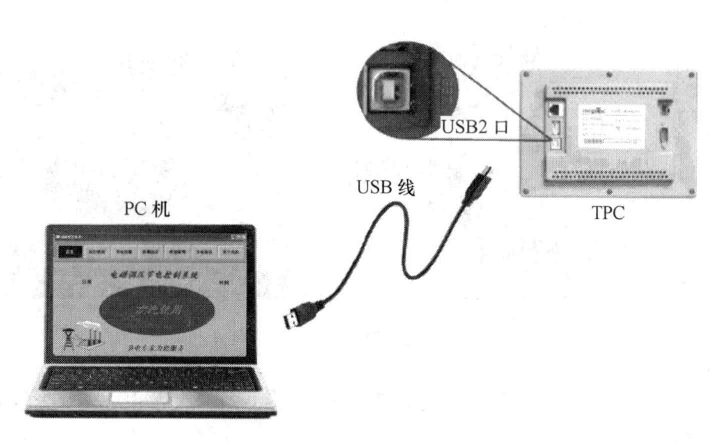

图 5－85　触摸屏与 PC 机的连接

五、工程下载

新建工程组态完成后，便可进行工程下载，工程下载到 TPC 触摸屏的具体方法步骤，如图 5－86 所示。

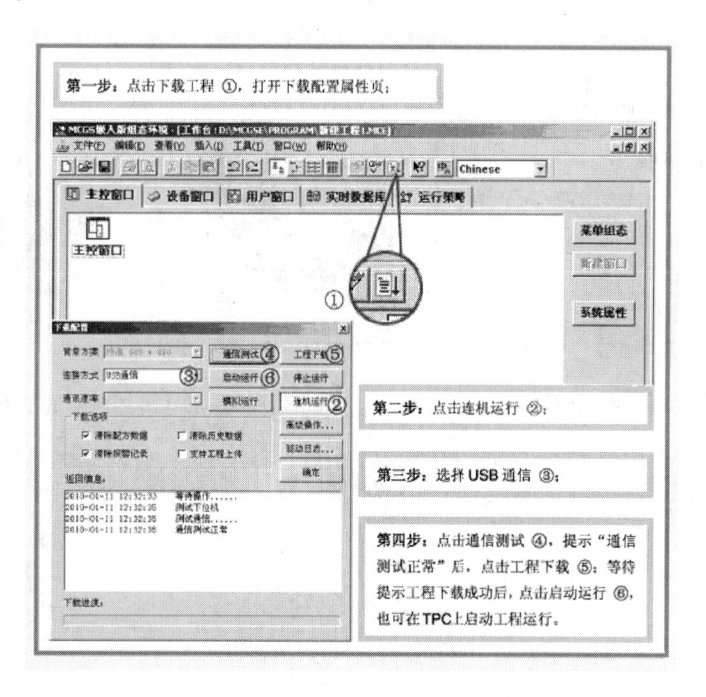

图 5－86　工程的下载

六、TPC7062K 触摸屏的启动

使用 24V 直流电源给 TPC 供电，开机启动后屏幕出现“正在启动”提示进度条，此时不需要任何操作系统将自动进入工程运行界面，如图 5－87 所示。

七、TPC7062K 产品维护

1. 触摸屏校准

进入触摸屏校准程序：TPC 开机启动后屏幕出现“正在启动”提示进度条，此时使

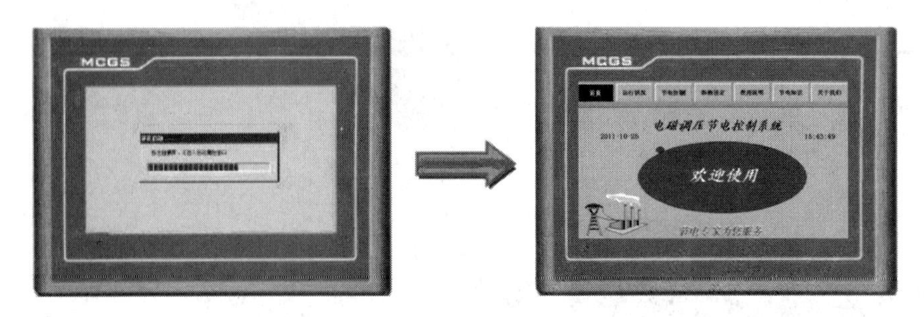

图 5-87　触摸屏（TPC）的启动

用触摸笔或手指轻点屏幕任意位置，进入启动属性界面。等待 30s，系统将自动运行触摸屏校准程序，如图 5-88 所示。

触摸屏校准：使用触摸笔或手指轻按十字光标中心点不放，当光标移动至下一点后抬起；重复该动作，直至提示“新的校准设置已测定”，轻点屏幕任意位置退出校准程序。

2. 更换电池

触摸屏内部电池的更换，拆卸示意图如图 5-89 所示。

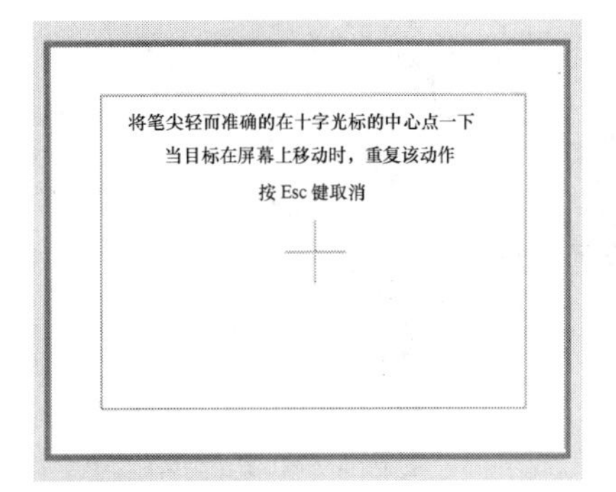

图 5-88　触摸屏屏幕的校准

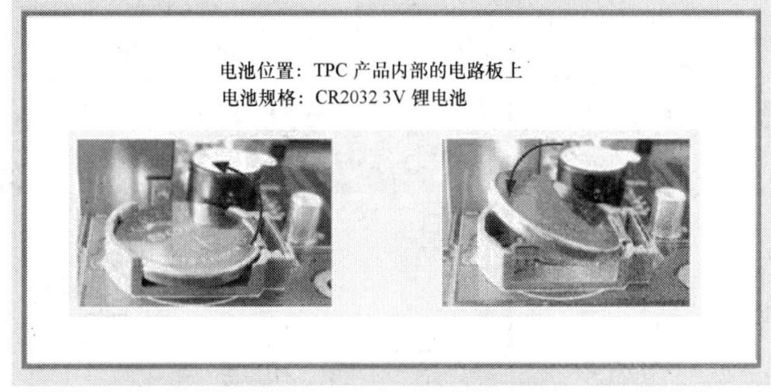

图 5-89　屏内电池的更换

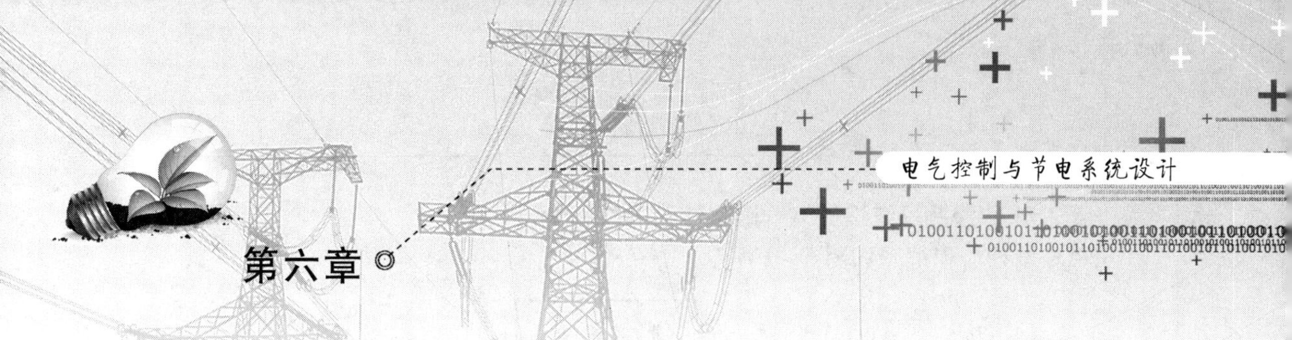

节电控制系统研发步骤及方法

本章的前四节主要介绍应用于电气控制或节电系统中的 PLC、触摸屏窗口的组态以及集散控制系统 DCS 的一般研发步骤和方法。

本章的后两节简要介绍两个节能改造项目的应用案例，供大家学习参考。

第一节　应用 PLC 控制器系统的设计原则与步骤

一、系统设计的原则

任何一种控制系统都是为了实现被控对象的工艺要求、最大限度的减少电能损耗、提高生产效率和产品质量。因此，在设计 PLC 控制系统时应遵循以下基本原则。

1. 应满足被控对象的控制要求

利用 PLC 的功能，充分满足被控对象的控制及节能要求，是设计 PLC 控制系统的首要前提，也是研发设计中最重要的一条原则。这就要求设计人员在设计前深入现场进行调查研究。既要收集控制现场的实用资料，也要收集相关的国内、国外先进技术资料。同时要注意和现场的工程管理人员、工程技术人员、现场操作人员紧密配合，拟定控制方案，共同解决设计中的重点问题和疑难问题。

2. 保证控制系统的安全可靠性

保证 PLC 控制系统能够长期安全、可靠、稳定运行，是设计控制系统的另一条重要原则。这就要求设计者在系统设计、元器件选择、硬件编程上要全面考虑，以确保控制系统安全可靠。例如：应保证 PLC 程序不仅在正常条件下运行，而且在非正常情况下（如突然掉电再来电、按错按钮等）也能正常工作。

3. 力求简单、经济、适用和维修方便

一个新的控制工程固然能提高产品质量和数量，降低能耗，带来巨大的经济效益和社会效益，但新工程的投入、技术培训、设备的维护也将导致运行资金的增加。因此，在满足控制要求的前提下，一方面要注意不断地扩大工程的效益，另一方面也要注意不断地降低工程的成本。这就要求设计者不仅应该使控制系统简单、经济，而且要使控制系统的使用和维护方便、成本低，不宜盲目追求自动化和高指标。

4. 便于操作，适应发展的需求

设计 PLC 控制系统时，要符合人机工程学的要求和用户的操作习惯，尽量做到易学好用，操作方便。此外，由于技术的不断发展，控制系统的要求也将会不断地提高，设计时要适当考虑到今后控制系统发展和完善的需要。这就要求在选择 PLC、I/O 模块、I/O 端子数和内存容量时，要适当留有裕量，以满足今后生产的发展和工艺的改进。

二、PLC控制系统设计的一般步骤和内容

PLC设计流程框图如图6-1所示。

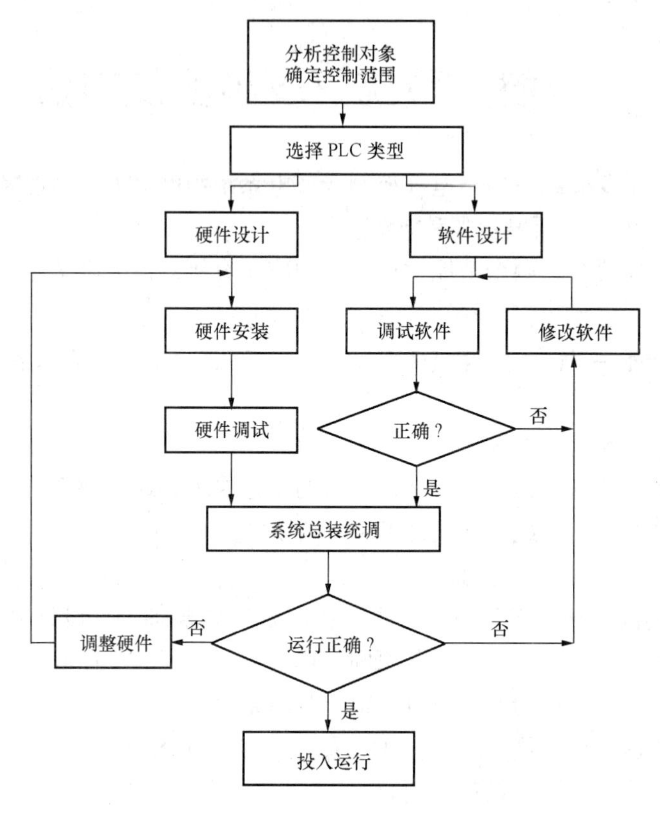

图6-1　PLC设计流程框图

1. 分析控制对象和确定控制范围

PLC控制系统设计前首先要详细分析生产工艺流程，确定被控制对象。被控制对象包括机械传动系统、电气传动系统、液压传动系统、气动传动系统等。根据被控制对象的工作特性，传动方案的技术指标，确定对PLC控制系统的控制要求。

（1）控制的基本方式包括行程控制、时间控制、节电速度控制、电流/电压控制（信号来自各种传感器）、节电模式（挡位）控制等。

（2）需要完成的动作包括动作及其顺序、动作条件。

（3）操作方式包括手动（手动点动、手动回原点）、自动（单步运行、单周期运行、自动运行），以及必要的保护与报警、联锁与互锁、现场显示、故障诊断等。

（4）确定软件与硬件分工。根据控制系统工艺复杂性确定软件与硬件分工，某些功能可以用硬件实现，也可以用软件实现，可以按照技术方案、经济性、可靠性等指标，选用硬件或软件实现，或者两者同时选用。

2. 选择可编程控制器并确定I/O模块

可编程控制器种类繁多，其结构形式、性能、容量、指令系统、编程方法、价格等各有不同，适用场合也各有侧重。因此，合理选择PLC对于提高PLC控制系统的技术经济

指标起着重要作用。PLC 的选择应包括机型的选择、容量的确定、I/O 与电源模块的选择等方面。

（1）PLC 的机型选择。机型选择的基本原则应是在功能满足要求的前提下，保证可靠、维护使用方便及最佳的性能价格比。

1）结构选择合理，安装方便。PLC 在结构上有整体式、模块式和叠装式，整体式的每一个 I/O 端子的平均价格比模块式和叠装式的便宜，所以人们一般倾向于在小型控制系统中采用整体式 PLC。但是模块式和叠装式 PLC 的功能扩展方便灵活，I/O 端子的多少、输入端子数与输出端子数的比例、I/O 模块的种类和块数、特殊 I/O 模块的使用等方面选择余地都比整体式 PLC 大得多，维修时更换模块、判断故障范围也很方便。因此，对于较复杂的和要求较高的系统一般应选用模块式和叠装式 PLC。

根据 PLC 的安装方式，控制系统分为集中式、远程 I/O 式和多台 PLC 联网的分布式。集中式不需要设置驱动远程 I/O 的硬件，系统反应快、成本低。大系统常用远程 I/O 式，因为它们的 I/O 装置分布范围很广，远程 I/O 可以分散安装在 I/O 装置附近，I/O 连线比集中式的短，但是需要增设驱动器和远程 I/O 电源。多台联网的分布式适用于多台设备独立控制和相互联系，可以采用小型 PLC，但是要附加通信模块。

2）功能适中，符合控制条件。对于小型单台、仅需要开关量控制的设备，一般的小型 PLC 都可以满足要求，如果选用有增强型功能指令的 PLC，就显得有些大材小用了。

对于以开关量控制为主，带少量模拟量控制的工程项目，可选用带 A/D、D/A 转换，具有加减运算、数据传送功能的低档机。

对于控制比较复杂、控制功能要求更高的工程项目，如要求实现 PID 运算、闭环控制、通信联网等功能时，可视控制规模及复杂程度，选用中档机或高档机，其中高档机主要用于大规模过程控制、全 PLC 的分布式控制系统以及整个工厂的自动化等。

3）机型统一，方便管控。在一个企业中，应尽量做到机型统一。因为同一机型的 PLC，其模块可互为备用，便于备用和备件的采购与管理；其功能及编程方法统一，有利于技术力量的培训、技术水平的提高和功能的开发；其外部设备通用，资源可共享。

同一机型 PLC 的另一个好处是，在使用上位计算机对 PLC 进行管理和控制时，通信程序的编制比较方便。这样，容易把控制各独立系统的多台 PLC 联成一个多级分布式控制系统，相互通信，集中管理，充分发挥网络通信的优势。

4）响应时间短，满足控制要求。现代 PLC 有足够高的速度处理大量的 I/O 数据和解算梯形图逻辑，对大多数应用场合来说，PLC 的响应时间并不是主要的问题。然而，对于某些个别的场合，则要求考虑 PLC 的响应时间。为了减少 PLC 的 I/O 响应延迟时间，可以选用快扫描速度的 PLC，使用高速 I/O 处理功能指令，或选用快速响应模块和中断处理模块。

5）具备联网通信功能，有利于组网控制。近年来，工厂自动化得到了迅速的发展，企业的可编程设备（如工业控制计算机、PLC、机器人、柔性制造系统等）已经很多，将不同厂家生产的这些设备连在一个网络上，互相之间进行数据通信，由企业集中管理，已经是很多企业必须面对的问题。因此，在设计或改造控制系统时，选用的 PLC 尽可能具有联网通信功能，有利于企业组网，实现集中控制管理。如 S7－200 PLC 提供 1 个或 1 个以上的串行标准接口 RS－232，各种通信模块，以便连接打印机、CRT、上位计算机或其他 PLC。

6）其他特殊功能要求。要考虑被控对象对于 PID 闭环控制、高速计数和运动控制等方面的特殊要求，可以选用有相应特殊 I/O 模块的 PLC。对可靠性要求极高的系统，应考虑是否采用冗余控制系统或热备用系统。

有模拟量控制功能的 PLC 价格较高。对于单台小型设备，可以考虑用模拟电路控制模拟量。对于精度要求不高的恒值调节系统，可以用电接点温度表和电接点压力表这类传感器提供上、下限开关量信号，将被控制热处理量控制在设定的范围内。

（2）PLC 容量的确定。PLC 的容量指 I/O 端子数和用户存储器量（字数）两方面的含义。在选择 PLC 型号时不应盲目追求过高的性能指标，但是在 I/O 端子数和存储器容量方面除了要满足控制系统要求外，还应留有裕量，以做备用或系统扩展时使用。

1）I/O 端子数的确定。PLC 的 I/O 端子数以系统实际的 I/O 端子数为基础确定。在确定 I/O 端子数时，应留有适当裕量。目前 PLC 的 I/O 端子价格还较高，平均每个为 100～200 元人民币。如果备用的 I/O 端子数量太多，就会使成本增加。因此，通常 I/O 端子数可按实际需要的 10%～15% 考虑裕量。

2）存储器容量的确定。通常，一条逻辑指令占存储器一个字，计时、计数、移位，以及算术运算、数据传送等指令占存储器两个字。各种指令占存储器的字数可查阅 PLC 产品使用手册。在选择存储容量时，一般可按实际需要的 25%～30% 考虑裕量。

存储器容量的选择有两种方法：一种是根据编程实际使用的节点数计算，这种方法可精确地计算出存储器实际使用容量，缺点是要编完程序之后才能计算；另一种方法是估算法，用户可根据控制规模和应用目的，按表 6－1 给出的公式进行估算。

表 6－1　　估 算 公 式

控制目的	估算公式
代替继电器进行开关量	M = Km［（10 × DI）+（5 × DO）］
模拟量模块	M = Km［（10 × DI）+（5 × DO）+（100 × AI）］
多路采样控制	M = Km［（10 × DI）+（5 × DO）+（100 × AI）］（1 + 采样 × 0.25）

注 1. DI：数字（开关量）输入信号数目；
2. DO：数字（开关量）输出信号数目；
3. AI：模拟量输入信号数目；
4. Km：每个节点所占存储器字节数；
5. M：存储器容量。

［例 6－1］ 某企业某车间的控制系统有 52 个开关量输入信号，32 个数字输出信号，6 点模拟量输入。假定一个节点占用一个存储器字节，则该控制系统所需存储器容量为

$$M = (10 \times 52) + (5 \times 32) + (100 \times 6) = 1280\ (B)$$

考虑 25%～30% 的裕量，本例可选用 1.5kB 或 2kB 的存储器。

（3）I/O 模块与电源模块的选择。I/O 端口或模块的价格占 PLC 价格的一半以上。不

同的 I/O 模块，其电路和性能不同，它直接影响着 PLC 的应用范围和价格，应该根据实际情况合理选择。

1）输入模块的选择。输入模块的作用是接收现场的输入信号，并将输入的高电平信号转换为 PLC 内部的低电平信号。

输入模块的种类，按电压分类有直流 5、12、24V 等，交流 110、220V。按电路形式不同分为汇点输入式和分隔输入式两种。

选择输入模块应注意以下 3 个方面。

① 电压的选择：应根据现场设备与模块之间的距离来考虑，一般 5、12、24V 属低电平，其传输距离不宜太远。如 5V 模块最远不得超过 10m，距离较远的设备应选用较高电压的模块。

② 同时接通的点数：高密度的输入模块，如 32、64 点等，同时接通的点数与输入电压的高低及环境温度有关，不宜过多。一般来讲，同时接通的点数不要超过输入端子数的 60%。

③ 门槛电平：为了提高控制系统的可靠性，必须考虑门槛电平的大小。门槛电平越高，抗干扰能力越强，传输距离也就越远。

2）输出模块的选择。输出模块的作用是将 PLC 的输出信号传递给外部负载，并将 PLC 内部的低电平信号转换为外部所需电平的输出信号。

输出模块按输出方式不同分为继电器输出型、晶体管输出型、晶闸管输出型等多种。此外，输出电压值和输出电流值也各有不同。选择输出模块应注意以下 3 个方面。

① 输出方式：继电器输出型模块适用于驱动较大电流负载，其价格较便宜，适用电压范围较宽，导通压降小。但它属于有触点元件，动作速度较慢、寿命较短，因此适用于不频繁通断的负载。当驱动感性负载时，最大通断频率不得超过 1Hz。对于频繁通断的低功率因数的电感负载，应采用无触点开关元件，即选用晶体管输出（直流输出）或晶闸管输出（交流输出）。

② 输出电流：输出模块的输出电流必须大于负载电流的额定值。用户应根据实际负载电流的大小选择模块的输出电流。

③ 同时接通的点数：输出模块同时接通点数的电流累计值必须小于公共端所允许通过的电流值。如一个 22V、2A 的 4 点输出模块，每个点虽然可以通过 2A 的电流，但是输出公共端允许通过的电流不可能是 2A × 4 = 8A，通常要比这个值小得多。因此在选择输出模块时也应考虑同时接通的点数。一般来讲，同时接通的点数不要超过输出端子数的 60%。

3）电源模块的选择。电源模块的选择比较简单，只需考虑输出电流。电源模块的额定输出电流必须大于 CPU 模块、I/O 模块、专用模块等消耗电流的总和。

3. 硬件设计

在确定控制系统的控制任务和选择好可编程控制器后，就可以进行控制系统流程设计，画出流程图，进一步说明信息流之间关系，然后具体确定输入、输出的配置，对输入、输出信号进行地址编号，画出控制系统硬件图。

（1）如果系统是由 1 台计算机和多台可编程控制器或多台可编程控制器组成“集中

管理、分散控制”的分布式控制网络，应首先画出网络结构图。

（2）可编程控制器模块安装图。如果选用的可编程控制器的结构形式为模块式结构，则要根据安装要求，首先画出模块安装图，以确定各模块的地址。

（3）可编程控制器 I/O 接线图。所有的外部检测信号和操作按钮作为可编程控制器的输入信号连接在输入触点上。其中，位置开关、电器触头、按钮、多位开关等无源信号可直接接在可编程控制器是输入触点上；而压力信号或其他有源信号需要外接电源并经过滤波后接入可编程控制器的输入触点上。可编程控制器输出触点与外部输出信号连接时，按外界信号的工作电压分类分别接在可编程控制器的输出触点上，同一个电压级别的输出组件接一个公共端。对于大容量的输出组件，当不能直接接入可编程控制器的输出触点上时，要采用中间存储器和接触器作为放大装置。输出触点上接电感负载时，要并联续流二极管续流；指示灯接直流电压时，要串联电阻。

（4）模拟量 I/O 模块接线图。如果选用了模拟量 I/O 模块，则按要求将外部模拟量与可编程控制器的模拟量输入、数字量输出模块相连接，注意电压的类型、大小要与模拟量模块输入、输出的类型、大小匹配。

（5）功能模块接线图。如果选用了如步进电动机驱动、伺服电动机驱动等功能模块，则要画出这些模块与步进电动机驱动器、伺服放大器等的接线图。

（6）供电电路图。供电电路主要用来控制整个系统的通电和断电，以及为输入检测元件、输出执行元件及其他装置或设备提供各种交、直流电源。

各种硬件设计完成后，可根据设计图进入现场安装程序，现场安装时应充分考虑软件设计开发与调试结果。

4. 软件设计

用户编写程序的过程就是软件设计过程。用户程序有的可能简单，有的可能复杂。对于简单程序，设计者可以根据实际情况采用相应程序设计方法。对于复杂的用户程序，一般采用模块化设计，设计者将根据控制功能划分为不同功能模块，设计相应功能模块程序，然后再集成为总程序，也就是常说的“化整为零、集零为整”的程序设计方法。复杂的用户程序一般可按功能划分为如下模块。

（1）输入信号采集模块。该模块程序将所有与可编程控制器输入端子相连接的输入信号处理输入到可编程控制器中的中间存储器中，即将每一个外部输入信号与一个中间存储器相对应，保证在可编程控制器的外部输入信号与其相应输入端子发生改变时，程序的调整修改简单且不容易出错。

（2）输出信号控制模块。该模块程序将所有输出控制信号输出到可编程控制器输出端子相对应的执行元件与显示指示灯中，实现控制信号的输出执行。若可编程控制器的外部输出端子发生改变时，程序的调整简单且不容易出错。

（3）手动控制模块。有手动控制时，手动控制模块程序将手动操作时对应的外部输出信号，相应的输入、输出之间的逻辑运算，用各型指令与一组中间存储器进行运算操作，实现手动控制功能。

（4）自动循环控制模块。有自动循环操作控制时，自动循环控制模块程序将自动循环操作时对应的外部输出信号。相应的输入、输出之间的逻辑运算，用各型指令与另一组中间存储器进行运算操作，实现自动循环控制功能。

（5）功能控制模块。该模块程序包括功能模块的初始化、数据的发送和数据的采集等程序段，实现特种控制功能。

（6）故障诊断与显示模块。该模块程序包括可编程控制器自诊断信号的输出显示以及对被控对象的故障诊断和输出显示程序段。

设计的用户程序无论简单或复杂，设计完成后一般先在实验室进行模拟调试，在编程软件的编程环境下对程序的运行进行监控、调试。实际的输入信号可以用开关和按钮来模拟，各输出量的通断状态用 PLC 上有关的发光二极管来显示，一般不用接 PLC 实际的负载（如接触器、电磁阀等）。实际的反馈信号（如限位开关的接通等）可以根据流程图，在适当时用开关或按钮来模拟。在调试时应充分考虑各种可能的情况和各种可能的运行分支，均应逐一检查，不能遗漏，进行反复调试，发现问题后及时修改程序，直到在各种可能的情况下输入量与输出量之间的关系完全符合要求。如果程序中某些定时器或计数器的设定值过大，为了缩短调试时间，可以在调试时将它们减小，模拟调试结束后再写入它们的实际设定值。有条件的情况下，可以使用仿真软件模拟调试。

5. 总装与联机调试

在控制软件、硬件离线模拟调试成功的基础上，到现场联机总装调试。联机调试时可以运用单步、监控、跟踪等方式调试，发现软件、硬件设计的合理性和各种配线错误，反复调试，排除所发现的问题，直到满足控制要求后，系统方可投入运行。

6. 编写设计说明书和操作使用说明书

设计说明书是对整个设计过程的综合说明，一般包括设计的依据、基本结构、各个功能单元的分析、使用的公式和原理、各参数的来源和运算过程、程序调试情况等内容。操作使用说明书主要是提供给使用者和现场调试人员使用的，一般包括操作规范、步骤及常见故障问题。

第二节　PLC 系统控制程序设计方法

PLC 控制程序在整个 PLC 控制系统中处于核心地位，程序质量的好坏对整个控制系统的性能有直接的影响。PLC 程序设计也有一定的规律可循，对于一些特定的功能通常都有相对固定的设计方法。PLC 程序设计的方法主要分为经验设计法、继电器控制线路转换设计法、逻辑设计法、时序图设计法、顺序功能图设计法等。

一、经验设计法

经验设计法是 PLC 控制系统梯形图设计中的一种常用方法，一般用于控制方案简单、I/O 端子数规模不大的控制系统的梯形图设计。

1. 方法原理

在一些基本控制程序或典型控制程序的基础上，根据被控制对象的具体要求，选择组合，并多次反复调试和修改梯形图，有时需增加一些辅助触点和中间编程环节，才能达到控制要求。这种方法没有规律可遵循，设计所用的时间和设计质量与设计者的经验有很大的关系，所以称为经验设计法。

2. 设计步骤

(1) 准确分析控制要求，合理地确定控制系统中I/O端子，并画出I/O端子接线图。分析控制系统的任务要求，确定I/O设备，在尽量减少PLC的I/O端子的情况下，分配控制系统中的I/O端子，选择PLC类型，画出I/O端子接线图。

(2) 以输出信号与输入信号控制关系的复杂程度，划分系统，确定各输出信号关键控制点。在明确控制要求的基础上，以输出信号与输入信号控制关系的复杂程度，将控制系统划分为简单控制系统和复杂控制系统。对于简单控制系统，输出信号控制要求相对简单，用启保停基本控制程序编程方法设计完成相应输出信号的编程，对于较复杂的控制系统，输出信号控制要求相对复杂些，要确定各输出信号的关键控制点，在以空间位置为主的控制中，关键点为引起输出信号状态改变的位置点；在以时间为主的控制中，关键点为引起输出信号状态改变的时间点；有时还要借助内部标志位存储器来编程。

(3) 设计各输出信号的梯形图控制程序。确定了各输出信号关键控制点后，用启保停基本控制程序及其他基本控制程序的编程方法，首先设计关键输出控制信号的梯形图，然后根据控制要求，设计出其他输出信号的梯形图。

(4) 检查和完善程序。在各输出信号的梯形图基础上，按梯形图编程原则审查各梯形图，更正错误，合并优化梯形图，补充遗漏的控制功能。

3. 设计特点

对于一些比较简单的程序设计，经验设计法是比较有效的，可以收到快速、简单的效果。但是，由于这种方法主要是依靠设计人员的经验进行设计，因此对设计人员的要求也就比较高，特别是要求设计者有一定的实践经验，对工业控制系统和工业上常用的各种典型环节比较熟悉。经验设计方式没有规律可遵循，具有很大的试探性和随意性，往往需经多次反复修改和完善才能符合设计要求，加之设计者掌握经验和资料的多样性、局限性和设计方法的不确定性，设计的控制方案不是唯一的，所以设计的结果往往不规范。

经验设计法一般适合于设计一些简单的梯形图程序或复杂系统的某一局部程序（如手动程序等）。如果用来设计复杂系统梯形图，存在以下2个问题：

(1) 考虑不周，设计麻烦，设计周期长。用经验设计法设计复杂系统的梯形图程序时，要用大量的中间元件来完成记忆、联锁、互锁等功能，由于需要考虑的因素很多，它们往往又交织在一起，分析起来非常困难，并且很容易遗漏一些问题。修改某一局部程序时，很可能会对系统其他部分程序产生意想不到的影响，往往花了很长时间，还得不到一个满意的结果。

(2) 梯形图的可读性差，系统维护困难。用经验设计法设计的梯形图是按设计者的经验和习惯的思路进行设计的。因此，即使是设计者的同行，要分析这种程序也非常困难，更不用说维修人员了，这给PLC系统的维护和改进带来许多困难。

二、移植设计法（继电器控制线路转换设计法）

PLC控制取代继电器控制已是大势所趋，由于继电器电路图与梯形图在表示方法和分析方法上有很多相似之处，因此根据继电器电路图来设计相应的PLC梯形图程序显然是一种简便快捷的程序设计方法。

1. 方法原理

移植设计法又称为转换设计法、翻译设计法 PLC 改造控制。原有的继电器控制系统经过长期的使用和考验，已经被证明能完成系统要求的控制功能，可以将继电器电路图经过适当的“翻译”，直接转化为具有相同功能的 PLC 梯形图程序，因此移植设计法的实质就是将继电器控制线路转换为 PLC 控制并设计梯形图程序的方法。

2. 设计步骤

继电器电路图是一个纯粹的硬件电路图，改为 PLC 控制时，需要用 PLC 的外部接线图和梯形图来等效继电器电路图。在分析 PLC 控制系统的功能时，可以将 PLC 想象成是一个控制箱，其外部接线图描述了这个控制箱的外部接线，梯形图是这个控制箱的内部“线路图”，梯形图中的输入位和输出位是这个控制箱与外部世界联系的“接口继电器”，这样就可以用分析继电器电路图的方法来分析 PLC 控制系统。在分析梯形图时可以将输入位的触点想象成对应的外部输入器件的触点，将输出位的线圈想象成对应的外部负载的线圈。外部负载的线圈除了受梯形图的控制外，还受外部触点的控制。

将继电器电路图转换成为功能相同的 PLC 的外部接线图和梯形图的步骤如下：

（1）了解并熟悉被控设备。了解原有的被控设备的工艺过程和机械的动作情况，并对继电器电路图进行分析，熟悉并掌握继电器控制系统的各组成部分的功能和工作原理。

（2）确定 PLC 的输入信号和输出负载。继电器电路图中的交流接触器和电磁阀等执行机构如果用 PLC 的输出位来控制，它们的线圈在 PLC 的输出端。按钮、操作开关和位置开关、接近开关等提供 PLC 的数字量输入信号，继电器电路图中的中间继电器和时间继电器的功能用 PLC 内部的存储器位和定时器来完成，它们与 PLC 的输入位、输出位无关。

（3）根据控制功能和规模选择 PLC，确定 I/O 端子。根据系统所需要的功能和规模选择 CPU 模块、电源模块、数字量输入和输出模块，对硬件进行组态，确定 I/O 模块在机架中的安装位置和它们的起始地址。根据所选 PLC，确定各数字量输入信号与输出负载对应的输入位和输出位的地址，画出 PLC 的外部接线图。各输入和输出在梯形图中的地址取决于它们的模块的起始地址和模块中的接线端子号。

（4）确定与继电器电路图中的中间继电器、时间继电器对应的梯形图中的存储器和定时器、计数器的地址。

（5）设计梯形图。根据两种电路转换得到的 PLC 外部电路和梯形图元件及其元件号，将原继电器电路的控制逻辑转换成对应的 PLC 梯形图。

3. 设计特点

移植设计法将继电器控制线路转换为 PLC 控制，一般不需要改动控制面板及器件，可以减少硬件改造的费用和工作量，因而保持了系统原有的外部特性，对于操作工人来说，除了控制系统的可靠性提高之外，改造前后的系统没有什么区别，他们不需要改变长期形成的操作习惯。

三、逻辑设计法

逻辑设计法是以逻辑组合或逻辑时序的方法和形式来设计 PLC 程序，可分为组合逻辑设计法和时序逻辑设计法两种。

1. 组合逻辑设计法

组合逻辑设计法的理论基础是逻辑代数。在 PLC 控制的系统中，各 I/O 状态以“0”和“1”的形式表示断开和接通，控制逻辑符合逻辑运算的基本规律，可用逻辑运算的形式表示。

（1）方法原理。由于逻辑代数的 3 种基本运算“与”、“或”、“非”都有着非常明确的物理意义，逻辑函数表达式的结构与 PLC 指令表程序完全一样，因此可以直接转化。将 PLC 的控制逻辑按逻辑运算“与”、“或”、“非”的基本运算规律，建立逻辑函数或运算表达式，根据这些逻辑函数和运算表达式设计 PLC 控制梯形图的方法，称为组合逻辑设计法。逻辑函数和运算表达式与 PLC 梯形图、指令语句的对应关系见表 6－2。

表 6－2　逻辑函数和运算表达式与 PLC 梯形图、指令语句的对应关系

逻辑函数和运算表达式	梯形图	指令语句
“与”运算 $Q0.0 = I0.0 \cdot I0.1 \cdot \cdots \cdot I0.n$	I0.0　I0.1　…　I0.n　Q0.0	LD　I0.0 A　I0.1 …　… A　I0.n =　Q0.0
“或”运算 $Q0.0 = I0.0 + I0.1 + \cdots + I0.n$	I0.0　Q0.0 I0.1 ⋮ I0.n	LD　I0.0 O　I0.1 …　… O　I0.n =　Q0.0
“或”／“与”运算 $Q0.0 = (I0.1 + I0.2) \cdot I0.3 \cdot M0.1$	I0.1　I0.3　M0.1　Q0.0 I0.2	LD　I0.1 O　I0.2 A　I0.3 A　M0.1 =　Q0.0
“与”／“或”运算 $Q0.0 = I0.1 \cdot I0.2 + I0.3 \cdot I0.4$	I0.1　I0.2　Q0.0 I0.3　I0.4	LD　I0.1 A　I0.2 LD　I0.3 A　I0.4 OLD =　Q0.0
“非”运算 $Q0.0\ (I0.1) = \overline{I0.1}$	I0.1　Q0.0	LDN　I0.1 =　Q0.0

（2）设计步骤。用组合逻辑设计法对 PLC 组成的控制系统进行设计一般可以分为如下 5 个步骤：

1）明确控制系统的任务和控制要求。通过分析工艺过程，明确控制系统的任务和控制要求，绘制工作循环和检测元件分布图，得到各种执行元件功能表，分配 I/O 端子。

2）绘制 PLC 控制系统状态转换表。通常 PLC 控制系统状态转换表由输出信号状态表、输入信号状态表、状态转换主令表和中间元件状态表4个部分组成。状态转换表完整地展示了 PLC 控制系统各部分、各时刻的状态和状态之间的联系及转换，非常直观，对建立 PLC 控制系统的整体联系、动态变化的概念有很大帮助，是进行 PLC 控制系统分析和设计的有效工具。

3）建立逻辑函数关系。有了状态转换表，便可建立控制系统的逻辑函数关系，内容包括列出中间元件的逻辑函数式和执行元件（输出端子）的逻辑函数式。这两个函数式既是生产机械或生产过程内部逻辑关系和变化规律的表达形式，又是构成控制系统实现控制目标的具体程序。

4）编制 PLC 程序。编制 PLC 程序就是将逻辑设计的结果转化为 PLC 的程序。PLC 作为工业控制计算机，逻辑设计的结果（逻辑函数式）能够很方便地过渡到 PLC 程序，特别是语句表形式，其结构和形式都与逻辑函数非常相似，很容易直接由逻辑函数式转化。当然，如果设计者需要用梯形图程序作为一种过渡，或者选用的 PLC 的编程器具有图形输入功能，则也可以首先由逻辑函数式转化为梯形图程序。

5）程序的完善和补充。程序的完善和补充是逻辑设计法的最后一步，包括手动调整工作方式的设计、手动与自动工作方式的选择、自动工作循环、保护措施等。

（3）方法特点。组合逻辑设计法既有严密可循的规律性、明确可行的设计步骤，又具有简便、直观和十分规范的特点。

2. 时序逻辑设计法

时序逻辑设计法与组合逻辑设计的思路与过程完全相同。时序逻辑设计法通过控制时序图建立逻辑函数表达式；而组合逻辑设计法是以工作状态真值表建立逻辑函数表达式。

四、顺序功能图设计法

如果一个控制系统可以分解成多个独立的控制动作，并且这些动作必须严格按照一定的先后次序执行才能保证生产过程的正常运行，这样的控制系统称为顺序控制系统，也称为步进控制系统。在工业控制领域中，顺序控制系统的应用很广，尤其在机械行业。

1. 基本概念

顺序功能图用约定的几何图形、有向线段和简单的文字来说明和描述 PLC 的处理过程及程序的执行步骤。顺序功能图的基本元素有3个："步"、"有向连线"和"转换"。步是顺序功能图中最基本的组成部分，将一个工作周期分解为若干个顺序相连而清晰的阶段，对应一个相对稳定的状态。步用编程元件（如标志位存储器 M 和顺序控制继电器 S）代表，其划分的依据是 PLC 输出量的变化。在任何一步内，输出量的状态应保持不变，但两步之间的转换条件满足时，系统就由原来的步进入新的步。一个步可以是动作的开始、持续或结束，步数划分得越多，过程描述得越精确。有向连线又称路径，它表示步与步之间进展的路线、方向和连接顺序关系。有向连线的方向可以是水平的，也可以是垂直的，有时也可以用斜线表示。如果有向连线遵循 PLC 的从上到下、从左至右的扫描顺序，则可不必标出箭头；为了更易于理解，有向连线也可以加箭头。如果不遵循此规定时，必须加箭头。如果垂直线和水平线没有内在的联系，则允许它们交叉；否则，不允许交叉。有向连线可分为选择连线和并行连线两种。选择连线间的关系是逻辑"或"的关系，选择连线的分支与合并一般用单横线表示。并行连线间的逻辑关系是“与”的关系，并行连线的分支与合并一般用双横线表示。转换是结束某一步的操作而进行下一步操作的条件，这种条件是各种控制信号综合的结果。两个步之间绝对不能直接相连，必须用一个转换隔开；两个转换不能直接相连，必须用一个步隔开，转换在功能图中用与有向连线垂直的短横线表示。步、有向连线、转换的关系：步经有向连线连接到转换，转换经有向连线连接到步。为了能全部操作完成后返回初始状态，步和有向连线应构成一个封闭的环状结构。

顺序功能图有单序列、选择序列和并行序列 3 种基本结构形式，如图 6－2 所示，其他结构都是这 3 种结构的复合。

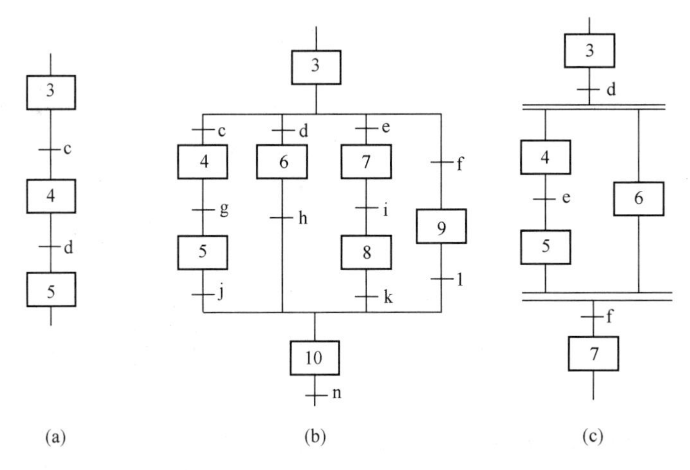

图 6－2　单序列、选择序列和并行序列

（a）单序列；（b）选择序列；（c）并行序列

（1）单序列。如果一个序列中各步依次变为活动步，则此序列称为单序列。在此结构中，每一步后面仅有一个转换，每个转换后面也仅有一个步，如图 6－2（a）所示。

（2）选择序列。在某一步后有若干个单序列等待选择，一次只能选择一个序列进入，这种序列称为选择序列。选择序列的开始部分称为分支，转换符号只能标在选择序列开始的水平线之下，如图 6－2（b）上半部所示。如图步 3 是活动步，当转换条件 d＝1 时，则步 3 进行至步 6。与之类似，步 3 也可以进行至步 4，但是一次只能选择个序列。选择序列的结束称为合并，如图 6－2（b）下半部所示。几个选择序列合并到一个公共序列上时，用一条水平线和与需要重新组合序列数量相同的转换符号表示，转换符号只能标在结束水平线的上方。

（3）并行序列。在某一转换实现时，同时有几个序列被激活，也就是同步实现，这些同时被激活的序列称为并行序列。并行序列表示的是系统中同时工作的几个独立部分的工作状态。并行序列的开始称为分支，如图 6－2（c）上半部所示，当步 3 是活动的且 d＝1 时，步 4 和步 6 这两步同时变为活动步，而步 3 变为静止步。转换符号只允许标在表示开始同步实现的水平线上方。并行序列的结束称为合并，如图 6－2（c）下半部所示。转换符号只允许标在表示合并同步实现的水平线下方。并行序列的活动和静止可以分成一段或几段实现。

2. 方法原理

PLC 的设计者为顺序控制系统的程序编制了大量通用和专用的编程元件，开发了专门供编制顺序控制程序用的功能表图，使这种先进的设计方法成为当前 PLC 程序设计的主要方法。顺序功能图设计法在西门子 S7 - 200PLC 中可以用逻辑指令、置位/复位（S/R）指令和 SCR 顺序控制指令的方法进行设计。通用逻辑指令是指与 PLC 的触点和输出线圈相关的指令，如 AN、O、 = 等，是 PLC 最基本的指令。用典型的启—保—停电路解决顺序控制的问题，是顺序功能图设计中最基本的编程方法。能使用通用逻辑指令实现的顺序功能控制同样可以用以转换条件为中心的置位、复位（S、R）指令实现。S7 - 200 PLC 提供了可使功能图编程简单化和规范化的顺序控制指令 LSCR、SCRT、SCRE。

3. 设计步骤

顺序功能图设计法的步骤如下：

（1）分析控制任务与要求，确定 I/O 端子。

（2）根据控制要求画出顺序功能流程图。

（3）根据顺序功能流程图选择编程指令形式。

（4）编出并完善梯形图程序。

第三节 触摸屏窗口组态设计

有关触摸屏的设计软件很多，各厂家均有详细的设计资料可供参考，具体的操作方法大同小异。本节主要介绍触摸屏的设计思路，如何与 PLC 配合，构成一个完整的、相互协调统一的控制系统。

在控制系统中，各功能部件之所以能够组成一个完整的控制系统。主要是靠各功能部件之间的信息（通信）交换。PLC 和触摸屏都是一台完全独立运行的微型计算机，它们按照各自的用户软件，独立地完成自己的工作。两者之间经过一条通信线路（通常是 RS485）联系在一起，使得它们得以共享所有的信息资源。也就是说，PLC 中所有供用户使用的软件资源，即数据寄存器、状态寄存器、定时器、计数器等，在触摸屏中也有完全相同的一套镜像。其中任何一台计算机，无论因何种原因，以何种方式，改变了任何资源中的任何信息，都会在另一台计算机中立即被复制。也可以说，因为两者之间的即时通信，使得两者的信息资源互为镜像。这种既独立又分工的协作关系，使得它们能够出色地完成共同的任务。

由于两台计算机都有可能改变某一个信息（如改变某一位的状态，或是对某一数据字的赋值等），因此就有可能产生矛盾，那么该信息的最后状态由在时序上后执行的来决定。在编写和运行 PLC 程序时，它每次都是按照扫描周期，由上（地址号为 0）而下地（终点是 END 指令所在行，它地址号最大）执行程序。如果有两条或两条以上的指令改变了同一个寄存器的数值（或是同一个寄存位的状态），其结果是只有最后一条指令有效。不过以上两者不同之处在于：① 对某信息的改变 PLC 是直接进行的，而触摸屏则是间接地通过通信方式进行的，事先并不一定十分清楚这两者的时序。因此单由时序原则难以确定最后的结果。② PLC 的扫描是在不断重复进行的，它在完成一定工作时，将会重复执行一段特定的程序（某些一次性指令除外），但是触摸屏改变某一个信息，只是在操作者按下触摸键时，或是输入数据（数字或字符）时，因此多为一次性操作。最终结果由 PLC 决定。了解了以上特点之后，在调试系统时，如果发现在触摸屏上的操作未能如期实现，除了应该检查软件本身之外，还应该考虑 PLC 和触摸屏是否发生了冲突。

触摸屏和人之间也在不停地交换信息。触摸屏根据当前软件资源上的信息状态，所显示的图形、动作、数字、字符和提示语句，甚至还可能有声音，都是操作者可以接收到的信息。而操作者的各种要求、决定、选择和命令，又可以通过触摸屏传达给 PLC。从而可以改变当前软件资源上的信息状态，完成了信息双向交流的任务。所谓"人机对话"由此而得名。

1. 准备工作

（1）在购买触摸屏的同时，必须同时得到与该产品配套的计算机辅助设计软件，以及完整的产品操作手册，并认真仔细地阅读。

（2）准备配套的通信模块（有的产品已经被包含在触摸屏内）和通信电缆。

（3）准备好个人计算机，并指定安装该辅助设计软件的路径。这些工作与安装一般的应用软件无异，只需按提示进行即可。为了方便起见，可将快捷键拖到桌面上。

（4）连接好计算机与触摸屏之间的电缆。检查无误，打开电源。

（5）打开辅助设计软件。完成软件的各种基本设置，如命名、确定 PLC 和触摸屏的型号、设置通信用的参数等。

2. 触摸屏的操作系统软件

触摸屏实质上就是一台专用功能的计算机。因此仅有硬件是无法工作的。BIOS（基本输入/输出系统 Basic Input / Output System）及操作系统是必不可少的。因为它不是通用型的微型计算机，所以它的系统软件也是专用的，而无法像个人计算机一样，可以安装统一的操作系统。各个厂家，各自为政，即使是同一厂家的产品，也会因为不同的系列、型号而有很大的区别，一定要按照产品说明书的要求，正确安装。另外，触摸屏不像个人计算机，它没有软盘驱动器和光盘驱动器，不能自启动，自安装，需要通过运行在其他计算机上的触摸屏专用辅助设计程序或平台，以通信的方式来安装。还可以使用某些触摸屏上可能有的存储卡间接安装。当然，有条件时，通过网络安装也可以。

操作系统中的系统监控模块，以及各种设备的驱动程序，也是各不相同的。用户应该根据所用的系统，适当地选用和安装。

3. 明确总体设计思路

设计 PLC 及触摸屏系统，可有两种完全不同的总体设计思路。

（1）以 PLC 为主。也就是在原有 PLC 程序的基础上，安插所需的触摸屏界面（即在程序段的适当位置，插入一条赋值语句，给界面指针寄存器赋值即可）。触摸屏在这里仅起锦上添花的作用，可以完全遵循原来 PLC 软件的设计思路。

（2）以触摸屏为主。按照系统任务的要求，在 PLC 中独立地编制各种功能模块。独立地完成各种具体任务，并且随时上报进程和结果。其余的全部组织、调配、服务和管理工作，由触摸屏来完成。

4. 主要设计内容

（1）基本界面。首要的工作是按照功能的需要设计各种基本界面，每一个界面包含着为完成其功能所需要的各种元件。将每一个界面都打包成为一个整体，赋予一个简要但又能准确说明其功能的名称，同时被编上号，以数字化的方式存储在规定的地方。事先指定一个数据寄存器作为调用显示某一个界面的指针。只需给该寄存器赋以某一数值，与该数值编号相同的界面将被显示。如果没有与该数值相同的界面存在，将会出现错误提示。因为一个触摸屏每次只能显示一个界面，所以调用它的指针也只能有一个。

在大中型的触摸屏系列里，为了某些特殊的需要，或者提升界面的动态效果，可以在基本界面中弹出一个较小的界面，或是出现一个覆盖其上的界面。它的设计方法和管理方法与基本界面大同小异。可以事先设计好它的大小及未来的显示位置，还可以设计好它的弹出条件和消退方法。

（2）文字说明。将所有用于说明当前状态，报告工作结果，请求某种指示，提供实时的警告、建议和帮助的文字，同样以数字化的方式，分门别类逐条地存入“注释区”中。每一条都有一个唯一的编号，为了管理和调用它们，设有专用的注释指针，也可由某一个状态位调用并显示出来。如有必要，可以在界面的某处设置一个名为“动态信息显示框”的元件。它的大小、字体、颜色、位置、背景、有无外框、框的式样等，均可根据要求分别设置。但是，其中必须设定一个数据寄存器当做索引用的指针。因为在同一个界面上可以允许同时显示多个动态信息，因此它的指针（或标志位）的个数可以不受限制。当指针被赋值时，显示框内将显示出编号与数值相同的一条信息。一般在注释库中的“0”号位置中是空白的。这意味着只需将指针设为“0”，就不会显示任何文字内容。另外，还可以使用一位标志位作为显示条件的信息显示框，事先指定某一编号的注释信息。一旦该标志位有效，立即显示该指定的注释内容。注释库通常有较大的容量。可以事先写入数百条甚至千条以上的注释。每一条可以包含数百个字符（字），因此应该充分利用它的功能，通常的做法如下：

1）将所有触摸屏上每一个界面名称分别按编号写入，即界面编号与注释编号相同。

2）将所有故障的类型名称按照故障的编号顺序一一录入。

3）将所有对应于每一种故障发生时，可以提供的帮助、建议和指导意见，也按照同样的顺序分别录入。

4）将所有在运行中可能发生的状态、进程、提示、警告等分别录入。

5）其他认为可以记录的内容。如装置中主要设备的名称和型号，主要备品备件的名称和型号，主要的易损易耗品的名称和型号等。

其中除了第1）项外，编号可以任意安排。但是最好能做到“物以类聚”，以便编程时查看。

除了界面和文字，还可以利用声音。这只需按照规定的声音保存格式（如后缀名为WAV的语音文件），将语音或其他声音录制成文件，存放在规定的“库”中，就可像文字一样随时调出使用。

第四节 DCS的工程设计步骤

一个DCS的工程设计可由方案论证、方案设计、工程设计三个步骤组成。

一、方案论证

方案论证也就是可行性研究设计（简称可研设计）的主要任务是明确具体项目的规模、成立条件和可行性；确定项目的主要工艺、主要设备和项目投资具体数额。对于DCS的建设，可行性研究设计是必须进行的第一步工作，它涉及经济发展、投资、效益、环境、技术路线等大的方面问题。由于这步工作与具体技术内容关系不大，因此这里不再详细描述。

二、方案设计

1. DCS的基本任务

方案设计的开始阶段，首先要明确DCS的基本任务，包括以下3方面。

（1）DCS的控制范围。DCS是通过对各主要设备的控制来控制工艺过程。设备的形式、作用、复杂程度，决定了该设备是否适合于用DCS去控制。有些设备，如运料车就不能由DCS控制，DCS只能监视料库的料位；而另一些设备，如送风机就可由DCS完全控制其启动、停止及改变负载。那么，在全厂的设备中，哪些由DCS控制，哪些不由DCS控制，要在总体设计中提出要求。考虑的原则有很多方面，如资金、人员、重要性等，从控制上讲，以下设备宜采用DCS控制。

1）工作规律性强的设备。

2）重复性大的设备。

3）在主生产线上的设备。

4）属于机组工艺系统中的设备，包括公用系统。

DCS通过这些设备的控制实现对工艺过程的总体控制。除此之外，工艺线上的很多独立阀门、电动机等设备也往往是DCS的控制对象。

（2）DCS的控制深度。几乎任何一台主要设备是部分地由DCS控制。DCS有时可以控制这些设备的启停和运行过程中的调节，但不能控制一些间歇性的辅助操作，如有些刮板门等。而对有的设备，DCS只能监视其运行状态，不能控制，这些就是DCS的控制深度问题。DCS的控制深度越深，要求设备的机械与电气化程度越高，从而设备的造价越高。在总体设计中，要决定DCS控制与监视的深度，使后续设计是可以实现的。

（3）DCS的控制方式。这里的控制方式是指运行DCS的方式，要确定以下内容：

1）人机接口的数量。根据工艺过程的复杂程度和自动化水平决定人机接口的数量。

2）辅助设备的数量。包括工程师站、打印机等。

3）DCS的分散程度。它对今后DCS的选择有重要的意义。

2. DCS的方案设计

（1）硬件设计。硬件初步设计的结果应可以基本确定工程对DCS硬件的要求及DCS对相关接口的要求，主要是对现场接口和通信接口的要求。

1）确定系统I/O点。根据控制范围及控制对象决定I/O点的数量、类型和分布。

2）确定DCS硬件。这里的硬件主要是指DCS对外部接口的硬件，根据I/O点的要求决定 DCS 的 I/O 卡；根据控制任务确定 DCS 控制器的数量与等级；根据工艺过程的分布确定 DCS 控制柜的数量与分布，同时确定 DCS 的网络系统；根据运行方式的要求，确定人机接口设备、工程师站及辅助设备；根据与其他设备的接口要求，确定 DCS 与其他设备的通信接口的数量与形式。

（2）软件设计。软件设计的结果使工程师将来可以在此基础上编写用户控制程序，需要做以下工作：

1）根据顺序控制要求设计逻辑框图或写出控制说明，这些要求用于组态的指导。

2）根据调节系统要求设计调节系统框图，它描述的是控制回路的调节量、被调量、扰动量、联锁原则等信息。

3）根据工艺要求提出联锁保护的要求。

4）针对应控制的设备，提出控制要求，如启、停、开、关的条件与注意事项。

5）做出典型的组态用于说明通用功能的实现方式，如单回路调节、多选一的选择逻辑、设备驱动控制、顺序控制等，这些逻辑与方案规定了今后详细设计的基本模式。

6）规定报警、归档等方面的原则。

3. 人机接口的设计

人机接口的初步设计规定了今后设计的风格，这一点在人机接口设计方面表现得非常明显，如颜色的约定、字体的形式、报警的原则等。良好的初步设计能保持今后详细设计的一致性，这对于系统今后的使用非常重要，人机接口的初步设计内容与 DCS 的人机接口形式有关，这里所指出的只是一些最基本的内容。

1）画面的类型与结构，这些画面包括工艺流程画面、过程控制画面（如趋势图、面板图等）、系统监控画面等，结构是指它们的范围和它们之间的调用关系，确定针对每个功能需要有多少幅画面，要用什么类型的画面完成控制与监视任务。

2）画面形式的约定，约定画面的颜色、字体、布局等方面的内容。

3）报警、记录、归档等功能的设计原则，定义典型的设计方法。

4）人机接口其他功能的初步设计。

三、工程设计

系统的方案设计完成后，有关自动化系统的基本原则随之确定。但针对 DCS 还需进行工程化设计（或称 DCS 的详细设计），才能使 DCS 与被控过程融为一体，实现自动化系统设计的目标。DCS 的工程化设计过程，实际上就是落实方案设计的过程。如果说在方案设计阶段以及之前的各个设计阶段，其主要执行者是设计院的话，那么 DCS 工程化设计的主要执行者将是 DCS 工程的承包商和用户。用户在 DCS 的工程化设计过程中将扮演着重要的角色。

控制系统的方案设计和 DCS 的工程化设计这两部分的工作是紧密结合在一起的，而设计院和 DCS 工程的承包商、用户之间也将在这个阶段产生密切的工作联系和接口。因此，这个阶段是控制系统成败的关键，必须给予高度的重视。

1. DCS 工程化设计与实施步骤

一个 DCS 项目从开始到结束可以分成招标前准备、选型与合同、系统工程化设计与生成、现场安装与调试、运行与维护五个阶段，为了对 DCS 的工程化设计和实施过程有一个清晰的认识，先给出一个 DCS 项目实施步骤及每一步所完成文件的清单，列出每一阶段要完成的工作。

（1）招标前的准备阶段要完成的工作（用户/设计院）主要有以下 5 方面：

1）确定项目人员。

2）确定系统所用的设计方法。

3）制定技术规范书。

4）编制招标书。

5）招标。

（2）选型与合同阶段要完成的工作（用户/设计院）主要有以下 5 方面：

1）应用评价原则分析各厂家的投标书。

2）厂家书面澄清疑点。

3）确定中标厂家。

4）与厂家进行商务及技术谈判。

5）签订合同书与技术协议。

（3）系统工程化设计与生成阶段要完成的工作主要有以下 6 方面：

1）进行联络会，确定项目进度及交换技术资料，提供设计依据和要求，形成系统设计、系统出厂测试与验收大纲、用户培训计划。

2）用户培训。

3）系统硬件装配和应用软件组态。

4）软件下装、联调与考机。

5）出厂测试与检验。

6）系统包装、发货与运输。

（4）现场安装与调试阶段要完成的工作主要有以下 8 方面：

1）开箱验货和检查。

2）设备就位、安装。

3）现场接线。

4）现场加电、调试。

5）现场考机。

6）现场测试与验收。

7）整理各种有关的技术文档。

8）现场操作工上岗培训。

（5）维护与运行阶段要完成的工作主要有以下 4 方面：

1）正常运行的周期性检查。

2）故障维修。

3）装置大修检修。

4）改进升级。

2. DCS 厂家和用户方协作完成工程设计

DCS 厂家在合同谈判结束后需要指定项目经理、成立项目组。项目组整理合同谈判纪要。项目经理要对项目实施的全过程负责。合同签订之后，项目经理以及项目组成员要仔细地逐条分析合同和技术协议的每一条款，并认真地领会合同谈判纪要的内容。同时应该了解整个项目的背景及谈判经过，考虑并确定每一条款的具体执行方法，对有开发内容的条款更应引起足够的重视，计算出工时并落实开发人员。

（1）拟定项目管理计划。拟定项目管理计划的内容包括：

1）技术联络会的具体时间，每次联络会准备落实和解决的问题。

2）相关各方的资料交接时间。

3）项目实施具体的工期计划（包括设计、组态、检验、出厂、安装、调试及验收等阶段）。

4）项目相关各单位人员的具体分工和责任。

5）用户培训计划：时间、地点、培训内容等。

6）应用工程软件组态计划。

7）硬件说明书提交时间等。

（2）准备工作。在开始阶段，用户方的准备工作要远大于供货厂家的准备工作。

1）确定工程项目经理和成立项目组，人员分工。项目组详细了解合同及技术协议。

2）准备第一次联络会所需的技术文件。在合同书中一般都规定了双方在何时向对方提供何种技术资料。在合同签订后，乙方（供货厂家）最急需的就是用户的测点清单，这是硬件配置的基础。用户方应尽快准备以下资料。

① 系统工艺流程框图及其说明，DCS 系统为控制工艺流程服务，DCS 设计者必须对工艺要有一个大致的了解。

② 系统控制功能要求，主要的控制内容，列出主要的控制回路，说明采取的主要控制策略。详细列出各回路框图，并附以说明。

③ 控制及采集测点清单是第一次联络会上应首先讨论并确认的文件。当然，因为工期紧张，也可以在第一次联络会的召开之前提交，用户将确认过的控制及采集测点清单寄给 DCS 厂家，以便厂家根据此清单来确认系统的详细硬件配置。

注意，这里强调的是确认过的控制及采集测点清单。因为在谈合同时，有时不一定对整个控制和仪表流程掌握的非常清楚，特别是在 DCS 合同谈判中，控制及采集仪表还未确认，这样，当合同具体实施时往往会发现一些不太准确的地方，所以，这时就要请项目组的人员根据设计要求和控制流程、采集流程及工艺流程的需要，仔细地列出所有的控制及采集信号，此控制及采集测点清单就是 DCS 实时数据最基本和最重要的部分。测点的内容和格式因各种不同的类型点及 DCS 厂家要求不同而略有些差别，但是绝大部分内容是确定的，而且要求用户项目组必须填写清楚的。控制及采集测点清单是工程实施阶段第一个需要确认的设计文件，格式见表 7－1。

以上资料是系统配置及应用软件组态的原始数据资料，用户准备得越准确、越详细，DCS 项目实施的工作就越顺利，返工越少。如果是 DCS 厂家承包项目，以上资料应能尽快、完整地提供。即使是用户自己组态，也应该完整地整理出上述原始资料，以确保系统工程的顺利进行。

第一次联络会的时间应尽可能早，因为第一次联络会是确定功能实现与配置说明的确认会议。如果此会开得很晚，很多工作就会后推，整个工期就可能会拖延。

各种原始文件的格式由于设计单位不同，行业不同，可能会有些差别，但是，总的要求是清楚、准确，尽量采用国家和国际标准。

（3）工程设计联络会。将上述准备工作完成之后，就可以进行第一次设计联络会了。第一次联络会尽可能安排在 DCS 供货厂家进行。因为，用户方的项目人员可以亲眼看一下所用的 DCS 硬件结构和软件组态方法和内容。这对联络会的内容的顺利完成有着十分重要的意义。对于大型 DCS 项目，由于工期较长，工程也复杂，不是开一次联络会就能解决的，往往要开 2 ~ 3 次联络会。第一次设计联络会是非常重要的，合同双方的项目主管领导和商务人员最好都能参加，对有些具体工作人员难以决定的问题当场就可以决定，这样可以节省大量的时间。

设计联络会要完成以下工作：

1）DCS 厂家系统介绍。厂家项目组的人员向用户项目组人员详细介绍所采用 DCS 的大体结构、硬件配置、应用软件组态及其他软件内容，并带用户对实际（样机）系统进行参观和操作演示，使用户基本了解该 DCS。

2）用户介绍。根据合同的要求，用户应将该系统的工艺流程、控制要求及其他要求详细介绍，使 DCS 厂家的项目人员对控制对象有较深入的认识。

3）确认控制及采集测点清单。双方介绍完之后，下一步工作就是认真审核用户提出的控制及采集测点清单，并将其按控制功能和地理位置的要求分配到各控制站。检查完之后，双方负责人在该文件上签字确认。

4）确认控制方案及控制框图。根据合同及技术协议的要求，双方仔细审核各个控制回路（包括顺序控制逻辑回路）的结构、算法及执行周期的要求，结合测点清单，将各回路分配到相应的控制站，审核每个 I/O 站的计算负荷。检查无误后，双方负责人在控制方案及控制框图文件上签字确认。

5）流程显示及操作画面要求确认。用户在认真地看了 DCS 的演示之后，对其画面显示和操作功能应较为熟悉。可根据工艺流程和控制流程的要求，整理出对显示画面和操作画面的要求。双方针对该内容进行审核，最后由双方负责人签字确认。

6）各种报表要求确认。根据 DCS 的功能、用户的工艺和生产管理要求，整理出生产记录及统计报表的要求，包括表的种类、数量及打印方式（定时、随机）；每幅报表的格式和内容。双方对该内容进行审核，最后由双方负责人签字确认。

7）其他控制或通信功能的确认。如果系统中还涉及其他功能开发，如先进控制、与管理系统实现数据交换等，也需要在联络会上进行初步方案确认，并签字。

8）确认项目管理流程。根据上述几项确认的内容，双方项目组可以仔细核算出双方的工作量，然后制定详细的项目管理流程和项目计划任务书，以周（大项目）或天（中小项目）为单位。

（4）设计联络会后形成的一致性文件。第一次设计联络会后，便开始进行项目的具体设计工作。用户了解了 DCS 的硬件结构和应用软件的组态方法及内容，因而可以进行应用软件的详细设计并准备组态。DCS 厂家得到了各种设计用的原始数据，接下来可以完成几个设计文件，作为后续工作的基础。在强调每一步工作进展之前，先要完成相应的文件设计工作，文件由双方签字确认之后，工作转到下一道工序进行，这样做可使项目进行得顺利和防止返工，根本上保证项目质量。首要完成的设计文件包括下述技术文件。

1）概述。概述简要地说明此项目的背景情况、工作内容、工程目标。

2）整理系统数据库测点清单。此清单是在用户设计院提供的控制及采集测点清单的基础上，通过在联络会与用户项目组认真地分析控制回路的分配，负荷分配后，确定各控制及采集测点在各站的分配并将其分配到各模块/板和通道，由此，也就从根本上确定了各控制站的物理结构。

3）系统硬件配置说明书设计。该项设计包括下面 3 项内容的设计：

① 系统配置图在此部分详细地画出 DCS 的结构框图和系统状态图，详细描述系统的基本结构，说明系统主要设备的布置方式和连接方式。

② 各站详细配置表包括工程师站、操作员站、网关及服务器等站配置表。

③ 工期要求明确标明项目的工期计划，特别是硬件成套完成日期。有了各站的硬件配置表和硬件配置图，DCS 厂家装配部门就可以根据硬件配置表进行硬件成套工作。

4）系统控制方案设计。通过联络会以及用户设计方提供的设计图纸，DCS 厂家技术人员已经掌握了项目的设计信息，可以开始进行系统控制方案的详细设计，生成系统控制方案说明，作为软件组态的依据和系统方案调试的依据。

5）操作盘/台、机柜平面布置图设计。根据厂家 DCS 的各部件尺寸及用户操作车间及控制室的要求，画出系统各部分的平面布置图，以供用户设计人员进行具体机房设计。操作盘/台、机柜平面布置图要标明各站具体和详细的安装尺寸（单机安装和机柜）及标有尺寸的主体投影图，以及各站主要设备的质量。

6）DCS 环境要求。在此节明确标明 DCS 的各项环境指标以示重视。

① 电源要求及分配图应详细列出各站及整个系统的电源容量要求，如果用户提供 UPS 电源，则要详细列出各 UPS 容量及接线方法。

② 根据 DCS 的要求，系统接地图应详细说明各站、各种接地要求并用图示方法标明各种接地的连接方法，以上两条非常重要。

③ 此处列出其他的环境要求，如温度、湿度、振动等。

7）采用标准。列出整个 DCS 及应用系统设计中所采用的国家标准和国际标准。最后由双方项目组人员签字确认。

（5）DCS 厂家做完整的工程设计。

1）硬件设计，包括操作站、现场控制站的数量、I/O 模块的型号、数量等。

2）软件设计，包括控制层组态、监控软件组态等。

3）现场施工计划，包括人力分配、调试计划等。

在此，因为前面已经明确了 DCS 的控制要求、测点清单等，具体设计工作 DCS 厂家应能够完成。如果在设计过程中遇到不明确的地方，可以将问题集中起来，再联系召开技术联络会，和用户商讨共同解决。

第五节 DCS在锅炉节能控制项目中的应用

1. 工艺流程及技术方案

项目需要控制3台10t锅炉，单台锅炉控制工艺流程图如图6－3所示，测控点表见表6－3，软化后的清水经省煤器预热后加到锅炉汽包中，新鲜空气经鼓风机送入炉膛预热后吹到煤排上、鼓风机、引风机、供水泵以及送煤的煤排电动机都采用变频调速节能控制，所采用的控制方案为以下7种。

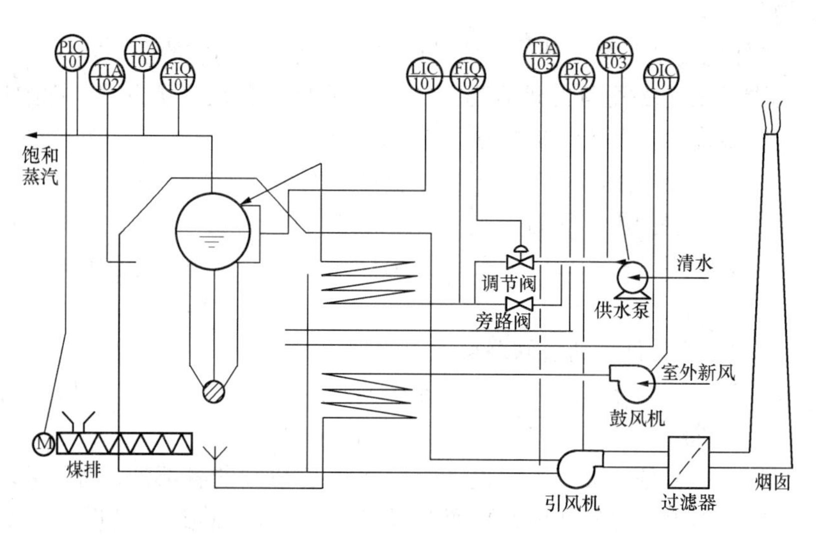

图6－3 10t单台锅炉节能控制工艺流程图

表6－3 10t锅炉节能控制系统《控制及采集测点清单》

序号	工位号	系统、设备名称	仪表范围	工艺参数	备注（控制要求）
1	LIC101	锅炉液位的串级控制			液位要求稳定在±150mm以内
	LT－101	汽包水位	0～4kPa	0～4kPa（15～30mm）	
2	PIC101	蒸汽总管的压力控制			控制压力稳定
	PT－101	蒸汽压力	0～2.5MPa	2.5MPa（工作1.57MPa）	
	M101	煤排变频节电装置（变频电动机）		4kW	
3	PIC102	锅炉炉膛内的负压控制			控制压力稳定
	PT－102	炉膛负压	－100～0Pa	－100～0Pa（仪表－100～100Pa）	
	M102	引风机变频节电装置		45kW	
4	TIA102	炉膛内温度检测报警			
	TT－101	炉膛温度	0～1300℃	1300℃	

续表

序号	工位号	系统、设备名称	仪表范围	工艺参数	备注（控制要求）
5	FIQ101	主蒸汽流量累计			只显示流量
	FT－101	蒸汽流量	12T/h	6～12T/h DN150	
6	FIQ102	进锅炉清水流量控制、累计			控制压力稳定
	FT－102	给水流量	$14m^3$	$8～14m^3$ DN50	
	EV－102	清水管电动调节阀	100%（4～20mA）		
	PIC103	清水管道的恒水压控制			
	PT－103	清水管道压力变送器		30kg	
	P103	清水泵变频节电装置（2极电动机）		30kW	
7		锅炉烟温			
	TT－102	省前烟温	0～600℃		只做显示
	TT－103	省后烟温	0～400℃		只做显示
	TT－104	预后烟温	0～300℃		只做显示
	TT－105	尘后烟温	0～150℃		只做显示
	TT－106	预后风温	0～200℃		只做显示
	TT－107	省进水温	0～150℃		只做显示
	TT－108	省出水温	0～300℃		只做显示
8		锅炉预前鼓风风压指示			
	PT－103	鼓风风压	0～6kPa		
9	OIC101	锅炉炉膛内含氧量控制			根据含氧量控制鼓风量
	OT－101	炉膛氧气含量氧化锆氧化分析仪		20%（V/V）	
	M103	鼓风机（变频节能）		18.5kW	
10		锅炉烟压指示			
	PT－104	省前烟压	0～600Pa		只做显示
	PT－105	省后烟压	0～600Pa		只做显示
11	PT－106	预后烟压	0～600Pa		只做显示
	PT－107	尘后烟压	0～2.5kPa		只做显示
12		锅炉压力保护控制			
	PP－109	锅炉压力保护控制器（触点信号）			保护用
13		锅炉电接点水位指示			
	LE－110	锅炉电接点水位计			只做显示

（1）锅炉液位的串级控制。锅炉液位的控制在整个控制系统中是一个非常重要且要求非常严格的控制回路，同样也是最难控制的一个参数。在这里采用锅炉液位—清水流量的串级控制方案：副调节回路 FIQ102 采用调节速度较快的流量调节回路，利用清水管道

上的流量计检测实际流量，并根据控制算法来调节管道上的电动调节阀的开度，从而达到控制流量稳定的目的；主调节回路 LIC101 采用调节速度相对较慢的液位调节回路，通过安装在锅炉上的液位变送器检测到的液位值来动态地调节副回路的设定值，控制清水流量的大小，从而最终达到控制液位恒定的目的。此控制方案消除了清水流量波动对液位的影响，使液位的控制快速稳定。

（2）蒸汽主管的压力控制。蒸汽主管道的蒸汽压力受生产车间需求的影响经常会出现压力波动。为了保证生产车间生产过程的稳定，对蒸汽主管道的蒸汽压力采用了变频调速—恒压力控制方案：根据安装在蒸汽主管道上的压力变送器检测实际的压力信号，采用变频调速的方式对锅炉的煤排进行控制，调节供煤量。此方案能快速及时地调节主蒸汽的压力，且加入了变频调速后，整个调节过程波动小，大大减少了对煤和电能的消耗，经济效益可观。PID 调节回路为 PIC101。

（3）锅炉炉膛内的负压控制。锅炉炉膛内的负压控制直接关系到锅炉内燃煤的利用率和整个锅炉的安全。因此对炉膛内负压的控制非常重要，在此去处了陈旧的风门控制方案，而改用全新的变频调速—恒负压的控制方案：通过炉膛内的压力变送器检测炉膛内负压，PID 调节回路 PIC102 控制输出，利用变频器动态改变引风机的转速，从而达到控制负压恒定的目的。此方案最大的特点是节能：因为在一般控制系统的设计过程中，电动机额定功率选择的裕量为 30% ~50%，也就是说生产过程中实际所需要的功率为电动机额定功率的 50% 左右，这样会造成能源的很大浪费。采用变频调速方案后，系统能根据实际的需要利用变频器降低电动机的工作功率，从而大大地节省了能源。

（4）锅炉炉膛内含氧量的控制。锅炉炉膛内的含氧量直接关系到燃煤的燃烧的充分性及燃煤的利用率。如果含氧量过低，燃煤燃烧不充分，同样数量的燃煤所获得的热量会大大减少，那么需要获得同样数量的蒸汽所需的燃煤会大大增加，燃煤的不充分燃烧将会造成能源的巨大浪费，工厂利益受到巨大损失。在此去处了陈旧的风门控制方案，而改用全新的变频调速—恒含氧量的控制方案：通过安装在炉膛内的含氧量检测仪表测量实际含氧量，利用变频调速技术动态调节鼓风机的转速，从而达到最终控制含氧量恒定的目的。此方案最大的特点是节能，控制回路为 OIC101。

（5）供水管道的恒水压控制。由于锅炉内具有一定的压力，为了使清水能够顺利注入锅炉内，必须保证清水管道内具有一定的压力，同时由于锅炉内蒸汽压力的波动，清水管道内的压力会受到影响，清水的流量就会受到影响，最终锅炉内液位也会受到影响，因此在生产过程中必须保证清水管道内水压的恒定，在此采用变频调速—恒水压控制方案：利用安装在清水管道上的压力变送器测量实际压力信号，根据 PID 控制回路 PIC103 控制变频器，从而调节水泵的转速，从而达到恒压的目的。同样采用此方案还能有效地保护高压水泵，因为一般的高压水泵不允许出口关死，否则由于泵内压力过高损坏泵体，采用变频调速—恒压力控制方案就能很好地解决这个问题。同样此方案的最大特点也是节能。

（6）主蒸汽 FIQ101 和清水 FIQ102 的流量累计。此方案中还增加了使用资源的累计，可分天累计和分月累计，便于管理人员对整个系统的使用资源进行管理统计。

（7）主 TIA101、炉膛内 TIA102 和烟道内 TIA103 的温度检测报警。此方案中还增加了主蒸汽、炉膛内和烟道内的温度检测和报警，让操作人员对整个系统各处的温度进行监测报警，加强了设备的安全性，防止事故的发生。

2. 系统配置

本系统选用德国西门子公司的 SIMATIC S7－300PLC，操作员站运行软件选用由西门子公司和美国微软公司合作开发的 SIMATIC WinCC 操作监控软件。

系统结构图如图 6－4 所示，采用两级结构，2 台工控计算机互为冗余，既作为操作员站，又作为工程师站和服务器。3 台 S7－300PLC 作为现场控制站分别控制 3 台锅炉。

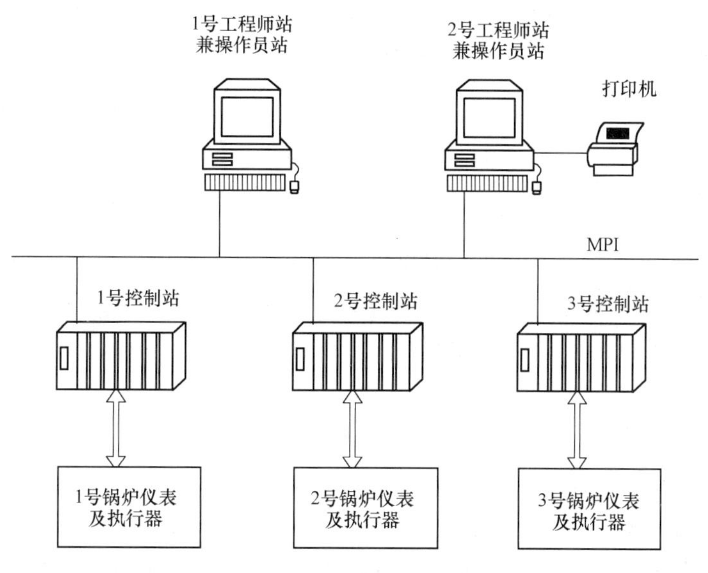

图 6－4　3 台 10t 锅炉节能控制系统结构示意图

3. 监控系统的实现

（1）通信的实现。通信的实现是采用西门子 MPI 网，它采用令牌方式实现通信，数据传输速率为 187.5kbit/s ~ 12Mbit/s，最多可连接 32 个站点。

WinCC 集成了图形技术、数据库技术、网络与通信技术。在设计开发时，工程技术人员无需了解 PLC 通信协议，使用组态功能，仅需要在操作站上通过 WinCC 变量标签管理器，添加新的通信驱动程序，选择合适的通信协议，组态所选协议的系统参数，并定义变量标签和标签组，就可实现 WinCC 与 PLC 之间的数据交换，通信构成如图 6－5 所示。

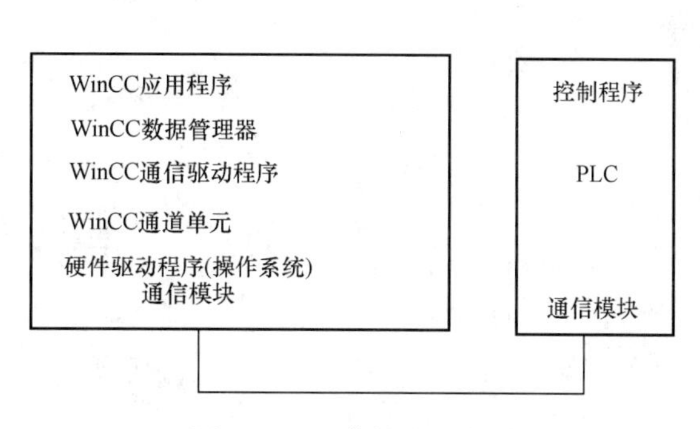

图 6－5　通信构成示意图

（2）工艺画面的显示及切换。为了使过程对话更加灵活且更加面向任务，将屏幕合理设计，可一键实现画面的切换。画面本身包含有操作提示并且设置有操作级别，防止误操作，保证生产安全。

（3）趋势显示及分析。该系统通过 WinCC 的变量记录从运行过程中采集数据，将它们显示和归档。趋势中选择不同的归档、采集和归档定时器的数据格式，并通过 WinCC

在线趋势和表格控件显示过程值，分别在趋势和表格形式下显示。可通过直接选择测量点的组、测量点和单个的测量值来访问存档，并可按名称和时间窗口进行选择。通过光标线和缩放功能可详细地观察被显示的值。这样，便于分析和评估趋势数据，确保操作进程有一个清晰的全貌。

（4）报警处理。WinCC 报警系统可用于监控生产过程事件及 WinCC 的系统事件，并记录过程中出现的故障和操作状态。本系统以醒目的方式显示当前的报警事件，并可查阅和打印当前的和历史的报警记录。

（5）报表处理及打印。利用 WinCC 的报表生成器和 Excel 电子表格，按要求或定时输出生产有关的各种报表。

第六节　DCS 接口与高压变频节电装置在风机节能改造中的应用

山东某热电厂通过对本厂的高压引风机、一次风机、二次风机系统的节能改造，取得了良好的节电效果，提高了工作效率，降低了生产成本。

一、设备运行概况

1. 设备概况

负载设备的名牌参数及主要运行参数见表 6－4。

表 6－4　负载设备的参数

序号	设备名称	引风机	一次风机	二次风机
1	数量	1	1	1
2	负载型号	JLG75－44B	JLG75－22B	JLG75－2613
3	额定流量［m^3（t）/h］	168 610	54 300	50 914
4	额定压力（Pa）	56 500	14 600	10 255
5	电机型号	YKK450－3－4	YKK400－3－4	YKK355－3－4
6	电机功率（kW）	400	315	220
7	额定电压（V）	6300	6300	6300
8	额定电流（A）	49	37.8	26.8
9	功率因数（%）	0.88	0.88	0.88
10	额定转速（r/min）	960	1485	1485
11	风门开度（%）	58	58	33
12	运行电流（A）	31	23	16

2. 设备工况简介

该热电厂占地面积 76 000m^2，设计规模为 3×75T/h 循环流化床锅炉、2×12MW 汽轮发电机组。公司一期工程（2×75T/h 循环流化床、1×12MW 汽轮发电机组）于 2005 年 12 月 2 日投产并网运行。年发电量 7200 万 kW·h，供汽 9×10^5t。

目前投产的两组锅炉一用一备，分别运行半年时间，定期实现倒换运行。两组锅炉引风机、一次风机、二次风机使用不同段高压母线。系统正常运行时，依靠风门进行调节，风门的开度如上表所列，电能浪费较大。设备每年运行7920h，上网电价0.32元。

循环流化床是一种适于固体燃料的清洁高效燃烧技术。固体颗粒（燃料、石灰石、砂粒、炉渣等）在炉膛内以一种特殊的气固流动方式（流态化）运动，离开炉膛的颗粒又被分离并送回炉膛循环燃烧。炉膛内固体颗粒的浓度高，燃烧、传质、传热、混合剧烈，温度分布均匀，固体颗粒在炉膛内的内循环和外循环十分强烈，在炉膛内的停留时间较长，保证了较高的燃烧效率。

燃料由给煤机送入炉膛；一次风由锅炉底部送入，主要用于维持燃料粒的流化；二次风沿燃烧室侧壁多点送入，主要用于增加燃烧室的氧量，提高燃烧效率；燃烧后的大量颗粒随烟气进入旋风分离器，与烟气分离；分离出来的颗粒经回料阀回到燃烧室继续燃烧；分离出来的烟气则经过除尘器除尘后，由引风机引入烟囱排出。实际运行中，循环流化床的燃烧效率可高达97%～99%。

由于其独特的燃烧特性，与传统的煤粉炉相比，循环流化床锅炉对风量、风压的控制有更高的要求：为了保证锅炉燃烧的经济性，当燃料量改变时，必须相应地调节送风量，使之与燃料量匹配；为了保证锅炉运行的安全性，必须使引风量与一次风量相配合以保证炉膛压力在正常范围内；通过一次风量及风压的调节以保证炉膛内物料的正常流化。

与常规煤粉炉相比，循环流化床锅炉配置的风机压头较高，目前调节风量的主要是通过调节风门开启度或采用变频调速技术控制风机转速。当采用调节风门开启度的方式进行风量控制时，容易出现的问题：① 节流损失大；② 系统响应速度慢、调节品质差，自动投入率低，难以满足实际要求；③ 执行机构易出问题，维修费用高；④ 电机启动时会产生过电流，影响电机绝缘性能和使用寿命。变频调速技术由于较好地解决了上述问题，正逐步在循环流化床机组中得以运用。

二、高压变频节电装置的调速要求

（1）满足可驱动普通交流高压电机，调节精度不低于0.5%。在低频运行时能保证100%额定输出转矩。

（2）具有良好的调节特性和瞬态快速调整特性。在负荷从100%调节到40%的响应时间小于1min。

（3）运行电压在6kV，可以实现电压波动在－20%～＋10%时，做到电压在安全范围内波动时高压变频节电装置满载输出。

三、高压变频节电装置的技术要求

1. 基本性能要求

（1）每一台高压变频节电装置的设计与构造与它所控制电机的运行条件和维修要求一致，无需改变电机和供电电压。

（2）具有合理的运行操作方式及就地启停、调试和正常运行及事故情况下所必需的测量、控制调节及保护等措施，以确保电机的安全经济运行。

（3）高压变频节电装置为高－高结构。单元串联多电平形式，直接6.3kV输入，通过移相隔离变压器降压给15个整流逆变单元供电，每相5个单元串联可输出3465V的相电压，因此可以直接输出6kV的线电压，达到直接高－高节电的目的。高压变频节电装置与电机之间无需升压变压器。

(4) 高压变频节电装置带有自诊断显示，运行中可选择观察输出电流、电压、频率、转速等参数。能对所发生的故障类型及故障位置提供中文指示，能在就地显示并远传报警，高压变频节电装置对环境温度的监视，当温度超过高压变频节电装置允许的环境温度时，高压变频节电装置提供报警。

(5) 在运行环境温度下，高压变频节电装置精度满足模拟量输入，输出信号 ±0.5%。

(6) I/O 类型。

1) 模拟量输入：DC 4～20mA。

2) 模拟量输出：DC 4～20mA。

3) 开关量输入：开关量输入回路在硬件上采取光电隔离措施，在软件上采取消除接点抖动措施，并作好接地、屏蔽等抗干扰措施。

4) 开关量输出：开关量输出模件具有电隔离输出，隔离电压不小于 250V，能直接启动任何中间继电器，提供中间继电器及柜体，并提供可靠的工作电源。

(7) 电气柜内的控制接线端子提供 15% 的裕量。

(8) 高压变频节电装置就地控制窗口采用全中文液晶触摸操作界面；功能设定，参数设定等均采用中文。

(9) 高压变频节电装置具有旁路/节电自动切换功能；为保证甲方系统工作的连续性，配备旁路控制方式。

(10) 高压变频节电装置具有共模抑制措施。

(11) 高压变频节电装置只需要连接外接高（低）压电源、电机和相应的控制信号即可正常运行，不接受高压变频节电装置故障时采用跳主电路进线断路器的方式进行保护的控制方式。

(12) 高压变频节电装置包括直通旁路功能，在高压变频节电装置检修时能通过切换控制按钮进行切换，不接受采用对高压主电路进行切换的方式。

(13) 控制电源应配置 UPS，当控制电源掉电时，不影响系统运行，可维持 30min。

2. 技术数据

(1) 高压变频高压变频节电装置的容量为电动机额定功率的 1.25 倍冗余配置。高压变频节电装置额定电流大于电机的额定电流．运行电流小于电动机额定电流。

(2) 高压变频节电装置可在 -10～+45℃环境使用，不降容。

(3) 高压变频节电装置整个系统在出厂前进行 72h 以上整体测试，以确保整套系统的可靠性。

(4) 在 30%～100% 的调速范围内，节电系统在不外加任何功率因素补偿的情况下输入端功率因素可达到 0.96 以上。

(5) 高压变频节电装置对输出电缆的长度没有任何要求，高压变频节电装置可以保护电机不受共模电压及 dV/dt 应力的影响。

(6) 高压变频节电装置的功率单元为模块化设计，方便从机架上抽出、移动和变换，所有单元可以互换。采取自动旁路与零点漂移两种处理方式。根据功率单元故障情况而定。如当某个功率单元发生除了 IGBT 和整流桥故障时或控制元件损坏的情况下，控制系统首先封闭这个单元，其他功率单元输出电压自动提高 1.14 倍，高压变频节电装置内部中性点偏移运行，自动平衡输出线电压、电流，能保证高压变频节电装置不停机连续额定运行。若当两个及以上功率单元故障时可采取自动旁路功能，高压变频节电装置可根据故障单元的数量和相别自动减负荷运行，并保证节电与直通间的无冲击切换。

（7）高压变频节电装置输出谐波高于国标 GB 14549—93 对谐波失真的要求。

（8）高压变频节电装置对电网反馈的谐波高于国标 GB 14549—93 对谐波失真的要求。

（9）高压变频节电装置输出波形为正弦波，不会引起电机的谐振，转矩脉动小于0.1%，可自动跳过3点共振点。避免电机喘振现象。

（10）高压变频节电装置自身效率达到98%以上，整个系统的效率在额定负载条件下达到96%以上。

（11）在距离高压变频节电装置1m的范围内任何一个方向进行测试，所测得的高压变频节电装置噪声不超过70dB。

（12）高压变频节电装置对电网电压的波动有较强的适应能力，在-20%～+10%电网电压波动时满载输出。

（13）由于控制系统采用DCS控制，高压变频节电装置能实现远距离自动操作，并可对其进行远程/本地控制的切换。

（14）系统不装设转速传感器。采用无速度传感器控制方式。具有飞车启动功能。具有停电再启动功能，当电网瞬时停电时小于10s（可设置）时，高压变频节电装置自动保持原来设置，可以将电机自动拖至停电前的运行状态。

（15）在整个频率调节范围内，被控电动机均能保持正常运行。在最低输出频率时，能持续地输出电流。在最高输出频率时，能输出额定电流或额定功率。

（16）高压变频节电装置设以下保护：过电压、过电流、欠电压、缺相保护、短路保护、超频保护、失速保护、高压变频节电装置过负荷、电机过负荷保护、半导体器件的过热保护、瞬时停电保护等，并能联跳输入侧6kV断路器。保护的性能符合国家有关标准的规定。

（17）高压变频节电装置包含以下开关量信号和模拟量信号。

开关量输入：启动、停止、急停、复位、手动/自动转换等信号。

开关量输出：高压变频节电装置高压就绪、高压变频节电装置运行、高压变频节电装置故障、高压变频节电装置停止等信号。

模拟量输入：频率调节（转速给定）。

模拟量输出：输出频率、输出电流。

（18）高压变频节电装置柜操作盘能进行各种控制操作和参数设置。显示面板具有输出电流、电压、频率、开、停、故障显示及故障追忆等功能。

（19）具有计算机在线控制、监视、检测、诊断功能及相应的软件。软件的升级问题在技术协议中具体商定。

（20）频率分辨率0.01Hz。

（21）高压变频节电装置具有过负荷能力110%连续运行，电机额定电流120%，允许1min（反时限特性）；150%，3s；180%，立即保护。

四、设备配置方案

该项目的节能改造，系统所需要的供货设备分别见表6-5和表6-6。

表6-5　系统设备配置

序号	货物名称	规格型号	数量	生产商名称/产地
1	高压变频节电装置适用400kW引风机（含一拖二手动旁路柜）	LKJ-G-06-500	1	山东瑞斯高创股份有限公司/山东潍坊
2	高压变频节电装置适用315kW一次风机（含一拖一手动旁路柜）	LKJ-G-06-400	1	山东瑞斯高创股份有限公司/山东潍坊
3	高压变频节电装置适用220kW二次风机（含一拖二手动旁路柜）	LKJ-G-06-300	1	山东瑞斯高创股份有限公司/山东潍坊

表6-6　主要部件产地清单（每台机含有进口部件）

序号	名　称	单位	数量	生产厂家	产地
1	IGBT	只	30	Infineon	德国
2	整流桥	只	15	EUPEC	德国
3	电解电容	只	45	Epcos或Nippon	德国或日本
4	触摸屏	个	1	OMRON	日本
5	冷却风机	台	4	EBM	德国
6	PLC	台	1	OMRON	日本
7	移相变压器	台	1	常州华迪	三选一
8				北京新华都	
9				南京中电	
10	光纤	个	90	安捷伦	美国

五、系统控制方案

鉴于该热电厂的单风机循环流化床工艺、一用一备锅炉等实际情况，根据安全生产第一位、投资最优化原则设计如下控制方案。

引风机、二次风机采用“一拖二”自动加刀闸切换切换方式。一次风机采用“一拖一”自动加隔离开关切换方式。另外，根据工程人员现场察看，每组2台电机的供电，分别来自不同的高压电网或母线。为分析方便，把两路高压电网供电，设一路为“A母线段”，另一路为“B母线段”。

1. 一拖一自动控制方案

（1）系统原理图。高压断路器QF与电动机为原有设备。高压变频节电装置一次回路由3个高压真空接触器KM、K1、K2和2个高压隔离开关QS1和QS2组成。6kV电源可经真空接触器KM直接启动电动机，电动机工频运行。KM与K2电气闭锁，保证任何时候不能同时合闸。隔离开关QS1、QS2作用是隔离高压变频节电装置进行维护，保证维护人员安全，正常时隔离开关处于合状态，如图6-6所示。

（2）高压变频节电装置与DCS接口逻辑明细。

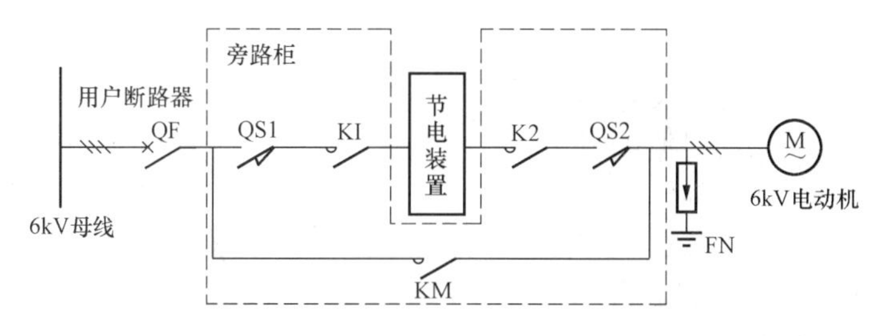

图6－6 “一拖一”系统原理示意图

DCS输出到高压变频节电装置接口逻辑明细见表6－7。

表6－7　DCS输出到高压变频节电装置

序号	名　称	逻辑要求	触点类型	用　途
1	高压变频节电装置起动	脉冲信号	无源触点：动合	DCS启动高压变频节电装置
2	高压变频节电装置停机	脉冲信号	无源触点：动合	DCS停止高压变频节电装置，按设定曲线降频到0Hz
3	远程复位	脉冲信号	无源触点：动合	DCS复位高压变频节电装置
4	远方急停	脉冲信号	无源触点：动合	DCS直接跳高压变频节电装置开关
5	变频切工频	脉冲信号	无源触点：动合	DCS控制变频切换到工频
6	工频切变频	脉冲信号	无源触点：动合	DCS控制工频切换到变频
7	变频方式	脉冲信号	无源触点：动合	高压变频节电装置根据此指令控制高压电机变频运行
8	工频方式	脉冲信号	无源触点：动合	高压变频节电装置根据此指令合KM，电机工频运行
9	频率给定	4～20mA	模拟量	DCS控制高压变频节电装置频率

高压变频节电装置输入到DCS接口逻辑明细见表6－8。

表6－8　高压变频节电装置输入到DCS

序号	名称	逻辑要求	触点类型	用　途
1	高压变频节电装置运行	合：电机处于变频运行状态； 开：无	无源触点：动合（2对触点）	向DCS标识电机正处于变频状态下运行
2	工频运行	合：电机处于工频运行状态； 开：无	无源触点：动合	向DCS标识电机正处于工频运行方式
3	远方/就地	合：高压变频节电装置处于远方控制状态； 开：高压变频节电装置处于就地控制状态	无源触点：动合	向DCS标识高压变频节电装置的控制方式
4	高压合闸允许	合：允许合高压断路器； 开：不允许合高压断路器	无源触点：动合	允许DCS合高压断路器，向DCS和高压断路器各提供1组
5	报警（轻故障）	合：高压变频节电装置处于轻故障状态； 开：无轻故障	无源触点：动合	向DCS标识高压变频节电装置的轻故障状态

续表

序号	名称	逻辑要求	触点类型	用　途
6	高压变频节电装置重故障	合：高压变频节电装置处于重故障状态； 开：无重故障	无源触点：动合	向 DCS 标识高压变频节电装置的重故障状态
7	高压变频节电装置就绪	合：允许启动； 开：不允许启动	动合	高压上电后，向 DCS
8	KM 位置	合：开关已合；开：开关断开	无源触点：动合	KM 合、断信号
9	K1 位置	合：开关已合；开：开关断开	无源触点：动合	K1 合、断信号
10	K2 位置	合：开关已合；开：开关断开	无源触点：动合	K2 合、断信号
11	运行频率	4～20mA	模拟量	高压变频节电装置运行频率拟输出
12	电机电流	4～20mA	模拟量	电机电流模拟输出
13	QS1/QS2 位置	合：隔离开关已合；开：隔离开关分开	无源触点：动合	分合各有两组触点

高压变频节电装置到高压开关接口逻辑明细见表 6－9。

表 6－9　　高压变频节电装置到高压断路器

序号	名称	逻辑要求	触点类型	用　途
1	高压断路器紧急分断	正常运行时常开。 合：紧急分断高压断路器； 开：无断高压断路器请求	无源触点：动合	紧急分断高压断路器。有选择转换压板决定是否投入（可选）
2	高压断路器合闸允许	合：允许合高压断路器； 开：不允许合高压断路器	无源触点：动合	允许合高压断路器（可选）

（3）“一拖一”自动切换控制逻辑。

1）变频方式下正常启动过程。启动前系统状态：高压变频节电装置在启动之前 QS1、QS2 已经手动合上；柜门已关、控制电源正常、风扇开关正常；无其他电气故障；高压变频节电装置处于远程控制。

① 高压变频节电装置在接收到 DCS 发送的“变频方式运行”指令后，自动合 K1、K2（KM 处于断开位置），在系统条件允许，延时 1s 向 DCS 发出“高压合闸允许”信号。

② DCS 在接收到“高压合闸允许”信号后，便可以合 6kV 高压断路器。

③ 6kV 高压断路器合闸后，高压变频节电装置上电。系统自检后，延时 2s 后给 DCS 发一个“高压变频节电装置就绪”信号。

④ DCS 在接收到“高压变频节电装置就绪”信号后，发出“远程变频起动”指令。高压变频节电装置在接收到“远程变频启动”信号后高压变频节电装置开始运行，运行频率从 0Hz 按照设定的时间升频至给定频率值（DCS 可以在高压变频节电装置启动以前将“频率给定信号”给定到预定值）。

2）变频方式下正常停机过程。

① 在运行时需要正常停机时，DCS 给高压变频节电装置发出“远方停机”信号。运

行频率按照设定的时间降至最低值（0Hz），然后断开“变频运行”信号。

② 高压变频节电装置 K1、K2、KM 状态不变。

3）变频紧急停机，有 3 种情况：

① 高压变频节电装置在正常运行时需要紧急停机可以由 DCS 直接断开 6kV 断路器。

② 高压变频节电装置控制柜设置“紧急停机”按钮，可就地紧急分断高压断路器。

③ 启动 DCS 中的“远方急停”。

4）变频故障切工频。切换前系统状态：变频正常运行时 K1、QS1、QS2、K2 闭合，KM 断开。如果高压变频节电装置出现重故障：

① 断开 K1、K2，向 DCS 发“高压变频节电装置故障”信号。

② DCS 发减小挡板开度信号。

③ 延时 2s（时间可设）合 KM。

5）变频正常运行切工频。

① 首先降挡板开度关到预设开度。

② 在 DCS 风机变频控制画面，按“变频切工频”按钮。

③ 按钮按下时由 DCS 系统发“变频切工频指令”至高压变频节电装置控制系统。高压变频节电装置接收到“变频切工频”指令后，高压变频节电装置控制自动将频率升到 50Hz，断开 K1、K2；延时 2s（时间可设），合 KM。

6）工频正常运行切变频运行。

① DCS 发“工频切变频”指令；

② 高压变频节电装置自动合 K1，高压变频节电装置进入高压状态，系统自检，10s（可设定）后，系统就绪；

③ 高压变频节电装置自动断开 KM，1s（可设定）后，合上 K2，此过程中高压变频节电装置追踪电机感应电动势频率和相位；

④ 高压变频节电装置输出，并将频率提升至 50Hz（可设定），然后运行至远程设定频率；

⑤ 如果切换失败，高压变频节电装置自动旁路，工频运行。

2. “一拖二”自动控制方案

（1）系统原理概述。

1）风机（M1 为 A 风机、M2 为 B 风机）采用传统一拖二自动切换接线配置。即一台变频可通过切换带其中一台风机运行在变频方式下。每台高压变频节电装置同时保持原有工频旁路方式。在高压变频节电装置异常时，停止高压变频节电装置运行，电机可以直接切换到本侧电机工频状态下运行。系统控制原理示意图如图 6－7 所示，其中 QF1、QF2 为风机 6kV 高压断路器。QS1、QS3 两个手动隔离开关位于高压变频节电装置旁路柜。其中 K1 和 K4，K2 和 K5，K2 和 K3，K5 和 K6 每组不能同时闭合，在 PLC 上和 DCS 上实现互锁。

2）对于使用 A 母线段的锅炉系统来讲，高压变频节电装置的使用操作与“一拖一”自动控制方案相同。这时 QS3、QS4、K4、K5 均处于断开状态。

（2）运行前准备。

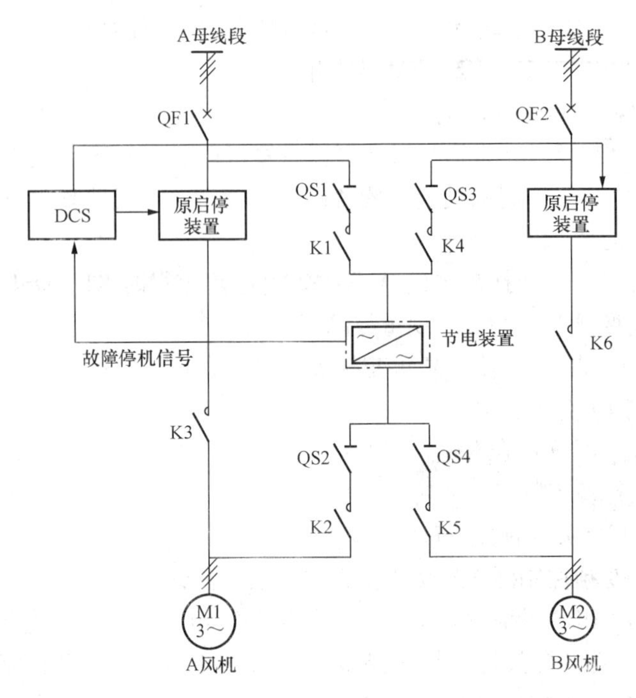

图 6－7　“一拖二”系统方案主电路原理示意图

1）高压变频节电装置的检查。首先选择好将要启动的风机，将高压变频节电装置柜手动隔离开关设置相应位置。如果启动 A 风机，断开 QS3、QS4、K4、K5，合上 QS1、QS2、K1、K2，如果启动 B 风机，断开 QS1、QS2、K1、K2，合上 QS3、QS4、K4、K5。检查是否选择远程控制，无故障、无报警。各参数是否正确（一般参数调试成功后，不允许随意改动）。

2）准备启动的 6kV 高压断路器：QF1 或 QF2 到准备状态。

（3）运行的操作。

1）选择将要投运的风机，选择变频方式运行。

2）检查 K1、K2（A 风机），K4、K5（B 风机）是否闭合，高压变频节电装置向 DCS 发送“允许高压合闸信号”，DCS 发送合上 QF2 高压断路器信号。

3）观察高压变频节电装置是否发出就绪信号。

4）风机挡板关闭。

5）高压变频节电装置运行到设定频率后，再逐渐将风机挡板全开。

（4）停止高压变频节电装置。按停止按钮，高压变频节电装置以一定速度，逐渐降低频率，当降到高压变频节电装置设定的停止频率时，高压变频节电装置封锁输出。

注意：此时，设备不断开高压断路器，系统可以随时再次启动已经选择好的电机。如果彻底停止变频运行，需要断开高压断路器 QF1 或 QF2。

（5）高压变频节电装置故障，切换到本侧电机工频运行。操作方法同“一拖一”自动控制。

（6）2 台锅炉定期转换运行。当需要 2 台风机定期转换变频时，必须谨慎操作。其中一次风机因采用一拖一自动方式，操作简单，按正常启停操作。引风机和二次风机照此项操作规程操作。在B风机启动前1h，按下述流程操作。保证锅炉稳定运行和高压变频节电装置再上电运行。

举例如下：A风机变频运行，现在要倒B风机变频。

1）首先将高压变频节电装置频率逐渐上升，同时降低风机挡板开度。维持锅炉稳定运行。直到高压变频节电装置运行到50Hz。这时DCS端，向高压变频节电装置发送“高压变频节电装置切工频”指令。A风机断开K1、K2，1s后合上K3，风机切至工频运行。司炉人员注意稳定锅炉系统。

2）派人到风机高压变频节电装置室，首先观察K1、K2是否分开，然后断开QS1、QS2。并沟通集控室，状态是否正确。

3）核实QF2处于断开状态。

4）合上QS3、QS4。运行人员操作完毕。

5）1h之后，准备启动B风机。

6）启动方法同“一拖一”自动。

如果B风机变频运行，转换到A风机变频运行，其逻辑与上述步骤相反。

（7）高压变频节电装置故障修复后复位（必须到高压变频节电装置现场复位）。高压变频节电装置故障后，自动切换成工频运行。需要检修人员到高压变频节电装置现场查看故障，做好记录。处理完毕后，按高压变频节电装置触摸屏上“复位”按钮。系统复位，并检查是否还存在故障。如无故障，则进入待机状态，等待重新启动。

注：在未查清故障源之前，不能对高压变频节电装置进行复位操作。

3. 系统参数密码

高压变频节电装置人机界面分三级权限管理，分别是现场操作人员、工程师、厂家级权限。

用户可以根据使用说明书修改和管理密码，但只能修改同级或低级权限的密码。如工程师只能修改等级1和等级2的密码，而操作人员不能修改工程师的密码。

六、经济效益分析

1. 节能改造后的直接经济效益

节能改造后，经实际测算所产生的直接经济效益见表6－10。

表6－10　　现场实测节电效果

厂家	机组	功率（kW）	节电率	年节电（度）	年节省电费（万元）
新方热电厂	引风机	400	32.5%	792 000	25.34
	一次风机	315	37.4%	633 600	22.8
	二次风机	220	40.5%	506 880	16.22

注　年节省电费是按照设备每年运行7920h、上网电价0.32元得出的。

2. 节电改造后的间接经济效益

（1）提高了网侧功率因数。原电机直接由工频驱动时，满负荷时功率因数为0.8～0.9，实际运行功率因数远低于额定值。采用高压变频节电装置后，电源侧的功率因数可提高到 0.95 以上，大大的减少无功功率的吸收，进一步节约了上游设备的运行费用。

（2）降低了设备运行与维护费用。采用变频调节后，通过调节电机转速实现节能；转速降低，主设备及相应辅助设备如轴承等磨损较前减轻，维护周期、设备运行寿命延长；节电改造后风门开度可达 100%，运行中不承受压力，可显著减少风门的维护量。在使用高压变频节电装置过程中，只需定期对高压变频节电装置除尘，不用停机，保证了生产的连续性。从实际改造情况看，运行与维护费用大大降低。

（3）减少了对电网的冲击。节能改造后，电动机实现了软启软停，启动电流不超过电机额定电流的 1.2 倍，对电网无任何冲击，电动机的使用寿命大大延长。

（4）增强了电动机的保护功能。与原来旧系统相比较，高压变频节电装置具有过流、短路、过压、欠压、缺相、温升等多项保护功能，更完善地保护了电动机。

（5）实现了高度自动化。由于调速系统在运转设备与备用设备之间实现计算机联锁控制，机组实现自动运行和相应的保护及故障报警，操作工作由手动转变为监控，完全实现生产的无人操作，大大降低了劳动强度，提高了生产效率，为优化运营提供了可靠保证。

（6）增强了系统运行的可靠性。节能改造后的新系统适应电网电压波动能力强，电压工作范围宽，电网电压在 -35% ~ +15% 之间波动时，系统均可正常运行。

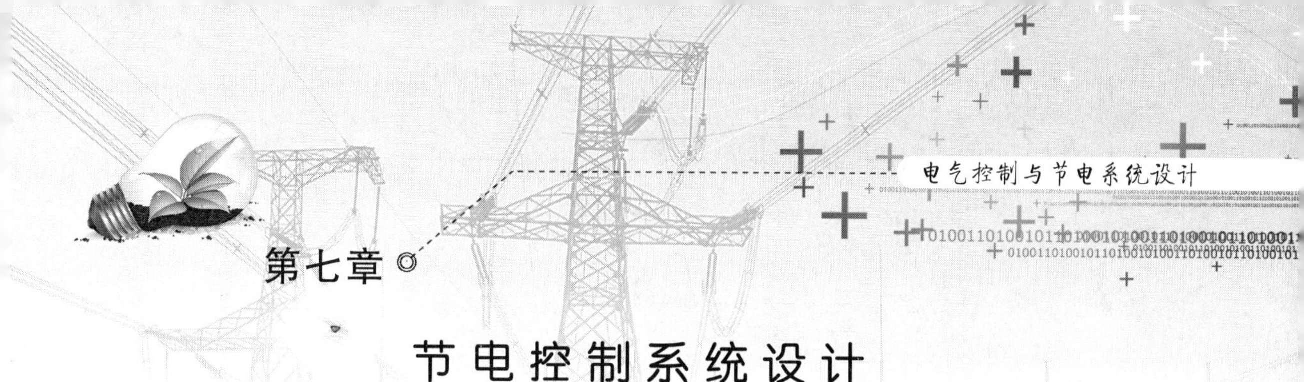

第七章 节电控制系统设计

通过前面所讲述的相关技术基础知识，本章将重点介绍利用 PLC 及触摸屏作为控制器构成的电磁调压节电控制系统的研发与设计。

节电控制系统的研发设计是根据控制对象的控制要求制定电气控制方案，合理选择 PLC（或其他控制器）及触摸屏机型，并进行外围电气电路设计以及 PLC 程序、触摸屏组态界面的设计和调试。要完成好节电控制系统的设计任务，除了掌握必要的电气设计基础知识外，还必须经过反复实践，深入生产或用电现场，将积累的经验应用到研发与设计中来。

第一节 电磁调压节电控制系统应用概况

在供电的电网中，大部分供电电压经常高于额定值 5% ~10%（尤其是在用电低谷期）。过剩供给的电力使得用电设备产生额外的发热，不但造成电能浪费，还会使用电设备（因电流增大）发热而缩短使用寿命，甚至烧毁。该节电系统能够很好的解决以上问题，它采用先进的现代电力及电子微控技术及电磁平衡调压技术，通过实时在线检测供电电压的变化，自动平衡相间电压，动态调整电压、电流以及其他参数并进行优化处理，使负荷始终运行在最佳工作状态。另外，通过串接在供电回路上特制的电磁绕组，降低启动电流和运行电流，并可有效的抑制瞬变和浪涌，最大限度地减少各种损耗、提高用电效率，即节约了电能，同时也延长了用电负荷的使用寿命，节电率可提高 10% ~30%，灯具或其他用电设备的使用寿命可延长 1.5 倍以上。

该系统主要由可编程序控制器 PLC、MCGS 触摸屏、电磁调压变压器以及相关的外围电路所组成。系统的主要结构框图如图 7 - 1 所示。

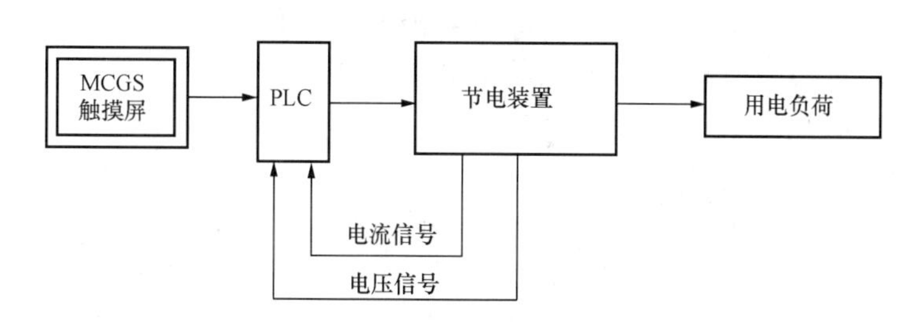

图 7 - 1 电磁调压节电控制系统结构框图

第二节 电磁调压节电控制系统控制线路的设计

电磁调压节电控制系统控制线路如图 7 - 2 所示，主要包括如下部分。

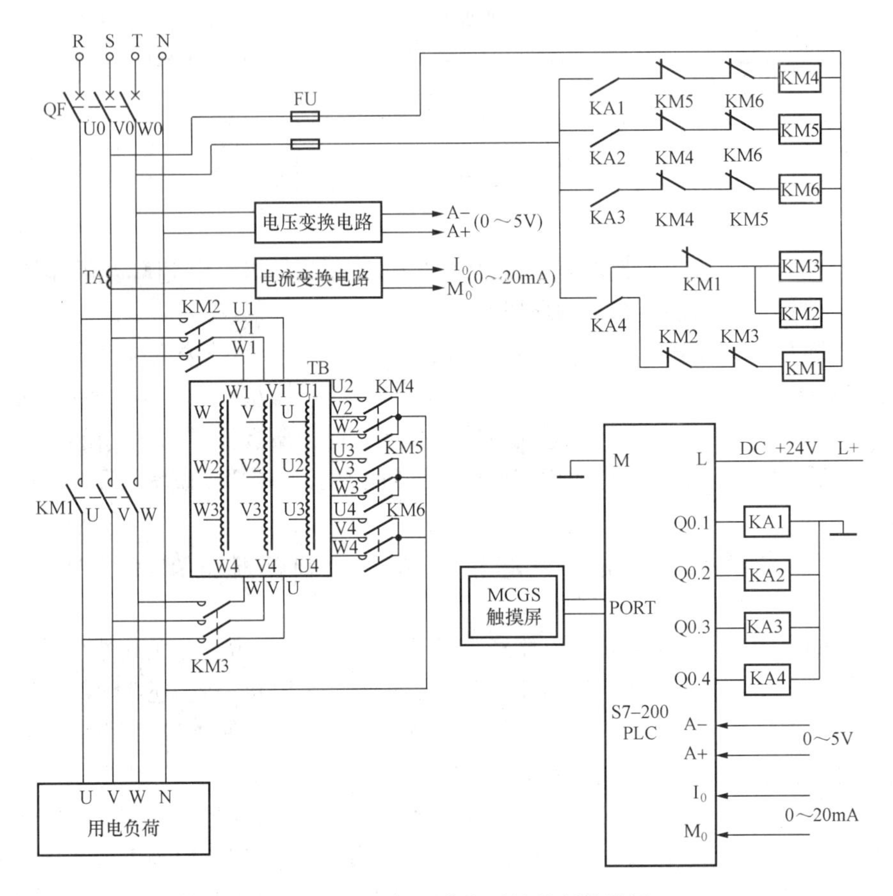

图 7－2 电磁调压节电系统控制线路图

一、节电装置线路

节电装置控制线路主要包括主电路、电磁驱动电路和信号变换电路 3 部分组成。

（1）主电路主要由电路总开关 QF、交流接触器 KM1～KM3 的主触点、电磁补偿变压器 TB 的主绕组等组件组成。它的主要作用是随着电磁补偿变压器 TB 控制绕组信号的变化，其主绕组的阻抗也随之改变，调整供电的供电参数。另外，主绕组又是一个电感器件，可有效抑制浪涌电流和谐波的产生。当系统主回路出现过电流、严重过载时，通过交流接触器 KM1 的主触点使系统进入旁路运行，保护节电装置的主机不受损坏。

（2）电磁驱动电路主要由交流接触器 KM4～KM6 的主触点、KM1～KM6 的线圈、KM1～KM6 的联锁触点、中间继电器 KA1～KA4 的触点以及电磁补偿变压器 TB 的控制绕组等组件组成。该电路的主要作用是在 PLC 的信号指令下完成对节电挡位的控制和“节电”“直通”（旁路）的控制，其中交流接触器 KM1～KM3 完成对“节电”或“直通”（旁路）的控制，交流接触器 KM4～KM6 完成对节电挡位的控制。

（3）信号变换电路是由电压变换电路和电流变换电路所组成。图 7－3 是电压信号变换电路。电路的输入端 T、N 是来自强电回路的一根相线和中性线（零线），通过小型变压器 T 降压，整流二极管 VD1～VD4 全波整流后，再经由电阻 R_1、R_2、可调电位器 PR_1、

滤波电容 C_1、C_2、限压二极管 DW 组成的分压滤波电路，输出 PLC 所需的 0～5V 电压信号，完成强电信号到弱电标准信号的变换。

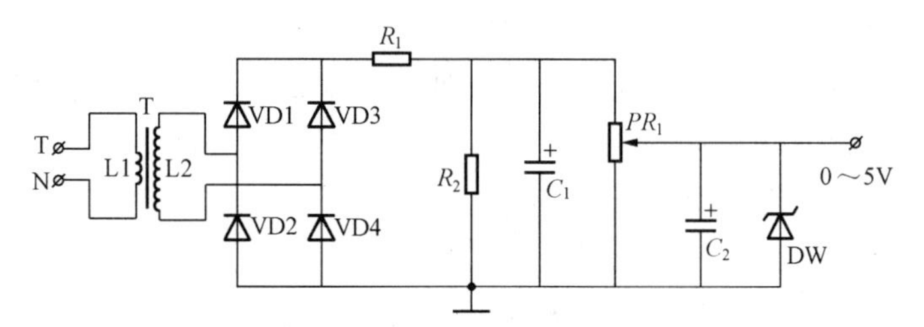

图 7－3　电压信号变换电路控制原理图

图7－4 是电流信号变换电路。来自电流互感器 TA 的电流信号，经电磁信号放大变压器 T1 输入给由集成运算放大器 A1、A2 及其外围电路 R_1～R_7、C_1～C_3 组成的全波精密整流电路，全波精密整流电路的输出经过由集成运算放大器 A3 及电阻 R_9～R_{13}、可调电阻 PR_1、PR_2 及电容 C_4 组成的滤波放大器后，便可将强电电路中的电流信号转换成 0～5V 的电压信号，该信号再经由集成运算放大器 A4、A5 及外围电阻 R_{14}～R_{17} 组成的压流（U/I）变换器转换成 PLC 能识别的电流标准信号 0～20mA。

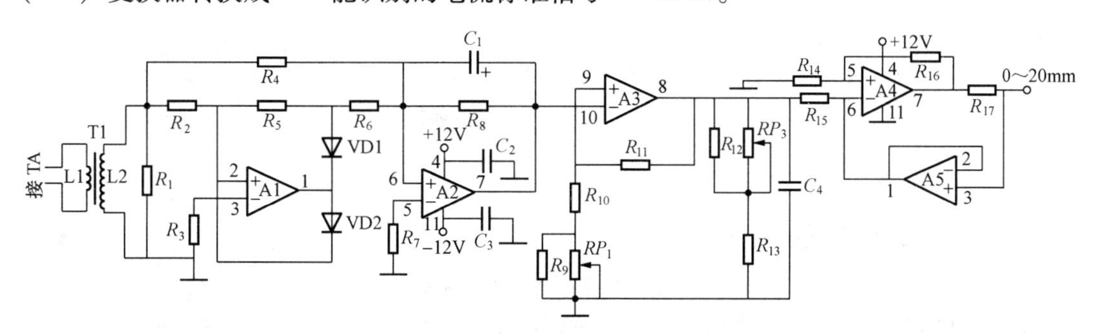

图 7－4　电流信号变换电路控制原理图

二、可编程序控制器 PLC 控制单元

PLC 控制单元是由西门子 S7－200 PLC 及中间继电器 KA1～KA4 的线圈，DC24V 电源等器件组成。在图6－4 中，PLC 控制单元的 Q0.1～Q0.4 是 S7－200 PLC 节电控制指令的信号输出端，L 端接 24V 直流电源的正极；M 端接 24V 直流电源的负极（公共端），PORT 是连接 MCGS 触摸屏的通信接口，A－和 A＋是模拟电压信号的输入端，I_O和 M_O是模拟电流信号的输入端。

该单元的主要作用是在 MCGS 触摸屏控制指令下，通过 PLC 节电控制软件和实时检测到的电压、电流数据，动态调整控制中间继电器 K1～K4 的通断，从而完成对节电模式的选择、参数设定范围的控制、故障信号的处理等多项功能任务的实现。

三、MCGS 触摸屏单元

该单元由 TPC7062KS 嵌入式一体化触摸屏所组成。TPC7062KS 触摸屏是一套嵌入式低功耗 CPU 为核心的高性能一体化工控机，屏内配置 ARM9 内核、400M 主频、64M 内存、64M 存储空间，具有运算与通信宏指令功能，可使用 USB 快速上传下载程序、配方功能、模拟功能、多重保密功能等。还具有良好的电磁屏蔽性和美观的结构外形，抗干扰性能达到工业Ⅲ级标准，同时还预装了微软嵌入式实时多任务操作系统 WinCE. NET（中文版）和 MCGS 嵌入式组态软件（运行版）。

该单元的主要任务是利用 MCGS 状态软件完成触摸屏与 PLC 之间的数据交互，以及进行组态画面设计、用户管理、运行参数的显示、节电模式的设定、手动和自动的切换、过流旁路保护、转换参数的设定等任务的实现。

第三节 确定 PLC 的数据分配及梯形图程序的设计

一、PLC 的数据分配

1. PLC 的 I/O 地址分配

PLC 的 I/O 地址分配见表 7－1。

表 7－1　　PLC 控制单元 I/O 分配表

输入信号			输出信号		
名称	元件号	地址号	名称	元件号	地址号
通信端子	PORT	3D＋　3D－	节电 1 挡	KA1	Q0. 1
电压信号端子	0～5V	A－　A＋	节电 2 挡	KA2	Q0. 2
电流信号端子	0～20mA	I_0　M_0	节电 3 挡	KA3	Q0. 3
			节电直通转换	KA4	Q0. 4

2. PLC 的主要软件资源分配

PLC 的主要软件资源分配见表 7－2。

表 7－2　　PLC 主要软件资源分配表

数据类型	变量定义名称	存储器地址	注释说明
内部标志位存储器区（M）	直通	MD. 2	内部逻辑线圈，存放中间操作状态
	节电 1	MD. 3	
	节电 2	MD. 4	
	节电 3	MD. 5	
	节电	MD. 6	
	自动	M1. 1	
	手动	M1. 2	
变量存储器区（V）	电压	V W1	存放电压、电流数据
	电流	V W4	
	电流上限	V W6	存放设定的电流上限数据和下限数据值
	电流下限	V W8	
	模式一上限	V W10	存放节电“挡位一”设定的上下限数据值
	模式一下限	V W12	
	模式二上限	V W14	存放节电“挡位二”设定的上下限数据值
	模式二下限	V W16	
	模式三上限	V W18	存放节电“挡位三”设定的上下限数据值
	模式三下限	V W20	
	测试	V W30	存放系统测试的数据

二、程序的编写内容

1. 编程前的准备工作

（1）新建或打开一个项目。在 STEP7 - Micro/WIN4.0 编程软件的菜单栏中执行“文件”→“新建”菜单命令，或者单击工具栏中的“新建项目”按钮，可以生成一个新的项目。执行“文件”→“打开”菜单命令，或者在工具栏中单击“打开项目”按钮，就能打开一个扩展名为“mwp”的文件。

（2）选择 PLC 的型号。编程前需要确定 PLC 的型号。如果计算机和 PLC 之间已建立起连接，执行“PLC”→“类型”菜单命令或在指令树中单击“项目名称”→“类型”→“读取 PLC”图标，在弹出的对话框中单击“读取 PLC”，则可获得 PLC 的类型和 CPU 版本，否则就要从列表中选取相应的 PLC 型号。

在指令树中对选择的 PLC 型号无效的指令用红色“×”表示。如果设置的 PLC 类型与实际不符，则系统块不能下载。

（3）选择编程模式和指令助记符集。S7 - 200 系列 PLC 支持的指令集有 SIMATIC 和 IEC 61131 - 3 两种。SIMATIC 指令编写的程序执行时间短，可以使用 LAD、STL、FBD3 种编辑器。IEC 61131 - 3 指令集是按国际电工委员会（IEC）PLC 编程标准提供的指令系统，适用于不同厂家的 PLC，可以使用 LAD 和 FBD 两种编辑器。助记符集分为“国际”和“SIMATIC”两种，它们分别使用的是英语和德语指令助记符。

执行“工具”→“选项”→“常规”菜单指令，在弹出的对话框中的“常规”标签页中可以选择语言、默认的程序编辑器、编程模式，还可以选择所使用的助记符集。一般选择 SIMATIC 编程模式，而助记符集则选择“国际”型，如图 7 - 5 所示。

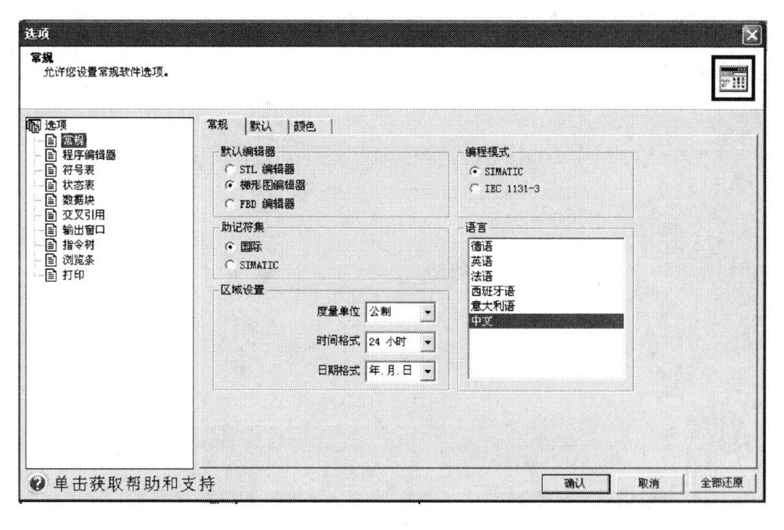

图 7 - 5　选择编程器模式和助记符集界面

（4）设置 PLC 参数。PLC 的参数一般用系统块设置，可以执行“查看”→“组件”→“系统块”菜单命令打开系统块设置对话框，也可以单击指令树中的某一图标，直接打开系统块包含的各项参数的对话框进行设置。“系统块”对话框如图 7 - 6 所示，用于设置通信端口、断电数据保持、密码、输出表、输入滤波器、脉冲捕捉位、背景时间和 EM 配置等参数，若扩展 LED 和存储器时，可进行 LED 配置和增加存储器等参数设置。

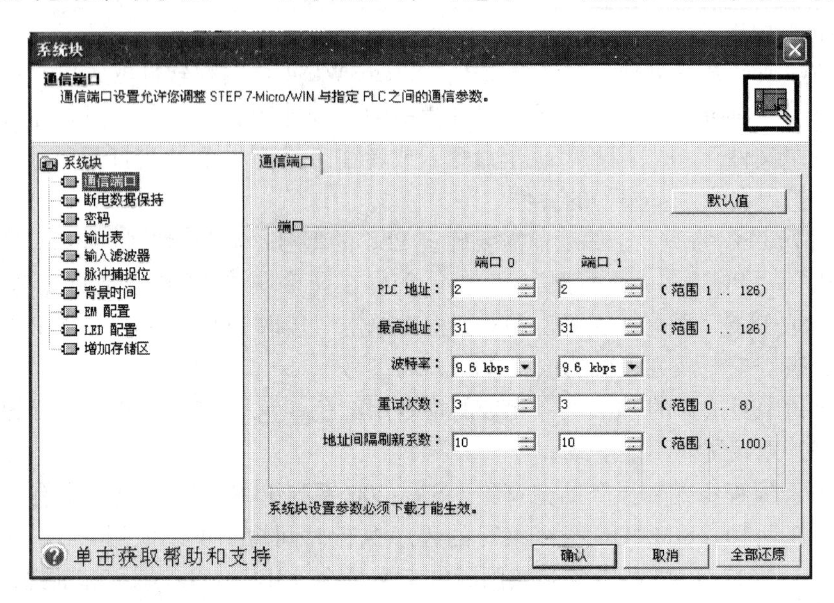

图 7－6　“系统块”对话框

2. 程序编写过程的要点

STEP 7－Micro/WIN4.0 编程软件的主界面如图 7－7 所示。

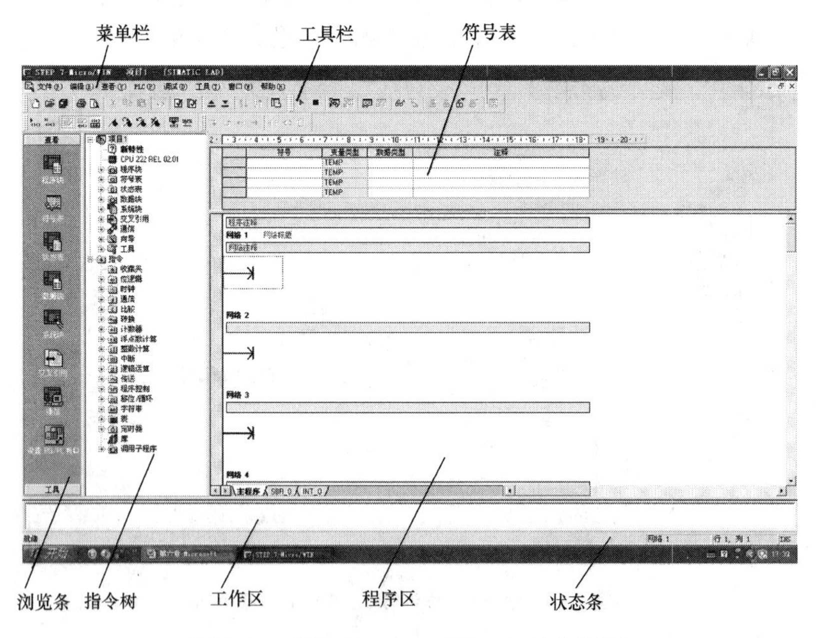

图 7－7　STEP 7－Micro/WIN4.0 的主界面

在三种程序编辑器中，梯形图（LAD）编辑器使用较广泛，因此本设计主要介绍利用梯形图（LAD）编辑器进行编程，其他两种的编程与之类似。

（1）程序输入与编辑。梯形图的程序被划分为若干个网络，一个网络中包含有触点、线圈和指令盒等元素。一个网络只能有一个独立的电路，有时一条指令（如 SCRE）也算是一个网络。梯形图的每个网络必须从触点开始，以线圈或没有 ENO 输出的指令盒结束。线圈不允许串联使用。

执行“查看”→“阶梯（L）”菜单命令打开梯形图编辑器，就可以输入指令了。输入指令的方法有以下 3 种：

1）将光标放到需要的位置，在指令树中双击需要的指令。

2）单击工具栏指令按钮或使用功能键，F4 为触点功能键，F6 为线圈功能键，F9 为指令盒功能键，打开一个通用指令窗口，选择需要的指令。

3）在指令树中选择需要的指令，拖放到需要位置。如果网络中的触点需要合并，将光标移到要合并的触点处，再单击上行线或下行线按钮。

当放置好编程元件后，单击编程元件符号的 符号 输入操作数，如图 7－7 所示。当输入操作数语法有误时，操作数显示为红色。若输入的操作数超出范围或与指令的类型不匹配，数值下面会出现红色的波浪线。

在“网络 1”上方的灰色方框中单击鼠标左键，可以输入程序的注释。如果要打开或关闭程序注释，可以单击“切换 POU 注释”按钮或者单击菜单命令“查看”→“POU 注释”。每条 POU 注释所允许使用的最大字符数为 4096 可视时，始终位于 POU 顶端，并在第一个网络之前显示。

POU 注释下面是网络标题行，在网络标题行中可输入一个便于识别该逻辑网络的标题。网络标题中可允许使用的最大字符数为 127。

网络标号下方的灰色方框为网络注释。将光标移到灰色方框中，可以对网络的内容进行简单的说明，以便于程序的理解和阅读。网络注释中允许使用的最大字符数为 4096。如果要打开或关闭网络注释，可以单击“切换网络注释”按钮或者执行“查看”→“网络注释”菜单命令。

如果要对网络进行剪切、复制、粘贴或删除等操作，可用鼠标左键单击程序区左边的灰色部分，选择相应的网络，也可通过按住“Shift”键并单击，选择多个相邻的网络。此操作不能选择某个或多个网络的部分组件，只能选择整个网络。

如果要对网络中的单元进行编辑，可用光标选中需要进行编辑的单元，单击鼠标右键，弹出快捷菜单，进行插入或删除行、列、垂直线或水平线的操作。删除垂直线时，把方框放在垂直线左边单元上，删除时选“行”或按“Del”键。进行插入编辑时，先将方框移至欲插入的位置，然后选“列”即可。

（2）数据块编辑。数据块用来对变量存储器 V 中的字节、字或双字赋初值，下载到 PLC 中数据块的数据被写到 EEPROM 中，因此需要断电保持的数据可以放在数据块中。

数据块编辑器是一种自由格式文本编辑器，输入一行后，按“Enter”键，数据块编辑器格式化行（对齐地址列、数据、注解；捕获 V 内存地址）并重新显示。数据块编辑器接受大小写字母，并允许使用逗号、制表符或空格，作为地址和数据值之间的分隔符。在数据块编辑器中可以使用“剪切”、“复制”和“粘贴”命令操作数据块源文件。

数据块的典型行包括起始地址及一个或多个数值，数据块的第一行必须包含明确的地址，以后的行可以不包含明确的地址。在单地址后输入多个数据值或输入包含数据值的行时，由编辑器指定根据先前的地址分配及数据长度（字节、字或双字）分配地址。图 7－8 所示的是一个数据块的例子。

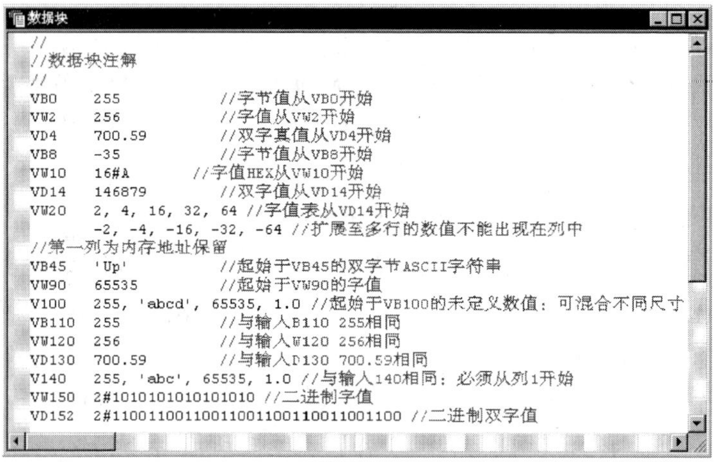

```
数据块
//
//数据块注解
//
VB0     255              //字节值从VB0开始
VW2     256              //字值从VW2开始
VD4     700.59           //双字真值从VD4开始
VB8     -35              //字节值从VB8开始
VW10    16#A        //字值HEX从VW10开始
VD14    146879           //双字值从VD14开始
VW20    2, 4, 16, 32, 64 //字值表从VD14开始
        -2, -4, -16, -32, -64 //扩展至多行的数值不能出现在列中
//第一列为内存地址保留
VB45    'Up'             //起始于VB45的双字节ASCII字符串
VW90    65535            //起始于VW90的字值
V100    255, 'abcd', 65535, 1.0 //起始于VB100的未定义数值：可混合不同尺寸
VB110   255              //与输入B110 255相同
VW120   256              //与输入W120 256相同
VD130   700.59           //与输入D130 700.59相同
V140    255, 'abc', 65535, 1.0 //与输入140相同：必须从列1开始
VW150   2#1010101010101010 //二进制字值
VD152   2#11001100110011001100110011001100 //二进制双字值
```

图 7－8　数据块示例

（3）符号表的编辑。如果程序比较复杂，可以用符号表定义变量的地址，以方便程序的调试和阅读，对较简单的程序可以不用符号表。

单击浏览条中的“符号表”按钮或双击指令树中的“符号表”→“用户定义 1”或“POU 符号”图标，打开自动生成的符号表。在“符号”列输入符号名（如电流电压检测），允许的最大符号长度为 23 个字符。在“地址”列中输入相应的地址（如 SBR0）。输入注释（此为可选项，最多允许输入 79 个字符）。若要在某一行的上方插入新行，执行“编辑”→“插入”→“行”菜单命令或用鼠标右键单击符号表中的一个单元格，在弹出的快捷菜单中选择“插入”→“行”命令即可。若在符号表底部插入新行，将光标放在最后一行的任意一个单元格中，按“下箭头”键或在最后一行注释后按“Enter”键即可。

符号表建立后，使用菜单命令“查看”→“符号信息表”，可选择符号表在程序编辑器中是否显示。使用菜单命令“查看”→“符号寻址”，可以将程序中的直接地址转换成符号表中对应的符号地址。并且可通过菜单命令“工具”→“选项”→“程序编辑器”，在“符号寻址”选项中选择“只显示符号”或“显示符号和地址”。

在“指令树”中用鼠标右键单击“符号表”文件夹，在弹出的快捷菜单中选择“插入符号表”或打开符号表窗口，使用“编辑”菜单，或用鼠标右键单击，在弹出的快捷菜单中选择“插入”→“表格”，可以建立符号表，如图 7－9 所示。

（4）程序的编译。执行“PLC”→“编译”（Compile）菜单命令或单击“编译”按钮，编译当前打开的程序块或数据块。单击“全部编译”按钮或使用菜单“PLC”→“全部编译”（Compile All），则编译全部项目元件（程序块、数据块和系统块）。如果程序中有不合法的符号、错误的指令应用等情况，编译就不会通过，出错的详细信息会显示在状

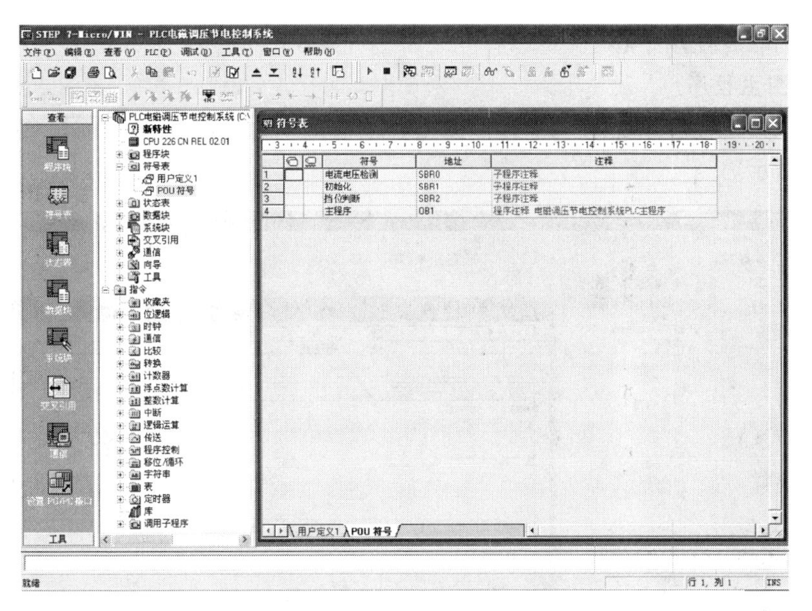

图 7－9　符号表

态条里。可根据出错信息更正程序中的错误，然后重新编译。编译通过后状态条里的提示信息如图 7－10 所示。程序经过编译后，方可下载到 PLC。

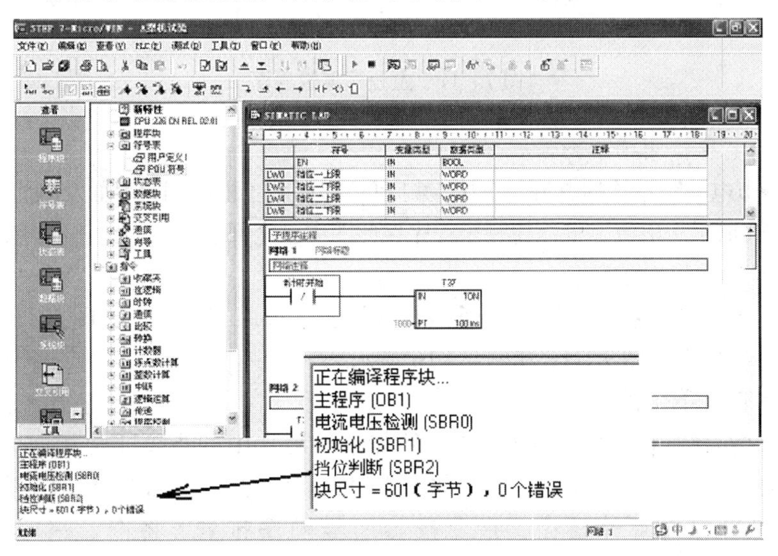

图 7－10　编译后状态条里的提示信息

如果在没有编译之前就将程序下载到 PLC 中，则编程软件会自动将程序全部编译，并在输出窗口显示编译结果。

三、梯形图程序的编程设计

控制程序是电磁调压节电控制系统设计的核心，程序设计的好坏关系到系统使用性能和操作的方便性。电磁调压节电控制程序主要由初始化程序、主程序、节电挡位判断程序、电流电压检测程序所组成，各控制环节程序相互融合，设计精巧，是形成电磁调压节电控制系统的软件控制中心。

1. 梯形图主程序

电磁调压节电控制系统的PLC梯形图主程序编辑界面如图7－11所示，完整的主程序如图7－12所示。

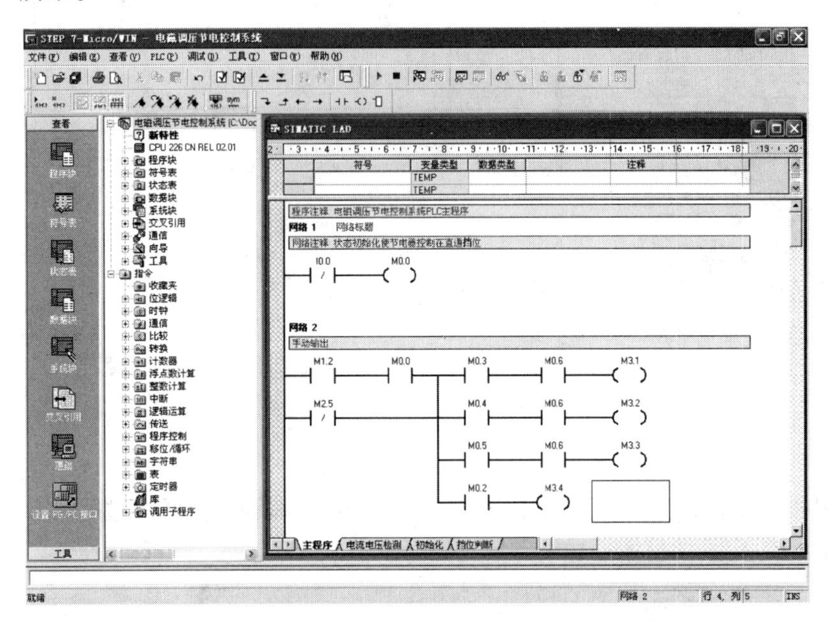

图7－11　主程序编辑界面

2. 电流、电压检测梯形图子程序

电磁调压节电控制系统的电流、电压检测PLC梯形图子程序编辑界面及电流、电压检测子程序如图7－13所示。电流、电压检测子程序在此图中已全部显现，因此，不再专门绘出。

3. 挡位判断梯形图子程序

电磁调压节电控制系统的挡位判断PLC梯形图子程序编辑界面如图7－14所示，完整的梯形图子程序分别如图7－15和图7－16所示。

四、语句表（指令程序）

在第三章中介绍过，PLC的指令是一种与汇编语言中的指令非常相似的助记符表达式，这种用表达式组成的指令程序通常称为语句表。语句表表达式与梯形图有着相互对应的关系，在用户程序存储器中，指令按步序号顺序排列。将图7－12、图7－13、图7－15、图7－16所示梯形图程序用语句表编写如下。

1. 主程序语句表

图7－12所示的《电磁调压节电控制系统》PLC梯形图主程序所对应的语句表如下：

```
TITLE＝程序注释　《电磁调压节电控制系统》PLC主程序
Network　1
//网络注释　状态初始化使节电器控制在直通挡位
LDN      I0.0
=        M0.0
```

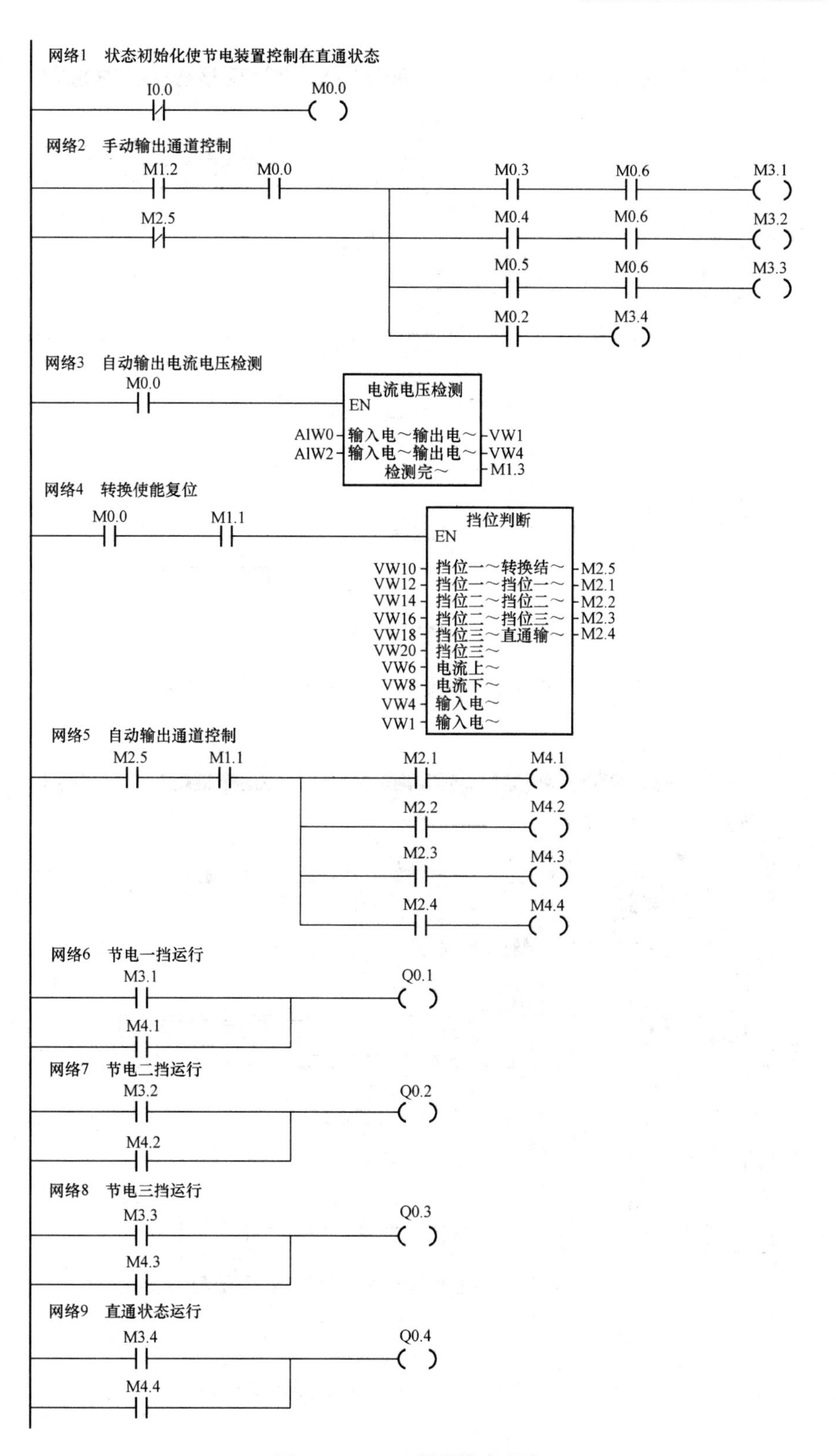

图 7－12　PLC 梯形图主程序

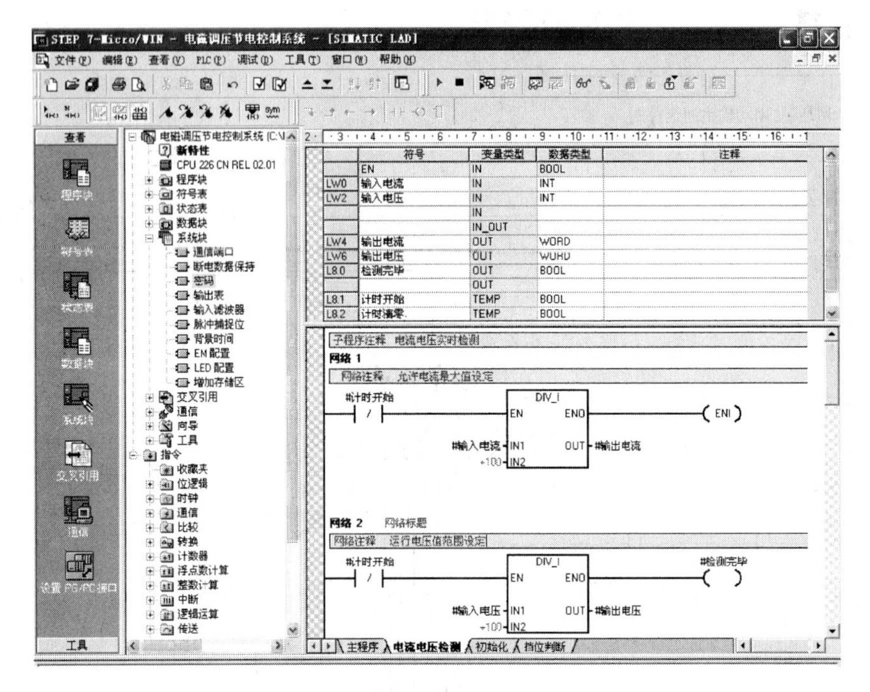

图 7－13　电流电压检测 PLC 子程序梯形图设计界面

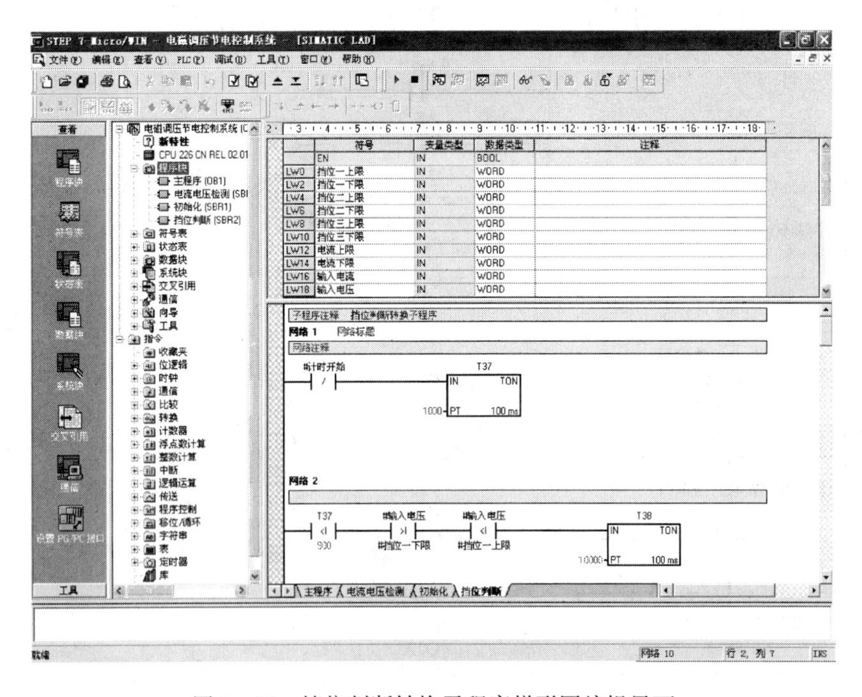

图 7－14　挡位判断转换子程序梯形图编辑界面

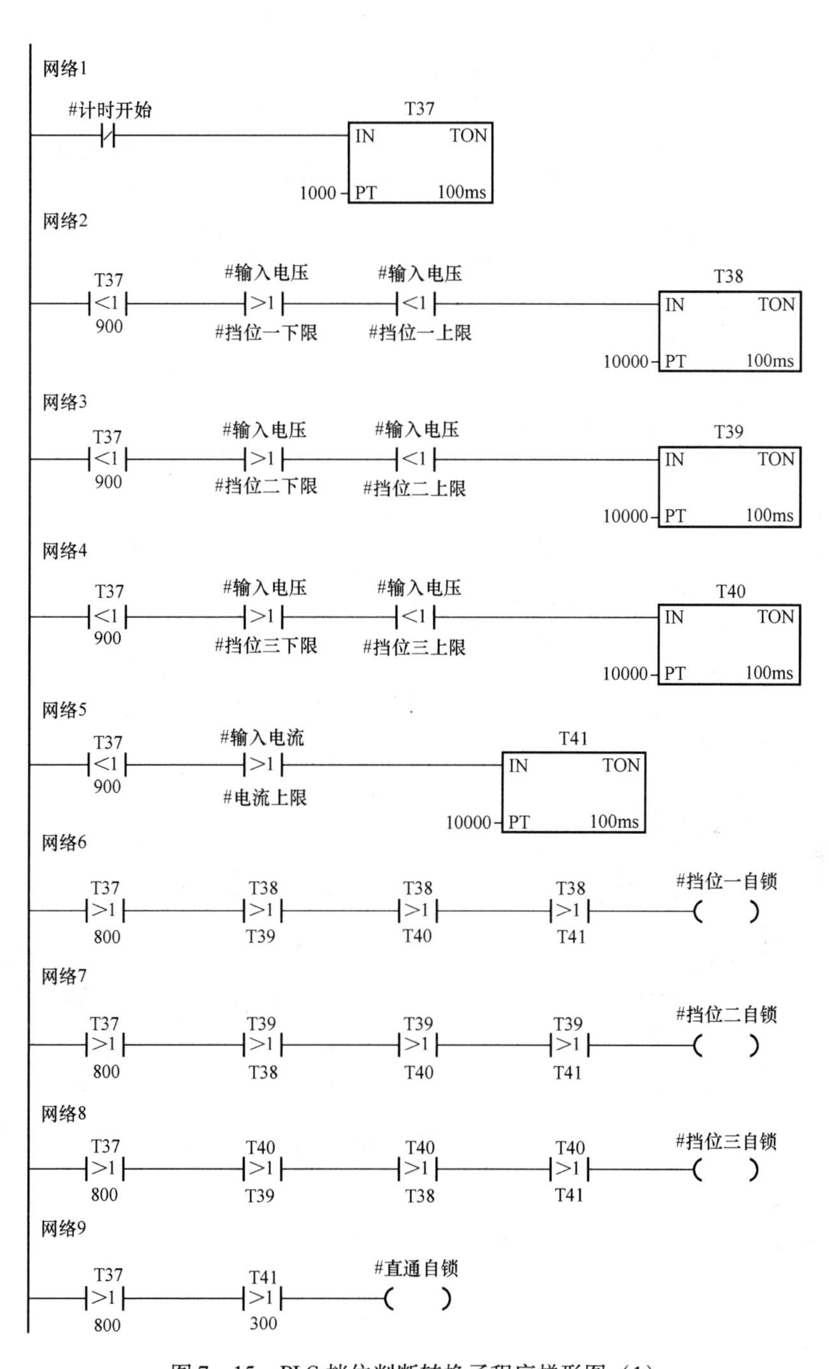

图 7－15 PLC 挡位判断转换子程序梯形图（1）

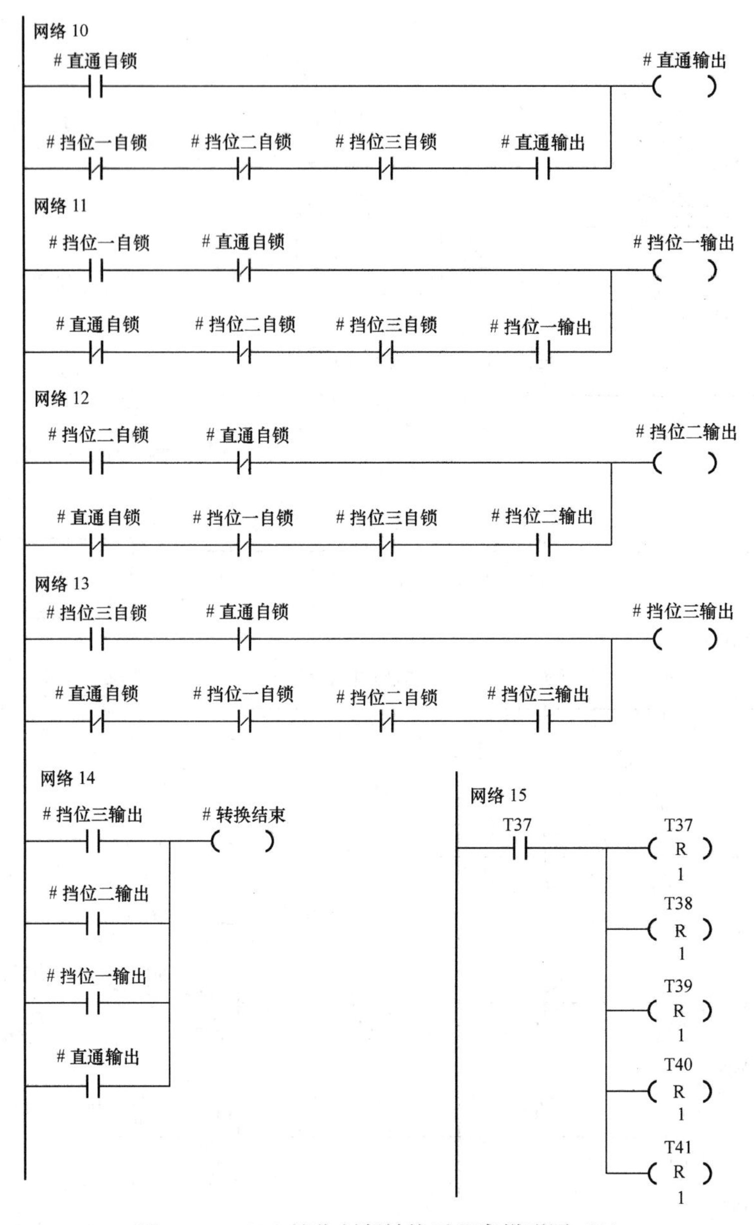

图 7-16　PLC 挡位判断转换子程序梯形图（2）

```
Network 2
// 手动输出
LD      M1.2
A       M0.0
ON      M2.5
LPS
A       M0.3
A       M0.6
=       M3.1
```

```
LRD
A       M0.4
A       M0.6
=       M3.2
LRD
A       M0.5
A       M0.6
=       M3.3
LPP
A       M0.2
=       M3.4
Network 3
// 自动输出电流电压检测
LD      M0.0
CALL    SBR0, AIW0, AIW2, VW1, VW4, M1.3
Network 4
// 转换使能复位
LD      M0.0
A       M1.1
CALL    SBR2, VW10, VW12, VW14, VW16, VW18, VW20, VW6, VW8, VW4, VW1, M2.5, M2.1,
M2.2, M2.3, M2.4
Network 5
LD      M2.5
A       M1.1
LPS
A       M2.1
=       M4.1
LRD
A       M2.2
=       M4.2
LRD
A       M2.3
=       M4.3
LPP
A       M2.4
=       M4.4
Network 6
LD      M3.1
O       M4.1
=       Q0.1
Network 7
LD      M3.2
O       M4.2
```

```
=        Q0.2
Network 8
LD       M3.3
O        M4.3
=        Q0.3
Network 9
LD       M3.4
O        M4.4
=        Q0.4
```

2. 电流、电压检测子程序语句表

图7－13所示的电磁调压节电控制系统电流、电压检测PLC梯形图子程序所对应的语句表如下：

```
TITLE = 子程序注释    电流电压实时检测
Network 1
//    网络注释    允许电流最大值设定
LDN      L8.1
MOVW     LW0, LW4
AENO
/I        +100, LW4
AENO
ENI
Network 2 // 网络标题
// 网络注释    运行电压值范围设定
LDN      L8.1
MOVW     LW2, LW6
AENO
/I        +100, LW6
AENO
=        L8.0
```

3. 挡位判断子程序

图7－12所示的电磁调压节电控制系统的挡位判断PLC梯形图子程序所对应的语句表如下：

```
TITLE = 子程序注释
Network 1 // 网络标题
// 网络注释
LDN      L20.5
TON      T37, 1000
Network 2
LDW <    T37, 900
AW >     LW18, LW2
AW <     LW18, LW0
TON      T38, 10000
```

```
Network 3
LDW <   T37, 900
AW >    LW18, LW6
AW <    LW18, LW4
TON     T39, 10000
Network 4
LDW <   T37, 900
AW >    LW18, LW10
AW <    LW18, LW8
TON     T40, 10000
Network 5
LDW <   T37, 900
AW >    LW16, LW12
TON     T41, 10000
Network 6
LDW >   T37, 800
AW >    T38, T39
AW >    T38, T40
AW >    T38, T41
=       L21.1
Network 7
LDW >   T37, 800
AW >    T39, T38
AW >    T39, T40
AW >    T39, T41
=       L21.2
Network 8
LDW >   T37, 800
AW >    T40, T39
AW >    T40, T38
AW >    T40, T41
=       L21.3
Network 9
LDW >   T37, 800
AW >    T41, 300
=       L21.0
Network 10
LD      L21.0
LDN     L21.1
AN      L21.2
AN      L21.3
A       L20.4
OLD
```

```
=       L20.4
Network 11
LD      L21.1
AN      L21.0
LDN     L21.0
AN      L21.2
AN      L21.3
A       L20.1
OLD
=       L20.1
Network 12
LD      L21.2
AN      L21.0
LDN     L21.0
AN      L21.1
AN      L21.3
A       L20.2
OLD
=       L20.2
Network 13
LD      L21.3
AN      L21.0
LDN     L21.0
AN      L21.1
AN      L21.2
A       L20.3
OLD
=       L20.3
Network 14
LD      L20.3
O       L20.2
O       L20.1
O       L20.4
=       L20.0
Network 15
LD      T37
R       T37, 1
R       T38, 1
R       T39, 1
R       T40, 1
R       T41, 1
```

五、功能块图

1. 功能块图主程序

电磁调压节电控制系统用功能块图编写的 PLC 功能块图主程序如图 7－17 所示。

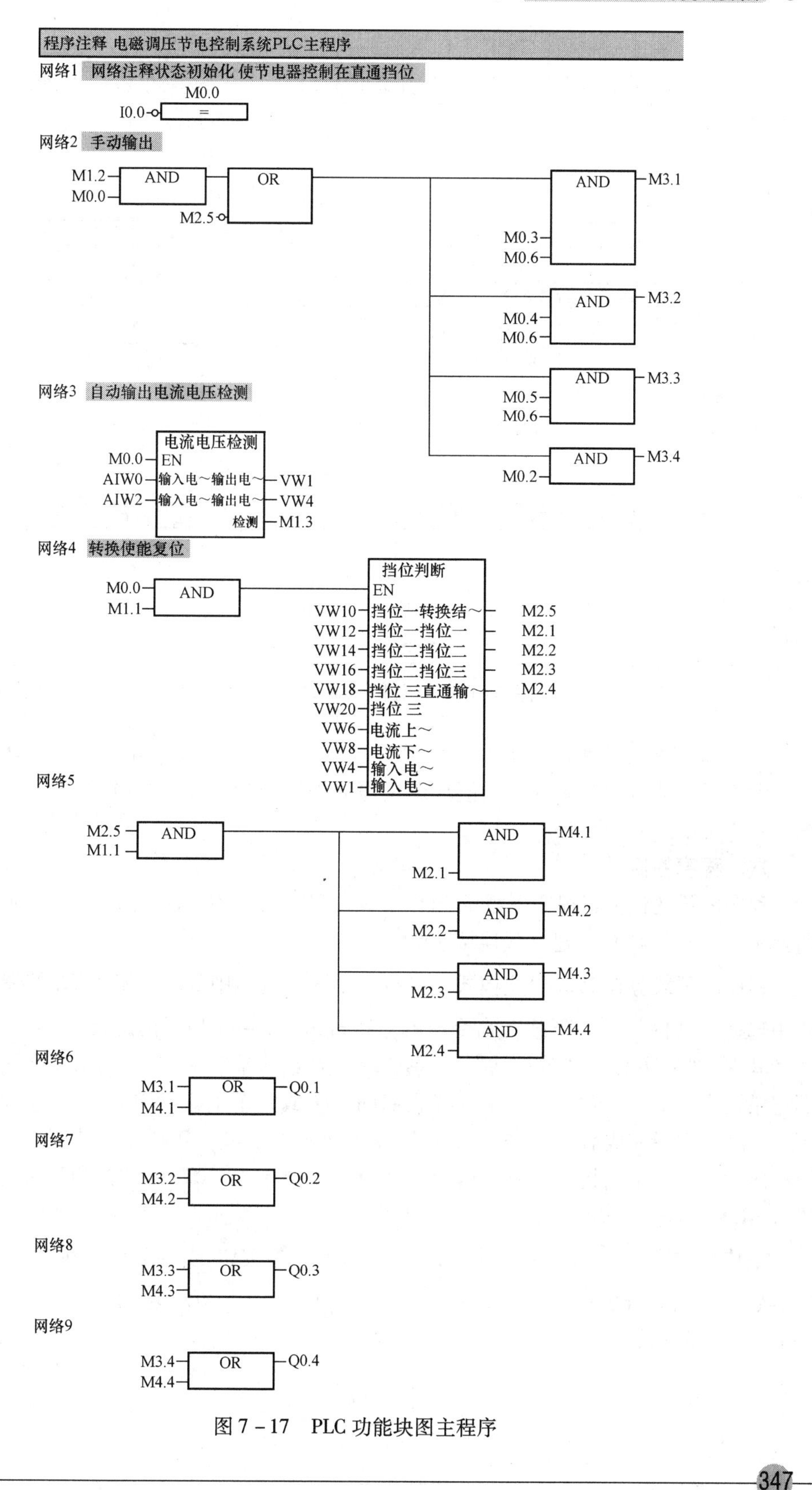

图 7－17 PLC 功能块图主程序

2. 电流、电压检测功能块图子程序

电磁调压节电控制系统用功能块图编写的电流、电压检测 PLC 功能块图子程序如图 7－18 所示。

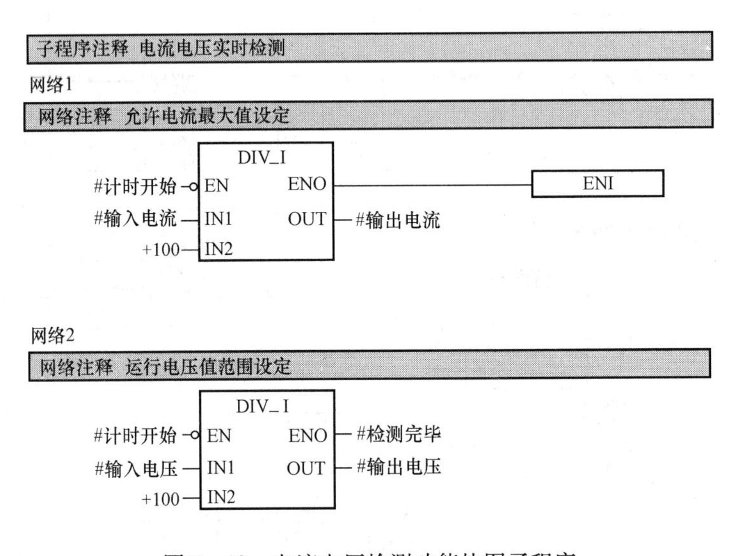

图 7－18 电流电压检测功能块图子程序

3. 挡位判断功能块图子程序

电磁调压节电控制系统用功能块图编写的挡位判断 PLC 功能块图子程序如图 7－19、图 7－20 所示。

六、程序的传送

程序的传送包括将程序下载到 PLC 中及从 PLC 中上传到计算机。程序能实现传送的前提是计算机与 PLC 已建立起连接。

程序的下载应在 PLC 停止模式下进行，单击工具栏中的“下载”按钮，或从菜单栏中选择“文件”→“下载”命令，就会弹出如图 7－21 所示的对话框。

其中，“程序块”、“数据块”、“系统块”在默认情况下都被勾选，而“配方”、“数据记录设置”为可选项。用户可选择它们的一个或几个下载到 PLC 中。符号表或状态表不能下载。选择完成后，单击“下载”按钮即开始下载，PLC 中原有的内容将被覆盖。下载成功后，单击工具栏中的“运行”按钮，或执行“PLC”→“运行”菜单命令，PLC 进入 RUN（运行）工作方式。

上传的方法与下载基本相同。单击“上传”按钮或从菜单栏中执行“文件”→“上载”，将会打开上传对话框。上传成功后，程序将从 PLC 复制到一个打开的项目中，随后可保存此项目。

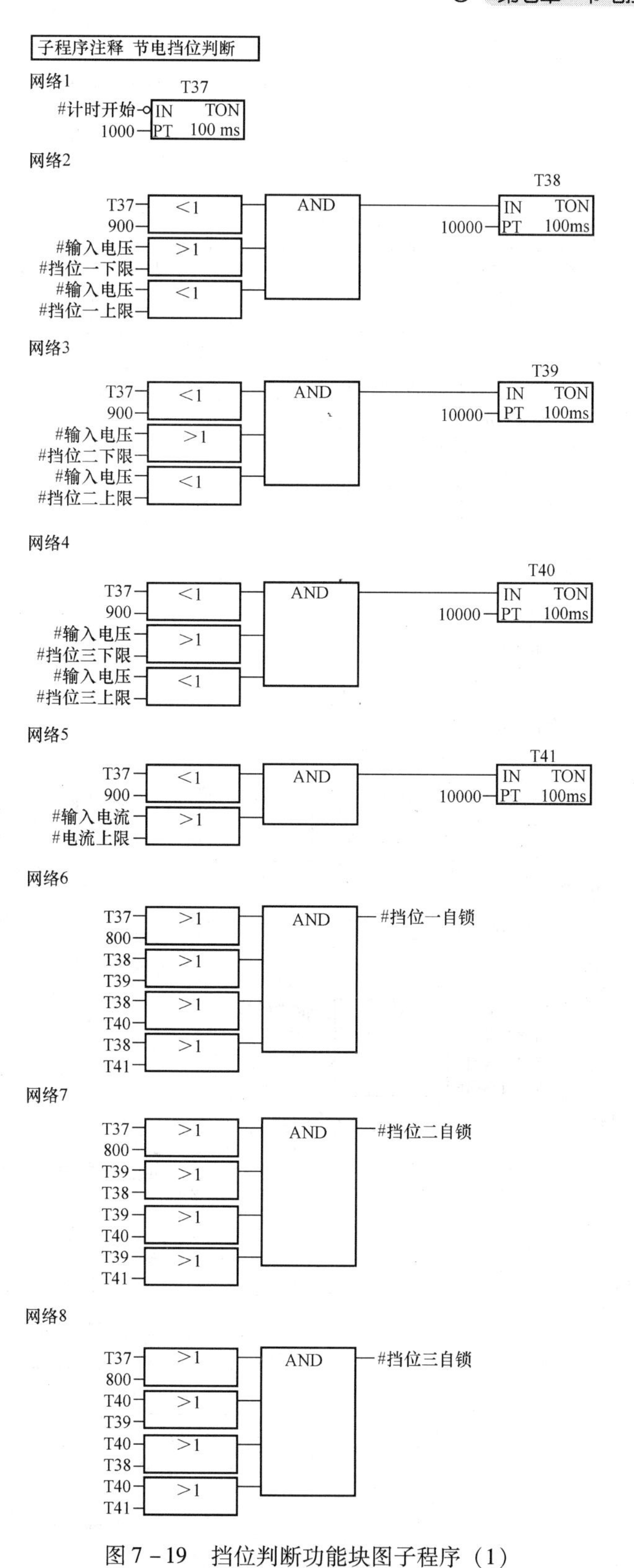

图 7－19 挡位判断功能块图子程序（1）

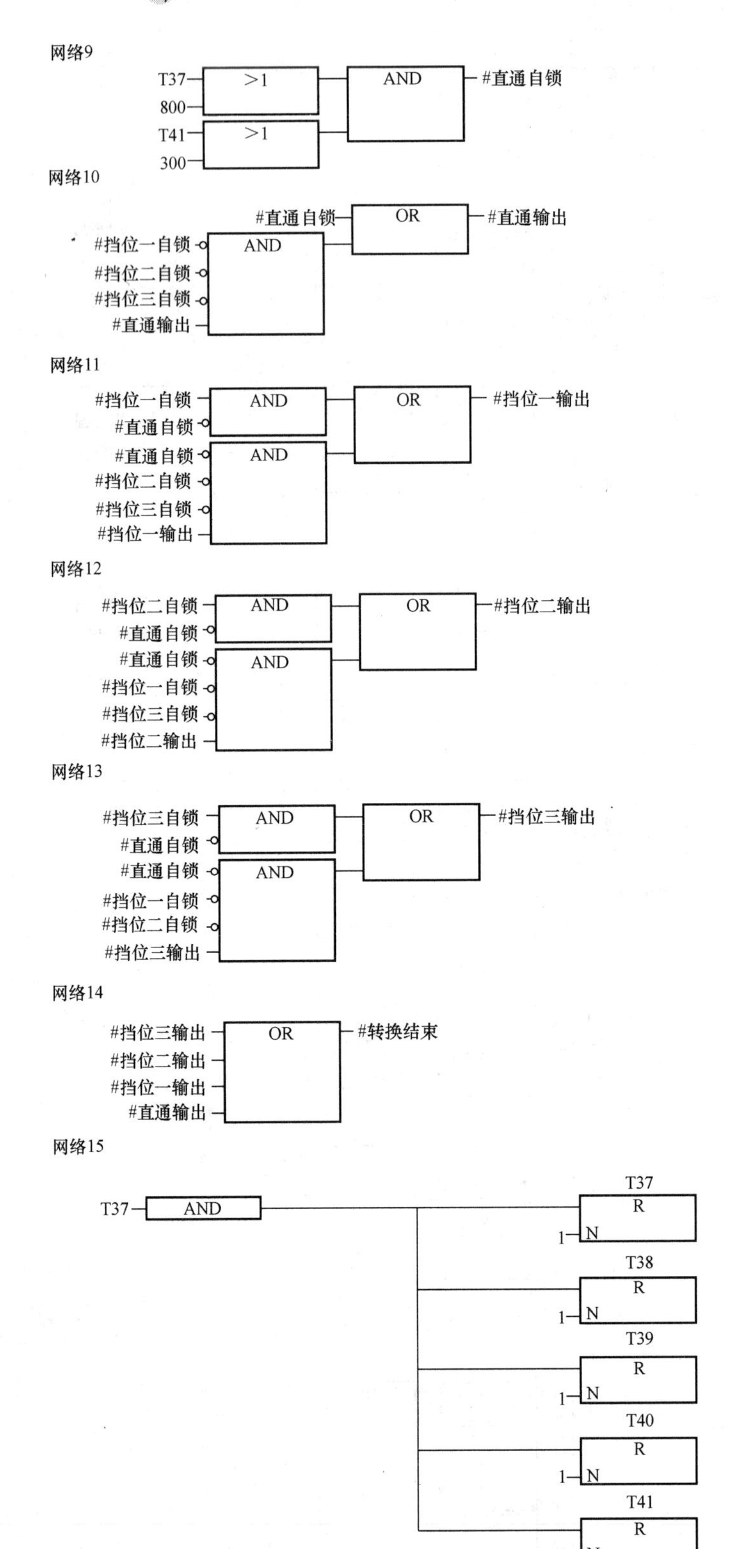

图 7－20　挡位判断功能块图子程序（2）

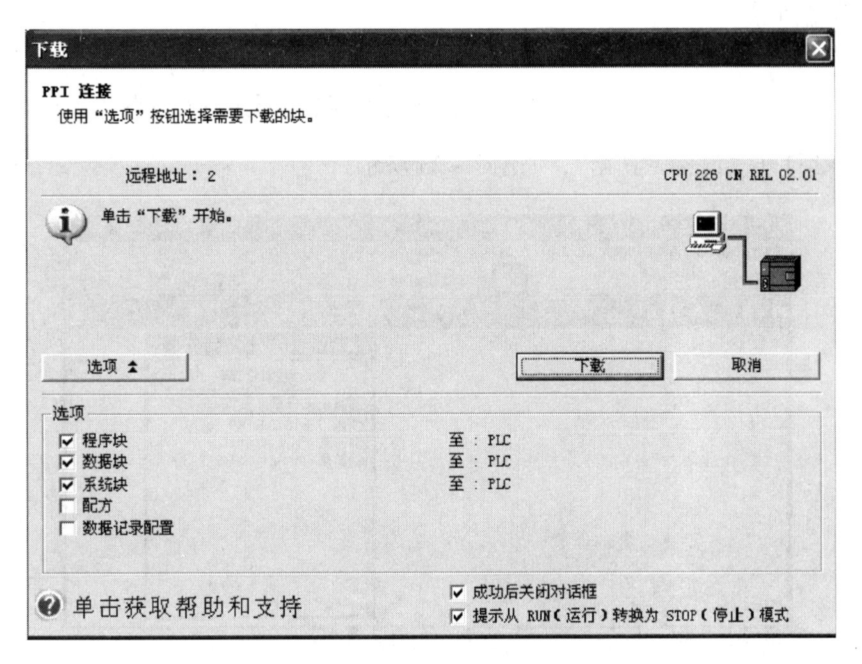

图 7－21　程序下载对话框

第四节　电磁调压节电控制系统 MCGS 触摸屏组态设计

本节将重点介绍电磁调压节电控制系统中 MCGS 触摸屏的组态以及 MCGS 嵌入版与西门子 S7－200PLC 连接的组态过程。由于受篇幅所限，本节只对主要的设计内容做了讲解，一些细节和部分内容没能介绍，大家可参阅第五章中的相关知识进一步完成。

一、工程建立

双击 Windows 操作系统的桌面上的组态环境快捷方式，可打开嵌入版组态软件，然后按如下步骤建立通信工程。

（1）单击文件菜单中“新建工程”选项，弹出“新建工程设置”对话框，如图 7－22 所示。触摸屏 TPC 的类型选择为“TPC7062K”，点击确认。

（2）选择文件菜单中的“工程另存为”菜单项，弹出文件保存窗口。

（3）在文件名一栏内输入“电磁调压节电控制系统”，点击“保存”按钮，工程创建完毕。

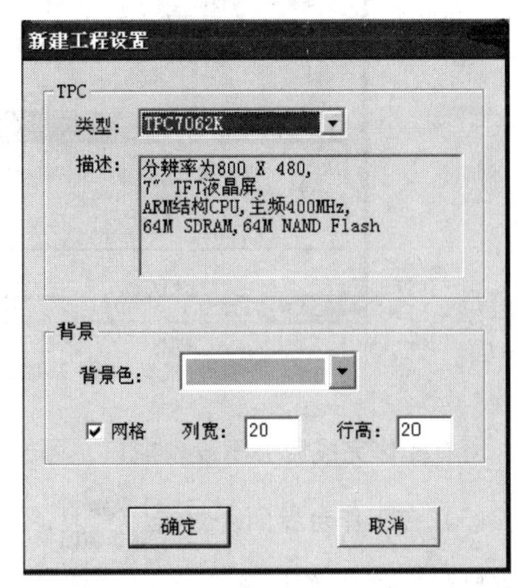

图 7－22　新建工程设计对话框

二、工程组态

1. 设备组态

(1) 在工作台中激活设备窗口，鼠标双击 设备窗口 进入设备组态画面，点击工具条中的 打开“设备工具箱”，如图 7－23 所示。

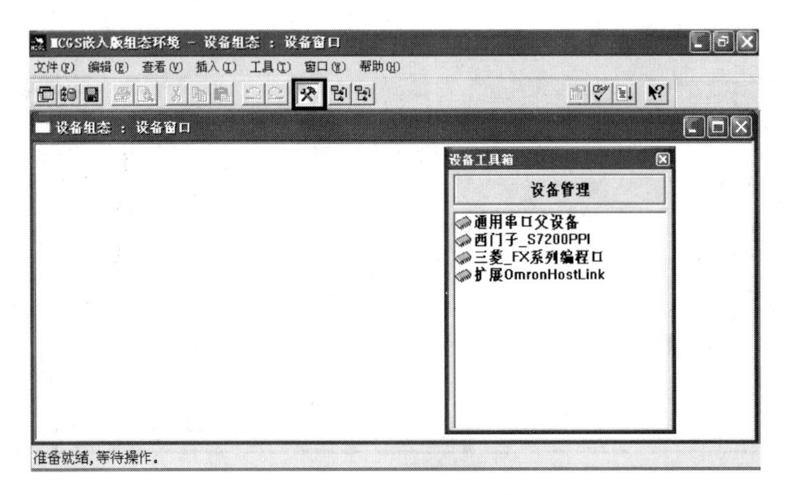

图 7－23　设备窗口界面

(2) 在设备工具箱中，鼠标按顺序先后双击“通用串口父设备”和“西门子_ S7－200PPI”添加至组态画面窗口，如图 7－24 所示。当出现提示是否使用西门子默认通信参数设置父设备时，选择“是”。

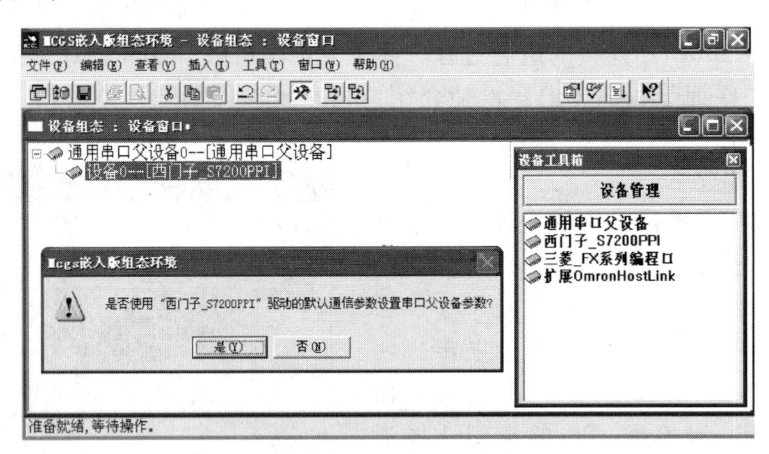

图 7－24　设备窗口组态

所有操作完成后关闭设备窗口，可返回工作台。

(3) 在工作台界面，双击 设备窗口，再双击 设备0--[西门子_S7200PPI] 弹出“设备编辑窗口”，该窗口便可显示设计好的相关数据，如图 7－25 所示。这些数据的建立与设置将在后面的内容中做专题介绍。

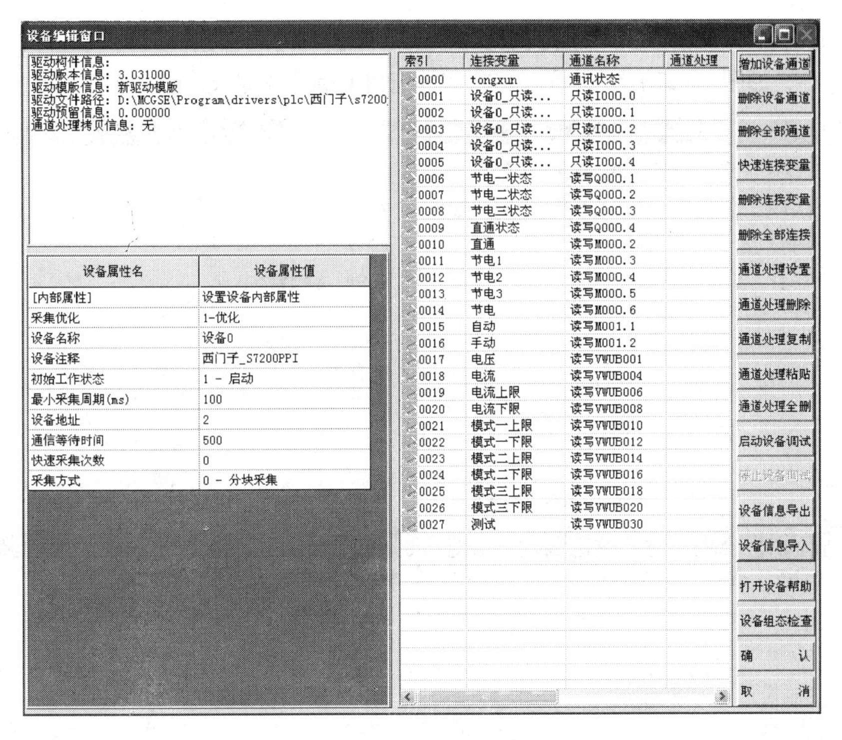

图 7-25 设备编辑窗口

2. 窗口组态

(1) 在工作台中激活用户窗口，方法是：鼠标单击 **用户窗口**，再点击 **新建窗口** 按钮，建立画面“窗口 0”、“窗口 1”、“窗口 2” ……。窗口建立的数量可根据设计要求确定，如图 7-26 所示。

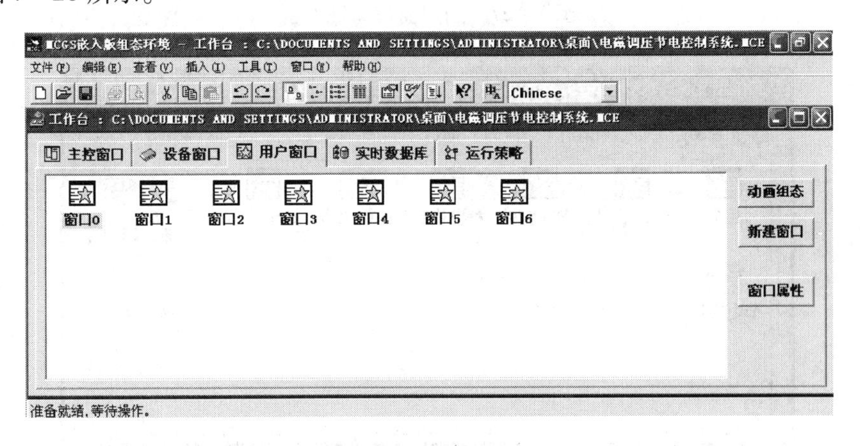

图 7-26 设置用户窗口

(2) 接下来单击 **窗口属性** 按钮，弹出“用户窗口属性设置”对话框，在基本属性页，将“窗口名称”的“窗口 0”修改为“首页”，“窗口标题”也修改为“首页”，点击确认进行保存。然后，再单击 **窗口属性** 按钮，弹出“用户窗口属性设置”对话框，在基本属性页，将“窗口名称”的“窗口1”修改为“运行状况”，“窗口标题”的内容也修改为“运行状况”，点击确认进行保存，如图7－27所示。同样可将其他窗口的标题建立起来，如图7－28所示。

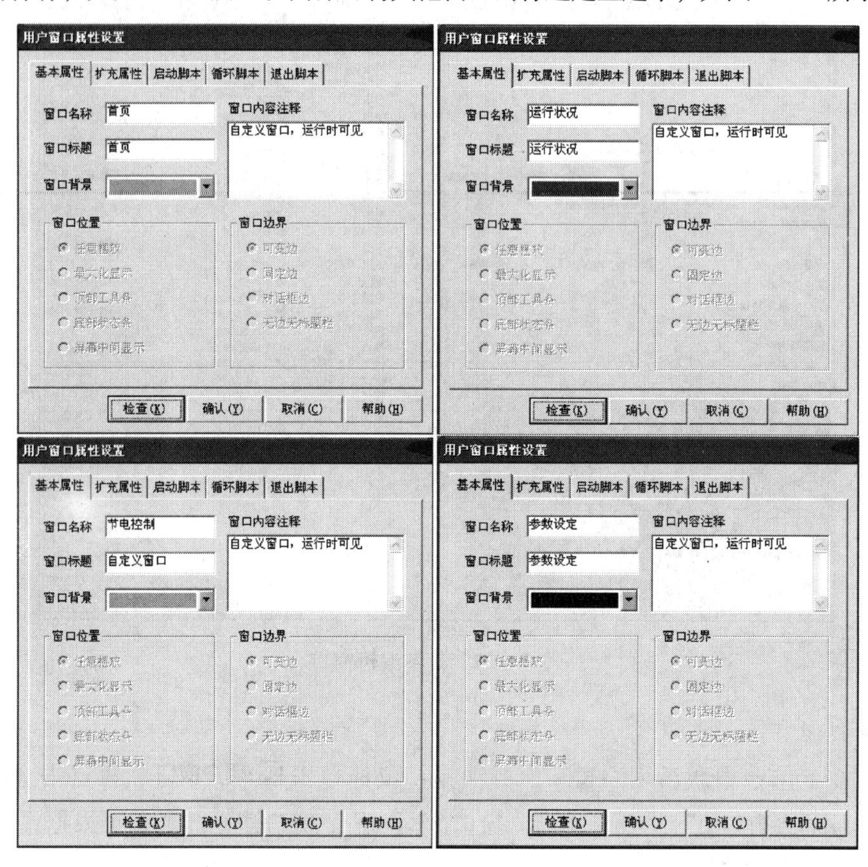

图7－27　用户窗口属性设备

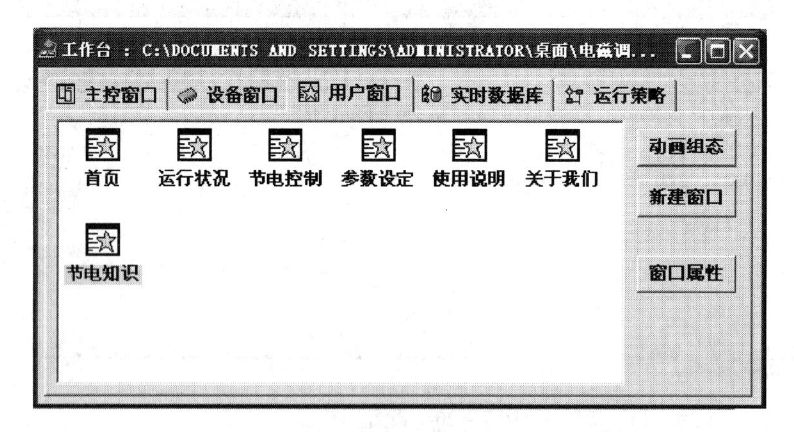

图7－28　完成的窗口标题

（3）在用户窗口中双击 节电控制 进入“动画组态节电控制”画面，点击可打开“工具箱”。若要进入其他用户窗口画面，可双击所对应的窗口标题画面便可进入，如在用户

窗口中双击 参数设定 便可进入“动画组态参数设定”画面。

要改变窗口颜色时，可双击窗口后弹出“用户窗口属性”对话框，在“窗口背景”栏目中，设计者可选择自己喜欢的颜色，单击“确认”进行保存，如图 7－29 所示。

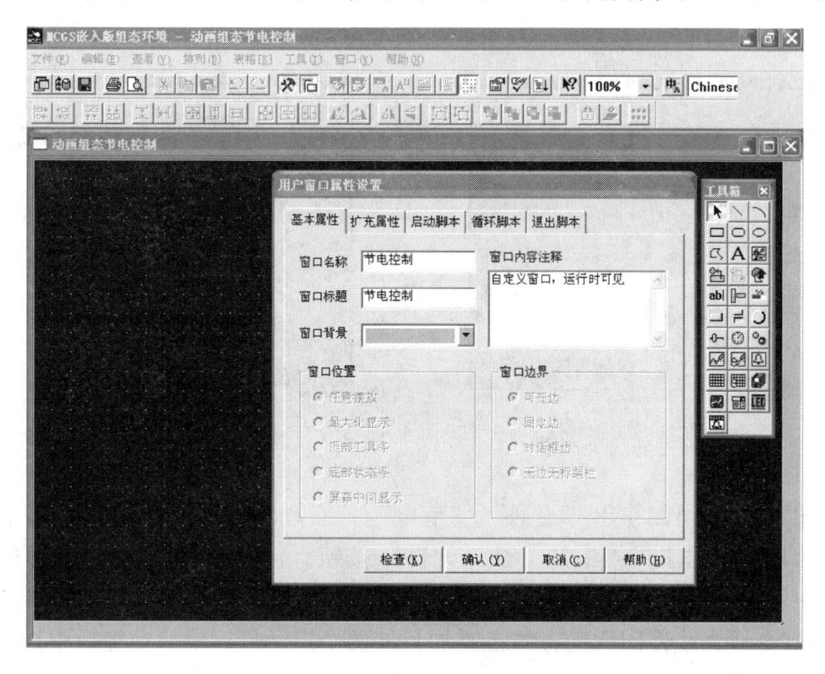

图 7－29 窗口背景颜色的设置

(4) 建立基本单元。

1) 按钮。从工具箱中单击“标准按钮”构件，在窗口编辑位置按住鼠标左键拖放出一定大小后，松开鼠标左键，这样一个按钮构件就绘制在窗口中，如图 7－30 所示。

接下来双击该按钮打开“标准按钮构件属性设置”对话框，在基本属性页中将“文本”修改为“节 1”点击确认保存，如图 7－31 所示。

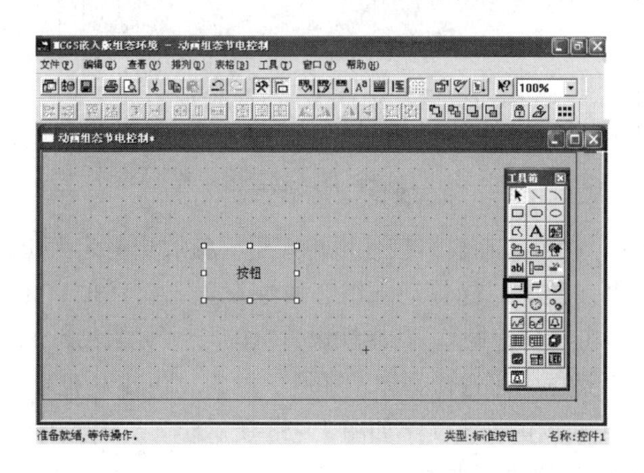

图 7－30 按钮构件的绘制

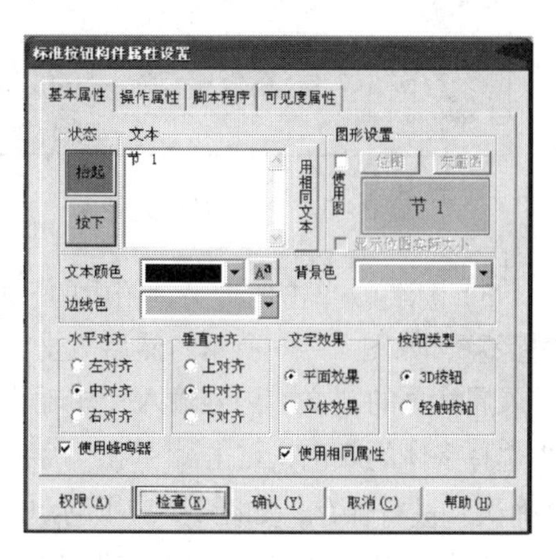

图 7－31 设置文本内容

按照同样的操作分别绘制另外两个按钮，文本修改为“节2”和“节3”，完成后如图7－32所示。

调整按钮位置后，按住键盘的ctrl键，然后单击鼠标左键，同时选中三个按钮，使用工具栏中的等高宽、上（下）对齐和横向等间距对三个按钮进行排列对齐，如图7－33所示。

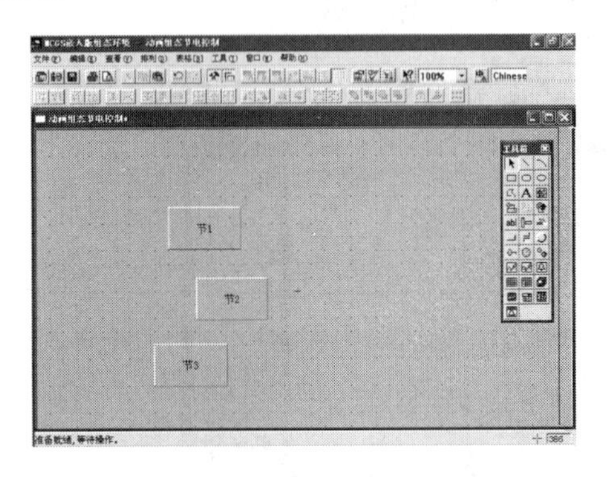

图7－32　绘制另外两个按钮

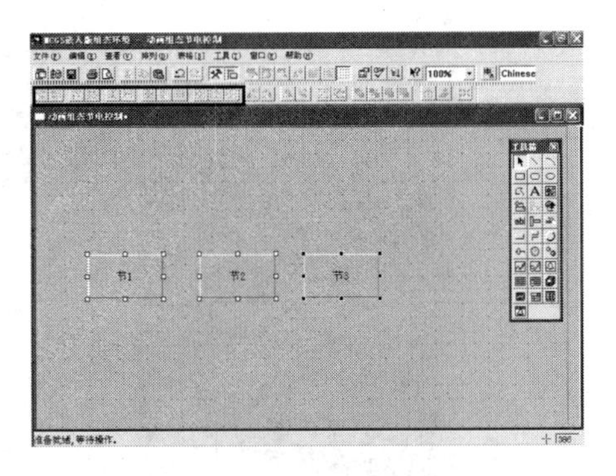

图7－33　按钮的排列

用同样的方法，可制作出“直通”、“节电”、“自动”、“手动”等其他按钮开关。

2）指示灯。单击工具箱中的“插入元件”按钮，打开“对象元件库管理”对话框，如图7－34所示，选中图形对象元件库指示灯中的一款，点击“确定”添加到窗口画面中。并调整到合适大小，同样的方法再添加另外两个指示灯，摆放在窗口中按钮旁边的位置，如图7－35所示。

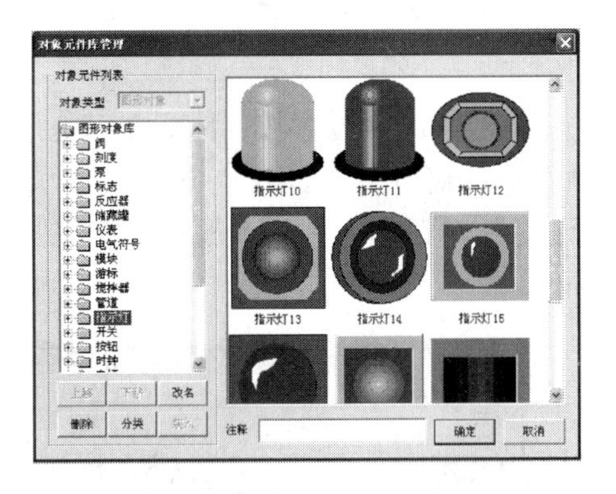

图7－34　图形对象元件库

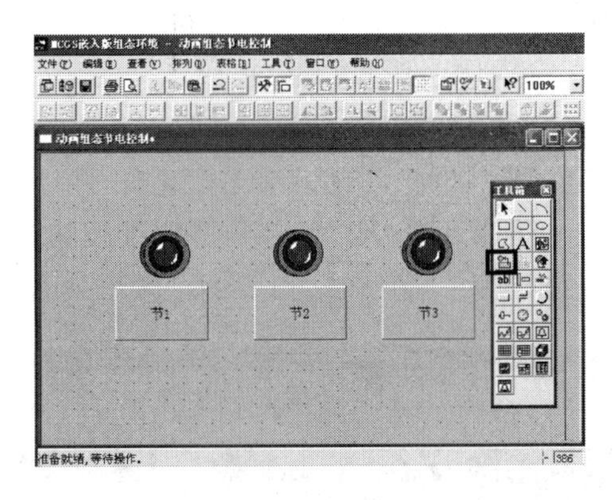

图7－35　放置指示灯

3）标签。单击选中工具箱中的“标签”构件，在窗口按住鼠标左键，拖放出一定大小“标签”，如图7－36所示。然后双击该标签，弹出“标签动画组态属性设置”对话框，在扩展属性页的“文本内容输入”中输入“节电挡位控制”，在属性设置页的“字符颜色”栏中选择字体的颜色，点击A^a弹出“字体”对话框，可选择字体、字形、大小，点击“确定”“确认”进行保存，如图7－37所示。设置完成后的标签文字如图7－38所示。

在设计中，若要把文字“节电挡位控制”的边框去掉，可在属性设置页“边线颜色”中，选择与底色相一致的颜色便可去掉边框。

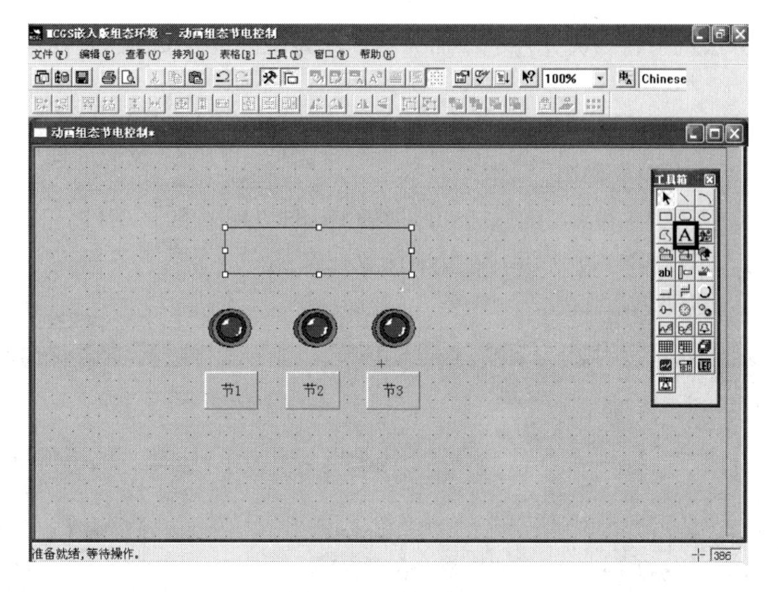

图 7 - 36　放置标签

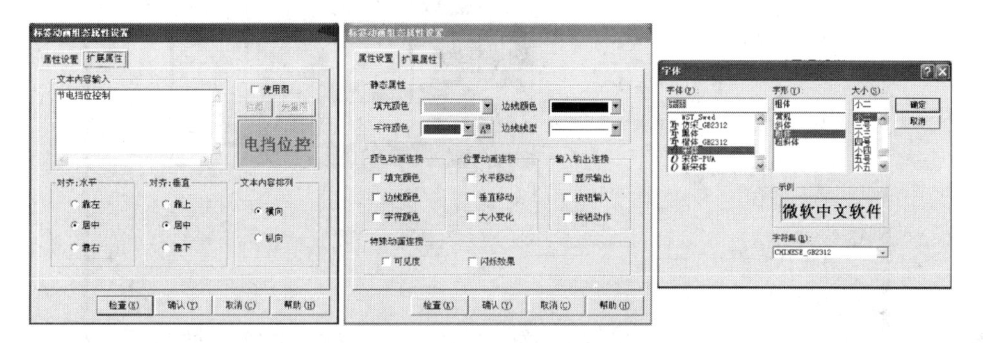

图 7 - 37　设置字体的颜色及大小

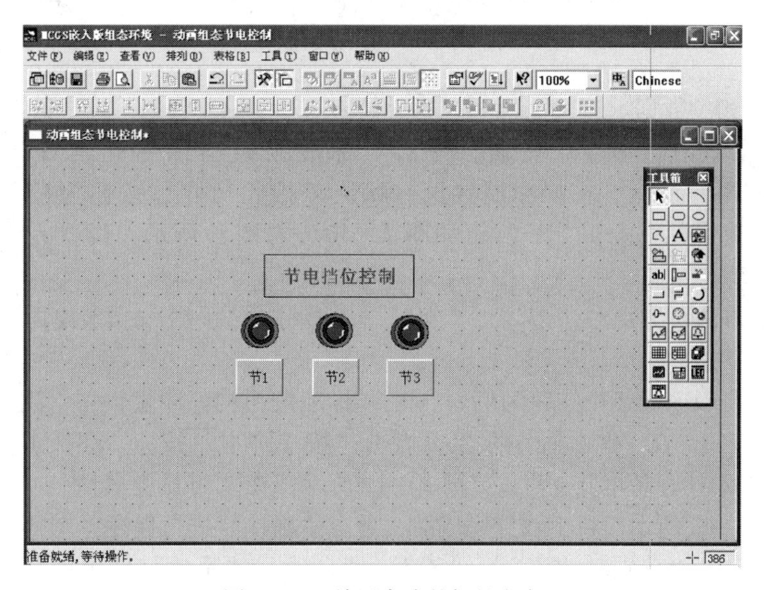

图 7 - 38　放置完成的标签文字

用同样的方法也可在开关元件上添加标签，作为窗口转换按钮、页面返回按钮或作为其他用途。

4）输入框。双击参数设定进入“动画组态参数设定”画面，按照前面所讲的文字设置方法，输入相应的文字及符号，然后单击工具箱中的“输入框”构件，在窗口按住鼠标左键，拖放出一定大小的“输入框”，分别摆放在文字“上限”、文字“下限”标签的旁边位置，如图7－39所示。

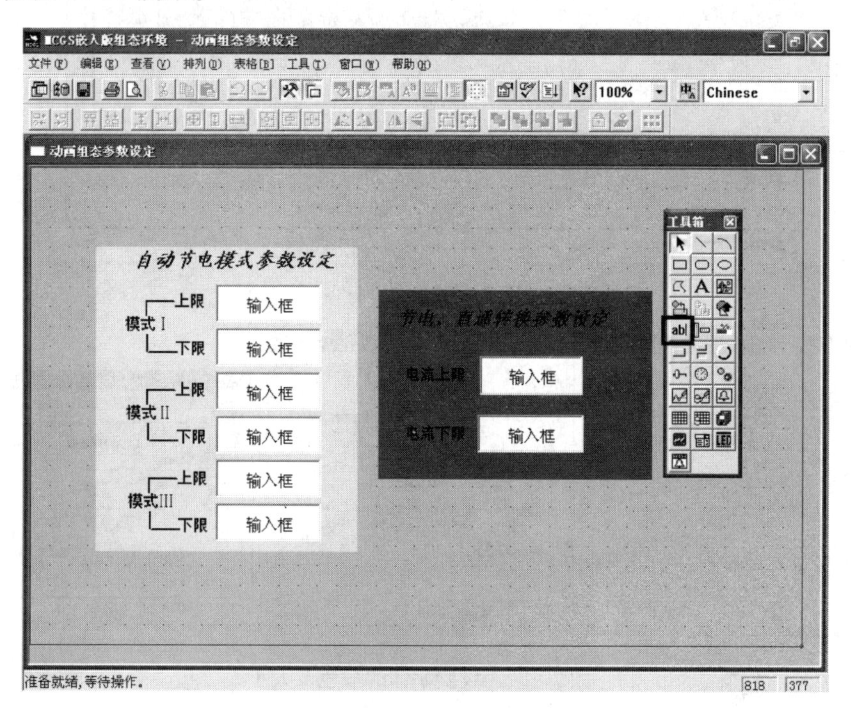

图7－39 输入框的设置

（5）设置相关数据。

1）按钮。双击“节1”按钮，弹出“标准按钮构件属性设置”对话框，如图7－40（左图）所示，在操作属性页，默认“抬起功能”按钮为按下状态，勾选“数据对象值操作”，选择“置1”，如图7－40（右图）所示，设置完成后点击“确认”进行保存。

用同样的方法，分别对“节2”、“节3”、“自动”、“手动”、“节电”、“直通”等按钮进行设置。

接下来（仍以“节1”按钮为例）再在“标准按钮构件属性设置”对话框中，点击“脚本程序”按钮，在“脚本程序”页，点击“按下脚本”按钮，在文本框内键入“节电1=1；节电2=0；节电3=0”，如图7－41所示。在“可见度属性”页，选择“按钮可见”，如图7－42所示。以上设置完成后，点击“确认”进行保存。

同样的方法，可分别对“节2”、“节3”、“自动”、“手动”、“节电”、“直通”等按钮的“脚本程序”页和“可见度属性”页进行数据设置，设置内容如下。

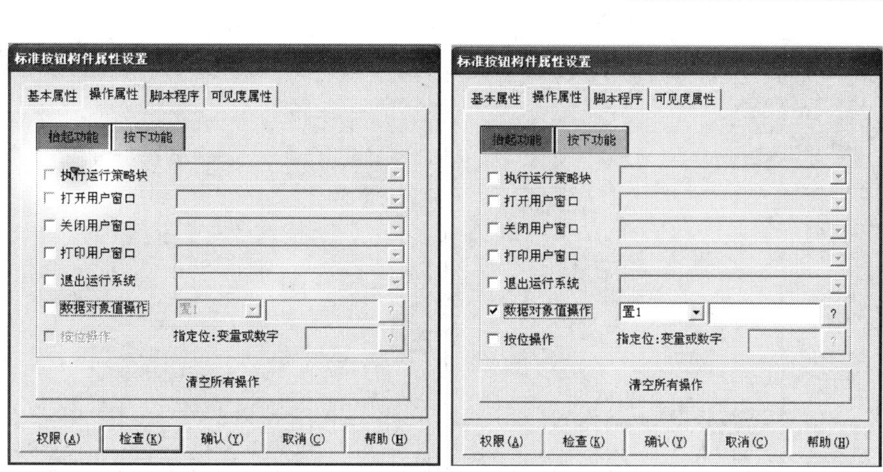

图 7－40　按钮“操作属性”设置

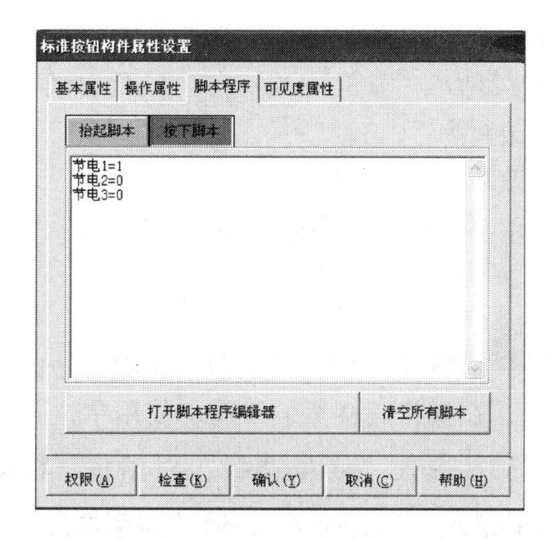

图 7－41　按钮“节 1”脚本程序设置

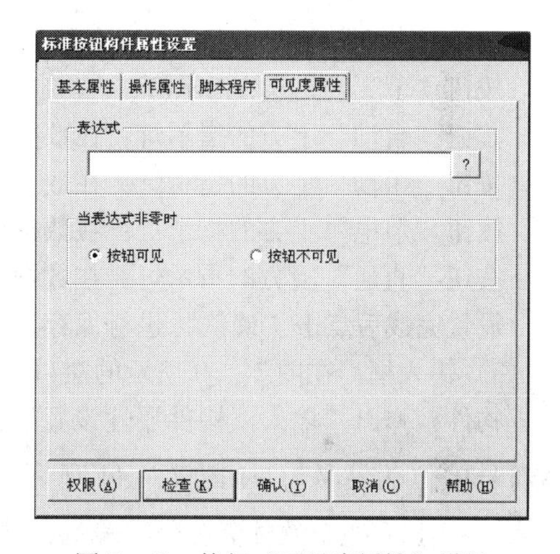

图 7－42　按钮“可见度属性”设置

“节 2”按钮的“按下脚本”程序键入内容：节电 1＝0、节电 2＝1、节电 3＝0；

“节 3”按钮的“按下脚本”程序键入内容：节电 1＝0、节电 2＝0、节电 3＝1；

“自动”按钮的“按下脚本”程序键入内容：自动＝1、手动＝0；

“手动”按钮的“按下脚本”程序键入内容：手动＝1、自动＝0；

“节电”按钮的“按下脚本”程序键入内容：节电＝1、直通＝0；

“直通”按钮的“按下脚本”程序键入内容：直通＝1、节电＝0。

以上按钮的设置在“可见度属性”页，都选择“按钮可见”，设置完成后点击“确认”进行保存。

2）指示灯。双击“节 1”按钮上方的指示灯构件，弹出“单元属性设置”对话框，在数据对象页，将“@开关量”改写为“节电 1 AND 手动 AND 节电”，改写完成后，在“动画连接”页的内容将会自动生成，如图 7－43 所示，设置完成后点击“确认”进行保存。

同样的方法，将其他按钮上方的指示灯分别进行设置连接变量，改写的内容如下。

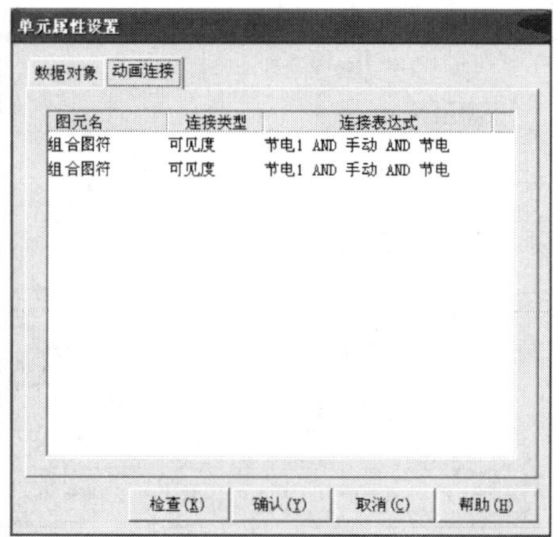

图 7－43　指示灯“单元属性设置”

按钮“节 2”上方的指示灯：在数据对象页改写为：“节 2　AND 手动 AND 自动”；

按钮“节 3”上方的指示灯：在数据对象页改写为：“节 3　AND 手动 AND 自动”；

按钮“自动”上方的指示灯：在数据对象页改写为：“自动”；

按钮“手动”上方的指示灯：在数据对象页改写为：“手动 ”；

按钮“节电”上方的指示灯：在数据对象页改写为：“节电”；

按钮“直通”上方的指示灯：在数据对象页改写为：“直通状态”。

设置完成后点击“确认”进行保存。

3）输入框。在图 7－39 所示的窗口中，双击“模式 I ”中的“上限”标签旁边的输入框构件，弹出“输入框构件属性设置”对话框，在操作属性页，勾选“使用单位”键入符号单位为“V”，如图 7－44 所示。点击 ? 进入“变量选择”对话框，根据 <表 7－2 PLC 主要软件资源分配表>，选择“根据采集信息生成”，通道类型选择“V 寄存器”；通道地址为“10”；数据类型选择“16 位 无符号二进制”；读写类型选择“读写”，如图 7－45 所示。设置完成后点击“确认”，窗口返回到“输入框构件属性设置”对话框，再次点击 ? 进入“变量选择”对话框，选择“从数据中心选择”，在“选择变量”框中键入（写入）“模式一上限”如图 7－46 所示，设置完成后点击“确认”后，（注意：若“实时数据库”选项卡中无该项设置内容时，窗口会弹出“组态错误”提示，点击“是”，弹出“数据对象属性设置”窗口，点击“确认”，该项内容便会自动存入到“实时

图 7－44　勾选“使用单位”

数据库”中。）窗口再次返回到“输入框构件属性设置”对话框，如图7－47所示，点击“可见度属性”，选择“输入框构件可见”，点击“确认”该输入框设置完成。

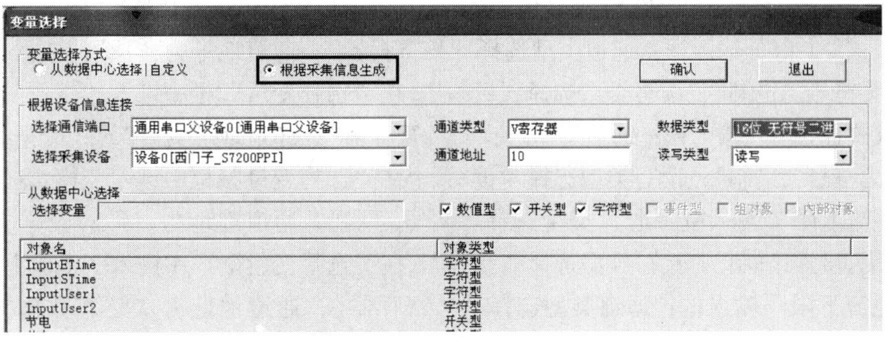

图7－45　选择“根据采集信息生成”内容

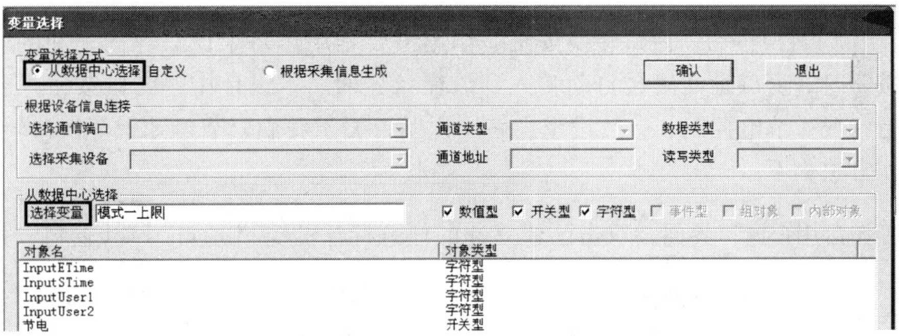

图7－46　填写“选择变量”内容

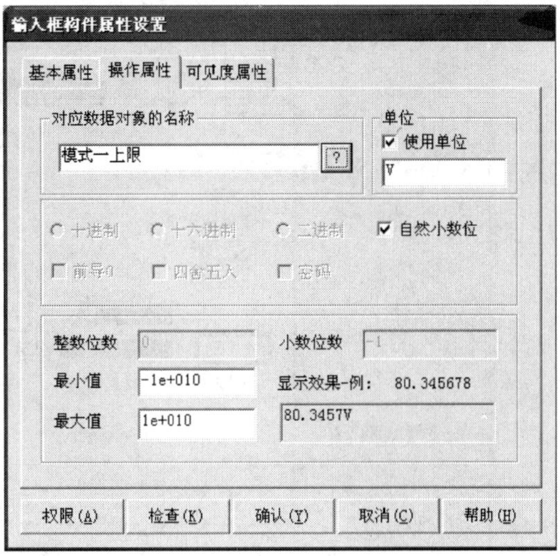

用同样的方法，双击其他文字标签旁边的输入框进行设置，在操作属性页，节电模式项键入符号单位为“V”，电流上、下限，键入符号单位为“A”，选择对应的数据对象，其主要内容设置如下。

“模式Ⅰ下限”输入框：通道类型选择“V寄存器”；通道地址为“12”；数据类型选择“16位 无符号二进制”；读写类型选择“读写”。在“选择变量”框中键入“模式一下限”。

“模式Ⅱ上限”输入框：通道类型选择“V寄存器”；通道地址为“14”；数据类型选择“16位 无符号二进制”；读写类型选择“读写”。在“选择变量”

图7－47　“操作属性”页设置完成

框中键入“模式二上限”。

“模式Ⅱ下限”输入框：通道类型选择“V寄存器”；通道地址为“16”；数据类型选择“16位 无符号二进制”；读写类型选择“读写”。在“选择变量”框中键入“模式二下限”。

“模式Ⅲ上限”输入框：通道类型选择“V寄存器”；通道地址为“18”；数据类型选择“16位 无符号二进制”；读写类型选择“读写”。在“选择变量”框中键入“模式三上限”。

“模式Ⅲ下限”输入框：通道类型选择“V寄存器”；通道地址为“20”；数据类型选择“16位 无符号二进制”；读写类型选择“读写”。在“选择变量”框中键入“模式三下限”。

“电流上限”输入框：通道类型选择“V寄存器”；通道地址为“6”；数据类型选择“16位 无符号二进制”；读写类型选择“读写”。在“选择变量”框中键入“电流上限”。

“电流下限”输入框：通道类型选择“V寄存器”；通道地址为“8”；数据类型选择“16位 无符号二进制”；读写类型选择“读写”。在“选择变量”框中键入“电流下限”。

以上各项，在“可见度属性”页，选择“输入框构件可见”，点击“确认”输入框设置完成。

（6）窗口转换按钮。窗口转换按钮的作用主要是用作每个窗口界面之间的转换，当点击该按钮时，窗口画面便会自动转入到该窗口界面。本设计中，窗口按钮主要包括首页、运行状况、节电控制、参数设定、使用说明、关于我们、节电知识等窗口转换按钮，具体制作方法如下。

在工作台用户窗口界面，双击已建立起的任意标注的窗口，如：首页 窗口，打开窗口后，从工具箱中单击“标准按钮”构件，放置一个按钮构件。双击该按钮便会打开“标准按钮构件属性”对话框，在基本属性页中，将“文本”修改为“首页”，在“变线色”、“背景色”选项中，选择自己喜欢的颜色，如图7－48所示。然后点击A^a，选择合适的字体、字形和大小，选择完成后，点击“确定”返回到“标准按钮构件属性”对话框。

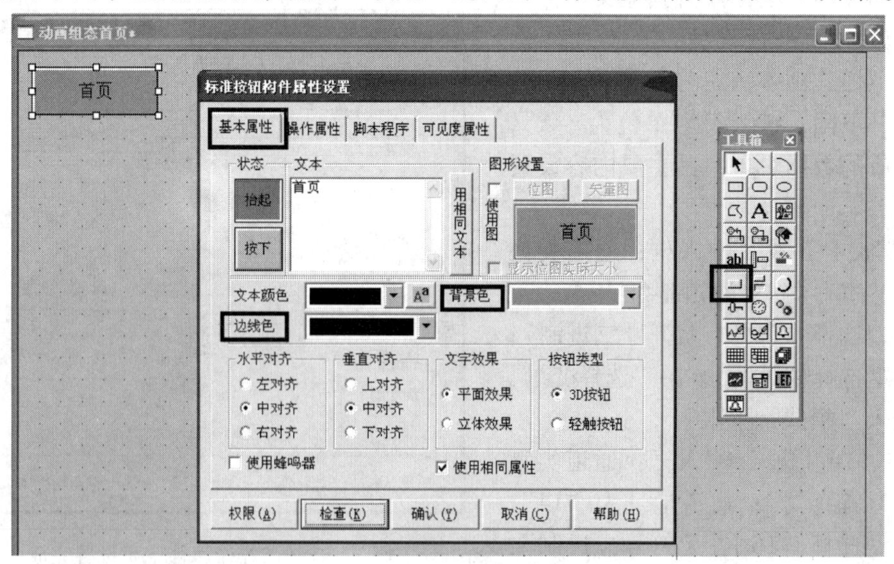

图7－48 “首页”窗口转换按钮的设置

接下来再在操作属性页中，勾选“打开用户窗口”，选择目录中的“首页”，如图7－47中的左图所示。在可见度属性页，选择“按钮不可见”，如图7－49右图所示。最后点击“确认”，“首页”窗口转换按钮制作完毕。

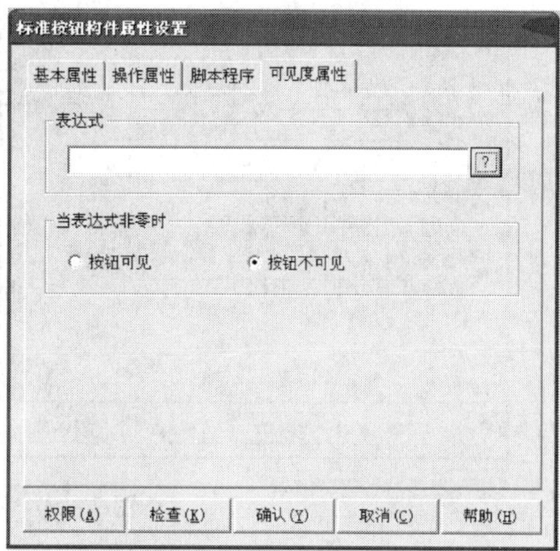

图7－49　“操作属性”和“可见度属性”的设置

用同样的方法可制作出其他窗口转换按钮，待所有的窗口转换按钮制作完成后，再将它们复制到其他窗口界面。

三、建立（MCGS）触摸屏与PLC的数据链接

1. 建立数据变量

数据变量的建立应在触摸屏开发的初始化部分完成，也就是说，是在完成了窗口标题画面后进行。

具体数据变量的建立是把它们集中在“实时数据库”选项卡中，在第五章中已讲过，实时数据库是MCGS工程的数据交换和数据处理中心。数据变量是构成实时数据库的基本单元，建立实时数据库的过程也即是定义数据变量的过程。定义数据变量的内容主要包括指定数据变量的名称、类型、初始值和数值范围，确定与数据变量存盘相关的参数，如存盘的周期、存盘的时间范围和保存期限等。下面介绍本设计实例《电磁调压节电控制系统》中，数据变量的定义步骤。

（1）打开实时数据库窗口。在窗口的工作台界面（如图7－26所示），鼠标点击工作台上的 实时数据库 窗口标签，进入实时数据库窗口页（选项卡）。按“新增对象”按钮，在窗口的数据变量列表中，增加新的数据变量，多次按该按钮，则增加多个数据变量，系统缺省定义的名称为“Data1”、“Data2”、“Data3”等，选中变量，按“对象属性”按钮或双击选中变量，则打开对象属性设置窗口。

（2）指定名称类型。在窗口的数据变量列表中，用户将系统定义的缺省名称改为用户定义的名称，并指定类型，在注释栏中输入变量注释文字。本系统中要定义的数据变量如图7－50所示。

以“模式二上限”变量为例，在基本属性页中，对象名称为：模式二上限；对象初值

为：220（V）；对象类型为：数值；其他不变。再以“模式二下限”变量为例，在基本属性页中，对象名称为：模式二下限；对象初值为：210（V）；对象类型为：数值；其他不变。

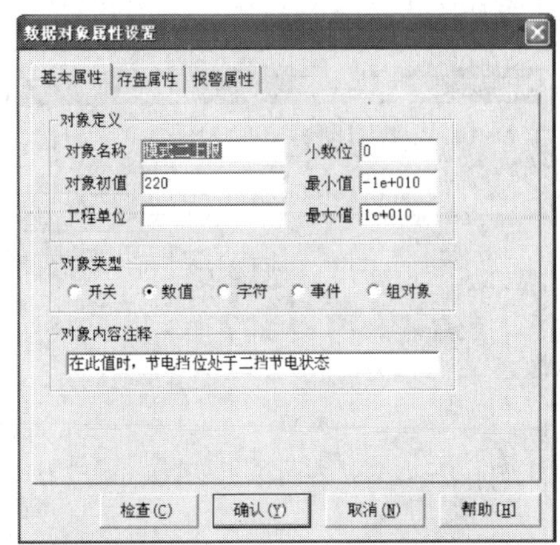

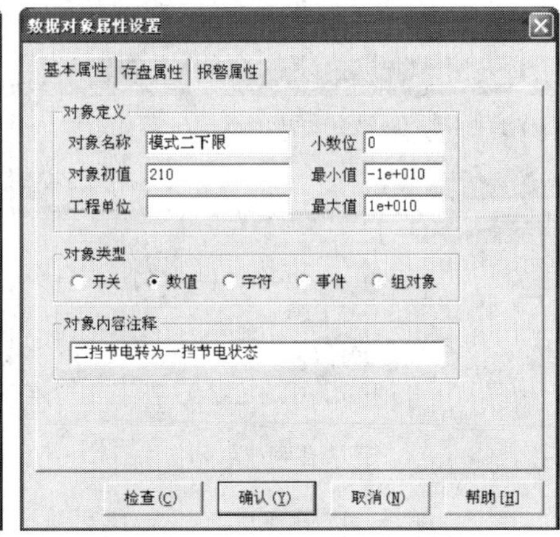

图 7－50　指定名称类型

上面列举的数据变量对象类型是“数值”型变量，“开关”型“字符”型的数据变量定义数据变量的设置方法基本相同。

如“节电 1”变量属性设置，在基本属性页中，对象名称为：节电 1；对象初值为：0；对象类型为：开关；其他不变。再以“节电 2”变量属性设置为例，在基本属性页中，对象名称为：节电 2；对象初值为 0；对象类型为：开关；其他不变。具体设置如图 7－51 所示。

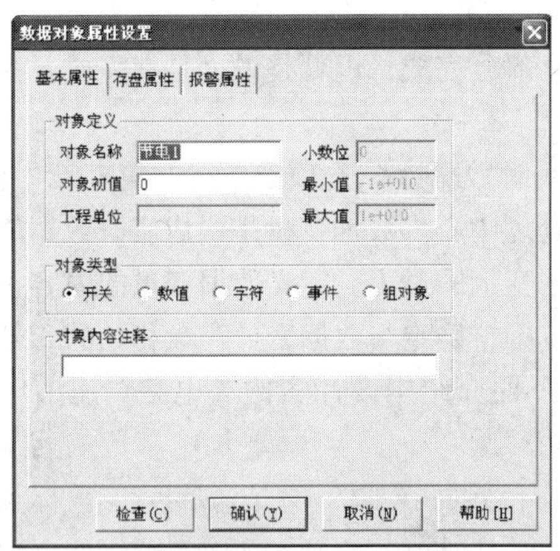

图 7－51　数据对象设置页面

数据变量对象类型是“组对象”型变量，其定义数据变量的设置方法如下。

例如：“Icos（角度）”变量属性设置，在基本属性页中，对象名称为：Icos（角度）；对象类型选：组对象；其他不变。在存盘属性页中，数据对象值的存盘选：不存盘；其他不变。在组对象成员页中选择“Icos”，具体设置如图 7－52 所示。

《电磁调压节电控制系统》全部数据变量设置定义完成后的“实时数据库”选项卡如图 7－53 所示。

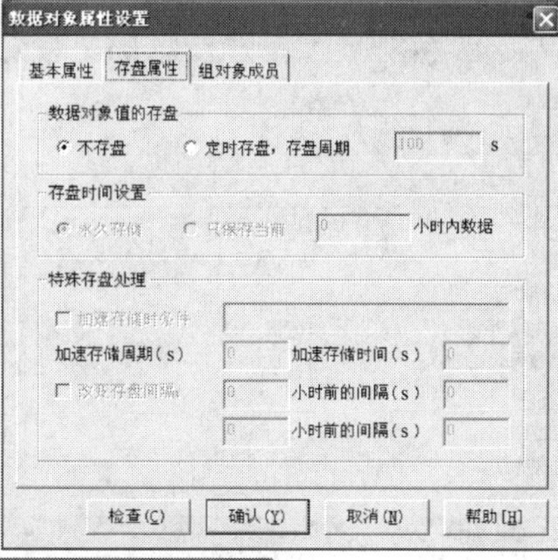

图 7－52　“对象组”型变量的设置

名字	类型	注释
ICOS	数值型	
Icos（角度）	组对象	
InputETime	字符型	系统内建...
InputSTime	字符型	系统内建...
InputUser1	字符型	系统内建...
InputUser2	字符型	系统内建...
tongxun	开关型	
测试	数值型	
电流	数值型	
电流上限	数值型	
电流下限	数值型	
电压	数值型	
概述	开关型	
关于我们可见3	数值型	
关于我们可见度	数值型	
箭头	数值型	
角度0	数值型	
节电	开关型	
节电1	开关型	
节电2	开关型	
节电3	开关型	
节电窗口	开关型	
节电二状态	开关型	
节电三状态	开关型	
节电一状态	开关型	
可见度	开关型	
模式二上限	数值型	
模式二下限	数值型	
模式三上限	数值型	
模式三下限	数值型	
模式一上限	数值型	
模式一下限	数值型	
日期	字符型	
设备0_读写1	开关型	
设备0_读写2	开关型	
设备0_读写3	开关型	
设备0_读写4	开关型	
设备0_读写VWU...	数值型	
设备0_读写VWU...	数值型	
时间	字符型	
手动	开关型	
输入电压	数值型	
直通	开关型	
直通状态	开关型	
自动	开关型	

图 7－53　实时数据库

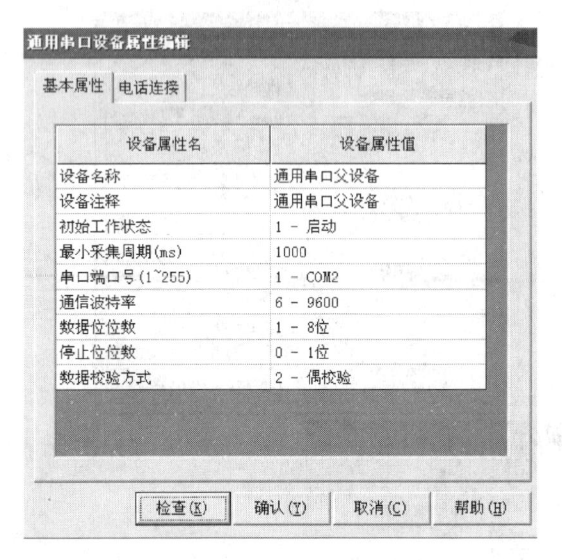

图 7－54　通用串口设置属性设置

2. 变量关联设置

（1）在窗口的工作台界面，鼠标点击工作台上的 设备窗口 标签，再点击“设备组态”按钮，再双击“通用串口父设备”，进行属性设置，如图 7－54 所示。

在“通用串口设备属性编辑”对话框中，“串口端口号”，“通信波特率”，“数据位位数”，“停止位位数”必须与 PLC 的设置相匹配，否则无法正常通信。

至此，串口的属性设置完成。在设置完串口属性后，下面将建立起 MCGS 中数据库变量与 PLC 实际地址的对应。

（2）在“设备组态。设备窗口”对话框中双击 设备0--[西门子_S7200PPI]，进入到“设备编辑窗口”；在“设备属性值”选项卡中，选择“设置设备内部属性”，在其右边单击 ... 扩展按钮，弹出“通道属性设置”窗口，如图 7－55 所示。设置输出通道或者寄存器通道，只需要单击右上角 增加通道 按钮，在弹出的“增加通道”窗口中选择相应通道即可。

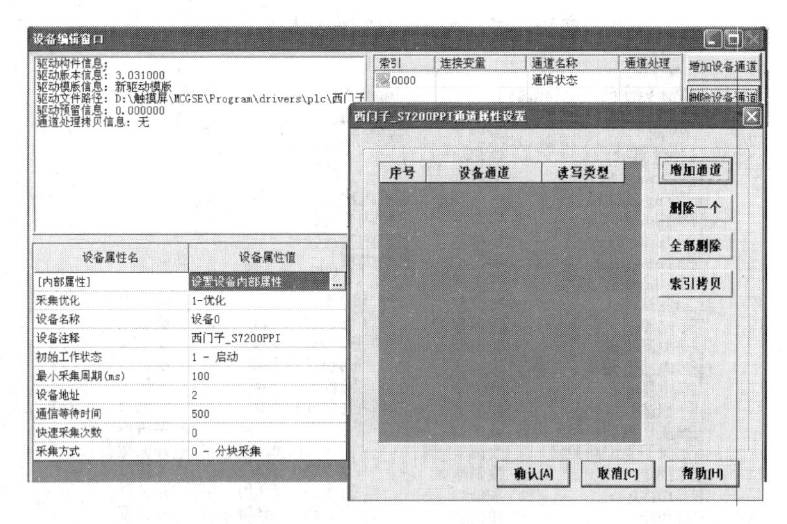

图 7－55　通道属性设置

例如：选择“Q 寄存器”即对应于 PLC 的输出，进行寄存器设置，如图 7－56 所示。“寄存器地址”代表 PLC 的 I/O 通道地址，如寄存器地址为 0，则对应于 PLC 的输入通道 0；若寄存器地址为 Q000，则对应 PLC 的输出通道 Q000。“数据类型”代表位地址，若“数据类型”为“通道的第 01 位”，同时“寄存器地址”为 Q000，则建立了与 PLC 输出

Q000.1 相对应的触摸屏数据通道，将先前设置的变量与该通道进行关联后，PLC 输出 Q000.1 的状态变化则直接反映所关联的变量“节电一状态”。同理，PLC 输出 Q000.2 的状态变化则直接反映所关联的变量“节电二状态”。

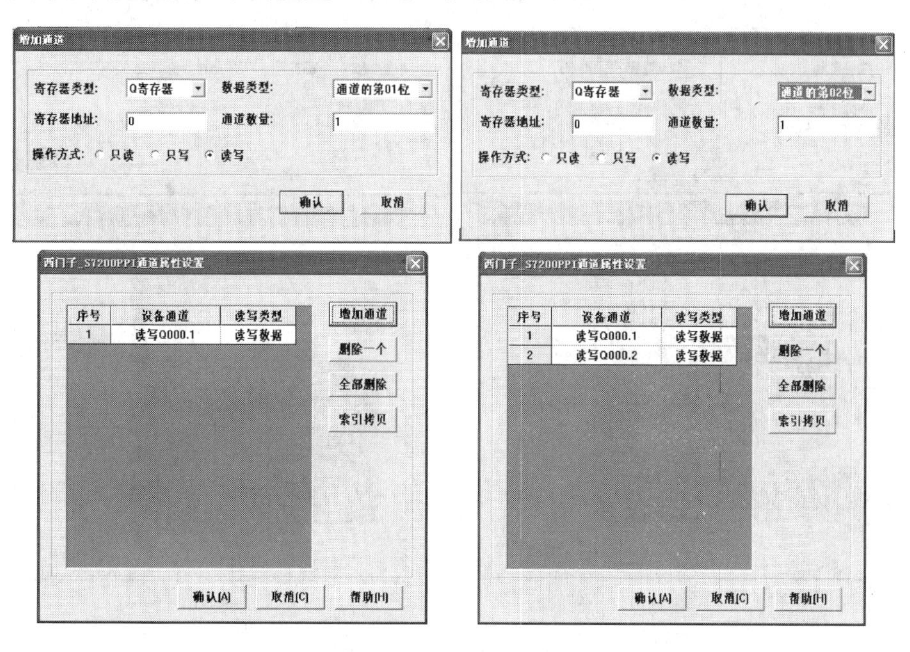

图 7－56　寄存器设置

同样，在“寄存器类型”中选择“M 寄存器”，即对应于 PLC 的中间操作状态，进行寄存器设置，如图 7－57（a）所示。“寄存器地址”代表 PLC 的中间继电器通道地址，如寄存器地址为 0，则对应于 PLC 的输入通道 0；若寄存器地址为 M000，则对应 PLC 的中间输出通道 M000。“数据类型”代表位地址，若“数据类型”为“通道的第 03 位”，同时“寄存器地址”为 M000，则建立了与 PLC 中间输出 M000.3 相对应的触摸屏数据通道，将先前设置的变量与该通道进行关联后，PLC 中间输出 M000.3 的状态变化则直接反映所关联的变量“节电 1”。这个“节电 1”便是触摸屏“节电控制”窗口界面上的“节 1”按钮。同理，PLC 中间输出 M000.4 的状态变化则直接反映所关联的变量“节电 2”，即触摸屏“节电控制”窗口界面上的“节 2”按钮。

在“寄存器类型”中选择“V 寄存器”，则相应增加了数据寄存器通道。在本控制系统中，变量存储区 V 的地址格式是“字 VW”，“数据类型”为“16 位 无符号二进制”，对应于 PLC 的电压、电流数据的连接。如触摸屏窗口界面的变量“电压”数据与 PLC 相关联的“寄存器地址”是 0001，“数据类型”为“16 位 无符号二进制”，如图 7－57（b）所示，设置完成按“确认”后，就会在“通道属性设置”窗口中，自动生成一个“读写 VWUB0001”的数据通道，再按“确认”后，这些数据便会存入到“设备编辑窗口”中，如图 7－58 所示。

（3）根据 PLC 资源分配表和先前在 MCGS 中设置的变量，将所设置的变量关联到对应通道上，以建立 MCGS 变量与 PLC 输入、输出及数据寄存器的对应关系。在图 7－58 所

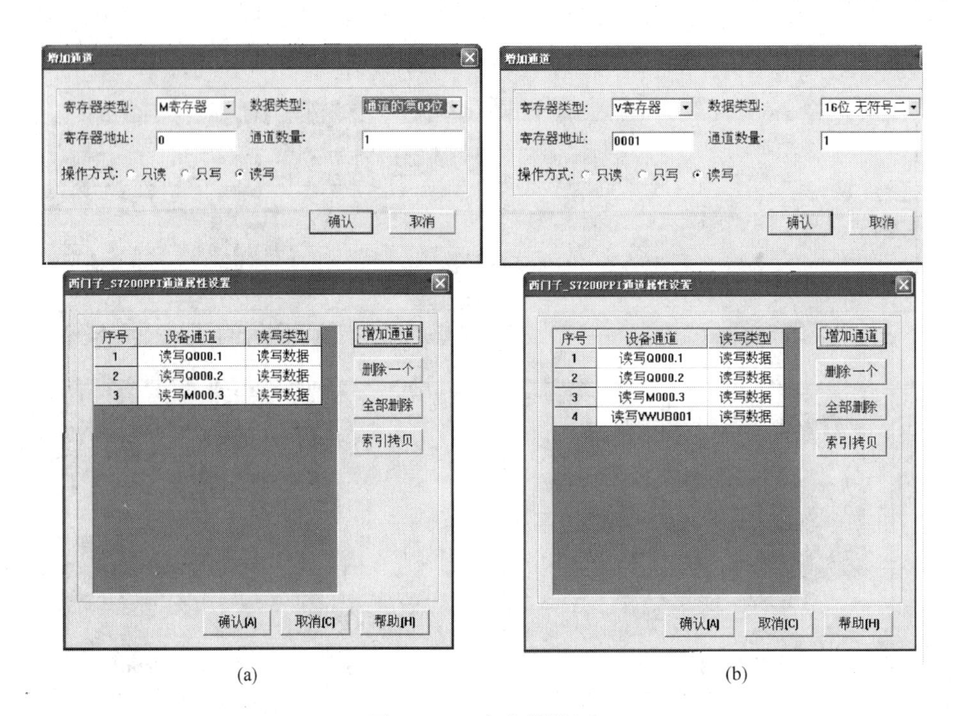

(a)　　(b)

图 7－57　寄存器设置

（a）“M 寄存器” 设置；（b）“V 寄存器” 设置

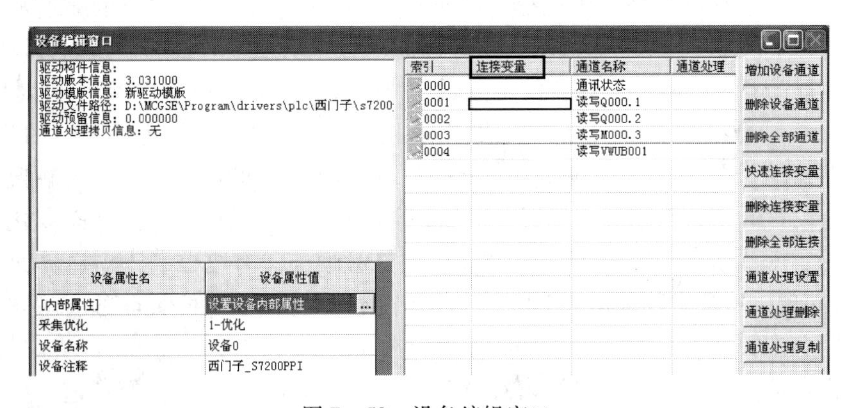

图 7－58　设备编辑窗口

示的“设备编辑窗口”选项卡下，双击通道索引 0001 的“连接变量”下的空白处，弹出先前在实时数据库中设置好的变量列表，根据 PLC 资源分配表可知输出接点 Q0.1 对应“节电Ⅰ挡”，因而选择（点击）“节电一状态”，如图 7－59 所示。变量添加完成后，按“确认”返回。变量关联设置完成后，MCGS 数据变量“节电一状态”就与 PLC 输出通道 Q0.1 建立起了一一对应的映射关系。

同理，将其余变量依次按照同样的方法与通道关联起来，全部变量关联设置完成后，如图 7－60 所示。

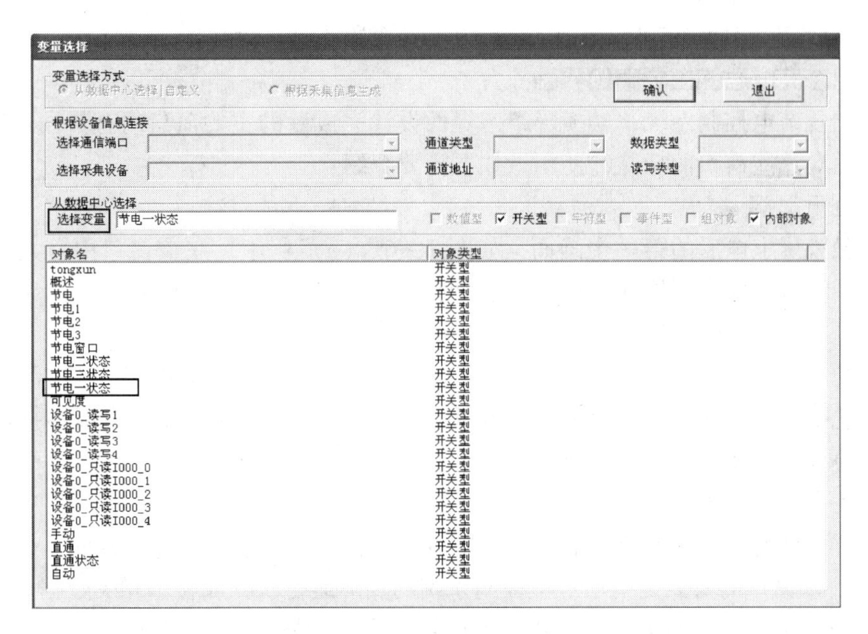

图 7-59 变量选择

设备编辑窗口

索引	连接变量	通道名称	通道处理
0000	tongxun	通信状态	
0001	节电一状态	读写Q000.1	
0002	节电二状态	读写Q000.2	
0003	节电三状态	读写Q000.3	
0004	直通状态	读写Q000.4	
0005	直通	读写M000.2	
0006	节电1	读写M000.3	
0007	节电2	读写M000.4	
0008	节电3	读写M000.5	
0009	节电	读写M000.6	
0010	自动	读写M001.1	
0011	手动	读写M001.2	
0012	电压	读写VWUB001	
0013	电流	读写VWUB004	
0014	电流上限	读写VWUB006	
0015	电流下限	读写VWUB008	
0016	模式一上限	读写VWUB010	
0017	模式一下限	读写VWUB012	
0018	模式二上限	读写VWUB014	
0019	模式二下限	读写VWUB016	
0020	模式三上限	读写VWUB018	
0021	模式三下限	读写VWUB020	
0022	测试	读写VWUB030	

增加设备通道
删除设备通道
删除全部通道
快速连接变量
删除连接变量
删除全部连接
通道处理设置
通道处理删除
通道处理复制
通道处理粘贴
通道处理全删
启动设备调试
停止设备调试

图 7-60 全部变量关联设置完成后的界面图

通道连接是实现 MCGS 数据变量与 PLC 输入、输出接点，数据寄存器的一一对应关系，达到通过变量操作接点，通过显示变量完成接点（寄存器）的状态（数据）显示的目的。

组态完成后，下载到触摸屏（TPC）的步骤请参考第五章中相关内容。

四、组态完成后的主要窗口界面简介

电磁调压节电控制系统，触摸屏组态界面设计完成后的主要窗口组态界面如图7－61所示。下面对这些窗口的功能和使用做如下简要介绍。

1. “首页”窗口

这是触摸屏上电后的第一个画面，如图7－61（a）所示。在该窗口中，大家会看到小红球在围绕着地球在不停的转动，“欢迎使用”和“节电专家为您服务”的字样在不停的闪烁。

窗口的上方有七个窗口转换标签按钮，分别是首页、运行状况、节电控制、参数设定、使用说明、节电知识、关于我们。用手指点击（触摸）其中任一个标签按钮，触摸屏会发出声音并转换到所点击的窗口画面中去。

2. “运行状况”窗口

点击“运行状况”窗口转换标签按钮，窗口便会自动进入该窗口界面，如图7－61（b）所示。该窗口的功能是指示节电控制系统的实际运行状况和显示相关数据。

（1）节电运行挡位的指示。在“节电运行挡位”标题下，有“节电Ⅰ挡”、“节电Ⅱ挡”和“节电Ⅲ挡”3个指示灯，指示灯红色为停止，绿色为运行状态，绿色指示灯在哪个挡位就说明节电设备正在该挡位运行。

（2）节电运行或直通运行的指示。在“节电、直通运行指示”标题下，绿色的指示灯表示运行，红色指示灯表示停止。如“节电”指示灯为绿色，“直通”指示灯为红色，则表明节电控制系统正在“节电”状态下运行。反之，则表明节电控制系统在“直通”（旁路）状态下运行。

（3）节电控制模式的指示。节电控制模式分为自动和手动，在“节电控制模式”标题下，当指示灯在“手动”位置为绿色时，说明系统处于手动节电控制方式，当指示灯在“自动”位置为绿色时，说明系统处于自动节电控制方式。指示灯红色为停止状态。

（4）输入运行参数的显示。标有文字“输入运行电流（A）”所显示的数据为正在运行的负荷电流值，该值是随着负载电流的变化而变化，实时显示当前的电流数据。

标有文字“输入运行电压（V）”所显示的数据为正在运行中的输入线电压值，它是随着输入线路中的电压的变化而变化，实时显示当前供电电网中电压的线电压数据。

（5）其他功能。该窗口还设有“运行曲线”和“运行数据报表”按钮，当点击这些按钮时，可进入到该窗口的子窗口界面，显示用户所需要查看的“运行曲线”和提供的“运行数据报表”。

3. “节电控制”窗口

点击任一窗口上端的“节电控制”窗口转换标签按钮，便可进入到该窗口界面，如图7－61（c）所示，该窗口功能如下。

窗口设有三个控制区，分别是“节电挡位控制”区、“节电控制模式”区和“节电、直通转换”区。

（1）“节电挡位控制”控制区。该区设有“节Ⅰ”、“节Ⅱ”、“节Ⅲ”3个控制触摸

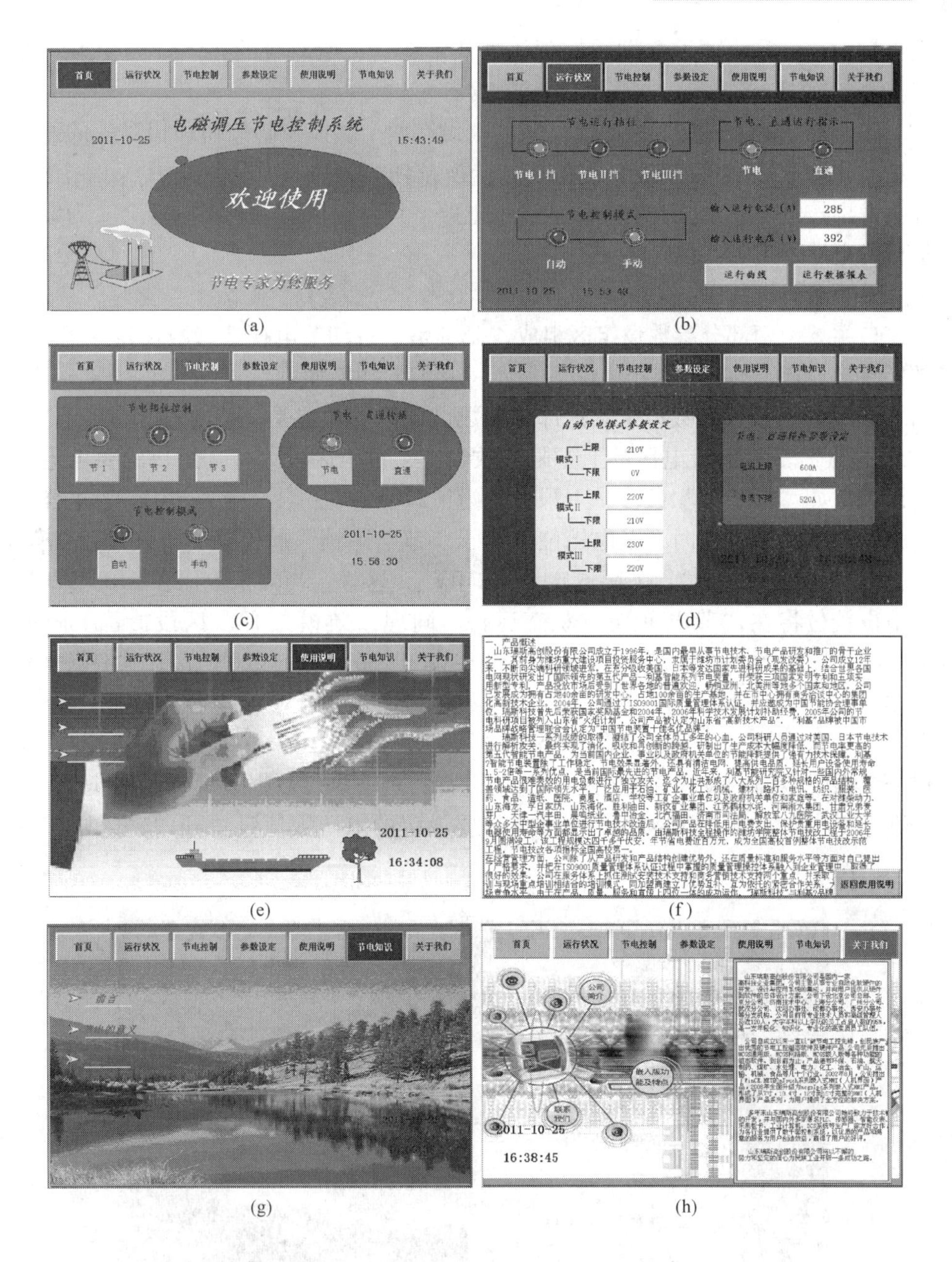

图 7－61　组态完成后的主要窗口界面

（a）“首页”窗口画面；（b）“运行状况”窗口画面；（c）“节电控制”窗口画面；（d）“参数设定”窗口画面；（e）“使用说明”窗口画面；（f）“使用说明”下的“概述”窗口画面；（g）“节电知识”窗口画面；（h）关于我们

按钮和相对应的三个指示灯。当触摸或点击某一个按钮时，触摸屏会发出按键声，并转换到所指示的节电挡位上，所对应该位的指示灯也由红色（停止）转为绿色（接通）状态。

（2）“节电控制模式”控制区。该区设有两个触摸控制按钮和相对应的两个指示灯，分别是“自动”控制方式和“手动”控制方式。当触摸或点击其中某一个按钮时，触摸屏会发出按键声，系统便可立即转换到该模式下运行，所对应的指示灯会变为绿色（开通状态）。

（3）“节电、直通转换”控制区。该区也设有两个触摸控制按钮和相对应的两个指示灯，分别是“节电”转换按钮和“直通”转换按钮。当触摸或点击其中某一个按钮时，触摸屏会发出按键声，系统会自动转换到该电路下运行，所对应的指示灯会变为绿色。所停止运行的电路通道为红色。

4. “参数设定”窗口

该窗口主要由两部分参数设定区组成，分别是“自动节电模式参数设定”和“节电、直通转换参数设定”，如图7－61（d）所示，它们的功能如下：

（1）自动节电模式参数设定。这部分参数设定区的功能是完成对“模式Ⅰ”、“模式Ⅱ”、“模式Ⅲ”三个区段电压的上下限参数设置，每个区段可根据用户的要求进行电压参数的设置，如“模式Ⅰ”区段，上限设定为“210V”，下限设定为“0V”，这样，当输入电压在0～210V范围内时，节电挡位将处于“节电Ⅰ挡”状态运行。同理，“模式Ⅱ”区段，上限设定为“220V”，下限设定为“210V”，这样，当输入电压在210～220V范围内时，节电挡位将在“节电Ⅱ挡”状态运行。同理，“模式Ⅲ”区段，若上限设定为“230V”，下限设定为“220V”，当输入电压在大于230V小于220V范围内，节电系统将在“节电Ⅲ挡”状态下运行。以上设定的参数运行条件是在“节电控制模式”处于“自动”指令下才能有效。

电压参数设定值的设置，可在触摸屏上进行，点击电压数据设置“输入框”，将会弹出一个数字键盘，点击上面的数字便可将需要设定的电压数值设置到“输入框”内，如图7－62所示。

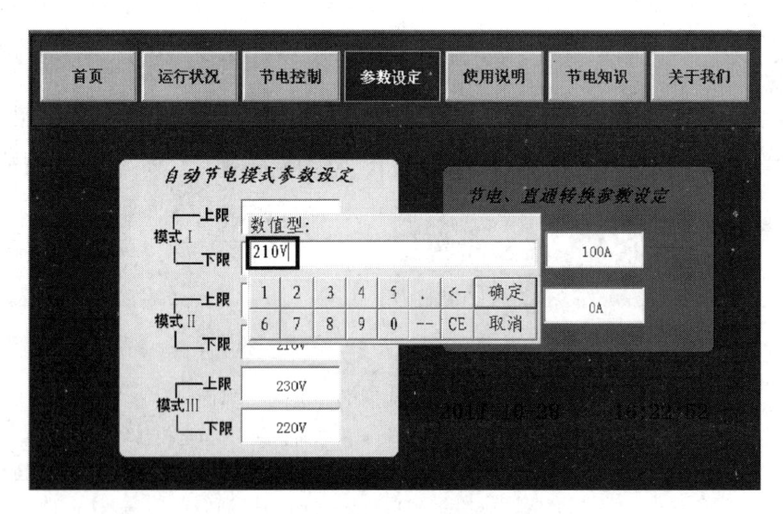

图7－62　电压上下限参数设置

（2）节电、直通转换参数设定。这部分参数设定区域的功能是：完成对“节电”或“直通”转换点参数的设置，转换点是以正在运行的负荷电流值为依据进行设定，当超出设定的上限值时，节电系统将自动转入“直通”也就是旁路运行状态，当负荷运行电流下降到设定的下限值以下时，节电系统将会自动返回到“节电”运行状态。电流的上下限设定值，可根据用户的要求进行设置。

电流上下限设定值，可在触摸屏上进行，点击电流数据设置“输入框”，将会弹出一个数字键盘，点击上面的数字便可将需要设定的电流数值设置到“输入框”内，如图7－63所示。

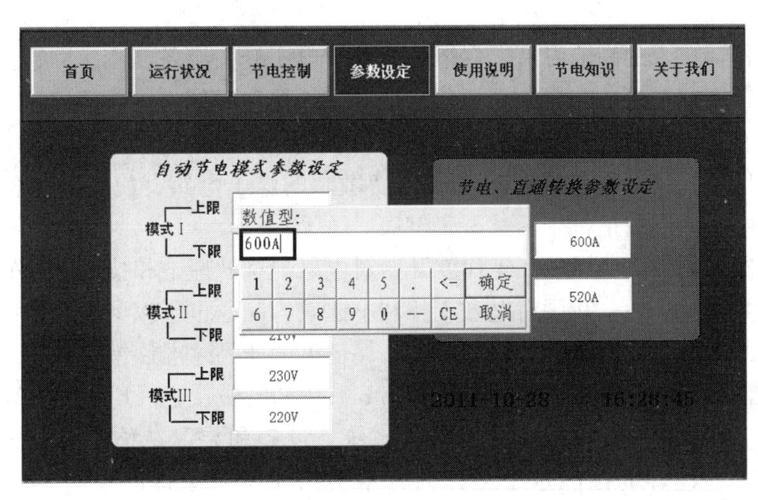

图7－63　电流上下限参数设置

5. “使用说明”窗口和其他窗口

“使用说明”窗口是产品的辅助窗口，主要是介绍设计者所设计的产品怎样使用，主窗口如图7－61（e）所示，它的子窗口如“概述”如图7－61（f）所示。

同“使用说明”窗口一样，还有“节电知识”窗口如图7－61（g）所示，“关于我们”窗口如图7－61（h）所示，都是产品的辅助窗口，这里不再做重点介绍，设计者可根据设计方案自行编排制作。

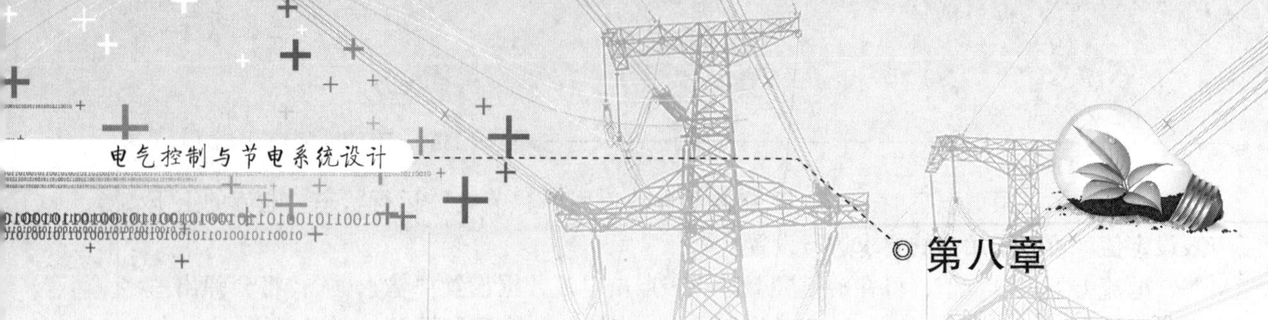

◎ 第八章

抗干扰和电磁兼容技术

随着现代科学技术的高速发展，由电力设备、电子开关设备、汽车、家用电器以及各种工业、科学、医疗设备所产生的无用信号的电磁干扰和通信、广播、导航、雷达等发射设备所产生的有用信号的电磁干扰，充斥着空间。这些干扰在能量上以及占有的频谱密度和范围上与日俱增，其后果是直接干扰了一切敏感的电子电路，使电子设备不能正常工作，同时也影响了人们的正常生活甚至于健康。

一些发达国家早在20世纪30年代就开始对电磁干扰的理论和技术进行研究，并制定了一系列的相关法律法规。我国对电磁干扰和电磁兼容问题也予以了高度重视，并强制性规定各类电器的EMC检测，具有EMC检测合格证书的产品才准许销售。因此，作为电子电路设计人员，必须掌握电子电路的抗干扰（EMI）和电磁兼容（EMC）技术。

电磁兼容（EMC）的定义是电子和电气系统、设备和装置在预定的电磁环境和设定的安全界限内，在设计的性能水平工作时，不会因为电磁干扰而引起不可接受的功能降低。

PLC、DCS、微电子控制、节电控制等系统已大量应用于现代工业中，无论是开关量控制还是各种过程控制，都会遇到工业实时控制中的共性问题——抗干扰。

对于继电控制系统，干扰问题较少引人注意，因为控制元件大都采用电磁继电器、接触器、机械式计时器、计数器等，这些元件灵敏度较低，需要驱动的能量较大，即便是在高电压、大电流的工作环境中，由于入侵的干扰信号电平低，其干扰强度尚不足以影响系统的正常工作。早期的数字电路装置主要是在电路及逻辑设计方面下工夫，往往临到现场调试再采取措施，因此难于克服干扰的影响，曾经造成浪费甚至失败。随着微处理器及微处理器系统的迅速发展和应用，集成电路的功能、质量和可靠性都大为提高，系统的设计也日趋成熟，人们开始对现代微处理器控制系统的可靠性和抗干扰能力有了更高的要求。

工业现场的环境十分恶劣，造成电子控制系统不能可靠工作的因素很多。干扰会冲掉微处理器内的程序，使机器锁死或产生错误动作。干扰也可能影响信号的幅值和相位，降低测量的精度。严重的干扰甚至会使系统失去对过程的控制，造成损失和破坏。

因此，研究、分析和解决电子电路及控制系统的抗干扰问题，是人们关心的重要课题。本章简要地分析干扰的来源及耦合的途径，然后从实用的角度出发，着重介绍对干扰的抑制措施。这对于所设计的节电控制系统以及其他微处理器控制装置、数据采集和处理系统、仪表及工业控制装置都有着普遍的实际意义。

第一节　电磁干扰的三要素

电磁干扰的形成，归纳起来必须具备3个方面的基本要素，即干扰源、耦合通道和敏感电子设备（电磁干扰受体）。

一、干扰源

所谓干扰（Interference），就是有用信号以外的噪音（Noise）或造成恶劣影响的变化部分的总称。

干扰源有的在设备内部，有的在设备外部。因此，EMC 可划分为外部和内部两类。

1. 外部干扰

外部干扰主要有以下 10 个方面：

(1) 电台及雷达发射的电磁波；

(2) 太阳及其他天体辐射的电磁波；

(3) 气象条件、空中雷电、气温、湿度、地磁场影响；

(4) 周围电气装置如高压输电线、汽车、日光灯、家用电器发出的电或磁的干扰；

(5) 工厂内直流电机、电焊机、电钻等产生的火花；

(6) 工厂内可控硅装置、较大容量的电气设备切断或投入；

(7) 电机、接触器的启停和通断；

(8) 供电电源的波动；

(9) 各接地点间的电位差；

(10) 高频磁场的电磁干扰。

一个电子控制系统所处的典型环境如图 8－1 所示。

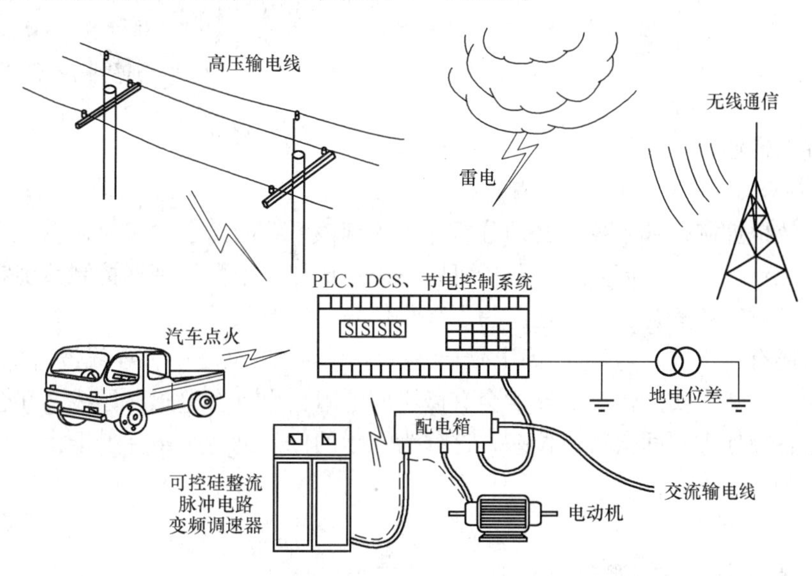

图 8－1 电子控制系统所处的典型环境图

2. 内部干扰

内部干扰主要有以下 7 个方面：

(1) 信号线相互之间的串扰；

(2) 多点接地造成的电位差；

(3) 寄生振荡；

(4) 元件热噪声、触点电势的影响；

（5）馈电系统电压或电流突变引起的浪涌干扰；

（6）相邻回路之间的耦合；

（7）数字地和模拟地的影响。

在实际工作环境中，干扰总是客观存在的。内部干扰与系统结构有关，它可以通过精心设计，改变结构布局和生产工艺等方法，将内部干扰抑制到工程所允许的程度。外部干扰是随机的，它与系统结构无关，因而难以对干扰源加以限制，而只能针对不同情况，采用不同的方法来处理。

电磁干扰可分为人为干扰和自然干扰。自然干扰指大气干扰、雷电干扰、宇宙干扰和热噪声等。人为干扰包括其他电器或系统中其他电路正常工作时所产生的有用能量对本电路造成的干扰；无用的电磁能量产生的干扰。这些无用的电磁能量一般为其他电器或系统中其他电路正常工作时产生的副产品，如汽车点火系统产生的干扰。各种电磁干扰源的频率范围不同，大致划分见表 8－1。

表 8－1　　电磁干扰源的频率范围划分

干扰源	输电线，电力牵引系统，有线广播	雷电等	高压直流输电高次谐波，交流输电线，电气铁道高次谐波	工业科学医疗设备，内燃机车，电动机，照明电器	微波炉，微波接力通信，卫星通信发射机
干扰频段	工频及音频干扰	甚低频干扰	载频干扰	射频、视频干扰	微波干扰
频率范围	50Hz 及其谐波	30kHz 以下	10～300kHz	300kHz～300MHz	300MHz～100GHz

二、耦合通道

（一）耦合方式

为了有效地抑制外部干扰，必须分析它窜入到该系统的途径。有时初看起来，系统和外界似乎并无什么联系，但是仔细分析可以发现：比如一个微处理器控制系统它必然有电源引入线，有时它还需与大地相连。为了采集信号，它有很长的信号输入线。为了推动执行机构，它还有输出线，这些都会引入干扰。另外，理想电路中，导线没有电阻、电感，各地电位为零。然而实际情况是导线会有微小的电阻，也具有电感，导线之间会有分布电容和互感，各接地点之间会有电位差，这都为干扰的侵入创造了条件。干扰的侵入方式主要有以下几种。

1. 公共阻抗耦合方式

在电子装置中，不能避免由于地线系统引起的公共阻抗，因而也就不能完全避免公共阻抗间的耦合。在电子电路中常用的正负电源如图 8－2 所示，使用中，地线有一定电阻 r_0。电源工作时，若正电流 i_1 很大，而负电流 i_2 很小，于是在零线上产生了较大的静态压降，在 A 点形成所谓的零点

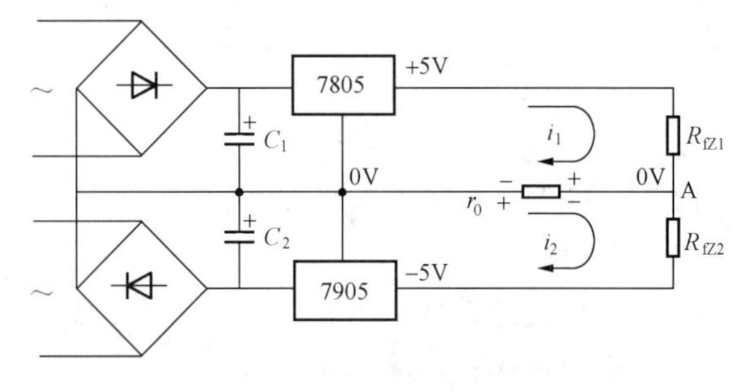

图 8－2　正负电源阻抗耦合

漂移。这种情况使受电端正电压偏低，负电压偏高。

在带有模拟量输入的数字装置中，如果模拟信号“地”和数字信号“地”不分开，如图 8－3 所示，则数字信号的电流就可以通过 r_2 耦合到模拟信号中去。

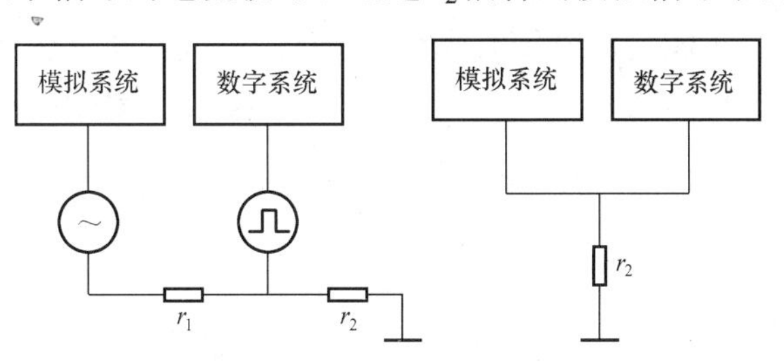

图 8－3 公共地线阻抗耦合

2. 静电耦合方式

静电耦合是电场通过线路的分布电容耦合途径窜入其他线路的。如图 8－4 所示，当装置附近动力线上有负载通断时，将产生强烈的电场，通过分布电容 C_m 耦合到装置的信号线上，按照受扰回路的输入阻抗大小，产生静电干扰电压。如若耦合电容减小，则干扰电压也会减小。因此，这可以通过改变信号线走向，或加装屏蔽套等方法达到抗干扰的目的。

3. 互感耦合方式

空间磁场耦合是通过导体间互感耦合窜入线路的，这种现象在现场更为常见。如图 8－5 所示，当装置靠近电流快速变化的动力线时，将在其周围空间产生交变磁场。由于线间的互感 M，则在装置的闭合回路中产生感应电势，这就是干扰电压。如电容的充、放电，可控硅的导通和关断，都会产生这种情况。

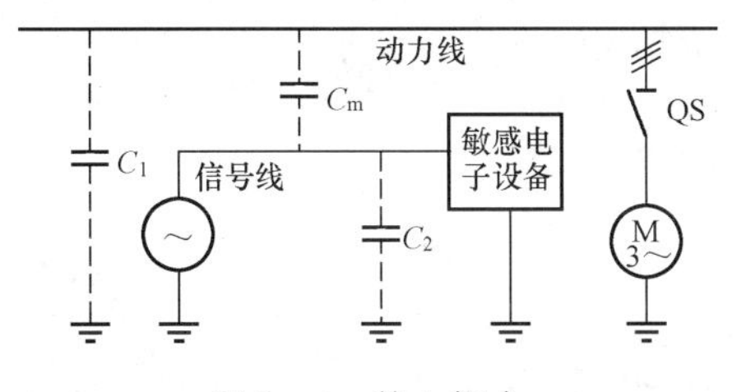

图 8－4 静电耦合

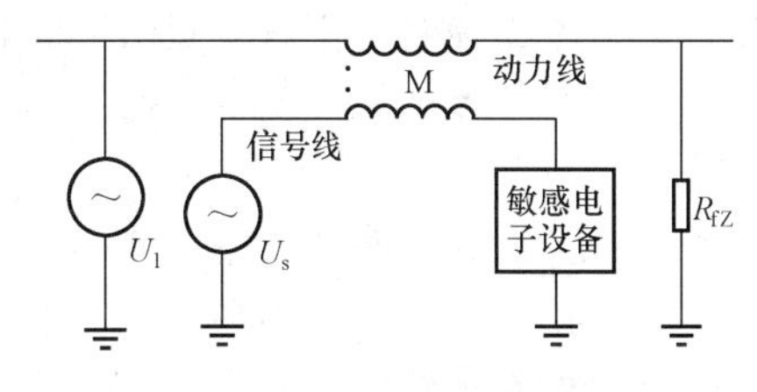

图 8－5 互感耦合

4. 其他耦合方式

漏电干扰如图 8－6 所示。由于相邻导线间绝缘电阻降低，干扰会通过导体间漏电阻 R_i 传送到信号线上。

另外还有长距离传输线所形成的波反射，干簧继电器触点的热电势，磁性材料触点在交流电作用下的磁致伸缩引起的电阻变化，晶体管、场效应管的物理噪声干扰等。

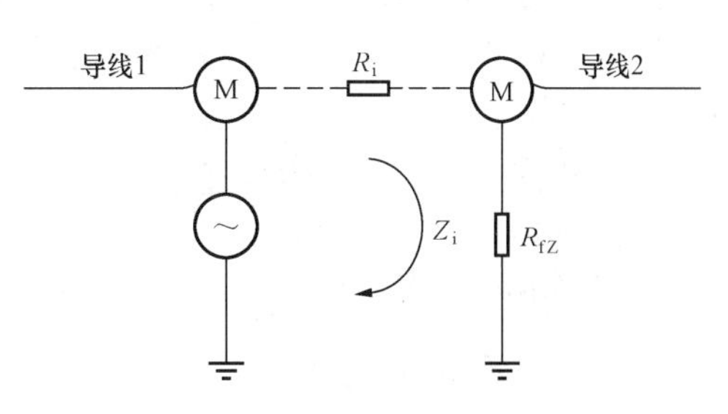

图 8－6 漏电耦合

（二）串模和共模

1. 串模干扰（Series Mode Noise）

串模干扰又称为常模（Normal-mode）或差模（Differential-mode）干扰。这种干扰可由信号源本身产生，也可能是信号传输线叠加干扰而形成。其特点是它与待测信号所处电位相近，串联于信号源回路之中。图 8－7、图 8－8 表示串模电压 U_{NM} 串联于信号电压 U_s 之中的情况。

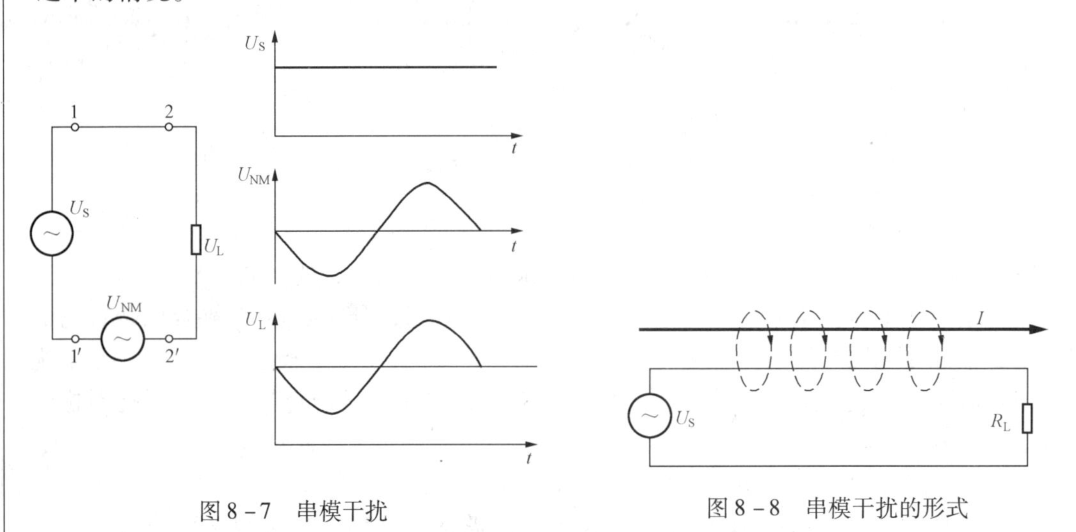

图 8－7　串模干扰　　图 8－8　串模干扰的形式

如两根导线平行布置时，一根导线内流过电流形成的磁场与另一回路耦合，则在那个回路中叠加一个干扰电压 U_{NM}。

系统抑制串模干扰 U_{NM} 的能力可用串模抑制系数 NMRR（Normal Mode Rejection Ratio）来表示，通常使用下式计算串模抑制系数 NMRR，即

$$\text{NMRR} = 20\log\frac{U_{Ii}}{U_{Io}}$$

式中　U_{Ii}——系统输入端的干扰电压；

U_{Io}——系统输出端由 U_{Ii} 引起的输出电压。

NMRR 的单位为分贝（dB），它的值越大说明对串模干扰的抑制能力越强。因为对于同样的 U_{Io} 输出，需要较大的 U_{Ii} 输入电压。

抑制串模干扰的方法一般有：

（1）屏蔽；

（2）滤波；

（3）分开走线或绞扭线传送信号；

2. 共模干扰（Common Mode Noise）

共模干扰电压 U_{CM} 以同样的方式影响系统的两个输入端。这种同时、同相位、等量地出现在线路高低端的干扰电压，主要是由于地电位不一致而引起的，当两个输入端完全平衡时，U_{CM} 对电路无任何影响。图 8－9 为共模干扰对电路的作用情况，U_s 为信号电压，U_{CM} 为共模干扰，U_2 及 U_2' 分别表示负载两端信号电压及地电位受影响的情况，由于输入端

完全平衡，所以 U_L 仍等于 U_s。

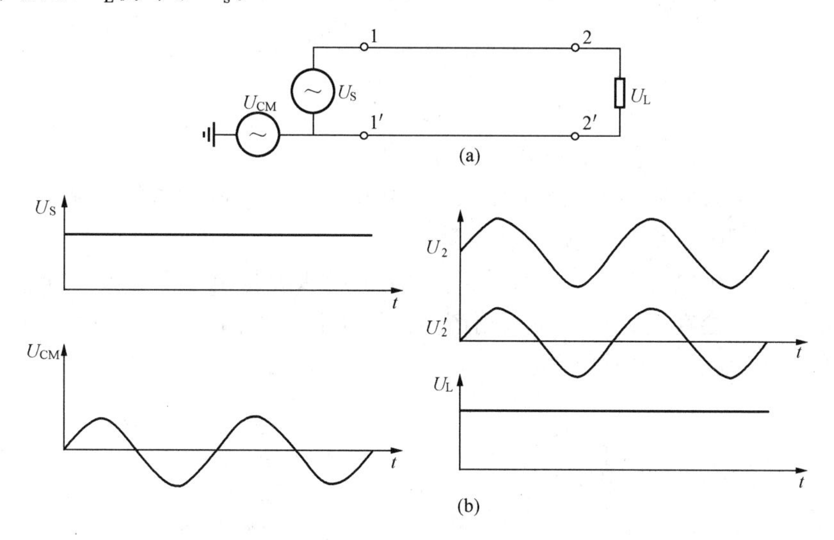

图 8－9　共模干扰

（a）接线图；（b）波形图

然而，任何一个实际系统的两个输入端不可能做到完全平衡，共模干扰 U_{CM} 将转换为串模干扰 U_{NM} 而影响系统，这可以用图 8－10 来分析。图中表示一个差分放大器与其输入传感器相距几十米，显然两端的地电位不会一致，而有一个波动的电压 U_{CM} 加在两端地之间，从而形成了共模干扰。差分放大级的两个输入端对地各有一定的阻抗 Z_1 和 Z_2，高、低端的输入电阻分别为 R_1 和 R_2。

U_{CM} 在 R_1、Z_1 回路中及 R_2、Z_2 回路中各产生一个共模电压，引起的电流 I_{CM1}、I_{CM2} 分别为

$$I_{CM1} = \frac{U_{CM}}{R_1 + Z_1}$$

$$I_{CM2} = \frac{U_{CM}}{R_2 + Z_2}$$

由此而在 R_1、R_2 上产生的压降分别为 $I_{CM1} \cdot R_1$ 和 $I_{CM2} \cdot R_2$，显然这两个电压降是不相等的。差分端出现的等效串模电压 U_{NM} 为

$$\begin{aligned} U_{NM} &= I_{CM1} \cdot R_1 - I_{CM2} \cdot R_2 \\ &= \left(\frac{R_1}{R_1 + Z_1} - \frac{R_2}{R_2 + Z_2}\right) U_{CM} \end{aligned}$$

若 $Z_1 \approx Z_2 = Z$，且 Z_1 和 $Z_2 \gg R_1$ 和 R_2，则

$$U_{NM} \approx U_{CM}\left(\frac{R_1 - R_2}{Z}\right)$$

可以看出共模干扰转换为串模干扰的大小，取决于 R_1 和 R_2 是否趋于相等以及 Z 是否足够大。为了提高电路对共模干扰的抑制能力，应尽量做到这一点。

系统抑制共模噪声 U_{CM} 的能力可以用共模抑制系数（Com-mon Mode Rejection Ratio,

CMRR）来表示。通常使用下式计算共模抑制系数 CMRR，即

$$CMRR = 20\log \frac{U_{CM}}{U_{IN}}$$

式中 U_{CM}——系统输入端的共模电压；

U_{IN}——系统输出端相应产生的输出电压。

CMRR 的单位为分贝（dB）。很显然，CMRR 值越高，放大器的抑制共模能力越强，在相同的共模作用下，系统的输出电压越小。

从图 8－10 中可以看出，引起共模干扰的原因主要是地电位不一致。另外桥式传感器本身的供电电压也会在放大器的输入端产生共模干扰，如图 8－11 所示。当无信号输入时，在高低端均存在 5V 共模电压。

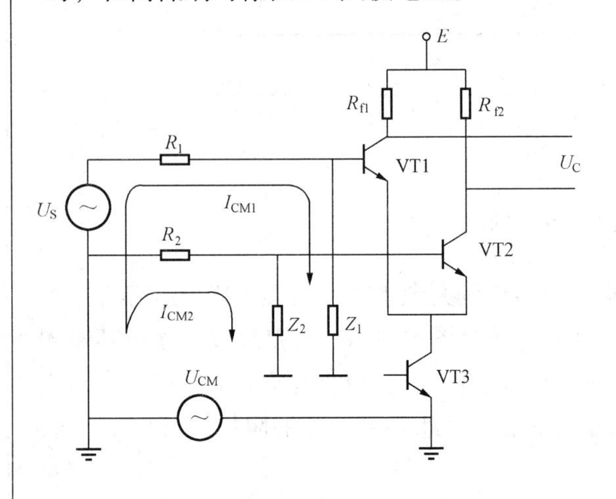

图 8－10　共模干扰转换为串模干扰

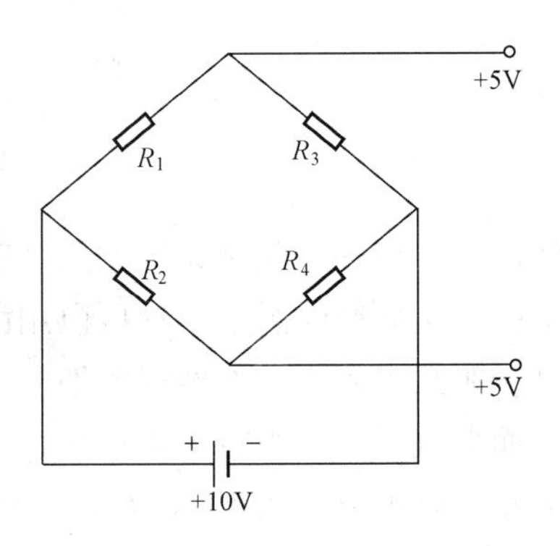

图 8－11　桥式传感器的共模电压

消除共模干扰的主要方法有：

（1）采用浮空隔离技术；

（2）三线采样即双层屏蔽浮地技术；

（3）系统一点接地；

（4）隔离放大器；

（5）光电耦合；

（6）采用光导纤维传感器。

（三）敏感设备

敏感设备是一个广义的名称，实际上所有对电磁干扰有响应的微处理器控制设备、自控系统、电路、元器件等都属于敏感设备，它们都是电磁干扰的受体。

第二节　抑制干扰的措施和方法

在明确了干扰的来源、耦合方式及其性质之后，来讨论如何抑制干扰的问题。

为了保证系统的正常工作，可以采用多种抗干扰措施，但应遵守如下原则：

（1）努力分析清楚干扰来自何方？属于何种性质？有针对性的采取抗干扰的办法。

（2）应优先采用减少干扰源，其后考虑提高系统抗干扰能力的顺序原则。

（3）在采取的措施中，应考虑到费用少，效果好的综合指标，以实用为目的。

（4）干扰是不可能完全抑制的。考虑到一旦抗干扰失败，如何采取保护措施使其影响最小，是完全必要的。

一、系统总体设计中的干扰抑制措施

无论控制系统的规模如何，在总体设计时就应该充分考虑系统的干扰抑制措施，尽量提高它的抗干扰能力。如在选择控制室的位置时，应该避免在高电压、大电流、强辐射的环境中工作，如果必须在这种情况下工作，则应对机房或装置进行有效的屏蔽。又如电源，有条件的应采用单一供电回路，避免其他设备启停对电源的干扰。如果要采集的信号或控制的对象很远，应通过隔离的办法切断系统与外界在电路上的联系，并采取可靠的接地措施。在具体的电路设计上，应注意以下 5 个方面。

1. 提高系统电平

在数字电路中，把使输出电压刚刚达到低电平时的输入电压称为开门电平 U_{km}，把使输出电压刚刚达到高电平时的输入电压称为关门电平 U_{gm}，如图 8－12 所示。因此集成电路的电源越高，开门电平和关门电平都会相应提高，则抗干扰的能力愈强。在主机工作频率不高的情况下，采用 CMOS 电路（电源电压可达 18V）比采用 TTL 电路（电源电压 5V）抗干扰能力强。

2. 采用选通脉冲输出

在图 8－13 中，U_{IN}为输入信号，实际上，它会受到一些信号的干扰。如果与非门的另一输入端 U_s始终为高，则输出波形如（b）所示。但是若以 U_s来选通 U_{IN}，在需要读取 U_{IN}信号时，发出 U_s选通脉冲，则误动作的几率将大为减少。

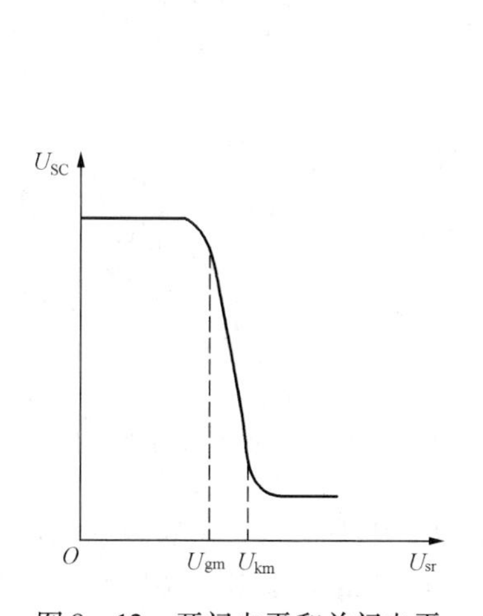

图 8－12 开门电平和关门电平

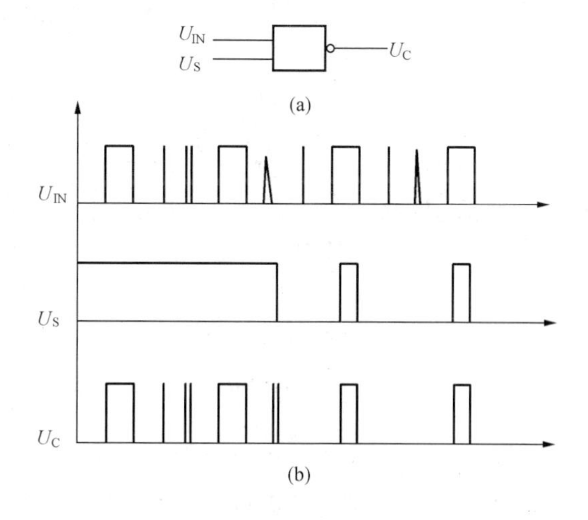

图 8－13 选通脉冲输出

另外，CMOS 电路的输入阻抗很高，易受感应，所以若有多余输入端时，不能随意悬空，应相应接地或接高电平。

3. 去耦电容

在每块印制电路板（PCB）的电源引入端，应并接两个去耦电容。大容量的去耦电容在10~100μF之间，以提供高频分量的低电抗旁路。小容量的去耦电容约为4700pF，克服电感和大电容构成的谐振电路的影响。

印制板上的每个集成电路旁都应装高频去耦电容，称为“植树”电容。其值一般为0.01~0.02μF，并尽量靠近集成块。当安装大规模集成电路时，应尽量让芯片跨越平行的地线和电源线，这样也可减少干扰。具体布置示意图如图8－14所示。

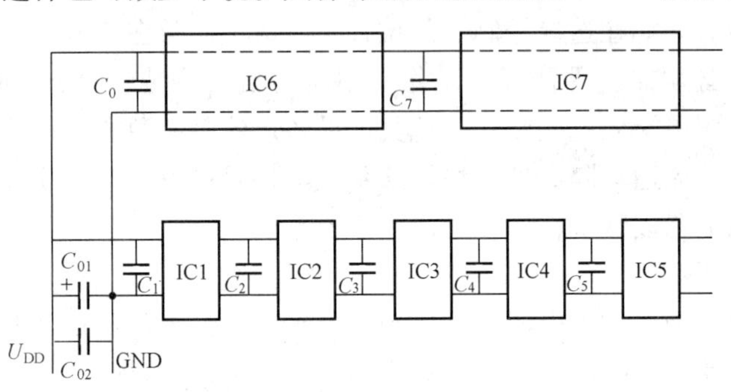

图8－14　去耦电容

4. 模拟量输入方法

对于模拟量输入，为了抑制共模干扰，应尽量用电流传输来代替电压传输。在一次仪表直接输出0~10mA电流时，在接收端并接500Ω的精密电阻，将此电流换成0~5V电压，然后送到A/D转换器，如图8－15所示。

当信号需要放大时，为了抑制共模干扰，应采用高输入阻抗的差动放大器，如图8－16所示。

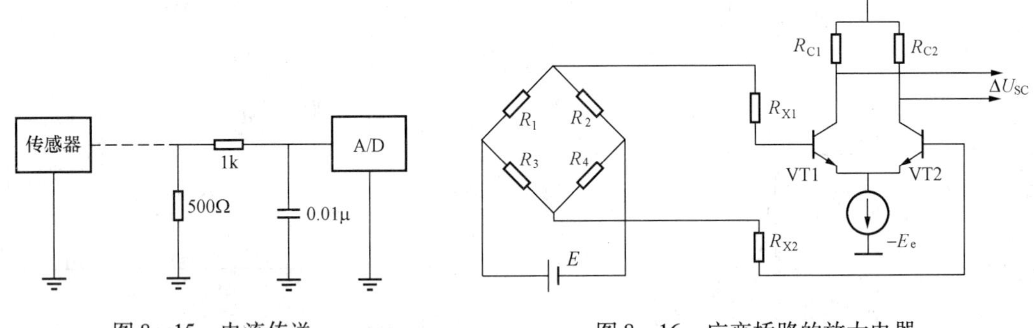

图8－15　电流传送

图8－16　应变桥路的放大电器

在现代发展的微型传感器中，为了避免信号传输过程中的干扰，常将放大线路与传感器做成一体，甚至将其进行A/D转换，以数字量的形式输出。选用这类传感器，将使整个系统的可靠性和抗干扰能力大为加强。

5. A/D转换器的选用

在可编程序控制器PLC及计算机用作过程控制时，干扰问题将比开关量控制更为严重，同时还涉及测量和控制精度问题，因此在总体设计时更应予以充分注意。

在工程中，常用的 A/D 转换器有两种类型：逐次逼近型 A/D 转换器和双积分型 A/D 转换器。在对变化缓慢的模拟量进行抽样和转换时，采用双积分型 A/D 转换器有较好的滤波作用。对于 50Hz 的工频共模干扰，如果采样周期为 20ms 的整数倍，将使干扰的影响抵消一部分。

在使用 A/D 及 D/A 转换电路时要特别注意地线的正确连接，否则不仅影响转换结果，还会带来严重干扰。在通用的 A/D 及 D/A 芯片中，一般都提供了独立的模拟地和数字地引脚，在进行线路设计时，应将所有器件的模拟地和数字地分别相连，然后在全部电路中将模拟地和数字地在一点相连。

为了防止意外干扰通过 A/D 的数据线将系统的数据总线“锁死”，应利用光电耦合器将数据送往系统总线。这样，即使有干扰窜入，也只会产生错误的数据，而不至于使计算机丧失工作能力。而只要计算机能够工作，就可以用其他措施：诸如软件滤波，剔除坏死值的办法来消除因干扰产生的误差，保证工作的顺利进行。

二、信号隔离方法

在信号传输网络中，为了避免形成接地环路引入的电位差，同时也是为了切断干扰噪声的通道，需要将输入和输出的信号与系统本体在电路上分开，把这种措施称之为信号隔离。当然，采取了隔离措施之后，系统的信号传输功能仍应保持不变。信号可分为开关量（或称数字量）和模拟量两大类型，信号隔离方法很多，下面择其几种典型的用法，分别叙述。

1. 开关量隔离

开关量分为开关量输入和开关量输出两种，在工业控制器中简称为“开入”和“开出”。按钮开关、位置开关、继电器的触点等都是典型的“开入”信号，而电磁阀、接触器、继电器、信号灯、步进电机等都是典型的“开出”量。由于开关量只有接通或断开两种截然不同的状态，因而其抗干扰的措施主要不是解决精度问题，而是防止开关量的误动作以及它的通断对系统其他部分产生的影响。

图 8－17（a）示出了一个开关量输入电路。SQ 位置开关接 24V 直流电源，C_1、R_1、C_2组成积分网络，可以有效地抑制开关抖动及长线引入的干扰脉冲。设置 VD_W稳压二极管是为了提高三极管 VT1 的导通电平，并利用三极管 VT1 将电平转换为 5V，由 u_o输出端供 TTL 电路的需要。

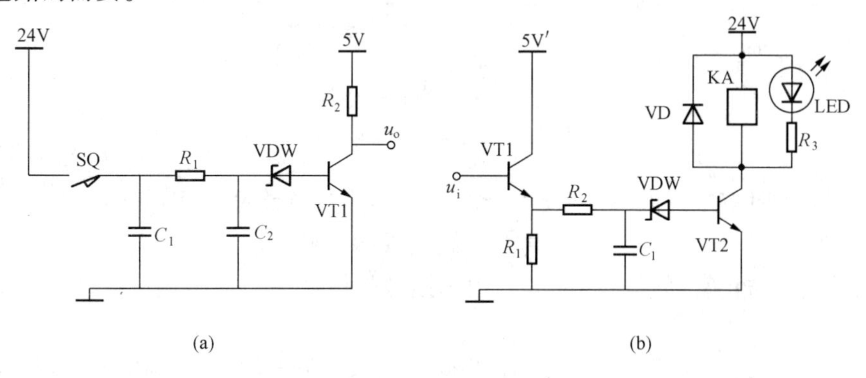

图 8－17 开关量隔离电路

图 8－17（b）示出了一个开关量输出电路，当系统输出高电平时，VT1 及 VT2 导通，继电器 KA 吸合。R_2、C_1组成积分电路，可以吸收一些误动作的窄缝脉冲，VDW 的作用是提高导通电平。为了释放感性线圈中的能量，利用二极管 VD 提供一个快速放电回路。发光二极管 LED 及 R_3指示继电器 KA 的吸合状态。当需要驱动电机等负载时，可以利用继电器的触点去控制接触器的线圈。

当接触器控制电机启停时，由于线圈本身的电流以及它控制的负载电流都较大，尤其是在断电时容易产生电弧放电的干扰。通常采用 *RC* 阻容吸收回路来克服，如图 8－18 所示。电阻 *R* 的值一般为几十欧，电容 *C* 的值一般取 0.22～2μF。在 220V 线路中电容耐压值应大于或等于 400V。在 380V 线路中电容耐压值应大于或等于 600V。另外利用压敏电阻对于电压较高时呈现很小电阻的特性，也可为电路提供一个通路。

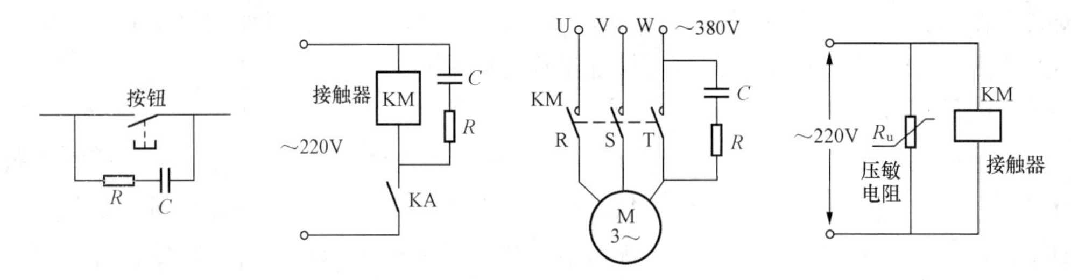

图 8－18　灭弧电路

2. 光电耦合

为了实现输入和输出在电路上的完全隔离，大都采用了光电耦合方式。当今，在微型计算机（或称微电脑）控制系统中以及所设计的节电自动控制系统中，光电耦合得到了广泛的应用，它已成为防止干扰的最有效措施之一。

光电耦合器是一种光电结合的器件，其输入端是发光器件（砷化镓发光二极管），输出端由光接收器件（光敏三极管）组成，几种常见的组合形式如图 8－19 所示。

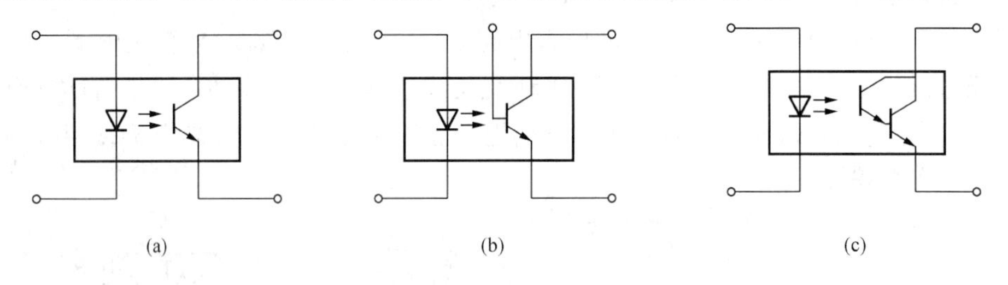

图 8－19　光电耦合器

（a）基本型；（b）基极引出型；（c）达林顿型

光电耦合器具有很好的隔离特性，输入/输出间的绝缘耐压 $V_{ISO}>1000V$，绝缘电阻 $R_{ISO}>10^{10}\Omega$。基本型作为开关使用具有很高的效率。基极引出型的基极经电阻接地可以提高开关速度，防止密勒效应的反馈。达林顿型灵敏度高，输出端可以得到较大的工作电流。

发光二极管的工作电流 I_F一般选为 10mA，最大电流 I_{FM}一般为 50mA 左右，电流的大小由串接于二极管的电阻和输入电压决定。当发光二极管有工作电流流过时，二极管将电信号转换为光信号，光敏三极管接收发光二极管发出的光信号，并将它转换成电信号输出。整个传输过程是通过电—光—电的转换完成的，在电路上完全隔离，这是它抗干扰能力强的原因之一。

光电耦合器的动态输入电阻一般为 100 ~ 1000Ω，而产生干扰信号的干扰源内阻为 100kΩ ~ 1MΩ。即便干扰的电压幅度很大，但对于发光二极管这种电流型驱动元件，因其能量不够，也不足以使发光二极管点燃。这是光电耦合器抗干扰能力强的原因之二。

由于输入/输出间之绝缘电阻很大，而输入/输出间的寄生电容很小（为 0.5 ~ 2pF），这就有效地抑制了输出端的各种干扰信号反馈到输入端。这是它抗干扰能力强的原因之三。

图 8 - 20 中示出了几种常用的输入电路，其中（a）、（b）用得较多，低电平输入时接成（a）的形式，高电平输入时接成（b）的形式，（c）为差动型接法，它具有两个约束条件，对于防止外部干扰有明显的优越性，适用于外部干扰严重的环境，当外部设备电流较大时，其传输距离可达 100 ~ 200m，（d）考虑到 CMOS 电路输出驱动电流较小，不能直接带动发光二极管，所以加接一级晶体管作为功率放大。需要注意的是，发光二极管和光敏三极管应分别由两个电源供电，电阻值视电压高低选取。

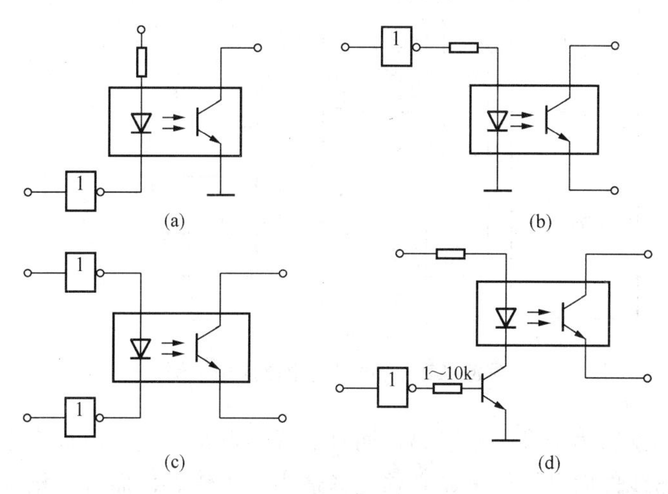

图 8 - 20　光电耦合器输入电路

（a）形式一；（b）形式二；（c）形式三；（d）形式四

图 8 - 21 示出了几种常用的输出电路，为了得到和输入同相的信号，可以采用（a）中所示的输出形式；若要求输出和输入反相，可以接成（b）中示出的形式；当输出电路所驱动的元件较多时，可以加接一级晶体管作为驱动功率放大，其接法如图 8 - 21（c）所示；有时为了获得更好的输出波形，输出信号可经施密特电路整形。

作为光电耦合器的一个应用实例，图 8 - 22 示出了经济型车床微处理器控制系统的接口驱动电路。用微电子技术改造传统设备是促进企业技术进步的一个有效途径。数控机床工效极高，能加工形状复杂，中小批量，轮番生产的工件，但全功能数控机床价格昂贵，一般企业经济实力目前还难以承受，可采用价格便宜的 MCU 单片机来改造机床，如图 8 - 22 所示。利用 I/O 端口作位控输出驱动步进电机的三相绕组，由于采用了光电耦合，虽然工作的环境恶劣，但系统运行非常稳定。

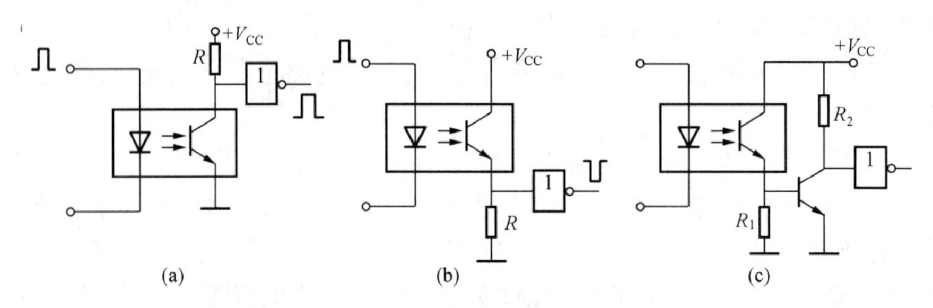

图 8－21　光电耦合器输出电路

（a）形式一；（b）形式二；（c）形式三

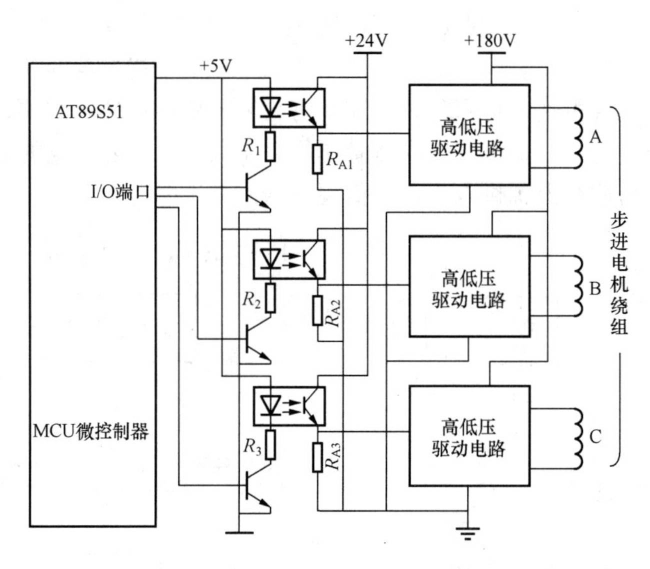

图 8－22　光电耦合电路应用示例

光电耦合器不仅适用于开关量隔离，而且在线性电路中应用也很广泛。为了保证传输的信号不至于因非线性而导致失真，必须选择适当的工作点，而且尽量选用高速光电耦合器。光电耦合器的输入特性曲线和输出特性曲线分别如图 8－23 和图 8－24 所示。

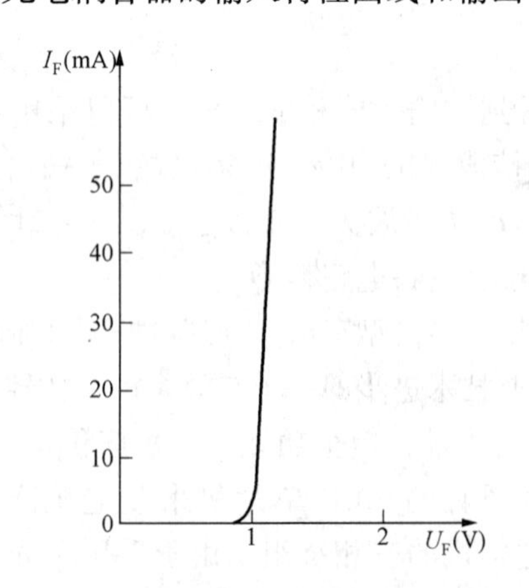

图 8－23　光电耦合器的输入特性曲线

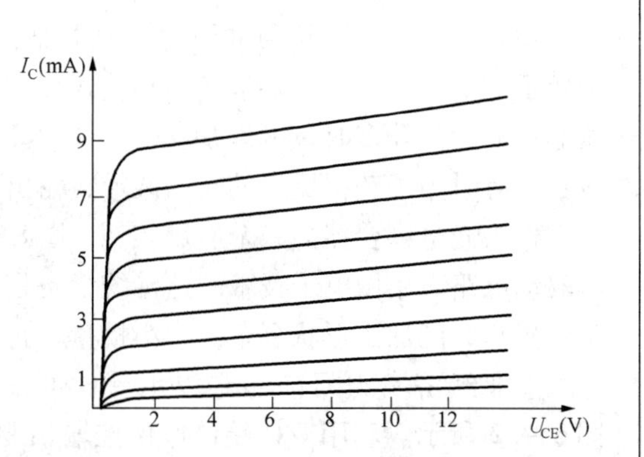

图 8－24　光电耦合器的输出特性曲线

从图 8－23 和图 8－24 中可以看出在一定范围内光敏三极管的集电极电流 I_c 与发光二极管的电流 I_F 成正比。当在集电极电路中串接一个负载电阻后，输出电压在一定范围内也是线性变化的。给光电耦合器加适当的偏置电路，其传输特性就成线性的了。利用光电耦合器组成的线性信号传输电路，具有抗干扰能力强，体积小，频率特性好，绝缘电阻高等优点。几种常用的输入和输出偏置电路分别如图 8－25 和图 8－26 所示。

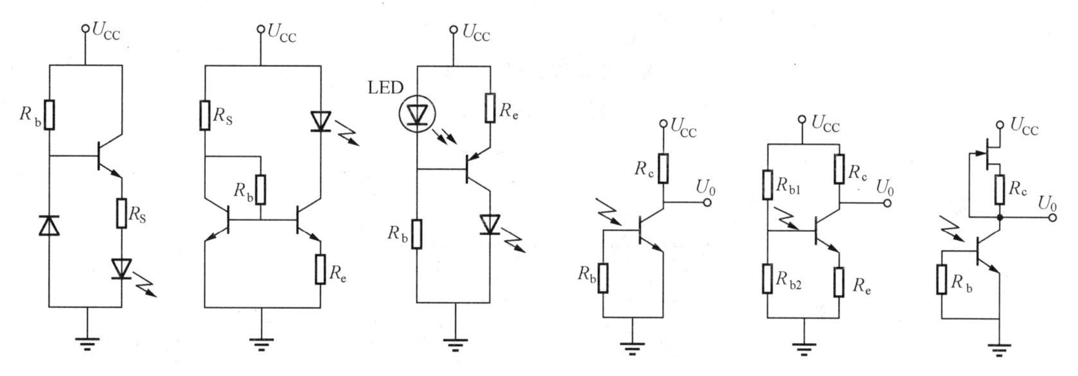

图 8－25　输入偏置电路

图 8－26　输出偏置电路

3. 固态继电器（Solid State Relay）

固态继电器在第一章中已简要介绍过，为配合本章的内容，再做进一步介绍。

固态继电器 SSR 是由集成电路、晶体管、光电耦合器、可控硅等元件所组成的器件，作为一种新型的无触点开关，它能取代电磁继电器，驱动电磁阀、白炽灯、单相和三相交流感应电动机等。目前在工业微电子控制系统中大量应用 SSR 作为驱动器件。固态继电器的工作原理如图 8－27 所示。

当有信号输入，经光电耦合器传送至检测和放大电路，然后通过驱动单元输出。由于输入和输出之间无公共连线，因而有较好的抗干扰性能。SSR 根据负载电源的类型可分为直流型和交流型两种。如果 SSR 功率晶体管的集电极和发射极对直流负载进行开关控制，就称为直流型 SSR。如果以双向晶闸管（双向可控硅）的两个电极对交流负载进行开关控制，则称为交流型 SSR。它们的原理图如 8－28 所示。

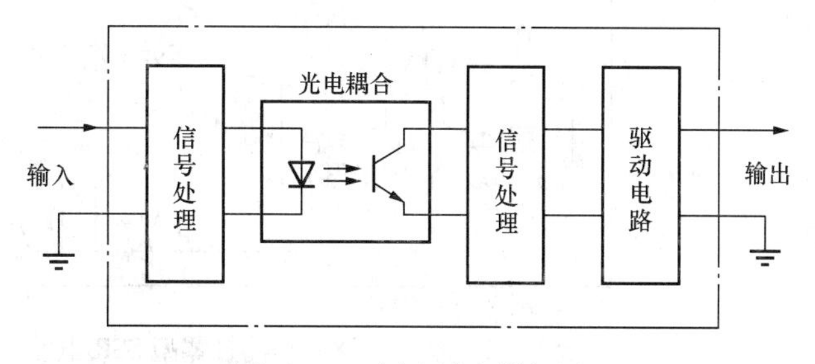

图 8－27　固态继电器框图

交流过零型固态继电器在实际中用得较多。所谓过零型 SSR 是在输入信号出现时，若负载电压未达到零点附近，则负载不导通，必须等到 U_{AC} 过零或者接近零时，才会出现负载电流。而非过零型在输入信号出现时，负载立即导通。两者的关断条件相同，即输入信号断开后，都要等待 U_{AC} 过零时可控硅才能关断。交流过零型 SSR 的时间波形图如 8－29 所示，它的具体电路图如 8－30 所示。

固态继电器（SSR）与电磁继电器（MER）相比，具有以下优点：

（1）低噪声。过零型 SSR 关断和导通时，电流小，因而干扰小，没有电磁继电器容

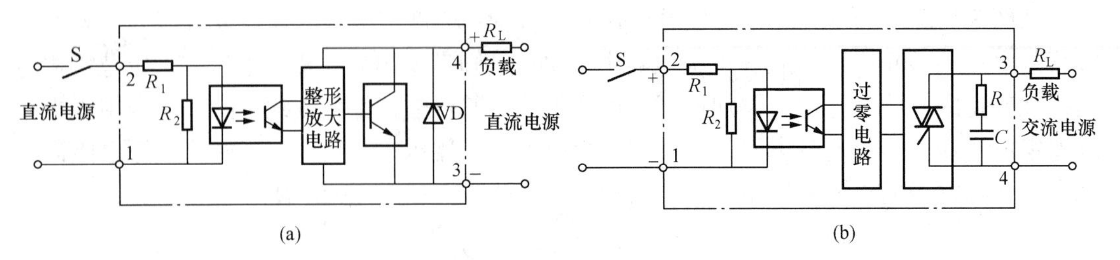

图 8－28　固态继电器类型

（a）直流型；（b）交流型

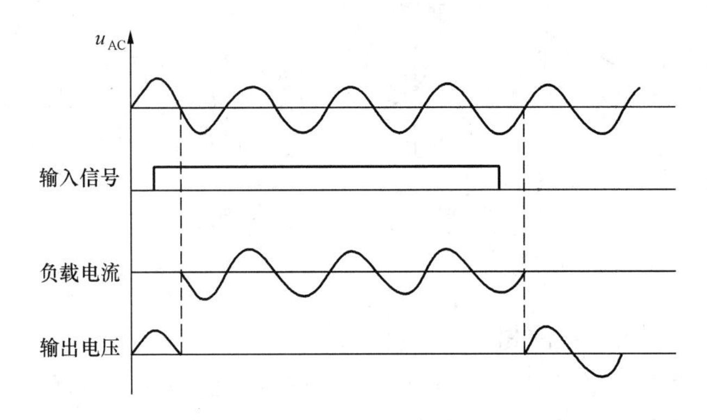

图 8－29　过零型 SSR 时间波形图

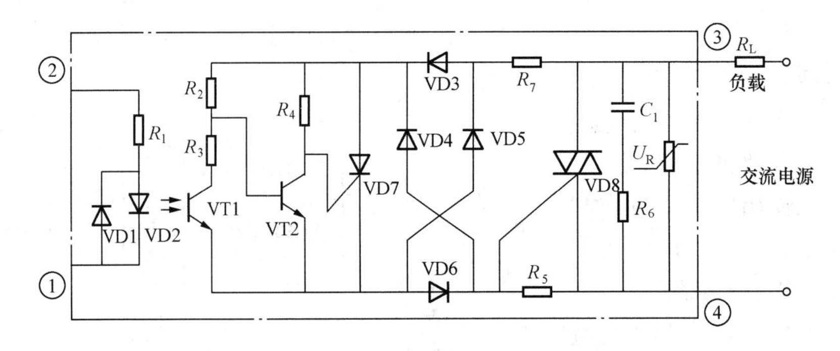

图 8－30　过零型 SSR 电路原理图

易产生的火花和低频噪声。

（2）高灵敏度。MER 需要较大的推动功率，吸动电压和释放电压相差较大，容易产生误动作。SSR 灵敏度很高，一般在几十毫瓦以下。由于是低电平、微功率，因而很容易和集成电路相连接。

（3）高工作频率。SSR 由于没有机械工作部分，所以工作频率可达每秒几百次，直流型 SSR 则更高。这是一般 MER 所难以达到的。

使用 SSR 时要注意漏电流和散热问题以及触发延时对过程的影响。SSR 本身也会产生一点干扰，减小的方法是在负载电路中串接电感线圈，另外功率线与信号线应避免交叉干扰。图 8－31 列举了 4 个 SSR 的应用实例。

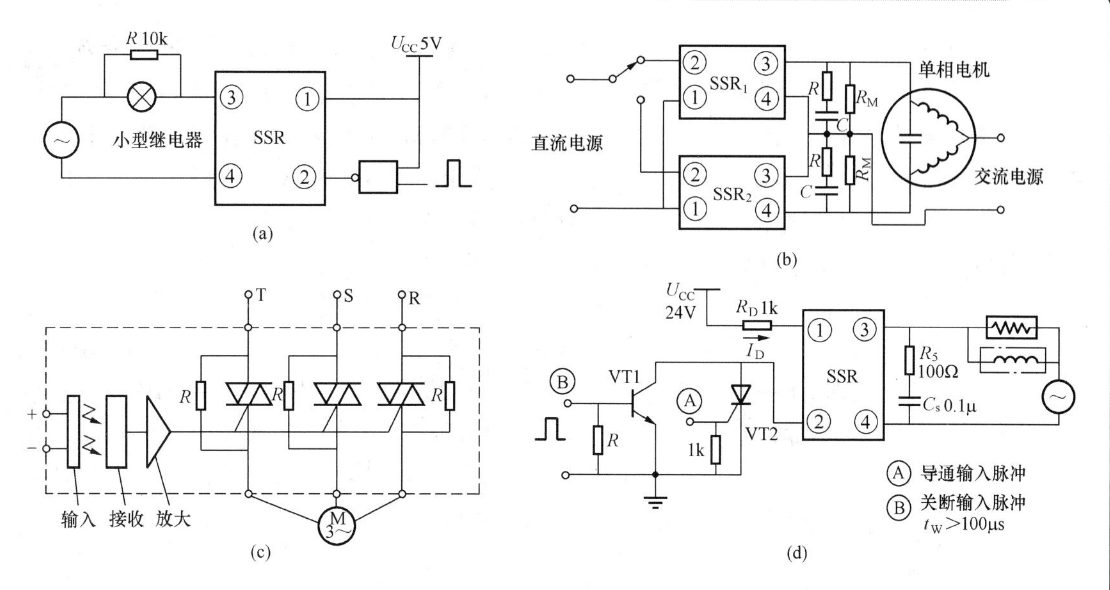

图 8－31　SSR 应用实例

（a）小型继电器驱动电路；（b）单相电机正反转控制电路；

（c）三相电机驱动电路；（d）AC 电磁铁驱动电路

4. 隔离放大器

对于开关量信号，通常采用光电耦合器对输入和输出进行隔离。但是还会遇到大量的模拟量信号，如何使输入和输出很好地隔离，又能将被传输的信号不失真地放大或缩小，同时具有很强的抗干扰能力，这是需要讨论的问题。

前面介绍的光电耦合器工作在线性放大区是一种方法，另一种常用的方法是将输入和输出通过磁耦合将信号传输到计算机。如在测量大电流、高电压时，经常使用电流互感器和电压互感器就是这种原理的应用，如图 8－32 所示，便是一个电机测试系统的测量线路示意图。

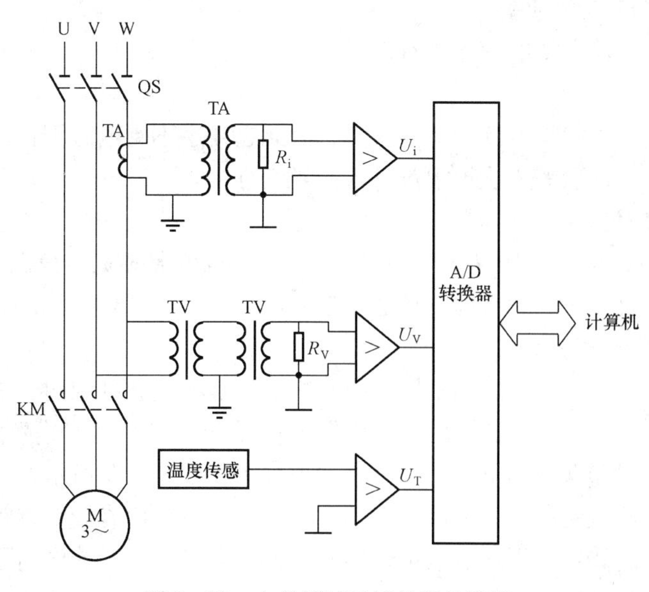

图 8－32　电机测试系统的测量线路

在主回路中，利用电流互感器 TA 和电压互感器 TV 得到 0 ~ 5A 的电流信号和 0 ~ 100V 的电压信号，并采用两级隔离措施，再用一个小型 TA 电流互感器和一个小型 TV 电压互感器，很好地解决了强电地和弱电地的隔离。TA 和 TV 的铁芯采用高导磁材料，并增加有源补偿和自平衡措施，减小了互感器的激磁通，提高了精度，最后用精密电阻抽样，得到一个与主回路成正比的电压送 A/D 转换器。在第七章中，电压变换电路和电流变换电路也是采用了这种方法，如图 7 – 3 和图 7 – 4 所示。

对于微弱信号的隔离与放大，要求更高一些。这是因为从现场传感器送出的信号太小，很易被干扰噪声所淹没。如检测温度的热电偶，检测应力的应变片，它们所传送的信号一般都是毫伏级甚至微伏级。为了提高抗干扰性能，在条件许可的情况下，应尽量采用隔离放大器。

隔离放大器是近年来发展的高技术产品，它的突出优点是输入和输出，或是输入、输出和电源之间彼此有电的隔离措施，并且输入端可以承受很高的共模电压（CMV 可达上千伏），因此在工业自动检测、计算机过程控制中获得广泛应用。

第三节　光纤传输与传感抗干扰技术

在信号的检测、传输、数据的采集、处理及过程的控制中，都离不开电。电场、磁场、辐射电磁波都会对系统产生影响。尤其是在高电压、大电流、强磁场的情况下，虽然采取了许多抗干扰措施，仍难以克服干扰带来的危害。另外，在有些场合下，有防火防爆的要求，不能用电的方法检测。在一些有腐蚀气体、潮湿工作环境下，电传感器也不适用。因此迫切需要有新的信号传输和传感的方法。

早在 70 年代初，美国就研制成功了光导纤维并成功地用于通信。70 年代中期，光纤传感器又异军突起，很快进入实用阶段。为当今信息的传送以及信号的传感奠定了技术基础，并起到了巨大的推动作用。

一、光纤传输与传感的特点

利用光导纤维传输和传感信号具有以下 3 个特点：

1. 抗电磁干扰能力强

光的频率比电磁干扰噪音的频率高很多，因此它几乎不受电磁干扰。又由于光很容易屏蔽，所以外界光频性质的干扰也很难进入光导纤维中。

2. 频带宽，传输信息容量大

光波频率比微波频率高 10 万倍，所以光纤传输的频带极宽，信息容量也相应提高。可以在光波频率的百分之一频带内，传送上亿路电话和 10 万路电视节目。

3. 光波可沿需要的途径传播

光只能沿直线传送，收发之间不能有障碍物。但是在光导纤维内，则能沿密封管道按需要途径传输。光导纤维很细、很轻，比电缆容易铺设。

一个用光纤传感器和光纤电缆传输信息的方框图如图 8 – 33 所示。

利用光纤传感器检测电压、电流、振动、位移，然后利用光导纤维将信号传送到远离现场的微处理器控制装置，再通过光耦合器和光检测器将它变换为电信号，可以有效防止现场恶劣环境对微处理器的干扰。

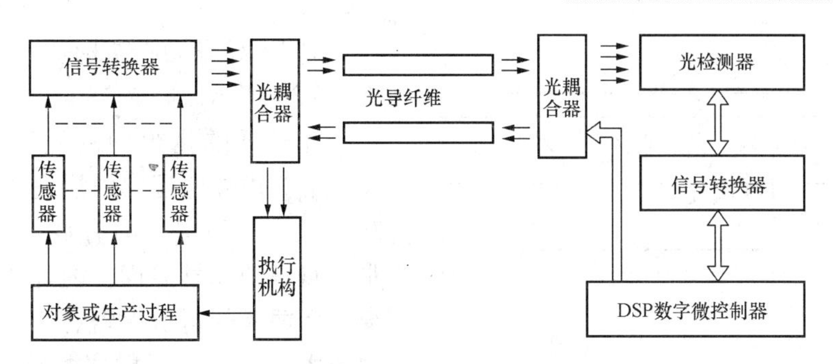

图 8－33　光纤传感及传输系统框图

二、光纤传输原理

(1) 光在均匀透明物质里沿直线传播。

(2) 来自不同方向的光源射线在空间相交后，并不互相影响，而保持原来的方向继续传播。

(3) 根据反射定律，当光线射至光滑表面上时，反射角等于入射角。

当光经过不同介质的界面时，要发生反射和折射，如图 8－34 所示。折射光线和法线处在同一平面内，入射光线和折射光线位于法线的两侧，入射角的正弦与折射角的正弦之比与两种介质的折射率有关，即

$$\frac{\sin\alpha_1}{\sin\alpha_2}=\frac{n_2}{n_1}$$

式中：α_1、α_2分别为入射角和折射角；n_1、n_2分别为入射介质、折射介质的折射率。

另由反射定理可得

$$\alpha_1=\alpha'_1$$

式中：α'_1为反射角。

当光从折射率较大的介质（光密介质）射到折射率较小的介质（光疏介质）时，折射线将远离法线，即 $\alpha_2>\alpha_1$，如图 8－35 所示。随着入射角 α_1增加，折射角 α_2更快地增加。当入射角增大到某一数值 α_c时，折射光线恰好掠过界面，即 $\alpha_2=90°$。当入射角大于临界角 α_c时，折射光线已不复存在，光线完全按反射定律返回原介质，称这种现象为全反射。光在光纤中的传输就是利用了这种全反射现象。

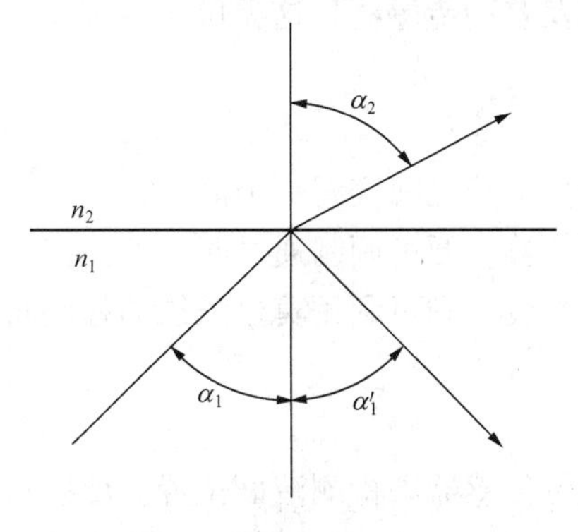

图 8－34　折射和反射

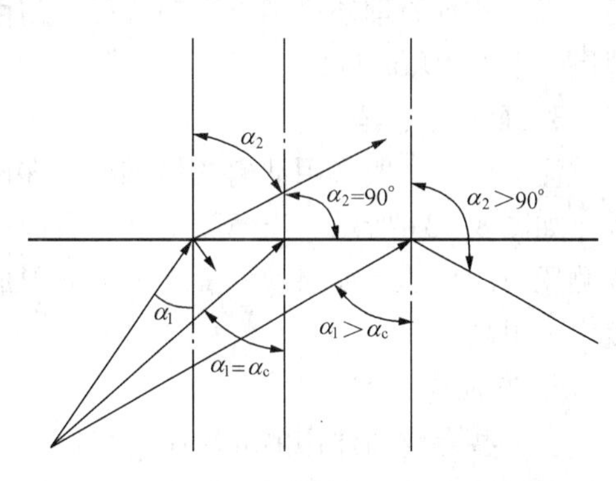

图 8－35　全反射

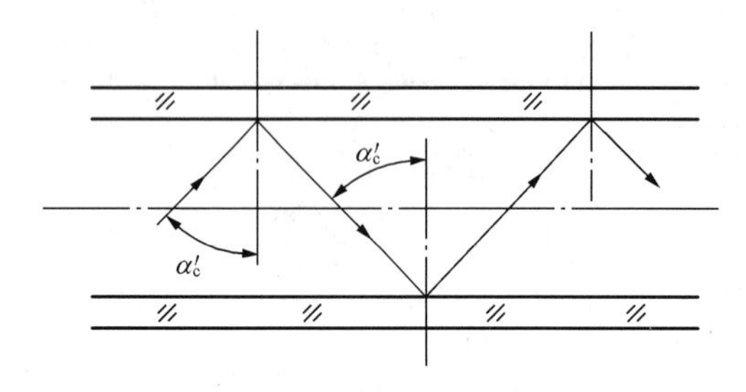

图 8－36　光纤传输原理

光导纤维的结构及传输原理如图 8－36 所示。

光导纤维是很细的纯二氧化硅玻璃丝，分为内外两层，内层是光芯，外层是玻璃包皮。两层之间有良好的光学接触，形成良好的光学界面。内外两层虽同为玻璃，但两者的折射率略有不同。光芯的折射率大于包皮的折射率。两者仅相差 1% 左右，这就保证了全反射现象可以发生。当入射角大于 α_c 的光线 α_1' 进入时，会在界面上发生全反射，反射光线仍以同样的角度向对面的界面入射，如图 8－36 所示。如此重复反射，使光线沿光纤的方向成“之”字形前进，最后达到传输的终点。光纤传输的速度很快，损耗很小，现在大量用于电话、电视、数据、图像等通信中。从 2000 年以来，在工业控制中，也得到了迅速发展和应用，如国内生产的《LHVC 高压变压变频节电装置》中，采用光纤直接驱动，解决了程序干扰、通信误码等问题。又如《EPS－FTM 在线式光纤测温及故障预警系统》等产品光纤传输与传感抗干扰技术也得到了广泛使用。

三、光纤传感器

传光型传感器是光纤传感器中应用最多、涉及面最广的一种传感器，它的特点是把光纤传送信息和敏感元件传感的优点结合起来，实现对湿度、压力、流量、液面、转速、位移、电流、电压的传感和测量。这类传感器结构简单、经济实惠，应用广泛。这里简单介绍它的工作原理。

1. 温度传感器

根据与温度有关的物理效应，研制出合理的探头，可以构成多种光纤传光型温度计。如根据温度与辐射亮度和波长的关系制成的辐射温度计，利用半导体材料的光吸收与温度的关系制成的光纤半导体吸收温度计，利用荧光物质的荧光亮度随温度变化的特性制成的光纤热色温度计，它们的工作原理如图 8－37 所示。

2. 位移传感器

位移传感器的原理如图 8－38 所示。两光纤同轴放置，入射光纤固定，出射光纤可以横向移动，通过检测出射光的大小来测量位移的大小。传感器的量程由导光束的直径决定。根据此种原理还可制成纵向位移，角度旋转以及差动传感器。这类位移传感器的测量范围一般在 10μm 以内。

3. 压力传感器

测量压力一般采用动栅式传感器，在两个自聚焦透镜之间安置一个静光栅、一个动光栅，如图 8－39 所示。当薄膜受到压力而产生动态位移，便可调制通过两栅的光强，达到检测压力的目的。如果动、静光栅之间形成很小的角度，则可利用莫尔条纹的移动将灵敏度大大提高。

4. 液位传感器

在一些有腐蚀作用的环境中，可以利用光纤液位传感器来检测液面位置。反射式液面传感器在液面发生变化时，液面反射光的位置就发生变化，通过二极管阵列检测液面的变化。棱镜式液面计检测出射光的光强。当棱镜浸入液体中时，出射光纤接收到的光强变弱。浮子式液面计通过挡板，发出一个开关量信号。它们的工作原理如图 8－40 所示。

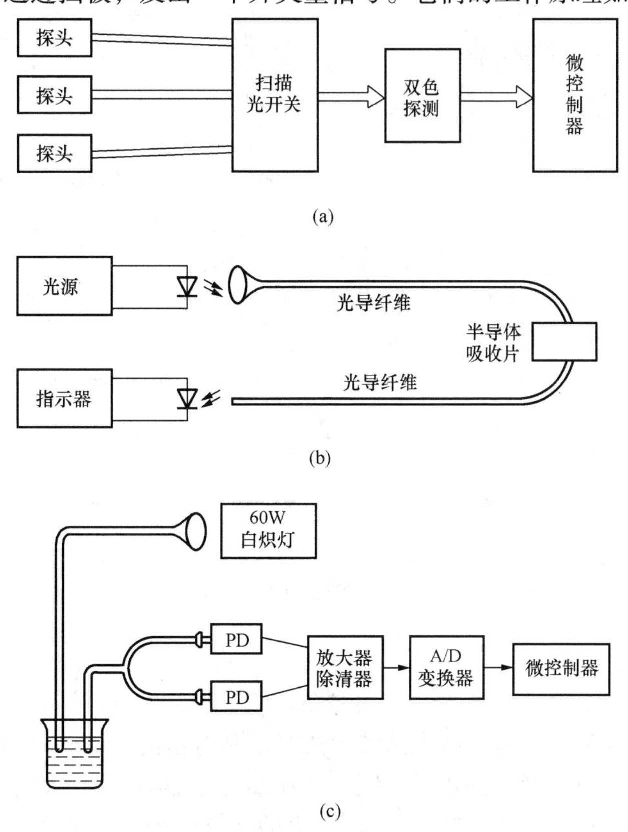

图 8－37 光纤温度传感器

（a）辐射温度传感及测量；（b）光纤半导体吸收温度计；

（c）光纤热色温度传感及测量

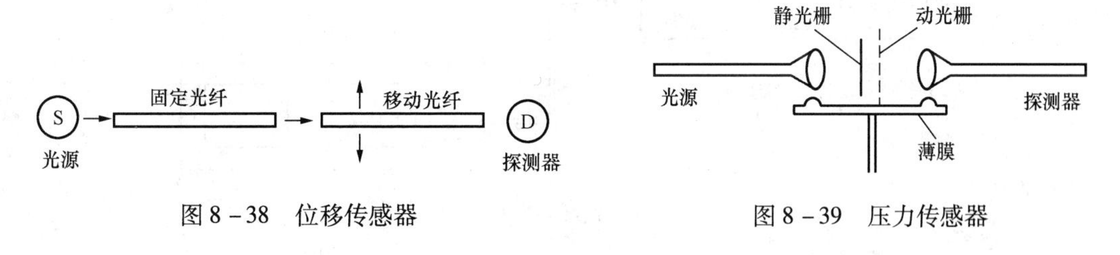

图 8－38 位移传感器　　图 8－39 压力传感器

5. 转速、流量传感器

光纤转速传感器分为如图 8－41（a）所示的透射型和如图 8－41（b）所示的反射型两种基本形式。透射式转速计可测量风速，也可测量飞机涡轮机的转速，即使是在雷电轰击的场合，也没有干扰。反射式转速计利用 Y 形导光束，利用 LED 发光，S_1 光敏二极管作探测器，反射回的信号由数字频率计计数。

涡轮流量计是在转速计的基础上发展的，它直接测量涡轮的转速，没有附加阻力，因而可以精确地测量流量和流速。

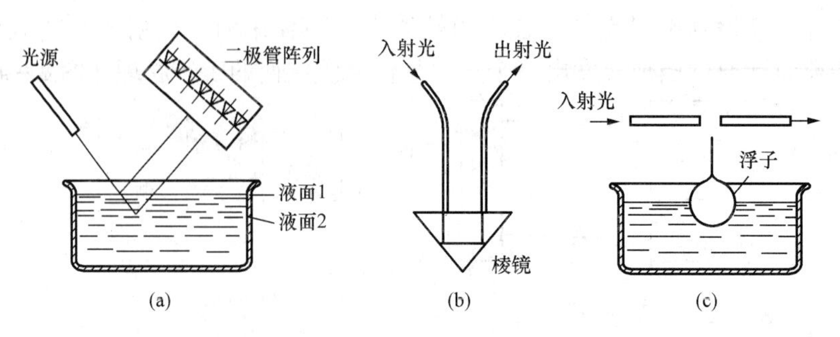

图 8－40　液面传感器

（a）反射式液面传感器；（b）棱镜式液面传感器；（c）浮子式液面传感器

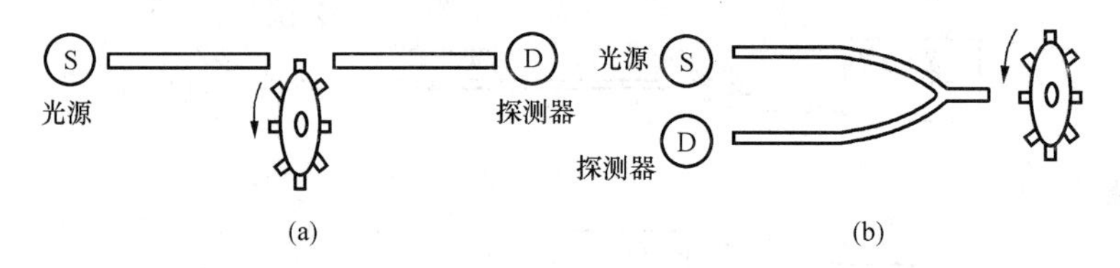

图 8－41　光纤转速计

（a）透射型；（b）反射型

6. 高压传感器

为了防止高压对电路的危害以及磁场对系统的干扰，可以采用光纤高压传感器。它的传送原理框图如图 8－42 所示。整个系统分成高压和低压两个部分，中间用光纤隔离，两者之间无电的联系，具有很高的绝缘电阻。高压经分压器抽样后，控制压控振荡器，使之成为调频信号，驱动电路 LED 工作，LED 发出的数字信号经光纤传到接收端，再通过解调电路重新转换成模拟电量。高压部分的调制电路应单独供电，如采用电池，太阳能电池、光电池等。

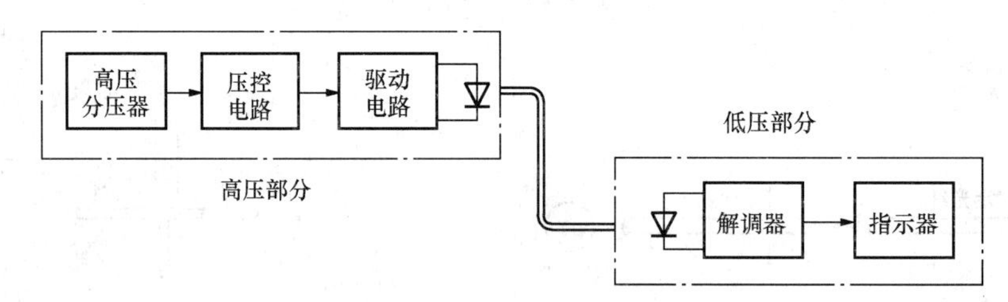

图 8－42　光纤高压传感器

7. 电流传感器

传光型电流传感器一般采用法拉第的磁光效应。电流传感头采用重火石玻璃做成法拉第旋光形探头，在纵向磁场的作用下，使介质中偏振光的偏振面产生旋转，其旋转角 $\theta = VHl$，其中 V 是常数、H 是磁场强度，l 是玻璃介质的长度。检测偏振角的旋转便可感知磁场强度的变化，即可检测电流的大小。利用光束在介质中来回多次反射可达到转角 θ 累加的目的，图 8－43 表示旋光型电流传感器的工作原理。这种传感器配以灵敏的检测电路，可以探测最小为 3G 的磁场。它的响应频率很高，因此可用于测量瞬态电流。

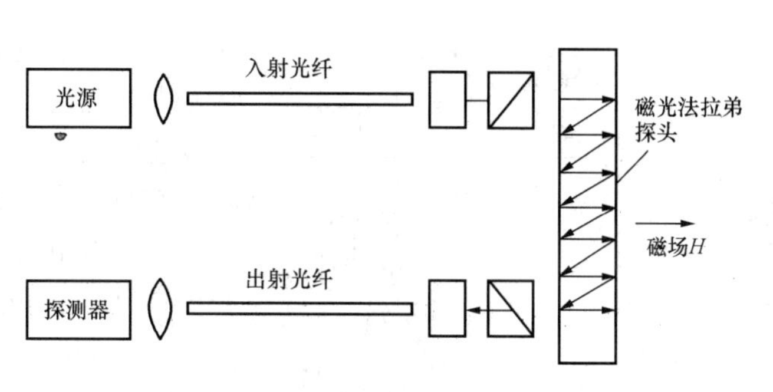

图 8－43 旋光型电流传感器

8. 电压传感器

采用锗酸铋晶体，利用电光效应可以做成电压传感器，它的结构与法拉第探头类似，是一个横向电光调制器，光线在〔110〕方向传播，电场加在〔110〕方向，光线在晶体中来回两次通过，经过 $\lambda/8$ 和电光调制器作用后，产生 $\pi/4+\lambda$ 的相应延迟，回来的光对 $\pi/4+\lambda$ 入射光产生的相位延迟为 $\pi/2+\lambda$，即输出的椭圆偏振光的长轴旋转了 90°，故以偏振镜横向输出灵敏度最高，这个探测器的电场范围为 10～3000V/cm，非线性差小于 0.5%，在 15～60℃的范围内精度不变。系统框图如 8－44 所示。

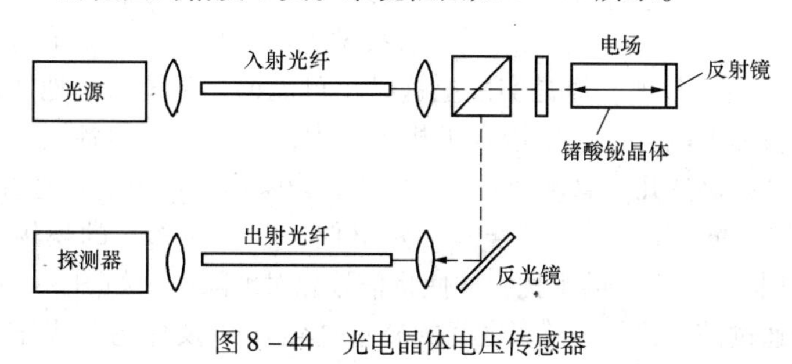

图 8－44 光电晶体电压传感器

第四节 接地与屏蔽抗干扰方法

由地电位差形成的共模噪声 U_{CM} 总是变换成串模噪声的形式对系统进行干扰。一个微处理器工业控制系统采取适当的方式良好接地，是抑制外部噪声最重要的措施之一。

从电路的观点来看，“地”是电位的参考点。在不同的系统中，参考点各不相同。在工厂的低压配电网中，总是把大地作为配电网络的参考点，如把变压器的中性点接地，或者把中线在车间内重复接地。而在一些仪器和控制装置中，则往往把直流电源的负极性端作为“地”。在一个较大的微处理器控制和测试系统中，各部分自成一体，有几个相互独立的“地”，它们之间若要相互传送信息，必须把这些“地”连接起来。

一、保护接地和保护接零

不同系统接地目的是不一样的。在强电控制系统中，接地的目的是为了人身安全，防止触电事故。在电源（发电机和变压器）中性点不接地的低压电网中，将电机和机床的外壳实行保护接地。在图 8－45（a）中，如果电动机某相绕组绝缘损坏而使外壳带电，

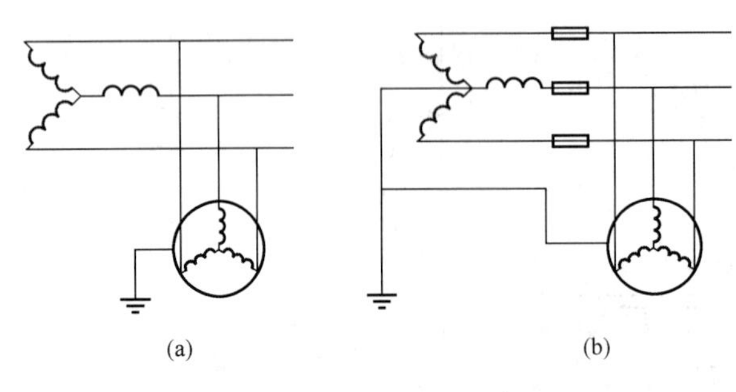

图 8－45　强电系统的接地

（a）保护接地；（b）保护接零

则它对地的电位大大降低。当操作者触及外壳时，由于电流很小，不会发生危险。

在电源中性点直接接地的低压电网中，将电气设备的金属外壳接在中线上，实行保护性接零。在图 8－45（b）中，如果电动机某相绕组绝缘损坏而与外壳相接时，会形成短路，将这一相电路中的熔断器熔断，使外壳不再带电。

在工厂的实际应用中，强电系统中的中线一般均接大地。但是弱电系统中的“地”不能随便与之相连。因为强电部分接地点多，接地回路中总有一个不平衡电流流过，这个电流的大小还受到强电设备启停的冲击影响，有时三相还会产生严重不平衡。如果弱电“地”任意与零线相接，势必会引起干扰。

二、抗干扰性接地

一个系统无论大小如何，必须有一个“地”作为电位参考点（它可以是大地，也可以不是大地）。从理论上讲，一个系统的所有接地点与大地之间应具有零阻抗，可以把各部分的参考点与“地”相连。但是实际上这是不可能的，系统与大地间总存在一定阻抗而产生电压降，再加上电容及电感耦合干扰等因素，会使系统的各接地点产生接地电位差，有时接地电位差高达几十毫伏到几伏。这种共模噪声 U_{CM} 产生的地回路电流，会对系统构成干扰。图 8－46（a）示出信号源（热电偶、应变片等）的现场地与系统接地点（系统地）处于不同电位产生的干扰。即使将信号源对地隔离，如图 8－46（b）所示，地电位差 U_{CM} 仍会通过信号源与其外壳之间的分布电容 C_1 以及外壳对地分布电容 C_2 耦合而对系统产生干扰。

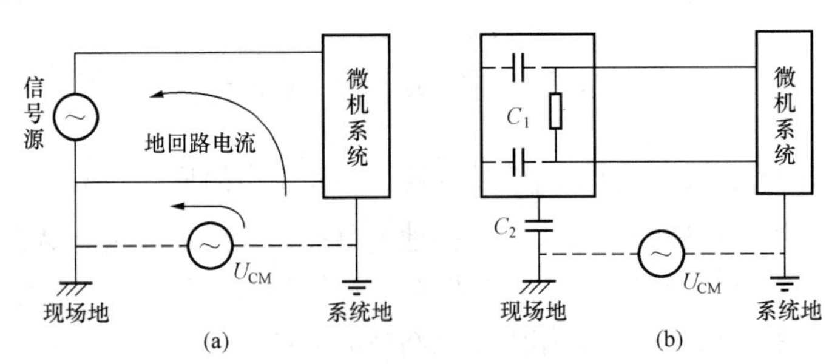

图 8－46　接地电位差对系统的影响

（a）大地回路电流；（b）电容耦合

因此，抗干扰性接地将不同于强电系统中的保护性接地概念。

“地”一般分为机壳地、数字信号地、模拟信号地三种。

机壳地又称为屏蔽地，使它和大地处于相等电位可以避免机壳带电危及人身安全，也可以起到屏蔽外界干扰的作用。机壳地上一般都有较重的噪声。

数字地系指数字电路部分的等电位点，如微型计算机（或称单片机）内的地线。这部分电路的电平较高（5～18V）、功率较大、又是脉冲性质的信号，因而地线上的噪声也较严重，达几十毫伏。

模拟地系指一些传感器的微弱信号地，它一般电平很低（毫伏甚至微伏级）、功率小、信号变化也是渐变的，因而地线上较为平静。这种模拟信号往往需要放大，以便与计算机的输入电平和功率相匹配，满足测量和控制的需要。如果地线上干扰较大，那么这些有用信号就很难从各种信号中识别出来。因此应尽量避免模拟信号受到数字信号和其他干扰的影响。

系统地通常是指系统的最终回流点，要求它应有一个稳定的电平，以消除各种回流电荷的影响。

1. 单点接地

根据研究，高频电路（10MHz 以上）应就近多点接地，而低频电路（1MHz 以下）应单点接地。计算机的测量控制系统一般属于低频的范畴，因此应遵循“单点接地”的原则。

在图 8－47 中，由于多点接地必然会因地电位差而产生共模噪声，通过公共阻抗耦合而将数字电路部分的干扰引入模拟电路，因而这种办法是不可取的。而图 8－48 所示的单点接地的连接办法则可以消除这种共模干扰。为了减小公共电阻，接地线应尽量选得粗一些，最好使用汇流铜排，采用分别回流法接地。对于有多个机柜的控制系统，为了最大限度地避免公共阻抗耦合，可将机柜对地浮置，各柜汇集到一点，然后接入大地。这两种接地方法如图 8－49 和图 8－50 所示。接地装置应保证接地电阻在 5Ω 以下，有足够的机械强度，进行耐腐蚀及防腐处理。通常是把面积为 $1\mathrm{m}^2$，厚为 1～2mm 的铜板埋入地下 1m 深处，将引出导线焊接在铜板上引出，并使土质保持潮湿状态。

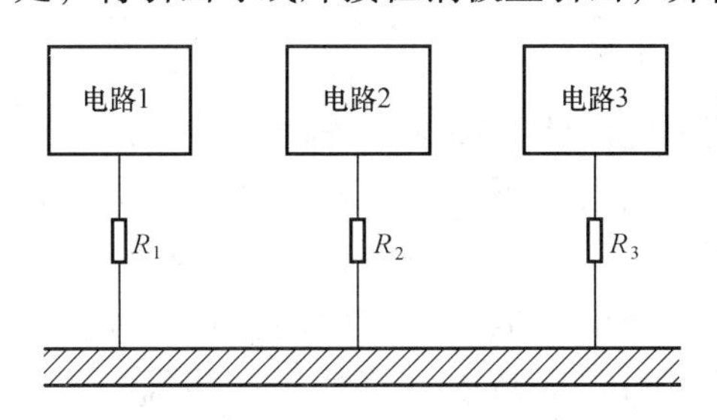

图 8－47　多点接地

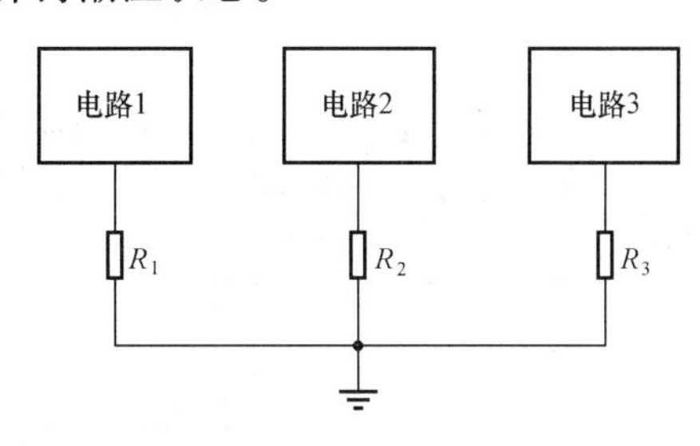

图 8－48　单点接地

2. 双层浮置及保护屏蔽

在计算机数据采集、测试及自动控制中，计算机或控制装置与被测信号及传感器相距很远，为了防止共模干扰，往往在工艺结构上改进，采用双层屏蔽浮空的方案。

在共模干扰一节中曾提出，共模干扰 U_{CM} 将总是转换为串模干扰 U_{NM} 而影响系统，并推得公式

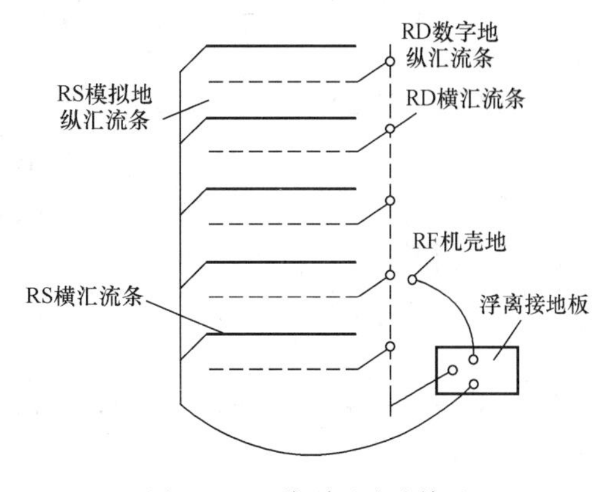

图 8－49　分别回流法接地

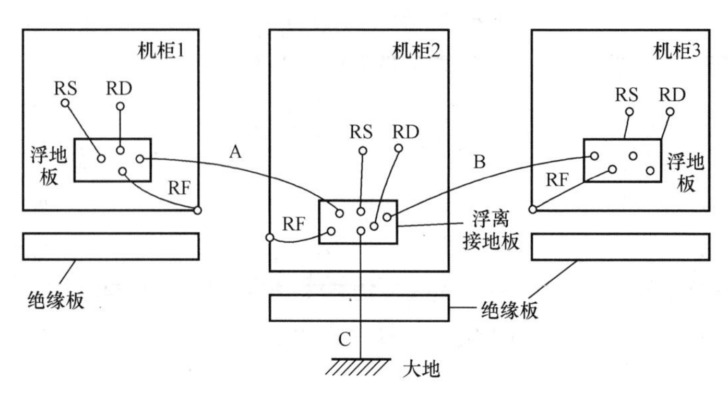

图 8-50　多机柜回流接地

$$U_{NM}=\left(\frac{R_1}{R_1+Z_1}-\frac{R_2}{R_2+Z_2}\right)\cdot U_{CM}$$

$$=\frac{R_1Z_2-R_2Z_1}{(R_1+Z_1)(R_2+Z_2)}\cdot U_{CM}$$

在 $Z_1=Z_2=Z$，Z_1、$Z_2\gg R_1$、R_2的情况下，串模干扰 U_{NM}可以写成

$$U_{NM}\approx\frac{R_1-R_2}{Z}\cdot U_{CM}$$

共模干扰的抑制可以从减少回路导线电阻 R_1-R_2的差值、提高 Z（回路阻抗）的阻抗及短接 U_{CM}的通路三个方面入手，双层浮空加保护屏蔽的方案就是建立在这种思想基础上的。

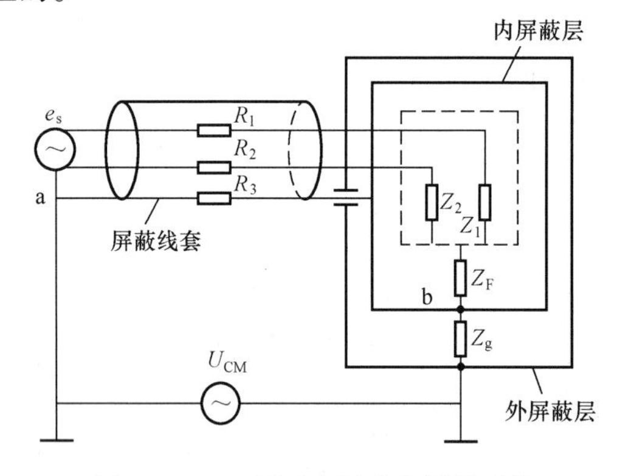

图 8-51　双层浮离屏蔽的测量系统

在图 8-51 中，假设信号源 e_s是热电偶，它的外壳接地，并通过双绞双芯屏蔽线送入放大器。Z_1、Z_2是测控部分的输入阻抗，R_1、R_2是双芯信号线的电阻，R_3是屏蔽外皮的电阻，它们的值都很小。内屏蔽层与外屏蔽层具有良好的绝缘，阻抗分别为 Z_F和 Z_g。在信号源的三线传输方式中，信号线直连 Z_1、Z_2，屏蔽线接内屏蔽壳，外壳接大地，分三步推导：

（1）原干扰电压值

$$U_{NM}=\frac{R_1-R_2}{Z}\cdot U_{CM}$$

（2）增加了阻抗 Z_F后

$$U_{NM}=\frac{R_1-R_2}{Z+Z_F}\cdot U_{CM}$$

（3）由于 R_3、Z_g和 U_{CM}形成回路，所以加在 a、b 两点之间的共模电压

$$U'_{CM}=\frac{R_3}{Z_g+R_3}\cdot U_{CM}$$

这就大大减小了 U_{CM} 的影响。

采用双层浮空加屏蔽的方法，可以使共模干扰的影响降为

$$U_{NM} = \frac{R_3}{Z_g + R_3} \cdot \frac{R_1 - R_2}{Z + Z_F} \cdot U_{CM}$$

由于 Z_g 和 Z_F 可以做得很大，R_3 很小，因此由共模电压转换成的串模电压干扰将会得到很好的抑制。

三、屏蔽接地

屏蔽通常是用屏蔽体把元件、电路、部件、电缆和传输线包围起来，以防止外部噪声的窜入。在测量和控制系统中，噪声主要是经由信号传输导线引入的，所以主要讨论导线屏蔽的方法。不论是对电场屏蔽还是磁场屏蔽都应使之正确接地，否则起不到屏蔽的作用。常用的屏蔽由金属编织网包围的单芯线或双绞线组成的。应尽量减少中心导线伸出屏蔽体的长度并选择合适的接地点。对一个系统而言，信号源有浮地及接地两种情况，对接收电路来讲也有两种情况。当信号源浮地，而接收端接地，则屏蔽体在接收端接地，如图 8－52（a）所示。当信号源接地，而接收端浮地时，则屏蔽体应在信号端接地，如图 8－52（b）所示。在信号源、接收端都接地的情况下，为了旁路一部分环路电流，屏蔽体两端都接地，如图 8－52（c）所示。

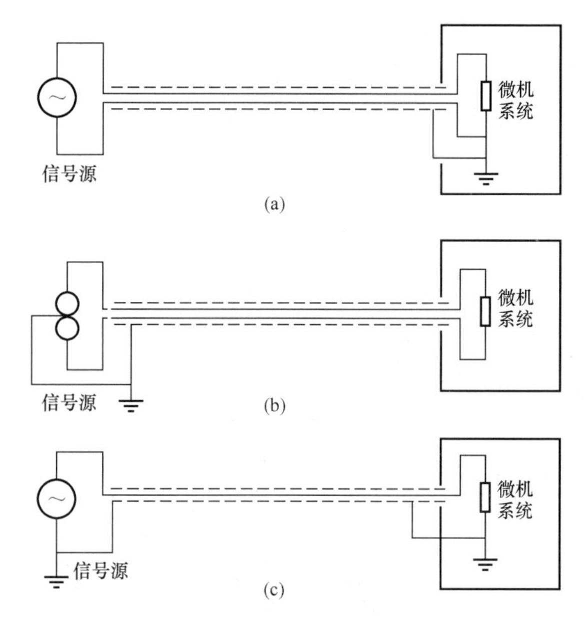

图 8－52　屏蔽体的接地方法

（a）方法一；（b）方法二；（c）方法三

除了信号线的屏蔽之外，电源变压器的屏蔽也应引起重视。因为即便测控部分及信号传输线进行了很好的屏蔽，但电源变压器装在金属屏蔽罩内，破坏了屏蔽的完整性，会将电网的交变干扰电压直接引入。为了封闭这一缺口，可以在变压器的原副绕组间加一单层静电屏蔽层，如图 8－53 所示。为了更好地克服工频干扰，还可对电源变压器进行双层屏蔽和三层屏蔽。

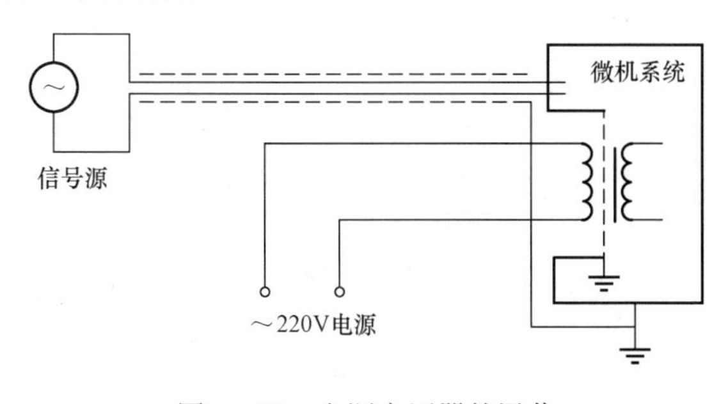

图 8－53　电源变压器的屏蔽

接地与屏蔽是可编程序控制器和微处理器控制系统以及其他电子控制系统应用中抑制干扰的主要方法之一。例如，在大部分可编程序控制器的 CPU 板都增加一块金属板焊在电路板的地线上，或是将 CPU 单独做成一个金属壳封装的插件，都是为了更好地屏蔽。采用何种方式对干扰的抑制作

用最强，这要视具体的应用环境和条件而定。如果能很好地把接地和屏蔽正确地结合起来使用，可以解决大部分干扰问题。

第五节 电源的噪声抑制

在可编程序控制器和PLC自动控制系统、节电系统中，来自电源的干扰占有很大的比例。在条件允许的情况下，可以考虑单独的中频机组供电、同步发电机供电、单独的变压器供电以及供电稳定可靠的照明供电等方案。同时为了防止电源进线造成工业现场以至天电（雷电）的各种干扰，应该尽量避开大的动力干线，干扰大的相线，可控硅装置的电源线。但是在工业运用中，由于现场条件的困难或者出于经济的考虑，上述供电条件都难以满足，那么就只能提高本身供电电源的抗干扰能力。

一、交流稳压电源及滤波

为了抑制电网因重大设备启停引起的电网波动，保持电压的稳定，一般微处理器控制装置应作如图8－54所示的基本配置。过去国内常用的614系列交流稳压器，它的优点是可靠性高、稳定性好、维修方便。缺点是抗干扰能力差、效率低、笨重、有相移等。但面对工厂电源波动很大的现状，仍不失为一种有效措施。这种稳压器由电路中磁放大器和自耦变压器来调节交流电压，磁放大器AB实质上是用直流电流控制的可变电感，自耦变压器FA是一个兼有自耦变压器和扼流圈功能的器件，它的原理图如8－55所示。

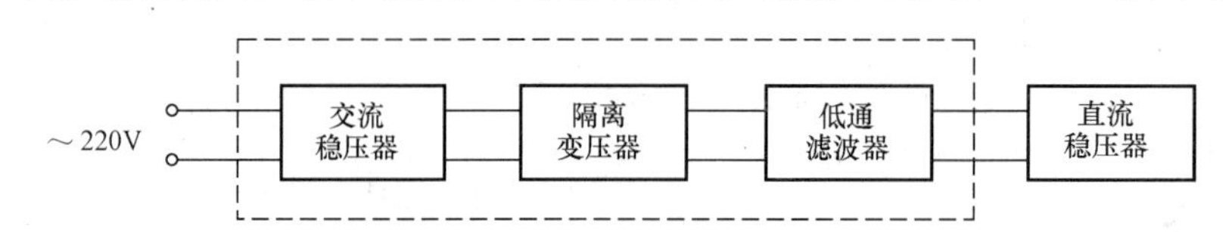

图8－54 交流供电框图

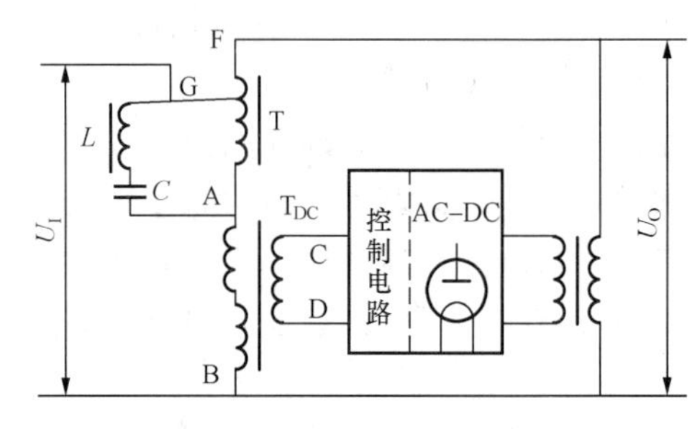

图8－55 614型交流稳压电源原理图

这是一个负反馈调节装置。当输出电压U_O超出额定值时，控制电路输出的直流电流减小，磁放大器AB的电感增加，则自耦变压器FA的初级电压降低，因而自耦变压器的输出电压也降低。整个电源的输出电压得以稳定。当输出电压低于额定值时，调节的过程相反，使输出电压上升。

为了防止干扰的窜入，一般市电经交流稳压后再用一个1∶1的变压器实行隔离。这种变压器的一、二次绕组之间均用屏蔽层隔离，以减少其分布电容，提高电源的抗共模干扰能力。一次侧的屏蔽层接大地，而二次侧的屏蔽层接系统地。

对于串模干扰，滤波器是通常采用的办法。从微处理器供电的情况分析，大部分是电机启停引起的干扰，一般为毫秒、微秒级。由谐波频率分析可知，干扰信号主要为高次谐波，基波成分很少，因此可以用低通滤波器让工频基波通过，而滤除高次谐波。低通滤波器由两组对称的π形电感。电容网络和共模阻流圈组成。π形网络具有较小的分布参数，因而有较好的高频特性，它对射频干扰的共模分量和串模分量均有一定的抑制效果。为了进一步减小共模分量对系统所造成的干扰，在π形电路的一侧接上了共模阻流圈。所谓共模阻流圈是由两组相同的线圈同相绕在同一磁芯上构成，在宽频带内有较好的平衡度，因而对于平衡电流即单相工频电流和干扰的串模分量，它的磁场是抵消的，而对于不平衡电流即干扰的共模分量能提供一个高阻抗，因此有效地减弱了接地环路的干扰电流，大大提高了滤波器对共模干扰的抑制能力。

一个微处理器控制系统供电电源的噪声抑制措施及线路图如图8－56所示。

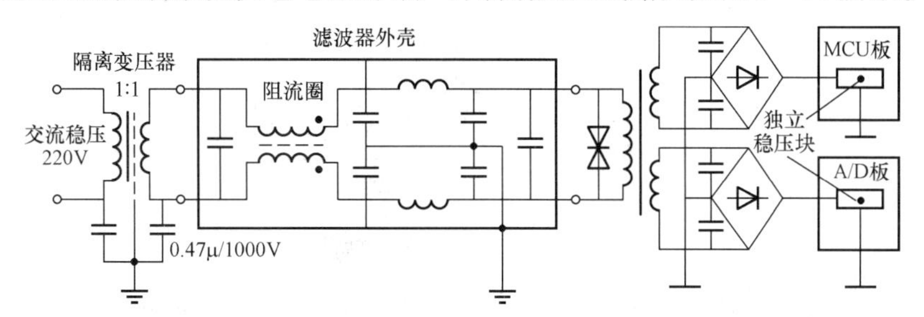

图8－56 系统电源供电图

对于一个单片机或可编程序控制器的小系统有时难于采取上述的措施，而在外电供应质量不高的情况下，时有冲掉微控制器内RAM中程序的情况，导致机器的“锁死”。这时可以采用干扰抑制器或抗干扰稳压电源。

干扰抑制器的设计思想不是去设法响应瞬态宽带干扰，而是承认干扰，同时用专门设计的均衡器使其集中的能量分散，而不致干扰系统。这种用所谓“频谱均衡法”制成的高抗干扰电源或干扰抑制器，对瞬变干扰有明显的抑制作用。它也可逆向使用，防止内部对外部的干扰。

将干扰波能量转换成多种频率能量，达到均衡目的的关系，如图8－57所示。

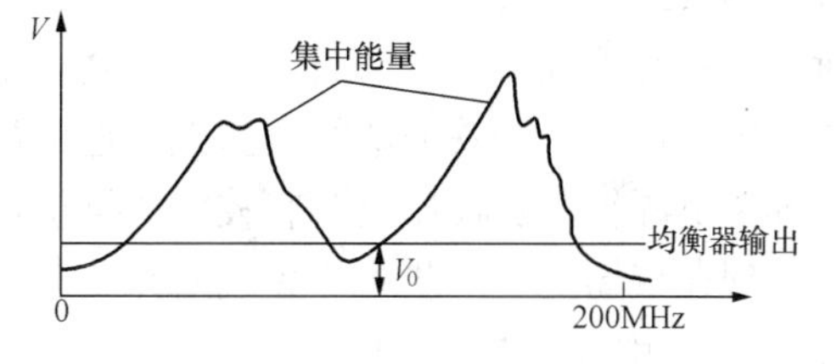

图8－57 干扰能量的变频转移

二、开关型直流稳压电源

微处理器控制系统需要将不稳定的交流电功率变换成与设备相容的稳定直流电功率。早期的直流稳压电源是靠串接的调整管来稳定输出电压的，它靠调整管消耗额外的电功率，并转换成热能，因而体积和重量都很大，需要有变压器和散热器及滤波电容器。这类电源属于有耗电源。另一种无耗电源是20世纪80年代以后发展起来的，由于工作器件处于高频开关状态，自耗接近于零，工作温度不高，故无论效率、体积、重量及成本都优于有耗电源。按信号的处理过程而言，把有耗电源称为常规线性电源，把无耗电源称为开关电源。

一般的直流电源（包括变压器、整流、滤波）与开关电源相比，后者有较强的抗干扰能力。

开关电源主要由输入整流与滤波、高频功率变换、输出整流与滤波、控制电路等部分组成，如图8－58所示。

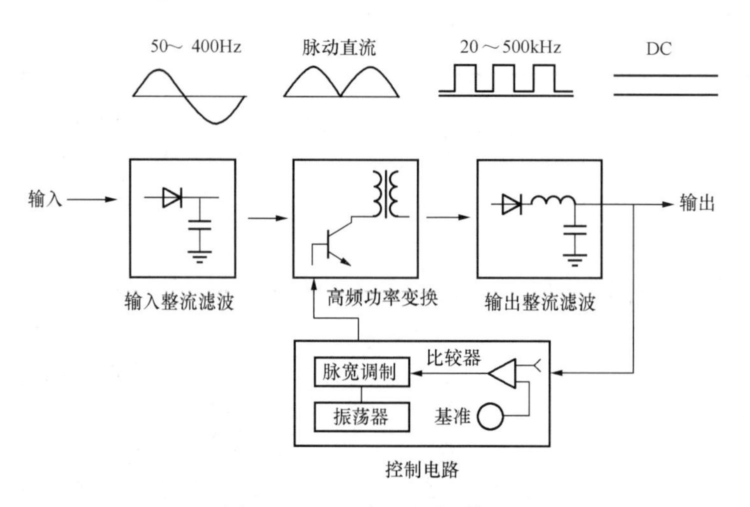

图 8－58　开关电源原理框图

高频变换电路是开关电源的核心部分，它对非稳直流进行高频斩波并完成输出所需的变换功能。当负载变轻或输入电压升高时，输出电压会有微小的上升，这个电压反馈到控制电路，使控制电路的调制脉冲宽度变窄，从而改变了高频变换部分的标识间隔比，使得输出电压的平均值减小，达到了稳压的目的。反之，当输出电压降低时，控制电路送出的脉冲变宽，从而改变了高频变换部分的标识间隔比，使输出保持不变。

当有尖脉冲干扰窜入电源时，先会受到低通滤波器的衰减，当到达开关电源时，输入整流滤波虽然对尖脉冲有一定抑制作用，但由于电解电容的感抗分量在高频时较为显著，所以还会有干扰窜入振荡级。振荡器是利用非线性元件的饱和特性做成的，因此对尖峰脉冲有抑制作用。开关电源的振荡频率近千赫，以高频滤波为主，对于尖脉冲可以滤掉。因此开关电源较一般稳压电源有较好的抗干扰能力。

现在市场上，一些单片集成的开关调整器和开关电源集成控制器、集成电路，品种繁多可供选用。

三、不间断电源系统（uninterruptive power system）

在计算机的实时控制系统中，不能允许突然中断供电电源。如果突然停电，轻则冲掉计算机 RAM 中的程序，破坏磁盘，损坏计算机，重则影响被控制的机械设备，生产过程，影响产品的质量，甚至造成灾难。在电力生产不足的情况下，所用的市电经常发生电压波动、频率漂移，突然停电的情况也时有发生。因此希望有一个不停电的电源系统，简称 UPS。

交流不间断（不停电）电源系统主要由整流器、逆变器、滤波器、蓄电池组、电子静态开关或灵敏继电器开关组成。它能保证交流供电的质量，一旦市电停电，它能通过电子开关或继电器自动将负载切换到逆变器供电，使计算机有足够的时间来进行停电故障处理。如把数据存入磁盘，对外电路进行停电保护处理，切断一些继电线路等。一个最简单的 UPS 原理图如 8－59（a）所示。

在市电供应正常情况下，负载由电子开关接通供电，一旦检测到市电跌落至某一值，电子开关接到逆变器，此时由蓄电池组经逆变器，将直流变为交流供给负载。逆变器输出

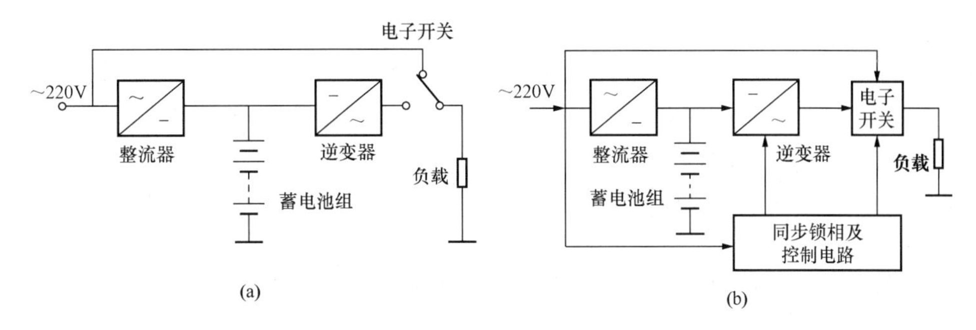

图 8-59　UPS 方块图

（a）原理图；（b）供电方式

的波形有方波、阶梯波、多脉宽波、调宽阶梯波和正弦波等多种形式，工作形式分为后备式和在线式两种。逆变器通常采用脉宽调制（PWM）方式，效率在 80% 左右。在线式 UPS 的供电方式是，不论是有市电或是停电，都有 UPS 供电，因此，在停电时，不存在转换时间问题。而后备式 UPS 的逆变器必须处在热备用状态，一旦停电，随即投入，转换时间在 5~8ms 左右。在不允许瞬间停电的情况下，UPS 必须在任何时候都与市电电网保持同频同相，这可以采用同步锁相技术来保证。这种 UPS 系统正常情况下由逆变器供电，负载可以长期工作在频率和电压都十分稳定的条件下，而市电电网作为备用。一旦逆变器发生故障，由电子开关进行切换，由市电供电。这种供电方式如图 8-59（b）所示。作为 UPS 的功率切换元件，过去常采用晶闸管（SCR），也有的采用可关断晶闸管（GTO），但现在大部分都是采用高反压、大电流、有较高工作频率的电压驱动型 VMOS 或 IGBT 功率器件。

第六节　电子电路的滤波

在电子电路的抗干扰技术中，滤波是一项很有效的措施。常用滤波器对噪声、干扰等进行抑制或衰减，特别是对由导线传导耦合到电路中而又具有一定频率特征的干扰信号，具有十分明显的效果。

在电子电路中，滤波器按所用元器件的不同，可分为无源滤波器和有源滤波器，这里重点介绍无源滤波器。

一、旁路滤波器

旁路滤波器主要用于对电网中干扰信号的滤除，在交直流叠加的信号中滤除交流信号而保留直流信号，作为某个频率段的提升或衰减。旁路滤波器常用单电容构成，有时也有用 L、R 与 C 构成的 T 形或 π 形滤波器，所用元器件只需满足滤波器对频带的选择要求和电容的耐压要求即可。

二、去耦滤波器

一个系统通常由一个直流电源给各个电路供电，每个电路的电流都流经电源地线构成回路，如果处理不当，可能因电源内阻引起各个电路间互相干扰。去耦滤波器的作用就是去掉各个电路之间通过电源内阻的交流耦合，使之自成一体，达到抗干扰目的。

去耦滤波器常用在每个单元电路的直流供电输入端与地之间加 *RC* 或 *LC* 的电路中。使用 *RC* 去耦滤波器时，要注意当供电电流较大时，会在 *R* 上产生加大的压降，直流电压损耗较大。而使用 *LC* 去耦滤波器则不存在这个问题，在高频电路中 *LC* 去耦滤波器效果更好。但在使用中应注意如下事项：

（1）使用 *LC* 去耦滤波器时，*LC* 本身有一个谐振频率，应注意将其谐振频率压低在工作频率之下。

（2）电感 *L* 不消耗噪声电压的能量，而是经线圈向空间释放干扰电磁波，如果出现该情况，应将电感 *L* 屏蔽起来。

（3）多级放大器的各级之间也必须加级间去耦滤波器，以防止各级之间的互相干扰，并可有效地消除由于级间反馈引起的自激振荡。

（4）使用去耦滤波器时，常在大容量的电解电容旁边再并联一个 0.01～0.1μF 的小容量高频电容。大容量的电解电容提供低频去耦滤波通道，小容量的高频电容提供高频去耦滤波通道。

三、电源滤波器

电源滤波器的作用是将整流滤波后的交流成分滤除，通常由一节或两节滤波电容器组成。

在额定负载条件下，电源滤波器上的最大降压应小于电压额定值的 2%。电源滤波器中电容器的选取应满足两个条件：在电源频率上，流过电抗元件的电流应小于额定满载电流的 10%；电容器耐压值必须大于额定电压的 1.5～2 倍。

如设计一个电源滤波器，电源频率为 50Hz，额定满载电流为 8A。当选用 10μF 滤波电容器时，有

$$X_C = \frac{1}{2\pi fC} = \frac{1}{2\times 3.14\times 50\times 10\times 10^{-6}} = 319\ (\Omega)$$

若电源电压为 220V，则流过电抗元件（电容器）的电流为

$$I_C = 220/319 = 0.7(\mathrm{A})$$

当选用 100μF 滤波电容器时，则有

$$X_C = \frac{1}{2\pi fC} = \frac{1}{2\times 3.14\times 50\times 100\times 10^{-6}} = 31.9(\Omega)$$

则流过电容器的电流为

$$I_C = 220/31.9 = 7(\mathrm{A})$$

显然，应选用 10μF 滤波电容器，才能满足流过电抗元件的电流应小于额定满载电流的 10% 的要求。取电容器耐压值为额定电压 220V 的 2 倍，即 400V。因此，最后确定滤波电容器为 10μF/400V。

四、高频滤波器

高频滤波器从理论上讲与上述滤波器没有更多差别，但在其工艺和具体做法上有一定特殊性。高频电路很容易拾取噪声信号，如元器件的引脚过长，就可能感应外界的噪声信号而形成干扰。因此，高频电路的抗干扰除了旁路滤波器、去耦滤波器等电路的基本措施外，对整个电路的屏蔽和对导线的滤波也是至关重要的。

高频电路一般都采用金属屏蔽罩进行屏蔽，这可防止高频辐射和外部噪声的侵入。要注意进出金属屏蔽罩的导线可能会影响屏蔽效果，将外部噪声引入或将高频辐射传导出去。因此，要对进出金属屏蔽罩的导线进行处理，最常用的方法是采用穿芯电容和铁氧体磁珠滤波。

穿芯电容电路符号及外形如图 8－60 所示。铁氧体磁珠电路符号及外形如图 8－61 所示。

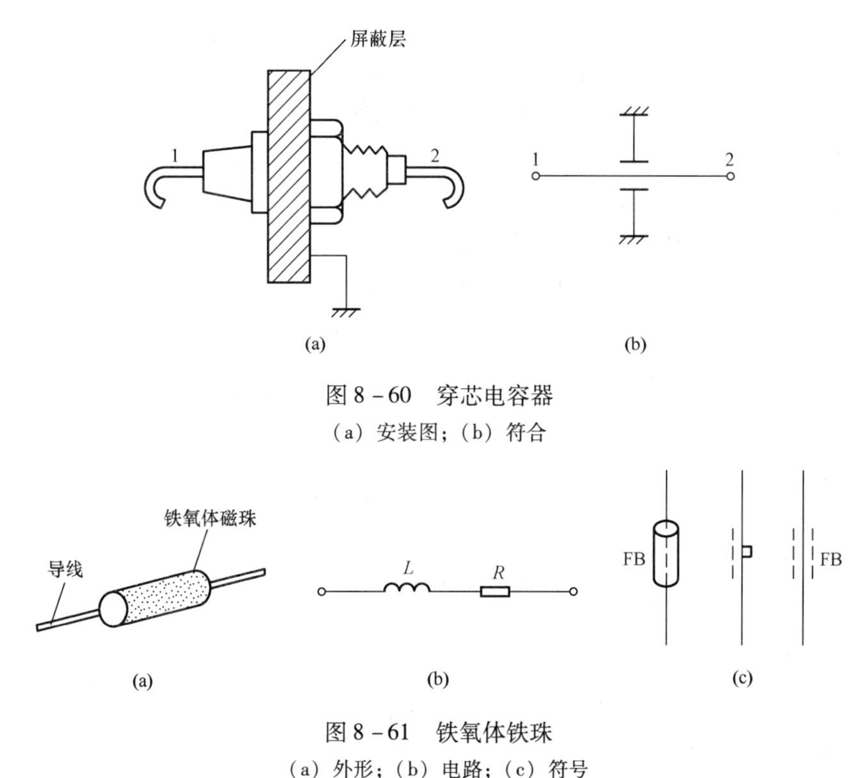

图 8－60　穿芯电容器

（a）安装图；（b）符合

图 8－61　铁氧体铁珠

（a）外形；（b）电路；（c）符号

穿芯电容是用薄膜卷绕而成的短引线电容，其结构特点使其自谐振频率高达 1GHz，可用于高频滤波（而普通的小型瓷介电容的引线电感与自身电容在高频时易产生谐振，不适合高频情况）。穿芯电容安装方便，价格较低，因此在抗干扰技术中应用很多。

铁氧体磁珠提供了一种抑制通过其中间导线上多余高频噪声的既经济又方便的方法，适用于高频滤波。当导线穿过铁氧体磁珠时，在磁珠附近的一段导线将具有单匝扼流圈的特性，在低频时具有低的阻抗，该阻抗随电流频率的升高而增大。

穿芯电容和铁氧磁珠通常一起用于抑制高频干扰。如在电机控制系统，电机工作时炭刷产生的高频干扰向外辐射或通过引线传导到低电平控制电路。解决问题的方法是加屏蔽层防止辐射，然后将穿芯电容和铁氧体磁珠加到引线上，抑制传导干扰，如图 8－62 所示。

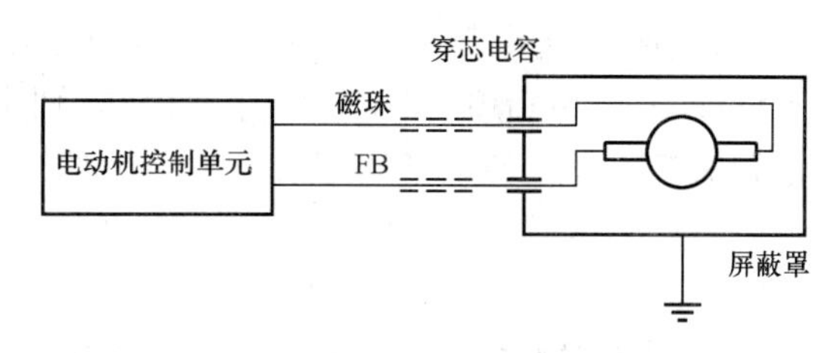

图 8－62　电机系统抑制高频干扰

五、交流电源滤波器

抑制交流电源滤波器的干扰主要是抑制交流电源端的干扰，包括抑制由电网方面引入的噪声电压及各种突波电压，抑制系统本身产生的各种频率的电压传导到电网中造成电网中的“噪声污染”。

1. 突波电压的抑制

交流电网中存在各种各样的日用电器，有些大功率电器工作时会造成电网电压大幅度波动及产生浪涌电流，所设计的电路又都是从电网电压降压或直接整流得到的，因此会受到冲击形成瞬间脉冲干扰。这种瞬间脉冲干扰的幅度很大，但持续时间短，且一般为差模干扰。抑制这种干扰的方法有压敏电阻法、瞬变抑制二极管法和气体放电管法 3 种。

（1）压敏电阻法。压敏电阻是一种压敏半导体陶瓷元件，当其两端电压超过其导通电压时，压敏电阻就迅速导通，允许流过很大的电流。虽然压敏电阻的平均持续功率很小（几瓦），但其瞬间功率却可达数千瓦，因此用压敏电阻可以吸收瞬间幅度很大的脉冲干扰。压敏电阻符号及 $I-U$ 曲线如图 8-63 所示，其典型应用电路如图 8-64 所示。

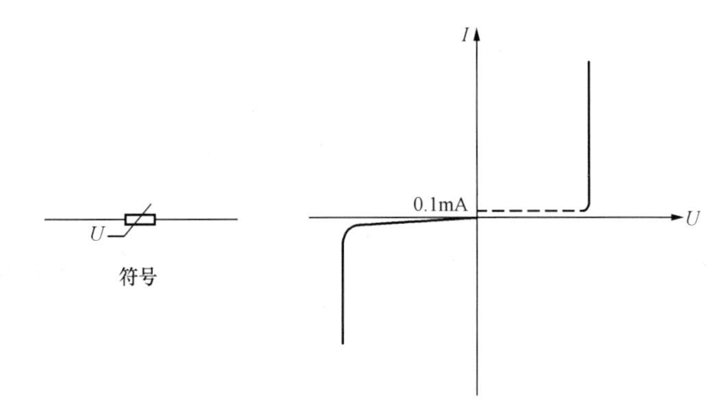

图 8-63　压敏电阻的 $I-U$ 特性曲线

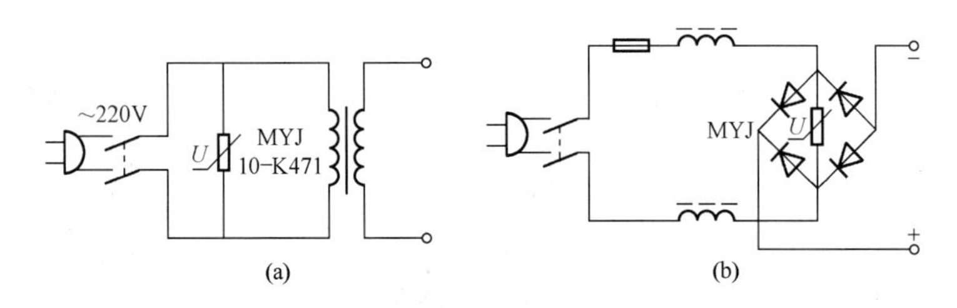

图 8-64　压敏电阻抑制突波电压的电路

压敏电阻导通电压有一系列标称值，可参考各厂家资料，如国产 MYJ07-K560、MYJ05-K271、MYJ10-K471 的导通电压分别为 56、270、470V；日产 ERZ C07DK-560、ERZ C05DK-271、ERZ C05DK-471 的导通电压分别为 56、270、470V。

压敏电阻在使用中应注意：压敏电阻的静态电容较大，使用时应注意其对高频有用信号的影响。

（2）瞬变抑制二极管（TVP）法。瞬变抑制二极管（TVP）的工作原理与稳压二极管相似，工作于反向运用状态，但其导通时能吸收几百瓦的浪涌功率。当 TVP 两端电压达到其击穿电压时，它就迅速导通，允许瞬间通过大电流脉冲。虽然压敏电阻的平均持续功率小（几瓦），但其瞬间功率却可达数千瓦，因此可以吸收瞬间幅度很大的脉冲干扰。瞬变抑制二极管的电路符号和外形与稳压二极管相似，但它有单向和双向两种。双向 TVP 一般在管子型号后加字母“C”，可吸收正负两个方向的瞬时高脉冲；单向 TVP 一般在管子型号后不加字母。

瞬变抑制二极管的应用电路如图 8－65 所示。瞬变抑制二极管也可用于开关变压器一次侧，用来吸收漏感所产生的尖峰电压。

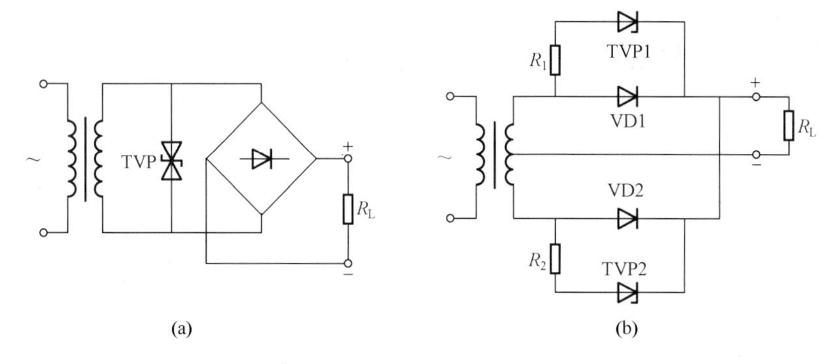

图 8－65 用 TVP 抑制突波电压

（a）双向 TVP 用于交流电源电路；（b）单向 TVP 用于整流电路

（3）气体放电管法。气体放电管的作用与上述两种器件相同，只是气体放电管是利用其两端电压达到辉光电压时，管内充的惰性气体击穿辉光，其两端电压被钳位，从而抑制了瞬间幅度很大的脉冲干扰。气体放电管辉光电压有系列标称值，可参考各厂家资料。

2. 抗干扰交流电源滤波器

图 8－66 所示为抗干扰交流电源滤波器。其中，图 8－66（a）为输入端双电容滤波，对共模干扰和差模干扰均有作用，图 8－66（b）为输入端单电容滤波，对差模干扰有作用，而对共模干扰则不起作用。这两种方法可以单独使用或同时使用。

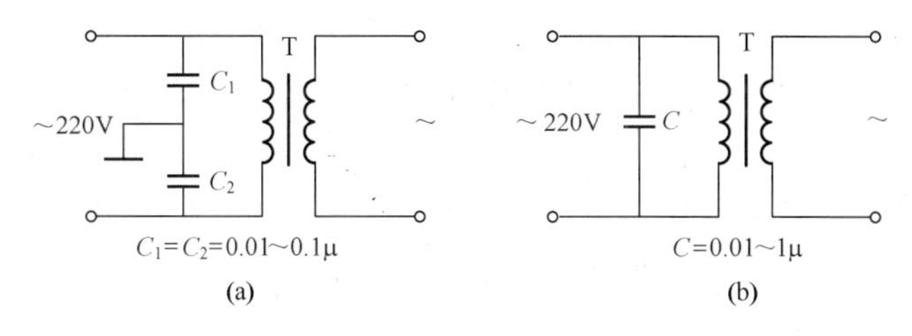

图 8－66 抗干扰交流电源滤波器

（a）形式一；（b）形式二

该滤波器的电容器应选用高频特性好、分布电感小的电容，如瓷介电容、云母电容等。电容的耐压应能承受瞬间浪涌电压。通常，对于 115、230、220V（分别为美国、欧洲、中国）的单相供电电压，前者要选用耐压 250V 的电容，后两个要选用耐压 400V 的电容。

图 8－67 所示为一种性能优良的抗干扰交流电源滤波器。该电路对由电网输入的噪声

电压和由系统本身产生并传导到电网中的电压都有相当好的抑制效果。图中 C_X、L_2 为差模干扰抑制电容与电感，C_X 取 0.01～0.1μF，L_2 取 10～300μH；C_Y、L_1 为共模干扰抑制电容与电感，C_Y 取 2.2～47μF，L_1 取 0.3～30mH。

共模干扰抑制电感 L_1 可在高频铁氧体磁环上，用双线并绕而成。由于 L_1、L_2 两个线圈匝数相同、绕向相同，差模干扰电流流过两绕组时方向相反，产生的磁通相互抵消而呈低阻，对差模干扰不起作用；而对于共模干扰电流，流过两绕组时方向相同，产生的磁通相加呈高阻，因此对共模干扰起到很好的抑制作用。

3. 整流二极管的滤波

图 8－68 所示为对整流二极管的滤波电路。在整流二极管的两端分别并联一个电容，可滤除由于整流二极管的非线性产生的高次谐波，同时还可以均匀整流二极管的压降，防止开机电流对整流二极管的冲击。在输入交流电压为 220V 时，C_1～C_4 可取（0.01～0.1）μF/400V。

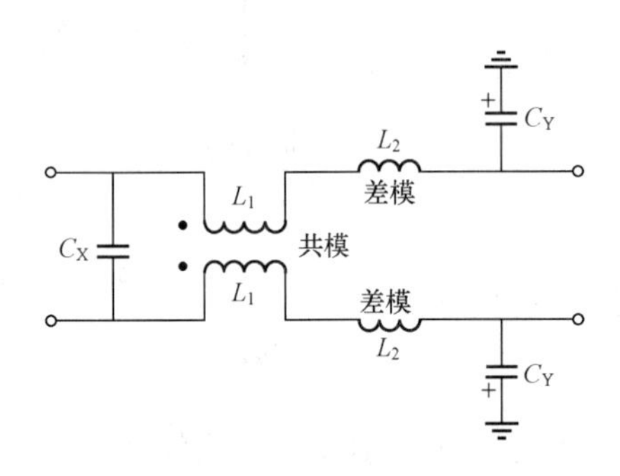

图 8－67　高性能抗干扰电路结构

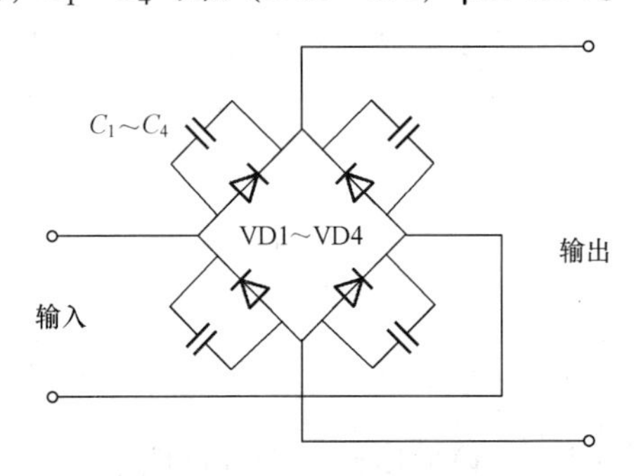

图 8－68　整流二极管的滤波

第七节　数字滤波与软件容错

一、数字滤波的基本概念

在计算机实时控制和测量系统中，除了采用硬件措施来提高系统的抗干扰能力之外，充分利用计算机高速、大容量的特点，发挥软件的优势，保证系统不因干扰而停止工作，又能满足工程所要求的精度和速度，采用数字滤波技术是一种经济、有效的方法。

所谓数字滤波就是对于较低信噪比的模拟量，经 A/D 转换后变为离散的数字信号，将形成的数据时间序列存入计算机内存，利用某种形式的程序对此进行处理，从而滤去噪声部分而获得单纯信号的过程。

一般数字滤波安放在 A/D 转换之后，数据处理与控制程序之前，它在控制系统中的地位如图 8－69 所示。

数字滤波主要有以下 3 个优点：

（1）无需增加任何硬件，充分利用计算机的软件优势，数字滤波器可以多通道共用，因而经济实用。

（2）可以对很低的频率滤波，而模拟滤波器因受电容量的影响则难以实现。

（3）可以根据不同要求选择不同的滤波方法，改变滤波参数方便、灵活。

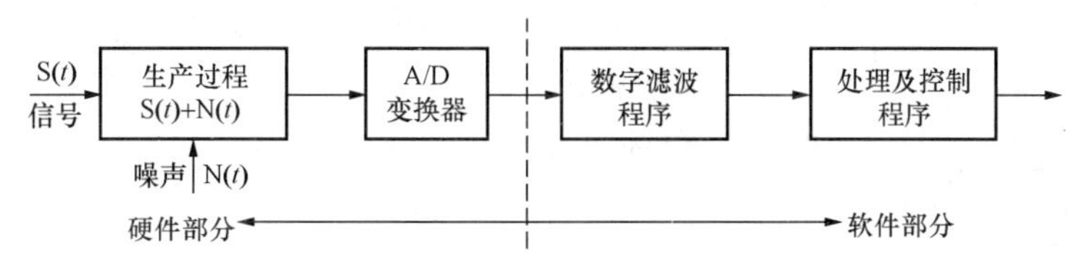

图 8－69 数字滤波的地位

二、数字滤波的方法

实用的数字滤波方法有以下 3 种：

1. 平均算法滤波

最简单的随机噪声滤波是使用算术平均值的方法。假设噪声信号 N(t)是等概率双向出现的成分（如电源 50Hz 的干扰），那么在一个 ΔT 区间中（$\Delta T = n\Delta t$）把噪声信号的数据代码取算术平均值，则理论上 N(t)的总和应等于零。若 $X_{\mathrm{k}} = \mathrm{S}(t) + \mathrm{N}(t)$，则

$$Y_{\mathrm{n}} = \frac{1}{n}\sum_{k=1}^{n} X_{\mathrm{k}}$$

这种平均值滤波的方法在计算机控制中经常采用。为了采集直流电压的值，总是连续采样 10 次，然后取平均值作为这一时刻的电压值。这种方法既消除了交流电源的谐波干扰，也将随机干扰信号一定程度上进行了衰减。

2. 峰值剔除滤波

在数据采集和测量系统中，若某一瞬间受到外界的强烈干扰，其结果是使数据产生很大的偏差，如图 8－70 所示。

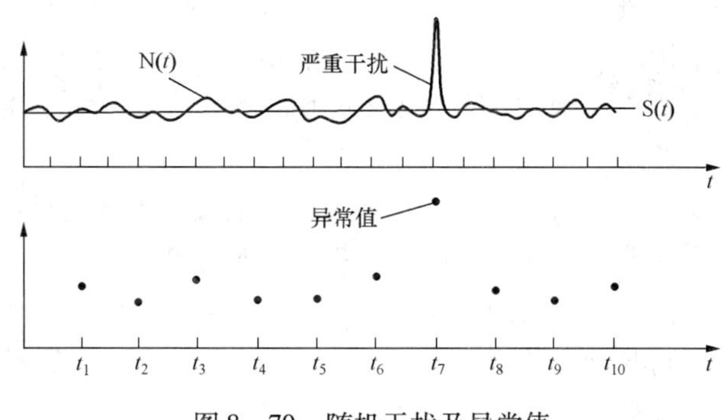

图 8－70 随机干扰及异常值

在数理统计的理论中，这种随机干扰而引起的测量误差应遵循正态分布的规律，绝大部分测量值分布在正态曲线最高点的两侧，即均值 μ 的两侧。以 σ 表示正态分布的标准离差，根据 3σ 法则，落在 $\mu \pm 3\sigma$ 区间之外的数值可以认为是异常值，予以舍去。在舍去 m 个异常值之后再求余下 $n-m$ 个数的均值，其结果将更接近于真实值 S(t)。σ 的求得可以利用数理统计中的方法计算，在要求快速处理的情况下，也可以根据实际情况定出一个值。图 8－71 是这种滤波的程序框图。

3. 中值滤波

所谓中值滤波就是对某一被测参数连续采样 n 次（n 为奇数），然后把 n 次采样值从

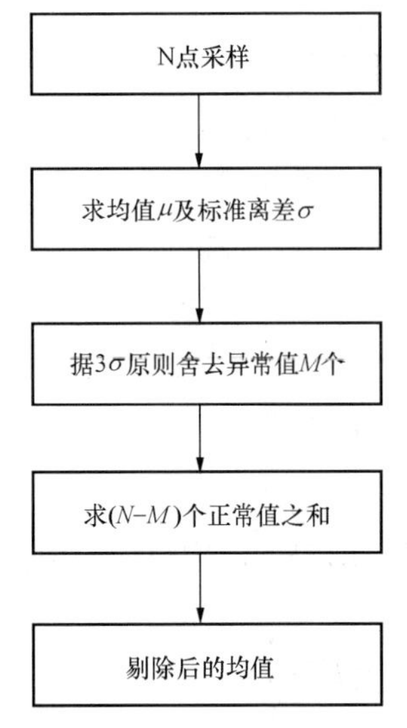

图 8－71　峰值剔除滤波程序框图

小到大排序，再取中间值作为本次采样值。这种方法比较简便，也可消除脉冲干扰。

此外还有相关算法滤波，$\alpha-\beta-\gamma$ 滤波，卡曼滤波，但由于它们的计算比较复杂，不太容易在实时控制中使用。

三、软件容错技术

计算机由于干扰等原因，会使传送的数据和程序产生错误，如何使计算机在出错的情况下发现错误并排除错误继续工作是容错技术所研究的内容。通常有所谓硬件容错和软件容错两方面。用 2 台工业控制机并联，1 台工作，1 台处于待命工作状态，就是利用硬件冗余来防止系统因干扰或元件损坏所出现的错误。软件容错常用的方法有以下 2 种。

1. 信息冗余

信息冗余是靠增加信息的多余度来提高可靠性。如在传送数据的过程中附加一些信息位，来提高纠错能力。

（1）奇偶校验码是常用的方法，可以定为奇校验，也可以定为偶校验。采用奇校验时，将输出的数据补足为奇数个 1，则接收方检测是否收到奇数个 1，若不对就判为出错，再次传送，直到符合要求为止。

（2）“检查和”也是一种查错的方法。将传送的数据逐字节相加，仅保留 8 位尾数，称之为检查和，将它存放入内存的特定单元之中。当数据再次传送时，同样进行检查和的运算，把当前结果与原先记录的检查和相比较，便可判断传送是否有误。

（3）多次读入及多次输出。对于 I/O 单元，本来读入一次和输出锁存一次就应该可以了，但是为了防止干扰的窜入或是输出被冲掉的情况发生，对于开关量输入，为防止输入触点的抖动或接触不良，一般采用软件延时 20ms 的办法，进行两次以上的读入比较，结果一致才确认输入有效。

输出命令通常伴随执行机构的动作，产生火花。电弧等干扰信号，有时会改变输出寄存器的内容、导致动作混乱。因此可以在应用程序中每隔几毫秒发一次输出命令，重写一次输出寄存器，这样可以提高系统的可靠性。

实际上可编程序控制器 PLC 以及集散控制系统 DCS 之所以具有高的可靠性，就是因为它采用了逐次扫描输入和扫描输出的方法。

（4）多存储区。微处理器控制系统中经常发生因为干扰而冲掉内存 RAM 中程序和数据的情况，这会导致计算机锁死和混乱。一种办法是尽量让程序固化。但是总会有一些数据区和工作单元需要用到 RAM。为了防止 RAM 出错和冲程序，可以开辟 2 ~3 个存储区，同时保存数据。当取数时，采用比较表决的方法，三中取二，这对于三个对应单元中，只有一个单元被破坏的情况极为有效。它的执行情况如图 8－72 所示。

2. 时间冗余

时间冗余是以消耗时间资源来达到容错目的，采用的方法常有以下 2 种：

（1）指令复执。指令复执的含义是程序中的每条指令都相当于是一个重新启动指令，一旦发现错误，就重新执行由于干扰等破坏的现行指令。指令复执可以用硬件控制来实现，也可以用编制程序来实现。

指令复执的基本要求有：

1）当发现错误时，能准确保留现行指令的地址，以便重新取出执行。

2）现行指令使用的初始数据必须保留，以便重新执行时使用。

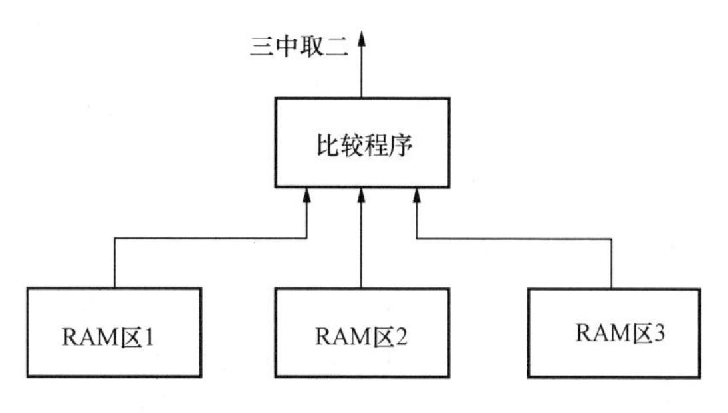

图 8－72　三 RAM 存储区比较法

当机器出错，就不能让当前的指令执行完毕，程序计数器退回一步，再次执行该条指令。如果故障是瞬时的，在指令复执期间错误可能不再出现，程序继续向前运行。如果在此指令复执期间不能解除故障，超过规定的次数或规定的时间，则需人工干预，或调用诊断程序来消除故障。

（2）程序卷回。程序卷回不是某一条指令的重复执行，而是一小段程序的重复执行。将程序分为若干小段，检查一段程序完成时的数据计算，如果发现有错误，则卷回重算那部分，一次卷回不行还可以多次卷回，直至故障解除或判定故障不能消除为止。

另外，利用计算机软件来提高系统的抗干扰能力措施还有设置看门狗电路，设置软件陷阱、时间监视器等，这里不再逐一介绍。

参 考 文 献

[1] 庞国仲. 自动控制原理（修订版）. 合肥：中国科学技术大学出版社，2006.
[2] 杨后川，等. 西门子 S7-200 PLC 编程速学与快速应用. 北京：电子工业出版社，2010.
[3] 吴作明. 工控组态软件与 PLC 应用技术. 北京：北京航空航天大学出版社，2007.
[4] 何强，单启兵. 可编程序控制器应用（S7-200）. 北京：中国水利水电出版社，2010.
[5] 王常力，罗安. 分布式控制系统（DCS）设计与应用实例. 北京：电子工业出版社，2004.
[6] 刘翠玲，黄建兵. 集散控制系统. 北京：中国林业出版社，北京大学出版社，2006.
[7] 周荣富，陶文英. 集散控制系统. 北京：北京大学出版社，2011.
[8] 刘征宇. 电子电路设计与制作. 福州：福建科学技术出版社，2003.